JN418435

과학기술의 철학적 이해 · 2

제6판

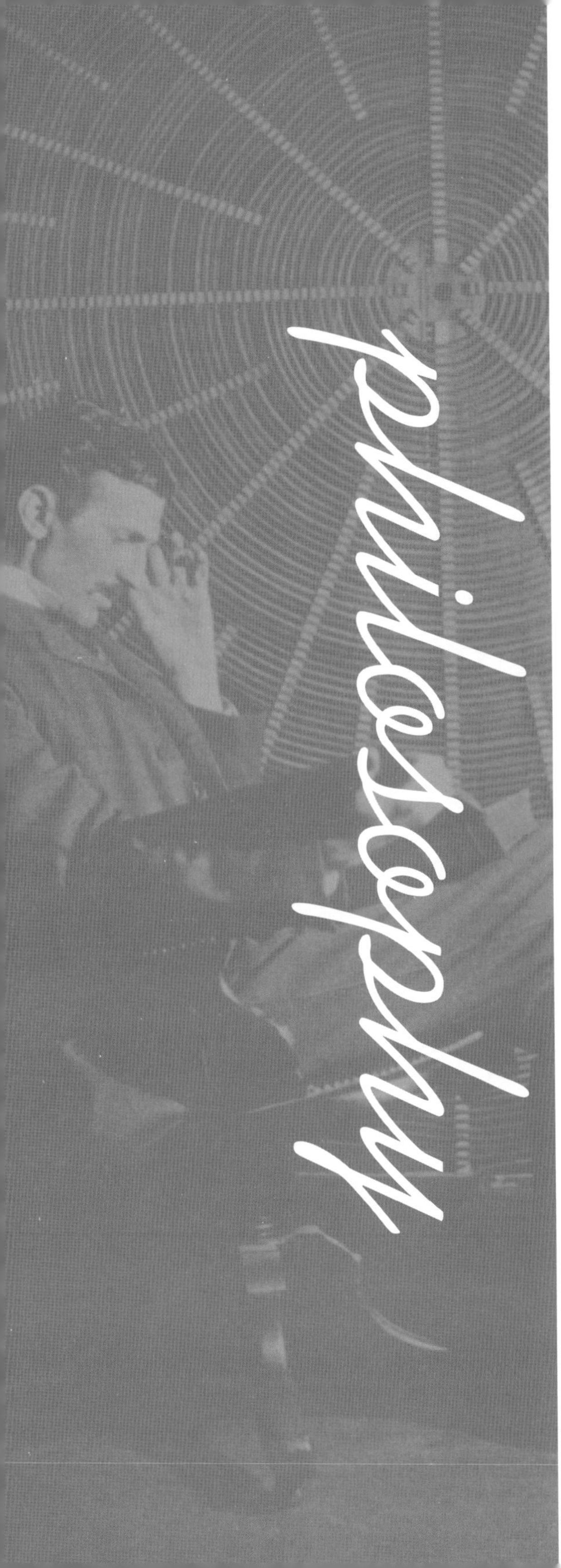

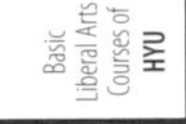

제6판

과학기술의 철학적 이해 · 2

한양대학교 과학철학교육위원회 편

philosophy

한양대학교 출판부

이 책은 2017년 현재 한양대학교 서울 캠퍼스 대부분 단과대학에서 기초필수 교양과목으로 채택하고 있는 〈과학기술의 철학적 이해〉의 교재로 준비되었다. 〈과학기술의 철학적 이해〉는 현대 사회의 여러 영역에 걸쳐 특별히 중요한 위치를 차지하고 있는 과학기술의 전개 과정과 핵심적 내용, 그리고 그것의 개념적·사회문화적 함의를 수강생들이 (넓은 의미의) 철학적 분석 도구를 사용하여 논의해볼 수 있는 기회를 제공하는 것을 목적으로 한다.

특별히 〈과학기술의 철학적 이해〉를 수강하는 학생들은 현대 과학기술이 그전 시기의 과학기술과 대비하여 몇 가지 두드러진 차이점을 보인다는 점을 인식할 필요가 있다. 이는 과학기술 연구의 역사적 전개과정이 갖는 연속성과 함께 현대 과학기술의 특수성을 동시에 이해하는 데 필수적이다. 이 점을 파악하기 위해 수강생들은 책에 포함된 구체적인 사례들을 꼼꼼하게 살펴보기를 권한다. 이런 사례를 철학적 분석 도구를 사용하여 공부해가면서 수강생들은 현대 과학기술의 독특한 성격을 올바로 이해하는 것이 과학기술 연구를 성공적으로 수행하고 과학기술에 대한 균형 잡힌 시각을 견지하는 데 매우 중요하다는 점을 배우게 될 것이다.

또한 이 과목은 과학기술 활동이 윤리적, 정책적 결정과정과 관련될 수 있는 여러 상황을 살펴봄으로써, 사회적 합의도출 과정에서 과학자, 공학자, 인문학자, 행정가들 사이의 합리적 토론의 중요성을 부각시킨다. 그러한 토론이 지속가능한 과학연구와 사회적으로 유익한 결론에 도달하기 위해 필수적이라는 점, 그리고 그러한 결론에 도달하기 위해서는 서로 다른 지적 배경을 가진 사람들 사이의 상호이해가 절실하게 요구된다는 점 또한 강조되고 있다. 이 책의 저술 동기 중 하나는 이처럼 중요한, 상이한 지적 배경을 지닌 사람들 사이의 생산적 상호이해를 위한 기초를 제공하는 것이다.

『과학기술의 철학적 이해』 초판은 2003년 동일 명칭의 과목이 한양대학교에 처음 이공계열 학생들의 교양필수로 설강되면서 출간되었다. 초판은 여러 가지 부족한 점이 많았음에도 과학기술에 대한 통합교과적 교재로 교내외에서 높은 관심을 끌었다. 이는 과학기술에 대한 인문사회과학적 고찰의 필요성이 우리나라에서 상당한 정도로 인식되고 있었음을 시사한다.

그 후 2004년, 다양한 지적 배경과 관심을 가진 수강생들의 제안과 강의교수들의 경험을 토대로 이공계와 인문사회계로 나뉘어 개정판이 출간되었고, 2006년도에는 두 권으로 묶인 제3판이 출간되었다. 그리고 2008년에는 제3판에 대해 제기된 수강생들과 강의하시는 선생님들의 의견을 지속적으로 반영하여 체제와 내용을 대폭 바꾼 제4판이 출간되었고, 2010년에는 빠르게 변화하는 현대 과학기술의 쟁점을 반영하기 위해 10편의 글이 추가된 제5판이 출간되었다.

이번 제6판의 특징은 무엇보다 시의성을 높였다는 점이다. 특히, 최근 대중매체를 통해 부각되고 있는 '4차 산업혁명' 관련 과학기술의 여러 측면을 다룬 새로운 사례 연구 10편을 모아 "현대 테크노사이언스 사례 연구"라는 새로운 묶음을 제6부로 추가했다. 여기에 묶인 글들은 현대 첨단 과학기술 연구는 더 이상 과학 연구와 기술 연구가 구별되기 어려울 정도로 융복합적 성격이 분명하게 드러난다는 의미에서 '테크노사이언스(technoscience)'라는 개념으로 이해하는 것이 적절하다는 문제의식을 공유한다. 또한 테크노사이언스가 제기하는 여러 쟁점을 올바로 이해하기 위해서는 테크노사이언스의 학제적 특징, 더 나아가 초학제적 전망을 진지하게 성찰해야 한다는 점에도 함께 공감한다.

이런 공감대를 고려하여 제6판은 계열을 나누지 않고 51편의 글을 두 권으로 나누어 담기로 했다. 당연히 51편의 글 모두를 한 학기 강의에서 모두 소화한다는 것은 불가능한 일이다. 하지만 이 책은 초판부터 강의교수가 처음부터 끝까지 남김없이 '진도를 나아가는' 전통적인 의미의 교과서로 의도되지 않았다. 그보다는 과학기술의 여러 측면을 이해하는 매주 수업에 도움을 줄 수 있는 다양한 시각을 담은 자료글을 모아놓은 일종의 과학기술학(Science and Technology Studies) 핸드북으로 기획되었다. 그러므로 강의를 담당하는 교수들이나 일반 독자들은 처음부터 끝까지 책을 읽어야 한다는 부담감을 갖지 말고 매 시간 수업 목표나 흥미 있는 주제를 중심으로 관련 글을 활용할 것을 권한다.

최근 연구윤리에 대한 관심이 높아지면서 자기표절이나 이중출판을 둘러싼 논란이 끊이지 않고 있다. 특히 문제가 되는 것은 이미 출판된 글을 마치 '새 글'인 것처럼 다시 출판하는 일이다. 이에 비해 자신이 예전에 쓴 글의 일부를 적절하게 인용한 후 새롭게 작성하는 글에 가져다 쓰는 일은 연구윤리적으로 문제가 된다고 보기 어려운, 국제학계의 관행이다.

이 책에 실린 글 중에는 집필진이 이전에 다른 목적으로 발표한(대부분 전문 학술지에 출판된) 글을 대학생 수준에 맞게 고친 것도 있고, 〈과학기술의 철학적 이해〉 교과목을 위해 새롭게 작성한 것도 있다. 본 위원회는 이 책이 교양과목 교재 혹은 일반인을 위한 교양서로 기획된 점을 고려하여 학술적인 각주나 출처 표시를 따로 하지 않기로 결정했다. 또한 본 위원회가 집필진에게 원고를 청탁할 때 새 글을 제공할 것을 요구하지도 않았을 뿐더러, 대부분의 경우 이미 다른 곳에 출판된 글을 본 교재의 성격에 맞게 수정해 줄 것을 명시적으로 요구했다. 그러므로 본 교재에 실린 글의 내용이 다른 곳에 출판된 글의 내용과 상당 부분 중복된다고 해도 의도적으로 마치 '새 글'인 것처럼 출판한 것이라고 볼 수 없다는 것이 본 위원회의 입장이다. 결론적으로 본 위원회는 이 책에 실린 글 모두가 연구윤리를 위반하지 않는 방식으로 출판된 것임을 확인한다.

이번 제6판이 여러 모로 더 나아진 모습을 보여주고 있다면, 이는 모두 지난 6년간 부족한 교과서로 열심히 강의해주신 교수님들과 그 강의에 적극적으로 참여하고 교과서의 각 장에 대해 유용한 제안을 해주었던 수강생 여러분, 그리고 이런 제안을 받아 좋은 원고를 써주신 집필진 덕분이다. 이들에게 모두 깊이 감사한다. 더불어 촉박한 기한 내에 책을 만드느라 애써주신 한양대학교출판부 안광일 선생님께도 감사드린다. 이번 제6판의 개정 작업은 한양대학교 인문과학대학이 수행 중인 미래인문학 코어사업과 한양대학교출판부의 지원을 받아 이루어졌음을 밝혀둔다.

아무쪼록 이 개정판이 미래 한국사회의 주역이 될 우리나라 대학생들이 현대 한국사회에서 과학기술이 갖는 다양한 함의를 보다 넓은 맥락에서 토론하고 이해하여, 과학기술과 관련된 의사결정 과정에 생산적으로 참여할 수 있는 소양을 기르는 데 도움을 줄 수 있기를 바란다.

2017년 2월

한양대학교 과학철학교육위원회

차례

005 6판 서문

제4부
과학기술의 역사·문화적 이해

013 01 | 모기와 말라리아
이상욱 ▪ 한양대학교 철학과 교수

030 02 | 과학은 비즈니스?
박민아 ▪ 한양대학교 미래인문학인증센터 연구교수

041 03 | "제국의 신경망": 과학과 제국주의
박민아 ▪ 한양대학교 미래인문학인증센터 연구교수

053 04 | 잘난 태생에 대한 학문, 우생학
김호연 ▪ 한양대학교 인문과학대학 교수

067 05 | 파놉티콘: 감시와 역감시의 역사
홍성욱 ▪ 서울대학교 생명과학부 교수

080 06 | 포드주의에서 포스트 포드주의까지
홍성욱 ▪ 서울대학교 생명과학부 교수

094 07 | 전쟁과 과학기술
이상욱 ▪ 한양대학교 철학과 교수

106 08 | 과학자의 창조성은 어디에서 오는가?
이상욱 ▪ 한양대학교 철학과 교수

120 09 | 빌 게이츠와 Microsoft: IT시대의 양면성
남영 ▪ 한양대학교 창의융합교육원 교수

제5부
한국 과학기술 사례 연구

137 01 | 조선 후기 서양과학의 수용과 주자학적 사유의 변화
김용헌 ▪ 한양대학교 철학과 교수

152 02 | 지구와 상식: 조선 후기의 지구설 논쟁
임종태 ▪ 서울대학교 화학과 교수

169 03 | 외래 기술과 전통 과학의 만남: 한글 타자기와 자판 논쟁
김태호 ▪ 전북대학교 과학문명학연구소 교수

191 04 | 한국 원자력의 역사와 담론
김성준 ▪ 대한민국역사박물관 학예연구관

208 05 | 한국 온라인 게임 산업의 개척자들
남영 ▪ 한양대학교 창의융합교육원 교수

224 06 | 포스코의 철강 기술 발전
송성수 ▪ 부산대학교 물리교육학과 교수

241 07 | 삼성의 반도체 기술 발전
송성수 ▪ 부산대학교 물리교육학과 교수

256 08 | 북한 과학기술의 변천: 주체와 선진의 대화
김근배 ▪ 전북대학교 과학학과 교수

제6부

현대 테크노 사이언스 사례 연구

273 01 | VR, 가상현실의 시대
이채리 ▪ 한양대학교 창의융합교육원 교수

290 02 | 디지털 기술과 인문학의 융합
김호연 ▪ 한양대학교 인문과학대학 교수

308 03 | 융합은 얼마나 — 이론상의 가능성과 실천상의 장벽에 관하여
박상욱 ▪ 숭실대학교 행정학과 교수

322 04 | 행위자 네트워크로 보는 과학과 세상
홍성욱 ▪ 서울대학교 생명과학부 교수

341 05 | 뇌영상 이미지와 뇌에 대한 최근 이해들
홍성욱 ▪ 서울대학교 생명과학부 교수

358 06 | 인공지능의 미래와 암묵지 — 로봇 과학자는 가능한가?
홍성욱 ▪ 서울대학교 생명과학부 교수

379 07 | 포스트 휴머니즘 시대에 낯선 지능과 함께 살아가기
이상욱 ▪ 한양대학교 철학과 교수

394 08 | 자극에 반응하고 조절되는 인간, 행동과학과 인간공학의 인간관
이상욱 ▪ 한양대학교 철학과 교수

408 09 | 현대 의학의 좌표 찾기, 치료 vs. 강화
이상욱 ▪ 한양대학교 철학과 교수

422 10 | 기후변화 시대의 융합 연구, 그 철학적 쟁점
이상욱 ▪ 한양대학교 철학과 교수

제 4 부

과학기술의 역사·문화적 이해

과학기술의 역사·문화적 이해

01

모기와 말라리아

1. 머리말

우리가 과학기술 연구가 얼마나 우리 삶을 변화시켰는지를 가장 쉽게 느낄 수 있는 상황은 과거에는 가능하지 않았던 일들이 과학기술의 발전덕분에 가능하게 된 일일 것이다. 예를 들면 고작 100년 전만 해도 인간의 육체가 정상적인 상황에서 반나절 만에 서울에서 런던까지 이동한다는 것은 가능하지 않았다. 하지만 지금은 고속비행의 발달로 이런 공간적 이동은 별다르게 놀라울 것이 없는 것이 되었다.

그런데 비교적 쉽게 알아차릴 수 있는 유용성과 밀접한 관련이 있으면서도 겉으로는 잘 드러나지 않는 과학기술의 영향이 하나 더 있다. 그것은 과학기술이 세계가 작동하는 방식에 대해 신뢰할 만한 지식을 제공해준다는 사실이다. 앞의 예에서 대륙을 가로지르는 여객기는 어디선가 갑자기 마술처럼 등장한 것이 아니다. 안정적으로 고속비행을 할 수 있는 복잡한 기계가 등장하기 위해서는 공기의 흐름에 대한 지식과 고속 비행 과정에서 마찰력의 문제, 기압의 조절과 비행제어기술, 금속조형 기술 등과 같은 자연현상과 인공현상에 대한 믿을만한 지식이 필요하다. 우리가 현재 가지고 있는 이런 지식이 완벽하게 참일 리는 없지만(만약 그렇다면, 과학기술이 점점 '더' 발전한다는 점을 설명할 수 없다), 적어도 상당히 신뢰할 만하지 않다면 어느 누구도 비행기에 그렇게 아무 생각 없이 올라타지는 않을 것이다.

과학기술이 우리에게 주는 현실적인 이로움은 이처럼 많은 경우 과학기술이 세계에 대해 믿을 만한 지식을 생산해낼 수 있다는 사실과 밀접하게 관련되어 있다. 이러한 연관성은 인류를 괴롭혀온 여러 질병에 대한 퇴치 노력에서 극명하게 드러난다. 비행기야 타도 그만이고 타지 않아도 그만이겠지만, 만약 100년 전 어린 아이가 콜레라에 걸렸다면 그건 사형선고를 받은 것이나 다름없었다. 현재 우리가 성공적으로 콜레라에 대처하고 있다는 사실은 의학과 전염병학이 인류에게 얼마나 유용한 봉사를 제공해 왔는지를 분명히 보여준다.

이러한 성공적인 질병대처의 역사는 질병의 인과적 메커니즘을 인류가 이해하게 된 역사이기도 하다. 콜레라가 식수를 통해 전파된다는 사실을 런던 시내 콜레라 발병자의 분포에 대한 통계 조사를 통해 알아낸 일이나, 그 사실에 근거하여 식수의 공급을 적절하게 통제함으로써 콜레라의 전파를 효과적으로 저지했던 일이 그것이다. 이 사례는 우리는 세계가 작동하는 방식에 대해 올바로 알게 되면 문제 상황에 효과적으로 개입하여 세계를 바꿀 수도 있음을 보여준다.

그러나 질병학의 역사는 세계에 대한 객관적 지식의 축적과 인류에게 도움을 주는 대응책에 대한 성공담으로만 채워져 있는 것은 아니다. 질병과 인류의 상호작용은 질병의 도전과 인류의 대응이라는 단순한 도식보다는 훨씬 다채로워서 과학기술이 어떻게 연구되고 그 연구과정이 어떻게 사회문화적 배경과 관련맺는 지에 대해 시사하는 바가 많다.

우선 과학기술 연구는, 특히 현대에 와서 매우 많은 연구 인력과 복잡한 연구시설 그리고 큰 규모의 연구비가 드는 작업이 되었다는 점이 중요하다. 자본주의 사회에서 이런 조건들은 연구를 통해 얻어진 결과가 시장성이 있어야 한다는 요구와 직결된다. 비교적 '안전한' 질병인 감기에 대해서는 매년 수많은 신제품이 쏟아져 나오는 반면, 매우 치명적이지만 그 발생지역이 주로 가난한 나라에 집중된 여러 풍토병에 대한 연구는 상대적으로 미흡하다는 사실은 이런 연관관계를 잘 반영하고 있다.

또한 과학연구는 도전과 응전의 단순 도식이 암시하는 것보다 훨씬 역동적으로 전개되며 수많은 요인의 영향을 받는다. 보수를 받고 과학기술을 연구한다고 해서 그로부터 얻어진 결과의 객관성이 훼손되는 것은 아니라는 (지금 우리에게는 너무나 당연한) 생각이 19세기가 되어서야 널리 수용되었고, 그 결과 과학기술 연구가 산업화되는 속도가 급격하게 빨라졌다는 점이 좋은 예이다.

이 글에서 살펴볼 인류와 말라리아 사이의 경쟁적 상호작용의 역사는 과학연구의 다양한 측면을 보여주는 특별히 좋은 사례다. 인류는 말라리아를 정복하기 위해 오랜 시간에 걸쳐 다각적인 노력을 경주해 왔다. 그런 노력의 몇몇 면모를 살펴봄으로써 우리는 〈과학기술의 철학적 이해〉라는 이 과목을 통해 배우려는 과학기술 연구의 본질에 대한 중요한 시사점을 얻을 수 있다.

2. 모기

말라리아에 대해 이야기하기 전에 우선 말라리아를 옮기는 모기에 대해 알아보자. 세계적으로 일 년에 이백만명 정도가 말라리아로 사망한다는 사실을 염두에 두면 작고 연약해 보이는 모기가 실은 매우 '위험한' 곤충이라는 점을 알 수 있다. 그렇지만 모기가 인간의 피를 특별히 좋아하는 것은 아니다. 대부분의 모기는 나비처럼 꽃의 꿀을 먹거나 썩은 과일처럼 단 성분을 얻을 수 있는 다른 음식을 더 좋아하는 온순한(?) 모습을 보인다. 오직 소수의 모기 종만이 인간의 피를 빨아먹는데, 인간 피를 먹는 모기조차 상당수는 다른 먹이도 즐겨 먹는다. 이렇게 다른 먹이도 먹는 모기에게 인간의 피는 다른 더 맛있는(?) 피(예를 들어 소의 피)를 구할 수 없을 때 먹는 구황식품인 셈이다.

남아메리카 북동해안에 위치한 가이아나란 나라에서는 경제가 발전하면서 가축이 끄는 교통 · 운송수단 대신 트럭이나 버스처럼 근대적인 교통 · 운송수단이 증가하자 갑자기 말라리아가 창궐한 적이 있다. 일반적으로 경제사정이 좋아지면 위생수준이 높아지기 때문에 말라리아 발병률은 낮아지기에 가이아나의 상황은 매우 이상스러운 것이었다. 이 상황을 조사한 과학자들이 도달한 결론은 평소에는 사람 피를 찾지 않던 이 지역의 말라리아모기가 자신들의 주식인 소나 말의 피가 부족해지자 생존을 위해 '마지못해' 사람의 피로 식단을 바꾸었고 그래서 말라리아 발병률이 높아졌다는 것이었다.

수컷 모기는 턱이 약해서 동물의 피부를 뚫을 수 없기 때문에 사람 피를 빨 수 없고 설탕물만으로도 키울 수 있을 정도로 무해(!)하다. 오직 암모기만이 종족 보존을 위해 신선한 피를 필요로 한다. 피는 고농도 단백질의 좋은 공급원이어서 알을 성숙시키는 데 매우 효과적이기 때문이다. 대부분의 암모기는 흡혈할 때 느긋하게 피를 빨 수 있기 위해 혈액의 응고를 막을 수 있는 성분을 함유한 침을 먼저 혈액에 섞어놓고 식사를 시작한다. 나중에 알게 되겠지만, 암모기가 흡혈 중에 침을 섞는다는 우연적 사실이 인류가 말라리아로 고통 받는 결정적인 이유가 된다.

암모기는 피에 대해 거의 중독에 가까운 행태를 보이는데, 일단 피 맛을 본 모기는 90초 내에 자기 몸무게의 2~3배에 해당되는 피를 빨아먹는다. 당연히 이런 상태로는 나는 것이 매우 어려울 수밖에 없다. 이때가 암모기로서는 가장 위험한 시기이다. 너무 많이 먹어 뚱뚱한 몸을 이끌고는 모기에 물려 화가 잔뜩 난 사람이 휘두르는 손에 맞아 즉사할 확률이 높기 때문이다. 하지만 일단 이 위기를 벗어나면 대개 근처의 벽과 같은 수직면에 착륙해서 휴식을 취하며 먹은 피를 소화시키는 여유를 누릴 수 있다.

3. 말라리아

사람이 말라리아 모기에 물려 말라리아에 감염된 후 7일에서 14일 정도가 되면, 온몸에 느껴지는 한기와 함께 다양한 증세가 나타난다. 감염자는 피부가 창백해지면서 몸을 떨기 시작한다. 그런 후 추위가 몸 전체에 퍼지면서 격렬한 떨림이 물결처럼 밀려온다. 병에 걸려 몸이 약해져 있지만 환자는 추위를 심하게 느끼므로 침대가 움직일 정도로 격렬하게 떤다. 환자가 일부러 힘들게 몸을 떨고 있는 것은 아니다. 단지 몸이 스스로를 따뜻하게 하기 위해 애를 쓰고 있는 것이다. 오한이 끝나면 열이 나기 시작한다. 말라리아로 인한 열은 섭씨 41도까지 올라갈 수 있고, 많은 경우 내장이 익어버릴 정도가 되어 심장 기능의 이상으로 이어진다. 환자의 침구와 침대 시트는 이내 땀으로 축축해진다.

말라리아 원충은 결국 적혈구를 공격하여 혈류의 기능을 방해하는데 이 단계에서 환자는 뇌사상태로 이어지기 쉽다. 대부분의 환자는 무기력 상태에서 정신 착란으로 그 후에는 혼수상태에 빠지는 경로를 따르며 죽어간다. 비록 말라리아 감염 초기에 회복한 사람이라도 완전히 나았다고 장담할 수 없다. 첫 감염 때 침입한 말라리아 원충의 자손이 수년이 지나도 몸속에 남아 있을 수 있기 때문이다. 이들은 사람의 면역능력 때문에 잠시 억눌려 있지만 스트레스, 피로, 영양부족 및 다른 질병으로 면역 기능이 약해지면 언제든지 다시 살아날 수 있다.

말라리아가 인류에게 가져온 고통과 슬픔은 역사적으로 그 수를 헤아리기 어렵다. 지금은 가난한 나라에서나 나타나는 병으로 알려져 있지만, 상당히 최근까지도 유럽과 미국의 주요 도시들이 말라리아로 시민의 상당수를 잃어야 했다. 깜파냐(Campagna, 로마시를 둘러싸고 있는 넓은 전원 지역)는 말라리아가 자주 발생하는 곳으로 유명해서 그 지역을 여행하는 것은 위험한 일이었다. 그래서 다른 지역의 많은 주교들은 로마에 오는 것을 한사코 거부했다. 실제로 11세기부터 12세기에 걸쳐 프랑스와 독일 태생의 교황들이 말라리아에 걸려 줄줄이 목숨을 잃었다. 말라리아는 또한 로마제국의 몰락 이후 이탈리아 반도를 정기적으로 휩쓸고 지나갔던 침략자들에게도 톡톡한 대가를 치르게 했다.

프랑스가 파나마 운하 건설에 실패한 예는 모기가 매개하는 말라리아나 황열병과 같은 풍토병이 얼마나 끔찍한 것이었는가를 생생하게 보여준다. 운하가 건설되는 동안 선원을 포함해 수천 명의 노동자가 말라리아나 황열병으로 목숨을 잃었고, 수만 명의 투자자들이 30억 달러 상당의 돈을 잃었다. 프랑스의 운하 건설 계획을 추진한 사람은 페르디낭 드 드 레셉스(Ferdinand de Lesseps)란 사람으로 그 이전에 수에즈 운하 건설을 제안한 인물이었다. 대단한 정력과 강한 의지를 지닌 활동가였던 드 레셉스는 74세의 고령에 파나마를 가로지르는 해수면 높이의 운하 건설을 기획했다.

공사는 1881년에 시작되었는데, 운하 건설에 이권이 걸린 사람들은 그 지역에 치명적인 질병이 있다는 지역 사람들의 말을 운하 건설을 반대하는 사람들이 꾸며낸 말이라고 일축했다. 당연히 파나마 운하 노동자들이 거주할 오두막에는 방충망이 설치되지 않았다. 낯선 곳에 가서도 프랑스식 삶을 즐기려는 개발자들의 고집 역시 모기가 창궐하는 데 기여했다. 그들은 자신들의 주거 지역에 정원을 만들고, 개미로부터 나무를 보호하기 위해 나무 주위에 원형으로 도랑을 판 후 거기에 개미가 접근할 수 없도록 물을 집어넣었다. 이런 조치들은 결과적으로 모기가 번식하기에 최상의 조건을 만들어준 셈이 되었다.

말라리아와 다른 열대질병이 급속도로 확산되자 운하 건설 관계자들은 당시 많은 사람들이 그랬던 것처럼 감염된 사람들이 부도덕한 생활을 영위했기 때문에 병에 걸렸다고 주장했다. 술꾼이나 도박꾼, 자금을 횡령한 사람들이 질병에 걸리기 쉽다는 말들이 퍼졌다. 심지어 어느 기술자는 새로운 노동자들이 파나마에 처음 상륙했을 때 그들의 얼굴 표정만 봐도 앞으로 누가 병에 걸려 죽을지 알 수 있다고 공언했다고 한다. 또 다른 기술자는 부도덕한 사람만이 질병에 걸린다는 점을 증명하겠다며 가족들을 모두 파나마로 데려왔다. 그는 도착한 지 얼마 되지 않아 아들, 딸, 사위, 아내를 차례로 황열병으로 잃었고 결국에는 자신도 병에 걸려 죽고 말았다.

파나마 운하 건설 시작 5년 후 드 레셉스는 파나마에서 목숨을 잃은 3만 명가량의 사망자 대열에 합류했다. 운하 건설 실패를 둘러싼 각종 법정 소송은 드 레셉스가 사망한 이후에도 계속되었다. 그의 아들은 감옥에 갔으며, 운하 감독을 맡았던 프랑스의 유명한 기술자 에펠은 실패에 책임을 지고 엄청난 벌금을 물어야 했다.

19세기 말엽까지도 말라리아는 '나쁜 냄새'와 관련이 있다고 생각되었고, '나쁜 공기'(말라리아는 이탈리아어의 mal[나쁜]+aria[공기]에서 연유했다)에서 발생하는 것으로 여겨졌다. 그래서 주로 늪지를 메워 나쁜 공기가 만들어지는 것을 막음으로써 말라리아의 확산을 막으려 했다. 이런 생각은 현대적 관점에서 보면 터무니없는 것으로 여겨질 수 있다. 하지만 말라리아의 복잡한 감염경로를 이해하기 전까지는 이런 생각이 충분한 근거를 가지고 있었음을 이해해야 한다.

우선 말라리아에 걸린 환자와 직접적인 신체접촉이나 환자의 타액, 혈액과의 접촉 없이도 말라리아에 걸릴 수 있다는 점에 주목하자. 이 사실은 사람들에게 매우 큰 공포감을 안겨주었고 말라리아의 확산을 막으려는 사람들이 무력감을 느끼게 만들었다. 그런 사람들에게 미지의 나쁜 공기가 습지와 같은 음산한 지역에서 발생하여 그 공기를 마신 사람이 말라리아에 걸린다는 설명은 매우 그럴듯했고 현상을 잘 설명해주었을 것이다. 사실 공기는 아무데나 퍼져갈 수 있고 누구도 숨을 쉬지 않고서는 살 수 없지 않은가? 게다가 습지에서 일반적으로 고약한 냄새가 나는 것은 누구나 알고 있는 사실이 아닌가? 또한 이런 식의 설명은 그 당시 의학의 표준적 질병이론인 체액설과도 잘 어울렸다.

미생물에 대한 지식의 증가로 과학자들은 곧 말라리아에 걸린 환자들의 피에 엄청난 수의 미생물이 있음을 확인했다. 그럼에도 질병학자들은 그 원충을 말라리아의 직접적인 원인으로 생각하지 않았다. 그 이유는 말라리아의 진원지로 믿어진 늪지에서 그 원충을 발견하지 못했기 때문이다. 기존의 '나쁜 공기' 이론의 전제하에서 새롭게 발견된 이 미생물이 말라리아에 대한 과학적 설명의 틀에 들어오기 위해서는 늪지에서 발견되는 경험적 테스트를 통과했어야 했는데 그러지 못했던 것이다.

이 점은 새로운 과학적 가설이 등장할 때 그것에 대한 평가는 항상 그 당시 받아들여지고 있던 다른 이론들의 배경 하에서 이루어진다는 사실을 잘 보여준다. 말라리아에 대한 주도적 이론이었던 '나쁜 공기'설과 환자의 몸속에서 발견된 원충이 말라리아의 원인이라는 새로운 가설을 결합하면 말라리아의 진원지인 늪지에서 그 원충이 발견되리라는 추론을 하는 것이 합리적이다. 그 당시 최고의 과학자들은 당연히 그런 합리적 추론에 입각하여 늪지를 면밀하게 조사했고 원충을 발견하지 못하자 원충이 말라리아의 원인이라는 가설을 거부했던 것이다.

이러한 상황을 편견에 사로잡혔던 과거의 비합리적 과학자들이 참된 가설을 부당하게 거부한 사례로 이해하는 것은 옳지 않다. 그보다 새로운 과학적 가설은 항상 기존의 배경지식에 비추어 평가되고, 과학지식의 성장은 한꺼번에 이루어지기보다는 한 단계씩 점진적으로 진행된다는 사실을 보여주는 것으로 이해되어야 한다. 모기의 체내에서 원충을 찾아야 한다는 (지금 우리에게는 당연한) '새로운' 가설이 제기되기 전까지는, 늪지에서 원충이 발견되지 않았다는 사실은 원충이 말라리아와 관련이 있다는 가설에 대한 치명적인 반론이었다.

말라리아의 정확한 원인과 감염 경로에 대해 온갖 이론이 난무했다. 이런 이론 중에는 말라리아가 콜레라처럼 식수를 통해 전파된다는 설로부터 말라리아를 하층계급의 문란한 성생활에서 발생한 성병으로 생각하는 견해까지 있었다. 전자는 과학적 가설이 제안되는 중요한 방식의 하나인 '유추'의 사례이다. 콜레라도 말라리아와 비슷하게 그 원인을 알 수 없다가 식수를 통해서 전염된다는 가설로 성공적인 대처를 했었기에, 그와 비슷한 전염양상을 보이는 말라리아에 대해 유사한 가설을 세워 보는 것은 자연스러운 일이었다. 그러나 유추가 과학적 발견법으로 유용하긴 하지만 성공을 보장해주지는 못한다. 말라리아는 콜레라와 매우 다른 전염경로를 가지기 때문이다. 반면 후자의 이론은 하층계급에 대한 19세기 유럽 중·상류층의 인식을 반영하고 있다. 사회적으로 큰 비용이 지불되는 말라리아와 같은 병에 대해 사회지배층은 희생양을 필요로 했고 당연히 그 화살은 사회적 약자인 하층계급에 돌아갔던 것이다. 이런 견해는 계층구조가 매우 엄격했던 영국에서 특별히 더 유행했다.

4. 로널드 로스와 말라리아 전염 메커니즘의 발견

말라리아 연구에 획기적인 도약을 이룩한 사람은 로널드 로스(Ronald Ross)였다. 인도에 주둔한 영국 군인의 열 자녀 중 맏이였던 로스는 1857년 히말라야 산맥 기슭에서 태어났다. 그는 영국에서 교육받았고 문학과 음악을 사랑했다. 상당히 박식했던 젊은 로스는 영구기관을 설계하려고 하는 등 무모한 일을 시도하기도 했다. 하지만 결국 아버지의 강요로 의사를 직업으로 택하게 되었다. 27세에 왕립외과의사회의 회원이 된 그는 인도의료원에 소속되어 방갈로르에서 근무하게 되었다. 당시 인도에서 근무하는 영국 의사들 대다수가 인도의료원이 보장해주는 편안한 삶에 빠져 있었다. 일은 하루에 몇 시간만 하면 되었고 대부분의 시간을 골프나 사격, 낚시 등으로 소일하며 보낼 수 있었다. 로스 역시 인도에서 근무한 처음 몇 년간 그런 취미에 탐닉했다. 시나 연애 소설에도 손을 댔는데, 이 소설들은 나중에 런던에서 출판되기도 했다. 그러나 이런 성공에도 불구하고 그는 인도에서의 의사생활을 지루해하고 있었으며 세속적 성취에 대한 열망으로 불타고 있었다.

1894년 런던을 방문한 로스는 질병에 대한 파스퇴르의 세균 원인설이 의학계에서 점차 주도권을 잡아가는 상황을 목도했다. 로스는 대만에서의 상피병 연구로 이미 명성을 날리던 패트릭 맨슨(Patrick Manson)을 찾아갔다. 50세의 맨슨은 로스보다 열세 살 많았지만, 그 둘은 해외 근무 경험, 열대 질병에 대한 관심, 과학적 정열, 스코틀랜드인의 혈통 등의 많은 공통점이 있었다. 게다가 두 사람 모두 모기가 말라리아를 옮긴다는, 당시 새롭게 등장한 이론에 공감하고 있었다. 하지만 현미경 사용법에 미숙했던 로스는 인도에 근무할 때 말라리아 원충을 감염자의 혈액 속에서 찾기 위해 오랜 시간을 보냈으나 늘 실패했다.

로스가 초기실험에서 말라리아 원충을 보지 못했다는 사실은 과학연구의 성격에 대해 시사하는 바가 많다. 현재는 실험에 익숙한 대학원생 정도면 어렵지 않게 찾을 수 있는 말라리아 원충이지만, 그것을 '어떻게' 찾아야 하는가에 대한 기준이 정립되지 전에 찾는 일은 매우 어려웠던 것이다. 즉, 찾는다고 아무에게나 '자연의 신비'가 보이는 것은 아닌 것이다. 일단 여러 연구자들에 의해 말라리아 원충이 어떻게 생겼고 그것을 보기 위해서는 어떤 점에 주의해야 하는지에 대한 표준적인 지침이 정해지고 나면 그 다음에는 그것에 대해 훈련을 거친 사람은 '누구나' 원충을 볼 수 있게 된다. 과학이나 공학 실험시간에 실험을 어떻게 수행해야 하고 실험결과는 어떻게 나와야 '정상적'인 것인지를 알려주는 실험교본이 필수적인 이유가 여기 있다. 그러나 연구를 갓 시작한 로스는 자신이 미래에 이 교본을 만들어내야 할 처지였기에 의지할 수 있는 지침 없이 좌충우돌 실험을 수행해야 했다.

로스가 겪었던 연구 초기의 어려움은 과학자들이 종종 단순하게 생각하는 '관찰'이 실은 매우 복잡한 개념임을 보여준다. 정상적인 지각능력을 갖춘 사람이면 누구나 수행할 수 있는 일상적 관찰에 비해, 과학적 관찰은 적절하게 훈련된 사람만이 수행할 수 있는 '장인적' 성격을 가진다. 또한 과학적 관찰은 대개 특정한 이론에 입각하여 이루어진다는 점에서 '이론 적재적(theory-laden)'이다. 자신의 X-ray 사진을 가리키며 '여길 보면……'이라며 설명하는 의사로 인해 당황한 경험이 누구나 한두 번은 있을 것이다. 관련된 이론에 익숙한 의사의 눈에는 의심의 여지없이 종양으로 '보이는' 형태가 그런 이론에 낯선 일반인의 눈에는 그저 까만 점과 하얀 점의 혼합으로밖에 보이지 않는 것이다. 이런 상황에서 관찰의 이론적재성의 핵심이 잘 드러난다.

맨슨은 야외에 있는 모기가 말라리아 원충의 '유모' 역할을 한다고 추측했다. 즉, 모기가 인간의 혈액을 빨 때 원충도 함께 얻은 후, 그 원충이 활발히 움직이는 형태로 자랄 때까지 체내에서 원충을 보호한다는 생각이다. 맨슨은 로스에게 그 원충을 보여준 후 말라리아 원충의 성장과 전염에 대해 자신이 알고 있거나 믿고 있는 내용을 이야기해 주었다. 로스는 지적 야망을 펼칠 수 있는 출구를 찾았을 뿐 아니라 자신을 지도해 줄 스승도 만난 셈이었다. 로스는 모기 체내에서 이루어지는 말라리아 원충의 성장과 발달을 관찰하여 맨슨의 추측을 증명하겠다는 결심을 가지고 인도로 돌아갔다.

그러나 혼자 힘으로는 원충을 찾을 수 없고, 모기에 대해서도 별로 아는 것도 없으며, 곤충해부조차 해보지 않은 사람에게 말라리아의 전염 메커니즘을 규명하겠다는 계획은 지나치게 무리한 욕심이었다. 실제로 로스가 말라리아의 전염경로를 밝혀냈을 때 그라시와 같은 몇몇 말라리아 전문가들은 로스가 모기도 제대로 분류할 줄도 모른다면서 그의 연구결과에 의구심을 표현했다. 일단 인도에 도착하자 로스는 자신이 하는 작업을 일일이 편지에 적어 맨슨에게 알렸다. 편지에는 연구과정에서 일이 잘 진척되지 않아 초조해하는 로스의 모습이 잘 나타나 있다. 로스는 모기해부에 익숙해지기 전까지 모기를 터뜨려 죽이기 십상이었고(모기가 얼마나 작은지 생각해보면 충분히 이해할 만한 일이다), 사육하던 모기 유충을 햇빛에 내놓아 전부 죽이기도 했다.

로스에게 맨슨은 늘 격려를 해주는 스승이자, 동료이며, 아버지와 같은 사람이었다. 그는 로스의 논문들이 학술잡지에 실리도록 도와주었고 정부의 지원을 받도록 해주었다. 또 재능과 자부심을 갖추고 있지만 경험이 부족한 젊은 로스에게 인내하라는 격려도 아끼지 않았다. 이에 로스는 열심히 노력하는 모습을 편지에서 강조함으로써 맨슨을 감동시키려 노력했다. 그의 편지는 불평, 좌절, 지체되는 연구에 대한 사과 및 분발하겠다는 약속 등으로 가득 차 있다.

맨슨과 로스의 관계는 과학연구에서 이미 그 분야에서 일정한 명성을 가진 사람이 신진 연구자를 적극적으로 후원하는 것이 과학의 발전을 위해 얼마나 중요한지, 그리고 신진 연구자는 선배 연구자의 마음에 들기 위해 일반적으로 어떻게 노력하는지, 또 신진 연구자가 실력 있는 연구자로 인정받기 위해서는 얼마나 큰 노력이 필요한지 등을 생생하게 보여준다.

그 당시 아무도 모기가 별다르게 중요하다고 생각하지 않았기에 모기에 대해 워낙 알려진 것이 없었다. 게다가 로스가 곤충에 대해 워낙 무지했기에 때문에(로스는 의사였지 곤충학자가 아니었다), 로스는 우선 모기에 대한 연구부터 차근차근 수행해나가야 했다. 이런 준비 작업에 2년 정도가 소요되었다. 이 사실은 자신이 잘 모르는 분야를 연구하며 '신뢰할 만한' 연구자로 인정받기 위해서는 그 분야에 대한 기초적인 훈련작업이 필요함을 보여준다. 그 후 몇 년 동안 로스는 계속해서 모기를 채집하고 말라리아에 걸린 사람의 피를 먹

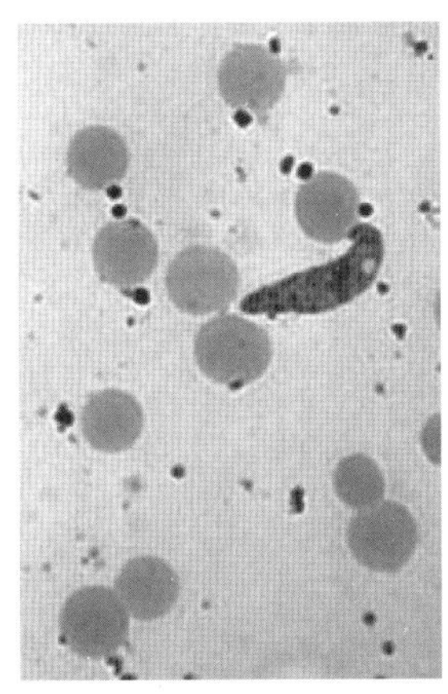

그림1 | **말라리아 원충 중 하나인 Plasmodium falciparum의 모습**

인 다음 해부해서 원충이 자라고 있는지 관찰했지만 주목할 만한 결론에 이르지 못했다.

그 당시 많은 사람들은 온혈동물인 인간의 피 속에 살던 말라리아 원충이 냉혈동물인 모기의 체내에서 살아남는 것은 불가능하다고 생각했다. 실제로 로스가 실험한 많은 종류의 모기 체내에서 원충은 이런 일반적 믿음에 부합하여 그냥 죽어버렸다. 그런데 놀랍게도 로스는 가장 흔한 모기 종류 중 하나인 아노펠레스(anopheles)의 내장에서 살아있는 말라리아 원충의 알을 발견할 수 있었다. 로스는 또한 알들이 부화되어서 수천 개의 막대 모양 원충을 모기 체내에 퍼뜨리고 이 원충들이 다시 모기의 내장을 거쳐서 모기 몸속으로 진입한 다음 머리 쪽으로 '행군'하더니 약속이나 한 듯 정확하게 모기의 '침샘'에 집결하는 것까지 관찰했다. 이제 말라리아 원충들은 모기의 다음 식사시간에 다른 인간의 몸속으로 투입될 준비를 완료된 셈이다. 이런 방식으로 말라리아 원충은 인간의 몸과 모기의 몸을 돌아다니면서 자신의 생존을 이어가고 그 부산물로 인간에게 말라리아라는 무서운 질병을 안겨주는 것이다 (〈그림 1〉 참조).

5. 모기 박멸 작전, DDT, WHO

로스의 연구를 통해서 말라리아 원충이 매우 복잡한 생활주기(life cycle)를 가진다는 사실이 알려졌다. 그러므로 이 주기의 연결고리 중 어느 하나만 끊으면 원충을 없앨 수 있게 된다. 이는 자연에 대한 지식, 특히 올바른 인과관계에 대한 지식이 '효과적인 대처법'으로 연결될 수 있음을 보여 주는 좋은 예이다. 많은 사람들이 모기 박멸이 말라리아 박멸의 열쇠라는 생각을 하게 되었다. 그래서 우선 모기의 서식지를 없애기 위해 늪을 메우거나 습지에 석유를 뿌리기 시작했고 나중에는 폭탄까지 사용하게 되었다. 이 방법은 상당한 성공을 거두었다. 1930년대에 무솔리니는 로마가 역사상 최초로 말라리아가 없는 지역이 되었다고 자랑스럽게 선포할 정도였다. 이런 선포가 무솔리니에게 정치적으로 이익이 되었음은 쉽게 짐작할 수 있다.

미군은 말라리아 연구에 특별한 관심을 가지고 있었다. '지구상의 어떤 곳에서도 작전을 수행할 수 있다'는 점을 자랑하는 미군에게 말라리아는 반드시 해결해야 할 문제였다. 미국방질병연구소는 제2차 세계대전을 전후로 수천 가지의 화합물을 테스트해서 강력한 살충제를 발견하려 노력했고 결국 성공했다. 사실 이 물질은 오래전부터 알려져 있었다. 스위스의 과학자 폴 뮬러(Paul Mller)는 오래전 독일에서 나방을 잡기 위해 발명된 화학약품을 이용해 네오사이드라는 살충제를 만들었는데 미군의 과학자들은 이 물질을 개량한 것이다. 새로운 살충제의 효과가 증명된 후, 영국과 미국의 공장에서는 이 살충제를 'DDT'로 명명하고 톤 단위로 생산하기 시작했다.

DDT는 모기의 신경계에 효과적으로 작용하며, 아주 적은 양으로도 장시간 살충효과를 유지하는 것으로 유명했다. 그 지속성은 DDT를 뿌린지 1년이 지난 벽에 붙은 모기까지 죽을 정도였다. 게다가 적어도 단기적으로는 인간에게 그다지 해롭지 않은 것으로 판단되었다. 하지만 DDT가 모기에 대한 전쟁에서 주요 무기로 채택되게 된 데는, 가장 가난한 나라조차 사용할 수 있을 정도로 값이 쌌다는 사실이 무엇보다 결정적이었다. 서로 경쟁하는 하나 이상의 과학기술적 해법 중 특정한 것이 연구되고 선택되는 과정에서 경제적인 고려가 반드시 포함된다는 사실은 각 사회마다 과학기술 연구에 쓸 수 있는 자원은 한정되어 있다는 점을 고려할 때 당연한 일이다.

DDT와 같은 강력하고 경제적인 살충제의 등장은 WHO(세계보건기구)로 하여금 제2차 세계대전 이후, 모기를 근절시키고 말라리아 없는 미래세계를 이룩하자는 범세계적 캠페인을 전개할 수 있게 하였다. 그들의 계획에 따르면 1990년이 되면 말라리아는 역사책으로 사라질 질병이었다. 이 작업은 실제로 엄청난 규모로 전 세계 곳곳에서 이루어졌다. 그 당시 WHO의 홍보영화를 보면 아프리카의 궁벽한 마을의 초막집에서부터 미국 대도시의 골목 구석구석까지 하얀 가루를 수없이 뿌려대는 장면과 인류의 밝은 미래를 연결시켰음을 알 수 있다. 이러한 대규모 살포의 효과는 놀랄만한 것이었다. 이 운동은 유럽과 북아메리카 그리고 러시아로부터 말라리아를 근절하는데 성공했고, 열대지역에서조차 발병률은 현저하게 저하되었다.

6. 모기의 역습과 DDT 계획의 실패

모기는 매우 다산성 곤충이어서 암모기 한 마리가 몇 주 내에 수백만 마리의 모기떼를 발생시킬 수 있다. 그러므로 특정 살충제에 저항력을 가진 개체가 모기집단 내에 이미 존재했거나 돌연변이를 통해 출현하면 금방 그런 저항능력이 전 개체군으로 퍼지게 된다. 이런 이유로 결국에는 DDT에 대한 저항력을 가진 모기들이 나타나 말라리아가 다시 발생하게 되었다.

물론 과학자들은 이런 '모기의 역습'에 대항하여 새로운 살충제를 계속해서 개발해냈다. 하지만 이 살충제들은 DDT에 비해서 훨씬(수백 배 이상) 비쌌기 때문에, WHO는 이런 살충제를 사용해서 전 세계적으로 말라리아를 박멸하겠다는 생각을 다시는 가질 수가 없었다. 게다가 모기들은 매우 쉽게, 더욱 빠른 속도로, 새로 등장하는 살충제에 적응해 나갔다. 이런 모기의 적응력에 대항할 수 있는 집단은 돈이 충분히 많고 주민의 건강에 대한 지역정부의 의지가 확고해서 '모기와의 전쟁'을 지속적으로 철저하게 수행할 수 있는 부자나라뿐이다. 미국의 플로리다 주가 그 한 예로, 이곳에서 모기와의 전쟁은 헬리콥터와 트럭 등을 동원해서 일 년 내내 계속된다. 하지만 이런 방식으로 '모기와의 전쟁'을 수행하는 데는 정말 돈이 많이 든다. 플로리다 주와 같은 열대기후를 '모기청정지역'으로 유지시키는 데는 무려 일 년에 3억 달러가 든다. 이 돈은 말라리아가 기승을 부리는 대부분의 나라에서는 꿈도 꿀 수 없는 액수이다.

게다가 좀 더 본질적인 문제도 있다. DDT가 효과적이었던 것은 사실이지만 그것에만 너무 일방적으로 의존함으로써 다른 방식으로 모기와 싸울 수 있는 방법에 대한 연구를 소홀히 하게 되었다는 사실이다. 15년간 주로 인도에서 말라리아와 싸웠던 한 연구자는 DDT가 거둔 성공은 살충제의 공격을 받은 모기들이 실내에서 쉽게 퇴치 가능한 집모기형이라는 사실 때문인지도 모른다고 지적했다. 사실 DDT가 큰 성공을 거둔 지역인 그리스, 사르디니아, 타이완 등의 모기들은 서식지가 일정해서 전부 쉽게 죽일 수 있는 종류였다.

영국 과학자 맥아서는 모든 말라리아 발생상황에 항상 DDT만을 사용함으로써 특정 지역에서 효과적이었던 많은 기술들이 잊어지고 있다고 우려를 표명했다. 그는 보르네오의 그늘진 밀림 지대에서는 극히 일부의 밀림만 청소했는데도 말라리아 매개 모기가 서식지를 떠났다고 보고했다. 그 결과 말라리아 원충으로 고통 받던 주민의 비율이 95%에서 순식간에 45%로 떨어졌다. 맥아서는 이 전략과 DDT 사용 전략의 효율성을 비교하는 실험을 제안했지만, 열렬한 DDT 찬성자들이 이를 거절하였다. 국소적인 모기대응 전략이 전 지구적 규모의 전략보다 우월할 수 있는 가능성이 존재함에도 '원대한' 계획에만 매력을 느꼈던 사람들이 이를 무시했던 것이다.

WHO의 모기 박멸 계획이 7년이라는 시간과 대규모 자금을 동원하여 수행된 후 전 세계에서 모기 박멸의 실패 사례가 점점 나타났다. 대만은 박멸 기록을 유지했지만, 스리랑카에서는 말라리아가 다시 돌아오면서 1969년 50만 명의 환자가 발생하였다. 결국 같은 해 WHO는 모기 박멸 계획이 실패했음을 공식적으로 인정하였다. 그런 후 WHO는 모기 '박멸'이 아니라 모기 '통제'로 자신들의 목표를 낮춰 잡을 수밖에 없게 되었다.

여기에 더해 중년의 생물학자가 쓴 책이 DDT를 사용한 군대식 모기 방제를 추진했던 사람들에 대한 최후의 일격을 가했다. 1962년에 출간된 레이첼 카슨의 『침묵의 봄(Silent Spring)』은 출간 즉시 세계 언론의 주목을 받았고, 그 책에서 제기된 비판의 날카로움은 현재까지도 사라지지 않고 있다. 무엇보다도 이 책이 끼친 가장 큰 영향은 DDT가 안전하다는 보편적인 주장에 도전한 것이었다. 카슨은 DDT가 특정 조류의 감소와 연관되어 있다는 확실한 증거를 제시하면서, 살충제를 취급했던 노동자들의 건강 문제와 살충제에 노출된 물고기의 암 발생을 연이어 지적하였다. DDT가 모유에서 발견되었으며 아기의 몸에 축적될 수 있다는 사실을 일반인들이 깨달은 것도 카슨을 통해서였고, 이미 1950년에 미국식품의약청이 발표한 '확실히 디디티의 잠재적 위험성이 과소평가 되고 있다'는 경고를 대중에게 알려준 사람도 카슨이었다.

『침묵의 봄』이 나오자 전 세계적으로 DDT를 사용금지하는 법안들이 통과되기 시작했다. 그렇지만 몇몇 말라리아 모기 연구자들은 이 살충제를 세계적으로 금지시킨 것은 공중보건에 심각한 타격을 입혔다고 생각한다. 그들은 휴식 중인 모기를 죽일 수 있는 무기로서 어떤 화학약품도 DDT와 비교될 수 없다는 점을 지적한다. 그들은 또한 모기의 특정 개체군이 저항성을 획득하기 전에 계획적으로 적당한 양만을 사용할 때 DDT만큼 강력한 살충력을 지닌 약품은 아직까지 없었다고 주장한다.

현재 말라리아 연구의 관심은 유전공학의 대두로 분자생물학적 해법에 쏠리고 있다. 가령, 말라리아 모기들을 유전자 조작을 통해 불임으로 만든다든가, 말라리아 원충의 유전자를 해독하여 백신을 만든다든지 하는 계획들이 논의되고 있다. 이처럼 말라리아는 동일한 질병에 대해라도 그것을 곤충학적 입장에서 접근하느냐, 혹은 유전학의 입장에서 접근하느냐에 따라 각 분야의 전문가들끼리도 상당한 이해관계의 충돌과 그와 연관된 학술적 견해차이가 있을 수 있음을 보여주는 좋은 예이다.

그런데 실제로 문제는 더 복잡하다. 많은 공중보건 전문가들은 말라리아로 가장 큰 피해를 보는 아프리카의 열대지역에서는 살충제가 입혀진 모기장을 체계적으로 보급하는 것만으로도 엄청난 효과를 볼 수 있다고 지적한다. 개발 후 비싸게 팔 수 있는 신약 개발과 같은 하이테크 산업에만 돈을 쏟아붓는 선진국의 말라리아 연구 행태에 경종을 울리는 지적이 아닐 수 없다.

7. 말라리아 항생제의 개발과 원충의 역습

우리는 이상에서 말라리아를 모기박멸을 통해 없애려는 노력이 실패했음을 보았다. 하지만 말라리아는 모기가 아닌 원충에서 그 전염경로를 차단할 수도 있다. 즉 말라리아 원충에 대한 항생제 개발의 가능성이 남아 있는 것이다. 물론 역사적으로 볼 때 모기퇴치 계획이 실패로 돌아간 후에야 사람들이 원충 공략에 나선 것은 아니었다. 말라리아에 대한 공격은 두 방향에서 거의 동시에 이루어졌다. 하지만 '모기의 역습' 이후 원충을 공격해야 할 이유는 더욱 절실해졌다.

불행히도 말라리아 원충은 '교활하다'. 이 원충은 인간 면역계의 반응을 피해갈 수 있도록 수백만 년 동안 진화해 왔다. 그 결과 말라리아 원충은 우리 몸속에서 적혈구 내에 살며 몸이 가진 면역기능을 피해간다. 우리 몸의 면역체계는 오직 적혈구만 '볼' 수 있을 뿐 그 안에 있는 원충은 보지 못하는 것이다. 또한 말라리아 원충은 워낙 형태를 자주 바꾸기 때문에 형태특이성에 기초한 우리 몸의 면역기능이 효과적으로 대처하기 어렵다.

게다가 원충은 생활사가 너무 복잡해서 대항백신을 만드는 일이 매우 어렵다. 모기가 주둥이를 통해 실 모양의 말라리아 포자(sporozoites) 수십 마리를 사람에게 옮기면 이들은 잠시 피부에 머물다가 간으로 이동한다. 원충은 간에서 변태하면서 증식하기 시작한다. 대략 일주일 후 수만 마리나 되는 원충이 사람의 면역 반응이 시작되기 전에 혈류 속으로 들어간다. 진화에 의해 갖게 된 또 다른 방책으로 원충은 적혈구에 작은 혹을 만드는데 그 덕분에 비장에 의한 제거를 피할 수 있다. 모기가 흡혈한 지 2주쯤 되면 모기가 옮긴 원충이 이미 수조 개로 늘어나 희생자의 몸속에 있게 된다.

말라리아를 치료할 수 있는 약물의 효력은 그것이 가진 분자구조에 의존한다. 오래전부터 말라리아에 효과적이라고 알려진 키니네라는 약물이 있는데 남아메리카에서 자라는 한 식물의 껍질로부터 추출된다. 키니네는 매우 효과적이었지만 많은 양을 장기간 복용해야 하고 환각 증세를 비롯한 많은 부작용이 따랐기 때문에 안전한 약물은 아니었다. 게다가 키니네는 비쌌다. 그래서 1940년경에 과학자들은 키니네의 분자를 결정화해서 보다 안전하고 싼 항말라리아 약품을 제조했다. 첫 번째로 제조된 것이 클로라퀸(chloraquine)이었는데 매우 효과적이었다. 1950년대가 되면 이 약품은 널리 이용되었고 수많은 사람의 목숨을 구했다.

하지만 모기의 체내에서 원충도 진화와 적응을 한다. 원충의 수많은 돌연변이 중에서 점차 클로라퀸의 분자구조를 인식하고 이에 저항력을 가진 것들이 등장하기 시작했다. 이런 '원충의 역습'은 1950년대 말에 콜롬비아와 태국에서 일어났고, 그 후 클로라퀸은 지구상의 거의 대부분의 지역에서 약효를 잃었다(다행스럽게도 우리나라에서는 아직까지 약효가 지속되고 있다). 물론 과학자들은 계속해서 대체 약품을 개발했지만 그 약들도 원충의 계속되는 '역습'에 의해 금방 무용지물이 되고 말았다. 여기에는 이유가 있었다. 이런 모든 약물은 모두 기본적으로는 키니네 분자구조의 변형이었기 때문에 한 약물에 대한 저항력을 획득한 원충은 금방 다른 변형약물에 대해서도 저항력을 갖게 되었던 것이다. 70년대 말이 되면 WHO 관계자들은 말라리아 치료에 추천할 약이 없었기에 무척 걱정하게 되었다. 당연히 과학자들은 클로라퀸과 획기적으로 다른 분자구조를 가진 약물을 찾아보려고 노력했다.

8. 중국 문화혁명과 칭하오수

잠시 중국의 문화혁명으로 이야기를 돌려보자. 문화혁명은 여러 측면을 가진 매우 복잡한 사건이지만 그 한 축은 서양 문물에 대한 비판적 태도와 중국 전통에 대한 재인식이라고 할 수 있다. 그러한 경향은 약품 개발에 있어서 서양약품이 아니라 중국의 전통적인 약품에 관심을 기울이려는 노력으로 나타났다.

1967년에 일군의 중국 과학자들이 말라리아 퇴치 약을 중국의 전통약품에서 찾기 위해 연구팀을 조직했다. 연구팀은 중국의 고전에 등장하는 200여 종의 약초가 말라리아에 대해 갖는 효능을 하나하나 검사해나갔다. 그래서 쑥의 일종인 아티메시아(artimesia)라고 하는 식물로 전통적인 제조법으로 만든 약초차가 말라리아를 치료할 수 있다는 데 관심을 갖게 되었고, 결국 그 약초의 화학 성분을 분리해내기에 이르렀다. 그렇게 분리해낸 약물의 효과는 인상적이었다. 연구팀은 이 약물을 보다 정제해서 그 효과를 완결시켰다. 그렇지만 이런 '비법'을 외부에 유출시키지 않으려는 중국 정부의 의지와 기타 여러 정치적 요인들 때문에 이 작업이 서양 세계로 알려진 것은 동서 화해 무드가 어느 정도 진행된 후인 1979년이었다.

이 약에 대한 논문이 홍콩에서 발간되는 영문 학술지에 등장했을 때, 대다수 말라리아 연구자들의 반응은 믿기 어렵다는 것이었다. 이런 불신에는 그전까지 중국의 의학저널에 실렸던 여러 주장들이 과장되거나 오류로 판명 났던 선례(예를 들어 침으로 말라리아를 고쳤다든가 명상을 통해서 DNA를 꼬이게 할 수 있다는 등)의 영향이 있었다. 또한 중국의 과학 수준을 서구의 그것에 비해 낮게 평가하는 서구 과학자들의 선입견도 한몫했다.

게다가 완전히 새로운 구조의 이 약물은 그 전까지 표준적인 화학 교과서에서는 별로 주목을 받지 못하던 구조를 가지고 있었다. 이 구조는 과산화물(endo-peroxide)이라는 기를 가지고 있는데 그때까지 알려진 과산화물 기를 포함하는 물질은 모두 불안정했다. 이 기를 가진 화합물들은 공기와 접하면 분해되어 버리고 만다. 그런데 중국 과학자들은 이 약이 인체 내에서 효력을 지닐 수 있을 정도로 오랫동안 안정된 상태를 유지한다고 주장했던 것이다.

쿤의 정상과학의 개념을 빌려 설명하자면, 중국과학자들의 주장은 말라리아에 대한 기존 패러다임의 표준적 믿음 중 많은 부분에 정면으로 도전하는 것이었다. 물론 이런 표준적 믿음이 틀릴 가능성은 언제나 존재한다. 하지만 정상과학 내에서 연구하는 말라리아 연구자들 입장에서는 중국 과학자의 주장에 귀를 기울이다가 자신의 연구경력을 완전히 망칠 위험성이 상당히 높다는 점을 무시할 수 없었다. 일반 연구자들이 이런 위험을 감수할 결단을 내린다는 것은 쉽지 않았다.

하지만 효과적인 말라리아 치료약을 시급하게 필요로 하던 한 집단에서는 어떤 위험도 감수할 자세가 되어 있었고, 중국과학자들의 주장에 매우 큰 관심을 가지고 있었다. 그 집단은 다름 아닌 미 육군이었다. 미 육군 소속 연구자들은 중국 과학자들이 이 신비로운 식물로부터 추출한 물질의 샘플을 얻어서 연구해보고 싶어 했다. 하지만 샘플을 얻고 싶다는 미 육군의 요청은 중국 연구자에게는 외국인들이 거만하게 중국의 발견을 빼앗아가는 것으로 비쳐졌다. 상호간의 불신은 깊었고, 이런 상황에서 WHO에서 말라리아 근절위원회의 위원직을 맡고 있는 사람들 중 다수가 미 군사 관계자였고 군복을 입고 보란 듯이 회의에 참석했다는 점도 중국을 자극하기에 충분했다.

결국 미군은 스스로 이 식물을 찾기로 했다. 신비로운 효능을 가진 비전(秘傳)의 약초라고 하니 분명 어떤 희귀한 장소에만 날 것이라고 생각했다. 그래서 미 육군은 아프리카와 유럽, 남아메리카 등을 샅샅이 뒤졌지만 이 식물을 찾지 못했다. 결국 그들이 이 식물을 발견한 곳은 자신들의 수도인 워싱턴 DC를 가로지르는 포토맥 강가에서였다. 일단 식물이 중국인들이 발견한 그 약초임이 확인되자 그 후에 사람들은 이 식물을 아무 곳에서나 발견했다. 그 전까지는 아무도 신경 쓰지 않던 정원의 잡초였던 것이다. 여기서도 우리는 다시 한 번 관찰의 이론적재성을 확인한다. 단순히 정리를 위해 만든 것처럼 생각되기 쉬운 동식물 분류체계가 실은 매우 이론적재적이었던 것이다.

일단 원료가 구해지자 미군은 비밀리에 10년간 연구를 수행했다. 그들은 중국 연구팀의 연구를 모두 반복하고 화합물을 정제했다. 90년대 후반이 되어서야 이 화합물이 어떻게 원충을 죽이는지에 대해 그 메커니즘이 알려지게 되었다. 결론은 이 화합물의 불안정한 구조가 역설적으로 말라리아를 효과적으로 죽일 수 있는 능력을 제공한다는 것이었다. 과산화 브릿지가 일종의 방아쇠 역할을 해서, 두 산소기에 철이 닿으면 전체 분자가 폭발해버리고 만다. 그 결과 자유 래디컬이라는 매우 독성이 강한 물질이 생겨나는데 이것이 말라리아 원충을 죽이게 된다. 말라리아 원충은 적혈구내에 살기 때문에 많은 양의 철분에 노출되어 있고, 이 철분을 축적하는 성질을 가졌다. 그러므로 말라리아 원충은 이 '화학폭탄'을 스스로 끌어당기게 되는 것이다. 게다가 쑥에서 추출한 이 화합물의 분자구조가 워낙 불안정해서 원충이 이 화합물을 미처 인지하기도 전에 폭발해버리고 만다. 이 때문에 말라리아 연구자들은 말라리아 원충이 이 약물, 칭하오수(Quing Hao Su, '개똥쑥의 엑기스' 정도의 의미)에 대한 저항능력을 갖게 되기는 어려울 것이라고 기대하고 있다.

9. 맺음말

말라리아는 인류에게 매우 큰 고통을 가져다주었고 지금도 세계 각지에서 많은 인명을 앗아가고 있는 무서운 질병이다. 이 장에서는 이런 질병에 대처해왔던 인류 역사의 몇

몇 에피소드들을 살펴보았다. 이상에서 확실히 알 수 있는 것은 말라리아에 대한 연구가 단순히 말라리아 원충의 생활주기를 발견해내는 곤충학의 연구도 아니었고, 의약품을 개발하는 약학의 문제만도 아니었으며, 살충제를 개발하는 생화학의 문제만도 아니었다는 것이다. 그보다 이런 모든 과학기술의 분야들이 총체적으로 어우러질 때 말라리아에 대한 효과적인 통제방법이 밝혀질 수 있었다.

실은 말라리아의 역사는 과학기술 연구에 국한되지 않는다. 결국은 실패로 돌아간 모기 박멸 작전의 예나 말라리아 대처 예산을 어디에 집중적으로 투자해야 하는가에 대한 최근 논쟁에서도 볼 수 있듯이 과학기술의 연구는 많은 경우 사회정치적 고려와 매우 밀접한 관련을 가지고 있다. 이러한 관련이 과학기술의 객관성을 감소시키는 것은 아니다. 다만 현대 사회에서 과학기술 연구를 '적절하게' 수행하고 사회적으로 '바람직한' 선택을 하기 위해서는 과학기술의 본성에 대한 이해가 사회문화적 맥락에 대한 이해와 결합되어야 함을 의미할 뿐이다.

더 생각해볼 주제

—

- 말라리아를 유전학적 방법으로 정복할 수 있다는 최근 유행하고 있는 주장에 대해 그 타당성에 대해 생각해 보라.
- 암 연구의 역사에서도 말라리아 연구의 역사에서 볼 수 있었던 여러 논점들을 찾아낼 수 있는지 조사해 보라.

더 읽어볼 거리

—

레이첼 카슨, 『침묵의 봄』, 에코리브르.

아툴 가완디, 『나는 고백한다, 현대의학을』, 소소.

테오 콜본 외, 『도둑맞은 미래』, 사이언스북스.

Butler, Declan, "What difference does a gerome make?" *Nature* 419: 426-8, 2002.

함께 볼 만한 영화

—

영화 '패왕별희'를 보고 구체적인 수준에서의 문화혁명의 성격을 이해한다.

가볼 만한 사이트

—

Mosquito! (BBC science program, 'Horizon', Thursday, 15th October 1998)

방송 스크립트는 http://www.bbc.co.uk/science/horizon/mosquitotrans.shtml 에서 볼 수 있음.

인류의 말라리아와의 전쟁에서 중요한 역할을 한 London School of Hygiene and Tropical Medicine 에 대해서는 http://www.lshtm.ac.uk/home.html 참조.

National Institutes of Health–USA http://www.nih.gov/

WHO의 Roll–Back Malaris Program에 대해서는 http://rbm.who.int/cgi–bin/rbm/dhome_rbm.jsp?ts=3251457084&service=rbm&com=gen&lang=en 참조.

02

과학은 비즈니스?

1. "잡무"가 너무 많은 과학자

오늘날 과학 연구는 많은 것을 필요로 한다. 실험을 할 수 있는 공간, 그 곳을 채워 줄 비싼 실험 기자재들, 실험을 도와줄 인력, 그리고 무엇보다 실험을 계속하기 위해서는 돈이 필요하다. 과거에 과학자 혼자 집의 한 구석에서 실험을 하던 때도 있었으나 지금은 하나의 실험에 적게는 3~4명, 많게는 수백, 수천 명이 참여할 만큼 과학연구의 규모가 커졌다. 실험 하나하나의 규모가 커지면서 과학 연구에서 돈을 확보하는 일은 연구의 존망을 결정짓는 가장 시급한 문제 중 하나가 되었다.

이처럼 과학 연구에서 재정을 조달하는 일이 큰 비중을 차지하게 되자 과학자들에게 그것은 연구 이외의 새로운 부담으로 다가왔다. 연구에 필요한 재정을 확보하기 위해 과학자는 자신의 연구가 지닌 학문적인 가치와 함께 그것이 사회에 제공해줄 유용성을 강조하면서 연구를 정당화하는 작업을 끊임없이 행해야 하고, 돈을 지원해주는 다양한 기관들의 요구 사항에 맞게 지나치게 형식화된 것처럼 보이는 행정 서류를 만들고 예산안을 짜야 한다. 그렇게 해서 연구비를 지원받게 되었다고 일이 끝나는 것은 아니다. 연구비를 사용한 후에는 사용 명목을 밝히는 행정적인, 그래서 비효율적으로 보이는 상세한 결산 보고서와 연구에 대한 결과보고서를 제출해서 심사를 받고 다시 다음 번 예산에 대해 고민해야 한다.

이런 현실에 직면해서 일부 과학자들은 현재의 상태에 대해 불만을 터뜨리곤 한다. 연구를 하기에도 부족한 시간에 연구 이외의 '잡무'에 들어가는 시간이 너무 아깝다는 것이다. 혹자는 '잡무'가 연구에 필요한 시간을 앗아가서 훌륭한 성과를 내는 것을 방해한다고 불평하기도 한다. 일부는 과학자가 과학 연구에만 전념할 수 있었던 '좋았을 옛 시절'을 그려보면서 현재 상황을 한탄하기도 한다. 과거에는 과학자가 오직 연구에만 몰두할 수 있었던 '좋은 시절'이 있었다고 생각하면서 현실을 비판하는 거울로 과거를 끌어들이곤 한다. 그러나 역사적으로 볼 때 그런 식으로 과학자에게 '좋았던 옛 시절'은 거의 없거나 있었다고 해도 지금 생각하는 것과는 상당히 다른 상황이었다. 어느 시대에나 과학자가 사회에서 고립되어서 존재하기는 힘들었으며, 그것이 가능했다면 그것은 과학이라는 학문이 오늘날처럼 사회적인 유용성을 인정받지 못하여 과학자들의 연구가 사회에서 아무런 관심도 끌지 못했을 때만 가능했다.

역사적인 사례들을 들여다봐도 과학이 사회에서 그 중요성을 인정받은 근대 이후 과학자들은 늘 사회 속에 위치하면서 그곳에서 연구에 필요한 자원들을 동원하고 그것을 동원하기 위해 다양한 "잡무"들을 해야만 했다. 이 점에 있어서 유명한 과학자 갈릴레오 갈릴레이(Galileo Galilei, 1564-1642)* 도 예외는 아니었다. 오히려 그는 이런 면에서 베테랑이었다. 이 글에서는 갈릴레오가 과학 연구에 필요한 다양한 사회적 자원들을 동원하기 위해 어떤 전략들을 구사했는지를 보고, 이를 통해 과학자가 재정적·인적·인식론적·사회적 자원을 동원하는 과정에서 과학과 사회가 상호작용하는 다양한 모습들을 살펴보도록 하자.

2. 갈릴레오 갈릴레이와 후원: 전략적인 과학자

갈릴레오는 몇 개의 유명한 일화로 잘 알려져 있는데, 이것들은 그의 대중적인 이미지를 형성하는 데 기여했다. 가장 유명한 일화는 태양중심설을 주장하는 코페르니쿠스 체계를 공공연히 지지했다는 이유로 종교재판에 회부된 사건으로, 그는 더 이상 글이나 다른 어떤 형식으로도 태양중심설을 옹호하지 않겠다는 서약을 하고 재판정을 나서면서도 "그래도 지구는 돈다"고 말하면서 자신의 과학적인 신념을 굽히지 않았다고 한다. 또다른 일화로는 피사의 사탑에서 행했다는 실험을 들 수 있다. 당시 피사대학

그림1 | **갈릴레오 갈릴레이**

---

* 갈릴레오 갈릴레이(1564-1642): 이탈리아 피렌체 출신의 천문학자, 물리학자, 수학자. 발명된 지 얼마 되지 않았던 망원경을 이용해서 하늘을 관측하여 달 표면이 매끄럽지 못하다는 것과 태양에 흑점이 있다는 사실을 발견하여 중세를 지배했던 프톨레마이오스 우주 체계에 반하는 증거들을 제시했다. 이를 통해서 코페르니쿠스 우주 체계를 공공연히 지지하는 주장을 퍼뜨렸다는 이유로 종교재판에 회부된 것으로 잘 알려져 있다. 재판정을 나오면서 "그래도 지구는 돈다"라고 말했다고 알려져서 과학적 신념을 굽히지 않는 강직한 과학자의 이미지로 그려지고 있지만, 이 일화는 사실이 아니라고 한다. 역학에서는 관성 개념과 등가속도 운동을 분석하는 업적을 남겼다.

자연철학 교수들은 전통적인 아리스토텔레스주의 물리학을 고수하면서 무거운 물체가 가벼운 물체보다 더 빨리 낙하한다고 생각했는데, 갈릴레오는 그들이 오가는 길에 있는 피사의 사탑에서 무거운 물체와 가벼운 물체를 낙하시켜서 두 물체가 무게에 상관없이 동시에 낙하한다는 것을 실험으로 증명했다는 것이다.

이들 일화를 통해 갈릴레오는 과학적인 신념을 강직하게 지켜내는 인물로 그려졌다. 이 일화들은 역사적인 사실이 아닌 것으로 밝혀지기는 했지만, 이 일화들이 과학자 갈릴레오의 일면을 보여주고 있다는 점에서 나름대로의 가치를 지닌다고 할 수 있다. 종교재판 일화에서 보이는 것처럼 갈릴레오는 자신의 과학 이론에 대해 확고한 신념을 지니고 있었고, 피사의 사탑 실험에서 보이는 것처럼 반대자들을 '조롱'하는 데 능했다. 자, 이제 지금까지 보아왔던 것과는 조금 다른 갈릴레오의 모습을 들여다보자.

갈릴레오는 망원경을 하늘에 돌릴 생각을 한 최초의 인물로 알려져 있다. 17세기 초 네덜란드의 한 렌즈제작자에 의해 망원경이 최초로 발명된 직후 사람들은 그것을 항해나 전쟁 용도, 혹은 신기한 장난감으로 여겼다. 망원경의 소식을 접한 갈릴레오는 그것을 개량하여 천체를 관측하는 데 이용했고, 1610년 봄 관측 결과를 『별의 전령(Sidereus Nuncius)』이라는 책으로 출판했다. 여기서 그는 달의 표면이 울퉁불퉁하고 하늘에 떠 있는 별이 우리가 생각하는 것보다 훨씬 많다는 사실을 밝혔다. 그리고 최근 발견한 새로운 별에 대해 소개했다. 그것은 목성 주위를 도는 네 개의 위성으로, 지구 주위를 도는 달과 같은 지위를 지니는 천체들이었다. 갈릴레오는 그 별들에 당시 투스카니(Tuscani) 지방을 지배하고 있던 메디치 가문(Medici)을 따서 "메디치의 별(Medician Stars)"로 이름 붙이고 이 내용이 담겨 있는 『별의 전령』을 투스카니 대공(Grand Duke of Tuscani)이었던 코지모 2세(Cosimo Ⅱ)에게 헌정했다.* 이 대가로 메디치가는 1610년 가을 파두아 대학의 수학교수였던 갈릴레오를 "대공의 수학자 겸 자연철학자"로 임명하고 별도로 교육을 할 의무를 지우지 않으면서도 당시로서는 큰 액수였던 1000스쿠디(scudi)의 연봉을 보장했다.**

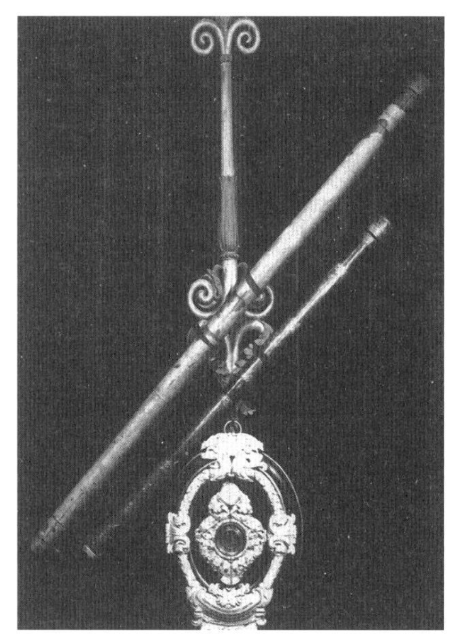

그림2 | **갈릴레오의 망원경**

한 명의 과학자가 신기한 기구를 사용하여 새로운 발견을 하였고, 그 발견을 권력자의 이름과 연결시켜 안정된 자리

* 오늘날 목성의 네 개의 위성은 이오, 에우로파, 가니메데, 칼리스토라고 부른다.

** 정확한 비교는 불가능하지만 갈릴레오가 보장받은 연봉은 당시 피렌체 궁정의 고관의 연봉에 비길 만한 것이었다.

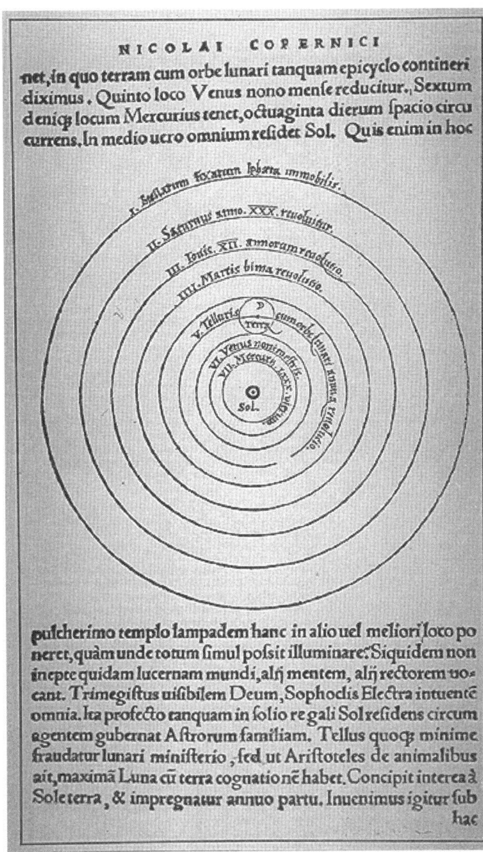
NICOLAI COPERNICI

net, in quo terram cum orbe lunari tanquam epicyclo contineri diximus. Quinto loco Venus nono menſe reducitur. Sextum denique locum Mercurius tenet, octuaginta dierum ſpacio circu currens. In medio uero omnium reſidet Sol. Quis enim in hoc

pulcherrimo templo lampadem hanc in alio uel meliori loco poneret, quàm unde totum ſimul poſſit illuminare? Siquidem non inepte quidam lucernam mundi, alij mentem, alij rectorem uocant. Trimegiſtus uiſibilem Deum, Sophoclis Electra intuentē omnia. Ita profecto tanquam in ſolio regali Sol reſidens circum agentem gubernat Aſtrorum familiam. Tellus quoque minime fraudatur lunari miniſterio, ſed ut Ariſtoteles de animalibus ait, maximā Luna cū terra cognationē habet. Concipit interea à Sole terra, & impregnatur annuo partu. Inuenimus igitur ſub hac

그림3 | **코페르니쿠스의 「천구의 회전에 관하여」에 나오는 태양 중심 체계**

와 상당한 보수를 받았다. 자신의 발견을 온당히 자신의 것으로 만들지 못하고 권력자에게 아부하는 면모가 보이기는 해도 이 정도의 사건이라면, 갈릴레오가 그 일을 했다고 해도, 흔히 일어날 수 있는 일 정도로 지나칠 수 있다. 그러나 이 사건의 이면을 좀더 자세히 들여다보면서 갈릴레오가 왜 메디치의 후원을 얻어내려고 했는지, 메디치 가문은 어떤 이유로 갈릴레오에게 "대공의 수학자 겸 자연철학자"라는 칭호를 부여했는지를 살펴본다면 우리는 강직하게만 그려졌던 과학자 갈릴레오의 이면을 통해 고도의 전략적인 과학자 갈릴레오를 새로이 만나볼 수 있다. 이를 위해서 당시 갈릴레오가 옹호하고 있던 코페르니쿠스 태양 중심 우주체계와 그의 사회적인 지위에 대해 알아보도록 하자.

중세를 지배했던 우주체계는 프톨레마이오스와 아리스토텔레스의 우주관이었다. 그것은 지구를 우주의 중심에 고정시키고 그 주위에 달, 수성, 금성, 태양, 화성, 목성, 토성, 항성이 차례로 위치했다. 각 행성과 항성들은 천구라는 투명하지만 단단한 구형 껍질에 박혀서 천구의 움직임에 따라 지구를 중심으로 회전했다. 완전무결한 천상계의 물질 에테르로 구성된 천상계에서 천체들은 완벽한 원을 그리며 등속 운동했다. 달 아래 지상계가 끊임없는 변화의 세계였다면 행성과 항성이 위치한 달 위의 세계는 영원한 불변과 완전의 세계였던 것이다. 근대 초까지 프톨레마이오스의 우주론은 유럽인들의 세계관의 중요한 일부분을 차지하고 있었다. 그 한 예로 단테(Dante)의 『신곡』을 보면 주인공 단테의 여행에서 드러나는 지옥, 연옥, 천국의 세 세계는 중세인의 공간관을 반영한 것이었다. 그 중 우리에게 흥미로운 것은 천국의 모습이다. 선택받은 영혼들만이 갈 수 있는 천국은 총 9개의 영역으로 나뉘어 있고 각 영역마다 미덕들이 부여되었다. 9개의 영역은 지구에서 멀어질수록 예수와 마리아가 상주하는 최고천에 가까워지는 위계적인 배열을 나타내는데, 흥미롭게도 9개의 영역은 프톨레마이오스의 우주론에서 나타나는 9개의 행성천구와 항성천구에 따라 구분되었던 것이다.

코페르니쿠스 체계를 프톨레마이오스 체계와 비교해 보면 단순히 태양과 지구를 바꾸어 놓은 것에 지나지 않아 보일 수도 있다. 그러나 그에 부수되는 결과는 어마어마한 것이었다. 종교적인 면에서는 기독교적인 세계관과 양립하기 힘들었다. 또한 지구가 더 이상

세계의 중심이 아닌 이상 지구에 부여되었던 '특권적 지위'들을 설명할 방법이 사라지게 되었다. 예를 들어 지구 중심 우주론에서 물체의 낙하운동은 우주의 중심을 향해 떨어지는 것으로 간단히 설명되지만, 태양 중심 우주론에서 한낮 행성에 불과한 지구로 물체가 떨어지는 이유를 설명하려면 별도의 정교한 설명체계가 필요했다. 또 지구가 다른 행성들처럼 공전한다면 왜 그 위에 사는 사람들은 어지럽지 않은가와 같은 질문도 새로 제기되었다. 천문학적으로는 달의 존재도 문제가 되었다. 왜 특별하지도 않은 지구에만 위성이 존재하는 것인가? 한마디로 갈릴레오의 책에 나오는 아리스토텔레스주의자 심플리치오가 말한 것처럼 "지구가 움직이면 복잡한 일들이 많아졌다."

코페르니쿠스 우주체계는 기독교적인 중세의 우주관에 정면으로 도전한다는 점에서 종교적으로 크게 문제가 되었지만, 자연철학자들의 입장에서 보자면 코페르니쿠스와 같은 수학자가 감히 우주론과 같은 자연철학자의 영역을 침범했다는 것도 간과할 수 없는 문제였다. 『별의 전령』을 쓸 1610년 무렵 갈릴레오는 이탈리아 도시 국가 중의 하나였던 베네치아 파두아 대학의 수학교수였다. 오늘날이라면 대학 교수는 지적으로 그뿐 아니라 사회적으로도 인정받는 지위이지만, 17세기 갈릴레오가 살았던 귀족 사회에서 대학 교수의 지위는 높지 않았다. 게다가 교수 사이에도 학문적인 위계가 존재했다. 수학교수와 자연철학교수를 비교해 보면 자연철학교수는 자연현상을 일으키는 '원인(cause)'을 추구하는 반면 수학교수는 그것의 정량적인 측면에 대한 정확한 묘사를 목적으로 했다. 그 한 예로 태양의 운동을 연구하는 자연철학교수가 태양을 움직이게 하는 최종적인 원인이 무엇인가에 대해 묻는다면 수학교수는 태양이 어떤 궤적을 그리며 움직이는가에 대해 물었다. 아리스토텔레스주의적인 구분에 따라서 원인을 연구하는 자연철학교수는 단순히 현상을 기술하는 수학교수보다 학문적으로 높은 지위를 차지하고 있었다. 따라서 학문적인 위계가 엄격한 속에서 수학교수가 원인을 묻는다는 것은 학계의 규범을 어기는 일이었기 때문에 금기시 되었다. 이런 학문의 위계 문제는 코페르니쿠스의 체계를 지지하고 있던 갈릴레오에게도 심각한 문제였는데, 코페르니쿠스에 대한 지지는 자연철학자들의 학문 영역 안으로 들어가는 것을 의미했기 때문이다. 갈릴레오가 코페르니쿠스 이론에 대해 자유롭게 말하려면 이런 학문의 위계를 뛰어넘게 해 줄 수 있는 자원이 필요했다. 갈릴레오는 이것을 메디치에서 구했다.

갈릴레오와 메디치 가문의 인연은 『별의 전령』을 헌정하기 훨씬 전에 시작되었다. 갈릴레오의 아버지는 메디치 가문의 궁정 음악가였으므로 어릴 때부터 갈릴레오와 메디치가의 인연은 시작되었다고 볼 수 있다. 피렌체를 떠나 파두아 대학 교수로 재직하고 있을 때도 갈릴레오는 메디치 가문과의 끈을 놓지 않았다. 그는 당시 투스카나 대공의 부인이었던 크리스티나 대공비에게 아들—후의 코지모 2세—의 수학교사를 자청해서 여름 방학마다 피렌체의 메디치 궁정으로 오곤 했다. 1608년에는 코지모 2세의 결혼 기념 메달의 문장(紋章)을 만들어서 대공비에게 보내기도 했다. 그것은 주위에 쇠붙이를 붙이고 있는 구형의 자석의 이미지로, 갈릴레오는 메디치 가문의 권력을 쇠붙이를 끌어들이는 자석의 힘에 비유해서 권력의 자연스러움과 당위성을 강조했다. 이처럼 기회가 있을 때마다 갈릴레오는 메디치 가문에 자신의 존재를 부각시켰다.

1610년 갈릴레오가 망원경을 통해 발견한 네 개의 위성은 지구만이 아니라 목성에도 위성이 있다는 점에서 코페르니쿠스 우주 체계에서 달이라는 위성이 지니는 이상함을 평범함으로 바꾸어 줄 수 있는 발견이었다. 그러나 코페르니쿠스 우주론을 강화해주는 증거에 그쳤을 지도 모르는 이 관찰을 갈릴레오는 메디치 가문으로 옮겨가는 다리로 이용했다. 그리고 이것이 성공할 수 있었던 데에는 피렌체의 역사에서 메디치 가문의 위치와 궁정의 문화가 크게 작용했다.

16세기 중엽까지만 해도 피렌체는 군주정이 아니라 공화국이었고 메디치는 금융업으로 성공한 피렌체의 유력 가문 중의 하나였다. 당시 유럽에서 메디치 가문이 운영하는 금융업의 규모는 대단한 것이어서 전쟁을 하려는 군주들은 양측 다 메디치 가문에서 돈을 빌렸다고 한다. 15~16세기 사이에 메디치 가문에서는 클레멘트 7세와 레오 10세 두 명의 교황을 배출했고 프랑스 왕가와 몇 차례에 걸쳐 사돈관계를 맺기도 했다. 메디치 가문의 위세는 점점 커져서 1537년에 이르면 코지모 1세가 피렌체 공작에 서훈되고 1569년에는 주변의 투스카니 지방까지를 관장하는 투스카니 대공의 지위에 오르면서 피렌체는 메디치 가문의 지배 하에 놓이게 되었다. 피렌체 공화국 시민들의 입장에서 보자면 막강한 경제력은 지녔지만 자신들과 동등한 지위에 있었던 메디치 가문이 이제는 자신들의 군주로 군림하게 된 것이다. 이로 인해 메디치 가문은 통치를 정당화해 줄 다양한 방법들이 필요했다. 그 중의 하나로 메디치 가문의 지배를 자연스러운 것으로 만드는 정교한 신화화 작업이 이루어졌다. 대공의 지위에 오르게 된 코지모 1세는 메디치 가문을 그리스·로마의 신들의 계보와 연결시켜서 메디치의 피렌체 지배를 피할 수 없는 숙명으로, 자연스럽고 당연한 결과로 그려냈다. Cosimo는 우주(Cosmos)에 연결되었고 코지모 1세는 신들의 아버지인 쥬피터(Jupiter, 그리스 신화의 Zeus)에 비유되면서 점성술적으로는 목성(Jupiter)에 연결되었다. 메디치는 도시의 유명한 화가들과 조각가들을 후원해서 가문을 신화화하는 작업을 그림이나 조각을 통해 상징적인 방식으로 이끌어냈다.

메디치 가문의 궁정 음악가인 아버지 덕분에 갈릴레오는 어려서부터 메디치의 궁정 문화에 익숙했다. 그래서 목성의 위성들을 발견했을 때 갈릴레오는 메디치가의 신화를 떠올리면서 이것이 메디치 궁정에 들어가는 다리 역할을 해 줄 것이라고 생각했다. 이에 메디치 가문에 헌정한 『별의 전령』에서 목성의 위성을 메디치 신화에 결부시켰다. 그는 목성을 둘러싼 네 개의 위성은 코지모 1세의 네 개의 미덕을 상징하는 것인데, 위성들의 별빛을 통해 현재의 젊은 코지모 경—코지모 2세, 갈릴레오의 수학 제자—에게 그 미덕들이 전해져 발휘된다고 말하면서 네 개의 별을 "메디치의 별"이라 명명했다. 메디치 궁정은 천상의 별이라는 독특한 소재를 통해서 가문의 위상을 높이는 방식에 흥미를 보였다. 별과 인간사를 연결짓던 점성술이 여전히 힘을 발휘하던 시대였던 만큼 "메디치의 별"이 지니는 의미는 더욱 각별했다. 메디치가의 즉각적인 보답으로 책이 나온 해에 갈릴레오는 파두아 대학의 수학교수직을 그만두고 피렌체 궁정에서 "대공의 수학자 겸 자연철학자"의 지위에 올라 높은 연봉을 보장받았다. 요컨대 갈릴레오는 자신이 발견한 별에 유력한 군주가를 결부시킴으로써 궁정인이 되는데 성공했던 것이다.

그렇다면 조금은 비굴해 보이는 방법까지 사용하면서 갈릴레오가 궁정인이 되려고 했던 이유는 무엇일까? 가장 손쉽고 설득력 있는 답변은 경제적인 것이다. 앞서 지적했던 것처럼 당시 대학교수가 받는 연봉 자체가 그리 높은 편이 아니었으며 그 중에서도 학문적인 지위가 낮은 수학교수의 연봉은 더 낮았다. 콤파스를 만들어 팔거나 학생들을 개인 교습하는 일을 부업으로 삼았지만 그런 여분의 일들이 소모하는 시간을 갈릴레오는 달가워하지 않았다. 따라서 연구에 필요한 시간을 보장해 주면서 동시에 경제적인 여유를 제공해 줄 수 있는 수단으로 가르치는 의무가 없는 궁정인은 노려볼 만한 것이었다.

한편 경제적인 것과는 차원이 다른 것으로 궁정은 대학이 줄 수 없는 더욱 중요한 것을 제공해 줄 수 있었다. 그리고 갈릴레오에게 이것은 경제적인 것만큼이나, 어쩌면 그보다도 더 중요한 가치를 지니고 있었다. 수학교수였던 갈릴레오가 궁정인이 되면서 얻었던 직위가 무엇이었는가? 그것은 "수학자 겸 자연철학자"였다. 대학에서는 감히 상상할 수도 없었던 자연철학자의 지위를 궁정을 통해 얻을 수 있었던 것이다. 이는 궁정이라는 장소의 특성상 군주의 총애에 따라 궁정인들의 서열이 결정되기에 가능했다. 대학에서 엄격하게 그어졌던 수학자와 자연철학자 사이의 경계선이 군주의 총애에 따라 궁정에서는 흐려졌던 것이다.

자연철학자로의 지위 상승은 갈릴레오의 학문의 위상을 상승시키는 데 일조했다. 지금까지 자연철학자들은 코페르니쿠스 우주 체계를 지지하는 그의 주장을 지위가 낮은 수학자의 것으로 간주하고 무시할 수 있었지만 이제부터는 동등한 '자연철학자'의, 그것도 "대공의 자연철학자"의 주장을 무시할 수는 없었다. 근대 초의 복잡한 의례 속에서 그것은 심한 경우 대공에 대한 도전 행위로 간주될 수도 있었다. 자연철학자들은 궁정의 식탁에서 갈릴레오의 주장을 정면으로 받아들이고 거기에 대해 정식으로 반박을 해야 했다. 이런 기회가 주어지면 갈릴레오는 궁정문화에 맞는 유창한 라틴어와 이탈리아어, 라블레에서 보이는 것과 같은 예리한 풍자와 위트로 상대 자연철학자를 웃음거리로 만들어서 같이 자리한 대공과 궁정인들을 즐겁게 해주었다.

"대공의 수학자 겸 자연철학자"라는 지위는 갈릴레오의 이론을 사회적으로, 인식론적으로 정당화하는 데 있어서도 중요한 역할을 했다. 메디치 궁정은 메디치 가문의 것이

된 새로운 별을 홍보하기에 효과적인 네트워크를 소유하고 있었다. 유럽의 궁정에 퍼져 있는 메디치 궁정의 외교관들이 바로 그 역할을 수행했는데 그들을 통해서 갈릴레오의 망원경과 『별의 전령』은 유럽 전역에 전해졌다. 유럽 각국의 궁정인들은 갈릴레오가 만든 망원경으로 "메디치의 별"을 관찰하는 행위를 통해 그의 발견을 용인했다. 그의 발견은 확고하게 자리를 잡았고 그것이 메디치와 결부될 때마다 빠지지 않고 대공의 수학자 겸 자연철학자인 갈릴레오도 함께 언급되었다. 이를 통해서 갈릴레오는 새로 발견된 목성의 위성을 사회적으로, 인식론적으로 정당화하고 동시에 그것이 지지하는 코페르니쿠스 우주체계에 대한 암묵적인 정당화를 추구했던 것이다.

이상에서 알 수 있는 것처럼 갈릴레오가 궁정의 후원을 통해 얻으려고 했던 것은 단순한 재정적인 지원을 넘어서는 것이었다. 그는 궁정을 통해서 대학에서는 거스를 수 없었던 학문의 위계를 넘고 코페르니쿠스 우주 체계를 지지하는 자신의 이론에 대한 사회적이고 인식론적인 정당화를 얻으려고 했다. 코지모 2세와 같은 군주가 지닌 정치적인 권력은 대학과는 다른 방식으로 갈릴레오의 이론을 강화해 주는 역할을 했던 것이다. 그러나 '다른 방식'의 힘을 얻기 위해서 그 자신도 궁정에 '다른 방식'으로 자신의 가치를 인식시켜야 했다. 위에서 본 것과 같이 메디치 가문의 신화에 근거한 방식은 바로 이런 필요성에 대한 갈릴레오의 대응이었다고 할 수 있다.

현대 사회에서 과학, 기술의 유용성은 새삼 언급할 필요가 없을 정도로 과학과 기술 그 자체의 본질을 구성하는 일부로 간주된다. 그러나 갈릴레오가 살았던 근대 초까지도 과학의 사회적인 유용성은 그리 자명한 것은 아니었고 간혹 자연에 대한 이해가 어떤 유용성을 가져온다면 바로 그 이유로 인해 그것은 천시되었다. 예를 들어 정역학 이론을 통해 정교한 축성 기술을 알게 되었거나 운동학을 통해 포탄의 궤도를 계산하는 데 능통하게 되었다면 거기서 얻어지는 실용성으로 인해 그 지식과 기술은 장인들이 다루는 지식, 사회적으로 낮은 지식으로 평가절하 되었다. 이는 근대 초의 사회, 특히 궁정을 중심으로 한 사회에서 겉으로 명백히 나타나는 것보다는 상징적으로 드러나는 방식을 선호한 것에서 그 이유를 찾아볼 수 있다. 궁정문화가 고급 문화로 등장하면서 궁정인들은 일반 사람들과는 차별화 되는 방식으로 자신들을 표현하고자 했는데 이런 욕구를 복잡한 의례와 상징이라는 방식을 통해 드러냈던 것이다. 그중 상징은 궁정 문화에 속하지 않는 사람들이 쉽게 이해할 수도 없고 모방할 수도 없기 때문에 궁정인들에게 선호되었다.

갈릴레오는 "메디치의 별"의 발견이 지니는 과학적인 의미들을 부각시키는 대신 그것을 메디치 궁정 문화—메디치 가문의 신화—에 결부시키고 이것을 궁정인들이 좋아하는 "색다른 볼거리"로 윤색함으로써 메디치 궁정의 후원을 얻어내는 데 성공할 수 있었다. 앞서도 지적했던 것처럼 이것은 갈릴레오가 당시 궁정의 문화가 중요하게 여기는 가치를 충분히 이해하고 그것을 전략적으로 활용할 수 있었기에 가능했던 것이다. 갈릴레오가 후원을 받기 위해 사용했던 전략을 비과학적인 혹은 비합리적인 수단에 기댄 것이었다고 평가한다면 이것은 당시의 시대상을 충분히 염두에 두지 않은 평가였다고 할 수 있을 것이다. 갈릴레오의 전략은 정확히 그 시대에 부응하는 것이었다.

3. 과학과 후원: 선물인가, 오염인가?

현대 사회에서 과학 활동의 규모가 유례없을 정도로 거대해지면서 그것을 지원 혹은 후원해 주는 모습도 같은 정도로 거대해지고 제도화되었다. 과거보다는 더욱 뚜렷하게 과학과 후원의 관계가 드러나게 되고 그 관계가 공식적인 형태를 띠게 되었다.

현대 사회에서 과학에 대한 후원이 기본적으로는 물질적이고 재정적인 지원을 바탕으로 한다는 점에서 보자면 갈릴레오가 메디치 궁정의 후원을 통해 높은 연봉과 시간의 자유를 얻을 수 있었던 것과 거의 같은 수준의 후원 관계가 이루어지고 있다고 지적할 수 있다. 갈릴레오의 시대에 비해 지원되는 규모가 상상할 수 없을 정도로 방대해졌고 개개인보다 휴먼게놈프로젝트, 가속기 프로젝트와 같이 연구 프로젝트를 중심으로 지원이 되고 그것이 공식적으로, 그리고 명시적으로 드러난다는 측면이 과거와는 달라진 측면이라고 할 수 있다.

물질적인 지원을 넘어서 갈릴레오가 메디치 궁정에서 얻었던 인식론적이고 사회적인 정당화가 현대 후원을 통해서도 드러난다고 할 수 있을까? 현대 사회에서 과학과 후원 사이에 보이는 인식론적인 권력의 문제는 미국의 유명한 록펠러 재단의 후원을 통해 분석해 볼 수 있다. 록펠러 재단은 20세기 전반기 미국 과학의 발전을 논할 때 빠지지 않는 기관으로서 과학의 여러 분야에 재정적인 지원을 해 준 것으로 유명하다. 이 재단은 학제간 연구를 강조하면서 특히 타분야와 의학, 생물학의 협동 연구를 강조해서 미국 분자생물학의 등장에 지대한 영향을 미친 것으로 평가받고 있다. 록펠러 재단과 분자생물학의 관계를 보면 재단은 물질적인 지원을 통해 분자생물학이라는 신생 분야에 인식론적인 권위를 부여했고 역으로 분자생물학의 성공은 재단의 공인력을 높이는데 기여했다. 즉 공신력 있는 재단의 후원은 그 지원을 받는 연구자의 학문적 권위를 강화해 주고 그것은 역작용으로 재단의 공신력을 강화해주는 식으로 과학과 후원 사이에 순환적이며 상보적인 강화 관계가 형성되는 것이다.

마지막으로 다음과 같은 질문에 대해 생각해 보자. 후원은 과학에 어떤 영향을 미쳤는가? 그것은 과학에 주어진 선물인가, 아니면 순수한 학문을 오염시키는 것인가? 갈릴레오의 경우에서 발견할 수 있는 것처럼 후원은 과학의 발전에 대해 긍정적인 영향과 부정적인 영향, 모두를 지니고 있다. 메디치 가문의 후원은 갈릴레오를 자연철학자의 지위로 올려서 그의 이론이 자연철학자들 사이에서 적절한 대접을 받을 수 있도록 해 주고 그의 이론이 확산되고 용인되는 것에 긍정적인 기여를 했지만 오랫동안 "메디치의 별"을 천문학적인 맥락에서 분리시키는 결과를 낳기도 했다. 현대 과학의 경우 지나치게 후원을 염두에 둔다면 실용성, 유용성을 지나치게 강조하여 즉각적인 성과를 내는 쪽으로 연구가 집중될 위험성 또한 지니고 있다. 또한 후원을 받는 분야와 받지 못하는 분야 사이에 비대칭적인 발전을 유발할 수도 있다.

긍정적인 측면과 부정적인 측면 중 어느 한쪽만을 강조하여 후원을 과학에 주어진 선물이거나 혹은 과학에 대한 오염, 어느 한쪽만을 선택하려 하는 것은 과학 활동을 너무 단순하게 생각하거나 이상적으로 상정하는 입장이라고 할 수 있다. 과학적인 실천은 그것을 가능하게 하는 여러 자원들을 동원하여 이루어지는 것이다. 그 중에는 재능 있는 연구자와 같은 인적인 자원, 실험실, 실험 기구와 같은 물리적인 자원, 과학 이론, 수학과 같은 지적인 자원, 대학, 연구소와 같은 제도적인 자원, 과학에 대해 호의적으로 여기는 사회적인 분위기와 같은 사회적인 자원도 존재한다. 후원은 바로 과학이 동원하여 사용하는 여러 종류의 자원 중의 하나이다. 그것은 과학적 실천이 원활하게 행해지는 것을 도와주면서 동시에 그것이 발전되는 방향에 영향을 미친다. 따라서 우리는 과학과 후원의 관계를 고려할 때 그것을 과학과는 별개의 영역에 존재하면서 과학에 아무런 기대 없이 아낌없는 지원을 해 주는 것으로 보거나 혹은 과학의 발전에 개입해서 그것을 올바르지 않은 방향으로 이끌어 가고 과학자들에게 '잡일'을 안겨주는 것으로 보는 이분법적인 관점에서 탈피하여 과학적 실천의 일부로서 후원이 차지하는 영역과 그것의 영향 관계를 적절히 파악할 필요가 있다.

더 생각해볼 주제

—

당신이 전공하고 있는 혹은 전공하려는 분야에 후원을 해 주는 각종 단체들과 후원 방식에 대해 조사하시오. 그 후원이 전공 분야에 미치는 긍정적인 영향과 부정적인 영향은 무엇이 있습니까?

더 읽어볼 거리

—

데이바 소벨, 『갈릴레오의 딸』, 홍현숙 역, 생각의 나무, 2001.

크리스토퍼 하버트, 『메디치가 이야기』, 한은경 역, 생각의 나무, 2001.

Biagioli, Mario. *Galileo, Courtier: The Practice of Science in the Culture of Absolutism*, Chicago: The Univ. Of Chicago Press. 1993.

Westfall, Richard S. "Science and Patronage: Galileo and the Telescope." *Isis* 76: 11–30. 1985.

Westman, Robert S. "The Astronomer's Role in the Sixteenth Century: A Preliminary Study." *History of Science* 18: 105–47. 1980.

Rice 대학의 Galileo Project – http://es.rice.edu/ES/humsoc/Galileo/ (본문의 그림은 이 사이트에서 따온 것).

03

"제국의 신경망"
: 과학과 제국주의

1. 들어가는 말

19세기 후반 영국은 인도를 비롯하여 아프리카 대륙, 아메리카 대륙, 오스트레일리아와 뉴질랜드, 홍콩 등 6대주에 걸쳐 다양한 형태의 직·간접적인 식민지를 건설하여 역사상 유래가 없을 정도로 큰 제국을 형성했다. 1858년 인도의 예에서 볼 수 있는 것처럼 식민지에 대한 직접 통치를 강화하거나, 1882년 무력 점령 이후 이집트의 지배층을 통해 이집트에 영향력을 행사하는 식으로 간접 통치를 실시했다. 정치적인 지배가 이루어지지 않는 지역에서는 경제적인 수단을 통해 제국의 영향력을 발휘했다. 한 예로 19세기 말~20세기 초 아르헨티나에서 영국인들은 철도의 88%를 소유함으로써 아르헨티나 총 자본의 14.7% 이상을 좌지우지할 수 있었다. 그 결과 19세기 말이 되면 전 세계 육지의 1/5, 전 세계 인구의 1/4이 대영제국의 이름 아래 놓이게 된다.*

이처럼 제국이 지리적·정치적·경제적으로 팽창하면서 영국의 문화도 같이 전파되었다. 대영제국의 전역으로 퍼져 나간 본국의(metropolitan) 문화는 식민지인들의 제국민으로서의 일체감을 강화하고 식민지 전통의 사상을 제국의 것으로 대체하는 데 기여했다. 예를 들어 영국 지배하의 인도에서 이루어진 영문학 교육은 인도 전통적인 힌두교 사상을 대신해 영국의 사상을 인도인들의 머릿속으로 실어 나르는 효과적인 수단으로 사용되었다.

제국 팽창의 조력자의 관점에서 보았을 때 과학·기술도 예외는 아니었다. 오히려 과학·기술은 영문학과 같은 무형의 문화보다 좀 더 직접적으로 제국의 팽창에 기여한 것으로 평가되어 왔다. 1820~30년대 개발된 키니네는 아프리카나 아시아의 열대 지역에서 말

* 박지향, 『제국주의: 신화와 현실』(서울대학교 출판부, 2000), 16-17쪽.

라리아로 죽는 유럽인의 수를 감소시켜서 유럽 제국들이 그 지역에서 군사적인 우위를 확보하는 데 기여했다. 한편 증기선은 아프리카 내륙으로 제국이 팽창하는 것을 도왔다. 콘라드(Joshep Conrad)의 소설 『암흑의 핵심(The Heart of Darkness)』에서 증기선은 유럽 제국주의의 공간으로, 밀림 뒤에 있는 아프리카 원주민의 공격으로부터 주인공 말로우를 분리시키고 보호해서 커츠가 있는 내륙 주재소까지 빠르고 안전하게 운반해 주는 중요한 과학기술이었다.*

제국의 팽창은 그것이 가져오는 이점만큼 치명적인 약점도 안기 마련인데 그 중 가장 심각한 것이 본국 정부와 식민지 사이의 의사소통이었다. 특히 제국이 지리적으로 광대해지면서 아시아나 오스트레일리아와 같이 본국에서 수천 킬로미터 떨어진 곳까지도 본국의 통치권 아래 놓기 위해 이 지역들에 대한 빠른 의사결정이 요구되었다. 그러나 가장 빠른 해군의 연락선을 이용한다고 해도 인도에서 영국까지 소식이 알려지고 다시 인도로 지침이 떨어질 때까지는 짧게는 수개월, 길게는 1년이 넘게 걸렸다. 이런 면에서 볼 때 1830년대 등장한 전신은 팽창하는 제국에게는 축복이었다. 전신은 1837년 빅토리아 여왕이 즉위하는 해에 처음 육상 전신이 가설된 후 1850년 영국과 프랑스 사이의 영국해협에 최초의 해저전신이 설치되고 1866년에는 영국과 아메리카 대륙을 잇는 대서양 해저전신 가설에 성공하고 이어 인도, 홍콩, 오스트레일리아, 뉴질랜드, 남아프리카까지 확대됨으로써 명실공히 "제국의 신경망(nerve system)"을 이루었다.** 1857년의 세포이 항쟁, 1898년 파쇼다 사건에서 전신이 지니는 힘과 효율성이 입증되면서 전신은 제국 운영의 핵심적인 조력자로 부각되었다.***

전신은 대영제국의 정치적인 지배뿐 아니라 경제적인 지배에도 중요한 역할을 했다. 대영제국 전신망의 효율성을 목격한 유럽의 열강들이 전신 가설에 열을 올리면서 19세기 후반 전신은 당대의 하이테크 유망 사업으로 각광을 받았다. 이미 기술력을 확보하고 있

---

* 박지향, 앞의 책, 220-223쪽; Joshep Conrad, 이상옥 옮김(1998), 『암흑의 핵심』, 민음사. 콘라드의 책은 영화 "지옥의 묵시록"의 모태가 되었다.

** George Peel, "The Nerves of Empire," in *The Empire and the Century: A Series of Essays on Imperial Problems and Possibilities* (London: Murray, 1905), pp. 249-287; 여기서는 Bruce Hunt, "Doing Science in a Global Empire: Cable Telegraphy and Electrical Physics in Victorian Britain," in Bernard Lightman (ed.) *Victorian Science in Context* (Chicago: The Univ. of Chicago Press, 1997), pp.312-333를 참고.

*** 제국의 팽창에서 전신이 보여준 대표적인 예로 파쇼다 사건을 들 수 있다. 이것은 영국과 프랑스, 두 열강의 제국주의적 팽창이 충돌한 사건으로, 종단정책을 추구했던 영국과 횡단정책을 펼쳤던 프랑스의 군대가 이집트의 파쇼다에서 서로 충돌하게 되었다. 이때 영국군은 잘 깔려 있는 전신망 덕분에 본국에 신속하게 보고하고 지시를 받은 반면 전신망을 가지고 있지 않았던 프랑스는 결국 적군이었던 영국의 전신망을 통해 이집트의 자국군의 상황을 보고 받을 수 있었다. 물론 이 과정에서 전신을 장악하고 있었던 영국은 파쇼다에 주둔하던 프랑스군의 상황을 축소해서 프랑스 본국에 알려주어서 상황을 자국에 유리하게 끌고 나갔다. 박지향, 앞의 책, 224-228쪽.

었던 영국은 1892년이 되면 전세계 전신 사업의 66%에 관여하면서 이 분야를 거의 독점하다시피 했다. 과학사학자 브루스 헌트(Bruce Hunt)가 "영국의 비즈니스(British Business)"라고 평할 만큼 전신은 영국의 경제 발전에서 중요한 부분이었다.*

이처럼 대영제국이 지리적, 정치적, 경제적으로 팽창하는 데 중요한 수단으로 사용되면서 전신은 대영제국을 변화시키는 데 일조했다고 평가된다. 이에 비해 전신의 발전이 제국의 팽창이라는 맥락 하에서 이루어졌고 그로 인해 과학기술이 제국에 의해 변모되었다는 점은 간과되어 온 것이 사실이다. 따라서 이 글에서는 사회적 환경으로서의 제국이 과학과 기술에 미친 영향에 대해 살펴볼 것이다. 먼저 2절에서는 제국과 과학의 관계에 대한 일반적인 견해들을 검토하고 그것이 지닌 한계를 지적할 것이다. 3절에서는 19세기 중반 영국 전신 사업과 물리학의 관계를 살펴보고, 특히 대서양 해저전신의 성공을 가능하게 했던 영국 전기물리학이 전신을 매개로 하여 제국으로부터 어떤 영향을 받았는지를 살펴볼 것이다. 이를 바탕으로 4절에서는 제국과 과학의 관계를 정리하고 결론짓도록 하겠다.

2. 제국의 팽창과 과학

19세기 유럽 제국이 전지구적으로 팽창할 수 있었던 것은 유럽의 군사적, 경제적 우위에만 기반한 것은 아니었다. 영국을 비롯한 유럽 제국들은 국내, 국외의 가능한 유형·무형의 자원들을 최대한 동원하고 그것을 조직적으로 이용해서 낯선 지역, 낯선 인종들을 제국의 영역으로 포함시켰다. 유럽 제국들이 동원할 수 있는 자원의 목록에는 물론 과학과 기술도 포함되어 있었다.

과학사에서 과학·기술과 제국의 관계는 최근에 관심이 집중되고 있는 주제 중 하나이다.** 과학이 사회·정치적인 요인과 상호작용 하는 방식을 드러내 주는, 상당히 흥미로운 주제라는 점을 감안한다면 이에 대한 최근의 관심은 뒤늦은 감이 없지 않다. 이처럼 과학·기술과 제국의 관계를 다루는 연구들이 비교적 최근에 부각되게 된 이유로는 지성사적인 관점에서 과학을 이론의 발전에 국한시켜 다루었던 과학사의 역사서술 경향을 들 수

---

* Bruce Hunt, 앞의 글, p.321.

** 미국 과학사학회에서 1년에 한 번씩 출판하는 *Osiris: A Research Journal devoted to the History of Science and Its Cultural Influences*는 최신의 주제들을 주요 테마로 잡아서 그에 관한 연구들에 대해 소개하고 동시에 중간 정리하는 역할을 담당하고 있다. 2000년 호는 *Nature and Empire*라는 주제를 잡아서 이에 관련된 16편의 논문을 소개하고 있는데 이는 "제국과 과학"에 대해 과학사 분야의 관심이 점증되고 있는 상황을 반영하는 것이라고 할 수 있다. Roy MacLeod (ed.), *Nature and Empire: Science and the Colonial Enterprise*, 15(2000).

있다. 그러나 이런 경향에 반대해서 과학의 발전과 사회의 영향 관계에 관심을 가졌던 외적 접근법 또한 그 비중은 적더라도 꾸준히 존재해 왔었다는 점을 감안한다면 이는 충분한 이유가 될 수 없다. 그보다 더 설득력 있는 이유는 아마도 과학·기술과 제국의 관계가 새로운 설명을 끌어낼 여지가 없을 만큼 명백해 보였다는 점일 것이다.

과학·기술과 제국의 관계에 대해 가장 단순하고 명료해 보이는 설명은 뛰어난 근대 과학과 그것의 이론적인 체계를 근간으로 발전한 기술이 유럽의 식민지 건설 초기부터 제국주의적인 팽창을 돕는 직접적인 수단으로 사용되었다는 것이다. 이에 따르면 원거리 항해를 가능하게 한 항해술은 아메리카나 태평양 같이 대양 너머에 있는 지역으로까지 유럽인의 지평을 넓혀 놓았고 총이나 대포, 뛰어난 축성술 같은 전쟁 기술은 비유럽 지역의 원주민들을 무력으로 정복하는 것을 도왔다. 19세기에 키니네, 증기기관, 전신이 제국주의의 첨병 역할을 훌륭하게 수행한 기록들은 이와 같은 주장을 강화하는 데 일조했다.

이 견해는 제국의 역사에서 오랫동안 간과되었던 과학·기술의 비중을 무게 있게 다루고 있다는 점에 의의가 있다. 그러나 이것은 전신이나 증기기관 같이 실제적인 유용성을 지니고 있는 기술 분야에는 쉽게 적용될 수 있는 반면 이론 영역에 주력했던 근대 서구 과학으로 옮겨가면 설득력이 크게 떨어진다는 한계를 안고 있다. 이는 과학을 이론의 영역에, 기술을 응용의 영역에 위치시키는 이분법적인 과학·기술관에 바탕해서, 응용과학으로서 기술의 유용성을 강조해서 해석한 결과이다. 또 과학·기술이 제국의 팽창에 미친 영향은 보여주는 반면 역으로 제국의 팽창이 과학·기술에 미친 영향은 다루지 못했다는 결정적인 한계를 갖는다. 박지향은 "제국주의에 관한 대부분의 연구들은 일단 유럽인들이 영향력을 퍼뜨릴 것을 원하기만 하면 그렇게 할 수 있는 수단을 갖추고 있었다는 가정에 기반을 두고 있다"고 지적한 바 있는데 이것은 과학·기술에 대해서도 유효한 지적이다.* 과학·기술은 완성된 형태로 갖추어져 있어서 유럽 제국주의자들이 원하기만 하면 사용할 수 있었다는 가정은, 과학·기술도 제국의 영향을 받아 변화할 수 있다는 가능성을 인식하기 어렵게 만들었다.

한편 최근 연구들은 과학·기술과 제국의 관계가 기존의 견해처럼 단순·명료하지 않고 훨씬 다층적이고 복잡한 방식으로 영향을 주고받았음을 밝혀냈다. 특히 제국과 과학·기술의 관계를 문제 삼는 최근의 연구들은 유럽사회에서 폭넓게 향유되었던 지질학, 동물학, 식물학, 생물지리학, 인류학과 같은 자연사에 집중하여 그 영향 관계를 살펴보았다는 특징이 있다.

그 중 자넷 브라운(Janet Browne)의 연구는 대영제국과 과학 간의 상호영향 관계를 효

---

* 박지향, 앞의 책, 220쪽.

과적으로 드러낸 대표적인 것이다. 그는 19세기 영국과 그 식민지에서 행해진 영국 생물지리학(Biogeography)* 연구들을 분석해서 그 학문의 내용과 실천(practice)이 대영제국의 이해관계에 따라 형성되었고, 역으로 생물지리학은 영국의 제국주의적인 제도들을 활용해서 번성할 수 있었다고 주장했다. 첫째, 이 연구들은 본국에 유용하게 쓰일 수 있는 동물종과 식물종들을 발견하고 이용하는 것에 초점을 맞추어서 대영제국의 이익에 기여했다. 둘째, 영국 생물지리학이 식민지의 식물원, 동물원, 목재용 산림, 다원(tea garden), 박물관과 같은 기관들의 행정적인 네트워크와 밀접한 관련을 맺고 이들 기관들을 중심으로 발달했다는 점에서 제국은 중요한 제도적 기반을 제공해 주었다. 셋째, 생물지리학에 사용된 개념적인 틀과 연구 방법, 기술(description)들이 제국의 팽창에서 드러나는 색채를 띠고 있었다. 이런 점에서 브라운은 19세기 영국의 생물지리학을 가장 명백한 "제국주의 과학(imperial sciences)"이었다고 주장했다.**

이와 같이 자연사를 중심으로 제국주의 시대의 과학연구 행태를 분석한 연구들은 제국과 과학 사이의 양방향적 관계를 강조하고 제국이 과학의 실천과 내용, 자연관에 미친 영향까지 선명하게 드러내 준다는 점에서 큰 가치를 지니지만, 한편 몇 가지 측면에서 한계를 지닌다. 헌트는 제국과 과학의 관계를 다룬 주요 논문들을 열거하면서 이 연구들이 제국을 연구에 필요한 자원(resource)을 제공하는 역할로 국한시킴으로써 수동적인 객체에 그치게 하고 있다고 지적했다. 이것은 조지 바살라(George Basalla)의 식민지 과학의 3단계 발전 모델을 따르는 것으로, 이에 따르면 제국의 식민지에서 행해지는 과학의 1단계는

---

* 생물지리학은 지리적인 요인에 따른 생물 분포 경향과 그에 관련된 문제들을 연구하는 자연과학의 한 분야이다.

** Janet Browne, "Biogeography and Empire," in N. Jardine, J. A. Secord and E. C. Spary (eds.) *Cultures of Natural History* (Cambridge: Cambridge University Press, 1996), pp.305-321; 다윈의 예에서도 과학 연구에 긍정적인 기여를 한 제국의 역할을 찾을 수 있다. 영국 해군 소속의 비글호의 선장 피츠로이(Robert FitzRoy)는 항해에 같이 나갈 자연사학자를 찾고 있었는데, 다윈의 스승이었던 캠브리지의 헨슬로우 교수의 추천으로 22살의 다윈은 자연사학자로 비글호에 탑승할 수 있었다. 비글호 항해가 다윈의 진화론 등장에 결정적인 역할을 하였음은 널리 알려진 바이므로 더 이상의 설명은 생략하겠다. 다윈의 항해에 대해서는 Janet Browne, *Charles Darwin: Voyaging* (Princeton: Princeton Univ. Press, 1995)을 참고하라. ; 유럽이 식민지를 개척하면서 만들어 놓은 인적, 행정적 네트워크들은 자연사학자들이 더 손쉽게 더 풍부한 자료들을 얻을 수 있는 기회를 제공해 주었다. Grove에 따르면 인도에 파견된 영국 동인도회사 소속의 의사들은 인도 현지의 수목을 조사하고 그 곳에 식물원을 만들어서 새로운 수목 실험을 하기도 하고 이렇게 해서 얻은 결과를 본국이나 식민지의 과학 저널에 발표하기도 했다. Richard H. Grove, *Green Imperialism: Colonial Expansion, Tropical Island Edens and the Origins of Environmentalism, 1600-1860* (Cambridge: Cambridge University Press, 1995).

자원을 모으고 분류하는 활동에 국한된다.*

제국주의 시대의 과학연구는 은연중에 바살라의 모델을 따르게 되면서 대부분 자연사 분야에 집중되어 있다는 것 또한 한계로 지적할 수 있다. 특히 19세기 중엽 이후 일어난 과학의 중요한 변화들이 물리과학을 중심으로 이루어졌다는 것을 염두에 두면 이것은 심각한 한계이다. 1850년대 물리과학의 전문화가 이루어지고, 물리과학을 중심으로 과학과 기술 사이의 밀접한 협력관계가 등장했다. 또한 영국, 프랑스, 독일의 제국주의적 경쟁 속에서 과학이 국가의 우수성을 드러내는 자존심으로 부각되고 각국마다 독특한 과학 실천의 유형을 지니게 되었는데, 여기에서도 물리과학은 대표자의 역할을 수행했다. 따라서 19세기 과학과 제국주의의 관계를 자연사에만 초점을 맞추어 분석한다면, 그렇게 해서 얻은 결과를 19세기 과학과 제국주의의 관계를 나타내는 보편적인 모델로 상정하기에는 무리가 따르기 마련이다. 따라서 물리과학의 예를 통해 과학과 제국주의의 영향 관계를 살펴보는 것이 타당하다고 하겠다. 다음 절에서는 영국의 전신 사업을 사이에 두고 제국이 물리학의 내용과 실천에 미친 영향을 살펴보도록 하겠다.

3. 제국 – 전신 – 물리학

1) 19세기 영국 전신 사업

1837년 Pax Britannica를 상징하는 빅토리아 여왕의 즉위식이 거행되었다. 같은 해 쿠크(W. F. Cooke)와 휘트스톤(Charles Wheatstone)이 개발한 전신을 사용하면서 영국 최초의 육상전신이 가설되었다. 1850년 프랑스와 영국을 잇는 최초의 해저전신의 등장으로 전신이 대영제국의 구석구석을 연결했을 때 그것은 대영제국을 하나로 통합시켜 주는 도구이자 동시에 Pax Britannica의 또 다른 상징이 되었다.

1851년 영국 해협에 놓인 해저전신이 성공하자 많은 회사들이 이 사업에 뛰어들었다. 최초의 해저전신 사업에서 성공을 거두었던 브레트 형제를 비롯해서 다양한 회사들이 지중해, 아일랜드해 등에 전신을 가설하는 사업에 투자를 했지만 기술적인 문제가 불거지면

---

* Hunt, 앞의 글, p.313; 바살라의 식민지 과학의 3단계 발전 모델에 따르면 식민과학의 1단계에서는 근대과학의 전통이 부재한 관계로 동식물 등과 같은 사실적인 자료를 수집하는 활동에 집중한다. 2단계에서는 식민지인 중 일부가 본국의 이론적인 과학을 받아들이기는 하지만 교육과 과학 활동이 본국에 의존한다는 의미에서 여전히 식민적인 과학이다. 3단계에 이르면 식민지 내부에도 본국과 관계없이 활동하고 유지되는 과학 단체들이 등장하고 이론적인 과학도 높은 수준에 올라가면서 독립된 과학의 단계에 오른다. 바살라는 식민 과학이 식민지에서 이루어지는 과학을 의미하는 것이 아니라 메트로폴리탄과의 의존 관계에 의해 결정된다고 주장했지만 그의 모델은 식민지에서 이루어진 과학을 중심으로 형성되었다. George Basalla, "The Spread Of Western Science", Science CLVI (5 May 1987), pp. 611-622.

서 대부분의 사업은 실패했고, 이에 따라 영국 내에서 해저 전신사업의 가능성에 대한 회의론이 대두되기도 했다.

1858년 전기기술자(electrician) 화이트하우스(Wildman Whitehouse)의 주도로 이루어졌던 미국과 영국을 잇는 대서양 해저전신 사업마저 실패하자 전신사업은 영 가망이 없어 보였다. 게다가 인도에서 세포이 항쟁을 겪으면서 빠른 통신수단의 필요성을 절감한 영국 정부는 홍해 해저전신 사업을 주도했지만 이마저 1860년 실패했다. 특히 이 사업의 초기부터 영국 정부는 해저전신의 성공 여부에 관계없이 투자자들에게 이익을 배당해 주기로 약속했기 때문에 재무성은 총 90만 파운드의 손해를 보게 되었다. 계속되는 실패에 직면해서 1860년 영국 정부와 대서양 전신회사(Atlantic Telegraph Company)는 "해저전신에 관한 합동 위원회(Joint Committee on Submarine Telegraph)"를 구성해서 해저전신의 문제점과 해결방안을 모색했다. 1년 동안 과학자와 공학자들의 전문적인 검토를 거쳐 1861년 제안된 보고서에서는 전신 신호 체계와 관련된 이론적인 문제들과 실제적인 문제들을 검토해서 이에 대한 가능한 해결책을 제시했을 그뿐 아니라 전신에 사용되는 재료들의 특성, 공정방법, 측정기술에 대한 광범위한 자료들을 제공해서 이후 영국 전신 사업에 표준적인 참고서로 자리 잡았다. 이 보고서를 바탕으로 1860년대는 전신산업에 대한 영국의 자신감이 회복되는 시기였다. 특히 1866년 대서양 해저전신의 성공은 50년대의 실패에 대한 기억을 희석시키기에 충분했다.

물리학의 입장에서 보면 1860년대 전신사업의 성공이 지니는 의미는 특별했다. 1860년 해저전신에 관한 합동위원회에 참여하면서 물리학계는 본격적으로 전신에 뛰어들었다. 기존에 전신사업을 주도했던 집단은 화이트하우스와 같은 전기기술자들이었는데, 물리학자들이 문제를 보고 해결하는 방식은 기존에 전신 사업을 주도했던 이들의 것과 달랐기 때문에 두 집단 사이에 조금씩 충돌이 생겼다. 그러나 전기기술자 화이트하우스의 책임 아래서 실패했던 대서양 해저전신을 물리학자 윌리엄 톰슨(William Thomson)이 전자기학 이론과 새로운 측정도구로 성공시키자 전신사업의 주도권은 톰슨처럼 대학에서 교육을 받은 물리학자와 공학자에게로 넘어갔다. 물리학자들이 전신사업에 본격적으로 참여하게 되면서 물리학은 팽창하는 제국 안으로 좀더 깊숙이 들어가게 되었고 역으로 제국 역시 물리학에 그 영향력을 행사하기 시작했다.

2) 제국과 물리학

19세기 영국 물리학을 대표하는 인물들의 이름을 생각해 보자. 대서양 해저전신을 성공으로 이끌고 그 과정에서 획득한 특허권으로 개인적인 부를 쌓는 데도 성공했던 글래스고우 대학의 윌리엄 톰슨, 전자기학과 광학을 통합하여 오늘날의 전자기학의 기본틀을 완성하고 캠브리지 대학 캐븐디쉬 연구소의 초대 소장을 맡았던 맥스웰(James Clerk Maxwell), 유체역학과 미적분학에 기여한 스톡스(Gabriel Stokes). 이들 사이의 흥미로운 공통점은 이들이 스코틀랜드 문화권에서 자라고 교육받았다는 것이다. 19세기 영국 물리학계에는 스코틀랜드의 전통이 깊게 스며 있었다. 이들은 자연철학이 인류에게 도움이 되어야 한다는 스코틀랜드의 공리주의적 목표에 따라 물리학에서도 공리주의적인 활동들을 잊지 않았다. 1860년대 전신사업에 이들 물리학자들이 직·간접적으로 관여하게 된 배경에는 이런 스코틀랜드의 전통이 깊은 영향을 미쳤다. 그러나 이보다 더 직접적인 이유는 팽창하는 대영제국이 전신사업의 성공을 위해 계속 물리학자들을 필요로 했다는 것이다. 이런 면에서 헌트는 전 세계적인 상업 제국 영국이 해저전신을 통해 영국의 전기 물리학의 발전에 영향을 미쳤다고 지적하면서 제국을 유지하고 발전시키기 위해 사용한 기술이 물리학에 수요(demand)와 기회를 제공했다고 주장했다.*

구체적으로 살펴보면 제국적인 맥락에서 등장한 전신은 세 가지 면에서 물리학에 영향을 미쳤다. 우선 대서양 해저전신 가설을 위해 개발된 과학 도구들은 물리학에 도입되어 효과적인 측정 도구로 사용되었다. 대서양 해저전신은 지금까지 유래가 없을 정도로 긴 거리를 통해 전기 신호를 전달해야 했다. 그런데 장거리 전선을 통해 전기신호가 전달되는 과정에서 전기 신호가 감소되는 문제가 제기되었다. 즉 영국에서 보낸 전기신호가 미국에 채 닿기도 전에 사라질 가능성이 제기된 것이다. 1858년 이 사업을 책임졌던 화이트하우스는 고전압의 전기 신호를 보내는 방법을 채택했다. 처음부터 고전압으로 보낸다면 중간에 약해진다고 해도 일부는 전달될 수 있을 것이라는 계산에 의한 것이었다. 그러나 이 방법은 고전압으로 인해 전선에 발생하는 열로 전선이 누락될 가능성이 있었다.

1차 대서양 전신이 가설된 지 얼마 안 되어 제 기능을 못하게 되자 이 문제를 조사했던 톰슨은 물리 이론과 수식을 동원해서 고전압이 문제의 원인이라는 것을 밝혀냈다. 문제를 규명해 낸 톰슨은 새로운 해결 방안을 모색했다. 그는 처음부터 신호를 강하게 보내는 방법 대신 약해진 신호를 측정할 수 있는 정밀한 실험기구를 제작했다. 그는 거울을 이용하여 검류계의 정밀도를 높이는 거울검류계(mirror galvanometer)를 발명해서 1866년 대서양 해저전신의 성공을 이끌었다. 대서양 해저전신 이후 유럽의 전신사업이 활기를 띠면서 거울 검류계를 사용한 톰슨의 전신 방법은 표준으로 자리 잡았다. 톰슨은 특허료 수입으로 막대한 부를 얻었고 대서양 전신의 문제점을 해결한 공로로 1867년에는 기사에 서훈되기까지 했다.

19세기 후반 유럽 전신사업의 황금기가 도래하면서 기존의 전기기술자를 대신해서 대학에서 교육받고 물리학 이론과 실제 경험을 겸비한 인력에 대한 수요가 증가했다. 톰

---

* Hunt, p.312.

슨의 글래스고우 대학을 비롯한 각 대학의 물리학, 공학 분야에서는 실험실을 마련하고 실험 교육을 강화해서 전신 전문가들을 배출했다. 당연한 결과로 각 실험실에서는 톰슨이 개발한 거울검류계를 사용했다. 대학으로 들어 온 거울검류계는 장래의 전신 전문가들의 교육용으로 사용되었을 뿐 아니라 전자기학의 중요한 실험 도구로 자리 잡으면서 전자기학 실험의 정밀도를 높이는 데 기여했다. 요컨대 대서양 너머의 땅과 본국을 전신으로 연결해서 통합하려는 제국주의적인 기획이 물리학에 새로운 정밀 측정도구를 제공해 주었던 것이다.

둘째, 전신을 매개체로 한 제국주의적인 맥락은 물리학 표준 단위의 확립과 정밀 측정에 기여했다. 전신 사업이 호황을 누리면서 영국의 여러 회사가 제국의 곳곳에서 전신 사업에 뛰어 들었다. 그러나 전신과 관련된 표준적인 물리학 단위가 확립되지 못한 상황은 전신 사업이 세계적으로 확산되는 데 장애물로 작용했다. 예를 들어 각 회사가 생산한 저항마다 단위가 틀렸으므로 제품 간의 호환이 힘들고 각각에 적합한 전류, 전압의 크기도 차이가 났다. 이에 영국과학진흥협회(British Association for the Advancement of Science, BAAS)는 1861년 "전기 표준에 관한 BA 위원회(BA Committee on the Electrical Standard)"를 구성해서 저항의 표준을 정하는 연구를 시작했다.* BA 위원회에 참여했던 맥스웰은 정밀측정을 물리학의 중요한 연구 과제로 강조했다. 이것은 결과적으로 19세기 후반 영국 물리학을 특징지었던 정밀 측정에 대한 몰두로 나타났는데, 사실 이것은 제국의 전역으로 전신망을 확장하려는 전신사업의 필요가 중요한 계기가 되었다. BA 위원회가 제정한 표준저항(BA ohm)은 전신 사업을 통해서 제국의 전역에 표준으로 퍼져나갔다. 영국의 BA ohm이 경쟁 상대였던 독일의 Siemens의 표준저항보다 더 파급력이 높을 수 있었던 데에는 대영제국의 네트워크가 결정적인 역할을 했던 것이다.

마지막으로 제국의 전신은 영국 전기 물리학이 이론적으로 독특한 개념을 갖도록 하는데도 기여했다. 19세기 전기 물리학에서는 전기의 전달 방법에 대해 두 개의 경쟁하는 패러다임이 존재했다. 독일과 프랑스에서는 전기를 띤 두 개의 물체 사이에 작용하는 전기력에 초점을 맞추면서 두 대전체 사이에 원거리력(action at a distance)이 작용한다고 설명했다. 이것은 뉴턴이 질량을 지닌 두 개의 물체 사이에 작용하는 만유인력을 논하면서 채택했던 설명 방식을 수용한 것으로, 떨어져 있는 두 물체 사이에 전기력이 전달될 때 힘을 전달하는 매질이 필요하지 않고 따라서 전기력의 전달은 즉각적으로 일어난다고 주장했다. 이에

---

* 저항의 표준을 정하는 BA Committee의 활동에 대해서는 다음을 참고하라. Simon Schaffer, "Accurate Measurenent is an English Science", in M. Norton Wise (ed.), *The Values of Precision* (Princeton: Princeton Univ. Press, 1995) Schaffer는 BA Committee에서 행해진 맥스웰의 실험을 분석하면서 저항의 표준을 측정하는 일에 영국의 사회·경제적인 맥락이 강하게 영향을 미쳤음을 보여주었다.

비해 영국의 패러다임은 장이론(field theory)으로 두 개의 대전체 사이에 작용하는 전기력은 두 물체 사이에 존재하는 매질의 운동을 통해 전달된다고 설명했다. 이에 따르면 한 물체에서 다른 물체로 힘이 전달되려면 그 사이에 존재하는 매질의 운동이 먼저 일어나야 하므로 힘은 유한한 시간이 지난 후에야 전달될 수 있다는 것이다.

헌트는 이처럼 영국이 대륙과 다른 전기물리학 패러다임을 고수하게 된 이유를 전신에서 찾았다.* 1850년 무렵 영국에서는 땅 속으로 전신이 가설되었다. 이것은 지상에 전선을 가설하는 경우에 나타나지 않았던 문제를 유발시켰는데 그것은 바로 신호 지연의 문제였다. 송신소에서 보낸 전기 신호가 지하 전선의 중간에서 더디게 전달되는 현상이 발견되었던 것이다. 이것은 전신의 최대 강점인 신속성에 장애가 되었을 뿐 아니라 심할 경우 지연되는 신호와 뒤이어 전달되는 신호가 섞여서 신호 자체를 해독하는 것이 불가능하기까지 했다.** 이 문제는 당대 최고의 물리학자 패러데이(Michael Faraday)에게 알려졌고, 1854년 그는 이전에 자신이 제시했던 장이론을 이용해서 전선을 구성하는 절연체와 외부 매질 사이의 관계를 통해 지연에 대한 물리학적인 설명을 제공해 주었다.

1850년대 전신사업의 회의기를 지나면서 패러데이의 장 이론을 뒷받침해주는 여러 증거들이 등장하자 그 이론의 입지는 강화되었다. 여기에 1860년대에는 전신사업이 다시 호황을 누리면서 장 이론에 대한 '시장성'이 높아졌다. 특히 전선을 구성하는 절연체의 유도용량에 따라 신호 전달의 효율성이 영향을 받는다는 사실이 알려지면서 전신에서 발생하는 문제들을 고려하거나 전신 기술을 개선하기 위해 패러데이의 장 이론을 끌어 쓰는 일이 빈번해졌다. 결국 전신에 참여하는 물리학자들 사이에 신호의 전달에 대한 관심이 높아지면서 영국 전기물리학의 패러다임이 장 이론을 중심으로 강화되는 결과를 낳았던 것이다.

이상에서 살펴보았을 때 19세기 팽창하는 대영제국은 전신이라는 매개체를 통해 영국 전기물리학의 성격을 특징짓는 중요한 맥락으로 작용했음을 확인할 수 있다. 그 영향은 도구의 개발, 정밀 측정에 대한 몰두, 장이론에 기반한 전기 물리학의 융성으로 나타났다. 이것은 19세기의 제국이라는 시대적 배경이 비교적 사회의 영향을 덜 받는다고 간주되어 온 물리과학에까지 영향을 미쳤다는 것을 보여준 중요한 사례라고 할 수 있다.

---

* Hunt, 앞의 글, pp.325-329.

** 지상전신의 경우 지상의 공기가 강한 절연체의 역할을 해 주어서 지연현상이 문제가 되지 않는 반면 지하전신은 주변의 땅이 강한 절연체의 역할을 수행하지 못해서 지연현상이 심각하게 발생한다. 따라서 이전의 지상 전신에서는 신호 지연문제가 발견되지 않았으나 전선이 땅 속에 매장되면서부터 심각한 신호 지연현상이 발견되었다.

4. 결론

과학과 기술은 제국의 팽창에 봉사했는가? 이것은 답하기 힘든 질문이 아니다. 자연사는 제국이 필요로 하는 동물과 식물, 광물의 자원 목록을 작성해서 식민지 착취를 도왔고 키니네는 열대에서 유럽인 사망률을 낮추는데 기여했다.

반대의 질문을 던져보자. 제국의 팽창은 과학과 기술에 영향을 미쳤는가? 이 문제는 비교적 최근까지도 역사가의 시선 밖에 존재해 왔다. 이는 과학을 실재하는 자연의 거울로 파악해서 진위 관계를 명확히 판가름할 수 있는, 그것을 통해서 객관성과 보편성을 유지하는 학문으로 파악한 과학관에 기인한 바가 크다. 그러나 과학사 연구들에서 과학을 자연을 그대로 보여주는 거울이 아닌, 자연을 '해석'하는 지식 체계로 인식하면서 해석의 과정에 개입될 수 있는 사회·정치·경제적인 요소들에 대해서, 그리고 그것이 과학에 개입해서 영향을 주는 다층적인 방식에 대해서 많은 연구들이 이루어졌다.

앞에서 살펴보았던 제국과 전신, 물리학 3자 사이의 연관 관계는 팽창하는 제국이 사회적인 영향에서 비교적 고립되어 있을 것이라고 생각되었던 물리과학에까지 깊숙이 영향을 미쳤다는 것을 보여주었다. 제국적인 맥락은 물리학자들의 관심 분야를 좁히고, 그들의 실천이 행해지는 방식을 결정하며 물리학 패러다임의 선택에 영향을 미치고 도구의 진화에 기여했다. 따라서 19세기 후반 영국의 전기물리학의 내용 그 자체를 제국이 결정지었다고 할 수는 없을지라도 그것이 발전해 나가는 방향은 제국이라는 맥락에 의해 강하게 영향 받았다고 결론지을 수 있다.

더 생각해볼 주제

—

앞의 글에서 본 것과 같이 과학이 정치·사회적인 영향을 받는 경우, 과학의 객관성은 훼손되었다고 할 수 있는가? 자신의 생각을 기술하라.

더 읽어볼 거리

—

박지향, 『제국주의: 신화와 현실』, 서울대학교출판부, 2000.

Basalla, George. "The Spread Of Western Science." *Science* CLVI (5 May 1987), 611–622.

1987.

Browne, Janet. "Biogeography and Empire." in Jardine, N., Secord, J. A. and Spary, E. C. eds. *Cultures of Natural History*. Cambridge: Cambridge University Press. 305–321. 1996.

__________, Charles Darwin: *Voyaging*. Princeton: Princeton Univ. Press, 1995.

Conrad, Joshep. 『암흑의 핵심』. 이상옥 역. 민음사. 1998.

Grove, Richard H. *Green Imperialism: Colonial Expansion, Tropical Island Edens and the Origins of Environmentalism, 1600–1860*. Cambridge: Cambridge University Press. 1995.

Headrick, Daniel R. *The Tools of Empire: Technology and European Imperialism in the Nineteenth Century*. New York: Oxford Univ. Press. 1981.

Hunt, Bruce. "Doing Science in a Global Empire: Cable Telegraphy and Electrical Physics in Victorian Britain," in Lightman, Bernard ed. *Victorian Science in Context*. Chicago: The Univ. of Chicago Press. 312–333. 1997.

MacLeod, Roy. ed. *Nature and Empire: Science and the Colonial Enterprise* 15. 2000.

Schaffer, Simon. "Accurate Measurement is an English Science" in Wise, M. Norton. ed. *The Values of Precision*. Princeton; Princeton Univ. Press.1995.

04

잘난 태생에 대한 학문, 우생학

생명에게도 등급이 있다면 어떤 일이 벌어질까? 어느 방송에서 표현되는 것처럼 우월한/열등한 유전자가 있고, 그 우열에 따라 지위나 역량을 가늠할 수 있다는 생각은 얼마나 타당한가? 최근에는 사회에서의 성공이나 행복도 얼마나 더 영리한가, 얼마나 더 강한가, 얼마나 더 빠른가와 같은 일련의 생물학적 요소와 연결되어 이야기되기도 한다. 생물학적으로 우월한 존재들이 더 행복한 삶을 살아갈 것이라는 믿음도 점점 커져가고, 포스트휴먼(posthuman)의 탄생도 멀지 않았다는 이야기도 들린다. 생물학적 조건의 변화가 인간의 운명을 결정하는 중요한 전제라는 인식이 설득력을 얻고 있는 것이다.

1. 포스트휴먼?

포스트휴먼이란 철학자이자 과학기술자인 옥스퍼드 대학의 보스트롬(N. Bostrom)이 주창한 개념으로, 기본적인 능력이 근본적으로 현재의 인간을 넘어서기 때문에 현재의 기준으로는 더 이상 인간이라 부를 수 없는 존재를 가리킨다. 보스트롬은 건강수명, 인지, 감정의 세 가지 인간의 주요 능력 가운데 최소한 하나 이상의 능력에서 현재의 인간이 도달할 수 있는 최대한의 한계를 엄청나게 넘어설 경우, 이를 포스트휴먼이라 부르자고 제안한 바 있다. 그 누구보다 강하고, 빠르며, 영리한 존재, 인간이라면 누구나 한번쯤 상상했을 법한 모습일 것이다.

생의학(biomedicine)과 같은 첨단 과학기술을 활용하여 여러 면에서 능력이 매우 뛰어난 존재인 포스트휴먼, 즉 강화인간(enhanced human)을 만들고자 활동하는 운동은 트랜스휴머니즘(trans humanism)이라고 부르고 있다. 최근 세간의 주목을 끌고 있는 트랜스휴머니즘 운동, 즉 포스트휴먼에 대한 욕망은 매우 오래된 역사를 가지고 있다. 우월한 인간이나 완전한 인간에 대한 열망은 저 멀리 플라톤(Plato) 시대에까지 거슬러 올라갈 수 있는 초역사적인 멘탈리티이기 때문이다. 조금 가깝게는 다윈(C. Darwin)의 진화론이 등장하고, 인간에 대한 생물학적 이해가 점차 증진되어 가던 20세기 초에 과학기술을 활용하여 진화의 방향을 인간 스스로 돌리고자 했던 시도가 있었다. 후일 유네스코(UNESCO) 초대 사무총장이 되었던 줄리언 헉슬리(J. Huxley)는 1920년대에 이미 "인간 종족은 만약 그들이 원한다면 스스로를 초월할 수 있다. 어떤 개인은 이런 식으로 다른 개인은 저런 식으로의 산발적인 방식이 아니라, 전체 인류가 스스로를 초월할 수 있다. […] 인간은 인간으로 남아 있지만, 인간 본성의 새로운 가능성을 실현함으로써 스스로를 초월한다"* 라고 말한 바 있다. 헉슬리의 말은 트랜스휴머니즘 운동의 목표를 아주 잘 표현하고 있는데, 한 마디로 트랜스휴머니즘 운동은 인간 개선(human betterment) 또는 인간 향상(human enhancement)을 추구하는 운동이라고 할 수 있을 것이다.

"과학 소설은 현실 속 과학이 된다(Science fiction become science fact, SF become sf)"라는 말이 있다. 트랜스휴머니즘의 주장은 헉슬리의 시대에는 허무맹랑한 공상이나 상상이었을지 모르지만 '지금, 여기'에선 이미 현실이 되었거나 가능한 미래로 우리에게 다가서고 있다. 생의학 기술, 특별히 인간 향상 기술로 분류될 수 있는 일련의 기술들이 등장하면서, 인간은 유전자 조작이나 선택(selection)을 통해 유전적으로 건강한 맞춤아기(designer baby)에 대한 꿈을 꾸기 시작했고, 퇴행성 질환이나 신체장애를 극복하기 위해 활용되는 프로스테시스(prosthesis) 기술은 점차 현실이 되어가고 있으며, 수명연장기술이나 인간과 컴퓨터의 결합 시도에 이르기까지 인간 향상이나 진화의 방향을 인위적으로 돌리는 것이 가능한 현실일 수 있음을 보여주는 상황이다.**

로지 브라이도티(R. Braidotti)는 『포스트휴먼』(2015)에서 인간과 인간-아닌 것의 결합까지 가능한 마당에 인문학도 자연적인 것과 문화적인 것의 이분법적 구도를 넘어서야한다며, 포스트휴먼 인문학(posthuman humanities)이 필요하다는 주장까지 하고 나섰다. 브라이도티는 과학기술의 발전에 힘입어 다양한 인류가 공존하는 세상이 곧 도래할 것이라는 전망 속에서 이런 주장을 한 것이었다. 포스트휴먼의 사회는 점점 현실이 되어 가고, 많은 사람들은 역량을 갖춘 존재로의 개선이나 향상을 통해 장밋빛 미래가 펼쳐질 것을 기대하고 있다. 인간의 생체에너지를 일종의 노화방지 화장품처럼 수확하는 내용을 담고 있는 영화 「주피터 어센딩」(Jupiter Ascending, 2015)은 장기 이식 성공과 수많은 질병 정복을 통해 인간이

---

* J. Huxley, Religion Without Revelation (1927), 신상규, 『호모 사피엔스의 미래』 (서울: 아카넷, 2014), 112쪽에서 재인용.

** 포스트 휴먼에 대한 사항은 같은 책, 86-89쪽 및 104쪽 및 이상욱, 「포스트휴먼 시대의 정치사회적 쟁점」, *Future Horizon* 26 (2015.11), 22-25쪽을 참조했다.

영생에 이를 수 있음을 보여줌으로써 포스트휴먼 사회에 대한 기대를 잘 보여주고 있다.

그런데 한쪽에서는 우려의 목소리도 들린다. 어떤 사람들은 즉각적으로 영화 '터미네이터(The Terminator, 1984~)' 시리즈가 그려낸 디스토피아적 미래를 떠올리곤 하는데, 인공지능 기계와 인간의 대결을 기억하는 사람들이라면 최근의 인공지능 기술이 급속도록 발전하는 형국은 그리 달갑지 않은, 오히려 은근한 불안감을 자아내기에 충분한 것인지도 모른다. 불안감을 갖고 있는 사람들 가운데는 생물학적으로 개선 또는 향상이 달성된 포스트휴먼의 탄생을 꿈꾸는 트랜스휴머니즘이 과거의 우생학(eugenics)과 너무 닮아 있다는 우려를 표출한다. 과거의 우생학 역시 인간 개선이나 향상을 통해 완전한 존재로의 성장을 목표로 삼고 있었기 때문이다. 물론 나치(Nazi)의 유대인 대학살로 인해 우생학은 역사의 뒤안길로 사라져버렸다. 그런데 최근 생의학 기술의 진전과 더불어 인간 성격, 행동 그리고 역량까지도 생물학적 차원에서 논의되는 흐름과 트랜스휴머니즘의 유행은 즉각적으로 많은 이들에게 우생학의 역사를 다시금 떠올리도록 자극을 준 것이다. 그래서 우리는 과거 우생학의 역사에서 배울 것이 있는 것이리라.* 역사는 단순히 지나간 과거의 텍스트가 아니라 반복 가능한 현실일 수 있기 때문이다.

2. 캐리 벅(Carrie Buck)의 슬픈 이야기

> "공공복지 사회는 시민들에게서 그들의 생명을 요구할 수도 있다는 사실을 우리는 종종 보아왔다. 하물며 우리가 완전히 무능력의 늪에 빠지는 것을 방지하기 위하여 이미 국력을 쇠약하게 한 사람들에게서 이 같은 경미한 희생조차 요구할 수 없다면, 그것이 오히려 이상한 일이다. 직접 관련된 불임 당사자도 종종 그렇게 느낄 것이다. 명백한 정신박약으로 부적절한 사람들이 대를 잇도록 내버려두기보다는 사회가 나서서 이를 금지시킬 수 있다면 그야말로 좋은 일이다. […] 보다 나은 세상을 위해 그의 자손이 범죄성으로 인해 퇴화되는 것을 기다리거나 우둔함으로 인해 굶어 죽게 방치하기 보다는 사회가 나서서 그들과 같은 부적격자들이 지속되지 않도록 명확한 방법을 제시해주는 것이 필요하다. 강제 백신을 지지하는 원리는 나팔관 제거까지도 포함할 만큼 충분히 광범위한 것이다. Jacobson v. Massachusetts, 197 U.S. 11. 정신박약자는 삼대로 족하다."
>
> — 캐리 벅에 대한 판결문 중에서

---

* 우생학의 역사에 관한 대부분의 내용은 김호연, 『우생학, 유전자 정치의 역사』(서울: 아침이슬, 2009)를 참조한 것임을 밝혀둔다.

위의 판결문은 1927년 10월 19일, 정신박약(feebleminded, 오늘날의 정신 지체)을 이유로 강제 불임화 수술이 합법적으로 결정되었던 캐리 벅이라는 여성에 대한 것이다. 어린 시절 캐리 벅이라는 여성은 친엄마(Emma Buck)가 부도덕하고 생활능력이 없다는 판결을 받아 간질환자나 정신박약자들을 관리하는 수용소에 격리되어 양부모 밑에서 자랐다. 열일곱 살이 되던 해에 캐리 벅은 임신을 하게 되었고, 엄마와 똑같이 수용소에 이송되는 처지가 되었다. 수용소에서 캐리 벅은 비비안(vivian)이라는 이름의 딸을 출산했는데, 정신박약을 이유로 딸의 양육 권리를 인정받지 못하게 된다. 결국 비비안은 캐리 벅의 양부모였던 사람들에게 입양되었고, 이 과정에서 수용소 관리자들은 정신박약을 이유로 캐리 벅의 강제 불임화 수술을 결정했다. 그 근거는 삼대에 걸쳐 정신박약이면, 더 이상 자손을 낳는 것이 무의하다는 논리였다.

벅 대 벨 사건(Buck vs. Bell case, 1927)으로 불리는 이 판결의 배경에는 다름 아닌 우생학적 사고가 깊이 스며들어 있다. 20세기 초 서구에서 우생학을 지지하던 사람들은 인간의 도덕, 신체, 정신, 심지어는 사회 특질까지 유전에 의해 고정되어 변화하지 않는 것으로 믿었다. 강력한 국가 건설이 시대정신(zeitgeist)이었던 만큼 많은 사람들은 우수한 유전적 요소들을 가진 바람직한 존재들만으로 구성된 사회를 꿈꾸었다. 이는 필연적으로 우수하지 못한 유전적 요소들을 가진 바람직하지 않은 존재들의 탄생은 강제로 통제하고, 반대로 우수한 유전적 요소를 가진 사람들은 출산을 적극 장려함으로써 인구 집단 전체의 유전적 질을 높이려는 국가 정책으로 발전했다.

미국이 역사상 최초로 우생학적 법률이 제정된 국가였던 까닭이 여기에 있다. 미국은 남북전쟁(Civil War, 1861-1865) 이후 통합된 국민국가로서의 위상을 강화하고, 과학과 효율을 기초로 국가 발전의 기틀을 다지려 했고, 이 과정에서 우생학은 정책 실현의 수단으로 선택된 측면이 있다. 그런데 정말 캐리 벅은 정신박약, 즉 저능이었을까? 연구에 따르면, 캐리 벅은 학급에서 중간 정도의 성적을 유지했고, 임신도 강간에 의한 것이었다. 오히려 보호받고, 지원을 받았어야 할 여성이었던 것이다. 하지만 캐리 벅은 경제적으로 곤궁했고, 교육 기회도 적었으며, 미혼모라는 도덕적 편견과 이에 따른 사회적 차별로 말미암아 강제 불임화 수술의 희생양(scape goat)이 되고 말았다. 캐리 벅은 법률의 이름으로 국가에 의해 강제적으로 개인의 생식 권리를 침해당한 존재였다. 가슴 아픈 이야기인 것이다.

이후 이 판결은 열등한 지적 능력이나 신체적 장애를 가진 사람들, 매춘부나 거리의 부랑자, 도덕적으로 방종하다고 여겨지는 사람들, 그리고 경제적으로 빈곤하거나 이주해 온 사람들에 대한 차별 조치의 근거로 활용되었고, 미국의 33개주에서 유사한 법률이 제정되어 공식적으로 1970년대까지 시행되었으며, 이 과정에서 약 65,000명의 사람들이 강제로 불임화 수술을 받았다고 알려져 있다. 이 때문에 우생학은 개인의 (생식)권리와 국가의 (생식)강제 사이의 충돌, 생명 또는 낙태를 둘러싼 윤리 논쟁, 나아가 과학과 정치의 상관관계를 논할 때 빠지지 않고 등장하는 주제일 수밖에 없다.

3. 잘난 태생에 대한 학문

우생학은 미국에서 대중적으로 가장 각광을 받았지만, 탄생지는 영국이었고, 창시자는 다윈의 사촌 동생이었던 골턴(Francis Galton, 1822-1911)이었다. eugenics(εὐγνής, 우생학)란 단어에서 접두사 eu는 good 또는 well을 의미하고, gen은 genesis 또는 creation을 의미한다. 말 그대로 우생학은 출생이 좋은(good in birth), 즉 잘난 태생(wellborn science)에 대한 학문이라고 할 수 있다. 골턴은 우생학을 "미래 세대 인종의 질을 개선 또는 저해하는 사회적으로 통제 가능한 모든 수단에 관한 연구"* 로 정의한 바 있다.

골턴이 우생학은 창안하게 된 배경은 크게 세 가지로 설명할 수 있다. 첫 번째는 19세기 후반 생물학 영역에서 있었던 지적 변화로 아우구스트 바이스만(August Weismann, 1834-1914)의 생식질 연속설(Germ plasm theory)의 등장이다. 이 이론은 인간의 신체적 특질이 생식세포에 의해 부모에게서 자손에게로 유전된다는 내용이다. 이제 사람들은 인간의 생물학적 특질은 타고나는 것이라는 믿음을 과학적 근거가 있는 것으로 판단하는 계기를 갖게 된다.

두 번째는 19세기 후반 영국 사회의 전반적인 쇠퇴 분위기를 들 수 있다. 19세기 후반 영국 사회는 빈곤이나 범죄, 매춘처럼 도시화로 인한 여러 문제들이 발생하여 사회적 타락의 징후가 나타나고 있었고, 이는 인간의 건강이나 질병 문제가 도덕적 차원의 문제와 연결되는 흐름을 만들어냈다. 많은 영국인들은 국가 효율 달성을 위해서는 사회 타락의 원천인 인간 질병 문제를 해결하는 것이 급선무이고, 이것이야말로 사회 진보와 문명화에 필수라는 생각을 했다. 과연 무엇을, 어떻게, 그리고 누가 할 것인가. 골턴은 중간 계급의 지식인 엘리트를 주축으로 과학적 수단을 활용하여 타락한 존재의 제거나 우수한 존재의 향상을 꾀할 수 있다고 생각했다.

세 번째는 사회 진보의 열망과 결합된 과학에 대한 무한 신뢰를 들 수 있다. 19세기를 지나면서 서구에서 과학은 미지의 세계에 대한 인간 인식을 확장해주고, 기술과 결합하여 상상을 현실로 만드는 마법의 탄환으로까지 받아들여졌다. 당시 영국인들도 타락한 사회를 부활시켜 문명화된 진보로 나아가기 위해서는 과학의 도움이 절실하다고 생각했다.

---

* F. Galton, "Probability: The Foundation of Eugenics," in *Essays in Eugenics* (London: Eugenics Education Society, 1909), p. 81.

이런 흐름 속에서 골턴은 "인간의 육체, 정신, 도덕, 사회의 여러 특질을 인위적으로 통제하고 변형하며 조작할 뿐 아니라, 알코올 중독, 성 방종, 빈곤, 폭력성 범죄, 그리고 사기 등과 같은 인간의 사회 특질도 모두 생물학(유전)으로 환원"* 하여 설명하고 이해한다면 뭔가 정답(right answer)을 찾을 수 있을 것이라 믿었다. 인간의 모든 특질이 부모 세대로부터 자손에게 유전된다고 천명했던 골턴은 자신의 주장을 입증하기 위해 생물계측학(biometrics, 통계학의 시초)이라는 설문과 통계 방법도 이용했다. 물론 골턴을 비롯한 우생론자들이 활용했던 정량적 수치나 통계적 방법은 자칫 생물학적 차원의 프로크루테스의 침대(Procustean bed)처럼 활용될 소지가 컸다.

골턴은 두 가지 차원에서 인간에 대한 인위적인 개입이 가능하다고 주장했는데, 인간의 우수하거나 바람직한 형질은 적극 개선하고 향상시켜야 하고, 열등하거나 바람직하지 않은 형질은 제거해야 한다는 것이 그것이다. 전자는 포지티브 우생학(positive eugenics)이라고 하고, 개선이나 향상을 목표로 삼는다. 후자는 네거티브 우생학(negative eugenics)이라 부르는데, 제거와 통제가 주된 방법이다. 오늘날 생의학 기술을 이용한 향상은 전자에 해당하고, 히틀러의 유대인 대학살이나 미국의 우생학적 법률들은 후자에 해당한다고 할 수 있다.

당시 골턴의 이러한 주장은 특히 도덕적으로 순수하다고 스스로를 믿는 중산 계급 지식인들과 사회적 약자들에 대한 정부의 지원이 오히려 사회 퇴보를 가져올 것이라는 믿음을 갖고 있던 사람들에게 큰 환영을 받았다. 왜냐하면 이들은 사회 진보나 문명화가 인류를 구원한다고 생각했는데, 가난이나 신체적 허약이 집단 전체의 질적 수준을 떨어뜨려 사회 퇴보를 가져온다고 믿었고, 이는 도덕적 자질과 연관된다고 믿고 있었기 때문이다.

미국 우생학의 사상적 기초를 제공했던 예일 대학의 사회학자 섬너(W. G. Sumner)는 "잊혀진 사람(The Forgotten Man)"이라는 개념을 통해 우생학적 논리를 설파했다. 그가 말한 잊혀진 사람은 자기절제와 근면을 통해 부를 축적함으로써 사회의 진보에 이바지하는 도덕적으로 선한 존재인데, 19세기말-20세기 초 미국 사회에서 이런 존재들을 발견하기 어렵다는 주장이었다.** 바로 이 점이 미국 문명화의 장애가 된다면서 진화의 관점에서 잊혀진 사람들로 구성된 도덕적 사회가 구축되면, 도덕적 적합성은 사회적 습속이 될 것이고, 이는 세대에서 세대로 전승되어 미국이라는 나라의 문명화가 달성될 것으로 보았다. 일종의 포지티브 우생학을 말했던 것이었다.

미국의 우생학의 대부라 할 수 있는 대번포트(C. B. Davenport)는 더 노골적인 주장을 내세웠다. 이었다. 대번포트는 유전학자이면서 우생론자였는데, 바람직하지 않은 형질들이

---

* F. Galton, "Hereditary Talent and Character," *Macmillan's Magazine* 12 (1865), pp. 157-166 & p. 320.

** W. G. Sumner, *The Forgotten Man* (1916).

란 기본적으로 도덕적 적합성이 없는 그런 존재들로, 정신박약을 원인으로 지목했다. 과학을 이용하여 인간 개선을 도모하고, 이를 통해 인간성을 회복하는 것이 중요하므로, 우리가 원하는 사회적으로 바람직한 형질을 얻기 위해서는 생식을 통제할 필요가 있다는 주장을 했다.* 그는 이렇게도 주장했다. "사회 범죄, 빈곤, 정신박약, 매춘, 폭력 본능과 같은 특질들은 결함 유전자에 의해 재생산되는 것으로, 효율적인 대책은 결함 유전자의 유전을 막는 것이다. 바람직하지 않은 형질들을 갖고 있는 사람들의 문제를 해결하기 위해서는 우생학적 조치가 필수적인데, 가장 먼저 해야 할 일은 성에 대한 욕망을 잠재우고 재생산될 수 없도록 거세하거나 생식세포의 유출을 막기 위한 정관절제가 필요하다. 특히 정신박약자들의 결혼을 막거나 불임화 수술을 하는 것은 가장 중요한 일"** 이라고. 대번포트의 주장은 실제로 관철되어, 미국의 단종법(sterilizations law, 강제 불임화 수술법) 제정에 커다란 영향을 주었다.

4. 인종에도 등급이 있다?

1924년 미국에서 제정된 이민제한법(Johnson Leed Bill)에도 우생학적 사고가 깊이 침윤되어 있다. 영국에서는 계급문제와 우생학이 연결된 측면이 상대적으로 강했다면, 미국에서 우생학은 계급 문제와 더불어 인종 문제도 매우 중요한 우생학 운동의 화두였다. 물론 여기에는 19세기 중반 이후 서구에서 등장한 인종이론이나 18세기부터 대중화된 퇴화 문제가 복잡하게 얽혀 있었다. 간단히 말하면, 퇴화론과 인종 분류 지식이 한 데 섞이면서 백인종 이외의 인종은 퇴화된 존재로 사회의 타락을 몰고 올 것이 분명하다는 입장이 유행했다.

미국에서는 이런 생각이 남북전쟁(the Civil War, 1861-1865) 이후 급격히 심화된다. 위대한 국가 건설에 퇴화된 인종은 장애가 되기 때문이었다. 19세기 중반 이후 열등한 동양인과 1880년대 이후 급증한 남동유럽 이민자들이 백인의 일자리를 빼앗는 상황도 이런 생각의 발전에 한몫했다. 미지의 신세계에서 새로운 삶을 찾기 위해 이주해온 사람들은 물불가리지 않고 어떤 일이든 할 가능성이 높지 않은가. 이 과정에서 백인들의 일자리를 싼 노동임금을 받는 이민자들이 대체하게 된다. 제1차 세계대전 이후에는 노동운동이 발전

---

* C. B. Davenport and H. H. Laughlin, *How to Make a Eugenical Family Study*, Bulletin No. 13 (New York: ERO, 1915), p. 4.

** C. B. Davenport, *Heredity in Relation to Eugenics* (1911), pp. 255-259.

하면서 산업계의 파업이 이어지고, 1917년에는 러시아 혁명이 성공하고, 이는 미국 사회에 급진 세력의 성장에 대한 공포를 야기하는 상황을 연출했으며, 급기야 그 공포의 근원이 내부가 아닌 외부, 즉 외래 인종으로부터 비롯되었다는 주장이 설득력을 갖게 되는 계기로 작용했다.

미국 우생학 대중화의 주된 활동가였던 러플린(H. H. Laughlin)이라는 사람은 전문가 자격으로 통계학적 수치를 제시하며 이민자들에게 만연한 낮은 IQ, 알코올 중독, 게으름, 탈법성향 등이 양질의 앵글로색슨(anglo-saxon) 인구를 퇴화시켜버리는 주범이 될 것이라고 경고했고, 이는 결국 1924년의 국적별 쿼터 이민제한법으로 귀결되었다. 이제 남동유럽이나 저급한 인종으로 인식되던 저개발 국가의 사람들은 쿼터에 의해 미국으로의 이주가 제한받게 되었는데, 당시 이민 제한은 비네(A. Binet) 검사나 고다드(Henry H. Goddard)의 지능검사, 정신박약(feebleminded)에 대한 우생학적 분류와 예증들에 의해 정당성을 가졌지만, 많은 경우 근거가 부족했었으며, 당시 이민 및 귀화 위원회에 우생학 전문가로 참여했던 러플린이 제시했던 통계학적 수치도 조작된 것이 많았던 것으로 밝혀졌다.

인종 문제는 미국 사회의 어제와 오늘 그리고 내일까지도 규정할 만한 강력한 화두이고, 그 인종 문제의 한 바탕에는 우생학적 사고가 깊게 드리워져 있음을 부인할 수 없다. 하퍼 리(Harper Lee)가 1960년 출간하여 공전의 히트를 누리며, 퓰리처상을 받았던 『앵무새 죽이기(*To Kill a Mockingbird*)』는 지금까지도 많은 이들의 관심을 받고 있는데, 이 소설은 1930년대 미국의 어느 작은 마을인 메이콤이라는 공간을 배경으로 삼아 은둔자인 부래들리를 놓고 한 가족이 펼치는 정의와 양심 그리고 용기를 이야기하고 있다. 1930년대를 배경으로, 1960년대에 쓰여졌지만, 여전히 사랑을 받고 있는 까닭은 인종 문제가 그 만큼 미국 사회의 중심적인 사안이기 때문이다. 물론 하퍼 리의 소설은 미국 내에만 한정하여 살펴볼 수만은 없다. 왜냐하면 하퍼 리의 소설은 인종이라는 화두를 가지고 인간의 근본적인 삶과 권리, 그리고 보편적인 가치 문제를 다루고 있기 때문이다. 그런데 메이콤은 1930년대 미국 남부(Deep South)의 축소판이라 할 수 있는 공간이었고, 미국 남부는 미국 우생학 운동의 가장 중심적인 지역이었다.

1994년에 출간된 『종형 곡선』(*The Bell Curve*)도 시사점이 적지 않다. 『종형 곡선』은 인간 지능(IQ)은 유전되는 것이고, 이는 교육, 직업, 사회적 성공을 예측할 수 있는 지표가 될 수 있음을 밝히면서, 계급 간 사회경제적 격차와 지위의 불평등이 생물학적 요인에 의해 결정될 수 있다고 주장했다. 이는 과거 더러운 용어로 전락하여 역사 속에서 완전히 패퇴당한 것처럼 보였던 우생학이 오늘날에도 여전히 그 힘을 발휘하고 있고, 또 발휘할 수 있음을 많은 이들에게 상기시켜 주었고, 엄청난 논쟁이 뒤를 이었다. 이는 무엇보다 『종형 곡선』의 많은 주장들이 미국 우생학 대중화에 결정적인 역할을 했던 러플린이나 우생론자들의 주장과 별반 다르지 않았기 때문이었다.

5. 나치 커넥션(Nazi connection)

그런데 놀랍게도 미국의 우생학적 법률은 독일의 나치에게 전수되었고, 우생학 역사의 최대 비극인 홀로코스트(Holocaust)로 귀결되었다. 아마 미국의 우생학이 독일의 나치에게 전수되었다는 사실을 모르고 있는 사람들이 꽤 많을 것 같다. 이 과정에서 매우 중요한 역할을 했던 인물인 바로 미국 이민제한법 제정에 혁혁한 공(?)을 세웠던 러플린이었다. 우생학은 영국에서 탄생하여, 미국에서 대중화된 뒤, 독일의 유대인 대학살에서 정점을 찍은 셈이다. 독일의 미국 우생학적 법률 수입(?)을 어떤 학자는 나치 커넥션(Nazi Connection)이라 부르기도 한다.

독일에서의 우생학은 인종위생(racial hygiene)이라 불렸는데, 20세기 초 독일은 제1차 세계 대전에서의 패배와 그로 인한 막대한 전쟁 배상금 때문에 국가 효율 문제에 관심이 많았고, 필연적으로 집단 전체의 유전적 질을 고양시킬 방법을 모색하게 된다. 우생학이 성장할 수 있는 좋은 토양이 있었던 셈이다. 1929년 발생한 세계 대공황(great depression, 1929)은 독일의 지독한 경기 침체를 악화시켰고, 이는 노르만 인종의 우월성으로 위기를 극복하겠다며 등장한 히틀러에게 권력을 안겨주었으며, 우생학이 합법적인 국가 정책으로 활용되는 이유가 되었다. 나치는 국가 효율 달성을 위한 인종위생을 빌미로 자신들의 정치적 이해관계를 설파했고, 노르만 인종의 우수성 확보와 유지라는 인종위생의 전략은 정부정책으로 승화됨으로써 이제 우생학은 강력한 인식론적 정당성과 사회적 권위까지 부여받게 된다. 이는 과학의 정치화 현상이 가져올 수 있는 폐해를 극명하게 보여주는 사례인데, 이는 과학이 진공 속에서 이루어지는 것이 아니기 때문에 언제 어디서나 존재할 수 있는 위험이라고 할 수 있다.

나치는 국가 효율과 노르만 인종의 우수성 달성을 명분으로 바람직하지 않은 유전적 질을 갖고 있다고 자의적으로 판단한 존재들의 적극적인 제거에 나섰다. 나치 시기 한 수학책에는 "만일 정신질환자 수용소의 건설에 6백만 마르크가 소요되고, 택지에 집 한 채를 짓는 비용으로 만 오천 마르크가 들어간다면, 한 개의 수용시설을 짓는 비용으로 집을 몇 채나 지을 수 있겠는가?"라는 문제가 실릴 정도로 사회적 부적격자들에 대한 치료비용이 국가 효율과 노르만 인종의 우수성 보존에 해가 된다고 믿었다. 당시의 경제적 압력은 '쓸모없는 식충이(useless eater)'나 '살 가치가 없는 인생들(lives not worth living)'같은 문구를 유행시켰고, 노약자나 만성적 빈곤자, 그리고 절름발이와 같은 신체적 불구자 등은 불운한 운명에 처한 사람들로 인식되었으며, 이들은 사회에 짐이 되는 존재로 치부되었다. 이때 우생학은 가장 효율적이고 적합한 해결책으로 각광을 받았던 것이었다.

독일에서는 1927년 독일 범죄 법전(German Criminal Code)에 의해 장애가 있는 소수의 독일인에 대한 불임화 수술이 시행되었고, 1933년 7월 14일에는 미국의 단종법을 모델로 공식적인 독일의 첫 단종법 "유전성 질병 후손 금지를 위한 법; Das Gesetz zur Verhutung erbkranken Nachwuchses"이 제정된다. 이 법은 제정 초기에는 사회 복지 비용의 절감을 위한 비용효과의 측면에서 유전적 질병을 가진 사람에게 주로 적용되었는데, 약 40만명의 독일인이 정신 및 신체 장애를 이유로 강제 불임화 수술을 받은 것으로 알려져 있다. 물론 당시의 강제 불임 대상의 판단은 과학적 근거가 희박했음에도 불구하고, 의사들의 협조로 진행되었는데, 수술 당사자에 대한 설명이나 동의없이 시행된 탓에 '히틀러 처형(the Hitler cut)'이란 말이 유행하기도 했다.

1935년에는 일명 뉘른베르그 법(Nuremberg Law)이 제정되었는데, 이 법은 우생학 역사의 최대 비극을 불러온 나치 대학살에 결정적인 영향을 끼쳤다. 이 법은 이전의 법률보다 인종적 순수성이라는 목표를 더욱 구체화하여, 독일 혈통의 보호를 위한 것임을 천명했다. 이제 유대인과 독일인 사이의 성행위나 결혼은 금지되고, 독일 내 인구를 시민과 거주민으로 이분하여 거주민의 모든 권리를 박탈했으며, 급기야 히틀러는 1939년 1월 30일 "유럽 내외의 국제적인 유대인 금융업자들이 전쟁의 와중에 독일을 위험에 빠뜨리게 한다면 [···] 유럽 내의 유대 인종을 전멸하게 할 것"이라면서 유럽 내의 모든 유대인을 사멸할 것임을 암시했다. 결국 히틀러는 최종 결정(Final Solution), 안락사 포고(Euthanasia Decree; Erlass'), 그리고 T-4 프로그램을 순차적으로 진행하면서 수백만 명의 무고한 유대인과 집시들을 생체 실험과 가스 질식에 의해 죽이는 홀로코스트를 단행하고 말았다.

이로써 우생학에 내포되어 있었던 비인도적인 측면이 나치의 정치적 목적과 그에 따른 홀로코스트에 의해 적나라하게 드러났다. 이는 우생학을 역사의 뒤안길로 사라지게 하는 결정적인 이유가 되었다. 물론 1930년대 이후 생의학 분야의 지적 발전이 이루지면서 우생학의 과학적 취약성이 부각되고, 1929년 경제 대공황으로 인한 사회적 환경의 중요성이 인식되면서 유전주의에만 함몰되었던 우생학에 대한 회의가 커졌던 사실도 우생학이 쇠퇴할 수 있는 중요한 배경으로 작용하기도 했다.

6. 우생학, 비판과 오해(?)

홀로코스트, 미국의 다양한 우생학적 법률들, 그리고 골턴의 전제들은 기본적으로 유전주의에 입각해 있다는 비판이 있다. 유전주의는 인간의 모든 특질이 유전에 의해 고정된 것으로 파악하는 입장입니다. 하버드 대학의 르원틴(R. Lewontin)은 『DNA 독트린』에서 우생학의 유전주의에 대한 강력한 비판을 하고 있다. 그의 주장을 그대로 옮겨보자.

"19세기 중후반 서구 사회는 산업자본주의 발전으로 사회조직이 변화하면서 전체적으로 새로운 사회에 대한 관점이 등장했다. 이 사회에서는 개인이 우선시되고, 개인은 독립적이고 장소와 역할을 바꿀 수 있는 사회의 자율적 원자이다. 오늘날 사회는 개인적 특성의 원인이 아니라 결과로 생각된다. 사회를 만드는 것은 개인들이다. 이렇듯 원자화된 사회는 자연에 대한 새로운 관점, 즉 환원주의와 부합한다. 오늘날 전체는 그것을 부분으로 나눔으로써만 이해될 수 있으며, 개별적인 조각, 원자, 분자, 세포, 그리고 유전자는 전체가 갖는 특성의 원인이라고 믿어진다. 복잡한 자연을 이해하려면 그 각각의 부분들을 분리해서 연구해야 한다는 것이다. 다윈의 진화론은 개체들의 차별적인 생식율에 대한 이론이며, 진화와 연관된 모든 현상은 개별적인 원인 수준에서 이해되어야 한다는 것을 여실히 보여주었다. 이런 논리의 필연적 귀결은 다음과 같다. 유전자는 개인을 만들고, 개인은 사회를 만든다. 따라서 유전자가 사회를 만드는 셈이다. 한 사회가 어떤 사회와 다르다면, 그 차이는 두 사회에 속한 개인들의 유전자가 서로 다르기 때문에 나타난다."

만일 이런 관점에서 보면, 인간의 건강과 질병 문제들과 연관된 책임 소재가 개인에게 돌려지기 수월해진다. 그리고 이것이 과학의 이름으로 설파될 경우, 개인의 책임은 자연적 원리처럼 인식되기 쉽고, 이는 개인 의지로는 바꿀 수 없는 숙명처럼 되어 버릴 소지가 크다. 골턴은 이러한 숙명은 유전된다고 보았는데, 이렇게 되면, 인간은 천성적 차이로 인해 근본적 능력이 다르며, 이는 생물학적 유전되며, 이로써 위계적인 사회의 형성은 자연스러운 귀결이라는 결정론적 시선과 만나게 된다는 것이다.* 이런 이유로 우생학은 수저계급론과 인간 행복의 상관관계가 논의되는 요즘 우리 사회에서 그냥 지나칠 수만은 없는 사안인지도 모르겠다.

여기서 한 가지 짚고 가자. 우생학은 보통 국가나 정부가 공공복리를 명분으로, 과학의 이름을 빌어 강제적인 방식(법률)으로, 인간의 몸 또는 생식을 통제하는 가운데, 정치적·사회적·문화적 차별을 정당화하면서 역사에 지우기 힘든 흔적을 남겼다고 설명되곤 한다. 이를 주도했던 것은 히틀러같은 인물들이고, 따라서 우생학은 사회의 현상 유지를 모색하려는 보수적인 우익의 이데올로기였다고 흔히 생각한다.

하지만 이는 사실과 조금 다르다. 중국 최고의 작가로 꼽히는 모옌(莫言)은 2009년 『개구리』(蛙)라는 소설을 발표했다. 이 소설은 작가 자신의 고향에서 40여 년간 지속되었던 '계획생육' 정책을 소재로 삼았는데, 물론 작가는 계획생육을 통해 사람의 본성을 이야기하려는 의도가 있었을지 모르지만, 이 소설을 통해 우리는 사회주의를 표방했던 중국에서 만혼, 만육, 소생, 우생을 통해 인구를 계획적으로 통제했던 역사적 모습을 살펴볼 수

---

* 리처드 르원틴, 김동광 역, 『DNA 독트린』(서울: 궁리, 2001), pp.28-29 & p.47 참조.

있다. 중국에서는 1970년대 들어 좀 더 본격적으로 계획생육을 시행했고, 최근까지도 한 자녀 갖기 운동을 전개했다. 우생학은 보수, 우익의 전유물이 아니었던 것이다.

페미니즘 시각에서 과학사회학을 연구하고 있는 영국의 힐러리 로즈(Hilary Rose)와 신경과학자인 스티븐 로즈(Steven Rose)가 함께 쓴 『유전자, 세포, 뇌』는 20세기 내내 서구에서 우생학을 수용했던 사람들이 이념적 스펙트럼이 매우 넓었다는 사실을 기술하고 있다. 이들은 "장애인을 제대로 관리하는 것은 사회의 당연한 의무지만, 그들이 태어나지 않는 편이 자기를 위해서도 사회를 위해서도 보다 행복한 일이 될 것"이라고 주장했던 줄리언 헉슬리(Julian Huxley)같은 자유주의적 생물학자로부터 "모든 젊은이들의 이마에는 겸상적혈구 유전자나 그와 유사한 다른 모든 유전자의 보유 여부를 표시하는 상징으로 문신을 새겨 넣어야 한다. …… 결함 있는 유전자에 대한 혼전 검사 의무화와 이러한 유전자 소유 여부에 대한 모종의 반공개적 표시가 도입되어야 한다는 것이 내 생각"* 이라 했던 노벨 화학상과 노벨 평화상 수상자인 라이너스 폴링(Linus C. Pauling)에 이르기까지 수많은 이들이 우생학을 지지했었다고 밝히고 있다.

인종주의자나 반동적 사상가들 못지않게 마거릿 생어(M. Sanger)나 마리 스토프스(M. Stopes) 같은 페미니스트, 홀데인(J. B. S. Haldane) 같은 영국의 마르크스주의자, 민족주의적인 복지국가 프로젝트를 위해 우생학을 주장했던 스웨덴의 알바 뮈르달(Alva Reimer Myrdal) 같은 사회민주주의 이론가 등도 우생학을 찬양했다고 한다. 나치 집권 당시나 몰락 이후에도 서구 지식인들의 우생학 지지는 약해지지 않았고, 경제학자 존 메이너드 케인즈(J. M. Keynes), 영국 복지국가의 설계자인 윌리엄 베버리지(W. Beveridge), 심리학자이자 IQ 이론가인 시릴 버트(Cyril Burt), 면역학자이자 노벨상 수상자인 피터 메더워(P. Medawar) 등 유럽과 미국의 대다수 지식인이 우생학을 지지했다고 해도 과언이 아닐 정도였다는 것이다.**

우생학적 법률도 미국과 독일에서만 제정된 것이 아니었다. 우생학적 법률은 1928년 스위스와 캐나다, 1929년 덴마크, 1934년 노르웨이, 1935년에는 핀란드와 스웨덴, 1942년에는 중앙아메리카의 나라들, 그리고 1948년 일본의 국민우생법에 이르기까지 다양한 나라에서 제정되었다. 최근까지도 논란이 되었던 임신중절(낙태)의 허용범위에 관한 우리나라 모자보건법 제14조 1항 1호(본인이나 배우자가 대통령령으로 정하는 우생학적[優生學的] 또는 유전학적 정신장애나 신체질환이 있는 경우)나 '아들 딸 구별 말고 하나만 낳아 잘 기르자'는 식의 인구 정책에서도 우생학의 흔적을 어렵지 않게 찾아볼 수 있다.

---

* 힐러리 로즈·스티븐 로즈, 김명진·김동광 역, 『유전자, 세포, 뇌』 (서울: 바다, 2015), p. 186에서 재인용.

** 같은 책, pp. 175-177.

7. 우생학, 아직 끝나지 않은 이야기

우생학 비판이나 찬성보다 우리가 관심을 가져야 할 사항은 20세기 내내 그렇게 많은 이들이 우생학에 '왜' 매료되었는지, 그리고 지금 우리는 어떠한지를 자문해보는 것이다.

과거 다양한 세력들이 우생학에 관심을 가졌던 이유는 사실 특정한 요인만으로는 설명하기는 어렵다. 넓게 보면, 과학에 대한 무한신뢰, 국가 효율을 통한 위대한 국가 전설, 진보라는 이상, 그리고 '생명 질' 관리의 중요성이라는 여러 요소들이 역사적 맥락 속에서 초역사적인 멘탈리티로서의 인간의 완전성에 대한 기대 등과 어우러진 결과였다고 할 수 있다. 사실 이러한 목표는 좌우가 따로 없는 기대일 수 있다.

그렇다면 '지금, 여기'는 '그때, 거기'와는 상황이 많이 달라졌을까? 만일 비슷한 가치 추구나 처해진 상황이 유사하다면 우생학은 언제든지 다시 출현할 수 있는 성질의 것일지도 모른다. 2005년 출간되어 화제를 모으며 영화와 드라마로도 제작되었던, 가즈오 이시구로(石黒一雄)의 소설 『나를 보내지 마(Never let me go)』는 우생학이 오늘과 내일의 우리 문제일 수 있음을 알려주고 있다. 이 소설에는 누군가에게 장기를 제공하기 위해서만 탄생되는 아이들, 부품 제공자로서만 존재의 의미를 얻는 아이들, 참혹한 자신들의 상황을 서로 위로하며 자신들 사이의 사랑만을 위안으로 삼는 아이들이 등장하는데 소설 속의 아이들은 디스토피아적인 우생학이 가져올 치명적인 윤리적인 문제들을 상징한다.

첨단 생의학 기술이 발전하고, 포스트휴먼에 대한 기대와 우려가 교차하고 있는 시점에서 우리는 우생학의 역사로부터 무엇을 배울 수 있을까? 과학기술이 가져올 미래에 대한 은근한 불안감을 갖는 사람들은 일련의 유전학적 분야들에서 우생학적 원리가 발현되고 있고, 더욱 강화될 수 있다는 우려를 쏟아내고 있다. 대표적으로는 유전상담, 양수검사, 산전유전자검사(태아선별법과 배아선별법), 유전자 치료, 맞춤아기 등은 유전주의에 입각하여 선택과 배제의 원리라는 우생학적 사고와 별반 다르지 않다는 주장을 한다. 이는 필연적으로 과거처럼 인간의 권리, 특별히 생명, 장애, 여성의 권리문제를 야기할 수 있다는 것이다.

반대로 과학기술이 선사할 장밋빛 미래에 대한 기대감이 더 큰 사람들은 과거의 우생학과 최근의 유전학은 완전히 다르다고 역설한다. 과거의 우생학은 인종 차별, 집단적 유전자 풀의 보존, 그리고 국가나 권력의 강제가 특징이라면, 최근의 유전학은 예방 의료, 개인의 유전적 질 강화, 그리고 개인의 자발적인 선택에 의해 시행되므로 양자는 다르다는 것이다. 한 마디로 인간 향상은 개인의 선택 문제이므로 국가와 같은 권력 집단이 강제력을 행사할 수 없는 사인이라는 것이다. 따라서 권리 충돌이나 윤리 문제는 다소 과장된 것이라고 말한다.

인간의 특질을 유전자와 같은 생물학적 요소들로 환원하고 정량화시켜 판단하는 흐름이 거세고, 개인의 자발적인 선택행위가 첨단 과학기술에 기초한 의료 서비스의 수요와 공급이라는 시장 논리에 따라 이루어지며, 그것이 결국 '생명의 질'을 결정지으면서, 이것이 대물림되는 상황으로 진행된다면, 이는 과연 어떻게 봐야 하는 것인가. 옳은가, 그른가. 우리에게 남겨진 숙제입니다. 우생학, 아직 끝나지 않은 이야기인 것이다.

더 생각해볼 주제

—

나치의 사례처럼, 비윤리적으로 실시된 실험이라 할지라도 성과를 이루어냈다면 그 과학은 의미가 있는 것일까? '목적이 수단을 정당화한다'는 명제는 오늘의 현실에서 어떻게 풀어내야 할까? 결과가 좋으면 과정은 무시해도 좋은가? 이상의 질문에 관해 토론해보자.

더 읽어볼 거리

—

박노자, 『우승열패의 신화』, 한겨레출판, 2005.

스티븐 제이 굴드, 김동광 옮김, 『인간에 대한 오해』, 사회평론, 2003.

염운옥, 『생명에도 계급이 있는가』, 책세상, 2009.

마이클 센델, 강명신 옮김, 『생명의 윤리를 말하다』, 동녘, 2010.

05

파놉티콘(Panopticon)
: 감시와 역감시의 역사

1. 들어가는 말: 파놉티콘, 벤담에서 푸코까지

"한 명의 간수가 수백 명의 죄수를 감시할 수 있는 효과적인 방법은 없을까?" 18세기 말엽 영국의 공리주의 철학자 제레미 벤담(Jeremy Bentham)* 은 이 문제를 골똘히 생각하고 있었다. 당시 미국이 독립하면서 중벌을 받은 죄수들을 더 이상 미국에 보낼 수 없게 되자 감옥의 문제는 영국의 국가적 관심사로 부상했다.

이 문제에 대한 해답으로 벤담은 1791년에 "파놉티콘(Panopticon)"이라는 원형 감옥을 제안했다. 파놉티콘은 가운데가 비어 있는 동심원 모양을 하고 있으며, 바깥쪽의 둥그런 건물에는 죄수를 가두는 방이 들어서 있고 중앙에는 죄수를 감시하기 위한 공간이 있었다. 죄수의 방에는 햇빛을 들이기 위해 외부로 난 창 이외에도 건물 내부를 향한 또 다른 창이 있어서, 죄수의 일거수일투족이 간수에게 시시각각 포착될 수 있었다. 반면 중앙의 감시 공간의 내부는 항상 어둡게 유지되어 죄수는 간수가 자신을 감시하고 있다는 사실은커녕 간수의 존재 자체도 알 수 없었다. 벤담에 따르면 파놉티콘에 갇힌 죄수는 보이지 않는 곳에서 항상 자신을 감시하고 있을 간수의 감시의 시선을 내화해서 스스로를 감시하게 되는 것이었다.

벤담의 파놉티콘은 건물주가 국가와 계약을 체결해서 운영하는 사설 감옥이자 공장형 감옥이었다. 파놉티콘의 운영자는 죄수 한 명당 12파운드의 정부 보조금을 지급받고, 죄수가 노동을 해서 생산한 재화의 대부분을 차지할 권리가 있었다. 대신 죄수가 평균 사

* Jeremy Bentham(1748-1832): 영국의 철학자, 법학자, 경제학자. "최대 다수의 최대 행복"을 추구하는 공리주의를 주창했다. 경제적으로는 철저한 자유방임주의자였다.

망률보다 높은 비율로 사망할 경우에는 한 명당 5파운드의 벌금을 물어야 했다. 따라서 죄수의 건강은 파놉티콘의 운영자에게도 절대적으로 중요했다. 벤담은 자신이 파놉티콘의 운영자가 될 야심을 가지고 있었으며, 이를 이루기 위해 약 20여 년 간 온갖 노력을 아끼지 않았다. 그렇지만 계약으로 운영되는 사설 감옥, 죄수의 노동에 의존하는 공장형 감옥인 파놉티콘은 당시 영국의 개혁세력 일부가 추진하던 공공 감옥, 격리식 감옥과 정반대였다. 이러한 이유 때문에 벤담의 영향력과 노력에도 불구하고 1811년 영국 정부는 파놉티콘을 포기했다.

벤담의 파놉티콘은 우리에게도 그다지 낯설지 않다. 국내에서도 번역이 된 미셸 푸코(Michel Foucault)* 의 베스트셀러 『감시와 처벌』이 이를 소개했기 때문이다. 그런데 푸코에게 있어서 파놉티콘은 벤담이 상상했던 사설 감옥의 의미를 훨씬 뛰어넘는 것이었다. 그것은 새로운 근대적 감시의 원리를 체화한 건축물이었고, 군중이 한 명의 권력자를 우러러보는 '스펙터클의 사회'에서 한 명의 권력자가 다수를 감시하는 '규율 사회'로의 변화를 상징하고 동시에 이런 변화를 추동한 것이었다. 이는 또 개인에 대한 근대 권력의 통제가 육체적인 형벌에서 산업자본주의의 인간형에 적합한 영혼(soul)의 규율로 바뀌어갔음을 보여주는 것이었다. 파놉티콘은 '모세관 같은 권력(capillary power)'이 사회 구석구석에 스며들어 우리를 통제한다는 푸코 철학의 정수를 잘 보여주는 더없이 좋은 실례였다. 감시는 은밀하고 알 수 없게 이루어진 반면에 처벌은 확실하고 효과적으로 수행되었고, 통제와 권력은 '비대칭적인 시선'을 가능케 한 건축구조에 체화되었던 것이다. "감옥이 공장, 학교, 군대의 막사, 병원과 비슷하고, 이것들이 다시 감옥을 닮았다는 것이 놀라운 사실일까?"라는 푸코의 논평에서 보듯이, 우리의 사회가 거대한 파놉티콘 즉 감옥과 별반 다르지 않다는 것이 푸코가 함축하는 바였다.

푸코의 『감시와 처벌』은 인문학자의 범주를 넘어서 지식인 일반과 대중에게까지 큰 영향력을 미쳤다. 푸코의 영향력은 그가 파놉티콘을 벤담이라는 개인의 실패한 에피소드에 국한시키지 않고 이를 근대 '규율 권력(disciplinary power)'의 미시구조를 잘 드러내는 전형적인 사례로 독창적으로 해석했다는 데에 기인했지만, 또 다른 이유도 있었다. 그것은 파놉티콘을 통한 감시가 정보혁명 시대의 '전자 감시'와 흡사하다는 인식이었다. 1970년대 중반 이후 다양한 감시와 통제의 방법이 컴퓨터 데이터베이스, 폐쇄 카메라, 신용카드와 같은 전자 결재나 인터넷을 통한 소비자 정보의 수집이라는 형태로 널리 사용되었고, 사람들은 정부나 기업이 개인의 신상 정보를 수집하고 프라이버시를 침해하는 것에 대해 민감해졌다. "잠자고 있건 깨어 있건, 일하건 쉬건, 욕실에 있건 침대에 있건" 감시를 당한다

---

* Michel Foucault(1926-1984): 프랑스의 구조주의 철학자.

는 조지 오웰* 의 암울한 『1984년』에서 등장한 "빅 브라더(Big Brother)"의 이미지는 바로 정보 사회가 가져온 '전자 파놉티콘'과 똑같은 것으로 간주되었다.

다음에 이어지는 세 개의 절에서 나는 각각 벤담에 대한 역사적 해석, 공장과 같은 작업장에서 규율과 통제의 발달, 정보혁명과 감시의 문제를 다루면서 이러한 비판들을 다양한 각도에서 조망하고 이를 통해 네트워크 혁명의 시기에 파놉티콘이 우리에게 주는 의미와 그 한계를 모색할 생각이다.

2. 벤담의 파놉티콘: 공리주의 철학과 기술의 결혼

벤담의 파놉티콘은 벽돌과 나무로 지은 감옥이었지만, 푸코에게 파놉티콘은 새로운 규율과 통제의 상징, 혹은 이를 담당하는 추상적인 메커니즘이었다. 18~19세기 영국의 감옥 개혁의 맥락에서 벤담의 파놉티콘을 연구한 셈플(Janet Semple)은 푸코가 파놉티콘을 구체적인 감옥에서 상징적인 메커니즘으로 변형시키는 과정에서 벤담에 대한 해석의 오류를 범했음을 비판한다. 푸코는 파놉티콘을 '잔인한 철장'이라고 불렀지만, 셈플은 벤담의 파놉티콘이 더럽고 비인간적이며 착취와 학대가 난무했던 18세기 감옥이나 보통 1/3이 정도가 죽어 나갔던 미국으로의 죄수 호송선에 비해볼 때 분명히 더 발전적인 요소를 가지고 있었음을 지적하고 있다. 파놉티콘의 방에는 위생적 화장실 설비가 있었고, 환기는 물론 중앙 난방과 심지어 냉방까지 제공했으며, 시민이 그 운영을 감시했고, 죄수들은 적어도 억압과 굶주림, 질병과 죽음의 공포에서 해방된다는 점에서 더 인간적이고 합리적이었다는 것이다. 셈플의 비판은 또 푸코가 파놉티콘의 영향력을 과대 포장했다는 사실에도 가해진다. 실제로 영국 정부는 파놉티콘을 수용하지 않았고 이는 다른 나라에서도 거의 마찬가지였다. 파놉티콘이 지어진 경우에도 감시는 그다지 효과적이지 않았다. 미국의 한 교도소의 경우, 중앙 감시탑에서 간수의 움직임은 죄수에게 낱낱이 포착되었고, 죄수들은 중앙 감시탑에 있는 간수에게 야유를 보내곤 했다.

벤담이 21세기를 사는 우리에게 의미 있는 이유는 파놉티콘 때문이 아니라 그의 자유주의(liberalism) 혹은 자유민주주의(liberal democracy)의 철학적 원칙 때문이다. 벤담은 정부의 권력을 제어할 방편으로 대의민주주의(representative democracy)를 강조했고 이를 위한 보편, 평등 선거와 정기 국회의 필요를 역설했다. 이것들은 당시로서는 진정으로 '급진적인'

---

* George Orwell(1903-1950): 영국의 소설가. 1949년 발표한 소설 『1984』를 통해 현대 사회의 전체주의적 경향에 대해 경고했다.

주장들이었다. 그는 또 상류층 자제에 국한되던 대학교육을 중산층 젊은이들에게 확장해서 이들에게 실용적인 교육을 가르치기 위해 런던 대학을 설립했다. 자신의 시신을 런던 대학의 의대에 해부를 위해 기증했다는 것은 잘 알려져 있다. 그의 공리주의 정치철학은 존 스튜어트 밀(John Stewart Mill)* 등에 의해 정교한 형태로 발전되어 서구 자유민주주의의 철학적 기초를 제공했으며, 채드윅(Edwin Chadwick)같은 개혁가들에 의해 구체적인 사회 개혁의 형태로 결실을 맺었다. 벤담의 자유민주주의에 대한 기여를 강조했던 사람들은 파놉티콘을 한갓 이해하기 힘든 에피소드나 그의 진지한 사고를 방해했던 쓸데없는 것으로 간주했다.

그렇지만 이러한 통념에 대한 비판이 역사학자 힘멜파브(Gertrude Himmelfarb)에 의해 제기되었다. 벤담은 말년에 "나는 파놉티콘에 대해 쓴 논문들을 들여다보는 것이 싫다. 그것은 마치 …… 귀신들린 집에 발을 들여놓는 기분이다"라고 언급한 적이 있는데, 힘멜파브는 여기서 '귀신들린 집(haunted house)'이라는 구절에 주목해서 "제레미 벤담의 귀신들린 집"이라는 긴 논문을 1968년에 출판했다. 그녀는 벤담이 30년 가까이 파놉티콘에 집착했고, 이를 계약해서 부자가 될 생각에 골몰했음을 흥미롭게 보여준 뒤에, 파놉티콘이 벤담의 공리주의 철학의 본질을 규명하는 중요한 단서를 제공함을 강조하고 있다. '최대 다수의 최대 행복'이라는 경구로 잘 알려진 벤담의 철학의 근저에는, 사회 다수의 행복과 안녕을 위해서 죄수를 '영원한 고독'의 상태로 24시간 감시하고 이들에게 감자만 먹인 채로 강제 노동을 시키고 그 결과를 착취하는 것을 합법화하는 파놉티콘이 존재했다는 것이다. 즉 벤담의 파놉티콘에서 볼 수 있는 '개혁'은 사회적인 약자나 소수자에 대한 동정에서 비롯되어 이들의 권리를 되찾게 해주는 개혁이 아니라 다수의 행복을 위해 소수의 권리를 억누르고 희생하는 식이었다는 것이 힘멜파브의 지적이었다. 그녀는 제임스 밀(James Mill)이나 존 스튜어트 밀도 파놉티콘을 지지했음을 보이면서, 결국 이 공리주의자들을 현대 자유민주주의의 선조로 간주하는 데에 심각한 문제가 있음을 강조하고 있다.

벤담의 민주주의와 파놉티콘 사이에 더 흥미롭고 긍정적인 관련은 셈플에 의해 제시되었다. 국민이 정부를 감시하고 제어할 목적으로 제안된 벤담의 대의민주주의의 철학적인 근거는 권력을 가진 통치자와 국민의 이해가 갈등 관계에 있다는 것이었다. 즉 통치자는 모든 방법을 동원해서 자신의 부와 권력을 더 키우기를 꾀하며, 이는 그가 자나깨나 국민의 행복과 복지만을 생각한다고 말할 때에도 마찬가지라는 것이다. 사실이 이렇다면 통치자의 사욕을 막을 방법은 국민이 수시로 대표를 뽑아 의회를 구성해서 이를 견제하는 수밖에 없다는 것이 벤담의 결론이었다. 셈플은 벤담이 20년 가까이 파놉티콘을 생각하

---

* John Stewart Mill(1806-1873): 영국의 철학자, 경제학자. 14세 때 1년 간 벤담에게 배운 뒤 공리주의를 추구했다.

면서 이 원칙을 깨달았다고 주장하고 있다. 즉, 자신과 같은 파놉티콘의 계약자는 (겉으로는) 파놉티콘을 짓는 것이 죄수와 사회 전체를 위해서 도움이 되기 때문이라고 얘기하지만 (실제 속으로는) 계약자인 자신이 돈을 벌고 권력을 가지기 위한 야심을 충족하길 원한다는 것을 자각했다는 것이다. 벤담은 파놉티콘의 주인과 죄수들의 이해관계가 일치하는 않는다는 사실을 국가의 통치 차원에 적용시켰고, 그 논리적 귀결은 통치자의 권력을 제어할 상시적인 메커니즘이 필요하다는 것이었다. 감시의 권력은 역감시의 구조에 의해서만 투명성을 보장받는다는 벤담의 인식은 파놉티콘에 대한 비판적인 성찰이 가져온 것이었다.

셈플의 해석은 상당한 설득력을 지니고 있지만 약점이 없는 것은 아니다. 셈플에게 있어서 파놉티콘은 벤담의 공리주의 철학과 뗄 수 없는 것이었고, 이 때문에 그녀는 벤담의 동생 새뮤얼 벤담(Samuel Bentham)의 기여를 최소화하고 있다. 그렇지만 벤담이 러시아 해군에서 배를 건조하던 동생의 작업장을 방문하고 파놉티콘의 아이디어를 얻었을 뿐만 아니라, 벤덤 자신이 동생의 아이디어를 빌려 자신이 치장만 한 것이라고 얘기했음을 보면, 사무엘 벤담의 기여는 무시할 수 있는 성질의 것이 아님을 알 수 있다. 더 흥미로운 사실은 사무엘 벤담에 초점을 맞추면 파놉티콘과 자본주의 공장 시스템의 새롭고 흥미 있는 연관을 볼 수 있다. 러시아에서 포템킨 왕자(Prince G.A. Potemkin)를 도와 해군이 배를 만드는 일을 관장하던 새뮤얼 벤담은 수많은 미숙련 노동자들이 바글거리는 조선소를 소수의 숙련 노동자들이 효율적으로 관리하는 방법에 대해 생각하다가 이들의 작업을 한눈에 볼 수 있도록 작업장 구조를 설계했고, 벤담은 동생의 작업장을 방문했다가 효과적인 감시 체계를 목격하고 이를 자신이 관심을 가졌던 감옥의 개혁에 적용시켰던 것이다. 제레미 벤담은 파놉티콘이 감옥뿐만 아니라 학교, 공장, 병원에 이용될 수 있다고 주장했는데, 파놉티콘의 아이디어는 감옥에서 공장으로 확장된 것이 아니라, 사실 그 기원에서 볼 때 공장에서 감옥으로 넘어왔던 것이었다.

3. 공장의 파놉티콘: 시선에서 기록으로

작업장에서 노동자에 대한 규율과 통제는 긴 역사를 가지고 있다. 초기 공장제에서는 다양한 방법으로 노동자에게 규율을 가르쳤는데, 방직 산업의 경우 전체 노동자의 절반 정도를 차지한 미성년 노동자들에게는 규정을 어길 경우에 다양한 체벌이 가해졌고, 함께 공장에서 일하는 부모가 이들을 책임지고 감시하는 방법도 널리 사용되었다. 자본가들은 공장 지역에 학교를 세워서 저녁이나 주말에 이들에게 교육을 제공함으로써 공장 밖에서 규율을 가르치기도 했다. 성인 공장 노동자들에게도 규율의 문제는 심각했는데,

이는 계절의 변화라는 자연의 리듬에 맞추어 일을 하던 농민 출신의 노동자들이 규칙적인 노동과 규율이 요구되는 공장 노동에 잘 적응하지 못했기 때문이었다. 이들을 근면하고 유능한 공장 노동자로 만들었던 가장 중요한 요소가 당시 널리 퍼져 있던 시계였다. 작업은 생체 리듬이 아니라 시계의 시간에 맞추어 진행되었다. 공장에는 작업 시간표와 작업량을 체크하는 표가 도입되었고, 이는 노동자들에게 규율과 시간 관념을 심어주었다. 19세기 초엽의 영국 뉴캐슬(Newcastle) 시의 한 기관차 공장에서는 노동자의 작업 시간과 임금을 그가 만들고 있는 품목과 사용하는 기계를 고려해서 미리 결정하는 표를 도입했고, 기계를 손상하거나 떠들거나 담배를 피거나 자리를 뜨거나 심지어는 사무실을 통과하지 않고 출퇴근을 하는 경우를 전부 체크해서 벌금을 부과했다. 노동과 생산에서 시간을 정확하게 지키는 것은 자본주의의 미덕이 되었고, 이는 시계의 보급과 이에 따른 정확한 시간 관념이 가져온 결과였다.

시계가 공장의 규율을 세우고 유지하는 데 중요한 역할을 한 것은 의심의 여지가 없지만, 무엇보다 노동자들에게 규율을 강제했던 것은 공장에 도입된 기계 그 자체였다. 공정에 따라 차이가 있었지만 많은 경우 공장 노동자들은 기계의 움직임을 끊임없이 주시해야했고, 자신의 노동을 반복적인 기계의 운동에 맞추어야 했다. 한 공장검사관은 이를 가리켜 공장에서는 "살아있는 기계들(노동자)이 힘들지도 지치지도 않는 무쇠 기계에 사슬로 단단히 묶여" 작업에 종사한다고 묘사했다. 부주의할 경우 제품의 하자와 기계의 손상은 물론 치명적인 인명 사고의 위험이 도사리고 있었다. 반면 배비지(Charles Babbage)와 같은 정치경제학자들은 숙련 노동자들의 담합을 막고 이들을 통제하는 훌륭한 방법으로 기계의 도입을 적극적으로 추천했다. 기계의 장점은 "인간의 부주의, 게으름, 부정직을 막을 수" 있으며 인간의 노동을 기계에 맞춤으로써 이를 통제할 수 있다는 것이었다. 공장은 "거대한 자동기계(vast automation)"였으며, 여기서 인간은 "손은 물론 머리와 가슴까지 모두 기계"가 되었다. 파놉티콘의 궁극적 목적이 감시를 내화해서 규율을 만들어내는 것이라면, 공장에 도입된 기계는 바로 이런 기능을 담당하던 파놉티콘에 다름 아니었다. 기계는 인간을 대체하고, 숙련노동을 무력화시켜서 새로운 노동 분업을 가져왔으며, 공장에서 육체적·정신적인 규율을 강제했기 때문이었다.

산업혁명 초기의 공장 중에 감옥을 모델로 해서 지어진 공장들은 노동자들을 모으는 데 어려움을 겪기도 했다. 그렇지만 많은 공장들은 처음에 수력을 사용했었고 이를 위해 큰 제분소(mill)를 개조해서 사용한 경우가 많았으며, 따라서 이런 공장은 제분소의 구조를 그대로 이어 받았다. 공장은 보통 몇 개의 층으로 되어 있었고, 각 층에는 크고 작은 방이 있었고, 그 방에 있는 다양한 기계들은 중앙 동력원에 샤프트와 벨트로 연결되어 있었다. 공장의 창은 작아서 내부는 어두웠고, 환기는 엉망이었으며, 진동과 소음이 심했고, 방직 공장 같은 경우에는 대부분 미성년자들이 하루 13시간 노동에 종사해야만 했다. 도시 개혁과 빈민법에 큰 공헌을 한 채드윅(Edwin Chadwick)은 1842년 공장 위생에 대한 보고서에서 공장이 크고 작은 방으로 복잡하게 구성되어 있고 남녀 노소가 함께 작업을 하기 때문에 사람이 적은 곳에서는 '부도덕적인' 일들이 종종 벌어진다고 지적한 뒤에, 모든 노동자들을 한눈에 감시할 수 있도록 하나의 넓은 공간에서 사람들을 함께 일하게 하는 새 구조를 추천했다.

공장 노동자들을 통제하고 이들에게 규율을 강요할 때 문제가 되었던 것은 노동자들의 '숙련(skill)'이었다. 19세기 말~20세기 초, 철강, 기계 공업은 다양한 종류의 기계와 공정에 대해 숙련된 지식과 노하우를 가진 노동자들이 플로어를 '장악'하고 있었다. 이들이 사용하는 기계와 노동 자체가 전문화되고 세분화되어서 공장 주인이나 매니저들이 숙련 노동자들의 '은밀한 태업'을 파악하거나 통제하는 데에는 명백한 한계가 있었다. 이런 상황에서 숙련 노동자를 통제하는 방편으로 제기된 것이 테일러(Frederick Taylor)의 '과학적 경영' 이었다. 과학적 경영은 기계 표준화와 시간-동작 분석을 통해 숙련 노동을 단순 노동의 조합으로 분해해서 이를 기반으로 목표 과업과 임금 체계를 새롭게 세우고, 목표를 초과 달성했을 때 보너스를 지급하는 것을 골자로 하고 있었다. 작업의 구상과 기획은 노동자의 머리에서 공장의 사무실로 전이되었다.

테일러가 기술과 노동을 분석해서 새로운 경영의 원리를 추출했다면, 포드(Ford) 사의 하이랜드파크(Highland Park) 공장에 1913년 도입된 컨베이어 벨트는 새로운 경영 원리를 기계에 체화한 것이었다. 포드의 공장에서 자동차를 만드는 데 필요한 부분 부분들은 각각 컨베이어 벨트를 통해 이동하면서 조립되어 완성되지만, 노동자 개개인은 컨베이어 벨트를 통해 자신에게 보내진 부품과 관련된 한 가지 단순노동만을(예를 들어 나사를 조이는) 끊임없이 반복하게 되었다. 포드의 하이랜드파크 공장은 한편에서는 '효용'의 상징으로 간주되었지만, 다른 한편에서는 '정신병원'이라고 비난받았다. 그렇지만 이러한 비난에도 불구하고 포드는 공장을 계속 확장했고, 이후 세워진 로그(Rouge River) 공장은 한 공장 내에 철의 제련부터 각종 부품의 생산, 그리고 자동차의 최종 조립까지 필요한 모든 공정을 다 담고 있는 대규모 공업단지였다. 이 공장은 "각각의 단위가 신중하게 디자인된 톱니바퀴처럼 서로 맞물려 있고 함께 돌아가며, 이 전체는 하나의 거대하고, 완벽하게 시간이 맞고, 부드럽게 작동하는 믿기 힘든 효용을 지닌 산업 기계" 자체였다. 포드의 공장에는 수만 명의 노동자들이 작업을 하고 있었지만 경영자들은 이 모든 공정을 한눈에 파악하고 통제할 시스템을 만드는 것을 이상으로 삼았다.

표준화, 시간-동작 연구에 기반한 팍팍한 목표량의 설정, 성과급제도, 컨베이어 벨트 시스템, 개인과 부서의 업무수행을 한눈에 파악하고 비교하는 회계나 인사관리와 같은 다양한 경영기법의 발전 등은 컴퓨터가 기계와 공정에 사용되기 이전까지 숙련 노동자들의 규율과 통제를 위해 도입된 장치였다. 여기서 보듯이 작업장의 통제는 눈으로 보는 '감시'에서 작업을 기계로 대체하고, 탈숙련하고, 작업에 대한 실시간의 정보를 모으고, 작업자 개개인에 대한 정보관리를 강화하고, 이를 과학적으로 분석하는 방법으로 점차 바뀌어갔다. 이는 다음 절에서 자세히 볼 '정보 파놉티콘(information panopticon)'의 도래를 예견하는 것이었다.

4. 수퍼파놉티콘, 역파놉티콘, 시놉티콘

서구 사회의 역사를 보면 19세기 초엽부터 정부가 주체가 되어 국민에 대한 대대적인 조사활동을 벌이는데, 이는 그 이전에는 보기 힘들었던 현상이다. 나이, 가족 수, 가구, 인구는 물론이고 수입, 주거환경, 범죄기록, 작업환경, 질병 등에 대해 광범위한 조사가 이루어지며, 숫자로 치환된 이 결과를 분석하고 그 의미를 이해하기 위해 통계학이 발달했다. 인간 세상의 모든 것은 측정되고 숫자로 표시되었으며, 이렇게 모아진 숫자는 통계학을 사용해서 분석되어 새로운 정책과 법률을 위한 기초자료로 기능했다. 근대 관료제와 복지국가는 숫자와 통계가 없이는 불가능했다. 이는 또 정보기술의 발달과도 밀접하게 연결되어 있다. 배비지는 이미 19세기 초엽에 통계 처리를 위해서 계산기를 설계했고, 지금 컴퓨터 산업에서 선두를 달리는 IBM도 1890년 시카고 인구 센서스를 처리하기 위한 연산 기계를 만들면서 출범했다.

정보기술은 정보의 처리뿐만 아니라 그 수집과 저장을 용이하게 했다. 미국의 경우 1971년 FBI의 국가범죄정보센터가 250만 명의 범죄자에 대한 신상정보를 만들면서 출범했는데 지금은 수천만 명에 대한 신상 정보를 축적하고 있다. 이 데이터베이스의 초기 목적은 보석(保釋)과 같은 사법적인 절차를 용이하게 하는 것이었지만, 지금은 사람을 고용하거나 자격증을 줄 때 그 사람의 과거를 조회하는 민간, 상업적 목적으로 더 많이 쓰이고 있다. 또 인터넷은 정보를 찾는 것을 도와주는 한편, 쿠키(cookies) 등을 통해 IP 주소나 전자메일과 같은 사용자 개인정보를 기업에 제공함으로써 기업이 소비자 정보를 얻는 것을 가능케 한다. 직장에서의 컴퓨터는 정보 처리를 통해 업무를 도와주지만 동시에 작업자의 업무시간과 작업의 진행과정, 심지어는 그의 행동까지 낱낱이 기록해서 상관에게 전달하기도 한다. 컴퓨터 데이터베이스는 "데이터 감시(dataveillance)"라는 새로운 유형의 감시를 낳았다. 1995년부터 한국에서 추진되었다가 여론의 반대에 부딪쳐 무산된 전자주민카드에는 원래 주민등록증, 등초본, 인감, 지문, 운전면허증, 의료보험증, 국민연금 등 7개 증명 41개 항목이 통합되어 포함될 예정이었다.

감시는 데이터베이스에만 국한되지 않는다. CCTV와 같은 전자기기를 통한 감시, 전자지문·홍체·얼굴모양·정맥 등 생체인식을 통한 감시, 인공위성과 연결된 위치추적장치

(GPS: Global Positioning System)를 통한 감시, 휴대폰을 통한 위치 추적, 미국의 에셜런(Echelon)과 같은 전지구적 감시 시스템, 기업에서의 소비자 정보의 수집, FBI의 카니보어(carnivore)와 같이 국가기관에 의한 감시, 사설 기관에 의한 감시가 우리 주변에 널려 있다. 한국의 경우 인터넷 국제전화, 휴대폰 문자메시지, 전자 메일, PC통신과 인터넷 서비스회사의 정보, 휴대폰 가입자의 신상정보와 통화시간, 음성사서함 내용, 상대방 전화번호 등은 수사기관에 열려 있다고 볼 수 있다. 2000년 전화통신에 대한 수사기관의 감청은 2380건으로 1999년에 비해 26.4% 감소한 반면에, 인터넷이나 PC통신 분야는 224건으로 전년에 비해서 23.8% 늘어났다. 특히 PC통신사업자들이 수사기관에 넘겨준 통신 자료는 총 3465건으로 1999년에 비해 두 배 이상 증가했다. 정보통신부는 폐쇄 커뮤니티에 대한 조사와 해킹, 바이러스, 저작권침해, 음란물 때문에 이러한 조사가 어쩔 수 없었다고 해명하고 법원이 발부한 허가서에 의거해서 이를 수행했다고 하지만, 수사기관이 청구하는 감청 영장을 법원이 거의 대부분 발부해 주는 것이 현실이며 이러한 실상을 대부분의 PC통신 이용자나 인터넷 사용자들은 인식조차 하지 못한다는 문제가 있다.

이러한 새로운 감시는 '전자 파놉티콘(electronic panopticon)'이라고 명명되었다. 여기서 정보(information)는 벤담의 파놉티콘에서의 시선(gaze)을 대신해서 규율과 통제의 기제로 작동한다. 일단 이 둘은 '불확실성'에서 피상적인 공통점이 있다. 감시를 당하는 사람은 자신의 정보가 국가나 직장의 상관에게 열람될 지 확신할 수 없기 때문에 자신의 행동이나 작업에 주의를 기울이곤 하기 때문이다(미국 공무원들의 전화는 상사가 무작위로 모니터 할 수 있기 때문에, 전화를 받는 공무원들은 대부분 꽤 친절하다). 그렇지만 이 둘에는 두드러진 차이점도 존재한다. 무엇보다 시선에는 한계가 있지만 컴퓨터를 통한 정보의 수집은 국가적이고 전지구적일 수 있다. 정보사회학자 롭 클링(Rob Kling)이 "컴퓨터화된 정보 시스템이 작은 지역 단위에서만 효과적으로 작동했을 파놉티콘을 근대 국가에 의한 일상적인 대규모 검열로 바꾸었는가"라고 물었을 때, 그는 시선의 국소성과 정보의 보편성의 차이를 염두에 두었던 것이었다. 철학자 들뢰즈(Gilles Deleuze)는 이러한 인식을 한 단계 추상적인 차원으로 일반화시켜서 지금 우리가 살고 있는 사회가 푸코의 '규율 사회(disciplinary society)'를 벗어난 새로운 '통제 사회(control society)'라고 주장한다. 규율사회는 증기 기관과 공장이 지배하며 요란한 구호에 의해 통제되는 사회였지만, 통제 사회는 컴퓨터와 기업이 지배하고 숫자와 코드(code)에 의해 통제되는 사회다. 즉 벤담의 파놉티콘이 '규율사회'에 적합한 감시의 메커니즘이라면 '전자 파놉티콘'은 통제사회에 적합한 감시의 메커니즘인 것이다.

그렇지만 파놉티콘과 전자 감시 사이에는 질적인 차이도 존재한다. 무엇보다 전자 감시의 경우에는 감시자와 피감시자의 경계가 흐려지는 경우가 종종 있기 때문이다. 미국의 사회학자 마크 포스터(Mark Poster)는, 매체조사 시장조사 신문구독데이터 소비자데이터 자동차등록데이터 메일링 리스트 신용조사 등을 연동해서 5억 명의 소비자 정보를 가지고 있는 클래리타스(Claritas) 사의 소비자 데이터베이스를 '수퍼파놉티콘(superpanopticon)'이라고 부르는데, 그는 수퍼파놉티콘의 중요한 특성으로 "감시를 당하는 사람이 감시에 필요한 정보를 제공하는 것"을 꼽는다. 이 때문에 수퍼파놉티콘에는 "신중하게 설계된 건물도, 범죄학과 같은 과학도, 운영을 위한 복잡한 장치도 필요 없으며," 감시는 가게 점원이 크레딧 카드를 긁어서 상품을 구입한 정보가 전화선을 타고 데이터베이스로 넘어가는 순간에 훌륭하게 이루어질 수 있다. 디즈니월드에서 수많은 관광객에 대한 통제가 어떻게 이루어지는가에 대한 최근의 연구도 그곳의 통제의 특징을 "방문객의 자발적 협조"로 규정하면서 빅브라더(Big Brother)나 파놉티콘 식의 강압적인 통제가 아니라, 미묘하고, 협력에 기초하며, 강제가 없이 느슨하게 퍼져 있는 통제의 네트워크가 현대 사회의 통제의 특성임을 지적하고 있다.

"랩탑과 모뎀을 사용해서 다른 해방군 조직에 명령을 전달"할 정도로 첨단 기술을 적절하게 사용했다고 알려진 멕시코 사파티스타 반군의 해방운동(1994년)에서도 우리는 감시자와 피감시자의 경계가 흐려지는 특성을 볼 수 있다. 당시에 멕시코에 투자를 생각하던 전 세계 금융자본과 미디어는 나름대로 자신들의 정보망을 총동원해서 이 반군의 동향을 주시했다. 반면에 정부의 유혈진압에 반대하고 반군의 이념을 지지하던 세계 각국의 진보적인 그룹들 역시 인터넷에 네트워크를 만들고 멕시코 정부에 압력을 넣었다. 싸파티스타 반군의 지지자들은 1998년에 멕시코 정부의 홈페이지를 해킹하고, 재경부 홈페이지의 대문을 반군 혁명지도자 에밀리아노 싸파타(Emiliano Zapata)의 사진으로 도배했다. 해킹 당한 홈페이지에 실린 반군의 메시지는 "우리는 당신 빅브라더를 감시하고 있다(We are watching you, big brother!)"는 의미심장한 내용을 담고 있었다. 여기서 국제 금융자본의 정보망을 '범세계 금융 파놉티콘(geofinancial panopticon)'으로 부른다면, 후자의 저항 네트워크는 '역파놉티콘(reverse panopticon)'으로 부를 수 있을 것이다. 역파놉티콘은 파놉티콘을 이용해서 권력자를 견제하는 새로운 통제의 메커니즘이었다. 매티슨(Thomas Mathiesen)은 이를 일반적으로 확장해서, 소수가 다수를 감시하는 파놉티콘이 근대 사회의 감시의 원리로 자리잡았던 19세기를 통해 다수가 소수의 권력자를 감시하는 언론과 통신기술이 발달했다고 주장한다. 그는 다수가 소수의 권력자를 감시하는 언론의 발달을 시놉티콘(Synopticon: syn은 동시라는 뜻)으로 새롭게 정의했다. 인터넷과 같은 기술은 파놉티콘으로도 작동하지만 동시에 시놉티콘으로도 작동한다. 역파놉티콘과 시놉티콘은 역감시의 기제인 것이다.

역감시의 기능을 하는 것으로 의회와 언론을 생각할 수 있다. 그렇지만 지금 사회에서는 의회와 언론이 비대해지면서 스스로가 권력화 하는 경향을 보인다. 이런 상황에서 정부와 행정기관은 물론 의정과 언론을 포함해서 사회의 권력집단을 감시하고 대안적인 정책을 제시하기 위해 등장한 것이 다양한 시민운동이다. 한국의 시민운동은 정치권의 부패, 권력의 남용, 선거, 대기업, 언론에 대한 감시를 유지해왔는데, 이러한 시민운동에 필수

불가결한 것이 권력단체에 대한 정보 공개이다. 강력한 정보공개법은 국민의 역감시의 권리를 적극 보장하고 행정의 투명성을 감시하는 중요한 법률적 장치이며, 정보 공개를 통한 역감시는 투명사회를 향한 첫발이다. 또 시민 운동은 신문, 라디오, TV와 같은 기존의 언론은 물론, 인터넷을 통해서 자신들의 활동을 알리고, 성과를 공유하며, 연대를 강화하고 있다. 특히 인터넷과 같은 쌍방향의 분산된 네트워크는 "빅브라더가 당신을 감시하고 있다"(Big Brother watching you)는 전통적인 감시를 "당신이 바로 감시하는 빅브라더이다(Big Brother is you, watching)"는 역감시의 기제로 바꾸기 용이하다. 반부패 국민연대의 사이버 국민신문고(smg.or.kr)는 인터넷을 이용해서 시민운동의 힘을 강화한 대표적인 예인데, 우리에게 이미 친숙한 신문고를 인터넷 상에 부활시켜서 시민들이 스스로 문제를 제기하고 부패를 고발하는 매체로 적극 이용하고 있다.

인터넷과 같은 네트워크가 기존의 시민운동 단체의 활동을 더 효율적으로 만드는 방법에는 여러 가지가 있다. 온라인 서명은 그때그때 이슈에 대해 사람들의 힘을 빠르게 결집시킬 수 있는 방법이다. 성명서나 보고서가 인터넷, 전자메일, 메일링 리스트 등을 통해 유포됨으로써 운동의 효과가 극대화되기도 한다. 이럴 경우 문서를 부치고, 복사하고, 새로 쓰는 데 드는 비용과 시간을 무시할 정도까지 줄일 수 있다. 인터넷과 같은 쌍방향 네트워크를 통해 힘을 얻는 집단은 시민단체에 국한되지 않는다. 무명의 네티즌 개개인이 권력에 대한 감시자가 될 수 있다. 기존의 언론과는 전혀 다른 목소리를 내는 〈딴지일보〉와 같은 패러디 매체도 인터넷을 매개로 엄청난 독자를 끌 수 있었으며, 〈오마이뉴스〉(ohmynews.com)는 인쇄매체 없이 인터넷만을 기반으로 만 명이 넘는 일반 시민을 기자로 뛰게 한 전혀 새로운 형태의 대안 언론매체이다. 인터넷과 통신 공간은 기존에 신문이나 방송이 제공하지 못하는 보통 사람에 의한 역감시를 가능케 하고 새로운 정치적 시각을 얻을 수 있는 새로운 미디어로 이미 부상했다.

범세계적으로 효과적으로 전개된 '다자간투자협정(MAI, Multilateral Agreement on Investment)'에 대한 반대 운동도 지역적으로 흩어져 있는 상이한 이해관계를 가진 그룹이 인터넷을 통해 연결되면서 힘의 결집을 이루어냈다. MAI는 세계화와 관련해서 OECD가 비밀리에 추진하던 협정이었는데, 캐나다의 한 공익옹호단체가 그 협정의 초안을 입수하면서 세상에 알려지게 되었다. 강자를 더 강하게 하고 약자를 한없이 약하게 만드는 무한정한 세계화에 반대하는 북미의 시민들과 운동 단체들은 몇 년 전 나프타에 대한 반대가 성공하지 못했다는 실패 사례에서 교훈을 얻어서 이번에는 자신들의 운동을 제3세계 네트워크와 연계했다. 이들은 웹 페이지와 메일링 리스트를 통해서 각국이 비밀리에 추진하는 사항들을 지속적으로 공개하고 공유했으며, 이런 국제적 활동에 대해 개별 정부는 무력하기까지 했다. MAI에 대한 저항은 전 세계적이었고, 결국 OECD는 1998년에 기존의 MAI를 포기하기에 이르렀다. 이 운동은 "비정부기구에 의해 성공을 거둔 최초의 (범세계적) 인터넷 운동"으로 평가되고 있다.

이러한 논의는 현대 사회 조직의 감시의 메커니즘의 본질적인 특성에 대해서 새롭게 생각해볼 기회를 제공한다. 즉 이러한 논의들은 감시와 통제의 메커니즘이 피감시자를 속박하고 규율을 강요하는 것만이 아니라 이들에게 예상치 못한 역감시의 가능성을 제공함을 보여주고 있다. 비슷한 측면을 작업장의 통제에서도 볼 수 있다. 세다 블러프(Cedar Bluff) 회사의 오버뷰 시스템(Overview System)이라는 작업 데이터베이스와 메트로 텔(Metro Tel) 사의 WFSS(Work-force Supervisory System)를 비교한 주보프(Shoshana Zuboff)의 연구는 이 두 '정보 파놉티콘(information panopticon)'이 전혀 다른 결과를 낳았음을 흥미롭게 보여주고 있다. 오버뷰 시스템은 데이터베이스가 노동자와 관리자 모두에게 공개됐는데, 이를 통해 관리자가 노동자의 작업 진행을 일일이 체크하는 수직적인 감시 이외에 작업 단위 사이에 수평적인 감시와, 이 데이터베이스에 근거해서 노동자들이 관리자의 사적이고 주관적인 평가를 감시하는 역감시가 자리잡았다. 즉 전자 파놉티콘이 감시 자체를 투명하게 만든 결과를 낳았던 것이다. 반면에 WFSS의 경우에는 그 데이터베이스가 관리자들에게만 공개되었고, 결과적으로 노동자들은 이 전자 파놉티콘에 들키지 않고 태업하는 방법을 발견해서 공유하는 등, 이 새로운 감시 기술을 속이고 이를 이용하는 새로운 문화를 발전시켰다. 정보의 공개 여부에 따라 비슷한 정보 기술이 하나는 시놉티콘으로 다른 하나는 파놉티콘으로 기능한 것이었다.

5. 맺음말

벤담의 감옥 파놉티콘은 푸코에 의해 현대 사회의 규율 메커니즘으로 탈바꿈했고, 푸코의 파놉티콘은 전자 파놉티콘으로 이어졌으며, 전자 파놉티콘은 수퍼파놉티콘, 역파놉티콘, 시놉티콘이라는 다양한 모습으로 진화했다. 파놉티콘의 이러한 가지치기식의 궤적은 현대 사회의 규율·통제의 메커니즘이, 어두운 곳에서 사람들을 지켜보는 '빅브라더'의 시선에 의한 감시보다 훨씬 더 복잡하고 미묘한 것이라는 인식에 기인한다. "감옥이 없다면 우리 사회가 바로 감옥이라는 사실을 금방 알았을 것"이라는 푸코식의 '사회=파놉티콘=감옥'의 등식은 현대 사회와 조직에서의 통제의 메커니즘을 설명하는 데에는 한계가 있다. 이 등식에는 시선보다 정보 수집이 중요해진 과정, 정보 수집이 종종 피감시자의 자발적인 행위와 협조를 통해 일어난다는 것, 그리고 정보 데이터베이스에의 접근이 모두에게 투명해질 경우 보통 사람들이 권력자를 감시하는 것과 같은 예상치 않은 결과를 낳을 수도 있다는 중요한 인식들이 결여되어 있기 때문이다.

이 글을 통해 얻은 중요한 결론 중 하나는 정보 파놉티콘이나 전자 파놉티콘을 가능케 하는 정보 기술이 동시에 시놉티콘이나 역파놉티콘으로 기능할 수 있다는 것이다. 그렇지만 이것이 자동적으로 이루어지는 것은 아니다. 이 점은 충분히 강조할 필요가 있다. 대중매체라는 시놉티콘을 통해 우리가 들여다보는 권력자는 점차 유명 연예인, 운동선수, 인기 있는 정치인과 같은 '명사들(celebrities)'의 일상에 국한되고 있다. 푸코의 '모세관 같은 권력'을 비판하는 데에는 한계가 있다는 말이다. 역파놉티콘 또한 말처럼 쉬운 것이 아니다. 지금은 역파놉티콘을 초라하게 만드는 '범세계 파놉티콘(global panopticon)'의 힘이 압도적이다. 이를 감시하고 견제하는 역파놉티콘은 우리의 지속적인 실천과 노력에 의해서만 가능한 것이다.

파놉티콘에 대한 논의는 주민등록증과 같은 데이터베이스에 대해서도 새로운 통찰을 가능케 한다. 대부분의 데이터베이스는 접근자의 신분이나 지위에 따라 다른 패스워드를 지정해서 그 공개 정도를 차등적으로 결정한다. 파놉티콘이 시선의 비대칭성 때문에 가능했다면, 전자 파놉티콘은 정보 접근의 비대칭성 때문에 가능하다. 따라서 이를 방지할 수 있는 최선의 방법은 (개개인의 신상 정보와 같은 경우에는) 정보의 과다한 수집 자체를 금하거나, 혹은 이미 수집된 정보 데이터베이스의 경우에는 그것의 접근을 다양한 방법을 사용해서 좀 더 평등하게(경우에 따라 모두에게 평등하게 개방하거나 모두에게 평등하게 제한을 두는 식으로) 만들어야 한다. 나는 접근할 수 없는 정보에 권력을 가진 어떤 자는 접근할 수 있다면, 그것은 어느 순간 나를 옭매는 파놉티콘으로 내게 다가올 수 있기 때문이다.

더 읽어볼 거리

—

미셸 푸코, 『감시와 처벌』, 나남, 1994.

홍성욱, 『파놉티콘 – 정보사회, 정보감옥』, 책세상문고, 2002.

06

포드주의에서 포스트 포드주의까지

1. 인간과 기계

찰리 채플린의 걸작 영화 '모던 타임스'(1936)에서는 거대한 공장에서 돌아가는 조립라인(assembly line)이 등장한다(그림 1). 조립 라인이 빠르게 움직이는 동안에 라인에 붙어 있는 노동자들이 단순작업을 반복하면서 제품을 완성하는데, 노동자들 중에는 나사를 넣는 사람과, 그 나사를 조이는 사람, 조여진 나사에 망치질을 하는 사람 등이 엄격하게 나누어진다. 나사를 조이는 사람은 하루 종일 나사를 조이는 일만 담당하며, 망치질을 하는 사람은 하루 종일 망치질만 반복하는 것이다. 이러한 조립라인에서는 인간의 노동을 기준으로 기계가 돌아가는 것이 아니라, 기계의 운동에 단순화되고 파편화된 인간 노동이 맞춰진다. 이 공장 시스템에서 인간은 기계의 부속에 불과한 존재이다.

채플린의 '모던 타임스'에 나오는 거대한 공장은 헨리 포드(Henry Ford, 1863-1947)의 로그(Rouge) 공장을 풍자한 것이었다. 로그 공장은 당시 미국의 자동차 산업, 더 나아가 미국

그림 1 | 자동화되고 기계화된 공장을 빗대어 현대 사회를 비판한 찰리 채플린의 '모던 타임스'(1936)

의 새로운 산업 전체의 발전을 상징하면서, 헨리 포드가 완성한 포드주의(Fordism) 생산방식의 성과와 문제점을 모두 보여주던 곳이었다. 포드는 자동차와 같은 복잡한 기계류도 '대량생산'(mass production)을 통해 만들어 질 수 있다는 것을 처음으로 보여주었으며, 자동차의 원가를 떨어뜨리고 노동자에게 고임금을 지급함으로써 자동차를 상류층의 사치품에서 상위 노동자 계층을 포함한 미국 가정의 필수품으로 바꾸어 버렸다. 그렇지만 포드주의는 노동자의 노동 의욕 상실, 노동 과정에 대한 과도한 통제, 모델 다변화 전략 실패 등의 이유로 제너럴 모터스(General Motors, 이후 GM)에게 추격당했고, 나중에는 일본에서 등장한 도요타의 새로운 생산양식에 의해서 대체되었다. 도요타가 개발한 새로운 생산양식을 보통 포스트 포드주의(Post-Fordism)라고 부른다.

이번 장에서는 포드주의에서 포스트 포드주의에 이르는 자동차 생산방식의 변화를 살펴보고, 그 의의에 대해서 생각해 볼 것이다. 이 장이 자동차 산업의 예를 들기 때문에, 포드주의를 살펴보기 전에 자동차의 역사에 대해서 간단히 개괄할 것이지만, 이번 장이 함의하는 바가 꼭 자동차 산업에만 국한된 것은 아니다. 포드주의는 자동차 산업에서 시작했지만 다른 산업으로 확산되었고, 포스트 포드주의 역시 자동차 산업에만 국한된 것이 아니라 다른 산업에도 영향을 주었다. 더 나아가서 포드주의와 포스트 포드주의는 우리가 물건을 만들고, 소비하고, 심지어 물건에 대해 생각하는 방식 전반에 영향을 미쳤다. 우리의 산업 구조 속에는 포드주의 생상방식도 일부 존재하고 포스트 포드주의 생산방식도 존재하는 등 다양한 생산방식이 혼재하며, 따라서 각각의 생산방식이 가졌던 문제점 역시 공존한다. 이러한 문제를 해결하기 위한 해법에 접근하기 위해서는 우선 포드주의와 포스트 포드주의가 무엇이며 어떻게 만들어졌는가를 이해할 필요가 있다.

2. 자동차의 간략한 역사

많은 발명이 그렇듯이, "자동차를 발명한 사람이 누구인가"를 묻는 것은 거의 의미가 없다. 자동차는 한 사람의 발명가에 의해서 어느 순간에 만들어진 것이 아니라, 오랜 기간을 거치면서 수많은 발명과 점진적인 개량이 누적되어 가능해졌던 것이기 때문이다. 지금의 자동차에서 사용되는 내연기관을 장착한 자동차는 19세기 말에 나타났다. 그렇지만 그 이전에도 증기기관을 사용한 자동차와 전기를 사용한 자동차가 있었다. 그러나 이러한 증기 자동차와 전기 자동차들은 기차와 경쟁이 되지 않았고, 따라서 19세기 내내 그 확산 속도는 아주 미미했다. 대중적인 교통수단으로서 자동차가 가능해졌던 시점은 19세기 후반에 내연기관이 발명된 이후였다.

독일의 엔지니어 니콜라우스 오토(Nicolaus Otto)는 오랜 연구 끝에 1876년에 4기통 내연기관을 발명했다. 제임스 와트(James Watt)가 개량했던 증기기관은 실린더 외부에서 내부로 증기를 공급함으로써 피스톤을 움직였지만, 내연기관은 실린더 내부에서 연료를 폭발시킴으로써 피스톤의 운동을 얻어내는 것이었다. 따라서 내연기관은 증기기관에 비해서 기관의 크기를 혁신적으로 작게 할 수 있었다. 그런데 오토의 엔진은 가스와 공기의 혼합기체를 연료로서 사용했기 때문에 자동차와 같은 운송수단 용으로는 적합하지 않았다. 오토 엔진이 자동차용 엔진으로 변환하기 위해서는 액체 연료인 가솔린을 기화시켜 공기와 섞어주는 장치가 필요했는데, 카뷰레이터라고 불린 이 장치는 1893년 독일의 엔지니어 마이바하에 의해 개발되었다. 마이바하는 이 외에도 자동차의 주요 부품들을 개발해서 1901년이 되면 지금 우리가 보는 것과 흡사한 자동차를 만들어냈다(이 브랜드가 지금도 고급 자동차를 대표하는 메르세데스-벤츠이다). 마이바하의 자동차는 차의 전면부에 엔진을 장착했고, 샤프트를 이용해서 엔진의 운동을 뒷바퀴로 전송했으며, 지금의 H자형 트랜스미션을 장착해서 시속 90킬로미터의 속도를 냈다.

엔진도 중요했지만 대중 교통수단으로서 자동차에 꼭 필요했던 것이 도로였다. 산업혁명 말엽에 철도가 발명되었을 때 미국이나 영국 같은 산업국가의 도로는 매우 낙후된 상태였고, 이후 철도의 보급으로 도로망의 확충은 거의 이루어지지 않았었다. 그런데 자동차 산업으로 봐서 매우 다행스러웠던 것은 자동차가 보급되기 한 세대 쯤 전부터 자전거가 대량생산되어 도시에 보급되었다는 사실이었다. 발명가 던롭(J. B. Dunlop)이 1888년에 발명한 자전거 타이어가 바로 자동차 타이어로 이어졌을 정도로 자전거와 자동차의 기술적 친화력은 밀접했다. 그뿐 아니라 자전거가 대량으로 보급되면서 포장도로, 도로 표지판, 심지어 교통경찰과 같은 교통 인프라가 만들어졌었고, 자전거를 위한 이러한 인프라 역시 19세기 말에 곧바로 자동차를 위한 인프라로 변환될 수 있었다.

자동차의 초기 역사에서 볼 수 있는 아이러니는 사람들이 자동차를 '청정 기술'(clean technology)로 인식했다는 것이다. 자동차가 나오기 전에 도시의 가장 대중적인 교통수단이 마차였다. 그런데 도시의 도로는 악취는 물론 위생에도 심각한 문제를 낳는 말의 배설물로 골머리를 앓고 있었다. 이러한 상황에서 마차와 달리 도시 오염이 거의 없는 자동차가 등장을 했고, 마차와는 비교할 수 없을 만큼 깨끗한 기술로 각광을 받았다. 100년이 지난 지금, 자동차가 도시 대기오염과 지구온난화의 주범으로 지목되는 상황과 비교해보면 격세지감이다. 기술은 사람들이 생각했던 것과는 다른 사회적 영향을 만들어내며, 따라서 기술의 장기적인 영향을 예측하는 데에는 항상 한계가 있는데, 자동차의 역사도 기술의 궤적이 예측하기 쉽지 않았음을 보여준다.

헨리 포드는 농촌 출신의 기계공이었다. 그는 어릴 적에 선물로 받은 시계를 분해했다가 다시 조립하곤 하면서 일찍이 기계에 대한 호기심과 재능을 보였다. 포드는 젊었을 때 여러 회사에서 기계공으로 일을 했고, 에디슨 조명회사에서 오토 엔진에 대해서 실험을 할 기회를 가졌다. 그는 1896년에 오토 엔진을 개량해서 자동차를 만들었고, 이를 토대로 주변의 투자를 받아 사업을 시작했다. 포드는 1902년 모델 999를 내세워서 자동차 대회에서 각종 신기록을 세워 세간의 주목을 끌었고, 그 다음 해에 포드사를 설립했다. 이 무렵, 포드 자동차 회사는 각 부품을 도급회사와 계약해서 공급받았으며, 도급 회사에서는 숙련된 기계공들이 주문받은 부품을 수작업을 통해 깎았다. 이렇게 해서 1905년경, 포드사는 한 대에 1250달러인 차를 1년에 5000대 정도 만들어서 팔았다. 그 무렵에는 고소득 전문직의 수입이 연 2500달러 정도였고, 노동자들의 수입은 연 500달러도 채 되지 않는 경우가 많았다. 이를 감안해 보면 자동차는 부자들이나 살 수 있었던 사치품이었다.

이러한 상황이 가까운 미래에 급변하리라고 생각했던 사람은 아무도 없었다. 헨리 포드만을 제외하고는.

3. 포드주의 생산방식 발전 과정

1914년, 포드의 하일랜드 파크(Highland Park) 공장에서는 그가 T라고 이름 붙인 자동차가 연 25만 대 이상 생산되었다. 이를 위해서 포드의 공장은 연 25만 개의 엔진, 25만 개의 트랜스미션, 25만 개의 핸들, 100만 개의 램프와 100만 개의 바퀴를 생산했다. 10년 전, 그의 공장에서 매년 5000대의 자동차를 만들던 것에 비하면, 생산량이 50배 이상 성장한 셈이었다. 또 자동차의 가격도 크게 싸져서, 1908년에 처음 출시되었을 때 800달러를 웃돌던 모델 T는 1916년에 350달러로, 1924년에는 300달러 이하로 떨어졌다.

이러한 급격한 변화는 우연한 행운의 결과가 아니었다. 포드는 1905년에 500달러 이

그림2 | **헨리 포드와 그의 모델 T(1921)**

하의 자동차를 만들면 자동차 시장이 크게 확산될 수 있다는 가능성을 감지했다. 그러나 당시 자동차를 생산하던 시스템을 그대로 유지하고는 차의 가격을 낮출 수 없었다. 그는 도급을 주는 대신에 자신의 공장에서 자동차에 필요한 표준화된 부품들을 자체 생산해서, 이를 조립하는 생산방식을 생각했다. 당시에 소총, 재봉틀, 자전거 등을 만들 때 이러한 생산방식이 사용되었는데, 여기에서는 어느 제품에나 교환해서 사용할 수 있는 표준화된 '교환가능한 부품(interchangeable parts)'을 만드는 것이 그 핵심이었다.

포드는 자동차의 부품을 교환가능한 것으로 만들기 위해서는 이를 숙련 노동자의 손을 빌지 않고 정밀 기계를 사용해서 제작하는 것이 핵심적으로 중요하다고 생각했다. 기계를 사용해야만 같은 규격의 표준화된 부품을 수없이 만들 수 있기 때문이었다. 포드는 1905년부터 이러한 목적으로 사용될 수 있는 정밀 전용(專用) 기계를 직접 설계·제작하거나 주문했다. 그의 공장에서 전용기계의 숫자가 점점 더 많아지고 이러한 기계들이 정교한 작업을 수행하면 할수록, 노동자들은 점점 더 단순 작업에 배치되었다. 기계에 의해 표준적으로 만들어진 부품들은 노동자들에 의해서 조립되었는데, 이러한 조립은 마치 사슬을 이룬 것처럼 연속적으로 착착 진행되었다.

포드가 이러한 혁신적인 생산방식을 사용해서 첫 번째로 제작한 자동차는 1906년에 출시된 모델 N이었다. 그렇지만 이 모델은 가격도 비쌌고, 예상했던 것만큼 성공적이지 못했다. 그렇지만 이 모델을 제작하는 과정에서 포드 자신은 부품을 만드는 다양한 전용기계를 설계·제작했고, 이러한 경험은 이후에 더 개량된 기계를 만들어내는 밑바탕이 되었다. 한번의 시행착오를 겪은 뒤에 1908년에 출시한 모델 T는 대성공이었다. 모델 T는 광활한 농촌에서 상대적으로 고립되어 농사를 짓는 농부를 주 고객으로 삼아 제작되었고, 견고한 차체에 강력한 엔진을 내장하고서도 800달러 정도의 저렴한 가격에 판매되었다. 이 모델이 성공하자 그는 곧바로 하일랜드 파크에 모델 T만을 생산하는 4층짜리 공장을 지어서, 4층에서 제작된 차체가 1층으로 내려오면서 바퀴부착, 조립, 검사 같은 공정이 연쇄적으로 진행되는 생산방식을 구현했다.

포드의 이런 생산방식은 컨베이어 벨트(conveyer belt)를 이용한 조립라인(assembly line)의 도입에 의해서 완성되었다. 컨베이어 벨트 조립라인은 포드의 혁신 중에서 가장 눈에 띄는 것이었는데, 이는 행운과 엔지니어로서의 통찰력이 결합한 결과였다. 포드는 오래전에 시카고를 여행하다가 흥미로운 광경을 목격했었는데, 그것은 거대한 푸줏간에서 도살된 소와 돼지가 컨베이어 벨트에 매달려서 이동하는 동안에 일꾼들은 자신들이 맡은 부위만을 잘라낸다는 것이었다. 이러한 해체라인(dissembly line)은 공장화된 푸줏간에서 오랫동안 사용되었던 작업방식이었다. 포드는 자신의 공장을 더 효율적으로 만드는 방법을 고민하다가 예전에 보았던 컨베이어 벨트에 착안했다. 그렇지만 포드가 창안한 것은 컨베이어 벨트를 해체가 아닌 조립(assembly)에 사용하는 것이었다. 자동차 공장의 경우를 예를 들면, 차체를 이루는 골격이 컨베이어 벨트를 타고 이동하는 동안에 노동자들은 여기에 자신이 담당한 부품만을 끼워 맞춰 넣는 식이었다. 컨베이어 벨트는 1913년에 포드의 하일랜드 파크 공장에 설치되었는데, 이는 생산 공장 중에는 첫 번째로 컨베이어 벨트 조립라인을 이용한 사례였다.

1914년의 통계는 포드의 혁신이 낳은 생산량의 증가를 단적으로 보여준다. 당시 포드 공장에서는 26만 대의 자동차를 만들었다. 그런데 포드사를 제외한 미국의 299개 자동차 회사에서 생산된 수량을 합친 것이 연 28만대에 불과했다. 하나의 회사가 299개 회사를 합친 것과 비슷한 수량의 자동차를 만들고 있었던 것이다. 더 흥미로운 사실은 이 299개 자동차 회사가 총 6만6000여 명의 노동자를 고용하고 있었던 데 비해, 포드사에 고용된 노동자는 1만3000여 명에 불과했다는 것이다. 포드사는 훨씬 적은 수의 노동자를 고용하면서, 비슷한 수량의 자동차를 훨씬 더 싼 가격에 만들어서 공급했다.

어떻게 이런 일이 가능했을까? 이는 포드 회사에서는 다른 회사의 숙련 기계공들이 하던 역할을 전용기계들이 담당했기 때문이었다. 포드의 공장에는 1만3000명의 노동자 이외에 500~600대의 전용기계들이 있었다. 엔진의 실린더를 깎는 데에만 28대의 서로 다른 기계가 사용되었을 정도로 공장은 철저하게 기계화, 자동화되어 있었다. 포드 공장의 핵심 '인력'은 이런 기계들이었고, 노동자들은 기계를 보조하는 역할만을 담당했다. 예전에는 숙련된 기계공이 자동차 같은 기계 산업의 '꽃'이었는데, 포드 공장의 '꽃'은 이런 숙련 기계공을 대체한 정밀 전용기계들이었다. 따라서 단순 작업만을 반복하는 포드의 공장에서 일하기를 원하는 노동자는 많지 않았으며, 포드는 1913년 무렵에는 실제로 노동력을 유지하는 데 심각한 어려움을 겪기도 했다. 당시 포드 공장을 견학했던 사람은 기록은 공장에서 일하는 노동자들 중에 장애인이 많았다고 보고하기도 했다.

포드는 이 문제가 회사의 미래를 위해 매우 중요한 문제라는 것을 알고 있었다. 그는 노동력의 문제가 손쉬운 방법으로는 해결되기 힘들다고 생각하고, 이를 해결하기 위한 특단의 조치를 단행했다. 포드는 1914년 1월에 노동자의 하루 임금을 2.3달러에서 5달러로, 두 배 이상 인상했다. 이러한 인상은 노동시간을 매일 10시간에서 8시간으로 단축하면서 이루어졌던 것이기에 더욱 놀라웠다. 그는 이러한 조치가 지금까지 낸 이익을 노동자와 나누는 과정을 통해 더 많은 이익을 내기 위한 것이라고 설명했다. 매일 5달러의 임금은 당시 미국의 산업계에서는 전례가 없었던 것으로, 포드는 이런 높은 임금이 노동자의 걱정을 덜면서 전직을 막을 수 있기 때문에 결과적으로 생산성을 높일 것으로 기대했다. 또 안심하고 일을 하면 사고의 위험을 줄이는 효과도 기대할 수 있었다.

포드는 여기서 더 나아가서 고용된 노동자들의 일상에도 깊숙하게 개입했다. 회사는 노동자들이 하숙을 하지 못하게 막았고, 독신 노동자들에게 결혼을 종용했다. 결혼한 노동자들의 부인은 직업을 가지는 것을 허용하지 않고 집에서 가사를 전담하면서 아이를 돌보게 했으며, 아이들을 반드시 학교에 보내도록 강제했다. 노동자들에게는 은행 구좌를 만들어줘서 월급을 현금으로 주는 대신에 구좌로 송금함으로써 이들이 월급을 도박이나 다른 사행성 오락에 사용하지 못하게 했다. 이민 노동자들에게는 회사가 주관해서 영어 교육을 알선했는데, 포드사는 회사 내에 '사회부'(Sociological Department)를 만들어서 이 모든 일들을 관장하게 했다. 도박이나 음주 같은 문제가 있을 경우 경고를 했고, 이를 또 어길 경우에는 해고를 했다. 이렇게 해도 워낙 임금이 높았기 때문에, 포드사가 노동력을 확보하는 데에는 아무런 어려움이 없었다. 포드사의 이러한 통제는 노동자들의 일상생활이 생산의 '효율'을 결정하는 데 중요한 요소로서 회사의 관리 대상에 포함되기 시작했음을 의미했다.

1916년이 되면 포드사는 전 세계 자동차 생산의 절반을 차지하게 되었다. 모델 T의 가격은 360달러로 인하되었고, 이제 포드사의 노동자들도 저축을 하면 어렵지 않게 차를 가질 수 있게 되었다. 1920년대 중반이 되면 모델 T는 300달러 이하로 떨어졌으며, 1930년경에 미국은 평균 가구당 한 대의 차를 소유하게 되었다. 이를 가능케 했던 포드의 모델 T는 미국식 생산체계는 물론 당시 급속하게 발전하던 미국이라는 강대국을 상징하는 것이 되었다. 미국의 여타 자동차 회사는 물론 유럽, 소련, 일본과 같은 선진국들도 포드식의 대량생산 방식을 배우기 위해서 경쟁적으로 포드의 공장을 방문했다. 사회주의 혁명 이후의 소련에서는 정부가 주도해서 포드식의 생산방식을 도입했다.

포드주의가 가져온 변화가 의미했던 것은, 포드 식으로 대량생산하지 않고서는 포드와 경쟁할 수 없다는 냉정한 사실이었다. 다른 말로 하자면, 포드와 경쟁하기 위해서는 포드주의를 받아들여야 했다는 것이다. 자동차 산업은 초거대 산업이 되었고, 자본 집중도가 증가하면서 작은 회사들은 망하거나 합병되었다. 자동차의 대량생산과 대량소비는 미국 사회가 대규모 소비와 유통을 기반으로 하는 사회로 바뀌고 있음을 예시하는 것이었으며, 자동차는 사람들의 삶도 대량소비를 중심으로 한, 도시적인 삶으로 바꾸었다. 공장 내부에서는 숙련노동이 감소하고, 생산의 자동화가 가속되었다. 노동자들은 기계의 작동에 따라서 정해진 생산량을 맞추는 식으로 일을 하기 시작했으며, 규율과 감시도 강화되었다.

그렇지만 난공불락처럼 보이던 바로 그 시점에, 포드주의에 도전하는 경쟁자가 나타났다. 포드의 경쟁자들은 포드식 생산방식이 간과했던 틈새를 찾아내서 이를 장악함으로써 포드사가 독점했던 시장을 다시 되찾아 나갔으며, 포드주의는 이러한 도전에 대한 대응으로 자신의 특성을 일부 포기하기도 했다. 그렇지만 이러한 개량은 1960년대 말엽 이후에 일본에서 시작한 새로운 생산방식이 미국에 역수입되면서 한계에 직면했고, 이후 본래의 포드주의는 급속하게 쇠퇴했다.

4. 포스트 포드주의

저렴한 가격의 자동차를 많이 만들어내던 포드주의 생산방식에도 한계가 있었는데, 그것은 포드사가 모델 T의 생산만을 고집했다는 것이었다. 모델 T를 고집한 것은 두 가지 이유 때문이었다. 우선 포드는 자신에게 엄청난 성공을 안겨주었던 모델 T에 대해서 주변 사람들이 납득하기 힘들 정도로 집착했다. 포드의 주변에서는 검정색 T의 색깔만이라도 다변화를 하자는 제안이 있었지만, 포드는 "여러분들은 어떤 자동차든 자유롭게 선택할 수 있다. 다만 그것이 검정색인 경우에 한해서."라고 하면서 이런 제안을 일축했다. 여기에 실제적인 문제가 더해졌는데, 포드 공장의 기계와 조립라인이 모두 모델 T를 위한 방식으로 배치되어 있었기 때문에, 다른 모델을 만들기 위해서는 조립라인을 완전히 새로운 것으로 바꿔야 한다는 문제가 있었다. 성공이 불확실한 새로운 모델을 위해서 이렇게 엄청난 변화를 꾀하는 것은 실제로 위험을 안고 있었다.

포드주의 대량생산의 한계는 GM의 새로운 경영전략에 의해서 극복되었다. GM은 1923년에 알프레드 슬로언(Alfred Sloan)이 CEO로 부임하면서 포드사를 추월하기 위한 전략을 출범시켰는데(따라서 GM의 생산방식을 슬로언주의[Sloanism]라고도 한다), 이것의 핵심은 대량생산 체계를 유지하면서도 제품의 변화를 이루는 것에 있었다. 물론 조립라인이 규격화되어 있기 때문에 매년 다른 모델을 만드는 것과 같은 변화는 불가능하지만, 소비자들에게 자동차 색깔과 같은 옵션을 선택하게 하고 차체의 외관을 조금 바꾸는 것 같은 모델의 변화는 가능했다. 여기에 GM은 여성 운전자들을 위해 포드사가 고집했던 크랭크 시동 대신에 전기 스타터를 이용한 시동 기술을 도입했다. 마케팅에서도 오토파이낸싱(자동차를 살 때 대출을 해 주는 것)과 같은 혁신을 도입했다. 이렇게 해서 GM이 생산한 셰브롤레(Chevrolet)는 포드 자동차보다 조금 더 비쌌지만, 소비자들의 큰 사랑을 받았다. 포드사는 GM의 압박이 거세진 1927년, 첫 모델이 나온 뒤 20년 만에 모델 T의 생산을 중단했고, 모델 A라는 새로운 모델을 출시했다.

이후 자동차 산업은 원래의 포드주의보다 GM의 모델을 따랐다. 자동차 업계는 스타일을 중시했으며, 소비자들의 다양한 기호를 충족하기 위해서 하나 이상의 모델을 만들었고, 이러한 기호의 변화를 맞추기 위해서 옵션을 선택하게 했다. 자동차 산업은 원초적인 기술 변화 대신에 스타일과 광고에 초점을 맞추었다. 그렇지만 GM의 경우에도 자동차의 생산 방식은 근본적으로는 포드식의 대량생산을 따른 것이었다. 그렇지 않고서는 싼 가격의 차를 대량으로 원하는 사회의 수요를 맞추기 힘들었기 때문이었다. 이러한 포드식의 대량생산은 제2차 세계대전을 거치면서 계속 유지·강화되었다. 근본적인 변화는 태평양 건너 일본에서 찾아왔다.

일본의 도요타 회사는 20세기 초에 방직·방적 산업으로 출발했던 회사였다. 창업주

도요다 사키치(Toyoda Sakichi)는 당시 세계에서 가장 우수한 자동 방직기를 만들었을 만큼 기계의 제작에 일가견이 있었다. 그는 1930년대 초반에 자동차 산업에 진출하기로 결정한 뒤에, 자동차를 전담하는 도요타 자동차 회사를 설립해서 그의 아들인 도요다 키이치로(Toyoda Kiichiro)에게 운영 책임을 맡겼다. 도요다 키이치로는 당시 동경대학교 공과대학을 졸업한 사촌 도요다 에이지(Toyoda Eiji, 1913-)를 불러서 나고야 근처에 도요타 자동차 회사의 첫 공장을 세우고 그것을 운영하는 책임을 맡겼다. 세계에서 두 번째로 큰 자동차회사의 출발은 이렇게 소박한 것이었다.

1950년 봄, 일본이 전쟁의 폐허에서 벗어나려고 몸부림치던 시기에 도요다 에이지는 디트로이트에 있는 포드사의 로그공장을 방문했다. 그의 목적은 수만 명의 노동자들이 조립라인에서 작업을 하던 거대한 로그공장의 대량생산 시스템을 직접 보고 배우기 위해서였다. 그는 포드 공장의 규모에 놀랐지만, 공장 방문 뒤에 그가 내린 결론은 포드사의 대량생산 방식이 일본에서는 결코 적용될 수 없다는 것이었다. 우선 일본의 자동차 수요는 미국처럼 대량소비가 가능할 정도로 많지 않았다. 또 일본 사람들은 한 가지 모델에 만족하기보다 다양한 모델을 찾는 경향이 있었다. 게다가 전후의 일본 경제에서는 거대한 공장과 같은 높은 설비투자를 할 수가 없었으며, 일본의 노동자들은 마치 기계의 부품처럼 단순 조립 노동에 만족하지 않았다. 무엇보다 포드 공장의 각 부서에는 엄청난 양의 부품이 재고로 쌓여 있었고, 따라서 매일 각 부서에서 이루어지는 일은 균일하지 않았으며, 결국에는 마지막 단계에서 최종 제품에 다시 손을 봐야 하는 일이 많았다.

자동차를 만들기 위해서는 수많은 부품을 정교하게 깎고 여러 종류의 금형을 제작해야 했다. 원래 이 모든 것은 숙련된 장인과 노동자들에 의해서 만들어졌으나(지금도 최고급 스포츠카는 수제품이다), 헨리 포드는 인간으로부터 이 숙련을 빼앗아 이를 특수 기계에 부여했었다. 즉 포드의 공장에는 '숙련된' 기계인 전용 기계들과 탈숙련된 단순 조립 노동자들이 존재했던 것이다. 그런데 인간의 숙련노동을 대체한 포드의 전용기계는 매우 복잡하고 비쌌으며, 이를 설치하거나 바꾸는 데에 많은 설비투자가 필요했다. 앞에서 보았듯이 부분적으로 이러한 이유 때문에 포드회사가 모델 T에서 모델 A로 생산라인을 바꾸는 데 오랜 시간과 발상의 전환이 필요했다.

도요다 에이지는 미국과 일본을 비교한 뒤에 '미국의 절반만 하자'고 판단했다. 전쟁 때문에 황폐화된 일본에는 자원이 부족했고, 자원이 없는 상태에서 생산에 투입되는 모든 것을 절반으로 줄인다는 생각이었다. 절반의 장비와 기계, 절반의 노동력, 절반의 공장부지, 그렇지만 하나의 제품에서 새로운 제품으로 옮겨가는 데까지 걸리는 시간도 절반으로! 절반의 설비투자로 신제품 생산에 소요되는 시간을 절반으로 줄인다는 생각은 얼핏 모순된 것처럼 보이지만, 포드사의 혁신이 거대한 설비투자 때문에 늦어졌다는 점을 생각하면 불가능하지 않은 결론이기도 했다.

도요타 회사의 엔지니어들은 이를 가능하게 할 기술혁신이 무엇인가를 생각했다. 우선 새로운 자동차를 생산하기 위해서 필요한 새로운 금형을 만드는 데에 상당한 시간이 필요하다는 문제가 있었다. 도요타사의 엔지니어 오도 다이이치(Ohno Taiichi, 1912-1990)는 이 시간을 획기적으로 줄일 수 있는 프레스 공정에서 간단한 금형교환기술을 찾는 데 성공했다. 이는 생산을 유연하게 만들면서 새로운 모델을 원하는 소비자의 요구를 충족시켜 주었다. 신속하게 많이 생산해서 원가절감을 이루었던 포드식의 대량생산의 이점에, 유연성과 양질의 제품 생산이라는 수공업생산의 이점을 결합한 혁신이었다. 이러한 도요타의 생산체계는 미국에 역수입된 이후에 대량(mass)생산과 대비되어 린(lean, 날씬한)생산으로 이름 붙여졌다.

도요타 생산방식의 핵심은 유연성(flexibility)에 있었다. 오노 다이이치가 발명한 금형교환기술은 유연한 차체 생산을 가능케 했다. 그렇지만 이러한 유연한 금형제작기술은 도요타 혁신의 끝이라기보다는 그 시작에 불과했다. 또 한번의 새로운 혁신은 전혀 예상치 않던 방향에서 찾아졌다. 당시 전후 일본에서는 자동차의 수요가 높지 않았는데, 오노는 이러한 나쁜 상황 속에서 공장을 유지하기 위해서는 예상 판매량이나 공장의 생산 능력이 아닌 실제 수요에 정확히 맞춰서 생산을 해야 한다고 생각했다. 공급(push)이 아닌 수요(pull)가 우선되어야 했다. 문제는 수요에 맞춘 생산 시스템을 어떻게 구현하는가에 있었다.

오노 다이이치는 1956년에 미국을 방문했는데, 미국의 자동차 공장보다는 슈퍼마켓에 깊은 감동을 받았다. 미국의 슈퍼마켓은 물건을 고르는 구매자가 자신이 원하는 수량만큼의 물건을 집어 들고 계산을 하면 매니저가 빈 진열대를 재빨리 파악하고 이를 다시 채워 넣는 식으로 운영되고 있었다. 다른 말로 하자면 슈퍼마켓은 음료를 빼내면 곧바로 뒤에 있는 음료가 채워지는 자판기를 거대하게 만든 것과 비슷했다. 지금은 누구나 아는 상식 같은 얘기지만, 일본에서 슈퍼마켓을 구경하지 못했던 오노에게 미국의 슈퍼마켓은 경이로움 그 자체였다. 그는 소비자의 요구에 따라서 물건이 채워지는 방식을 주시했고, 이를 자동차 생산에 응용했다.

기존의 자동차 생산은 부품의 공급에서 시작했다. 생산라인은 공급받은 부품을 조립해서 다음 라인으로 넘겼고, 그 다음 라인은 이를 받아서 다음 단계의 조립을 완성하는 식이었다. 앞 라인이 뒷 라인의 부품에 의존하다 보니 속도가 조금이라도 늦어질 경우에 항상 재고가 문제가 되었다. 재고 혹은 낭비(muda, むだ)를 줄이는 것은 '카이젠'이라고 불리던 도요타 공장의 오랜 경영철학이었다. 도요타 자동차 회사를 처음 시작했던 도요다 키이치로는 1937년 회사를 시작할 때 이미 낭비를 최대한 줄이는 방식을 일본식 영어인 '저스트-인-타임(Just-in-Time, JIT)'이라고 부르면서 이를 자신의 핵심적인 경영 원리로 삼고 있었다. 그는 생산에 필요한 수량을 알기 위해서 각종 정보를 노트에 기록하는 방식을 취했었다.

미국에서 돌아온 오노는 공장의 생산라인을 슈퍼마켓의 진열대식으로 바꾸는 혁신적인 아이디어를 제안했다. 소비자가 자기에게 필요한 물건을 슈퍼마켓 진열대에서 골라들듯이, 한 생산라인은 자신에게 필요한 부품만을 이전 생산라인으로부터 취사선택한다는 개념이었다. 모든 생산라인은 다음 생산라인을 위한 일종의 슈퍼마켓이 되는 셈이었다. 이 시스템은 뒷 공정에서 필요한 만큼 앞 공정의 부품들을 인수함으로써 재고를 거의 남기지 않았다. 오노의 아이디어는 도요타 회사의 '저스트-인-타임' 생산방식을 세계적으로 유명하게 만들었다. 도요타 회사가 시장의 변화에 더 유연하게 대응할 수 있게 된 데에는 이러한 공정상의 혁신이 존재했다.

오노는 '저스트-인-타임'을 실현하기 위해 매우 효율적인 방법을 제안했다. 공정들 사이에는, 특히 후공정에서 전공정에 생산량·시기·방법·순서·운반량·운반 시기와 같은 정보가 정확히 전달되어야 하는데, 이를 가능케 한 것이 오노가 고안한 '간판(kanban)'이었다. 간판은 조그만 사각형의 비닐 봉투에 생산량과 관련된 여러 정보를 담은 종이쪽지를 집어넣은 것으로, 이는 생산과 조립에 대한 지침을 전달하는 기능을 했다. 게다가 간판은 스스로가 부품과 함께 움직임으로써 생산 공정을 누구나 쉽게 볼 수 있게 하는 기능을 했다. 간판이 쌓여 있는 곳은 당장 관리를 해야 하는 곳이기 때문이었다.

도요다 에이지는 일본의 노동자들이 포드 공장의 노동자들과 달리 결코 단순 노동에 만족하지 않을 것이라고 보았는데, 그의 판단은 적확한 것이었다. 간판 시스템을 이해하고 수요에 맞게 제품을 공급하기 위해서 도요타는 노동자에게 더 큰 권한을 부여해야 했다. 포드의 조립라인에서 일하는 노동자들은 기계의 부품에 지나지 않았다. 컨베이어 벨트를 비롯한 공장의 생산라인은 24시간 계속 돌아갔고, 여기에 노동자들이 할 수 있는 일은 아무것도 없었다. 컨베이어 벨트의 속도와 같은 생산의 과정에 잘 적응하지 못한 노동자들은 불량부품을 만들어 내거나 조립과정을 제대로 마무리 할 수 없었다.

반면에 도요타 회사의 노동자들은 불량 부품이 만들어졌거나 조립과정에서 문제가 생겼을 때 생산라인을 정지시킬 수 있는 권한을 가지고 있었다. 노동자들이 기계를 정지시킬 수 있는 권한을 가진 시스템은 '지도카'(Jidoka, 자동화[自働化])라고 명명되었다. 이는 일반적인 자동화(自動化)와 다른 한자를 사용했고, 영어로 번역할 때에도 통상 자동화라는 뜻의 오토메이션(automation)이 아니라 오토노메이션(autonomation)이라는 낯선 단어를 사용했다. 이는 도요타의 지도카가 인간의 지능과 손길을 기계에 부여하는 자동화라는 특성을 가지고 있음을 강조하기 위한 것이었다.

도요타의 새로운 시스템의 영향은 생산에만 그친 것이 아니었다. 이렇게 만들어진 자동차는 이전의 대량생산에서 찍어내던 자동차와 달랐다. 모델도 훨씬 다양했고, 매년 그 형태가 변했으며, 옵션의 선택도 많아졌다. 사람들은 제각기 선호에 따라 자신만의 차를 선택해서 구매했으며, 모든 사람이 같은 차를 타야 하는 시대는 종언을 고했다. 대량생산과 대량소비는 다품종 소량생산(customized production)과 소비자의 기호에 맞춘 소비라는 새로운 유형의 생산과 소비에 자리를 내주었던 것이다.

5. 유연한 공정, 유연한 사회

일본이 독특한 생산방식으로 자동차를 생산하기 시작했을 때 미국의 회사들은 코웃음을 쳤다. 도요타의 첫 미국 진출은 실패했지만, 1968년 미국에서 출시한 도요타의 코롤라는 대성공을 거두었다. 1970년대와 특히 1980년대를 통해서 일본의 자동차들이 미국 시장에서 미국차를 밀어내기 시작하면서, 포드나 GM과 같은 미국의 거대 자동차 제국들은 일본의 도요타의 모델에 대해서 연구하기 시작했다. 도요타 에이지와 오노 다이이치가 선진 기술을 배우기 위해서 미국 공장을 방문한 지 30년 만에, 미국의 엔지니어와 경영학자들이 도요타의 비법을 전수받기 위해서 일본 공장을 찾아왔다. MIT의 경영학자들은 500만 달러라는 천문학적인 돈을 받아서 5년간 일본의 도요타를 연구했다. 이들의 책은 1990년에 『세상을 바꾼 기계(The Machine that Changed the World)』라는 제목으로 출간되었다. 이 무렵부터 린 생산, 유연성, '저스트-인-타임'은 생산은 물론 경영의 가장 중요한 화두가 되었다. 포드주의처럼 도요타의 생산 방식은 '도요타 생산 체계'(Toyota Production System, TPS)라고 이름 붙여졌다.

이후 정보기술의 발달은 분명히 생산 라인을 더욱 유연하게 만들었다. 종이 간판은 전자 간판으로 대체되어, 재고 관리를 훨씬 더 정교하고 용이하게 만들었다. 복잡한 생산 공정이 프로그램을 탑재한 로보트의 도입으로 자동화되었고, CAD(computer-aided design)과 CAM(computer-aided manufacturing)의 사용으로 더 쉽게 자동차의 모델을 바꾸고 소비자들의 사양 선택이 반영되게 할 수도 있었다. 전반적으로 유연한 생산은 생산에 필요한 회사 기능의 많은 부분을 아웃소싱으로 처리하고, 정보기술을 사용해서 소비자들의 취향과 유행에 대한 정보를 발 빠르게 수집해서 이를 생산에 반영함으로써, 소비와 생산을 훨씬 더 완벽하게 통합하는 것도 가능케 했다. 이런 점에서 분명히 우리 시대의 생산과 소비는 50년 전에 비해 말할 수 없이 유연해졌다.

그렇지만 이 과정에서 유연성은 생산과 소비를 넘어 노동의 영역에도 적용되기 시작했다. 도요타 생산 시스템에서 생산의 유연성은 노동자들의 권한을 강화하는 결과를 낳았지만, 직업의 유연성은 이와는 정반대의 결과를 낳았다. 여기에서는 유연한 것은 불안정한 것, 심지어 위험한 것이 되었기 때문이다. 물론 기업을 경영하는 사람들로서는 회사 인력의 상당 부분을 '유연한' 임시직으로 유지하는 것이 지금과 같은 불확실성의 시대에 유리하다고 정당화하지만, 일을 하는 사람 입장에서는 이것처럼 불안한 것이 없다. 회사는 직장이 유연해야지 노동자들이 더 좋은 직장을 찾아 옮기는 데도 유리하다고 하지만, 사람들이 더 좋은 직장에서 스카웃 제의를 받아 더 많은 임금을 받고 직장을 옮기기 위해 유연성을 필요로 하는 경우가 극히 적다는 사실을 생각해 보면 이러한 담론의 허구를 금방 알 수 있다. 미국과 영국의 경우, 한번 직장을 잃은 사람이 다음 직장을 잡으면 임금이 평균 20% 하락함을 보여주며, 정보화가 진행된 나라일수록 직장을 잃은 생산직 노동자들이 재취업하기 어렵다는 것을 보여준다.

첨단 산업이라고 직장이 안정된 것은 결코 아니다. 캘리포니아 실리콘 밸리는 세계의 정보통신 기술의 전위라고 할 수 있는데, 여기서도 30~40%의 인력이 '임시직'이다. 1979년에서 1995년의 15년 사이에 미국 가정의 75%가 실업을 경험했으며, 미국 국민의 절반이 다음 세대의 삶이 지금보다 더 불행할 것이라는 비관적인 미래상을 그리고 있다. 범세계적인 경쟁이 가속화되면서 평생직장을 보장하던 도요타 회사마저도 임시직 노동자들을 고용하고 종업원들의 해고를 감행하게 되기에 이르렀다. 도요타에서 시작된 유연성은 부메랑이 되어 도요타를 강타했던 것이다.

유연 생산에서는 작업장의 노동자들이 자신이 맡은 일을 이해하고 책임감을 가지고 노동에 종사하는 것이 필요하다. 그런데 직업의 유연성이 커지면 열심히 일을 해야 한다는 책임감이 줄어들고, 사용자-근로자 간의 신뢰가 잠식된다. 오래전 헨리 포드가 감지했듯이, 안정된 직장은 사고를 줄이고 근무 의욕을 높임으로써 생산성 향상에 기여한다. 따라서 포스트 포드주의 시대에는 직업의 안정성을 유연한 생산과 소비 체계와 접목시키려는 개인, 시민사회, 기업, 정부의 노력이 절실하다. 특히 직장을 잃은 노동자들에 대한 무료 재교육, 더 좋은 직장을 택하기 위해 휴직할 경우 이를 벌하지 않는 고용 정책, 최근의 정보 혁명을 이용해서 교육과 의료비를 절감할 수 있도록 정부와 시민사회가 힘을 합치는 것, 온라인 교육과 오프라인 교육을 잘 활용해서 정보통신 기술 습득을 도와주는 것, 직장을 잃는 것이 실패한 인생이 아님을 깨닫게 하는 새로운 학교와 사회 교육 등 적극적인 정책이 그 어느 때보다 절실하다.

더 생각해볼 주제

—

- 기술의 역사에서는 실패를 토대로 성공을 이룬 경우도 많고, 성공이 발목을 잡아서 실패한 경우도 꽤 있다. 포드주의와 포스트 포드주의의 역사에서도 이러한 사례를 발견할 수 있는가?
- 엔지니어 중에는 '인간보다 기계가 훨씬 더 믿을 만하다'고 생각하는 사람들이 많으며, 공장의 기계화와 자동화가 이런 믿음을 가진 사람들에 의해서 추진되어 왔던 경우도 꽤 된다. 이러한 생각에는 어떤 문제가 있는가? 포드주의와 포스트 포드주의에 대한 논의를 통해 이러한 생각을 비판적으로 논해 보라.

더 읽어볼 거리

—

헨리 포드, 공병호·송은주 옮김, 『고객을 발명한 사람, 헨리 포드』, 21세기북스, 2006. (헨리 포드가 쓴 자서전격인 저술 『나의 삶과 일 *My Life and Work*』[1923]의 번역판)

이상욱 외 지음, 『욕망하는 테크놀로지』, 동아시아, 2009. (특히 테일러주의와 포두주의에 대한 송성수의 글과 포스트 포드주의에 대한 홍성욱의 글을 참조)

이영희 저, 『포드주의와 포스트포드주의』, 한울, 1994. (포드주의와 포스트포드주의에 대한 비판적 시각의 접근)

제임스 모건·제프리 라이커 지음, 박정규 옮김, 『도요타 제품 개발의 비밀』, 한국능률협회컨설팅, 2008.

가볼 만한 사이트

—

http://automotivehistoryonline.com/ford.htm 자동차의 역사에 대한 웹사이트로 포드를 소개한 부분이다. 포드의 첫 번째 자동차부터 모델 T, 모델 A 등 포드사의 자동차를 사진으로 볼 수 있다.

http://www2.toyota.co.jp/en/vision/production_system/index.html 도요타사의 홈페이지로 지도카와 JIT 같은 도요타 생산 체계의 구성요소에 대한 상세한 설명과 그 기원에 대해서 알 수 있다.

07

전쟁과 과학기술

1. 우연적 결합?

과학기술과 전쟁을 묶어 생각하면 무엇이 떠오르는가? 아마도 영화 '지아이 조'에 등장하는 무시무시한 나노폭탄이나 최첨단 무기를 장착한 미래형 전투기가 떠오를 것이다. 아니면 최근 이라크에서 끝내 발견되지 않았던 대규모 인명을 파국적인 방식으로 죽일 수 있는 소위 '대량살상무기'가 떠오를 것이다. 이처럼 과학기술과 전쟁의 관련성은 적을 압도할 수 있고, 당연히 적은 가지고 있지 않은 신무기에서 전형적으로 드러나는 것 같다. 그리고 영화와 같은 매체에서 일반적으로 그려지는 이미지에 따르면 그러한 신무기는 대개 '천재적이지만 광기가 있는' 과학자에 의해 주도되어 엄청난 수의 연구자와 (그들을 감시하는?) 군 병력을 체계적으로 동원하여 만들어지는 것으로 이해된다.

조금 더 역사적인 안목을 가진 사람이라면 버섯구름으로 상징되는 핵폭탄의 가공할 위력과 히로시마와 나가사키의 참상을 기억할 것이다. 실제로 핵폭탄은 과학기술자들과 군인이 대규모로 결합하여 엄청난 자원을 사용하여 만들어낸 당시의 신무기였고, 핵폭탄 개발의 성공은 앞서 지적한 최첨단 신무기 개발에 대한 일반인들의 전형적 이미지를 형성하는 데 크게 기여했다. 핵폭탄 이후에 사람들은 대규모의 공적 자원이 투여되어 국가 주도하에 신무기 개발에 과학기술자가 동원되는 일에 익숙해졌고 이 점에 있어서는 자본주의와 사회주의 사이의 이념적 차이도 없었다.

한편 핵폭탄의 개발은 제2차 세계대전 이후 과학기술자들이 자신의 사회적 책임을 적극적으로 인식하고 평화적 목적을 위한 과학기술 연구와 같은 활동에 나서게 된 중요한 계기를 제공하기도 했다. 과학기술자들은 일반적으로 자신의 연구가 궁극적으로 인류복지에 기여하리라는 기대를 갖고 있는데, 핵무기가 가져온 참상은 이러한 기대에 정면으로 배치되는 것이었기 때문이다. 또한 과학기술자 중 상당수는 핵폭탄과 같은 신무기 개발에 있어 자신들의 지식과 테크닉이 결정적 역할을 수행하기에 개발 이후 그것의 사용에 있어서도 어느 정도 자신들의 '전문적 식견'이 영향력을 미치리라 기대했다. 이런 순진한 기대는 물론 충족되지 않았고 과학기술자들은 점점 자신들이 거대 국가 프로젝트의 고용인에 불과하다는 점을 깨달았고, 대부분 비밀리에 이루어지는 이런 유형 프로젝트의 여러 특징이 정보의 자유로운 교환과 연구결과의 자유로운 발표를 보장하는 과학연구 문화와 충돌을 일으킨다는 사실을 깨닫게 되었다.

놀라운 신무기로 상징되는 선정적 이미지에만 주목하다 보면 과학기술과 전쟁의 연관성에 대해 잘못된 인상을 갖게 된다. 우선 사람들은 전쟁과 과학기술의 불행한 동거가 20세기 이후의 현대 과학기술문명 사회의 독특한 특징인 것처럼 생각하기 쉽다. 어쩌면 전쟁에 대한 낭만주의적 생각을 가진 사람이라면 모든 악의 근원(?)인 현대 과학기술문명이 등장하기 전 사람들은 칼과 방패로 영웅처럼 싸웠지만 이제는 먼 거리에서 사람을 죽일 수 있는 비인간적 살상무기로 비겁하게 전쟁을 수행한다고 말할지도 모른다. 조금 더 진지하게 이야기한다면 핵무기나 첨단 전투기를 전쟁과 과학기술의 전형으로 생각하다 보면, 과학기술 발전이 상상을 초월하는 신무기의 개발로 이어질 수 있는 조건이 마련된 현대에서야 과학기술과 전쟁이 복합적으로 관련을 맺게 되었을 것이라고 생각하기 쉽다는 것이다.

전쟁과 과학기술이 연관성이 핵폭탄을 개발한 대규모 맨하튼 프로젝트와 같은 거대 과학기술에서만 가능하다는 생각은 전쟁과 과학기술 사이의 연관성이 필연적이기보다는 역사적으로 조성된 우연적 조건에 의해 맺어진 임의적인 것이라는 생각을 바탕에 깔고 있다. 그리고 이런 전쟁과 과학기술 사이의 우연적 결합에 대한 믿음은 전쟁과 관련된 과학기술과 그렇지 않은 과학기술이 분명하게 구별된다는 생각으로 자연스럽게 이어진다. 즉 과학기술은 원래 전쟁과 별 상관이 없는데 다만 특정 종류의 전쟁 과학기술이 20세기 초에 마련된 여러 복합적인 역사적, 사회적 조건에 의해 발전되기 시작했다는 생각이다.

얼핏 생각하기에도 전쟁 혹은 군사기술과 그렇지 않은 목적을 가진 기술은 본질적으로 다른 것처럼 보인다. 아무도 F-15 전투기를 해외여행 가는 데 사용하지는 않을 것이며 (전투기를 타본 경험은 없지만 안락함과는 거리가 멀 것이기에), 원폭을 건축현장에서 땅을 파내는 데 이용하려 하지는 않을 것이기 때문이다. 이처럼 대륙 간 미사일의 정확도를 높이려는 군사기술 연구와 전기밥솥의 밥맛을 더 좋게 만들려는 민간기술 연구는 확연히 구별될 수 있는 것처럼 보인다.

만약 군사기술과 비군사기술이 이렇게 확연하게 구별될 수 있고 전쟁과 과학기술 사이의 연관성이 우연적 결합임을 인정한다면 전쟁에 과학기술이 사용되는 일은 분명 마음 아픈 일이긴 하지만 과학기술의 본질과는 무관한 일이 된다. 전쟁은 원래 나쁜 것이고 피해야 할 것이지만 어쩔 수 없이 해야 되는 '우연적' 상황이 발생하면 이기기 위해 군사기술과 그것을 뒷받침하는 과학이론이 어쩔 수 없이 동원될 수 있는 것이 아닌가 하는 생각을 할 수 있게 되는 것이다.

2. 상호 필요에 입각한 동맹

하지만 군사기술의 등장이 비교적 최근에야 이루어졌고 민간기술과는 분명히 구별될 수 있다는 이 두 생각 모두 역사적 사실과 어긋난다. 게다가 전쟁과 과학기술 사이의 관계가 우연적 결합에 불과하다는 생각은 역사적 사실과 무관하게 두 범주가 작동하는 일반적인 방식을 살펴보기만 해도 설득력이 떨어진다. 유사 이래로 기술적 발전 과정과 전쟁의 수행은 매우 밀접한 관련을 맺어왔다.

사실 조금만 생각해보면 그러지 않았다면 이상했을 것이다. 인류 역사상 모든 전쟁에서 전쟁터에서 무의미하게 죽어간 수많은 사람들은 그렇게 생각하지 않겠지만, 적어도 전쟁을 일으킨 군주나 후방에서 안전하게 병졸을 움직이던 고위 지휘관들은 국가적 수준에서 모든 방법과 자원을 동원해서라도 전쟁을 꼭 이겨야 할 충분한 동기가 있었다.

불행히도 전쟁에서 꼭 이기겠다는 집념에 불타는 사람들에게 상대방을 압도할 수 있는 새로운 무기는 그 대가가 얼마가 되든지 늘 매력적인 것일 수밖에 없었다. 비록 대부분의 신무기가 적군을 효과적으로 죽이고 전쟁을 이길 수 있게 도움을 주는 일 말고 인류 복지에 도움이 될 가능성이 높아 보이지 않았지만, 그럼에도 권력자들은 신무기에 비싼 대가를 지불할 준비가 늘 되어 있었다. 그리고 물론 권력자들은 정의상 그런 대가를 지불할 능력, 즉 다른 곳에 사용될 수도 있었을 공적 자원을 마음대로 동원할 수 있는 능력을 갖추고 있었다. 그러므로 전쟁 관련 과학기술 연구에 전쟁을 일으킨 수많은 권력자들이 자원을 쏟아부은 역사적 사례가 수없이 넘쳐나는 것은 너무도 당연한 일이다.

그건 그렇다해도 과학기술 연구가 체계적으로 전쟁 무기 개발에 연관된 것은 현대 전쟁의 특수한 현상이 아닐까? 핵폭탄은 분명히 맨하튼 프로젝트라는 거대 연구작업을 통해 만들어졌지만, 그전까지의 신무기는 결국 천재적인 발명가의 번뜩이는 영감으로 만들어졌던 것이 아닐까? 그렇다면 과학기술 연구 전체에서 그런 '전쟁무기' 연구자들이 차지하는 비중이란 매우 작았으리라는 생각을 할 수 있겠다.

하지만 일반적으로 기술을 발전시키는 과정에는 다른 곳에 쓰일 수 있었던 엄청난 물적, 인적 자원을 집중해서 투자하는 일이 필수적이다. 우리에게 기술은 '발명가의 신화'와 너무 깊게 연관되어 있다. 강력접착제를 개발하던 한 연구원이 실패한 실험 재료를 버리려다가 우연히 몇 번이고 붙였다 떼었다 할 수 있는 편리한 메모지를 발명했다는 3M 메모지의 이야기가 그런 생각을 부추긴다.

그러나 3M의 신화도 자세히 들여다보면 일반적으로 사람들이 놓치고 있는 사실이 드러난다. 즉 접착력과 여러 번 사용할 수 있는 특징을 겸비한 접착제의 우연적 발견이 실제로 광범위한 환경에서 사용될 수 있는 제품으로 상용화되기 위해서는 상당한 기간의 시행착오와 집중적인 연구가 필요했었다는 사실이다. 운 좋은 생각이 기술연구나 발명에서 중요한 계기가 되는 것은 사실이지만 대중적으로 유용한 기술적 결과물로 이어지기 위해 그것으로 충분한 경우는 거의 없다는 점을 간과하지 말아야 한다.

마찬가지로 전쟁 기술의 핵심적인 아이디어는 우연한 발견의 결과일 수는 있지만, 그것이 실용화되고 전장에서 위력을 발휘하기 위해서는 상당한 기간에 걸친 집중적인 자원의 투여와 집단적인 기술 연구가 필요하다. 이 점은 현대 군사기술 연구에만 적용되는 것이 아니라 유사 이래 비교적 체계적으로 기술 연구와 전쟁이 관련을 맺은 모든 경우에 타당하다.

예를 들어, 보통 활보다 훨씬 큰 활을 사용하면 아주 먼 곳의 사냥감도 정확하게 쏘아 잡을 수 있다는 사실은 대략 12세기 정도면 웨일스 농민들 사이에서 알려져 있었다. 하지만 이 깨달음이 1415년 10월 25일 아쟁쿠르 전투에서 헨리 5세의 원정군의 압도적인 수적 열세를 극복한 승리로 그냥 이어진 것이 아니었다. 웨일스 농민의 깨달음과 헨리 5세의 승리 사이에는 웨일스를 침공하다가 반격하는 웨일스 군의 장궁에 큰 피해를 입은 에드워즈 1세가 원정에서 돌아온 후 자신의 궁정 기술자들을 시켜 장궁의 여러 재료를 시험함으로써 효율성을 배가시키고 장궁부대의 형태로 집중화시킨 오랜 시간에 걸친 '연구개발(R&D)'이 있었던 것이다.

르네상스 시기 이후 절대왕권이 강화되면서 대부분의 유럽 군주들은 이런 이유 때문에 유럽 각지에서 뛰어난 능력을 가진 기술자들을 높은 연봉을 주고 모셔와 일종의 군사기술 연구팀을 꾸렸다. 그 결과 투석기와 대포처럼 효과적으로 성을 공략할 수 있는 신무기와 그 신무기를 무력화할 수 있는 화승총, 진흙 축성법과 같은 대항 신무기가 빠른 속도로 개발되기 시작했다. 우리에게 익숙한 신무기 연구개발팀은 과거에서 약간 다른 형태로 엄연히 존재했고 이들이 국가 자원의 상당 부분을 사용하여 무기를 만드는 일에 종사했던 것이다.

이렇게 각국의 군주들이 앞다투어 체계적 신무기 개발에 나서자, 어느 한 시기에 신무기를 독자적으로 개발하여 보유했다고 해서 안심할 수 없게 되었다. 무기개발 비법이 새어나갈 수도 있었고 구태여 그런 기밀유출을 걱정하지 않더라도 자신의 경쟁국가의 연구팀도 얼마 지나지 않아 비슷하거나 오히려 더 성능이 좋은 무기를 '독자개발'할 가능성이 있었기 때문이다. 그러므로 전쟁에서 우위를 확보하기 위해서는 지속적으로 새로운 무기를 개발해야 했다. 소모적인 군비 경쟁은 20세기 냉전(Cold War) 시기 훨씬 이전부터 이미 상당한 정도로 진행되고 있었던 것이다.

권력자들이 환상적인 군사기술을 자신에게만 알려줄 기술자들을 수소문한 것과 동시에 기술자 역시 자신이 지닌 독창적 축성법이나 적의 보병을 순식간에 전멸시킬 수 있는 비법을 암시하는 편지를 자신을 후원해 줄 잠재적 군주에게 끊임없이 쓰곤 했다. 전쟁 관련 기술 연구를 하던 사람 중에는 이탈리아 르네상스 시기의 유명한 기술자 타르탈리아처럼 기술 지식이 전쟁이라는 끔찍한 죄악에 사용되는 것을 증오하면서도 자신이 사랑하는 베네치아의 안녕을 위해 어쩔 수 없이 포탄의 정확도를 높이는 군사 연구를 수행했던 사람도 있었다.

하지만 타르탈리아처럼 전쟁으로 '순수한(?)' 과학기술 연구가 훼손될 것을 걱정하는 과학기술자들은 매우 드문 예외에 속했다. 대부분의 경우, 네덜란드에서 망원경이 발명되었다는 소식을 듣고 재빨리 이 새로운 장치의 군사적 장점을 간파하고 베네치아시 원로원에 비싼 돈을 주고 자신이 직접 제작한 망원경을 팔려고 한 갈릴레오 같은 이가 보다 전형적이었다. 갈릴레오는 오직 망원경의 원리에 대한 소문만 전해듣고 망원경을 스스로 제작하였다. 이점에 있어서 갈릴레오는 과학적 원리와 기술적 응용을 혼자서도 결합할 수 있는 탁월한 과학자이자 기술자였다. 요즘 말로 하면 전쟁무기 개발을 포함한 다양한 주제에 대한 융복합 능력을 갖춘 과학기술자였다고 할 수 있겠다.

갈릴레오는 늘 해상으로부터의 적의 침입을 걱정하던 베네치아 시민들의 마음을 적의 함선을 멀리에서도 미리 발견하고 미리미리 대비할 수 있는 망원경으로 사로잡아 거액의 판매금을 챙기려고 했지만 최종적으로는 성공하지 못했다. 처음에 베네치아 시민들은 망원경의 신기한 능력에 감탄했지만, 망원경이 베네치아만 소유할 수 있는 비밀 신무기가 아니라는 사실을 알아채고 난 후에는, 초기에 제시했던 어마어마한 계약금의 인도조건을 계속 바꾸었고, 결국 갈릴레오는 망원경 판매 계획을 접을 수밖에 없었다.

레오나르도 다빈치의 전쟁용 철갑마차('탱크')처럼 시대를 한참 앞선 구상도 그가 밀라노의 군주 스포르차 공작의 후원을 얻기 위해 쓴 편지에서 처음 제시되었다. 반전운동이나 '평화를 위한 과학기술의 사용'과 같은 개념에 익숙한 우리들이 다빈치와 갈릴레오의 전쟁무기 개발에 대해 생각할 때 조심할 점이 있다. 다빈치와 같은 기술자들이 특별히 전쟁광이어서 자신의 전쟁기술을 권력자에게 팔려고 안달을 했던 것은 아니라는 사실이다.

역사적으로 기술자들이 다른 사람들에 비해 평균적으로 더 평화를 사랑했던 직업군에 속했다는 증거는 없지만 반대로 특별히 무기를 사랑했다는 근거도 없다. 여기서 중요한 점은 과학 연구든 기술 연구든 대략 19세기 정도 이전까지는 과학자나 기술자 스스로가 부유하지 않은 한, 권력자나 자원을 제공할 능력이 있는 사람의 후원을 얻는 것이 필수적이었다는 사실이다. 다빈치나 갈릴레오 모두 자신의 연구를 안정적으로 뒷받침할 수 있는 후원이 필요했고, 그러한 후원은 잠재적 후원자가 군침을 흘릴만한 신무기 기술을 자신이 가지고 있다고 홍보함으로써 얻어질 가능성이 높았던 것이다.

물론 여기서 다빈치나 갈릴레오가 자신들의 연구에 도움을 얻기 위해 '눈물을 머금고' 할 수 없이 군사기술로 권력자들의 관심을 끌려했다고 말하려는 것도 아니다. 어떤 의미에서 후원이 필요해서 자신이 가졌던 군사기술을 홍보했던 당시 기술자들은 자신의 전자제어 기술에 대한 전문성이 미사일 유도에 응용될 수 있다는 사실을 알고서 국방연구소에 지원할 때 이를 자신의 이력서에 쓰는 요즘의 공학자들과 별 차이가 없다. 군사기술에 대한 별다른 고민없이 그들은 자신들이 생각하기에 합리적인 선택을 수행했던 것이다.

요약하자면 전쟁과 그와 관련된 기술 발전은 인류 역사상 매우 밀접한 관계를 유지했으며 기술 발전에서 전쟁관련 기술이 차지하는 부분은 대부분의 경우 주변적이기보다는 중심적이었다. 전쟁무기 개발을 주도했던 과학기술자와 이를 후원했던 권력자들 사이에는 상호 이해관계에 바탕한 일종의 동맹 관계가 성립했다. 전쟁과 과학기술의 역사적 전개는 이처럼 상호필요에 입각한 효율적인 동맹관계를 통해 지속적으로 유지되어 왔던 것이다.

3. 전쟁과학과 전쟁기술의 결합

사람들을 보다 행복하게 만들 수 있었던 엄청난 자원들을 경쟁적으로 낭비하는, 전쟁이라는 소모적 활동에 과학기술 연구가 적극적으로 개입했다는 점은 분명 서글픈 사실이 아닐 수 없다. 하지만 전쟁에 국가적 자원이 대규모로 동원되고 과학기술 연구에는 상당한 자원이 필요하다는 점이 결합하면 이러한 역사적 사실이 분명 개탄스러운 일이긴 하지만 결코 이해할 수 없는 이상한 일은 아니다.

하지만 과학과 기술이 서로 밀접하게 관련을 맺기 시작한 것은 19세기에 이르러서였다는 점을 기억할 때, 전쟁과 관련된 기술 연구와 관련 과학지식의 결합이 19세기 이전에도 활발했다고 보기는 어렵다. 과학사와 기술사 연구를 통해 밝혀진 바에 따르면, 19세기 이전까지 기술 발전은 대체적으로 과학과 오직 부분적으로만 영향을 주고받는 경향을 보였다. 그러므로 항해술에서 천문학이 이용되거나 탄도학에서 수학이 응용되는 정도를 제외하고는 기술적 발전은 과학지식의 발전과 별다른 영향을 주고받지 않았다는 것이다. 그러므로 전쟁 기술의 변화 역시 과학이론의 변화와 비교적 독자적인 발전 경로를 따라왔을 것이라고 짐작할 수 있다. 다시 말해 갈릴레오는 분명 과학혁명을 이끈 뛰어난 과학자인 동시에 이탈리아 기술자 전통을 계승한 뛰어난 기술자이기도 했지만 결국 예외적인 사람이었다고 할 수 있다. 전쟁에 직접적으로 도움을 줄 수 있는 연구를 수행할 수 있었던 기술자들에 비해 과학자들은 갈릴레오처럼 스스로 기술자가 아닌 경우 직접적으로 전쟁기술 연구에 도움을 주기는 어려웠기 때문이다.

하지만 과학과 기술은 19세기에 들어 화학공업과 전기공업의 발전을 계기로 긴밀하게 연관되기 시작하였고 과학자들과 기술자들은 서로 협력하며 보다 적극적으로 전쟁에 참여하게 되었다. 이 과정에서 한 천재적인 과학자의 때 이른 죽음이 큰 역할을 했다. 헨리 모즐리는 촉망받는 영국 과학자로 매우 젊은 시절에 원자번호가 임의로 부여된 숫자가 아니라 개별 원소를 구성하는 서로 다른 종류의 원자들의 질량비라는 사실을 엄밀한 실험으로 입증하여 이미 전 유럽에 걸쳐 이름을 떨쳤다. 이 모즐리가 제1차 세계대전이 시작되자마자 당시 대부분의 유럽 젊은이들이 그랬듯이 자원병으로 참전하여 오스만튀르크령 갈리폴리 전투에서 27세의 젊은 나이로 사망했다.

그림1 | **헨리 모즐리(Henry Moseley, 1887-1915)**

촉망받던 과학자를 잃은 영국 과학계는 크게 실망했고, 과학계의 중진 과학자들을 중심으로 과학자는 일반병으로 그냥 전쟁에 내보내는 것보다는 과학자로서의 능력을 살려 새로운 무기나 그 밖에 전쟁에 필요한 장비를 연구 제작하게 하는 것이 보다 효율적으로 조국에 봉사하는 일이라고 정부를 설득했다. 독일 과학자들도 역시 똑같은 방식으로 전쟁 수행에서의 과학자와 과학연구의 유용성에 독일정부가 주목하게 만들었고, 양측에 의해 독가스와 기관총 같은 최신 무기나 맞아도 즉시 죽지 않고 고통스러운 비명으로 동료 병사들을 공포에 휩싸이게 하면서 천천히 죽어가게 만드는 특수 탄환처럼 끔찍한 무기가 속속 개발되어 실전에서 사용되었다.

물론 과학자가 전쟁에 특별히 더 열광적이었던 것은 아니었다. 많은 사람들이 1차세계대전 전까지는 전쟁에 대해 상당히 낭만적인 생각을 갖고 있었고 이점에 있어서는 과학자들도 예외가 아니었을 뿐이다. 과학자들도 일반인과 마찬가지로 전쟁은 조국을 위해 봉사할 수 있는 크나큰 영광이며 경우에 따라서는 멋진 무공담을 지니고 고향으로 금의환향하여 잘하면 이웃집 아가씨의 사랑을 얻을 수도 있는 기회를 의미했다. 본격적인 반전운동은 제1차 세계대전의 참상을 본 이후에야 가능해졌고, 그 전까지는 전세계 노동자의 연대를 외치던 사회주의자들까지 애국주의의 물결에서 자유로울 수 없었다. 과학자들이 주장했던 것은 모두가 조국이 전쟁에 이기도록 노력할 때 과학자들은 전장에서보다는 실험실에서 그 역할을 효과적으로 해낼 수 있다는 것이었고 이는 여러 나라에서 동시에 받아들여졌다.

전쟁 기술이 얼마나 끔찍해질 수 있는지에 대해 제1차 세계대전의 경험은 너무도 극단적이었다. 제1차 세계대전 중 개발된 탄환 중에는 적군 병사를 즉시 죽이지 않고 엄청난 고통을 느끼되 오래 살아남아 처절한 몸부림과 비명으로 동료병사의 사기를 떨어뜨릴 수 있도록 특수 제작된 것도 있었다. 독가스의 주된 목적도 직접적으로 적군을 순식간에 죽이기보다는 병사들의 공황상태를 유발하여 전투력을 떨어뜨리는 것이었다. 마찬가지 이유에서 사람을 죽이지 않고 발목만 선택적으로 날려버리는 지뢰, 파괴력보다는 폭발시 굉음에 초점을 맞춘 포탄 등이 개발되어 사용되었다.

이 중에서도 기관총은 용감하게 적진으로 돌격하는 전통적인 전투 자세를 '비겁하게' 기어가는 자세로 순식간에 바꾸게 만든 공포의 신무기였다. 기관총을 최초로 발명한 히람 맥심은 영국군에게 이 '신무기'의 우수성을 설득하려고 했다. 미국 출신의 발명가 맥심은 이미 26세 때 머리 모양을 만드는 소형 다리미, 즉 요즘 말로 하면 헤어 드라이기를 발명했고 전구에 사용되는 탄소 필라멘트 제작을 수행하기도 했다. 이후 영국으로 이주한 맥심은 꾸준히 자동으로 발사되는 총기류 개발에 몰두했고 그 결과 1884년 기관총을 발명하게 된 것이다. 맥심의 발명 이전에도 탄환을 빠르게 발사하는 총기류는 1862년에 발명된 개틀링 총 등이 있었지만 맥심의 기관총과는 달리 어느 단계에선가 수동조작이 필요한 반기계식이었다. 맥심은 이후 가벼운 증기기관을 장착한 비행기 등 수많은 발명품을 내놓았고 그 공로를 인정받아 말년에는 영국 정부로부터 기사작위를 수여받았다.

맥심이 기관총을 영국군에게 파는 데는 성공했지만 당시 영국군 장교들은 기름이 줄줄 흐르는 이 낯선 무기에 대해 그다지 호의적이지 않았다. 게다가 일부 장교들은 명예롭지 못한 방식으로 적군을 죽이는 무기라는 이유로 기관총 사용을 반대하기도 했다. 그래서 결국 제1차 세계대전이 시작될 때 영국군이 소유한 기관총은 수백 정에 불과했다. 이에 비해 기관총에 대한 독일군의 열광은 분명해서 제1차 세계대전이 시작될 무렵 이미 12,000정의 기관총이 실전에 배치되어 있었고 최종적으로는 10,000정의 기관총이 독일군에 의해 사용되었다.

제1차 세계대전에서 사용된 전쟁 기술이 얼마나 끔찍했든지, 유럽 각국은 종전 후 이후 전쟁에서는 '인도적인 무기'만을 사용하자고 합의하게 된다. 전쟁이라는 긴박한 상황에서 '인도적으로만' 사람을 죽여야 한다는 이러한 역설적 요구에서 우리는 제1차 세계대전의 경험이 동시대 사람들에게 얼마나 끔찍하게 생각되었는지 짐작할 수 있다. 그리고 이런 끔찍한 무기가 자발적이든 명령에 의한 것이든 과학기술자의 노력에 의해 만들어졌다는 사실이 널리 알려지면서 과학기술이 인류에서 풍요로운 미래만을 가져다 주리라는 20세기 초의 낙관적 기대는 점차 대중들에게 설득력을 잃어갔다.

그림2 | **1916년 솜므 전투에서 방독면을 쓰고 기관총을 사용하는 영국군 병사의 모습**

제1차 세계대전을 거치면서 대중들은 과학기술이 인류의 삶을 편리하게 할 수도 있지만 상상할 수 없을 정도로 끔찍하게 만들 수도 있다는 점을 전쟁에서 돌아온 '산송장'들을 보고 절실하게 깨달을 수 있었다. 이런 깨달음은 과학기술에 대해 그전보다 훨씬 더 이중적 태도를 지니게 만들었는데 이러한 이중적 태도가 보다 극적인 파국적 감정으로 바뀌게 된 계기는 물론 제2차 세계대전 때 개발된 핵폭탄이 제공했다.

전쟁과 과학기술 사이의 관계를 고찰할 때 핵폭탄이 가지는 함의는 중층적이고 심대하다. 우선 핵폭탄은 과학자와 기술자들이 전쟁무기 개발에서 서로 본격적이고 체계적으로 협력한 사례이며, 이미 독자적인 제도적 기반을 구축한 과학과 공학이라는 학문 분야가 상대방 학문의 가치를 절실하게 깨닫게 된 기회를 마련해 주었다. 핵폭탄 개발 초기 물리학자들은 원자의 비밀을 풀어낸 자신들만으로도 얼마든지 핵폭탄 제조가 가능하며 핵분열의 기본 원리가 실전에서 사용가능한 폭탄제조로 이어지는 과정이 매우 간단할 것이라고 생각했다. 물리학자들의 이런 순진하다고 할 수 있을 정도의 낙관적 예측은 여지없이 빗나갔고 맨하튼 프로젝트가 진행되면서 끊임없이 제기되는 이론적, 기술적 문제는 핵폭탄 제조기간을 수없이 연장시켰다.

이 과정에서 콧대 높던 물리학자나 수학자들도 기술자나 공학자가 얼마나 중요한 존재인지를 절실하게 느끼게 되었고, 기술자나 공학자 역시 매우 추상적인 이론이 실천적 문제 해결에 도움을 줄 수 있다는 점을 인식하게 되었다. 현재 군사기술을 포함한 모든 대형 연구 프로젝트에서 과학자와 공학자가 매우 체계적으로 협력하는 모습은 너무도 일상적이지만 당시까지만 하더라도 이 두 전문 분야 사이의 상호작용은 그다지 많지 않았던 것이다. 그러므로 맨하튼 프로젝트의 성공적 완수를 통한 핵폭탄 개발은 과학과 기술이 전쟁관련 연구에서 성공적으로 결합할 수 있음을 보여주었고, 과학과 기술 사이의 생산적 협력관계는 전후 산업연구 전반으로 확대되었다.

맨하튼 프로젝트에 참여한 과학기술자들의 태도에서 주목할 점은 로스 알라모스라는 외딴 지역에 마련된 인공적인 연구 환경을 그들이 즐겼다는 사실이다. 주변에 볼거리도 없었고 보안문제 때문에 이동도 자유롭지 않았지만 연구 환경은 기가 막힐 정도로 좋았다. 과학자들은 전국에 흩어져 있던 뛰어난 동료 과학자들이 함께 모여 어려운 문제들을 퍼즐 풀듯 차근차근 해결해나가는 경험에 매료되었다. 원하는 지원은 얼마든지 얻을 수 있었고, 현실 세계와 달리 누가 먼저 어려운 문제를 푸는지에 대한 경쟁만으로 삶이 구성되는 인공적 환경이 주는 특별한 매력도 있었다.

수많은 교양과학서를 써서 대중적으로도 잘 알려져 있는 리처드 파인만은 맨하튼 프로젝트 기간 중의 이런 경험을 매우 즐거웠던 추억으로 묘사하고 있는데, 그의 정겨운 회고에는 전쟁 연구에 동원된 과학기술자의 고민의 흔적은 전혀 찾아볼 수 없다. 불행히도, 보기 드문 연구 환경의 장점에 주목하고 그 연구 환경을 가능케 한 사회적 조건에는 무관심한 이런 태도는 맨하튼 프로젝트에 참가한 대다수 과학기술자들에게 공유되었다.

이렇듯 자신들이 연구 작업 자체에 큰 애착을 가졌던 과학기술자들이었기에 점점 연장되어만 가는 핵폭탄 제조과정에 조바심을 느끼며 신무기를 사용도 해보지 못하고 전쟁이 끝나버리면 큰일이라고 걱정하기도 했다. 인류가 만든 무기로 인류 전체가 멸망할 수 있다는 종말론적 전망을 구체화시킨 핵폭탄의 개발자들이 이런 끔찍한 조바심을 느꼈다는 사실 자체가 놀라운 일이지만, 과학기술자들이 자신들의 연구과정에서 차근차근 과제를 해결해나가는 '재미'에만 몰두하다보면 자연스럽게 이런 태도에 이를 수도 있음에 주목하면 맨하튼 프로젝트에 참여했던 과학기술자들이 특별히 이상했던 것도 아니었다.

자신들이 흥미롭게 생각하는 연구주제를 마음껏 연구할 수 있는 연구 환경이 주어지면 그 연구를 통해 얻어진 결과가 어떻게 사용되는지, 그 연구에 대한 지원은 누구에 의해 왜 이루어졌는지에 대해 별다른 관심을 갖지 않는 과학기술자의 이미지는 맨하튼 프로젝트 이후 '터미네이터'와 같은 수많은 영화에서 전형적인 과학기술자의 모습이 되었다. 하지만 앞서 지적했듯이 실제로 사용된 핵폭탄으로 인한 엄청난 피해는 많은 과학기술자들로 하여금 과학기술자의 사회적 책임을 통감하고 전쟁 관련 연구가 아니라 인류 복지에 이바지할 수 있는 과학기술 연구에만 양심에 따라 참여하려는 노력을 가져오기도 했다. 그러므로 개인적인 지적 호기심에 몰두하는 전형적인 과학기술자의 모습은 구체적인 과학연구 현장에서 개별 과학기술자의 자율적 선택에 따라 달라질 수 있는 여지가 있는 것임을 알 수 있다.

4. 군사기술과 민간기술

물론 전쟁을 직접 겪고 있지 않은 대다수의 현대인들이 일상생활에서 이런 끔찍한 무기들이 사용되는 일을 직접 경험하지는 않는다. 우리를 둘러싼 과학기술은 전쟁과 직접적 연관성을 맺고 있지 않으며, 전쟁에서 사용될 의도로 개발되지도 않는다. 휴대전화와 같은 대부분의 기술적·인공물은 산업적, 경제적 목적에 따라 개발되며 그것의 생산과 소비 역시 산업적, 경제적, 개인적 선택에 의해 이루어진다. 이렇게 생각하다 보면 전쟁을 위한 기술과 일반인을 위한 기술 사이에는 너무도 분명한 차이가 있고 연관성은 별로 없어 보인다.

하지만 군사기술과 민간기술의 차이는 점점 희미해져가고 있다. 최근 사회적 논란의 중심에 있었던 원자력 발전소의 핵심 기술은 군사용으로 개발된 원자핵 잠수함의 동력 기술을 그대로 가져다 쓴 것이고, 우리에게 너무도 친숙한 인터넷 기술은 핵전쟁에 대비한 미군의 대응전략 개발 과정으로부터 큰 영향을 받았다. 또한 각종 감시기술과 제어기술처럼 기술의 속성상 군사적으로 개발된 내용이 약간의 변형을 거쳐 사회 전반으로 확산될 가능성이 높은 기술도 많다.

사실 군사기술과 민간기술이 '부드럽게' 연결되는 이런 특징은 기술이 보다 본격적으로 전쟁 관련 연구에 적용되기 시작할 때부터 발견될 수 있다. 갈릴레오의 망원경은 베네치아 원로원에게는 바다에서 침략해오는 적의 함대에 미리 대비할 수 있는 첨단 무기였지만 천문학자들에게는 목성의 위성과 달의 분화구를 통해 천상계와 지상계 사이의 구별에 중대한 경험적 반론을 제기한 관측기기이기도 했다. 마찬가지로 제1차 세계대전에 참전한 수많은 병사들을 공포에 떨게 했던 독가스는 프리츠 하버와 같은 화학자의 염소기체 연구의 연장선상에서 개량되었다.

이처럼 전쟁과 관련된 기술 발전은 부지불식간에 우리 생활 곳곳에 침투할 수 있다. 특히 2차대전 중 레이더처럼 기초과학연구에서 전쟁에 유용한 기술이 얻어질 수 있음을 경험한 각국 정부들은 냉전 기간 중 엄청난 국가적 자원을 투여하여 다양한 기초 과학기술 연구를 지원했고 이 과정에서 과학기술자의 숫자는 기하급수적으로 불어났다. 이 과정에서 궁극적으로 전쟁에 사용될 목적으로 개발된 기술이라도 나중에 민간기술로 전환되어 유용하게 쓰일 수 있으므로 전쟁관련 연구에 종사하거나 사회적 자원을 집중하는 것이 정당화될 수 있다는 기묘한 논리로 전쟁관련 과학기술 연구를 옹호하려는 사람들도 나타났다. 하지만 물론 이런 주장은 그러한 유용한 기술들이 원칙적으로 사회적 합의만 가능했다면 전쟁과 무관하게도 얼마든지 연구될 수 있었음을 애써 간과하고 있다.

그러므로 우리들은 군사기술과 민간기술이 표면적으로는 상당히 분명하게 구별될 수 있지만(총과 휴대전화를 구별하기란 그다지 어렵지 않다), 실제로 각각의 기술이 개발된 목적이나 과정을 살펴보면 '부드럽게' 연결되는 상황이 훨씬 많다는 점을 인식할 필요가 있다. 과학기술자를 포함한 우리 모두가 전쟁기술의 내용과 활용에 보다 관심을 기울이고 군사기술과 민간기술의 연결고리에 대해 사회적으로 수용할 수 있는 방식을 찾아보아야 할 이유가 여기에 있다.

더 생각해볼 주제

—

다음 두 가상의 상황이 '과학기술과 전쟁'이라는 주제에 대해 갖는 윤리적·정치적·사회적 함의를 생각해보고, 만약 자신이 A나 B라면 어떤 태도나 행동을 취할 것인지 친구들과 토론해보자.

(가) 어느 대학 전자공학 연구소에 근무하는 A 박사는 집적회로 설계의 전문가이다. 최근 자신이 설계하는 집적회로가 초정밀타격 미사일에 탑재된다는 사실과 그런 이유로 자신의 연구소가 관련 방위산업체에서 상당한 연구비를 받고 있다는 사실을 알게 되었다. 그런데 A 박사의 집적회로 설계는 반드시 미사일 탑재를 목적으로 개발된 것도 아니어서 다른 전자부품에도 적절한 변형을 거치면 얼마든지 사용

될 수 있는 범용 기술이다. 게다가 A 박사가 속한 연구소는 국내 전자공학 연구 수준을 한 단계 끌어올린 것으로 평가받고 있는데 연구비가 지속적으로 확보되지 않으면 연구소의 운영과 높은 명성을 유지하기 어렵다.

(나) 이웃 나라와 몇 년째 국지전을 벌이고 있는 어느 나라의 과학자 B씨는 세계적으로 유명한 과학자이다. 최근 B씨는 자국 정부로부터 은밀하게 세균전을 벌일 수 있는 기술을 개발해달라는 부탁을 받았다. 이웃 나라는 최근 국경 지역에서 B씨의 조국 국민을 상대로 광범위한 세균전을 벌인 것으로 국제사회의 의심을 받아왔으나 사용된 생화학 무기가 검출이 쉽지 않은 특징을 가지고 있기에 결정적인 비난은 피할 수 있었다. B씨에게 들어온 요구는 이웃 나라보다 훨씬 효과적이되 국제사회의 검증을 무사통과할 수 있는 효율적인 생화학 무기의 개발이다. B씨는 국가의 지원을 받아 외국 유학생활을 했으며 보다 힘이 강한 이웃나라에게 끊임없이 위협당하는 자신의 조국의 처지에 대해 늘 불안감을 갖고 있었다.

더 읽어볼 거리

—

과학기술학의 시각에서 본격적으로 전쟁과 과학기술을 다룬 책은 아직 국내에 번역되어 있지 않다. 학술적 가치는 좀 떨어지지만 나름대로 재미있게 읽을 수 있는 이 주제에 대한 책으로는 어니스트 볼크먼의 『전쟁과 과학, 그 야합의 역사』(이마고, 2003)를 들 수 있다. 제3제국 시기의 과학기술과 전쟁에 대한 존 콘웰의 『히틀러의 과학자들』(크리에디트, 2008)도 흥미롭게 읽을 만하다. 인류 역사상 최초로 과학기술과 전쟁이 체계적으로 결합한 제1차 세계대전이 당시 사람들에게 얼마나 파국적 영향을 끼쳤는지에 대해서는 시베스천 폭스의 『새의 노래』(열린책들, 2006)에 섬세하게 묘사되어 있다.

08

과학자의 창조성은 어디에서 오는가?

1. 머리말

과학자들이 성공적인 연구를 수행하기 위해서는 창조적이어야 한다는 것은 과학연구에 대해 잘 모르는 사람도 쉽게 수긍할 수 있다. 다른 사람들이 미처 생각해내지 못한 아이디어를 제안하거나, 잘 풀리지 않던 문제를 기존의 관점과는 다른 시각으로 새롭게 해석해서 명쾌한 해답을 내놓거나 하는 일이 그런 창조적 과학연구의 예일 것이다.

근대역학을 체계화한 아이작 뉴턴과 상대성이론으로 유명한 알버트 아인슈타인은 이런 면에서 과학적 창조성을 가장 성공적으로 발휘한 과학자들이라고 할 수 있다. 두 사람 모두 자신이 속한 과학자 사회가 직면했던 중요한 문제들에 대해 그 시대의 다른 과학자들이 상상할 수 없었던 대담하고도 포괄적인 해결책을 제시했다. 뉴턴은 전통적으로 유지되어 오던 천상계와 지상계의 구별을 없애고 우주 모든 곳에 적용될 수 있는 보편적 역학 원리를 제안하여 천체의 운동과 일상적인 물체의 운동을 동시에 설명해냈다. 아인슈타인 역시 19세기 말부터 물리학자를 골치 아프게 했던 고전역학과 전자기학 사이의 모순을 광속불변의 원리로 해결한 후 이를 중력에까지 확장시켰다. 이들이 제시한 해결책은 단순히 특정 문제에 대한 해답만을 준 것이 아니라, 쿤 식으로 이야기하자면 기존 패러다임을 대체하고 새로운 과학연구의 전통을 확립하는 혁명적인 변화를 일으킨 것이었다. 그러므로 뉴턴과 아인슈타인을 과학적 창조성을 성공적으로 발휘한 대표적인 과학자로 꼽는 데에 이견이 있을 수 없다.

그럼에도 뉴턴과 아인슈타인까지 포함해서 성공적으로 과학적 창조성을 발휘한 과학자들이 실제로 어떻게 과학연구를 수행했는지를 꼼꼼하게 살펴보면, 과학적 창조성이 정확히 무엇인지 간단히 요약하기 힘들다는 사실을 발견하게 된다. 그 이유는 크게 두 가지이다. 첫째로 창조성을 만족스럽게 정의하기가 쉽지 않다. 과학의 역사에서 기존 문제를 바라보는 새로운 시각을 제시하거나 혁신적인 해결책의 후보가 될 만한 것을 제시한 사람은 수없이 많았다. 그러나 예술적 창조성과 달리 과학적 창조성은 그 결과물이 참신할 뿐 아니라 '만족스러운 설명'을 가져다줄 수 있는 것이어야 한다. 그러므로 과학적 창조성에 대한 이해는 창조성이 발휘된 결과로 나타난 과학이론의 내용을 구체적으로 살펴봄으로써만 얻어질 수 있다. 둘째는 과학적 창조성에 대해 우리가 발견하는 여러 특징들이 과학에 대한 우리의 상식과 잘 맞지 않는다는 데 있다. 게다가 더 난처한 것은 우리의 상식적 과학관의 세련된 형태라고 할 수 있는 과학철학의 전통적 견해조차 과학적 창조성의 모습을 온전히 담아내기 어렵다는 점이다.

그러므로 우리는 과학적 창조성을 올바로 이해하기 위해서 상식적 과학관과 그것이 기반한 전통적 과학철학의 견해를 면밀히 검토하고, 그것의 문제를 분명히 인식할 필요가 있다. 이 작업이 2절과 3절에서 이루어질 것이다. 흥미로운 사실은 역사적 과학철학을 주창한 토마스 쿤의 '본질적 긴장(essential tension)' 개념이 과학적 창조성에 대한 올바른 이해의 단초를 제공해주고 있다는 점이다. 이 점은 4절에서 다루어진다. 마지막으로 5절에서는 과학적 창조성과 천재성 사이의 관계에 대해 살펴본다.

2. 귀납적 방법과 과학적 창조성

현대과학, 특히 자연과학이 자연세계에 대한 신뢰할만한 지식을 얻어냄에 있어서 눈부신 성공을 거두고 있음은 너무나 명백한 사실이다. 많은 사람들은 현대과학이 이러한 성공을 거두고 있는 이유가 독특한 '과학적 방법(scientific method)'의 적용에 있다고 믿는다. 예를 들어, 일부 학자들은 사회과학이 자연과학에 비해 상대적으로 눈에 띄는 성공을 거두지 못하고 있는 이유를 사회과학자들이 사회현상에 적합한 연구 방법론을 미처 정립하지 못했기 때문이라고 생각한다.

과학적 방법과 과학적 지식 사이의 관련성은 근대과학이 막 형성되던 시기에도 강조되었다. 근대과학의 '귀납적 방법(inductive method)'을 정립한 것으로 유명한 프랜시스 베이컨은 이 귀납적 방법을 차근차근 적용함으로써 과학지식을 체계적으로 축적해 나아갈 수 있다는 근대적 낙관론을 대표한다. 베이컨의 귀납법은 자연세계에 대한 일차적 지식을 얻기 위해 다양한 대상을 다양한 조건하에서 관찰할 것을 요구한다. 예를 들면, 열의 특성을 알아내기 위해서는 물이 끓는 경우처럼, 열이 발생하는 다양한 상황을 되도록 많이 관찰해서 그것들의 공통점을 추출해야 한다는 것이다. 베이컨은 또한 자연을 수동적으로 관찰하기만 할 것이 아니라 "못살게 굴 것"도 요구했다. 이는 자연적으로는 발생하기 어려운 상황을 인공적으로 만들어내서 그런 상황에서 나온 결과도 귀납의 근거로 사용하자는 제안이었다. 이러한 베이컨의 견해는 흔히 현대과학에서 통제실험(controlled experiment)이 갖는 중요성과 관련하여 자주 언급된다.

통제실험은 현재 과학적 지식을 얻는 주요한 방법의 하나이다. 자연세계에서 일어나는 현상은 일반적으로 수많은 원인과 결과의 중첩적 연결망 속에서 발생한다. 예를 들어 어떤 금속의 온도가 올라가는 현상은 햇빛을 쬐어주어서 발생했을 수도 있고 전기나 그 밖의 다른 원인에 의해서일 수도 있다. 일반적으로 자연적인 상황에서는 이들 원인들이 모두 조금씩 한꺼번에 작용하게 된다. 그럼에도 근대 이후의 과학은 특정한 인과관계를 다른 인과관계와 고립시켜서 연구하고 나중에 이를 종합하여 자연현상을 설명하는 방식을 주로 사용하는데, 이를 분석적 방법(analytic method)이라 한다. 가령 앞의 예에서 전기만 흘러주었을 때 금속의 온도변화는 어떠할까를 연구하는 것이 분석적 방법이 적용된 예이다. 하지만 전기만 통하고 빛이나 다른 열은 금속에 전혀 가해지지 않은 상황은 자연 상태에서는 좀처럼 발생하지 않으므로, 금속에 통해준 전기의 세기와 금속의 온도변화 사이의 정량적 인과관계를 알기 위해서는 인공적으로 그런 상황을 만들어 실험할 필요가 있다. 즉, 금속의 온도변화에 영향을 끼칠 수 있는 모든 원인 중에서 오직 전기만 남겨두고 나머지를 모두 제거하거나 그 영향을 특정 값으로 유지시킨, '통제된' 상황에서 실험을 수행하고 그 결과에서 과학지식을 얻어내게 되는 것이다. 이런 통제실험의 사용은 베이컨의 제안 이후 과학연구의 주요한 특징이 되었다.

베이컨 이후 귀납법은 과학적 방법의 대표적인 것으로 여겨졌다. 귀납법이 과학적 창조성에 대한 우리의 논의에 시사하는 바는 그것이 어느 정도 '기계적인' 방식으로 자연현상에 적용 가능하다고 생각된다는 점이다. 즉 "다양한 상황하에서 P라는 현상을 관찰했다면 P가 참이다"라고 결론 내리는 귀납적 방법은 과학자에 따라 큰 차이가 나지 않을 것이라 기대된다. 이 방법을 따르는 과학자는 이 방법을 올바르게 적용하거나 잘못 적용하거나 둘 중의 하나일 뿐, 다른 과학자보다 귀납법을 좀 더 '잘' 적용할 수 있는 가능성은 별로 없어 보인다. 이렇게 되면 귀납법을 사용하여 지식을 생산하는 과정에서 중요한 요소는 얼마나 '뛰어난' 과학자들이 연구를 수행하는가가 아니라, 얼마나 '많은' 과학자들이 연구를 수행하는가가 된다. 베이컨은 과학적 방법론에 숙달된 과학자들이 '쌀로몬의 집(Salomon's House)'에 함께 모여 연구를 수행함으로써 과학지식을 차근차근 축적해나가는 상황을 가정했는데, 여기서 우리는 베이컨이 과학지식의 성장을 위해서 개별과학자의 능력보다는 얼마나 많은 과학자들이 귀납법을 정확히 적용하는가를 중요시했음을 알 수 있다.

그런데 기계적으로 이해된 귀납적 방법이 과학지식의 형성과정에서 가지는 중요성을 강조하다 보면, 자연스럽게 과학적 창조성의 중요성을 평가절하하게 된다. 그 이유는 귀납법을 올바르게 익힌 사람이면 누구나 과학지식을 산출하는 데 있어서 원칙적으로 거의 동등한 능력을 갖게 되기 때문이다. 물론 여기에 개인차가 없을 수 없다. 예를 들어 어떤 과학자는 다양한 조건하에서 특정 현상을 보다 '빨리' 관찰할 수 있는 능력을 가지고 있을 수 있다. 또한 어떤 사람은 다른 사람보다 서로 다른 관찰조건을 보다 '많이' 만들어내는 재주를 가지고 있을 수 있다. 그러나 이런 모든 차이는 궁극적으로는 별로 중요하지 않은, 정도의 차이에 지나지 않는다.

그러므로 귀납법을 제대로 익힌 과학자들은 과학지식의 생산에 있어서 원칙적으로 서로 동등한 셈이고, 결국 서로 대체가능할 것이다. 그러므로 과학적 지식이 형성되는 과정이 귀납법을 정확하게 적용하여 차근차근 지식을 축적해나가는 과정 이상이 아니라면, 이 과정에서 필요한 것은 과학적 창조성이라기보다는 오히려 과학자의 숫자일 것이다. 물론 그 과학자는 귀납법을 올바르게 이해하고 정확하게 적용하며 그 적용결과를 체계적으로 정리해내는 능력을 갖추어야만 할 것이다. 물론 이러한 능력이 성공적인 과학연구를 위해 꼭 필요한 것은 사실이지만, 뉴턴과 아인슈타인과 같이 눈부신 과학적 창조성을 보여준 과학자들은 귀납적 능력 이상을 발휘하고 있었다고 생각된다.

3. 가설연역적 방법과 과학적 창조성

귀납법이 과학적 방법의 기본이라는 베이컨의 주장은 많은 비판을 받아왔다. 그중에서 과학철학적으로 중요한 비판은 과학자가 자연현상에 대한 관찰에서 특정 과학적 결론에 이르는 과정을 귀납법이 너무 단순화했다는 것이다. 앞서 든 열에 대한 연구를 고려해 보자. 실제 연구에서 열이 어떤 물리적 과정을 통해 발생하는지에 대한 이론적 가정 없이 단순히 열 현상을 많이 관찰한다고 해서 열의 본질이 밝혀질 것 같지는 않다. 물론 현대과학에서도 베이컨의 귀납법에 가까운 연구방법을 사용하는 분야가 있지만, 대체적으로 귀납보다는 일찍이 뉴턴이 자신의 역학체계를 성립시키는 과정에서 제일 먼저 정식화시켰다고 알려진 '가설연역법'이라는 방법론이 주로 사용된다.

가설연역법의 핵심은 다음과 같다. 우선 설명하거나 이해하고자 하는 현상을 도출할 수 있는 가설을 찾아본다. 이런 가설들은 일반적으로 하나 이상 존재하므

그림1 | 『프린키피아』를 저술할 즈음의 아이작 뉴턴

로, 어떤 하나의 가설로부터 우리가 설명하려고 하는 현상을 얻어낼 수 있다고 해서 자동적으로 그 가설이 참이 되는 것은 아니다. 그러나 그 가설이 원래 설명하고자 했던 현상 이외에 또 다른 현상을 찾아내어 설명해 준다면, 우리는 그 가설을 더 신뢰하게 될 것이다. 이런 식의 '새로운 현상에 대한 예측 ⇒ 관찰이나 실험을 통한 검증'이 반복되면 우리는 그 가설을 믿을 만한 과학지식으로 간주할 수 있게 된다.

이러한 방법은 현대과학에서 널리 사용된다. 예를 들어 현대물리학은 금속이 왜 전기나 열을 잘 전도하는지와 같은 현상을 금속내의 전자들이 가질 수 있는 에너지 값들에 대한 밴드 이론으로 설명한다. 이 이론이 진정으로 금속에 대한 올바른 이론이라면 금속의 전기전도성이나 열전도성을 해명하는 일 이상을 해내야 한다. 왜냐하면 금속의 전기전도성이나 열전도성을 해명할 수 있는 이론은 하나 이상 있을 수 있고, 극단적으로는 어떤 현상이 주어지든 그 현상을 설명해낼 수 있는 이론을 급조하는 것이 논리적으로 가능하기 때문이다. 그런데 과학자들이 이 밴드 이론으로부터 금속은 일정한 각도에서 광택을 낸다는 예측을 유도해내고, 이런 예측이 실험으로 입증된다면 우리는 밴드 이론에 대해 보다 높은 신뢰를 가질 수 있다. 물론 역으로 이 예측이 실험으로 검증되지 않는다면 우리는 밴드 이론의 참 여부에 대해 유보적인 입장을 취할 수밖에 없을 것이다.

이제 과학적 창조성과 관련하여 가설연역적 방법이 갖는 함의를 생각해보자. 가설연역법을 잘 살펴보면 그 방법이 주어진 가설이 합당한지를 '입증(confirm)'하거나 '반입증(disconfirm)'하는 데에만 관심이 있지, 그 가설을 어떤 방식으로 얻었는지에 대해서는 별 관심이 없음을 알 수 있다. 일단 가설이 주어지면 이 가설이 받아들일 만한 것인지에 대한 갖가지 세련된 입증방법이 개발되어 있다. 그러나 통상적으로 가설이 어떻게 만들어지게 되었는지는 철저하게 과학자 개인의 심리적 문제이지 방법론적인 합리성이 개입할 문제가 아니라고 여겨진다. 결국 가설연역법이 현대과학의 방법론에 대해 올바른 입장이라고 가정한다면, 현대과학에서 가설의 성립과정은 과학자의 심리적 환경과 같은 철저하게 우연적인 요소의 영역에 속해 있다고 할 수 있다. 화학자 케쿨레가 벤젠의 분자구조에 대한 가설을 꿈을 꾸고 제안하게 되었다거나, 수학자 푸앙까레가 마차를 타다가 아주 우연히 오랫동안 생각하던 문제에 대한 답을 확신하게 되었다는 식의 이야기 모두 이런 식의 생각을 예시한다.

20세기 전반기 과학철학의 주도적 견해였던 논리실증주의(Logical Positivism)의 학자인 라이헨바흐는 가설이 만들어지는 과정과 그것의 타당성을 따져보는 과정을 엄격하게 구별해야 한다는 생각을 체계화했다. 그는 발견의 맥락(context of discovery)과 정당화의 맥락(context of justification)을 구별하고, 과학가설이 제안되는 과정은 발견의 맥락으로, 그리고 제안된 가설이 검증되는 과정은 정당화의 맥락으로 분류했다. 그는 더 나아가 발견의 맥락은 과학이 성공적인 이유를 합리적으로 설명하는 데나 과학의 본성을 이해하는 데 관련이 없으며, 오직 정당화의 맥락만이 과학철학적으로 중요하다고 주장했다. 이는 발견의 맥락은 개별 과학자의 지극히 주관적인 심리 작용에 의존하므로 합리적인 설명이 가능하지 않다는 판단에 근거한 것이다.

발견의 맥락과 정당화의 맥락의 구별은 과학적 창조성에 대해 귀납법과는 또 다른 함의를 지닌다. 우선 정당화의 맥락에서는 과학적 창조성이 발휘될 가능성이 원천적으로 배제되어 있다고 볼 수 있다. 어떤 과학적 가설이 정당한가의 여부는 철저하게 증거와 가설 사이의 객관적 관계에 의해 결정된다. 물론 동일한 증거와 가설에 대해서도 일부의 과학자들은 '잘못된' 결론을 이끌어낼 수도 있다. 그러나 정당화의 맥락에서 '창조성'을 발휘하여 가설의 수용 여부를 판단하거나, 주어진 증거와 가설을 '창조적인' 방식으로 연결 짓는다는 말은 아예 의미가 없다. 정당화의 맥락에는 옳은 판단과 그른 판단만이 존재하기 때문이다.

그렇다면 과학활동의 다른 축을 이루는 발견의 맥락은 어떨까? 논리실증주의 과학철학은 가설이 어떤 과정을 거쳐 만들어지는가에 대해 철저히 침묵하고 있다. 그러므로 극단적인 경우 논리실증주의 과학철학은 특정 과학자가 창조적인 가설을 제안할 수 있는지의 여부가 철저하게 우연에 의한 경우조차 허용한다. 물론 "오늘 기분이 좋은데 왠지 근사한 생각이 날 것 같아"라고 말하다가 정말로 혁신적인 이론을 생각한 과학자와 "최근 계속해서 기분도 우울하고 생각도 잘 안 나네"라고 머리를 쥐어짜는 과학자가 있을 수 있다. 그러나 상식적으로 생각해 보아도, 과학자들이 창조적인 이론을 만들기 위해 멋진 생각이 우연히 들 때까지 마냥 기다리고 있을 것 같지는 않다.

다르게 표현하자면 가설연역법적 시각에서 볼 때 과학적 창조성이란 과학이론의 평가가 종료된 후 그 평가를 통과한 이론에 추가적으로 수여되는 일종의 상장(賞狀)과도 같은 것이다. 물론 어떤 가설이나 이론이 창조적이었다는 평가를 받는 것은 그것을 제안한 과학자에게 영광임에 틀림이 없다. 그러나 과학적 창조성에 대한 이런 식의 사후적 재구성은 과학적 창조성을 개별 과학자의 연구활동과 직접적으로 연관시킬 여지를 거의 남기지 않는다. 하지만 이러한 결론은 과학자들의 연구 활동에서 개별 연구자의 창조적 기여가 과학발전을 추동하는 데 종종 결정적 역할을 한다는 사실을 고려할 때 받아들이기 힘들다.

4. 본질적 긴장과 과학적 창조성

누구나 과학적 창조성에 있어서 열린 사고의 중요성을 이야기한다. 과학자는 창조적인 생각이나 이론을 전개하기 위해서 자신에게 익숙하거나, 현재 옳다고 믿고 있는 이론에 대해 비판적인 태도를 가지고 끊임없이 대안 이론을 탐구해야 한다. 대안 이론은 자신이 훈련받은 연구방법이나 전제들에 정면으로 도전하는, 다른 연구전통에서 오는 경우도 많다. 따라서 개별과학자가 자신이 속한 연구전통에만 집착한다면 혁명적인 변화를 통해서 과학을 연구를 획기적으로 진척시키는 일은 불가능할 것이다.

20세기의 유명한 과학철학자중 한 사람인 칼 포퍼(Karl Popper)는 이런 점을 고려하여 과학지식의 성장을 위해서 과학자는 끊임없이 기존 이론과 위배되는, 비정통적 생각에 대한 열린 마음과 지속적인 비판적 태도를 필수적으로 가져야 한다고 강조했다. 그에 따르면 과학이 다른 지적 활동과 구별되는 주요한 특징은 현재 이론에 안주하지 않고 대안 이론을 되도록 많이 제안한 후 그것의 타당성을 엄격히 시험하려는 과학자들의 연구태도였다. 이런 연구태도가 창조적인 과학활동의 바탕이 될 것이라는 점은 분명해 보인다.

1962년에 『과학혁명의 구조(The Structure of Scientific Revolutions)』을 출판하면서 과학을 바라보는 사람들의 시각에 일대 변혁을 가져왔던 토마스 쿤(Thomas Kuhn)은 창조적인 과학연구에 있어서 (이와 같은 열린 마음의 중요성을 간과하지 않으면서도) 또 다른 요소가 중요하게 작용하고 있음을 지적했다. 쿤은 과학연구에 있어서 그가 '발산적 사고(divergent thinking)'라고 부르는 자유롭게 사고하고 다양한 대안을 편견 없이 고려하는 열린 마음의 연구태도뿐 아니라, '수렴적 사고(convergent thinking)'라고 부르는 연구태도가 매우 중요함을 강조했다.

수렴적 사고란 과학자가 자신이 교육받았고 자신이 속한 과학자 사회에서 널리 받아들여지고 있는 과학적 세계관과 방법론이 허용하는 방식으로만, 가능한 한 많은 자연현상들을 설명하고 문제를 풀려고 노력하는 태도와 관련된다. 이러한 태도는 과학자에게 다양한 자연현상을 자신이 그 타당함을 믿고 있는 세계관에 합치되는 방식으로, 가능하면 통일적으로 설명할 것을 권장한다. 그리고 잘 풀리지 않는 문제마다 그때그때 임시방편적으로 적당한 가정을 동원해서 비체계적인 방식으로 해결하려는 지적 게으름을 용납하지 말 것을 권고한다.

발산적 사고와 수렴적 사고는 당연히 서로 긴장관계에 놓이게 되는데, 쿤은 과학 연구에서 이 두 사고 사이의 '본질적 긴장(essential tension)'을 적절하게 조정하면서 연구를 수행하는 것이 과학적 창조성을 최대한 발휘할 수 있는 비결이라고 주장했다.

또한 수렴적 사고는 특정 패러다임의 기본적인 전제를 수용하고 그 패러다임 하에서 이미 풀려져 있는 모범사례(exemplar)들을 열심히 공부해서 그 사례들을 조금씩 변형시켜서 새로운 현상들을 설명하려고 노력하는 태도라고 이해할 수도 있다. 다시 말하자면, 기존 이론을 충실히 공부해서 그 이론의 전통이 제공하는 여러 연구도구들을 능숙하게 사용하여 새로운 현상들을 설명해 내거나 새로운 이론을 만들어내는 등의 활동을 하는 데 필요한 사고능력이다.

쿤에 따르면 자연과학과 같은 성숙된 과학의 특징은 특정 문제를 해결하기 위해서 다양한 접근방법을 한꺼번에 고려하지 않는다는 것이다. 백가쟁명식의 여러 연구방법을 동원하게 되면 서로 양립 불가능한 패러다임 사이에 축적적인 과학지식의 성장이 이루어질 수 없으므로 결국에는 과학발전에 비효율성을 가져오게 된다는 것이다. 각각의 접근방법을 일일이 다 시도해보는 것에 시간과 비용이 너무 많이 들 뿐 아니라, 그런 식으로 문제마다 서로 다른 접근방법을 사용하여 해결해나가다 보면 자연현상에 대한 통일적인 이해에 도달하기도 어렵게 되기 때문이다.

다음과 같은 가상의 과학자를 상상해보자. 이 과학자는 금속의 특성을 연구하고 있다. 그는 금속이 왜 전기를 통하는지는 양자역학이라는 이론을 사용해서 설명하고, 금속이 왜 빛을 잘 반사하는지는 괴테의 시각이론으로 설명하며, 금속이 왜 무거운지는 아리스토텔레스의 이론을 사용하여 설명하려는 사람이다. 그런데 괴테의 시각이론은 뉴턴의 근대적 광학 이론과는 양립할 수 없는 이론이다. 게다가 양자역학은 근대 광학 이론과 양립가능한 고전 역학을 대체하며 등장한 이론이다. 반면에 아리스토텔레스의 이론은 뉴턴에 의해 이미 거부된 이론이다.

그러므로 이런 방식으로 금속에 대한 연구를 수행하다보면 이 과학자는 설사 금속의 개별 특징을 설명하는 데는 성공할 수 있을지 모르지만, 얻어진 설명을 종합하여 우리에게 금속이 도대체 어떤 것인지에 대한 체계적 이해를 가져다 줄 수는 없을 것이다. 금속에 대한 통일적 이해를 위해서는 특정 연구전통(가령, 양자역학)에 입각하여 되도록 그 전통 내에서 금속의 모든 성질을 이해해보려고 노력하는 것이 필요하다. 물론 그러한 시도가 금속의 모든 성질을 전부 성공적으로 설명하리라는 보장은 없다. 게다가 한 연구전통에 기초한 연구가 여러 연구전통을 임시방편적으로 선택하여 사용하는 것보다 당장은 연구의 진척속도를 훨씬 더디게 할 수도 있다. 그러나 수렴적 사고를 최대한 활용하여 특정 패러다임이 지닌 잠재적 설명력을 끝까지 탐구해보는 노력은 자연현상에 대한 축적적 지식을 형성하는데 필수적이라고 할 수 있다. 과학의 역사를 통해 인상적인 과학적 업적은 거의 대부분 이와 같은 '고집스럽게' 한 연구전통에 집착하는 과정에서 얻어졌다고 평가할 수도 있을 정도다.

이상에서 알 수 있듯이, 쿤에 따르면 과학을 축적적으로 진보시키려면 수렴적 사고가 결정적으로 중요해진다. 그리고 수렴적으로 사고하는 것이 창조적으로 사고하는 것과 반드시 배치되는 것도 아니다. 일반적으로 과학자들이 사용하는 모범사례의 수는 설명하려는 현상보다 훨씬 작다. 그러므로 과학자들은 제한된 수의 모범사례를 '창조적'으로 변형하여 겉보기에는 너무도 다른 현상들을 설명해내야 한다.

예를 들어 물리학자들은 아이징 모형(Ising model)이라는 단순한 모형으로 물이 수증기가 되는 현상과 자석이 자성을 띠는 현상, 그리고 큰 도시에서 서로 다른 인종간의 격리가 일어나는 현상 등 얼핏 보기에는 연관성이 거의 없어 보이는 현상들을 통일적으로 설명하려고 노력한다. 이런 경제적이고 통일적인 설명을 위해서는 아이징 모형과 같은 특정 모형을 잘 연구해서 그 모형으로 설명할 수 있는 최대한(最大限)을 이끌어내는 능력이 과학자에게 요구된다. 실제 과학연구에서는 자유롭게 상상의 나래를 펴는 능력보다 이렇게 제한된 수단으로 가능한 많은 것을 아우르는 능력이 과학적 창조성의 상당한 부분을 차지한다.

그러나 우리가 진정으로 인상적으로 생각하는 과학적 업적들은 쿤의 용어로 표현하자면, 주로 혁명적 과학의 시기에 이루어진다. 그리고 혁명적 과학의 시기에 발휘되는 과학적 창조성은 분명 과학을 다른 단계로 추동하는 원동력임이 분명하다. 기존의 패러다임을 뛰어넘는 대안적 패러다임을 제시하고 이를 발전시킨 뉴턴이나 아인슈타인과 같은 연구자들의 혁명적인 활동을 궁극적인 창조성의 발현으로 생각하는 근거가 여기에 있다. 또한 과학혁명의 시기의 과학적 창조성에는 발산적 사고가 중요한 역할을 한다는 사실에는 의심의 여지가 없다. 기존 패러다임에 철저하게 얽매여 대안적 연구를 수행할 능력을 잃은 과학자는 결코 혁명적 변화를 이끌어낼 수 없기 때문이다.

그런데 혁명적 과학을 낳는 창조적 연구를 위해서도 수렴적 사고가 필요하지 않을까? 과학혁명을 이끌어내는 연구를 할 과학자들은 우선 자신들이 여태 믿어왔던 패러다임이 회복불가능한 위기에 처했음을 인식해야 한다. 그러나 쿤은 이렇게 판단하는 일 자체가 생각보다 매우 어렵다는 점을 강조한다. 어느 시기의 과학도 풀 가치가 있는 모든 문제를 풀어내지 못했다. 게다가 못 푼 문제 중의 일부는 '난제' 혹은 '변칙사례(anomaly)'라고 불리는, 수많은 뛰어난 과학자들의 거듭된 노력에도 해결되지 않은 것들이었다. 하지만 그렇다고 해서 과학자들이 금방 자신들의 연구전통을 포기하고 새로운 전통을 모색하려고 하지는 않는다. 대부분의 경우 과학자들은 안 풀리는 문제들이 언젠가는 기존 패러다임의 방법을 통해서 풀릴 것이라는 믿음을 가지고 연구를 계속한다.

언뜻 생각하면 이런 식으로 안 풀리는 문제를 나중으로 미루는 과학자들의 태도는 지극히 '비과학적인', 바람직하지 않는 것으로 여겨질 수 있다. 그러나 과학연구의 역사를 통해 이러한 방식으로 연구를 수행해 성공을 거둔 사례들이 수없이 많다. 이 책의 첫 글에 소개된 천왕성의 궤도의 설명과 해왕성의 발견이 그 중 하나이다. 천왕성처럼 극적인 사례를 굳이 고려하지 않더라도, 오랫동안 '난제'로 알려진 문제를 기존의 패러다임과 정합적인 방식으로 해결해서 과학자로서의 명성을 얻는 일은 수많은 과학자들이 열망하고 종종 그 꿈을 이루기도 하는 일상적인 사건이다.

현재 안 풀리는 난제가 지금은 안 풀리지만 언젠가는 풀릴 문제일지, 아니면 이것이 기존 패러다임과는 근본적으로 배치되는 문제여서 완전히 다른 패러다임을 요구하는 문제인지를 판단하는 일은 매우 어렵다. 너무나 어려워서 이 문제에 대한 '현명한' 판단은 기존 패러다임이 지닌 잠재적 설명력의 범위를 짐작할 수 있을 정도로 기존의 패러다임에 정통한 과학자만이 할 수 있다. 17세기 과학혁명 기간에 천문학 분야의 혁명을 이끌었던 코

그림2 | **특수상대성이론을 발표한 즈음의 아인슈타인**

페르니쿠스는 이런 의미에서 자신이 대체했던 아리스토텔레스-톨레미 체계에 정통한 사람이었다. 약간 역설적으로 들릴 수 있지만, 코페르니쿠스가 자신이 거부한 패러다임을 워낙 속속들이 알고 있었기에 그것을 뛰어넘는 새로운 패러다임을 제안할 수 있었다고까지 말할 수 있다.

이상의 논의를 요약해보자. 혁명적 과학을 시작하는 단계에서는 기존의 패러다임이 근본적으로 문제가 있다는 점을 인식하는 일이 필수적이다. 그런데 이를 위해서는 기존 패러다임에 기초한 수렴적 사고를 능숙하게 수행할 수 있는 과학자의 역할이 결정적으로 중요하다. 한 패러다임의 기본적인 성격과 특징에 정통하게 되면 자연스럽게 그 패러다임이 지닌 설명능력의 한계에 대해서도 권위 있는 평가를 내릴 수 있기 때문이다. 결국 수렴적 사고는 정상 과학의 시기만이 아니라 과학혁명의 시기에도 중요한 역할을 담당하는 것이다.

게다가 수렴적 사고는 혁명을 시작한 사람들뿐 아니라 대안 이론의 혁명적 잠재력을 깨닫고 이에 동참하여 혁명을 완성시키는 과학자에게도 요구된다. 우리는 일반적으로 혁명이 완성된 후의 시각에서 혁명 시기의 과학을 바라보는 경향이 있다. 혁명적 생각은 당시에도 기존의 생각과 손쉽게 구별될 수 있었으리라 짐작하는 것이다. 새로운 생각을 담은 논문이 세상에 처음 나왔을 때 모든 과학자들이 즉각적으로 그 혁명적 의미를 알아차렸으리라는 것이다. 그러나 혁명적 연구의 혁명적 성격은 적어도 발표 직후에는 탁월한 소수의 사람들에 의해서만 이해되는 경우가 많다. 그리고 혁명이 시작되고 있음을 알아차리는 '탁월한 소수'는 대개 기존 패러다임의 대한 높은 식견을 갖추고 있는 사람들이다. 예를 들어, 아인슈타인의 특수 상대성이론에 대한 논문이 처음 나왔을 때 많은 물리학자들은 그의 연구가 로렌츠(H. A. Lorentz)의 전자이론 전통에서 파생된 것이라 여기고 그다지 주목하지 않았다. 아인슈타인이 진정으로 혁명적인 생각을 했다는 점을 인식한 사람은 기존 물리학에 정통했던 막스 플랑크(Max Planck)를 비롯한 몇 사람에 불과했다.

이처럼 과학에서 혁명적 변화를 이룩하기 위해 꼭 필요한 과학적 창조성에서 수렴적 사고는 발산적 사고만큼이나 중요하다. 이 점은 뉴턴과 아인슈타인에게서도 분명하게 드러난다. 뉴턴과 아인슈타인은 당대의 지배적 이론이 가지고 있던 근본적인 문제의 핵심을 정확히 이해하고 있었고, 이러한 이해를 바탕으로 그 해결책을 제시할 수 있었다. 그렇게 하기 위해서 뉴턴은 기존 학자들의 책을 매우 비판적인 방식으로 읽었으며 기존 이론이 지니고 있는 이론적 함축을 끝까지 파고들어 논리적 혹은 경험적 모순이 발생하지 않는지를 확인했다. 아인슈타인도 맥스웰의 전자기학과 뉴턴의 역학이론이 지닌 모순을 정확히 이해했기에 그 모순을 해소하기 위한 창조적인 해결책으로 특수 상대성이론을 이끌어낼 수 있었다. 마찬가지로 아인슈타인의 일반 상대성이론은 기존 중력이론과 역학이론 사이의 심오한 대칭성을 인식하는 데서 출발했다. 물론 기존 이론에 정통하다고 해서 모두 뉴턴이나 아인슈타인이 도달한 수준의 창조적 생각을 할 수 있는 것은 아니다. 하지만 기존 이론의 핵심을 정확하게 이해하고 비판적으로 분석할 수 있는 능력이 과학적 창조성에서 차지하는 부분이, 우리가 상식적으로 생각하고 있는 것보다 훨씬 크다는 점은 분명하다.

기존의 아이디어·개념·이론을 다양하게 조합해서 새로운 아이디어·개념·이론을 만들어내는 능력을 발산적 사고의 일종이라고 한다면, 결국 이러한 다양한 아이디어·개념·이론 중 어느 것이 진정으로 새로운 것인지를 판별하는 능력도 중요해진다. 그리고 이는 수렴적 사고에 통달한 과학자만이 가질 수 있는 능력이다. 뉴턴과 아인슈타인 같이 기존의 패러다임을 대체하는 새로운 과학 패러다임을 만든 천재는 결국 이러한 발산적 사고와 수렴적 사고 모두에 능했음을 알 수 있다. 진정으로 위대한 창조성은 전통과 혁명 사이의 팽팽한 긴장에서 나오는 것이다.

5. 천재성과 과학적 창조성

흔히 매우 높은 수준의 과학적 창조성은 천재적인 과학자에 의해서만 발휘될 수 있다고 한다. 이런 상식적인 얘기에서 '천재성'이라는 단어는 두 가지 의미로 사용된다.

'천재적인 과학자'라는 표현 속에는 천재성이 궁극적으로는 한 개인에게 귀속될 수 있는 비범한 능력이라는 의미가 내포되어 있다. 꼬마 신동을 그린 영화(가령 '꼬마천재 테이트')에서는 매우 어린 나이에도 불구하고 어려운 암산을 척척 해내거나, 기억력이 귀신도 탐낼 만큼 탁월한 사람이 자주 등장한다. 실제로 이런 능력은 잘 정의된 문제를 보통 사람이 상상하기 어려운 정도의 속도로 풀어내는 능력이 포함되어 있으며, 이런 능력을 가진 사람이 '천재적'임은 비교적 객관적인 방식으로 확인될 수 있다.

그렇지만 우리는 천재적이라는 말을 다른 의미로도 사용한다. 예를 들어, 이 세상의 모든 물체의 운동을 만유인력의 법칙으로 설명할 수 있음을 체계적으로 논증한 뉴턴의 업적이나, 시간과 공간의 새로운 관계를 보인 아인슈타인의 업적이 '천재적'이라고 할 때, 그때 천재적이라는 말은 과학연구의 일상적인 수준에서는 도달하기 어려운 혁신적 수준의 진보를 이루어낸 과학적 작업에 대한 수식어로 사용된 것이다.

물론 이 두 의미는 서로 혼용되어 쓰인다. "만유인력의 법칙과 같은 천재적인 업적은 뉴턴처럼 천재적인 사람만이 할 수 있다"는 식의 평가가 바로 그것이다. 그러나 이 경우에도 "뉴턴처럼 천재적"이라는 표현은 뉴턴이 가진 독특한 지적 능력을 서술하고 있다기보다는, 뉴턴이 수행한 과학적 업적이 과학의 역사적 발전에 비추어 볼 때 매우 혁신적인 것이었고 그런 이유로 뉴턴이 천재적인 과학자로 불릴 만하다는 의미로 쓰였다고 할 수 있다.

정리하자면, 우리는 천재성에 대해 두 가지 서로 다른 직관을 가진다. 개별 과학자의 능력을 수식하는 천재성$_1$과 후대의 과학 발전에 끼친 결과를 수식하는 천재성$_2$이다. 개별 과학자의 천재성$_1$은 일반 과학자의 그것을 뛰어넘는 '초인적인' 수학적, 지적 능력을 의미한다. 그에 비해 천재성$_2$은 과학적 업적을 수식한다. 이 경우 천재적인 (과학적) 업적이란 그 전 세대 과학을 혁신적으로 바꾼 정도나 그 후대의 과학에 지대한 영향을 끼친 정도에 있어서 탁월한 업적을 의미한다. 그리고 이런 천재적$_2$인 작업은 단순히 수많은 과학적 업적이 축적되어서 자연스럽게 얻어질 수는 없는 큰 도약을 요구한다고 여겨진다. 이런 의미에서 뉴턴의 만유인력 법칙이나 아인슈타인의 상대성이론은 모두 천재적$_2$이라고 할 수 있다.

그림3 | **일반상대성이론을 발표할 즈음의 아인슈타인**

이제 다음과 같은 질문을 던져보자. 과학적으로 천재적$_2$인 업적을 내기 위해서 반드시 그 업적을 낸 과학자가 천재적$_1$ 능력을 소유해야 할까? 혹은 여태까지 천재적$_1$ 능력을 소유했던 과학자들은 모두 천재적$_2$인 업적을 냈을까? 두 번째 질문은 좀 더 답하기 쉽다. 역사적으로 볼 때 '천재'라고 일찍부터 소문이 났지만 천재적인 업적을 내지는 못했던 과학자는 부지기수로 많다. 이는 천재적인 능력을 가지고 태어나는 사람들에 비해서 천재적인 업적의 수가 상대적으로 작다는 사실만 보아도 쉽게 알 수 있다.

현재 많은 나라에서 영재학교를 운영하고 있으며, 이들 학교에는 각기 정도의 차이는 있지만 평균보다 탁월한 지적 능력을 보이는 학생들이 많이 공부하고 있다. 이들은 대개 아주 어린 나이에 대학교 수준의 강의를 따라갈 수 있으며, 종종 그 분야를 오래 공부한 사람들도 오랜 시간이 걸려야 풀 수 있는 문제를 단숨에 풀어내곤 한다. 그러나 이들이 모두 이후에 천재적인 업적을 내는 것은 아니다. 이들 중에서도 단순히 뛰어난 과학적 업적이 아니라 과학의 발전 과정을 혁신적으로 바꿀 혁명적 업적을 내는 사람들은 매우 드물다. 그러므로 우리는 천재적$_1$인 과학자라고 해서 반드시 천재적$_2$인 업적을 남길 수 있는 것은 아님을 알 수 있다.

이제 첫 질문에 답해보자. 천재적$_2$인 업적을 내기 위해서는 반드시 "천재$_1$"여야 하는가? 다행스럽게도(?) 그렇지 않다. 뉴턴과 아인슈타인에 대한 객관적인 전기 작가들이 모두 동의하는 점은, 그들이 매우 뛰어난 지적 능력을 갖춘 사람이었지만, 그 당시 사람들을 모두 압도할 만한 초인적인 능력을 갖춘 사람은 아니었다는 것이다. 다른 말로 하자면, 뉴턴과 아인슈타인 모두 학업 성적이 상당히 우수한 학생들이었지만, 꼬마천재 테이트 같은 친구는 아니었다는 점이다.

그러므로 우리는 천재적$_1$인 지적 능력과 과학의 발전에서 매우 중요한 전환점을 마련해주는 천재적$_2$인 업적 사이에 절대적인 상관관계는 없다고 결론 내릴 수 있다. 이는 각각의 천재성을 판단하는 기준이 다르기 때문이다. 엄청나게 큰 수의 사칙연산을 눈 깜짝할 사이에 해치우는 능력은 물론 대단한 능력이다. 그리고 이러한 능력은 초인적이라고 할 수 있고, 이러한 능력을 가지지 못한 사람이 엄청나게 노력한다고 해서 그런 능력을 가지기 힘들다는 의미에서 '천부적'이다. 그런 의미에서 이런 종류의 천재성은 지극히 '주관적인' 것이다. 그러나 과학적 작업의 천재성은 주관적인 특성만이 아니다. 이는 다른 작업과의 연관성, 후속 작업에의 영향력 등 많은 요인들이 고려되어 결정되어야 한다. 그런 의미에서 과학적 작업의 천재성은 과학적 창조성과 매우 깊은 관련이 있다. 단적으로 말하자면 천재적인 과학연구에서는 과학적 창조성이 번득인다.

과학적 창조성에는 탁월한 지적 능력이 차지하는 비중이 상당히 있다. 누가 보기에도 바보 같은 과학자가 후세에 길이 남을 창조적인 과학연구를 할 가능성은 매우 낮은 것이 사실이다. 그럼에도 과학적 천재성은 개별 과학자의 개인적 능력 이외에 과학자 사회가 어떤 방식으로 수용할만한 과학지식을 발전시켜 나가는 지와도 직접적으로 관련된다. 뉴턴과 아인슈타인을 살펴보아도 우리는 같은 결론에 이를 수 있는데, 뉴턴이나 아인슈타인과 같은 천재적인 업적을 낸 과학자들조차 '신동'이나 '초인적 지능'의 의미에서 천재가 아니었기 때문이다. 물론 그들이 매우 뛰어난 지적 능력을 가졌음은 분명하지만, 그들이 창조적인 업적을 낼 수 있었던 이유는 그들이 뛰어난 지적 능력 이외에도 다른 능력, 가령 날카로운 분석력, 탁월한 종합능력, 세밀한 점에도 주의를 기울이는 관찰력, 한 가지 문제에 집중하여 끈기 있게 연구할 수 있는 능력, 한 가지 문제를 다른 문제와 연관시킬 수 있는 능력 등을 지녔기 때문이었다.

물론 이 얘기가 누구나 뉴턴이나 아인슈타인과 같이 될 수 있다는 뜻은 아니다. 뉴턴이나 아인슈타인 수준의 비판력과 종합력을 결합시키기란 무척 어려운 일이고, 대부분의 과학자들은 뉴턴이나 아인슈타인 수준의 지적 능력도 갖추기 힘들다. 그러나 과학적 창조성의 근원을 과학자들의 연구 활동과 구체적인 실천의 맥락에서 이해할 수 있다는 사실은 우리로 하여금 과학적 창조성을 '이해하고 발전시킬 수 있는 어떤 것'으로 인식할 수 있게 해준다. 결국 과학적 창조성에 대한 올바른 이해에 근거해서 우리 사회가 과학적 창조성을 계발하기 위해 노력할 때 우리는 뉴턴이나 아인슈타인 정도의 수준은 아니더라도 상당한 수준의 과학적 창조성을 지닌 수많은 과학자와 기술자들을 배출할 수 있을 것이다.

더 생각해볼 주제

—

과학적 창조성이 예술적 창조성과 어떤 측면에서 공통점과 차이점을 갖는지 생각해보자.

더 읽어볼 거리

—

아서 밀러, 『천재성의 비밀』, 김희봉 역, 사이언스북스, 2001.

이모영, 「예술적 창조성에 대하여 '시각적 사고' 개념이 지니는 함축적 의미에 관한 연구」, 『미학 예술학 연구』 12: 169-192, 2000.

홍성욱·이상욱 외, 『뉴턴과 아인슈타인: 우리가 몰랐던 천재들의 창조성』, 창비, 2004.

홍성욱, 「과학적 창조성, 천재를 어떻게 이해할 것인가」, 『과학사상』 45: 157-197, 2003.

09

빌 게이츠와 Microsoft : IT시대의 양면성

1981년 8월 IBM PC가 출시되면서 컴퓨터 혁명이 시작됐고, 그 혁명은 많은 사람들의 삶과 현대기업사회의 구조를 바꿔 놓았다. 그 변화 속에서 가장 극적인 인생의 반전을 겪었던 사람은 빌 게이츠(Bill Gates)였고, 가장 거대한 변화를 경험한 기업도 — IBM이 아니라 — 빌 게이츠의 Microsoft(이후 MS로 표기)였다. 이 후 20여년 동안 빌 게이츠와 MS는 MS-DOS와 Windows로 IT산업의 흐름을 주도해 왔다. 그 결과 이제 빌 게이츠라는 이름은 IT산업을 잘 모르는 사람에게도 널리 알려져 있다. '천재 프로그래머', 'Microsoft CEO', '경영의 귀재', '냉혹한 기업인', '세계 최고의 자선사업가' 등 다양한 수식어가 그를 따라다녔지만 언제나 '세계 최고의 부자'라는 표현이 모든 것을 압도했다.* 그에 대한 다양한 찬사와 비난이 쏟아졌고, 그의 언행은 언론매체의 집중적인 취재 대상이었다. 그러나 수많은 정보에도 불구하고 그와 그가 이룬 업적을 연관시켜 표현하기는 여전히 쉽지 않다. 그에게는 다양한 얼굴이 있다. 반독점법 위반으로 소송을 받으며 냉혈한 기업가로 혹평을 받기도 했고, 수십조 원이 넘는 개인자산을 제3세계 사람들을 위한 자선사업에 사용하고 있는 독지가이기도 하다. 한편 전형적인 자수성가형의 기업가도 아니었고, 외관상 큰 인생의 굴곡도 없었다. 언행에서 전형적인 카리스마나 기벽이 발견되지도 않는다. 더구나 대기업의 총수로서는 오히려 귀여워 보이는 외모를 가졌다. 그의 성공과정은 더더욱 설명하기 복잡하다. 그에게 찬사를 보내는 사람들이 표현하듯 IT기술의 천재이자 경영의 귀재였기 때문인가? 그를 비난하는 사람들의 주장대로 경쟁자를 무자비하게 쓰러뜨린 냉혈한이었기 때문일까? 아니면 단지 시대를 잘 만난 행운아였을 뿐인가? 과연 IT기술과 산업의 발

* 빌 게이츠는 1992년 〈포브스〉지 백만장자 서열 1위에 올랐고, 1993년만 2위를 기록했을 뿐 2007년 현재까지 1위 자리를 지키고 있다.

전과정에서 빌 게이츠는 어떠한 존재로 설명되어야 할까? 빌 게이츠와 Microsoft의 성장과정을 살펴보는 것은 하나의 첨단기술이 기술시스템을 형성하고 성장하고 공고화되는 과정과 그 과정에서 어떤 사람이 어떤 형태로 기술혁신의 중심적 역할을 수행하게 되는지 보여주는 전형적인 사례가 될 수 있다.

1. 마이크로소프트의 성장 – MS-DOS, 행운아로서의 빌 게이츠

빌 게이츠, 본명 윌리엄 헨리 게이츠 3세(William Henry Gates III)는 1955년에 시애틀의 유복하고 전통적인 가문에서 태어났다. 아버지는 잘 알려진 변호사였고, 어머니는 교육열 높은 활동적 여성이었다. 유년 시절의 게이츠는 고집이 강하고 기억력이 좋은 총명한 아이였으며, 과학자를 꿈꾸며 컴퓨터를 쉽게 접할 수 있는 교육 환경에서 자랐다. 진보적 교육정책을 가진 사립고등학교에 입학하여 풍부한 교육 혜택과 충분히 컴퓨터에 몰입할 수 있는 기회를 가졌고, 대학에 입학할 때는 변호사였던 아버지의 전공을 따라 하버드 법학과를 선택했다. 게이츠의 이야기는 결코 가난한 소년의 성공담 같은 것이 아니라 미국 엘리트들의 흔한 성장기로 시작된다. 하지만 게이츠는 이 시점에서 중요한 인생의 선택을 하게 된다. 10대 초반부터 새롭게 등장하던 개인용 컴퓨터에 매료되었던 게이츠는 친구 폴 앨런(Paul Allen)과 1975년에 초기 PC를 위한 베이식(BASIC) 프로그램을 만들었다. 이 시도가 상업적으로 성공하자 앨런과 MS를 창업했고, 1977년에는 결국 하버드대학을 자퇴하고 새로운 산업에 집중할 것을 결심한다. 그 후 몇 가지 사소한 성공과정을 거치며 1980년 직원 32명의 회사로 성장했다. 하지만 여기까지도 1970년대 중반의 컴퓨터 산업에서 전설적인 인물들에 비하면 게이츠는 지극히 평범한 벤처기업인 중 하나에 불과했다. 그러나 1980년이 되면 대중에게 잘 알려진 MS의 신화를 만든 전설적 행운에 대한 이야기가 전개된다.

전설은 1980년 IBM의 중역 두 사람이 MS를 방문하는 이야기로 시작된다. 이들은 새롭게 개발되고 있는 IBM의 PC제품에 알맞은 운영체제를 찾고 있었고, 결정적 기회임을 직감한 게이츠는 IBM PC용 운영체제 계약에 적극적으로 대응했다. IBM PC는 눈부신 성공을 거두었고, IBM PC와 함께 제공된 MS-DOS는 MS사에 기하급수적으로 늘어나는 수익을 안겨 주었다. 이 후 10여 년의 기간 동안 MS는 IBM의 어깨에 올라타서 손쉬운 성장을 거듭했다. 이 과정에는 수많은 우연과 행운이 함께 했고, 게이츠 특유의 도박이 작용했다. 당시 PC용 운영체제의 후보로는 디지털리서치(Digital Research)사의 CP/M이 가장 유력했다. PC에서 사용가능한 운영체제로서는 CP/M이 사실상 유일했기 때문이다. IBM은 먼저 디지털리서치에 접근했지만 IBM 직원들이 방문했을 때 제작자 게리 킬달(Gary Kildall)은 휴가 중이었고, 영업을 담당하고 있던 그의 부인은 IBM 직원들 특유의 고압적이

그림 1 | **마이크로프트 초창기 시절의 빌 게이츠(왼쪽)와 MS-DOS(오른쪽)**

고 권위적인 자세와 형편없이 불공평한 계약조건에 질린 나머지 계약을 성사시키지 않았다. 그래서 IBM 중역들은 MS를 찾아온다. MS는 베이식을 비롯한 프로그래밍 언어 S/W 전문회사로 이름이 알려져 있었고 운영체제를 출시한 경험은 전혀 없는 회사였다. 그럼에도 게이츠는 당시 MS에는 존재하지도 않았던(!) 운영체제를 제공하겠다고 약속했다. 그 후 게이츠는 IBM과의 계약사실을 비밀로 한 채 시애틀의 컴퓨터 프로덕츠사에 접근하여 그들이 개발한 Q-DOS를 구입한 후 IBM 요구에 맞게 약간의 수정을 가했다. 그리고 비교적 낮은 가격으로 납품해서 경쟁에서 승리했다. MS-DOS의 어이없는 탄생이었다.* 자체 개발하지도 않고 불과 5만 달러에 구입했을 뿐인 Q-DOS는 빌 게이츠를 억만장자로 만들었다.

또 이 MS의 초기 행운에는 IBM의 몇 가지 전략적 선택이 결정적인 역할을 했다. 먼저 IBM의 PC 사업은 애플II(Apple II) 컴퓨터의 성공에 자극받아 급하게 시작한 프로젝트였다. 신중하게 계약업무들을 처리하던 IBM의 전통이 지켜졌다면 절대 빌 게이츠에게 기회가 올 상황이 아니었다. IBM답지 않은 급한 개발계획이 MS에게 큰 도움이 되었다. 무엇보다 MS에 가장 큰 행운은 IBM이 자사 PC시장 규모를 너무 낮게 평가해서 MS가 MS-DOS를 다른 PC 제조사에 팔아도 좋다고 허용한 것이었다. IBM은 PC 사업을 시작하면서 처음부터 오픈 아키텍처(Open Architecture) 전략을 표방했다. 이는 적절한 선택이었다. 하

---

* 더구나 컴퓨터 프로덕츠사의 Q-DOS는 디지털리서치사의 CP/M을 간신히 저작권법에 걸리지 않을 정도로만 바꾼 제품이었다. 사실상 게리 킬달의 작품이나 마찬가지였다. 또 빌 게이츠는 당시 디지털리서치가 16비트 PC용 운영체제인 CP/M-86을 만들어 놓았다는 사실을 알고 있었으나 이를 IBM에 알리지 않았다. 저작권 분쟁의 소지를 안고 있었음에도 게이츠는 개의치 않고 일을 추진했다.

드웨어 기본설계를 공개함으로써 많은 업체들을 IBM PC 시장으로 유인할 수 있었고, 여기에 저가전략이 더해지면 애플컴퓨터의 기본 시장을 잠식할 수 있으리라 판단한 것이었다. 결국 이 전략은 기존 PC시장의 크기를 키우고 IBM이 애플을 능가하는 결정적 계기가 되었다. IBM PC 발매 초기, IBM은 사상 최대 규모의 수익을 PC에서 벌어들였다. 그러나 곧 역설적 상황이 벌어진다. PC 시장이 폭발하자 IBM PC는 PC 시장의 표준이 되었고, 수많은 IBM PC 호환기종이 만들어졌다. 그때마다 대부분의 호환 제품들은 MS-DOS를 운영체제로 사용했다.* IBM PC 호환 기종의 시장은 커지는데, 역설적으로 IBM PC의 시장점유율은 줄어들었다. 당연히 IBM의 수익은 지속적으로 감소하는 동안 MS의 수익은 기하급수적 증가를 계속했다. 결국 IBM의 오픈 아키텍처 전략의 최대 수혜자는 MS가 되었다. 이후 MS는 매출이 급증하는 선순환에 들어갔고, IBM의 이 오판은 역사상 최악의 비즈니스 실패가 되고 말았다. MS 역사의 초창기에는 믿기 힘들 정도의 행운들이 중첩되어 있다.

2. IBM의 그늘을 벗어나서 – Windows, 경영자로서의 빌 게이츠

하지만 MS의 성공 과정은 결코 평탄하게 진행된 것은 아니다. MS의 초기 성공은 컴퓨터 업계의 거인 IBM의 위상과 IBM에 대한 MS의 대응을 정확히 이해할 때 설명될 수 있다. IBM은 전통적인 컴퓨터 기업으로 엄청난 시장점유율과 거대 기업 고객에 대한 지배력을 갖추고 있었다. IBM과 비교하면 MS는 눈부신 성공에도 불구하고 1980년대 내내 어린아이에 불과했다. IBM은 마음만 먹으면 언제든지 MS를 배제할 수 있었다. 이런 이유로 빌 게이츠는 1980년대에 철저하게 IBM의 비위를 맞추며 사업전략을 짰다. 외관상으로는 조용하고 안정적인 밀월관계 같았지만 두 기업의 이상은 전혀 달랐기 때문에 빌 게이츠에게는 많은 고민이 있었다. IBM은 고가 컴퓨터를 기업에 팔고 IBM기계를 구입해야만 사용할 수 있는 통합 시스템을 판다는 목표를 가지고 있었고, MS는 저렴한 컴퓨터를 더 넓게 퍼뜨리고 표준화된 OS를 어느 컴퓨터에서든 사용하도록 만든다는 비전을 가지고 있었기에 궁극적으로 두 기업의 목표는 양립할 수 없었다. 따라서 IBM은 MS를 점차적으로 배제시켜야 할 이유가 충분했다. 그러나 모든 IBM PC에 MS-DOS가 탑재되어 있었기 때문에 당장의 실현은 불가능한 일이었다. 따라서 IBM은 1984년에서 1987년 사이에 아주

---

* 1983년 컴팩을 비롯한 수많은 IBM PC 호환 기종이 생겨나면서 MS의 시장지배력은 공고해졌다. IBM PC의 매출은 계속 떨어졌지만, MS-DOS의 매출은 끝없이 늘어날 수밖에 없는 상황이었다.

간단한 전략을 추구하게 된다. IBM 내부에서 새로운 운영체제를 만들어 MS-DOS를 대체한다는 생각이었다. 그렇게 하면 MS-DOS를 사용하는 IBM 호환 기종들을 시장에서 몰아낼 수 있을 것으로 보였다. IBM의 이 전략이 성공한다면 MS는 망할 수도 있었다. 따라서 빌 게이츠는 IBM의 우산 속에서 성장하면서 IBM으로부터 독립한다는 이중적인 전략을 추구했다. IBM과 함께 가면서 새로운 운영체제인 OS/2의 개발에 동참하고, 또 한편으로 MS-DOS의 성능을 개선해서 개발자들에게 매력적인 제품으로 만들어나가는 것이다. (나중에 윈도로 불리게 될) 새로운 MS-DOS가 IBM의 OS/2보다 월등하면 IBM도 그 OS를 제공할 수밖에 없을 것이고, 그러면 MS는 기존 시장을 유지할 수 있을 것이었다. 고압적인 IBM의 태도에 위기를 느낀 게이츠는 IBM에 MS 지분 30%를 양도하겠다는 제의까지 했으나 거절당했고, OS/2 개발을 둘러싼 협력은 제대로 이루어지지 않았다. 1980년대 내내 MS의 성공은 IBM의 그늘에서 아슬아슬하게 이루어졌다. 그러나 결국 이 이중전략은 MS에 또 한 번의 성공을 가져다주었다. IBM의 OS/2는 시장에서 실패한 반면 매킨토시 OS를 거의 베낀 것 같은 새로운 OS는 세계에서 가장 성공적인 S/W가 되었다.

이 새로운 OS는 위기상황에서 갑자기 나온 것이 아니라 사실상 IBM과의 안정적인 동반자 관계를 유지하던 때부터 설계되고 있었다. 비록 상업적으로는 큰 성공을 거두었지만 MS-DOS는 출시 때부터 구식 운영체계였고 게이츠도 이 사실을 분명히 인식하고 있었다. 제록스는 이미 1970년대에 GUI(Graphic User Interface) 환경의 운영체계를 개발했고, 애플사는 1984년 발표된 매킨토시 컴퓨터에 그래픽 환경의 운영체계를 장착하여 상업화했다. 그러나 MS는 1990년대가 될 때까지 원시적인 메모리관리기법과 열악한 그래픽 환경을 제공하는 MS-DOS를 제공해서 PC활용도를 저하시키는 주범이었다. 시대 상황을 감안해도 저급한 프로그램이었던 MS-DOS는 오직 월등히 싼* IBM PC 호환기종에 제공되는 운영체제였다는 이유만으로 10여년 동안 MS에 황금알을 낳아 주었다. 그러나 게이츠에게도 MS-DOS의 한계는 명확했다. 그래서 한편으로는 MS-DOS를 판매하며 매킨토시를 흉내내서 새로운 그래픽 환경 운영체제인 윈도(Windows) 개발을 추진한다. 1985년 이미 윈도 1.0을 출시했고 1987년 윈도 2.0을 출시했지만 기술적 완성도가 낮았기 때문에 시장의 반응을 얻는데는 실패했다. 사실 이 윈도 버전들은 엄청난 버그 투성이의 미완성 제품이었고 실질적인 윈도의 시작은 1990년 윈도 3.0이 상업적 성공을 거둔 뒤부터라고 봐야 한다. MS에서 윈도 3.0을 발표하면서 IBM과 MS의 전쟁은 사실상 MS의 승리로 끝났다. 1992년 윈도 3.1을 출시해서 연속적인 베스트셀러가 되고난 뒤 드디어 MS는 IBM의 영향력에서 완전히 벗어나 운영체계 시장에서 독점체제를 굳히면서 거대 기업의 면모를

* IBM PC 호환 기종들은 대부분 매킨토시 컴퓨터의 1/3 가격을 유지했다.

갖추게 되었다.

윈도는 응용프로그램의 활용도를 개선시키고, 새로운 윈도용 응용 프로그램의 시장을 스스로 '창출'했지만, 1984년에 출시된 애플 매킨토시의 OS에 비해서 결코 우수하지도 독창적이지도 않았다. 하지만 화면상의 휴지통부터 기본적인 사용법과 화면구성까지 거의 맥 OS를 그대로 따라한 수준이었을 뿐인데도 윈도는 기존의 MS-DOS 환경의 프로그램과 호환성을 이루어 기존 사용자들을 끌어들이는 데 성공했고, 'MS 워드'와 'MS 엑셀' 같은 사무용 프로그램들을 제공하면서 사용자층을 두텁게 만들었다.* 게이츠는 OS의 성패가 풍부한 어플리케이션의 제공에 달려있음을 잘 간파했다. IBM도 애플도 이를 간과한 것이 가장 큰 실수였다. 높은 기술력과 안정적이고 완성도 높은 프로그램들을 만들었음에도 불구하고 IBM의 OS/2와 맥OS는 응용 프로그램의 수가 너무 적었다. 그런 의미에서 윈도는 여전히 MS-DOS의 성공모델을 그대로 닮아 있었다. 그리고 1995년 발표된 윈도95(Windows95)는 신기원을 이룩했다. 윈도 3.1까지는 MS-DOS 환경에 기반한 OS Shell의 개념**을 벗어나지 못했으나 윈도 95는 기존의 DOS 시스템의 제약에서 벗어나 진정한 OS로서의 면모를 갖추었다. 이때부터 사람들은 PC를 좀 더 친숙한 도구로 여기기 시작했고,*** 이후의 상황은 사실상 MS의 OS 및 응용 프로그램 독점의 시대였다. MS 오피스(MS Office)의 Word. Excel, Power Point의 시장점유 상황을 생각해보면 상황을 간단히 파악해 볼 수 있다. 현재 이 응용프로그램들은 거의 OS 수준의 시장지배력을 가지고 있다. 운영체제부터 응용프로그램까지 전 프로그램 시장을 석권한 거대 제국이 완성된 것이다.

3. MS 제국의 팽창

– 인터넷 익스플로러와 게이츠&멜린다 재단, 냉혈한 독점기업가와 자선사업가로서의 빌 게이츠

한편 MS의 역사에는 MS의 성공신화와 극적으로 비교되는 한 신생기업의 몰락에 대한 이야기가 있다. 1991년 World Wide Web의 개념이 제안되면서 인터넷이 오늘날과 같은

---

* 윈도 시대로 진입하면서 기존 응용 프로그램 시장은 큰 변화를 겪는다. MS-DOS 시절 워드 프로세서는 워드퍼펙(Word Perfect)이, 스프레드시트는 로터스1-2-3 (Lotus 1-2-3)가 시장을 장악하고 있었으나 새로운 환경에서 이 시장은 모두 MS의 MS Word와 Excel로 대체되었다. MS는 운영체제의 독점력을 이용하여 응용 프로그램 시장까지 독식하기 시작한 것이다. 새로운 환경적응에 실패한 워드퍼펙은 1993년 노벨에, 로터스는 1995년 IBM에 인수되었다.

** 윈도 3.1까지는 MS-DOS를 운영체제로 설치한 상태에서 윈도를 응용프로그램처럼 추가 설치했다. 실제로 OS 수준의 입출력은 MS-DOS가 담당하면서 윈도 3.1은 처리상황을 그래픽 환경으로 표현해 주는 정도의 역할만 수행했다.

*** 1995년 이전에 컴퓨터를 배울 때는 키보드로 MS-DOS 명령어를 입력하는 것부터 시작했었다. 윈도 95의사용이 일반화되면서 비로소 마우스가 일반적인 입력장치가 되었고 사람들은 Click과 Drag&Drop을 먼저 배우게 되었다.

형태를 갖추기 시작하자 인터넷에 편리하게 접속할 수 있는 응용 프로그램인 웹 브라우저(Web Brower)의 필요성이 대두되었다. 수많은 웹 브라우저들이 만들어질 때 단연 두각을 나타낸 것은 1994년 등장한 넷스케이프 내비게이터(Netscape Navigator)였다. 넷스케이프 내비게이터의 출시 이후 넷스케이프사의 시장점유율은 수직 상승하기 시작해서 1996년에는 90%에 가까운 시장 점유율을 기록했다.* MS를 능가하는 화려한 등장이었고, 이제 인터넷 시대에는 넷스케이프 사가 MS의 성공신화를 이어갈 것으로 점쳐졌다. 개발자 마크 엔드리센(Marc Andreessen)은 새로운 빌 게이츠가 될 것으로 보였다. 그러나 그들의 운명은 MS와는 달랐다. 바로 MS가 가로막았기 때문이다. 인터넷 물결의 초기에 MS는 대응이 늦었고 빌 게이츠도 인터넷의 우선순위를 낮게 평가했다. 마치 IBM이 운영체제의 시장잠재력을 과소평가한 것과 같았다. 그러나 넷스케이프를 비롯한 인터넷 기업들이 상업적 성공을 거두자 잠재력을 인식한 MS는 1995년 뒤늦게 인터넷 시장에 뛰어들기로 결정한다. 이후의 넷스케이프에 대한 MS의 가혹하고 집요한 대응은 MS-DOS의 성공보다도 더 드라마틱했다. MS는 윈도 95 발표가 있은 뒤 몇 주 후 넷스케이프를 거의 그대로 닮은 인터넷 익스플로러(Internet Explorer)를 발표했고, 빌 게이츠는 넷스케이프의 전체 직원 수보다도 많은 연구 인력을 인터넷 제품 개발에 투입하겠다고 공언했다.** 무엇보다 충격적이었던 것은 게이츠가 갑자기 인터넷 익스플로러를 무상으로 배포하겠다고 선언한 것이었다. 자사의 OS 독점력을 이용한 전형적인 '끼워 팔기' 전략으로 인터넷 익스플로러 시장점유율은 5%에서 90% 이상으로 순식간에 올라갔다. 수직상승하던 넷스케이프의 주가는 수직 하강했다. 이 자체로도 공정하지 못한 방법이었지만 탄압은 훨씬 가혹했다. MS는 OS의 독점력을 무기로 다른 회사들을 위협해서 넷스케이프를 고객들로부터 고립시켰다. 컴팩, HP, AOL, 애플 등에도 압력을 행사해서 운영체제를 포기할 수 없었던 이들은 차례로 MS쪽으로 돌아설 수밖에 없었다. 홀로 남은 넷스케이프는 소스코드(Source code) 공개라는 최후의 방법까지 시도하며 저항했으나 MS 앞에는 무력했다. 결국 넷스케이프는 AOL에 인수되며 4년 만에 역사 속으로 사라졌다. 이 사건은 MS라는 독점기업의 위험성을 각인시킨 계기가 되었다. 넷스케이프에 대한 MS의 대응은 분명 IBM의 MS에 대한 대응과 달랐다. 아마도 MS의 이런 지나친 대응은 넷스케이프의 성공이 자신의 성공과 너무나 닮아있다는 위기감 때문이었는지도 모른다.

이런 MS사의 정책은 상업적으로 큰 성공을 거두었지만 법적으로 취약한 상황에 놓

---

* 넷스케이프사는 1994년 4월 작은 벤처기업으로 출발했는데도 1995년 12월에 시가총액 50억 달러의 기업으로 성장하는 전무후무한 기록을 세웠다.

** 넷스케이프에 대한 빌게이츠의 반격이 절정에 달했을 때, MS의 인터넷 제품 연구개발인력은 넷스케이프의 전체 직원 수보다 7배는 많았고 투자액수도 넷스케이프 전체 매출의 7배에 달했다.

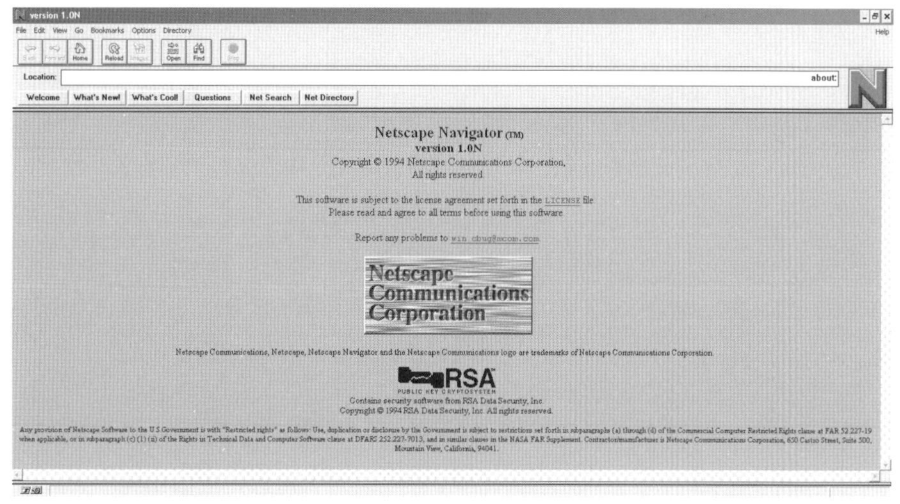

그림2 | **1994년에 출시된 넷스케이프 내비게이터 1.0의 스크린샷**

이게 된다. 결국 1998년 미국 정부는 MS를 상대로 반독점소송을 제기한다. 여러 달에 걸쳐 MS는 궁지에 몰리고 불리한 판결들이 내려졌다. 직원이었던 멜린다 프렌치와 얼마 전 결혼한 빌 게이츠는 선택의 기로에 놓이게 되었다. 대중의 정서는 이미 시기와 질투의 대상이었던 게이츠에게 적대적이었고 컴퓨터 업계도 그의 독주를 견제하고 싶어 했다. 많은 전문가들이 MS가 너무 지배적이 되어 그 기술독점이 중요한 발전들을 가로막고 사용자들을 비싼 돈을 들여 업그레이드를 할 수 밖에 없는 처지로 내몰고 있다고 분석했다. 윈도의 독점을 깨뜨리기 위해 사실상 공짜인 리눅스(Linux)라는 대안도 제시되고 있었고 상당수 기업들이 리눅스를 채택했다. 총체적인 위기 상황이었다. 빌 게이츠는 언론에 방어적 자세가 없는 편안한 모습을 보여주는 것으로 시작했다. 그리고 아내와 함께 거대한 자선단체인 게이츠&멜린다 재단을 만들어 엄청난 부를 사회에 환원하기로 결정했다. 예전의 록펠러 가문처럼 여론을 호도하려는 시도라는 비판도 있었지만 게이츠&멜린다 재단은 엄청난 업적을 이루어냈다.* 또 독재적이라는 평판에 대응하여 MS사의 권력도 많은 부분 이양했다. 이런 많은 노력의 결과 MS는 분사(分社)되지 않고 남았고 컴퓨터 업계에서 빌 게이츠의 영향력은 계속 유지되었다. 효과적으로 넷스케이프라는 불씨를 제압한 MS는 윈도 98을 아예 인터넷 익스플로러 4.0을 통합한 패키지로 내놓았고, 2000년에는 윈도 2000(Windows 2000)을 발표했다. 윈도는 이 버전에 이르러서야 어느 정도 안정된 기능을 보

---

* 게이츠&멜린다 재단의 제3세계에서의 말라리아 및 결핵 퇴치 활동으로 수십만 명 이상이 목숨을 건진 것으로 추정된다.

이기 시작했는데, 윈도 95에서는 자주, 윈도 98에서도 가끔씩 보이던 공포의 블루스크린(Blue Screen)* 을 보기 힘들어졌고 게임과 멀티미디어 성능도 향상되었다. 사실상 안정된 OS로서의 윈도가 나오기까지는 15년이 걸렸다. S/W 제품에서만 있을 수 있는 특이한 현상으로 안정적으로 완성된 제품이 없는데도 이미 시장은 점령하고 있는 기이한 상황이 계속되어온 것이다. 이런 형태로 MS의 압도적 영향력은 현재도 계속되고 있다. 이제 MS는 하드웨어 제조사들에게 표준을 제시하는 권위를 가지는 단계에까지 이르렀고, 차세대 게임전용기를 출시하는 등 OS와 응용프로그램 시장을 넘어 엔터테인먼트 산업으로 사업을 확장하는 추세에 있다.

4. 성공의 실마리 – 최초와 최고에 집착하지 않은 유연함, 복합적 지식인으로서의 빌 게이츠

간단히 살펴본 바대로 사실상 MS의 발전과정은 아이러니의 연속이었다. 1980년 IBM과 MS가 계약할 당시 양사의 규모는 비교가 불가능했다. MS의 직원은 불과 32명이었고, IBM은 30만 명이 넘는 직원을 거느린 초거대기업이었다. 그러나 1990년대가 되었을 때 두 회사의 운명은 극적으로 바뀌었다. 10년도 안 되는 사이 IBM은 최대 흑자에서 최대 적자를 기록하는 진기록을 세웠다. 반면 IBM의 어깨에 올라타 손쉽게 돈을 벌어들이던 MS는 IBM을 능가하는 새로운 시대 대기업의 표준이 됐다. 그리고 1970년대에 제록스에 의해 완성되고, 1980년대에 애플에 의해 상업성이 검증된 기술을, 1990년대에야 MS는 윈도로 흉내 냈으면서도 윈도는 가장 많은 수익을 거둔 운영체제가 되었다. 운영체제 개발사의 잇점을 최대한 악용해 응용프로그램에서 불공정한 경쟁을 시도했고 로터스, 워드퍼펙, 넷스케이프 등의 유망회사들을 차례로 침몰시켰고, 볼랜드 사도 소프트웨어 언어시장에서 사실상 축출시켰다.** 그리고 이미 터보 C, 로터스, 워드퍼펙, 넷스케이프라는 이름을 들어본 적도 없는 세대가 성장하고 있다.

이와 같은 성공에는 행운, 적절한 선택, 냉혹한 자본의 논리가 뒤섞여 있다. 현시점에

---

* 윈도즈 95와 98은 응용프로그램이 충돌을 일으키면 푸른 화면에 잘못된 메모리를 참조했다는 어이없는 메시지를 표시하고 시스템이 멈춰버리는 경우가 자주 발생했다. 시스템이 다운되지 않아도 '치명적인 오류가 발생하여 프로그램을 종료합니다. 프로그램 구입회사에 문의하십시오'라는 무책임한 문구가 출력되며 프로그램이 강제로 종료되어 많은 우스개 소리의 소재가 되기도 했다.

** 1992년만해도 MS는 스프레드시트에서 로터스, 워드프로세서에서 워드퍼펙을 결코 따를 수 없었다. 프로그램 언어 시장에서는 볼랜드사가 주도권을 쥐고 있었다. 하지만 윈도 95가 출시되면서 MS는 OS 제작사의 잇점을 이용해서 쉽게 MS 엑셀, MS 워드, MS C를 압도적인 선도제품으로 만들 수 있었다. 사실상 윈도, 오피스, 익스플로러 등의 MS 제품군 전체가 기술과 디자인에서 거의 새로운 것이 없는 경쟁 제품의 복사판들이었다.

서 빌 게이츠가 인류에게 혜택을 가져다 준 사람인지 OS의 독점으로 올바른 방향의 IT 기술의 진보를 가로막은 사람인지 판단하기는 힘들다. MS의 존재가 IT 기술 발전에 해악을 주었는지 대중적 성공으로 빠른 발전을 일궈냈는지를 판단하는 것도 시기상조다. 그러나 수많은 신생기업들이 명멸해간 IT 시대의 거품 속에서 어떻게 게이츠와 MS가 가장 성공한 기업가와 기업이 될 수 있었는지는 분명한 설명이 가능하다.

빌 게이츠의 성공은 신생기술의 특성 때문에 나타나는 잔 다르크 신드롬(Joan of Arc Syndrome)* 의 전형으로서 설명될 수 있다. 잔 다르크 신드롬은 신기술이 등장하면 과거의 경험이 별다른 쓸모가 없어지기 때문에 젊은이가 성공할 확률이 높아지게 되는 경우를 일컫는다. 게이츠는 IBM의 중역들과는 달리 거대 메인프레임의 이미지에 압도되지 않고 고정관념 없이 S/W를 독립적으로 바라볼 수 있는 최초의 세대에 속했고, 따라서 S/W가 독자적인 상품이 될 수 있음을 정확히 인식할 수 있었다.** 게이츠에게는 모니터 안에 MS-DOS와 Windows 로고만 나타난다면 자신의 영역임을 알리는 표식이었다. 물론 빌 게이츠에 대한 과장된 선전이 많았기에 그가 결코 시대를 앞서가는 특별한 천재적 혜안을 가진 인물은 아니었다는 점은 되새길 필요가 있다. 상상력과 기술력에서 그는 스티브 잡스(Steve Jobs), 스티브 워즈니악(Steve Wozniak), 게리 킬달 등의 동시대인들에 비해 분명 뒤쳐졌던 사람이다. 1981년 빌 게이츠는 PC의 미래에 대해 '(PC의 메모리는) 640KB면 충분하다.' 고 IBM에 조언했다.*** 같은 시기 애플컴퓨터는 PC의 원활한 동작을 위해 훨씬 큰 메모리 용량에 대해 고민하기 시작했다. MS-DOS는 1990년대에도 80칼럼에 25라인의 텍스트

---

* 신기술이 등장했을 때 젊은이가 두각을 나타내는 현상을 일컫는 말이다. 이전 기술에 대한 경험이 오히려 고정관념으로 작용하기 때문에 처음부터 새로운 기술에 노출되고 이전 산업에 이해관계를 가지지 않은 초보자가 성공할 확률이 높아진다. 영국과 프랑스의 100년 전쟁이 시작되는 시기는 석궁과 기사의 시대였으나 100년 전쟁의 말미에는 대포가 효율적 무기로서 두각을 나타내고 있었다. 그러나 기사인 귀족계급의 경력 있는 지휘관들은 여전히 중무장한 기사들의 돌격전술에 의존하고 있었다. 잔 다르크는 100년 전쟁의 마지막 시기 대포를 효율적으로 사용하여 프랑스군을 승리로 이끌었던 것으로 보인다. 이는 잔 다르크가 귀족계급 출신이 아니었고 기마충격술에 대한 강한 인상을 가지지 않았기 때문에 가능한 선택이었다(제임스 E. 매클렐란, 헤럴드 도런 공저/ 전대호 역, 『과학과 기술로 본 세계사 강의』, 모티브, 300쪽 참조).

** 물론 게이츠와 같은 세대 IT산업의 리더들이 모두 같은 생각을 가졌던 것은 아니다. 애플 창업주인 스티브 잡스의 경우 게이츠와는 전혀 생각이 달랐다. 잡스에게 새로운 기술은 PC 자체를 의미했다. 잡스는 20대에 이미 애플II 컴퓨터로 백만장자가 됐지만 30세에 자신이 만든 회사에서 쫓겨났던 풍운아였다. 그가 진두지휘해서 개발했던 매킨토시나 넥스트 컴퓨터도 분명 뛰어난 디자인과 성능을 자랑했지만 MS 진영의 벽을 넘지 못하고 사실상 실패했다. 어려서 벼락부자가 되었던 잡스는 그 예술적인 H/W를 팔기 위해 가장 중요한 것은 싼 가격과 충분한 응용S/W의 제공임을 깨닫지 못했었다. 이런 인식의 차이는 1980년대를 거치면서 두 사람의 인생행로를 크게 바꾸게 된다.

*** 물론 이것은 당시의 8비트 컴퓨터들이 64KB 메모리로 동작되던 시기에 한 말이다. 64KB의 10배 메모리를 장착하면 IBM PC가 충분한 경쟁력을 갖춘 16비트 PC가 될 수 있다는 의미였다. 한편 MS-DOS는 이런 640KB의 메모리를 지원하기 위해 segment와 offset 개념을 사용하는 과도기적 메모리 제어방식을 사용했다. 이로 인해 1990년대 초반까지도 프로그래머들은 MS-DOS 응용 프로그램을 만들 때 직관적이지 못한 복잡한 코딩을 해야만 했고, 하드웨어적으로 충분히 수 MB의 메모리를 제어할 수 있었음에도 운영체제의 한계로 640KB 메인메모리의 한계 속에서 프로그램을 만들어야 했다.

모드에서 동작하고 있었다. 반면 애플컴퓨터는 이미 1984년 그래픽 환경에서 깔끔하게 동작하는 매킨토시 컴퓨터를 판매하고 있었다. MS가 인터넷에 대응한 상황을 보아도 빌 게이츠의 '생각의 속도'는 결코 빠르지 않았다. 1993년 처음 인터넷 사이트가 등장하고 곧이어 넷스케이프가 선을 보였을 때도 그는 인터넷을 낮게 평가했다. 운영체계와 응용프로그램들이 사이버 공간상에서 무료 다운로드가 가능했으므로 MS의 권력 자체가 손상될 수 있었다. 많은 전문가들이 이미 인터넷이 MS의 독점에 심각한 위협이 되고 있음을 깨닫고 있었음에도 게이츠는 인터넷의 초창기에 제대로 대응하지 못해 위기를 겪었다. 이렇게 게이츠는 결코 미래에 대한 비전과 선견지명을 가지고 있지는 않았다. 그럼에도 무엇이 그의 성공을 가능케 했을까?

빌 게이츠는 시장 예측과정에서 치명적일 수 있는 어리석은 판단을 여러 번 했지만 그때마다 초기 대응방식을 고집하지 않고 유연하게 문제를 해결했다. MS는 프로그램의 기술적 오류, 경영위기, 법정소송, 불법복제 등 전방위적인 수없는 위기를 겪었으나 각각에 집요하게 대응해나갔다. 언론과 대중에게 욕을 먹더라도 계속 진행한 결과 실제로 윈도의 버전이 올라가면서 초기의 문제점들은 느리지만 해결되어갔다. 결국 MS는 신기술을 개발한 업적이 거의 없으면서도 첨단산업의 중심에 있는 기업이 되었다. 모든 것이 남들이 시작하던 것이었고, 남들이 더 잘할 수도 있는 것이었다. 선구적 회사들이 스프레드시트, 워드 프로세서, 웹 브라우저를 충분히 잘 만들고 있던 때에 시장에 끼어들어 그들을 하나씩 물리쳤다. 결국 전구의 개량자였던 에디슨을 전구의 발명자로 기억하듯 사람들이 빌게이츠와 MS를 첨단기술의 산실로 생각하게 만들었다. MS는 제품 개발에 과도한 돈을 낭비하지 않았고, 제품이 출시된 뒤에는 기술지원과 다양한 회유책을 통해 많은 응용 프로그램을 확보하는 전략을 되풀이했다. 충분한 응용프로그램을 확보하는 것이 OS의 안전성보다 중요한 문제임을 잘 간파하고 있었다. 언제나 시장의 판도 변화에 민감하게 대응하면서 시장보다 한 발씩만 앞서 나갔다. 애플의 창조성과 진취성과는 가장 많이 대조되는 부분이다. MS는 언제나 충분히 검토되고 시장에서의 반응이 확인된 기술을 '흉내'내는 것으로 시작했다. MS-DOS는 아예 외부업체의 작품이었고, 윈도 기술 역시 MS에서 만든 것이 아니라 제록스가 팔로알토 연구소(PARC, Palo-Alto Research Center)에서 개발하고 이미 애플이 1984년 매킨토시 제품에서 사용한 것이었다. MS에 엄청난 수익을 가져다준 워드와 엑셀도 매킨토시용으로 개발되었던 제품이었다. 인터넷 익스플로러는 이미 잘 사용되고 있는 넷스케이프 내비게이터의 외양을 거의 그대로 흉내 냈다.

현대사회에서 기술개발은 경영과 결합될 수밖에 없다. 시장의 현 상황을 읽지 않는 연구개발은 아무리 최첨단의 기술일지라도 실패하고 만다. 1980년대 애플컴퓨터의 '뛰어난' 실패작들이나 IBM의 OS/2 개발은 전형적인 예라고 할 수 있다. 연구개발의 외부환경에 대한 복합적이고 유연한 사고가 필요하다. 빌 게이츠와 MS는 경영, 법적 대응, 언론관

그림3 | **마이크로소프트와 워드, 파워포인트, 엑셀의 현재 로고**

리, 인재확보 등의 다양한 방면에 균형 잡힌 대응을 해냈다. 최고의 기술을 가지지 않았음에도 최고의 수익을 낸 이유다. MS의 OS는 응용프로그램과 충돌이 너무 잦았다. 그럼에도 사용자들은 윈도를 외면하지 않았다. 사실 외면할 수 없었다. 대안이 없었기 때문이다. 실제로 MS는 자존심, 대의명분, 기술혁신보다는 경제적 실익에 철저하게 충실한 전략을 구사했고 기술적 완벽성보다는 시장점유율에 신경을 썼다. 후발주자의 이점을 최대한 살려 위험한 모험을 선택하지 않았고 조금씩 그러나 꾸준히 바꿔 나갔다. MS-DOS, 윈도의 예처럼 '먼저 팔고 만든다, 먼저 팔고 나중에 고친다'는 전략은 일면 무책임하지만 S/W 제품만이 가질 수 있는 특징이기도 하다. 게이츠는 자신의 상품이 가지는 특성을 정확히 파악했다. 분명한 것은 IBM이 MS에 OS시장을 내줄 수밖에 없었던 이유는 IBM이 더 도덕적이어서가 아니라 IBM이 S/W라는 새로운 제품의 특징을 제대로 읽지 못했기 때문이다. 1980년 어느 날 IBM 중역의 방문이 MS의 역사에는 중요한 분기점이었지만, 그런 기회를 가졌던 IT 인재들은 많았다. 게이츠는 자신이 역사의 흐름을 만들지는 않았지만 이미 만들어진 흐름을 확장하고 이끌었음은 분명하다. 그것은 복합적 지식인으로서 빌 게이츠의 성장 환경의 덕택이기도 하다. 법조인 가문에서 성장한 게이츠는 최고 기술의 자부심에 심취하지 않고 자신이 파는 제품 이상의 것 — 법, 경영, 언론 — 을 둘러볼 줄 알았다.* 기술만의 입장이 아니라 경영가로서의 마인드를 갖추었고 법적인 문제에도 끈기 있게 대응

* 스티브 잡스가 적정판매가를 염두에 두지 않고 제품의 예술적 완성도에 골몰하다가 애플을 위기에 빠뜨렸던 것도 기술과 디자인에 대한 자부심의 과잉에서 비롯된 셈이다.

해 나갔다. 역설적이지만 그의 성공은 최신 기술만을 고집하지 않았기 때문에 가능했다.*

게이츠의 일대기는 별반 감동적인 부분이 없고 어떻게 보면 이 시대를 이끄는 상징으로는 부족하다고 느껴질 수도 있다. 그의 이야기가 첨단기업의 CEO로서는 기술적, 경영적 난관이 별로 많지 않았던 평온한 과정이라고 생각될 수도 있다. 하지만 빌 게이츠와 MS에게는 많은 난관이 있었고 각각의 난관은 파멸을 불러올지도 모르는 거대한 것이었다. 단 그것이 치명적인 것이 되기 전에 대응했을 뿐이다. 프로그램 버그, IBM과 마찰, 반독점 소송에 이르기까지 다양한 난관들에 적극적으로 대응했고 방법을 부지런히 찾아냈다. 개별기술로 보았을 때 MS가 이룩한 것은 별로 없을지 모르지만 MS는 정교하게 동작하는 기술 시스템—S/W 제품, 비난을 피해가는 교묘한 업그레이드 체계, 독특한 경영철학, 법적 대응방법 등이 망라된—을 완성하고 유지시키고 있다. MS의 IT기술은 최고가 아니었을지 몰라도 MS의 기술시스템은 충분히 선구적이었다. 빌 게이츠의 인생은 '사용되지 않는 기술은 결코 훌륭한 기술일 수 없다'는 것과 '첨단제품의 개발이 첨단기업의 충분조건은 아니다'라는 평범한 현실을 분명하게 가르쳐준다.

더 생각해볼 주제

—

현재 한국 컴퓨터 사용자의 99%는 윈도 사용자이다. 모든 은행권의 인터넷뱅킹은 Active-X를 사용하고 있다. 윈도 이외의 OS를 장착한 컴퓨터에서는 원칙적으로 금융기관망과의 연결이 불가능한 셈이다. 한편 중국 공공기관에서는 리눅스 사용을 의무화하고 있다. 2007년 현재 윈도 비스타 한국판은 199달러, 중국판은 66달러다. 동시에 '훈글'이라는 경쟁 워드프로세서가 있는 한국에서는 유독 MS Word가 타국에 비해 턱없이 싼 이유는 무엇인가? 독점의 그늘은 무섭고 실존하는 위협이다. 윈도 의존도가 매우 높은 한국에서는 어떤 대응이 필요할까?

한편 MS와 넷스케이프와의 전투는 아직 끝나지 않은 것 같다. 반MS 전선의 궐기를 호소하며 소스를 공개했던 넷스케이프의 장렬한 전사(?)덕에 새로운 실험이 계속되고 있다. 넷스케이프 옛 소스는 누구나 참여해서 개선시킬 수 있는 모질라(Mozilla) 프로젝트로 자리 잡았고 2004년에는 모질라를 기반으로 파이어폭스(Firefox 1.0)가 태어났다. 거듭 개량되면서 현재 상당한 시장 탈환에 성공하고 있다. 웹브라우저 시장

* 일반적으로 스타 출신의 스포츠 감독은 뛰어난 몇몇 선수의 기량을 더 중요시하게 마련이어서 팀 플레이가 중요한 스포츠에서는 역효과를 낼 수가 있다. 대부분의 성공한 선수는 뛰어난 감독으로 성공하는 예가 별로 없다. 어쩌면 빌 게이츠는 최고의 기술자가 아니었기에 기술에 대한 자존심을 버리고 평범한 제품에서 승부를 걸 수 있는 유연함을 가질 수 있었던 것인지도 모른다.

이 이미 성숙기에 접어들었음을 감안하면 놀라운 현상이다. 오픈소스 진영은 결코 죽지 않았고 상황이 어떻게 진행될지는 여전히 미지수다. 넷스케이프의 부서진 꿈과 리눅스의 철학이 어디에서 되살아날지 지켜보는 것도 흥미 있는 일일 것이다.

빌 게이츠와 스티브 잡스는 1955년생 동갑이고, 대학을 중퇴했고, 젊은 나이에 억만장자가 됐고, IT업계의 흐름을 만들어 냈으며, 엄청난 찬사와 비난을 동시에 받고 있다는 공통점이 있다. 그러나 출신성분, 성격, 경영철학은 극단적으로 다르다. 수없는 단점에도 불구하고 그들이 세계 IT 산업과 문화산업의 리더로서 자리매김한 이유는 무엇일까? 여러 이유가 있겠지만 두 사람은 뚜렷한 한 가지 특성을 보이고 있다. 그들이 수없이 많은 '분야'에 걸친 난관을 뚫어올 수 있었던 배경에는 그들이 '복합적 지식인'이라는 필요조건을 갖추고 있었다는 사실이다. 그들의 전기를 자세히 정독해볼 것을 권한다.

더 읽어볼 거리

—

김용근, 『디지털 제국의 흥망』, 나남출판, 2000.

홍성욱, 백욱인 엮음, 『2001 싸이버스페이스 오디쎄이』, 창작과비평사, 2001.

로버트 슬레이트, 『마이크로소프트 재창조』, 김기준 역, 조선일보사, 2005.

로버트 영, 웬디 골드만, 『리눅스 혁명과 레드햇』, 김영사, 2000.

로버트 헬러, 『빌 게이츠』, 형선호 역, 황금가지, 2001.

웬디 골드만 롬, 『마이크로소프트 파일』, 고병권, 김인수 역, 더난출판사, 1999.

제 5 부

한국 과학기술 사례 연구

01

조선 후기 서양과학의 수용과 주자학적 사유의 변화

1. 서학의 수용

도덕이나 종교를 축으로 하는 중세적 문명에서 과학기술을 축으로 하는 근대문명으로의 전환이 인류 문명의 일반적인 추세였던 시기가 있었다면, 우리에게 조선 후기는 바로 그러한 전환의 과제가 부여된 시대였다. 우리 민족의 생존을 위해 서양 과학기술의 수용이 불가피했다는 뜻이다. 그 시대의 우리는 서양의 과학기술 문명이 세계 역사를 주도해 가면서 제국주의적 성격을 축적해 가던 역사적 조건에서 자유로울 수 없었기 때문이다.

조선 사회는 주자학의 원리가 사회 전반을 지배했던 사회였다. 주자학에 따르면 인의예지라고 하는 도덕적 원리는 우주의 본질일 뿐 아니라 인간의 본성이며, 나아가 인간이면 누구나 따라야 할 실천 규범의 원리이기도 하다. 인간을 포함한 이 세상의 모든 존재들은 도덕적 질서 속에 있으며, 각자 그 질서가 부여하는 일정한 위치를 가지고 있다는 것이 이 세계를 바라보는 주자학의 기본 관점이다. 조선조 유학자들이 꿈꾸었던 이상적인 삶의 모습은 이 세상의 모든 존재들이 각자 도덕적 질서 속에서 자신이 차지하는 위치에 따라 주어진 역할을 다하는 것이었다. 그랬을 때 이 사회, 나아가 이 우주는 조화롭고 질서 있는 세계가 될 수 있다. 조선조 주자학자들이 일차적으로 고심했던 문제는 어떻게 하면 도덕적인 인간이 될 수 있고, 어떻게 하면 도덕적인 사회를 만들 수 있을까 하는 것이었다. 한마디로 조선 사회는 주자학의 도덕적 가치가 지배하는 사회였다.

조선 시대 사람들이 이 세계를 바라보았던 것도 역시 이러한 도덕적 가치를 통해서였다. 중화와 오랑캐라는 이분법적 틀이 바로 그것이다. 그들의 의식 속에서 중국은 세계의 중앙에 위치한 지리적인 중심이었을 뿐 아니라 올바른 도덕과 이에 기반을 둔 올바른 문화가 꽃피고 있는 문화의 중심지이기도 했다. 반면에 그 이외의 지역은 중국을 둘러싸고 있는 변방에 불과했다. 이러한 세계 인식 속에서 서양은 막연히 변방 오랑캐 가운데 하나였을 뿐 구체적인 모습을 갖지 못했다.

17세기에 이르러 주자학의 지배는 더욱 견고해졌지만, 주자학의 안정된 지위가 유지되기 위해서는 해결되지 않으면 안 될 두 가지 장애물이 등장했다. 하나는 청나라가 중국 대륙의 지배자가 된 것이며, 다른 하나는 서양의 문물, 즉 천주교와 과학기술이 유입되기 시작한 것이다. 특히 17세기 초부터 유입되기 시작한 서학서(西學書)가 18세기에 이르러 널리 유포됨에 따라 이를 통해 유입된 새로운 지식은 조선조 지식인들의 의식 속에 깊은 영향을 주었다. 예를 들어 17세기에 이미 김만중(金萬重, 1637-1692)은 서양의 지구구형설을 믿지 않을 수 없다는 견해를 피력했으며, 김석문(金錫文, 1658-1735)은 지구구형설과 지구자전설을 주요 내용으로 하는 새로운 우주설을 제시하였다.

서구적 세계관은 천원지방(天圓地方)의 우주관과 이를 바탕으로 하는 중화주의적 세계관, 이기심성론(理氣心性論)과 결합된 엄격한 도덕주의, 그리고 음양오행론적 자연 인식 등을 내용으로 하는 주자학적 가치와 쉽게 양립할 수 있는 것이 아니었다. 의식과 현실의 부조응이라는 이 위기를 돌파하는 방법은 두 가지이다. 기존의 관념 체계를 더욱 견고하게 함으로써 현실의 변화를 억제하는 것이 하나의 방법이고, 관념 체계를 현실 변화에 맞게 고치는 것이 또 하나의 방법이다. 당시 지배층의 일부가 제시한 '명나라에 대한 의리론'과 이에 바탕을 둔 북벌론은 중화주의적 세계관에 근거하여 사회통합을 이끌어낸 전형적인 주자학적 이데올로기였다. 반면에 주자학적 관념 체계를 비판하고 적극적으로 서구 과학기술을 수용하는 것은 후자의 방법이었다.

조선 사람들이 서양의 존재를 구체적인 실체로 의식하기 시작한 것은 17세기에 들어서면서이다. 1603년에 이광정(李光庭)이 북경에 사신으로 다녀오면서 가지고 온 세계 지도는 서양의 존재를 조선에 알리는 신호탄이었다. 북경에 정착한 최초의 예수회 선교사였던 마테오 리치(Matteo Rich)에 의해 만들어진 이 지도를 통해 지구가 둥글며 5대주가 있다는 사실이 처음 알려졌기 때문이다. 1603년 북경에서 간행된 마테오 리치의 『천주실의(天主實義)』 역시 1614년 이전에 우리나라에 소개된 것으로 보인다. 1610년과 1614년 두 차례에 걸쳐 중국을 다녀온 허균(許筠)도 세계 지도와 『게십이장(偈十二章)』을 얻어 온 것으로 확인되고 있다. 그 후 정두원(鄭斗源)이 1631년에 각종 서양 과학기기와 더불어 『천문략(天問略)』 등 10여 종의 책과 지도를 가지고 왔다. 1644년에는 청나라에 볼모로 잡혀가 있던 소현세자가 귀국하면서 아담 샬(Adam Schal)로부터 그가 번역한 천문, 수학에 관한 책과 그가 지은 천주교 교리에 관한 책 여러 권을 비롯한 서학서와 지구의와 같은 물품을 받아 왔다.

이렇듯 17세기 초부터 유입되기 시작한 한역서학서는 18세기에 이르러서는 널리 보급되었던 것으로 보인다. 이러한 사실은 "서양의 책이 선조(1567-1607) 말년에 우리나라에 전래된 이래로 그것을 보지 않은 유명 인사와 대학자가 없다"고 한 안정복(安鼎福, 1712-1791)의 언급에서 확인할 수 있다. 그의 스승이기도 했던 대학자 이익(李瀷, 1681-1763)의 경우는

20여 종의 서학서를 열람했다고 한다.

서학서는 크게 보아 천주교와 관련된 책과 천문, 지리, 역법 등을 포함한 과학기술과 관련된 책으로 나뉘어진다. 조선 학자들에게 잘 알려진 책으로는 마테오 리치의 『천주실의』, 판토하의 『칠극(七克)』, 우르시스의 『태서수법(泰西水法)』, 디아스의 『천문략』, 알레니의 『서학범(西學凡)』과 『직방외기(職方外紀』, 샘비아소와 서광계의 『영언여작(靈言蠡勺)』, 테렌즈의 『기기도설(奇器圖說)』 등이 있다. 『천주실의』는 중국 학자와 서양 학자의 문답 형식으로 이루어진 일종의 천주교 교리서이다. 『칠극』은 서양의 윤리를 설명한 책이며, 『태서수법』은 취수와 저수 등 물을 다스리는 법을 소개한 책이다. 『천문략』은 프톨레마이오스의 중세적 우주설을 소개한 책으로 그의 12중천설은 티코 브라헤의 우주설이 등장할 때까지 기독교의 기본적인 우주관이었다. 『서학범』은 유럽의 교육 제도를 설명한 책으로 대학에서 가르치는 각 학과의 과정 등이 소개되어 있다. 『직방외기』는 신대륙 발견의 성과를 반영하고 있는 세계 지리서이다. 『영언여작』은 영혼에 관한 기독교 신학 또는 중세 철학의 견해를 소개한 책이다. 『기기도설』은 역학(力學) 원리를 이용한 간단한 기계의 원리를 그림으로 설명한 책으로서 훗날 정약용이 기중기를 고안하여 화성을 건설하는 데 이용되기도 하였다.

이 이외에도 로(Giacomo Rho)의 『오위역지(伍緯曆指)』는 조선 학자들의 우주관 변화에 결정적인 역할을 하였다. 이 책은 티코 브라헤의 우주설을 정설로 소개하였지만, 동시에 지구자전설을 비판적으로 소개하고 있기 때문이다. 1697년 김석문(金錫文, 1658-1735)이 지구구형설과 지구자전설을 주요 내용으로 하는 독창적인 우주설을 제시한 것이나 홍대용(洪大容, 1731-1783)의 지구자전설 등은 이 책에서 결정적인 시사를 받았다. 우주설과 관련해서는 1763년에 나온 브노아(Michel Benoit)의 『곤여도설(坤輿圖說)』과 영국의 천문학자 허셜(J.F.W. Herschel)의 저서를 번역하여 1859년에 간행한 『담천』이 주목할 만하다. 전자는 코페르니쿠스의 태양중심설을 정설로 소개하고 있으며, 후자는 뉴턴의 중력 원리로 천체의 운행을 설명한 책으로 두 책 모두 최한기(崔漢綺, 1803- 1877)에게 많은 영향을 주었다.

2. 서학에 대한 이중적 태도

예수회에서 중국의 포교를 위해 취한 전략은 천주교의 가르침이 유교와 별개의 것이 아니라 오히려 유교를 보완하는 것이라는 믿음을 중국인들에게 심어주는 것이었다. 예를 들어 천주교의 신, 즉 천주가 유교 경전에 등장하는 상제(上帝)라는 주장이 그것인데, 그들의 이러한 전략은 서광계와 이지조와 같은 대학자들의 지지를 이끌어낼 만큼 중국인들의 관심을 얻는 데 일정 정도 성공하였다. 반면에 조선에서는 18세기 후반에 이르기까지 천주교가 그다지 사회적 파급 효과를 낳지 못했다. 그 이유 가운데 하나는 천주교가 조선 주자학자들의 엄격한 주자학적 세계관과 양립하기에는 너무도 이질적이었기 때문이다. 인격적인 신의 존재, 천지의 창조, 천당과 지옥의 존재, 영혼 불멸 등의 관념은 주자학의 도덕주의와 현세 중심주의에 익숙해져 있던 조선 유학자들의 눈에는 사람들을 황당한 말로 현혹하는 이단이라는 점에서 불교와 별로 다르지 않았다. 1724년에 나온 신후담(愼後聃, 1702-1761)의 『서학변(西學辨)』과 1785년에 쓴 안정복의 『천학문답(天學問答)』은 천주교를 이단의 사악한 학설로 보는 조선 유학자들의 입장이 잘 드러나 있다.

조선 유학자들이 서학을 신앙의 차원에서 접근한 것은 18세기 후반 부터이다. 1784년 이벽(李檗, 1754-1786)의 권유를 받은 이승훈(李承薰, 1756-1801)이 북경에서 세례를 받고 귀국함으로써 천주교 교회 운동이 시작되었다. 이 두 사람 이외에 정약전 형제, 권일신 등이 초기 교회 운동의 주축이었는데, 양반 지식인층이 주도했던 초창기 천주교 활동은 일종의 신문화수용운동의 성격이 강했다. 이때까지만 해도 제사와 같은 유교 의식을 미신으로 규정한 로마 교황청의 결정이 이들에게 알려지지 않았기 때문에 유교 의례와 천주교 교의는 심각한 충돌을 일으키지 않았다. 그러나 1791년 윤지충과 권상연이 위폐를 불태우고 제사를 폐지한 사건은 현실적으로 유교 의례와 천주교 교회법이 공존할 수 없다는 것을 극명하게 보여주었다. 이 사건을 계기로 천주교는 본격적인 탄압을 받게 되고, 이 과정에서 이승훈, 권일신, 정약전, 정약용 등 많은 지식인층은 천주교를 떠나 유교 의례를 선택하게 된다. 조상 숭배의 의식, 즉 제사를 폐지하기에는 그들은 너무 유교적이었다.

그러나 탄압에도 불구하고 천주교는 평민층이나 중인층에게 더욱 확대되어 1801년 신유교난 당시 신도 수가 최대 만여 명에 이를 정도로 빠르게 전파되었다. 특히 주목할 만한 것은 중인층이 교회 지도자의 다수를 차지하게 되었다는 사실이다. 이는 천주교 종교운동이 신문화운동의 차원을 넘어 새로운 민중종교운동으로 그 성격이 바뀌어 감을 뜻한다. 천주교가 박해 속에서도 민중들에게 빨리 전파될 수 있었던 것은 그것이 현세에 복을 받을 수 있다는 현세구복적인 신앙 체계, 또는 내세에 천당을 갈 수 있다는 내세지향적인 신앙 체계로 인식된 것도 하나의 요인이 될 수 있을 것이다. 그러나 천주교가 조선후기 역사에서 갖는 보다 적극적인 의미는 그것이 지닌 평등의 이념이었다. 당시 천주교에서는 모든 사람이 똑같은 인격을 가지고 있음을 주장하였고, 이는 신분제적 질서에 대한 회의와 비판으로 이어짐으로써 실제로 신분적 질서 체제의 동요와 해체에 일정한 기여를 했기 때문이다.

반면에 과학기술에 대한 인식은 달랐다. 그것은 서양의 과학기술에 대한 새로운 인식, 즉 서양의 과학기술이 우수하다는 확신이 있었기 때문에 가능하였다. 1629년 6월 북경에서 관측된 일식은 서양 역법의 우수성이 널리 알려지는 계기가 되었다. 서양 역법은 이 일식을 정확하게 예측했지만, 중국의 전통 역법에서는 약간의 오차가 있었기 때문이다. 그 이후 서양 역법인 시헌력이 1645년 중국에서 채택되었고, 조선에서도 얼마 지나지 않은

1654년에 채택되었다. 물론 이 역법은 불완전한 것이었기 때문에 그 이후 꾸준히 수정되어 가지만, 그 수정 역시 케플러의 타원궤도설 등 서양의 천문학적 지식의 수용을 통해서 이루어졌다.

안정복이 천주교를 맹렬하게 비판하면서도 과학기술의 측면은 취할 만하다라고 평가를 내렸던 것은 곧 서양의 과학기술이 중국에 비해 우수하다는 인식이 있었기 때문에 가능했다. 이익은 좀더 구체적으로 "지금 시행되고 있는 시헌력은 곧 서양 사람 아담 샬이 만든 것인데, 역법의 극치이니 일식과 월식의 예측이 틀린 적이 없다. 성인이 다시 태어나더라도 반드시 이를 따를 것이다"라고 하여 서양 역법의 정확성을 높이 평가하였다. 홍대용 역시 서양의 과학기술이 중국 역사에서 찾아볼 수 없는 유일무이한 것이라는 걸 인정하였다. 그는 "서양의 학문은 산수를 근본으로 하고 기구를 도구로 하여 만물을 헤아리고 만상을 살피는 것"이라고 하여 서양 과학의 본질을 정확하게 짚어내기도 하였다. 박제가(朴齊家, 1750-1805)는 북학을 하는 방법의 하나로 기하학에 밝고 과학기술에 정통한 중국 흠천감의 선교사들을 초빙하여 과학기술을 가르치게 하자는 제안을 하기도 하였다.

3. 학문관의 변화

1) 주자학적 학문관에 대한 비판

서양의 과학기술에 대한 이 일련의 새로운 평가는 곧 주자학에 대한 비판과 맞물려 있는데, 교조적 주자주의, 경전절대주의, 이기심성론의 관념성 등 다양한 측면에서 비판이 시도되었다. 장유(張維, 1587-1638)는 주자학 일변도의 학문 풍토를 비판했고,* 이익은 경전 및 경전에 대한 주희의 해석에 대한 절대화를 비판하였다.** 홍대용은 교조적 주자주의를 학문의 자유에 대한 억압으로 이해하는 정도로까지 진전된 의식을 보여주었는데, "오직 (주자를) 숭배하는 것이 귀하다는 것만을 알고 경전의 뜻 가운데 의심할 만하고 논의할 만한 것에 대해서는 한결같이 엄호하기만 하고 세상 사람들의 입을 틀어막으려고만 한다"는 비판이 그것이다.

주자학의 학문 내용에 대한 비판은 주로 이기심성론의 관념성에 집중되었다. 이익은 이기심성론에 관한 글을 적지 않게 남기긴 했지만, 사단칠정론이 원래 긴요하게 필요한 것

---

* "우리 나라는 책을 읽는 사람은 누구나 정이와 주희만을 말하니 다른 학문이 있다는 것을 듣지 못했다."

** "한 글자라도 의심하면 망령되다고 하고 자세하게 따지면 죄를 짓는다고 한다. 주자의 글에 대해서도 이러하니 하물며 옛 경전에 대해서는 말할 것이 있겠는가?"

이 아니며 리(理)를 통달해 보았자 현실적으로 별 쓸모가 없다는 비판적 태도를 보였다. 홍대용 역시 지금 세상에 살면서 옛날의 도(道)로 돌아갈 수 없는데, 그 이유는 옛날의 도를 갈고 닦아도 몸과 마음, 집안과 나라와 아무런 관계가 없기 때문이라고 하였다. 정약용(丁若鏞, 1762-1836)은 이기(理氣)의 학설이 이렇게 될 수도 있고 저렇게 될 수도 있는 것이어서 평생 동안 다투어도 결론이 나지 않는 문제이며, 따라서 그다지 중요한 것이 아니라는 견해를 보였다.

주자학의 학문 내용에 대한 비판은 최한기(崔漢綺, 1803-1877)에 이르러 체계적으로 이루어졌다. 그는 "(객관 존재의) 운동변화를 모르고 단지 생각을 지키는 것을 거경(居敬)이라고 여기거나, 옛 글을 토론하는 것을 궁리(窮理)라고 여기는 것은 바로 쓸데없는 잡초를 기르는 것이다"라고 하여 기존의 학문을 비판하였다. 여기서 직접적으로 비판의 대상이 되고 있는 거경과 궁리는 마음의 공부와 경전의 공부이다. 그는 사물에 대한 객관적인 탐구 없이 마음의 이치를 드러내기 위해 마음 공부에만 매달리거나 그 연장선상에서 경전 공부에만 매달리는 전통 주자학자들의 학문을 비판했던 것이다. 그리고 그는 그 대안으로 자연에 대한 직접적인 탐구를 제안했는데, 실제로 그의 저술이 인간의 내면 세계나 경전보다는 객관 세계에 집중된 것은 바로 이와 같은 학문관의 결과였다.

2) 실학적 학문관의 대두

기존의 학문에 대한 이러한 비판은 궁극적으로 현실의 일을 하는 데 직접적인 쓸모가 없다는 것으로 모아진다. 경전을 공부하는 목적이 현실에 써먹기 위한 것이라고 보았던 이익은 경전의 연구에만 머물지 않고, 경전 이외에 많은 과학 기술 서적을 읽었다. 그것은 경전만이 진리의 원천일 수 없다는 사고가 있었기에 가능한 것이었다. 그에 따르면 자연과학적 지식은 비록 성인이라고 하더라도 다 알 수 없으며 시간이 흘러갈수록 더욱 정밀해지기 때문에 경전 공부에만 머물러서는 안 된다. 홍대용이 기존의 학문적 풍토에 대해 가한 비판의 요지도 역시 기존의 학문, 즉 시대가 바뀌었음에도 불구하고 옛 경전의 자구 해석에만 매달리는 예학이나 이기심성론이 현실에 쓸모가 없다는 것이었다. 그러므로 그의 학문적 관심사는 자연스럽게 역법, 산수, 재정, 국방과 같이 현실 생활에 구체적으로 쓸모가 있는 경세의 학문으로 넘어가게 된다.

홍대용은 그의 새로운 세계관을 비교적 체계적으로 드러내 주는 「의산문답(毉山問答)」에서 시대 흐름에 뒤떨어진 한 인물을 우스꽝스럽게 묘사하였다. 30년 동안 은거한 채 독서를 하며 천지의 조화와 성명(性命)의 이치를 연구하여 온갖 진리를 통달했다는 허자(虛子)라는 인물은 이름 그대로 헛된 학문을 한 사람으로서 당시의 통속적인 주자학자를 대표한다. 홍대용에 따르면, 허자의 학문은 자질구레한 데 국한되어 큰 도[大道]를 듣지 못했기에 우물 안 개구리가 하늘을 쳐다보고 여름 벌레가 얼음을 이야기하는 격이다. 홍대용이 말하는 큰 도란 전통적인 주자학적 진리와 대비되는 개념으로 이 세계에 대한 새로운 인식의 산물이다.*

그 시대 학자들의 공부가 수기와 치인 그 어느 것에도 해당되지 않는다고 비판했던 정약용은 학문의 목적이 나라를 부강하게 하고 생활을 넉넉하게 하기 위한 실용에 있다고 보았다. 이러한 관점에서 그는 무엇보다도 이기심성론만을 학문의 본령으로 간주하고 그 이외의 실용적인 학문을 잡학으로 폄하하는 전통 주자학자들의 태도를 비판하였다. 그러한 학문 태도는 성현의 뜻이 아니라는 것이 그의 주장이다. 성현의 뜻은 바로 나라를 다스리고 백성을 편안히 하고 국가 재정을 넉넉하게 하는 실용성에 있다는 것이다. 이와 같은 기준으로 보자면 전통 주자학자들의 이기심성론은 한갓 헛된 이야기에 지나지 않으며, 오히려 그들이 잡학이라고 천시했던 과학기술이 중요한 학문으로 부상한다.

최한기는 기존의 학문을 헛된 학문[虛學]이라는 개념으로 묶어서 참된 학문[實學]과 대비시켰다. 헛된 학문이라는 것은 인간의 경험 세계를 넘어서는 것을 추구하는 학문으로서 방술, 잡학, 도교, 불교, 천주교, 나아가 양명학과 주자학 등이 여기에 속한다. 여기서 참된 학문과 헛된 학문을 가르는 결정적인 기준은 사람이 살아가는 데 쓸모가 있는가 아니면 쓸모가 없는가 하는 것, 즉 실용성이다. 실용을 중시하는 그의 실학적 학문관은 사무(事務)를 중시하는 데서 잘 드러난다. 그는 배우는 것이 세상의 사무와 무관한 것이라면 허무하고 괴이한 학문이라고 규정했는데, 허무하고 괴이한 학문이라는 것은 곧 허학이다. 그렇다면 세상의 사무와 관계가 있는 학문, 이를테면 사농공상과 국방에 관한 학문이 실학임이 분명해진다.

4. 자연관의 변화

1) 지구구형설

지구의 형체에 대한 동양의 전통적인 견해는 '하늘은 둥글고 땅은 네모나다'는 것이었지만, 17세기 초 마테오 리치의 세계 지도를 비롯해 서구의 책들이 중국을 통해 도입되면서 지구가 둥글다는 의식도 아울러 유입되기 시작하였다. 그 결과 앞에서도 언급했듯이 17세기에 이미 김만중은 서양의 지구구형설은 그 이치가 옳기 때문에 믿지 않을 수 없다는 견해를 피력했으며, 김석문은 지구구형설과 지구자전설을 주요 내용으로 하는 독창

* 「의산문답」에서 큰 도를 말하겠다고 한 이후에 나오는 내용이란 만물평등론에 의거한 객관적 인식에 대한 강조, 우주 및 자연 현상에 대한 과학적 이해, 음양 오행설 및 상수학의 부정, 역사의 변천, 화이관의 부정 등이다. 이것으로 볼 때 결국 홍대용이 말하는 큰 도라는 것이 서양의 과학적 성과를 바탕으로 한 것임을 알 수 있다.

적인 우주설을 제시하였다. 18세기에 이르러서 이익은 땅의 형체를 둥근 탄환에 비유해서 설명했으며, 한 걸음 더 나아가 지구의 아래쪽에서도 사람이 떨어지지 않고 사는 것을 설명하기 위해 지심설(地心說)을 제시하기도 하였다. 홍대용도 역시 지원설, 즉 지구구형설을 정당화하려는 노력을 기울였으며,* 아울러 상하지세(上下之勢)라는 개념과 '근본이 같으면 서로 감응한다'는 사물의 이치를 도입해서 둥근 지구의 표면 어디에도 사람이 추락하지 않고 살 수 있다고 설명하였다.

지구구형설의 의의는 단순히 지구의 형태에 대해 올바른 인식을 하게 되었다는 데에만 그치지 않는다. 그것은 오히려 중국 중심의 편협한 세계 인식에서 벗어나 유럽과 같은 새로운 세계에 눈을 돌릴 수 있는 계기가 마련되었다는 데 큰 의미가 있다. 이로 인해 중국은 더 이상 세계의 중심이 아니라 커다란 땅 가운데 한 조각에 불과하다는 의식이 생겨날 수 있었다. 이러한 의식은 홍대용에 이르러 인간 사회의 모든 문화는 저마다의 내재적 가치를 가지고 있다는 문화상대주의와 안(중심)과 밖(주변)의 구분이 역사적이고 상대적임을 함의하고 있는 역외춘추론(域外春秋論)으로 귀결되는데, 이로써 주자학적 세계관의 한 축을 이루고 있던 화이론, 즉 중화주의는 그 본래적 의미가 상실되었다.

최한기 역시 지구가 둥글다는 것을 몇 가지 방식으로 정당화하는데, 이와 관련해 그에게서 발견되는 특이한 점은 카노(J. S. Cano, 嘉奴)의 세계일주**를 지구구형설의 결정적인 증거로 제시했다는 것과 그것을 천지개벽에 비유할 정도로 인류 역사의 대 사건으로 규정했다는 것이다. 세계 일주에 대한 그의 이러한 격찬은 단순히 그로 인해 지구가 둥글다는 것을 입증되었다는 데 있는 것이 아니라 그로 인해 전 세계가 서로 소통되었다는 데 있다. 즉 카노의 세계 일주로부터 무역을 하는 선박이 널리 통행하고 사신들이 잇달아 파견되었으며 진기한 산물과 편리한 기계가 멀리 전파되었다는 것이다.

이와 같이 지구구형설에 대한 최한기의 이해는 단순히 객관적 사실에 대한 과학적 인식의 차원을 넘어서는 것이다. 그것은 급변하는 국제 정치에 대한 대응이라는 실천적인 관심이 개재되어 있는 것이었다. 다시 말해 그의 현실 인식은 기본적으로 변화된 현실을 직시하자는 것이었다. 여기서 변화된 현실이란 서양의 배가 동양으로 진출함으로써 동서 교역이 이루어지고 동서의 문화가 서로 섞이게 된 것을 말한다. 이러한 변화에 대처하는 방법은 변화에 걸 맞는 새로운 것이어야 한다. 서양의 문물을 배척하고 옛 전통만을 고

---

* 이것은 대략 다음 세 가지로 정리된다. 만물의 형태는 둥글기 때문에 네모난 것이 없으며, 월식 때 달을 가린 땅의 그림자가 둥글며, 땅이 평평하다면 태산과 같이 큰 산이나 바다 건너에 있는 나라가 한눈에 보여야 하는데 그렇지 않다는 것이 그것이다.

** 흔히 마젤란의 세계 일주로 알려진 최초의 세계 일주를 의미한다. 카노는 마젤란이 일주 도중 필리핀에서 죽은 이후에 탐험대를 이끈 사람이다.

집한다면, 그것은 올바른 대응 방법일 수 없다. 비록 서양의 것이라 할지라도 훌륭한 제도, 우수한 기구, 좋은 물품 등이 우리보다 나은 점이 있으면 나라를 다스리는 도리로 보아 당연히 써야 한다는 것이 최한기의 생각이었다.

2) 인간과 자연의 분리

유교에서는 크게는 인간의 도덕적 실천을, 작게는 임금의 왕도정치를 담보할 수 있는 권위의 원천을 하늘 또는 자연에서 확보하였다. 유학자들은 일반적으로 자연의 운동변화를 질서정연한 것으로 이해함과 동시에 그 자연의 질서가 인간에 의해 어그러질 수 있음도 인정하였다. 이것에 대해 주희는 "대개 천지만물은 본래 나와 한 몸이어서 나의 마음이 바르면 천지의 마음도 바르고 나의 기(氣)가 순조로우면 천지의 기도 순조롭다"고 정식화하였다. 천지와 인간 사이에 있는 마음 및 기의 동질성에 근거하여 자연의 세계와 인간의 세계를 통일적으로 파악하고, 이를 바탕으로 인간의 실천 여부가 자연의 질서를 보존하기도 하고 깨뜨리기도 한다는 의식은 전형적인 주자학적 자연 인식이다. 자연의 영역과 인간의 영역, 즉 필연의 영역과 당위의 영역이 혼재되어 나타나는 것이 주자학의 주된 경향이었다. 그 결과 자연의 재이 현상을 자연의 필연적인 과정의 하나로 인식하고 그 원인을 파악하려는 시도를 하지 않고, 그것을 인간의 도덕적 실천 영역으로 환원했던 것이다.*

반면에 조선 후기에 이르러서는 자연의 영역과 인간의 영역을 분리하려는 의식이 강하게 대두되었다. 이러한 경향은 재이(災異), 즉 자연의 이변에 대한 태도에서 잘 드러난다. 이익은 재이 현상과 인간의 생활 영역이 부합되지 않는다는 것을 근거로 재이의 설이 잘못된 것이라고 비판하였다. 예를 들어 정치가 잘못되었는데도 재이 현상이 없기도 하고 사람이 조화롭게 사는데도 이변이 생겨난다는 것이다. 그리고 그는 인식의 한계 때문에 재이설이 등장했다고 진단하였다.** 이러한 진단에는 자연은 인간과 관계없이 내재적인 법칙(원인)에 따라 운행하며 우리 인간은 그 법칙을 정확히 파악해야 한다는 문제 의식이, 나아가 그 법칙을 정확하게 담아내지 못하는 학설은 폐기되어야 한다는 문제 의식이 담겨 있다. 이와 같은 문제 의식은 길흉을 점치는 각종 점술과 풍수지리설이 사실과 부합하지 않는다는 이유를 들어 비판하는 데서도 잘 드러난다.

박제가는 풍수설에 기반을 둔 장례에 대해 비판하였다. 자연의 영역과 인간의 길흉화복은 직접적인 관련이 없다는 것이 그의 생각이었다. 그에 따르면, 관이 뒤집혔다거나 시

---

* 이이(李珥)만 하더라도 치세에는 일월식과 같은 재이 현상이 발생하지 않는다는 것을 근거로 하늘과 사람이 서로 관여함을 알 수 있다고 보았다.

** 그는 역법이 정확하지 않았기 때문에 재이설이 생겨났다고 보았는데, 그의 이러한 자신감은 서양 역법의 정확성에 대한 신뢰 없이는 불가능한 것이다.

체가 없어졌다거나 하는 것과 같이 무덤 속에서 일어나는 현상들은 흔히 있는 자연 현상일 뿐이지 인간의 화복과는 조금도 관계가 없다. 오래 살고 일찍 죽는 것, 흥하고 망하는 것, 가난하고 부유한 것은 자연스러운 일이고 인간사에서 없을 수 없는 것이기 때문에 묘자리와 관련시켜 논할 것이 아니다. 더욱이 박제가는 풍수설뿐 아니라 사주, 관상, 무속 등과 같이 현상에 대한 신비주의적이고 총체론적이고 환원론적인 설명을 거부하였다.*

자연에 대한 신비주의적 이해에 대한 비판은 정약용의 저술에서도 발견된다. 정약용은 인간과 자연을 구분하려는 강한 문제 의식을 지니고 있었다. 이러한 경향은 인간과 자연을 통일적으로 이해하는 주자학적 사유에 대한 비판 없이는 불가능하다. 주희는 인간을 포함한 모든 만물이 객관적인 원리이자 궁극적인 존재인 리로서의 태극을 가지고 있다고 보며, 그러한 점에서 인간과 만물은 평등하다. 하지만 정약용은 인간만이 영명(靈明)의 마음을 부여받아서 인의예지를 실천할 수 있을 뿐이며, 인간 이외의 것은 그러하지 못하다고 주장하였다. 그에 따르면 인의예지는 인간의 실천을 통해서만 구현되는 것일 뿐이지 그 어떤 존재에 내재해 있는 선험적인 원리가 아니다. 더욱이 사물들의 모든 작용은 필연의 영역에서 이루어진다는 것이 정약용의 생각이었다. 닭이 새벽에 울고 개가 밤에 짖는 것과 같은 동물의 세계와 봄에 꽃이 피고 가을에 잎이 지는 식물의 세계는 일정한 법칙에 의해서 전개되기 때문에 인간의 실천 영역과는 달리 자유 의지에 의한 선택의 여지가 없다. 그가 식물, 동물, 인간의 성을 3등급으로 나누어 이해했던 것은 바로 이러한 존재 이해에 근거를 둔 것이다.

자연관의 변화는 최한기에 이르러 보다 분명해진다. 최한기가 이해한 자연은 인간의 의식 바깥에 존재하며 인간과 무관하게 운동변화하는 객관 존재이다. 그리고 자연이란 하늘의 영역이므로 사람의 힘으로 변화시킬 수 있는 것이 아니다. 최한기가 이해한 자연은 도덕성을 본질로 하지 않는다. 최한기에 따르면 하늘과 땅은 만물을 낳거나 기르는 데 뜻을 두지 않으며, 만물 스스로가 하늘의 힘을 빌려 생겨나고 땅의 힘을 빌려 자라날 뿐이다. 천지의 생의(生意)를 부정하는 이 항목은 '천지는 어질지 않다[不仁]'는 도가의 자연관을 연상시킨다. 만물이 생겨났다가 소멸되는 것은 저절로 그렇게 되는 것이라는 식의 자연 이해는 자연 내부에 도덕성이 개입될 여지가 제한적일 수밖에 없다. 왜냐하면 자연의 영역은 필연의 영역이지 선택과 결단의 영역이 아니기 때문에 가치 판단의 대상이 될 수 없기 때문이다. 그러므로 그가 인용한 '천지와 그 덕을 같이한다'라는 말은 자연과의 도덕적

---

* 여기서 신비주의적이라는 말을 직접적으로 경험할 수 없다는 의미를 함의하며, 총체론적이라는 말은 모든 현상을 예외 없이 하나의 원리로 설명한다는 것을, 그리고 환원론적이라는 것은 어떤 자연 현상을 그 자체로 설명하는 것이 아니라 그것과는 차원이 다른 영역으로 환원하여 설명한다는 의미이다. 그렇다면 환원론적이고 총체론적인 자연 설명이라는 것은 경험이 불가능하다는 의미에서 자연에 대한 신비주의적 설명이라는 용어에 포섭될 수 있다.

합일이 아니라, 자연에 대한 정확한 파악과 이에 근거한 적절한 실천이라는 측면에서 해석되어야 마땅하다.

자연에 대한 정확한 파악이란 곧 자연의 이치에 대한 정확한 인식을 뜻한다. 최한기에게 있어 기의 움직임은 무질서하지 않고 일정한 규칙이 있는 것으로 이해된다. 기의 조리로서의 리는 바로 그 규칙성을 지칭하는 것이며, 특히 수학적 방법의 대상으로 이해되고 있기까지 하다. 이렇게 리를 도덕적 원리로서가 아니라 자연의 법칙으로 이해하고 있다는 것은 『추측록』의 「추기측리(推氣測理)」에서 구체적으로 다루고 있는 내용이 지구구형설, 지전설, 해와 별의 타원 궤도, 별의 운행 속도, 밀물과 썰물의 원인, 낮과 밤 또는 겨울과 여름이 생기는 원인, 바람이 생기는 원인과 같은 것이라는 데서도 확인된다. 최한기에 이르러 인간의 적절한 실천을 위한 기반으로서의 자연에 대한 객관적인 인식이라는 관점이 정립됨으로써 도덕성을 매개로 한 자연과 인간의 통일적 인식이라는 주자학적 자연관은 청산되었다.

3) 음양오행설의 부정

음양과 오행은 동양인들이 전통적으로 존재를 이해해 왔던 인식틀이며, 주자학도 예외가 아니다. 그러한 만큼 음양오행에 대한 검토는 새로운 사유의 출현을 찾아내는 작업에서 빼놓을 수 없는 중요한 의미를 지닌다. 김석문은 전통적인 음양오행설을 답습하고 있다는 인상을 완전히 벗어났다고 할 수는 없으나, 그의 음양오행설은 전통의 것과 다른 일면이 있다. 그는 음양을 햇빛의 유무로 설명한다. 햇빛을 받고 있는 부분은 양이며 햇빛이 비치지 않는 부분은 음인 것이다. 그러므로 태양과 지구의 운행에 따라 음양이 늘어나고 줄어들 수밖에 없으며, 나아가 인류 역사의 성쇠가 좌우된다. 지구와 태양간의 거리나 각도에 따라 햇빛의 강약이나 장단이 달라지기 때문이다. 음양에 대한 이러한 이해는 음양을 기의 동정으로 설명하는 기존의 주자학자들과 다른 점이며, 그러한 만큼 그의 음양관이 실학자들의 음양관에 근접해 가고 있음을 보여 주는 것이다.

김석문은 오행에 대해서도 별로 호의적이지 않다. 우주 및 만물의 생성에 대해 논하고 있는 『역학도해』에 오행이 직접 거론되고 있지 않으며 상생이나 상극과 같은 오행의 원리도 보이지 않는다. "음(陰) 양(陽) 수(水) 토(土)의 기가 만물을 낳는다"거나 "풍(風) 수(水) 석(石) 토(土) 화(火)가 지구의 형질(質)을 이루고 있다"와 같은 문구가 있으나, 전자에는 화(火) 목(木) 금(金)이 빠져 있고 후자에는 풍과 석이 첨가되어 있는 대신에 금과 목이 빠져 있다. 그러나 이러한 요소들과 오행의 본질적 차이는 그 숫자나 종목의 불일치에 있는 것이 아니라 그 성격에 있다. 김석문이 제시하고 있는 풍, 수, 석, 토, 화는 결코 상생이나 상극의 관계에 있지도 않으며 만물을 구성하는 다섯 가지의 근원적인 기 또는 형질도 아니다. 그것들은 지구를 구성하고 있는 재료로서 우리가 직접 경험할 수 있는 바람, 물, 돌, 흙, 불과 같은 구체적인 사물일 뿐이다.

지구에 대한 이러한 이해는 지구를 물[水]과 흙[土]으로, 하늘을 기(氣)로, 태양을 불[火]로 이해한 홍대용의 것과 유사하며, 따라서 실학자들의 자연관으로 나아가는 단초라는 평가를 받을 만하다. 홍대용은 자연 현상을 무조건 음양으로 설명하는 음양설을 비판하였다. 구체적인 예를 들자면, 그는 계절의 변화라든가 계절의 변화에 따른 추위와 더위를 음양의 변화로 설명하는 것을 비판하고, 그 대신에 햇빛의 멀고 가까움이나 바로 비춤과 비스듬히 비춤으로 설명하였다. 오행설에 대해서도 그는 근원적인 요소가 꼭 다섯이어야 할 이유가 없다고 보았다. 그래서 육부(六府), 팔상(八象), 사대(四大)와 같은 것이 있을 수 있다는 것이다. 한편 그는 오행 가운데 목과 금, 즉 나무와 쇠는 해와 땅이 낳은 파생물이기 때문에 화, 수, 토와 같은 반열에 놓을 수 없다고 보았다.

박제가의 오행관 역시 전통적인 오행관과 본질적으로 다르다. 그는 오행을 만물의 존재와 운동 변화를 설명하는 근본 범주로 이해하지 않았다. 그는 오행이란 백성들이 이용하여 생활하는 것으로 날마다 쓰지 않을 수 없는 것이라고 하여 오행을 육부와 동일한 선상에서 이해하였다. 박제가에 따르면 물, 불, 쇠, 나무, 흙은 농사를 짓고 도구를 제작하고 수레를 만들고 집을 짓는 데 쓰이는 것일 뿐이다. 이들 사이에는 서로 낳는다든가 서로 극복한다고 하는 성질이 없다. 이렇듯 박제가가 오행에 대한 추상적 이해를 거부한 것은 앞에서 살펴본 신비주의적 자연 이해에 대한 비판과 더불어 그의 자연 이해의 주요한 특징이다. 그리고 이러한 자연 이해는 바로 자연에 대한 경험주의적 이해로 나아갈 수 있는 단초가 되며, 그의 기술중시적 사고를 밑받침하는 것이라고 평가할 수 있다.

정약용 역시 음양의 이름이 햇빛의 비침과 가려짐에서 나왔다고 이해함으로써 주희의 음양론을 부정하였다. 해가 가려지면 음이라 하고 해가 비치면 양이라고 하므로 음양은 본래 체질이 없고 단지 명암만 있는 것이고, 따라서 원래 만물의 부모가 될 수 없다는 것이 그의 생각이었다. 그리고 오행에 대해서는 오행이 만물 중에 다섯 가지 사물에 불과하므로 다른 사물보다 더 근원적인 존재일 수 없다는 논리적 추론과 동물을 해부해 보아도 목, 금 등의 물질이 보이지 않는다는 경험적 사실을 들어 존재에 대한 오행론적 이해를 거부하였다.

최한기는 자연 현상을 설명할 때나 존재 자체를 설명할 때 음양과 오행의 개념을 도입하지 않았다. 그는 소리의 발생을 음양으로 설명하는 것을 반대하며, 간지를 가지고 오행의 생극에 배정하여 사람의 운명을 논하고 귀천을 판단한다든가, 약을 오행에 배속시키고 장부를 오행에 배속시켜 상생상극의 설이 있게 된 것을 비판하였다. 존재론의 영역에서도 그는 근원적 존재로서의 기와 기의 운동 변화만을 인정할 뿐이다. 특히 오행에 대해서는 그것이 구체적인 사물일 뿐 만물의 근원이 될 수 없음을 구체적으로 비판하였다. 이렇듯 최한기는 오행설을 부정했을 그뿐 아니라 서양의 사행설도 부정하였다. 그에 따르면 오행이든 사행이든 그것은 형질의 기이고, 그러한 만큼 그것들은 운동 변화하는 기의 파생물에 불과하다.

5. 서학 수용의 역사적 의미

조선 왕조 오백 년을 이끌어 온 사상 체계는 주자학이었다. 조선의 역사에서 주자학이 갖는 의미는 결코 단일하지 않다. 주자학은 고려 말에 도입된 이래로 역사의 흐름과 끊임없이 교섭하면서 시대마다 서로 다른 역사적 기능을 발휘했기 때문이다. 고려 말의 권문세족이나 조선 초의 훈구파와의 투쟁에서 보듯이 주자학의 엄격한 도덕주의는 지배층의 권력 농단과 부의 집중을 비판하는 무기로 사용될 수 있었다. 그러나 조선 후기의 주자학은 양란 이후 변화된 현실에 탄력적으로 대응하지 못하고 주자학의 원리를 고집하는 교조주의의 한계를 드러내기도 하였다.

윤휴와 박세당의 경전 해석에 내려진 사문난적이라는 규정, 그리고 이미 망한 명나라의 황제를 위한 사당(만동묘)의 건립과 제단(대보단)의 설치가 전형적인 예이다. 보수주의적 주자주의자들에 의해 추진된 이 일련의 사건들은 일차적으로 주자학의 교조화를 뜻하는 것이지만, 동시에 주자학 체제의 균열을 반영하는 것이기도 하다. 주자학 체제는 여전히 견고했지만, 그 견고함 속에는 주자학의 바깥을 사유하려는 탈주의 욕망이 잉태되고 있었다는 것이 조선 후기 사상계의 두드러진 특징이다. 윤휴와 박세당의 탈주자학적 경전 해석은 물론이고 정제두의 양명학, 유형원과 이익의 제도개혁론, 북학파의 북학론, 남공철과 김정희 등의 고증학 수용, 그리고 정약용과 최한기의 새로운 철학 체계 등은 주자학으로 포착되지 않고 주자학에 용해될 수 없는 영역, 즉 주자학의 외부를 사유했다는 점에서 일치한다.

18세기 후반 홍대용, 박지원, 박제가 등 북학파 학자들에 의해서 제기된 북학론은 청나라의 문물을 배우자는 것이 핵심적인 주장으로서 궁극적으로는 서양의 문물을 배우자는 것으로 귀결된다. 다시 말해 북학론은 이규경이나 최한기의 문호개방론을 거쳐 개화파의 개화사상으로 이어진다. 이 일련의 흐름에는 중국중심의 세계관인 중화주의의 타파와 과학기술의 복권이라는 이중의 의미가 중첩되어 있다. 이는 곧 주자학의 두 기둥인 심성수양의 공부(심학)와 이에 기초한 의리의 실천(도학)에 대한 심각한 도전이었다. 공자가 다시 태어나도 서양의 역법을 따를 것이라는 확신을 보였던 이익에게서 그 싹을 발견할 수 있는데, 서양 역법에 대한 신뢰는 제한적이긴 하지만 서양에 대한 신뢰이자 과학기술에 대한 신뢰이다.

홍대용은 서양의 천문학과 역법의 우수성을 인정하는 데서 머물지 않고 그것을 적극적으로 수용하는 데까지 나아갔다. 실제로 그는 지전설, 티코 브라헤의 태양계 모형, 그리고 우주무한설을 결합하여 자신만의 독특한 우주설을 제시하였다. 더 나아가 그는 수학적 방법론과 관찰 도구가 서양 과학의 중요한 본질이라는 것을 간파하고 있었다. 서양 과학에 대한 이와 같은 이해가 있었기 때문에 홍대용은 객관주의적 인식론을 주장할 수 있었다. 그는 인간의 관점이 아니라 제 삼의 관점, 즉 어떤 편견도 갖지 않는 하늘의 관점에서 이 세계를 인식해야 한다는 이천시물론(以天視物論)을 역설하였다. 자연을 객관적으로 인식하자는 홍대용의 주장에는 인간과 사물이 균등하다는 인물균등론이 전제되어 있다. 인간중심주의를 거부하는 이러한 태도가 인간의 문화에 대한 인식에 적용될 때는 문화상대주의가 된다. 홍대용은 인간의 문화에 대한 인식에서도 특정한 문화의 관점, 즉 중국 문화의 관점을 버릴 것을 강조하였다. 그것은 안과 밖의 절대적인 구분을 거부하는 사고이자 중화주의를 거부하는 사고이다.

서구의 과학기술이 주목받기 시작했고, 마침내 그것을 적극적으로 수용하자는 주장들이 제기되었다는 것은 앞에서 말한 것처럼 과학 기술이 중요한 학문 분과로 인정되었다는 것을 의미한다. 이는 조선 주자학에서 경전 공부, 궁극적으로는 마음의 공부에 가려 잘 드러나지 않았던 자연학의 가치 회복이었다. 이렇게 심학으로부터 자연학으로 학문의 중심이 이동한 것은 단순한 학문관의 변화가 아니라 기본적으로 세계를 인식하는 문제틀이 변화했음을 뜻한다. 이런 측면에서 주목되는 사상가가 최한기이다.

최한기가 그의 주요한 저서인 『신기통(神氣通)』과 『추측록(推測錄)』을 썼던 1836년은 아편전쟁이 일어나기 4년 전이었다. 중화주의 체제의 중심국으로 군림해 왔던 중국이 군함과 대포를 앞세운 서구 열강에 무릎을 꿇고 바야흐로 세계 자본주의 체제에 편입되기 시작하던 시기에 중화주의 체제의 변방국 조선에서 최한기의 철학이 탄생했던 것이다. 최한기는 세계자본주의 체제로의 편입이 과연 무엇을 의미하는지, 그리고 그러한 변화의 끝이 어디인지에 대해서는 뚜렷한 의식을 갖지 못했지만, 동양과 서양의 교류가 거스를 수 없는 시대적 대세라는 것만은 분명하게 인식하고 있었다.

최한기의 현실 인식은 기본적으로 현실은 변했다는 것이었다. 그리고 그러한 변화를 정확하게 인식하고 제대로 대처하자는 것이었다. 변화한 현실에 대처하는 방법으로 최한기가 제시한 것은 변한 것을 가지고 변한 것에 대처해야 한다는 것이었다. 변화한 세계 정세 속에서는 옛것만을 고집할 것이 아니라 무엇인가 관점의 전환이 필요하다는 것이다. 관점의 전환, 그것은 곧 우리보다 나은 것이 있다면 서양 문물을 수용해야 한다는 것이었다. 그의 문제의식은 주자학적 풍속이나 윤리를 지키는 데 있지 않았고 서구의 실용적인 문물을 받아들이는 데 있었다. 그가 그 시대 서구 열강들의 동양 진출이 지닌 자본주의적 본질, 그리고 그 속에 잠재되어 있던 제국주의적 속성을 간파할 만한 안목을 갖추지 못했다는 한계에도 불구하고, 그 이후 진행되는 세계사의 전개 과정에서 민족의 생존을 위해 무엇보다 중요한 것은 과학기술과 그에 기반을 둔 군사력이었다는 사실에 비추어 그의 시대 인식은 크게 틀리지 않았다. 그의 말처럼 이기고 지는 것은 풍속이나 윤리에 있지 않고 실용적인 과학기술에 있었기 때문이다.

기존의 지배적인 이념과 현실 사이에 괴리가 발생할 때 그 간극을 메우려는 노력은 지식인에게 부과된 과제이다. 군사력과 경제력은 물론이고 문화적 수준에서조차도 청나라의 실체를 인정해야 했을 그뿐 아니라 서양의 과학기술 수준에 감탄해야 했던 조선 후기 실학자들은 주자학적 지반 위에서 새로운 문화(청 및 서양의 문화)의 충격을 흡수하고자 했던 사람들이다. 그 낯설고 이질적인 문화를 어떤 형태로든 수용하고자 했던 이익, 홍대용, 박지원, 박제가, 정약용, 최한기 등이 그들이다. 새로운 문화에 대한 이들의 수용은 외적 강제력보다는 내적인 필요성에 의한 것이었다는 점에서, 그리고 그것에 대한 깊이 있는 검토를 수반했고, 그 결과로서 전통의 지반을 포기하지 않았다는 점에서 그 이후 타율적이고 맹목적으로 진행된 '식민지적 근대화'와는 차원을 달리한다.

더 읽어볼 거리

—

강재언, 『서양과 조선』, 학고재, 1998.

02

지구와 상식
: 조선 후기의 지구설 논쟁

1. 서론

오늘날 땅이 둥근 공 모양이라는 것은 상식에 속한다. 교과서, 지구의, 인공위성 사진 등을 통해 어려서부터 땅이 둥글다는 사실을 배워온 우리는 그것을 더 이상 진지한 과학적 주제로 생각하지 않는다. 예를 들어, 우리는 인류가 살고 있는 땅을 '지구(地球)'라고 부르면서도, 그 단어를 구성하는 한자의 의미-땅은 공 모양이다-에 대해서는 깊이 생각하지 않는다. 하지만 300여 년 전 우리 선조들이 서양 선교사들의 책에서 땅이 둥글다는 이야기를 처음 접했던 때로 거슬러 올라가면 상황은 달라진다. 당시 '지구'라는 말은 생경한 용어였으며, 기이한 상상과 치열한 논쟁을 불러일으키는 말썽 많은 개념이었다. 요즈음 '줄기세포'나 '인간복제'와 같은 단어에서 사람들이 느끼는 것과 비슷한 정도의 충격을 당시 사람들은 '지구'라는 말에서 받았던 셈이다.

조선후기 지구설의 진위를 둘러싸고 일어난 소동은 땅이 둥글다는 것을 자명하게 여기는 오늘날의 우리에게는 우스꽝스럽게 비춰진다. 지구의 진리는 너무나 분명해서, 당시 사람들의 상당수가 이를 받아들이지 않았다는 점을 우리는 쉽게 이해하지 못한다. 수평선에서 돛대부터 드러나는 배의 모습, 월식 때 달을 잡아먹는 둥그런 땅 그림자와 같은 분명한 증거를 앞에 두고도, 왜 조선 시대 사람들은 땅이 평평하다는 잘못된 생각에 매달렸을까?

지구설을 거부한 사람들의 아집이 이해하기 어려운 만큼 반대로 지구설을 받아들인 사람들의 합리성과 개방성은 부각되기 마련이다. 흥미롭게도 조선 후기에 지구설을 받아들인 이들은 대개 오늘날 실학자(實學者)로 불리는 인물이다. 이익(李瀷, 1681-1763), 홍대용(洪大容, 1731- 1783), 박지원(朴趾源, 1737-1805), 정약용(丁若鏞, 1762-1836) 등이 그들인데, 오늘날의 역사학은 이들을 허황된 주자성리학을 비판하고 실용적인 학풍을 제창했으며, 이전까지 중국의 그늘에 가려졌던 우리의 역사와 지리를 연구하여 근대 민족주의를 개척한 인물로 평가한다. 이러한 실학적 학풍은 이들이 지구설과 같은 서구 지식에 대해 지녔던 개방적인 태도와 잘 어울리는 것처럼 보인다. 실제로 오늘날 역사가들은 실학자들이 개척한 근대적 사상의 바탕에 지구설과 같은 서구 과학 지식이 중요한 영향을 미쳤다고 판단한다.

하지만 이와 같이 깔끔한 구도에는 뭔가 석연치 않은 구석이 있다. 우리와는 아주 다른 세상을 전혀 다른 상식을 가지고 살았던 수백 년 전의 선조들을 우리는 오늘날의 상식으로 지나치게 재단하고 있는 것은 아닐까? 오늘날처럼 인공위성으로 땅의 모양을 직접 확인할 수 없던 옛 사람들을 지구설을 받아들이지 않았다고 해서 전근대적이며 불합리하다고 간단히 치부해 버릴 수 있을까? 그들의 입장에도 이해할 만한 구석이 있지 않았을까? 반대로 지구설을 받아들인 사람들이라고 해서 무작정 과학적이며 합리적이라고 평가할 수 있을까? 하지만 실제로 땅이 둥글다는 오늘날의 상식을 접어두고 과거 사람들이 남긴 문헌을 차분히 살펴보면 근대/전근대, 과학/비과학이라는 단순한 구도에 저항하는 풍부하고 이질적인 사유에 접하게 된다. 조선후기에 지구라는 개념은 그것을 받아들이기 거부했던 사람은 물론 그것을 열렬히 수용한 사람들에게도 오늘날 우리가 생각하는 것과는 전혀 다른 의미를 띤 존재였다. 나는 이글에서 이렇듯 우리의 상식으로 쉽게 포착되지 않는 당시 지구설 논쟁의 기묘함을 되살려 보려고 한다.

2. 서양 선교사들의 지구설은 근대적 지식이었을까?

과거의 지구설 논쟁을 이해하기 위해 우리가 접어두어야 할 첫 번째 선입견은, 당시 서양 선교사들이 소개해 준 지구설을 오늘날 우리가 알고 있는 학설과 큰 차이가 없다고 보는 일이다. 선교사들의 학설을 현대 지식과 동일시하는 일은 곧 당시에 그것을 받아들이기를 거부했던 사람을 전근대적이라고 평가하는 중요한 전제가 된다. 하지만 17세기 초 선교사들의 문헌에 소개된 지구설은 오늘날의 그것과 여러 모로 달랐고 심지어는 '전근대적'이라고 볼 만한 요소도 다분했다.

물론 선교사들의 지구설에는 오늘날의 기준으로 판단해도 옳은 지식이 포함되어 있었다. 중국의 기독교 선교를 개척한 예수회 신부 마테오 리치(Matteo Ricci, 1552-1610)는 "공 모양의 땅 위에 사람 사는 세상이 펼쳐져 있다"는 학설을 여러 경험적 증거로 뒷받침했다. 월식 때 달을 잡아먹는 땅의 그림자가 원형이라는 점, 지상의 관측자가 북쪽으로 250리 올라가면 북극성의 고도가 1도 상승한다는 점, 땅의 동서(東西)로 해가 뜨는 시각이 다르다는 점 등이 그가 제시한 '과학적' 증거들이었다.

그는 지구설을 이용하면 세계 지도를 아주 정확하게 제작할 수 있음도 보여주었다. 지

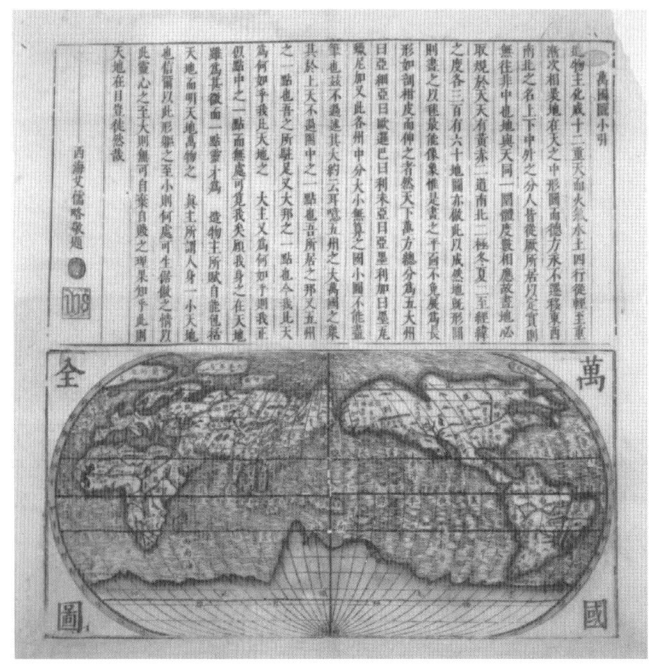

그림 1 | **중국의 예수회 선교사 알레니(Giulio Aleni)가 그린 〈만국전도(萬國全圖)〉(1623)**

구 위의 특정 지점은 그 지역의 북극고도를 반영하는 위도와 다른 지역과의 시차를 반영하는 경도를 통해 정확히 표현되는데, 이를 기하학적 투영법을 통해 종이 위에 옮기면 바로 정밀한 지도가 되는 것이다. 실제로 선교사들은 여러 차례 서구식 세계지도를 제작하여, 중국인들에게 서구 르네상스 지도학의 정밀함과 그 이전 100여 년간의 지리적 탐사를 통해 확보한 풍부한 지리적 정보를 과시했다(〈그림 1〉 참조). 그러한 지도의 대표적인 예로 1602년 북경에서 마테오 리치가 제작한 〈곤여만국전도(坤輿萬國全圖)〉를 들 수 있는데, 이 지도는 중국을 방문한 사신에 의해 이듬해 우리나라 조정에도 전해져 이수광(李睟光, 1563-1628)의 『지봉유설(芝峰類說)』에 이를 감상한 기록이 남아 있다.

그러나 선교사들의 지구설과 세계지도의 과학적인 외양은 여기서 그친다. 그 친숙한 지식의 이면으로 조금만 들어가 보면, 낯설고 쉽게 납득할 수 없는 지식의 세계가 그 기이한 모습을 드러낸다.

예를 들어, 선교사들은 땅이 둥글다는 것을 보이기 위해 앞서 언급한 '과학적'인 증거 외에 아리스토텔레스(Aristotlese, BC 384-BC 322) 철학의 논리도 사용했다. 기원전 4세기 그리스의 철학자 아리스토텔레스가 창안한 철학은 그 뒤로 2000여 년 동안이나 서구인들의 정신을 사로잡았지만, 17세기 근대과학의 등장과 더불어 서서히 낡고 잘못된 지식으로 비판받기 시작하고 있었다.

아리스토텔레스에 따르면, 지구가 우주의 중심에 있고 그 주위를 투명한 천구(天球)들

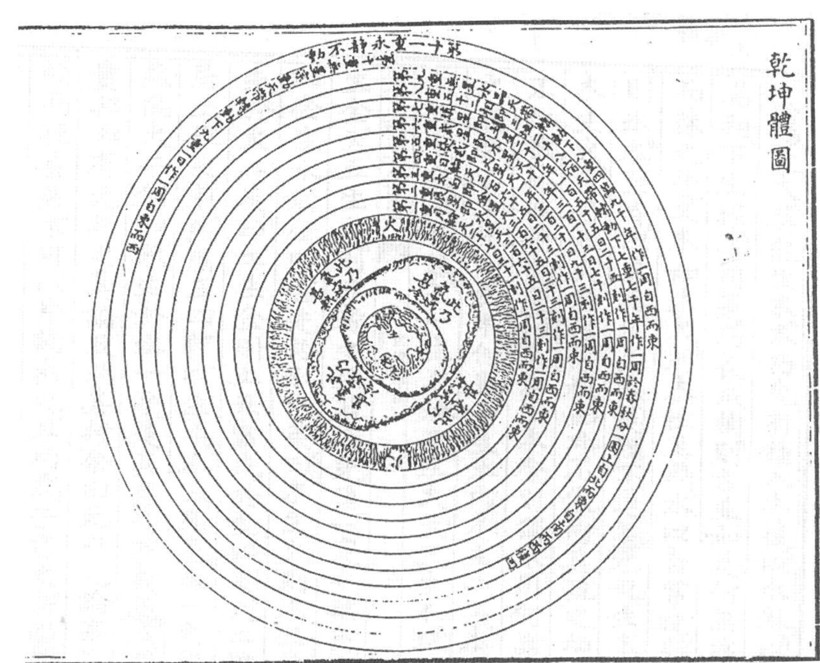

그림2 | **마테오 리치가 소개한 아리스토텔레스 우주 체계. 지구가 우주의 중심에 있고 그 바깥을 천구들이 에워싸고 있다. 마테오 리치가 저술한 천문학 개론서 『건곤체의(乾坤體義)』에 포함되어 있다.**

이 겹겹이 둘러싸고 있다. 그 천구들에 달, 수성, 금성, 태양, 화성, 목성, 토성과 같은 별들이 고정되어 있어 함께 회전한다. 인류가 살고 있는 지상 세계는 물, 불, 흙, 공기의 4원소로 이루어졌으며, 이것들은 그 무게에 따라 위로 올라가거나 아래로 내려오는 운동을 한다. 그 중 무거운 원소인 흙과 물은 아래로 떨어지는데, 우주적 관점에서 달리 말하자면 이는 우주의 중심을 향해 모이는 운동이다. 이때 흙과 물이 사방에서 같은 세력으로 중심에 모이기 때문에 필연적으로 둥근 모양, 즉 '지구'를 이루게 된다(〈그림 2〉 참조).

17세기 중국에서 활동했던 서양의 신부들은 땅이 둥글다는 것을 증명하기 위해 이렇듯 오늘날에는 아무도 옳다고 인정하지 않는 아리스토텔레스의 4원소설을 이용했다. 이러한 논증이 낯설고 받아들이기 어려웠던 것은 아리스토텔레스 철학과는 전혀 다른 관점, 즉 유교 성리학의 눈으로 세계를 바라보던 당시 중국과 조선의 지식인들도 마찬가지였을 것이다.

당시 사람들을 더욱 당혹스럽게 한 것은 선교사들의 문헌에 담긴 세계지리 지식이었다. 선교사들이 중국에서 출간한 세계지도와 지리서에는 지상 세계에 펼쳐진 대륙과 바다, 기이한 풍습의 민족들, 신기한 동식물에 대한 풍부한 기록이 담겨 있었다. 이는 대개 유럽인들의 항해와 탐사에서 직접 경험한 내용이었지만, 그 가운데는 불사조, 소인국 등 예로부터 내려온 황당무계한 전설, 바벨탑이나 소돔과 고모라의 멸망과 같이 성서에 등장하는 이야기도 있었다. 예를 들어 마테오 리치는 유럽에 있다는 소인국에 대해 "그 키가 일척에 지나지 않으며, 다섯 살에 자식을 낳고 여덟 살이면 늙는다"라고 소개하고 있다. 17세기 후반 중국 천문대에서 활동했던 예수회 신부 페르비스트(Ferdinand Verbiest, 1623- 1688)의 『곤여도설(坤輿圖說)』에서 뽑은 〈그림 3〉은, 당시 선교사들이 간행한 세계지리서의 기묘한 분위기를 잘 보여준다. 그는 유럽인들이 지닌 지리적 정보의 풍부함을 과시하고 또 중국 독자들의 흥미를 끌기 위해 세계 곳곳의 기이한 사적을 널리 소개했다.

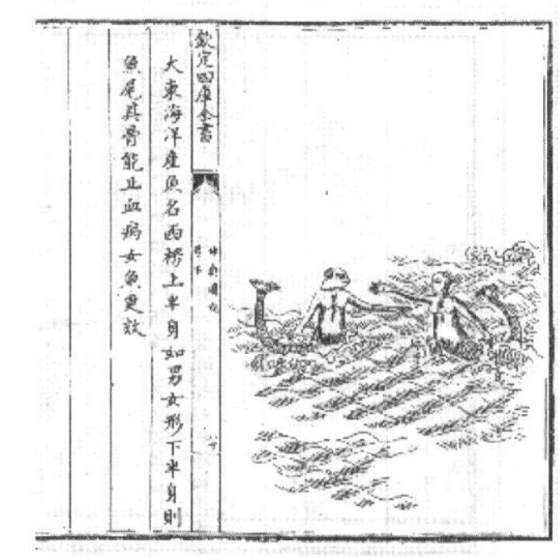

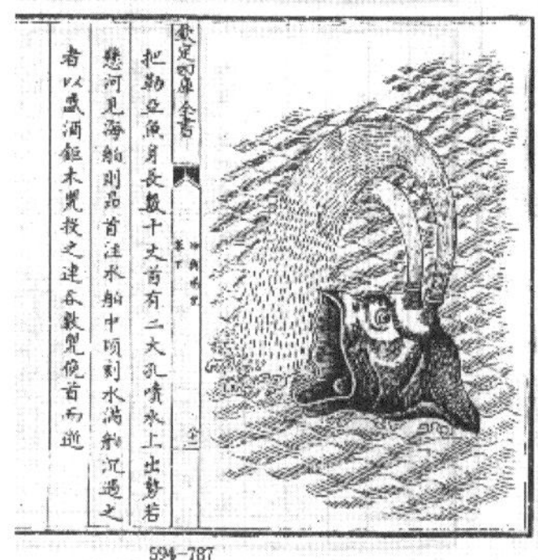

그림3 | **페르비스트의 세계지리서 『곤여도설』에 등장하는 기이한 동물들 – 반인반어족과 고래**

하지만 페르비스트의 이러한 전략이 그리 현명했다고 보기는 어렵다. 그의 책을 비롯한 선교사들의 지리서들이 흥미로운 내용 덕분에 동아시아 사회에 널리 퍼져간 것은 사실이지만, 독자들의 반응은 대체로 "믿을 수 없다"거나 "황당무계하다"는 부정적인 쪽으로 기울었다. 책에 대한 불신은 이를 저술한 저자들에게도 그대로 옮겨졌는데, 이는 토착민들과의 인간적 신뢰 관계가 절실했던 선교사들에게는 치명적이었다.

특히 유교 지식인들이 서양 세계지리서를 불신한 데는 나름의 이유가 있었다. 유교 전통에서는 이미 오래전부터 상식에서 벗어난 황당무계한 논의를 장려하지 않았다. 일찍이 공자는 제자들에게 귀신이나 일상을 초월한 기이한 것에 관심을 가지기보다는 일상의 윤리와 정치 등 세상의 교화에 필요한 실질적인 일에 진력하라고 가르쳤다. 이러한 공자의 가르침은 후대의 유교 지식인들에게 그대로 이어졌다. 중국에도 『산해경(山海經)』과 같이 세계에 산재한 기이한 민족과 괴물들을 기록한 전통이 있었지만, 이는 유교에 의해 비정통적이며 믿을 수 없는 문헌으로 곧잘 비판받았다.

17세기 서양 선교사들의 지도와 지리서에 접한 유교 지식인들은 그것이 바로 그 황당한 『산해경』과 비슷한 부류에 속한다는 느낌을 강하게 받았다. 그들은 『산해경』에 대한 유교의 부정적 평가를 서구의 지리 문헌에 그대로 적용했다. 오늘날의 관점에서 보자면, 선교사들의 지식에는 옳은 것과 황당한 것이 섞여 있었지만, 당시 유교 지식인들은 이를 구별할 배경지식도 없었고 또 그럴 필요도 느끼지 못했다. 그 결과 상당히 많은 사람들이 소인국이나 불사조에 관한 내용뿐 아니라 땅이 둥글며 그 위에 다섯 대륙이 펼쳐져 있다는 주장조차 받아들이지 않았다. 성호 이익의 제자 신후담(愼後聃, 1702-1761)이 남긴 아래의 글은 기이한 것에 대한 유교의 합리주의적 비판이 선교사들의 세계지리 문헌에 어떻게 적용되는지를 보여주는 좋은 예이다.

또 천하의 무수한 지역 중에 직방씨(職方氏, 중국 고대에 지리를 담당하던 관직)가 기록한 곳 너머의 먼 바다와 막막한 곳은 거리가 아주 멀어 육지나 바다로 통하지 못하므로 비록 기이한 형상의 나라가 그 가운데 흩어져 있다 해도 실제로 가서 실상을 경험할 수 없다. 이는 곧 군자(君子)라면 내버려두고 논하지 않아야 할 것이다. 저 서양의 선비들이 비록 멀리 유람하는 데 뛰어나다고 해도 반드시 천지 사방의 끝까지는 가지 못했을 것이므로 바다 가운데 있는 여러 나라들 중에는 혹 널리 이르지 못한 곳이 있을 것이다. 단지 자신의 이목이 미치는 것을 근거로 구구히 나누어 기록하여 다섯 대륙을 지정하고는 오만하게도 자신이 천하의 모든 곳을 다 보았다고 하니 그 견식이 어찌 그리도 용렬한가!

— 신후담, 『서학변(西學辨)』

서구 지리 지식이 지닌 문제를 더욱 증폭시킨 것은 그것이 유교적 세계관의 핵심이랄 수 있는 중화주의, 즉 중국 중심의 세계관과 충돌했다는 점이다. 유교의 세계관에서 중국은 세계의 중심이며 천하 유일의 문명이 자리한 곳이었다. 요순임금과 같은 옛 성인들은 천명을 받아 세계의 중심에 성스러운 유교 문명을 건설했다. 하늘과 접촉할 수 없는 중국 선계의 다른 '주변' 지역은 중국의 가르침을 받지 않고서 문명화될 수 없었다. 조선후기의 성리학자들은 바로 조선이야말로 중국 바깥의 나라들 중 유교적 문명화를 성공적으로 이룩한 예외적 사례라고 자부하고 있었다.

기독교를 전하기 위해 중국으로 온 선교사들의 입장에서, 이러한 믿음을 그대로 둔 채로 선교를 진행할 수는 없었다. 유교 지식인들이 '서방 야만족의 가르침'인 기독교를 진지하게 받아들일 리 없었기 때문이다. 선교사들은 지구설과 세계지리 지식이 바로 중화주의적 세계상을 뒤흔드는 데 아주 효과적인 무기임을 깨달았다. 지구설에 따르면 둥근 땅 위에는 중심이 없다. 17세기 초 중국 산동(山東) 지역에서 활동하고 있던 선교사 로드리게스(J. Rodriguez, 1561-1633)는 조선 사신을 수행하고 온 한 역관(譯官)에게 "만약 땅이 둥글다는 관점에서 논한다면, 각각의 나라를 모두 중심이라고 볼 수 있을 것"이라고 말했다. 세계지도와 지리서는 지구 위에서 중국이 차지하는 지리적, 문화적 비중이 동아시아인들이 생각하는 것처럼 그리 크지 않다는 점을 보여주는 데 유용했다. 중국은 큰 나라이기는 하지만 지구상에는 비슷한 크기의 나라들이 여럿 있고, 유럽도 그중 하나이다.

더욱이 중국이 세상의 유일한 문명도 아니었다. 이탈리아 출신의 선교사 알레니(Giulio Aleni, 1582-1649)는 『직방외기(職方外紀)』(1623)라는 지리서에서 고대 근동지방에서 발원하여 유럽에서 꽃을 피운 기독교 문명의 오래됨, 고상함, 성대함을 부각시켰다. 이 세계를 창조한 신이 아브라함이나 다윗과 같은 팔레스타인 지역의 '성인'들에게 자신의 섭리를 계시했다면, 그리고 이 세상을 구원할 구세주가 그곳에 태어났다면, 이 세상의 진정한 중심은 중국이 아니라 팔레스타인 지방, 또는 이후 기독교 문명을 성실히 이어받은 유럽이 아닌가?

선교사들의 지구설과 지리 지식에는 이렇듯 당시 유교 지식인들의 관점에서 불합리하며 불온한 요소들로 가득했다. 따라서 어떤 점에서는 당시에 지구설을 받아들이지 않은 사람이 있었다는 것보다는, 도리어 그렇듯 불합리하고 불온한 외래의 지식을 받아들인 사람들이, 그것도 상당히 많았다는 사실이 더 기이하게 느껴진다. 오늘날 우리가 설명해야 할 것은 바로 그와 같은 '불합리한' 사람들의 존재일 것이다.

3. 왜 지구 반대편 사람들은 '아래로' 떨어지지 않는가? – 대척지 논쟁

조선후기의 지구설 논쟁을 이해하기 위해서 접어두어야 할 두 번째 선입견은, 당시의 논쟁 구도가 단순히 서양의 지구설과 전통적인 지평설(地平說, 땅은 평평하다는 학설) 사이에서 이루어졌다고 보는 것이다. 실제의 쟁점은 그리 간단하지 않았는데, 땅의 모양에 대한 동아시아의 전통적 학설이 "땅이 평평하다"는 한 마디로 요약될 만큼 간단하지 않았기 때문이다.

물론 지구설이 전해지기 이전 동아시아 사람들은 땅이 대체로 평평한 모양이라는 데 별다른 의심이 없었다. 17세기 초 명나라에서 간행된 백과사전에 실린 〈그림 4〉는 당시 땅의 모양에 관한 동아시아의 상식적 관념을 잘 보여준다. 둥근 원은 하늘을 나타내며 그 가운데 가로놓인 막대는 옆에서 본 땅덩이이다. 땅 가운데에는 예로부터 세계의 중심이라고 생각되어 온 숭산(嵩山)이 그려져 있는데, 그 근처에 고대 주나라의 설립자 주공(周公)이 세운 낙읍을 비롯해 중국 옛 왕조들의 도읍지들이 위치해 있다.

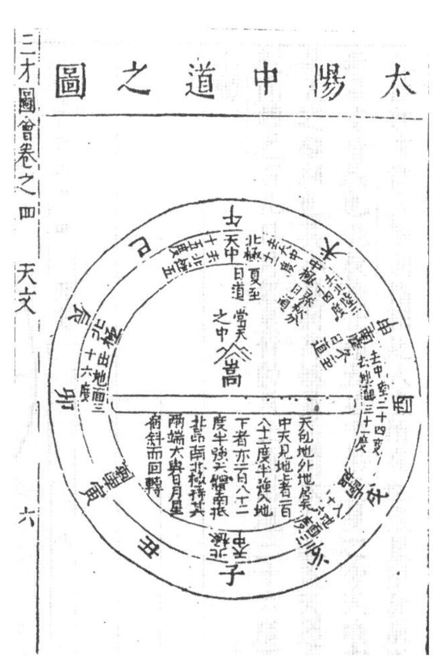

그림4 | **땅의 모양에 대한 전통적인 관념. 명나라 말 왕기(王圻)의 백과사전『삼재도회(三才圖會)』에 포함되어 있다.**

그런데 이 그림을 유심히 보면 가운데의 판자가 땅덩이의 실제 모양을 표현한 것이 아니라는 점을 알 수 있다. 땅 위에는 숭산 말고도 산곡, 하천, 바다가 복잡하게 어울려 있어야 하지만, 이 그림에서는 천지의 중심인 숭산을 제외하고는 모두 생략되어 있다. 이를테면 이 그림은 하늘과 땅을 이상적으로 단순화시킨 도상으로서, 천원지방(天圓地方), 즉 "하늘은 둥글고 땅은 모나다"는 예로부터의 관념을 표현한다.

"땅이 모나다"는 명제는 이미 중국 전국시대(戰國時代)에도 땅이 문자 그대로 네모난 모양이라는 뜻으로 해석되지는 않았다. 그것은 땅이 우주의 중심에 정지하여 자신의 자리를 지키는 '방정(方正)한' 덕을 지니고 있어, 그 둘레를 굳건히 회전하는 하늘의 강건한 덕과 대비된다는 뜻으로 이해되었다.

그렇다면 땅의 실제 모양에 대해서 고대 중국의 학자들은 어떻게 생각했을까? 흥미롭게도 가장 널리 퍼진 태도는 불가지론, 즉 땅의 전체적 모양을 우리는 알 수 없다는 입장이었다. 지상 세계는 너무나 광대하고 불규칙해서 그 전체 모양을 단정하기란 불가능하다. 높은 산에 올라간다고 해도, 저 하늘과 맞닿은 땅의 사방 끝이 한눈에 보이지 않으며 도리어 산천이 굽이굽이 끊임없이 이어지고 있다는 것만 알 수 있다. 이러한 관찰 때문인지 송나라의 주희(朱熹, 1130-1200)는 땅덩이를 복잡한 주름이 있는 '만두'같은 모양이리라고 추측했는데, 이는 중국 역사상 땅의 전체 모양을 적극적으로 묘사한 몇 안 되는 사례 중 하나이다.

따라서 17세기 땅덩이가 둥근 공 모양이라는 서양의 학설이 소개되었을 때, 비판자들의 의문은 땅이 둥근지 아닌지의 문제에 앞서 과연 땅덩이가 그와 같이 매끈한 기하학적 도형으로 표현할 수 있는 것인지로 모아졌다. 17세기 중반 중국의 저명한 학자 왕부지(王夫之, 1619-1692)는 마테오 리치를 거명하며 지구설을 비판했는데, 이때 그는 땅이 평평하다고 주장한 것이 아니라 땅의 모양이 네모든 원이든 어떤 단순한 도형으로 환원될 수 없는 불규칙한 것임을 강조했다. 복잡한 지상세계를 보라, 거기에서 어디 매끈한 기하학적 도형을 발견할 수 있는가! 왕부지는 그럼에도 땅이 구형이라고 우기는 마테오 리치가 건전한 상식을 가진 사람인지 의심하지 않을 수 없었다.

이렇듯 땅의 전체적 모양에 대해서는 단정적이지 않았던 동아시아 전통도 한 가지 문제에서만은 분명한 태도를 보였다. 그것은 땅을 포함한 이 우주에서 위아래를 확실하게 구분할 수 있다는 것이었다. 사람은 '위로는' 하늘을 이고 '아래로는' 땅을 딛고 살고 있다. 만물은 특별한 이유가 없는 한 위에서 아래로 떨어진다. 따라서 땅덩이가 어떤 모양이건 그 아래편에는 사람이 살 수 없다. 왜냐하면 그곳에는 사람들이 딛고 서 있을 곳이 없어 '아래로' 떨어질 수밖에 없기 때문이다. 그렇다면 우주의 가운데 허공에 위치한 땅이 '아래로' 떨어지지 않는 이유는 무엇일까? 이는 아주 옛날부터 중국의 학자들을 괴롭혀 오던 문제였다. 이에 대해 고대로부터 널리 통용되던 대답은 땅 주위를 기(氣)가 둘러싸서 받쳐주고 있다거나 땅이 물 위에 떠 있다는 것이었다. 이러한 생각은 송나라 때 주희에 의해 좀 더 체계적으로 표현되었으며, 이후 그의 지적 권위가 높아짐에 따라 중국과 조선 학자들 사이에 널리 받아들여졌다.

서구의 지구설과 직접적으로 충돌했던 것은 이와 같이 상하를 엄밀히 구분하는 동아시아의 상식이었다. 서구의 아리스토텔레스 철학에서는 무거운 물체가 우주의 바깥에서 가운데로 모인다고 보았다면, 동아시아인들은 위에서 아래로 떨어진다고 생각했다. 서양인들은 둥근 땅의 표면 전체에 산과 바다 그리고 인간의 세계가 펼쳐져 있다고 보았다면,

동아시아인들은 땅이 물이나 기(氣) 위에 떠 있고 사람과 만물의 세계는 그 땅덩이 '위쪽에만' 펼쳐져 있다고 보았다. 결국 서구와 중국의 세계상은, 땅 반대편에 우리와 발을 맞대고 있는 사람들의 세계, 즉 '대척지'가 있는지 아닌지의 쟁점에서 정면으로 대립했던 것이다.

이는 중국인들에게 지구설을 처음 소개했던 마테오 리치도 잘 알고 있었다. 그는 중국인들의 절대적 상하관념을 교정하지 않고서는 그들에게 지구설을 납득시킬 수 없음을 깨달았다.

> 땅의 상하사방은 모두 사람이 사는 곳으로서 커다란 공 모양이니, 본래 위아래가 없다. … 무릇 사람의 발이 딛고 있는 쪽이 아래이며 머리가 향하는 쪽이 위이니, 단지 자신이 사는 곳을 기준으로 위아래를 나누는 것은 옳지 않다.
>
> — 마테오 리치, 『건곤체의(乾坤體義)』

구형의 땅이 우주의 중심에 있으며 그 바깥에 있는 사물들은 사방에서 중심을 향해 모일 뿐이다. 중국의 반대편에 있는 남아메리카에서도 사람들은 땅을 딛고 하늘을 우러르며 살고 있고 무거운 것은 땅 쪽으로 떨어진다. 이렇듯 상하의 관념을 지구를 중심으로 하는 내외의 관념으로 바꾸어서 생각한다면, 땅이 허공에 떠 있고 그 아래쪽에 사는 사람들이 아래로 떨어지지 않도록 기(氣)나 물이 떠받친다는 생각을 굳이 덧붙일 필요가 없다.

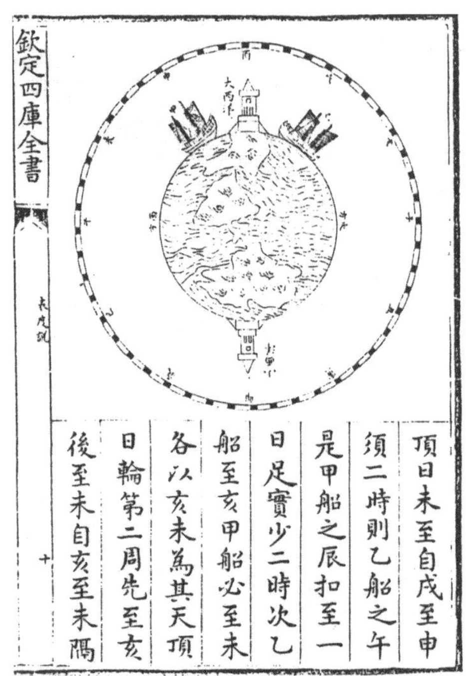

그림 5 | **선교사들의 천문서적에 담긴 지구의 모양. 대척지 관념이 잘 드러나 있다. 〈그림 4〉에 나타난 전통 중국의 우주도와 대비된다. 드 우르시스(de Ursis)의 『표도설(表度說)』에 실린 그림이다.**

하지만 선교사들의 이러한 설명으로 수천 년 이어져 온 상식을 단번에 깰 수는 없는 일이었다. 지구설을 비판했던 사람들은 선교사들의 생경한 논리대신 "물은 '아래로' 흘러간다."는 일상의 경험을 더 신뢰했다. 그들에게 우주는 상식을 초월한 기이한 세계가 아니었다. 그들은 우주적 스케일에서도 일상에서 경험하는 상식이 그대로 적용되리라고 확신했다. 그들에게는 상식이 곧 진리의 저울 추였다. 뒤집어 말하자면, 상식에서 벗어나는 주장은 진리가 될 수 없었다.

17세기 후반 조선의 지구설 비판가였던 김시진(金始振, 1618-1667)은 상식을 기준으로 하여 지구설의 부조리함을 지적했다. 만약 서양인들의 말처럼 땅의 반대편에도 사람들이 산다면, "그들의 발은 땅에 거꾸로 붙어 있어야 할 것이며, 건물을 세우거나 물건을 놓아두는 것도 반드시 모두 거꾸로 붙어 있어야 할 것이며, 긷는 물도 거꾸로 채우고 저울추도 거꾸로 늘어질 것이다. 천하에 이런 이치가 있겠는가!"라며 땅 반대편에 우리와 발을 맞대고 있는 사람들의 세계가 존재한다고 말하는 것은 상식에 어긋나며 따라서 이치에도 합치하지 않는다는 것이다.

따라서 당시 조선에서 지구설을 옹호하던 몇몇 사람들은 몰상식하고 허황되며 따라서 신뢰할 수 없는 인물로 취급받는 경우가 있었다. 성호 이익의 기록에 따르면, 17세기 초 이시언(李時言)이라는 인물이 조정에서 장수로 추천되었는데, 그가 평소에 지구설을 굳게 믿었다는 점이 논란이 되었다. "서양 학설이 잘못된 줄도 모르는 이가 어떻게 적진을 엿보고 적의 행동을 제압할 수 있겠는가"라고 비난한 이가 있었던 것이다. 지구설처럼 황당한 학설을 믿는 것을 보면 장수로서의 임무를 제대로 수행할 건전한 판단력이 없음을 알 수 있다는 것이다.

이시언에 관한 기록은 17세기 초 조선에 지구설이 소개되자마자 이를 받아들인 사람들이 나타났음을 보여주는 흥미로운 기록이다. 당대의 비중 있는 학자와 정객 중에서도 지구설을 옹호하는 사람이 있었는데, 17세기 중엽의 문인이자 거물급 정치가 김만중(金萬重, 1637-1692)이 대표적인 경우이다. 그의 『서포만필(西浦漫筆)』에는 당시 지식인들에게 지구설이 믿을 만한 지식임을 설파하는 여러 단편들이 포함되어 있다. 하지만 17세기 내내 지구설을 믿은 사람들은 소수에 불과했던 것 같다. 그런데 그 후 100여 년이 지나는 동안 상황은 바뀌어서 지구설 지지자의 수는 점점 늘어났고, 18세기 중 후반 영·정조의 시기에는 서양 선교사들의 책을 읽을 기회가 많았던 서울 경기 지역 학자들의 상당수가 땅이 둥글다는 점을 받아들이게 되었다.

그들이 상식에 위배되는 지구설을 받아들이게 된 이유나 동기를 추적하기란 쉽지 않다. 지구설 비판가들은 이러한 현상을, 평범하고 상식적인 것보다는 기이한 것을 좋아하는 천박한 호기심 탓으로 보았을 것이다. 이러한 생각이 전적으로 틀린 것은 아니겠지만, 그렇다고 사람들이 별다른 합리적 이유 없이 지구설을 받아들였다고 볼 수는 없을 것이다. 북극고도의 변화, 시차 현상 등 선교사들이 제기한 여러 경험적 증거가 지닌 설득력도 물론 무시할 수 없다. 그러나 조선의 학자들에게 지구설이 믿을 만하다는 생각을 불러일으킨 중요한 요인은 서양 천문학의 성공이었다. 17세기 중엽을 거치며 서양 천문학이 전통 천문학보다 정확하다는 점이 중국과 조선 사회에 널리 받아들여지게 되었고, 결국에는 두 나라 조정의 공식 천문학으로 채택되기에 이르렀다. 이는 서양 천문학의 바탕에 전제된 지구 모델에 대해서도 긍정적인 영향을 미쳤다. 땅이 둥글다는 주장이 비록 황당하게 들리기는 하지만 이를 받아들이지 않고서는 천체 현상을 정확히 예측할 수 없게 된 것이다. 게다가 서양 천문학을 승인한 중국과 조선의 왕실도 이를 통해 간접적으로나마 지구설의 손을 들어준 셈이 되었다.

하지만 그렇다고 문제가 충분히 해결된 것은 아니었다. 위와 아래를 엄밀히 구분하는 과거의 상식과 지구설이 충돌한다는 문제는 여전히 해소되지 않은 채로 남아 있었다. 지구설에 대해 회의하는 동료들에게 지구설을 믿는 자신이 온전한 상식을 갖춘 믿을 만한 유학자임을 보여주려면, 이 문제에 대해서 만족할 만한 설명을 하지 않으면 안 되었다. 18세기 초 남극관(南克寬, 1689-1714)이라는 학자가 지구설이 상식과 어긋나는 학설이 아니라고 강변한 것은 바로 그 때문이었다. 앞서 언급한 김시진의 지구설 비판을 반박하는 글에서, 남극관은 지구 반대편에서도 사람이 아무런 문제없이 살 수 있다는 것을 개미라는 일상의 소재를 이용해서 보여주려 했다. 논점은 간단했다. "개미들이 계란의 아래쪽에서도 떨어지지 않고 다니는 것을 보라!" 남극관이 자신의 비유에 대해 얼마나 진지하게 생각했는지는 알 수 없다. 그러나 그의 어설픈 "증명"은 곧 지구설 옹호자들 사이에서도 적절하지 못하다고 비판 받았다. 18세기 중반의 이익은 김시진에 대한 남극관의 비판을 "잘못으로 잘못을 비판한" 것이라고 꼬집은 뒤, 개미가 계란 아래쪽에 붙어 있을 수 있는 것은 개미 발바닥의 끈끈이 때문일 뿐이라고 적절히 지적했다. 이익의 판단에는 이와 같은 일상적 소재로는 지구와 대척지라는 거시적 문제를 해명하기란 어려운 일이었다.

이익을 비롯한 지구설 옹호자들이 대신 찾은 해결책은 대체로 두 가지였다. 첫째는 중국의 고대 문헌에서 지구설에 유리한 전거를 찾아 제시하는 것이었다. 예를 들어, 이익은 성리학의 핵심 경전 중 하나였던 『중용(中庸)』에서 "땅이 바다를 담고 있어도 새지 않는다."라는 구절을 발견했다. 이 구절은 '땅이 물 위에 떠 있다'고 본 지구설 비판자들의 견해와는 달리 '둥근 땅 위를 물이 두르고 있다'는 서구 학설과 부합되는 것처럼 들렸다. 이익은 이를 근거로 『중용』의 저자로 알려진 자사(子思)를 비롯하여 고대의 성현들이 이미 땅이 둥글다는 사실을 알고 있었다고 주장했다. 『대대례기(大戴禮記)』라는 유교 경전에 나오는 증자(曾子)의 언급도 지구설 옹호자들이 즐겨 이용했다. 그에 따르면 "만약 정말로 하늘이 둥글고 땅이 네모나다면 땅의 네 모서리가 하늘에 가려지지 않는 일이 일어날 것이다." 이 구절은 본래 '천원지방'이 하늘과 땅의 겉모양을 뜻한다고 보아서는 안 된다는 정도의

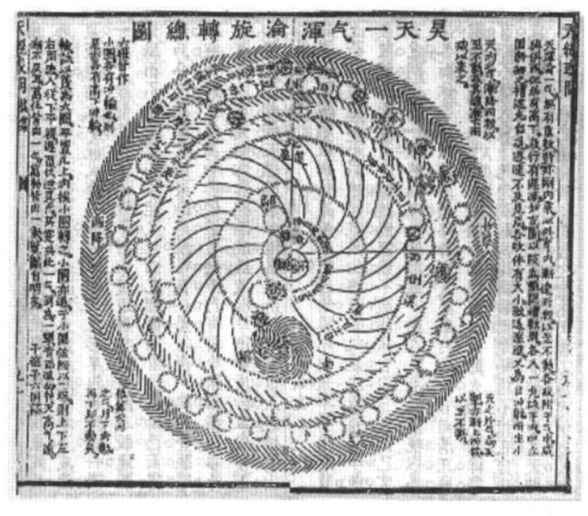

그림6 | **지구 둘레로 소용돌이치는 기(氣). 유예, 『천경혹문(天經或問)』에 삽입된 그림.**

의미였지만, 17~18세기의 논자들은 땅이 모나지 않고 둥글다는 점을 말하는 것으로 확대 해석했다. 이렇듯 고전적 증거를 인용함으로써 지구설 옹호자들이 노린 효과는 어렵지 않게 추측할 수 있다. 지구설이 서양 야만인의 학설이 아니라 이미 일찍이 유교 성현들이 제창한 것임을 보임으로써, 지구설을 유교 전통 안으로 끌어들이려 한 것이다. 그렇다면 김시진처럼 지구설을 비판한 이들은 전통의 옹호자들이 아니라 도리어 경전에 담긴 성현의 뜻을 제대로 이해하지 못한 잘못을 범한 셈이었다.

이들이 택한 두 번째 전략은 지구 반대편 사람들이 '아래로' 떨어지지 않는 적절한 이유를 고안하는 일이었다. 하지만 지구설 옹호자들이 이를 위해서 완전히 새로운 이론을 창안하지는 않았는데, 동아시아 전통에 이미 이러한 목적에 쓰일 수 있는 이론이 존재했던 것이다. 그것은 바로 '대기(大氣)'가 땅의 둘레를 세차게 돌고 있다는 관념이었다. 앞서도 언급했듯이, 허공중의 땅을 기(氣)가 받치고 있다는 논법은 동아시아에서 오랜 유래를 가지고 있었는데, 17~18세기의 논자들은 이를 통해 지구설로 인해 야기된 인력의 문제를 해결하려 했다.

'기의 회전' 관념을 인상적으로 이용한 인물은 이익이었다. 그에 따르면, 지구 둘레를 기가 돌고 있는데, 그 회전 속도는 지구에서 가까울수록 느리고 멀수록 거세다. 따라서 우주에 있는 사물은 기의 회전이 느린 안쪽으로 점점 밀려나게 된다. 이렇듯 기의 회전 때문에 안쪽으로 몰리는 현상이 바로 우리가 경험하는 인력이었다. 이익의 아이디어는 17세기 중엽 중국의 학자 유예(游藝)와 게훤(揭暄)이 그린 〈그림 6〉과 흡사하다. 이들 중국 학자는 비슷한 생각을 '돼지 오줌보 안의 콩'을 비유로 설명했다. 돼지 오줌보에 콩을 집어넣고 그 안에 바람을 불어 넣으면, 그것이 일으키는 소용돌이에 의해 콩이 오줌보 가운데 떠 있게 된다는 것이다. 결국 우주는 기의 소용돌이에 의해 사물들이 가운데 쪽으로 몰리는 거대한 돼지 오줌보였던 셈이다.

조선과 중국의 학자가 비슷하게 제안한 위의 설명은 비록 서양에서 유래한 지구설을 옹호하기 위한 것이지만, 기의 회전을 이용한 설명 방식은 여전히 동아시아적 상식에 뿌리를 두고 있었다. 이러한 설명이 당시의 청중들에게 지구설을 설득하는 데 효과가 있었을 것임은 쉽게 추측할 수 있다. 하지만 그것이 선교사들의 아리스토텔레스 철학과 배치된다는 점에 주목할 필요가 있다. 무거운 것이 우주의 중심으로 떨어진다는 서양의 학설은 인력을 설명하기 위해 기의 회전과 같은 장치를 필요로 하지 않았다. 그러나 이익과 같은 학자들은 비록 땅이 둥글다는 점을 받아들이기는 했어도, 그와 연관된 아리스토텔레스의 철학을 받아들이지는 않았다. 만약 우주에서 기의 회전이 멈춘다면 어떤 일이 일어날까? 이익은 단연코 지구가 '아래로' 추락하리라고 답변했다. 이익도 여전히 동아시아의 유구한 상식, 즉 '상하가 절대적으로 구분된다.'는 생각을 버리지 않았던 것이다.

4. 둥근 땅 위에 중심이 있는가?: 지구설과 중화주의

조선후기에 지구설을 둘러싼 쟁점은 인력과 상하 문제와 같은 과학의 영역에만 한정되지 않았다. 예수회 선교사들은 지구설과 세계지리 지식을 이용하여 유교의 중화주의적 세계상을 비판하려 했고, 이러한 의도는 선교사들의 문헌을 읽은 사람이라면 누구나 쉽게 알아챌 수 있었다.

지구설과 중화주의적 세계상 사이의 충돌이 가장 극적으로 표출된 것은 1660년대 중국에서였다. 기독교는 물론 서양 과학에 대해서도 적대적이었던 양광선(楊光先, 1597-1669)이라는 인물이 여러 차례 상소문을 올려 서구 천문학과 지리학의 문제를 비판했는데, 지구설과 세계지도도 그 주된 비판 대상이었다. 그는 당시 황실 천문대를 책임지고 있던 선교사 아담 샬(Johann Adam Schall von Bell, 1591-1666)의 세계지도를 문제 삼았다. 그 지도에서 아담 샬은 지구를 동서로 12등분하여 각각에 12지(支)를 배당했다. 그에 따르면, 중국은 축(丑), 서양은 오(吾)에 배치되었다. 하지만 동아시아의 전통 우주론에서 축은 북방, 음(陰), 신하, 아래와 연관되었다면 오는 남방, 양(陽), 군주, 위와 관련되었다. 이를 근거로 양광선은 아담 샬의 세계지도가 중국을 지구의 아래쪽 서양의 발밑에 위치시켰으며, 더 나아가 중국을 서양의 제후국으로 전락시켰다고 분개했다. 서구 세계지도는 선교사들이 천하의 질서를 어지럽히려 책동하고 있음을 보여주는 움직일 수 없는 증거라는 것이다. 양광선의 집요한 고발은 결국 효력을 발휘하여 천문대의 서양 선교사들이 추방되고 기독교로 개종한 중국인 천문 관료들이 처형당하는 일대 사건으로 비화했다.

이와 같은 극단적 대립은 비록 예외적인 사건이었지만, 지구설이 지닌 이념적 문제에 대한 우려는 당시 동아시아 지식인들 사이에 널리 퍼져 있었다. 특히 변방의 만주족(또는 청나라)이 조선을 정벌하고 명나라를 무너뜨려 중원의 패권을 장악한 이후로는 중국과 조선에서 중화주의적 정서가 역사상 그 어느 때보다도 고양되어 있었다. 당시 유교 지식인들의 눈에는 만주족이 정치적으로 중화주의적 세계질서를 전복했다면, 서양 선교사들은 지리학의 차원에서 유교 문명의 보편성에 도전하는 것으로 비춰졌다.

그렇다면 지구설을 받아들인 지식인들은 그것과 중화주의적 세계상 사이의 갈등에 대해 어떤 방식으로 대응했을까? 오늘날의 많은 역사학자들이 이익을 비롯하여 서구 과학을 받아들인 사람들이 중화주의적 세계상을 극복하고 근대 민족주의를 개척했다고 평가하지만, 당시로서는 아무리 개방적인 정신의 소유자라고 하더라도 그 같은 모험을 감행하기란 어려웠다. 조선 후기의 실학자들도 크게 보아서는 유교 지식인이었으며, 따라서 유교 문명의 보편성과 그 문명의 발원지인 '중원'의 독특한 지위를 부정하기란 어려운 일이었다. 요컨대 지구설과 중화주의는 양자택일의 대상이 될 수 없었으며, 따라서 당시 지식인들에게는 그 둘의 충돌을 조정할 나름의 완충 장치가 필요했다.

그 해답의 단초를 제시한 인물은 청나라 초 중국의 대표적 성리학자 이광지(李光之)였다. 1672년 이광지와 당시 중국 천문대에서 활동하던 예수회 신부 페르비스트는 지구설과 중화주의의 문제에 관해 논쟁했다. 페르비스트는 "땅이 공처럼 둥글기 때문에 지구상에는 중심이 있을 수 없다."는 논지로 이광지를 공박했다. 하지만 이광지는 지구설을 부인하지 않으면서도 중국의 중심적 지위를 강조할 논리를 곧 찾아낼 수 있었다. 그에 따르면, 사람 몸에서 형체상의 중심은 배꼽이지만, 윤리적, 정신적 활동의 중심은 위쪽에 치우쳐 있는 심장(또는 마음)이다. 그와 마찬가지로 중국이 비록 땅의 지리적 중심은 아니지만, 고대에 성인들이 나타나 유교 문명을 창시한 세계의 심장과 같은 곳이다. 중국을 지리적 중심이 아닌 일종의 '형이상학적' 중심으로 보는 이러한 논법은 당시 서구 지구설에 접한 유교 지식인들 상당수에게서 나타난다. 18세기 후반 조선의 안정복(安鼎福, 1712-1791)도 "서양이 세상의 위장이라면, 중국은 심장에 해당"한다고 주장했다. 문제는 중국 지역의 독특함을 비유의 차원을 넘어 나름의 합리적 근거를 가지고 보여줄 수 있느냐에 있었다.

이광지는 그 근거를 흥미롭게도 선교사들의 기후대 학설에서 찾았다. 그는 서양 학설에 따라 지구를 열대, 온대, 한대의 위도대로 나눈 뒤 중국이 위치한 온대 지방만이 사계절이 적절히 교차하여 음양의 기운이 가장 조화로운 지역이라고 주장했다. 이광지의 학설은 이후 중국뿐 아니라 조선에서도 널리 유행했지만, 거기에는 한 가지 명백한 약점이 있었다. 지구상에서 동서로 중국과 같은 온대에 속한 모든 지역이 동일한 기후 패턴을 보이는데, 왜 유독 중국만이 유교 문명의 상서로운 발상지가 될 수 있었을까?

조선의 이익은 지남침의 지역적 편이 현상을 이용하면 중국의 우주적 독특성을 보여줄 수 있다고 생각했다. 그는 예수회 선교사 우르시스(Sabbathino de Ursis, 1575-1620)가 유럽에서 중국으로 항해하는 동안 나침반의 변화를 관측한 『간평의설(簡平儀說)』의 기록에 주목했다. 그에 따르면, 지남침은 아프리카 남단의 희망봉에서 정남을 가리켰는데, 그로부터 서쪽 지방에서는 남침이 서쪽으로 약간 기울었음에 비해, 희망봉을 통과하여 중국을 향해 동쪽으로 항해하자 이번에는 동쪽으로 점차 기울기 시작하였고 중국에 도달했을 때에는 '오(吾)와 병(丙)'의 사이를 가리키게 되었다. 이익은 그와 같은 지남침의 변화가 땅속 기(氣)의 차이 때문에 일어난다고 보았다. 마치 풍수가들이 나침반을 이용하여 특정 지역의 기(氣)를 판별해 내듯이, 이익은 전지구적 규모로 전개되는 지기(地氣)의 변화를 추론했던 것이다.

이익은, 우르시스의 보고에 따를 경우, 희망봉을 기준으로 동서로 대칭적 양상을 띠고 나타났던 지남침의 변화 패턴이 지구적 규모로 확대될 수 있다고 추측했다. 흥미롭게도 중국은 희망봉으로부터 동서 직선거리로 2만여 리, 즉 지구 둘레의 1/4만큼 떨어져 있어, 희망봉으로부터 시작된 남침의 동쪽 편이가 극점에 도달한 지역일 가능성이 높았다. 만약 중국에서 다시 동쪽으로 계속 항해한다면, 자침은 이제 정남을 향해 되돌아오기 시작할 것이며, 지구상에서 희망봉과 정반대 지역인 태평양의 어느 지점에 도달하면 다시 정확히 남쪽을 가리키게 될 것이다. 이익은 희망봉과 태평양의 어느 지점을 잇는 경도선이야 말로 지구를 음과 양의 두 반구로 나누는 솔기라고 주장했다. 이때 지남침이 동쪽으로 편이 하는 곳이 양의 반구가 되고, 반대쪽은 음의 반구가 되는데, 이러한 구도에서 중국은 양의 반구의 정중앙에 위치하게 된다. 이익은 다음과 같은 선언으로 자신의 사색을 결론지었다. "중국은 적도의 북쪽, 반동서 두 솔기의 사이에 있으니, 윗조각의 정중앙이다. … 그 아랫조각의 정 중앙은 유럽이다. … 이쪽은 양(陽)이고, 저쪽은 음(陰)이다."

이익의 지남침 이론은 중국이 둥근 땅 위에서 가장 핵심적인 지역임을, 다시 말해 지상 세계의 '심장'임을 나름의 근거를 가지고 보여주었다. 적어도 음양오행의 세계상을 상식으로 간주하던 당시 유교 지식인들의 관점에서 보자면 말이다. 중화주의적 세계상과 지구설을 조정하려는 이익의 이론은, 상하를 엄밀히 구분하는 동아시아적 상식과 지구설의 대척지 이론을 화해시키려 했던 시도와 맥을 같이 한다. 그는 한결같이 음양오행, 기(氣), 상하, 중화주의와 같은 동아시아의 상식을, 매력적이지만 이질적인 서구의 지구 관념과 조정하려 했던 것이다. 그 결과 서양의 낯선 지구 관념은 기가 소용돌이치고 음양이 승강하는 전통적 우주의 틀에 포섭되었다. 동아시아적 상식을 뒤흔들 목적으로 선교사들이 제시한 지구 관념이 도리어 유교적 상식에 길들여지고 있었던 셈이다.

5. 맺음말

17, 18세기 지구설을 둘러싸고 벌어진 논쟁은 땅의 모양을 둘러싼 '과학적 논쟁'이면서도 동시에 서로 다른 상식이 서로 갈등하고 조정되는 과정이기도 했다. 서양 선교사들이 생각한 지구는 아리스토텔레스의 4원소가 오르내리는 장소이자 인류를 창조하고 구원하는 신의 섭리가 펼쳐진 무대였다. 그들은 이렇듯 서구의 문화, 종교, 역사와 연결된 지구 관념을 이용하여 동아시아인들의 상식적 세계상에 도전했다. 이를 접한 유교 지식인들의 상당수가 이를 '몰상식'하며 심지어는 정치적으로 위험한 학설로 간주한 것은 어쩌면 당연한 일이었다. 물론 지구설은 나름의 과학적 매력을 지니고 있었고, 그 때문에 시간이 흐를수록 많은 사람들이 그것을 받아들이게 되었다. 그러나 분명한 점은 지구설이 선교사들이 의도했던 문화적 함의를 그대로 간직한 채로 유교 지식 사회에 받아들여질 수는 없었다는 것이다. 지구설은 이질적인 면모를 벗어버리고 동아시아의 상식, 즉 음양오행의 철학과 중국 중심의 세계상에 맞게 변모될 필요가 있었다. 그리고 실제로 그러한 일이 이루어졌다.

결국 조선후기 지구설을 비판하는 쪽은 물론 옹호하는 쪽의 경우도, 그들이 지구를 이해한 방식은 오늘날의 상식과는 커다란 차이가 있다. 세계지도나 지구의를 보며 배낭여행, 세계화, 먼 나라에서 벌어지는 전쟁, 지구의 종말 등등을 떠올리는 오늘날의 우리와 300년 전 지구설을 받아들인 사람들 사이에는 '땅덩이가 둥글다'는 믿음을 공유한 것 외에 다른 공통점은 그다지 없어 보인다. 17, 18세기 유교 지식인들은 지구설을 받아들인 쪽과 반대하는 쪽으로 나뉘어 논쟁했지만, 근대와 전근대를 가르는 강의 건너편에서 그들을 바라보는 우리의 눈에는 그 둘이 서로 많이 닮아 있다. 그들은 엄격한 상하의 구분, 유교 문명의 보편성 등, 그들 세계의 상식적 믿음을 공유하고 있었던 것이다. 그렇다면 굳이 당시 지구설을 옹호했던 사람들만을 구분해 내어 근대적 정신, 현대적 상식을 일군 사람들로 부각시킬 특별한 이유가 있을까?

더 생각해볼 주제

—

위에서 다룬 사례는 어떤 사회에서 생산된 과학지식이 다른 문화적 배경을 지닌 사회로 이전할 때 단지 해당 지식의 '과학적 타당성'만을 기준으로 그 수용 및 거부의 여부가 결정되지 않음을 보여준다. 이는 단지 서구 과학 지식이 동아시아 사회로 이전하는 거시적 지식 이동의 사례에서 뿐 아니라, 예컨대 같은 사회 내의 서로 다른 계층 사이에 지식이 이동할 때에도 적용될 수 있을 것이다. 과학지식의 이전에서 그와 연관된 문화적, 이념적, 정치적 함의가 문제시 된 경우로 어떤 다른 사례가 있는지 생각해 보고, 이 글의 사례와 비교해 보자.

더 읽어볼 거리

—

조선 후기 서양과학에 대한 조선 유교 지식인의 수용 태도에 대해서는 문중양, 『우리역사 과학기행』(동아시아, 2006)의 제4부에 실린 글들이 도움이 된다.

조선 후기 지구설 수용 및 논쟁에 관한 좀 더 전문적인 연구로는 다음 두 논문을 참고할 수 있다.

구만옥, "조선 후기 '지구'설 수용의 사상사적 의의", 『하현강교수정년기념논총 – 한국사의 구조와 전개』(혜안, 2000)

임종태, "지구, 상식, 중화주의 – 이익과 홍대용의 사유를 통해서 본 서양 지리학설과 조선 후기 실학의 세계관" 연세대학교 국학연구원 편, 『한국실학사상연구 4 – 과학기술편』(혜안, 2005), 171-219쪽.

03

외래 기술과 전통 문화의 만남 : 한글 타자기와 자판 논쟁

한글은 대단히 특이한 문자 체계다. 한글은 세계의 문자 가운데 그것을 완성한 사람과 공표한 날짜가 정확히 알려져 있는, 거의 유일한 문자다. 국가 권력이 새로운 문자 체계를 만들어 그것을 일반 민중들에게 보급한 것도 세계사에서 유례를 찾아보기 어려운 일이다. 글자의 생김새도 형이상학적 원리에 바탕을 두고 인위적으로 만들었다. 자음은 발음 기관의 모양을 본떠 만들었으며, 모음은 하늘(•), 땅(ㅡ), 사람(ㅣ)의 모양을 본뜬 기본 요소를 조합하여 이루어져 있다. 또한 한글은 모든 음절을 모아쓰는 거의 유일한 문자 체계이다.

한글의 이러한 특징은 암울한 일제강점기에 민족주의에 대한 자각과 함께 새롭게 주목받기 시작하였다. 당시의 지식인들은 한글과 한국어를 연구함으로써 우리 민족의 민족성을 지켜내고자 하였고, 한글이 과학적으로 우수한 문자라는 점을 강조함으로써 민족의 자존심을 살리고자 하였다. 이런 생각을 가진 지식인들은 '한글학회'를 결성하고 한글을 다듬고 보급하는 데 앞장섰다. 일제강점기 한글을 연구하고 보급하는 것은 단순한 학술 활동이 아니라 민족주의 운동의 한 갈래였다. 한글학회의 연구자들 스스로 자신들의 활동을 '한글운동'이라고 불렀다는 사실, 그리고 조선총독부가 '조선어학회 사건' 등을 통해 한글 연구자들을 탄압했다는 사실이 이를 잘 보여준다.

한글운동의 가장 중요한 임무는 표준 맞춤법을 정하고 한글 사전을 펴내는 일이었다. 하지만 이에 못지않게 중요한 과제로 인식된 것이 바로 한글의 기계화 작업이었다. 개항 이후 일제강점기를 거치면서, 각종 문명의 이기가 한반도에 선을 보이는 가운데 인쇄기나 타자기 등 글을 빠르고 쉽게 찍어낼 수 있는 기계들이 사람들에게 알려지기 시작했다. 그러나 이런 기계들은 모두 서구나 일본에서 만든 것들이어서 알파벳이나 일본 글자(가나)를 찍어낼 수 있을 뿐이었다. 따라서 더 많은 이들이 한글로 읽고 쓸 수 있도록 하기 위해서는 한글을 찍을 수 있는 인쇄기나 타자기를 개발해야 한다는 생각이 한글학자들 사이에 널리 퍼지게 되었다. 그러나 "한글을 기계화한다"는 과제는 생각처럼 쉽게 달성할 수 없었다. 언어학자, 기술자, 사용자 모두가 두루 만족할 정도로 한글 기계화가 이루어진 것은 개화기로부터 무려 한 세기 남짓 흐른 뒤였다.

우리는 한글 기계화의 역사를 살펴봄으로써 다음과 같은 질문에 대한 해답의 실마리를 얻을 수 있다. 하나의 기술이 다른 사회로 이식될 때, 왜 어떤 부분은 그대로 옮길 수 있고 어떤 부분은 그대로 옮길 수 없는가? 왜 하나의 기술은 완전히 새로운 형태로 태어나기보다는 기존의 기술을 개조하는 형태로 만들어지게 되는가? 하나의 기술을 평가하는 기준이 얼마나 다양할 수 있는가, 달리 말해 '우수한 기술'이라는 말은 얼마나 다양한 뜻으로 해석할 수 있는가? 기술의 표준을 정할 때는 어떤 요소들이 고려되는가? 표준화된 기술을 선택하지 않는 사용자들이 있을 때, 그들의 근거는 어떤 것인가? 마지막으로, 주변의 기술 환경이 변화하면 특정한 기술적 문제의 중요성은 어떻게 바뀔 수 있는가?

1. 가장 간단한 문자?

우리는 흔히 한글이 '세계에서 가장 간단하고 배우기 쉬운 문자 체계'라는 주장을 별다른 비판 없이 받아들이곤 한다. 물론 한글은 자모의 숫자만 놓고 보면 가장 간단한 문자 체계 중 하나이다. 그러나 한글만의 고유한 특징인 모아쓰기는 한글을 배우는 외국인에게 매우 어렵게 느껴지곤 한다. 다른 나라의 문자 체계에서도 특정한 음소나 악센트 등을 다른 글자의 위나 아래에 붙여서 쓰는 경우는 있지만, 한글처럼 모든 음절이 시각적으로 구분되도록 초성-중성-종성을 모아쓰는 문자는 없다.

모아쓰기는 시각적으로 음절을 인식할 수 있게 해 주는 큰 장점이 있지만, 한글 기계화에는 커다란 골칫거리가 되었다. 그 까닭은 크게 두 가지로 나누어 볼 수 있다. 첫째 문제는 한글 타자기는 한 음절 글자 안에 받침을 모아쓰기 때문에, 알파벳 타자기처럼 한 글자를 찍을 때마다 종이가 한 칸씩 움직인다면 받침을 제자리에 찍을 수 없게 된다는 것이다. 따라서 모든 글쇠가 글자를 찍을 때마다 종이를 움직이게 하는 움직글쇠(moving key)인 알파벳 타자기와는 달리, 한글 타자기의 글쇠 중 일부는 글자가 찍혀도 종이가 움직이지 않는 안움직글쇠(silent key)여야 한다.

둘째 문제는 모아쓰는 과정에서 낱글자들의 모양이 조금씩 바뀐다는 점이다. 그림과 같이 ㄱ은 초성으로 쓰일 때는 열네 가지(겹자음까지 생각하면 스물여덟 가지), 종성으로 쓰일 때는 두 가지의 다른 모양을 갖게 된다. 중성에 쓰이는 모음도 두 가지 또는 네 가지(복모음에 쓰이는 'ㅗ', 'ㅜ'의 경우)의 서로 다른 모양을 갖게 된다. 따라서 활자 인쇄처럼 균형 잡힌 글자를 타자기로 만들어 내려면 적어도 300여 개의 글쇠가 필요하다. 기존의 영문 타자기를

C (ㄱ)							V (ㅜ)	C_e (ㄱ)
가	고	과	구	귀	그	긔	우	낙
각	곡	곽	국	귁	극	긕	욱	낚
까	꼬	꽈	꾸	뀌	끄	끠	위	
깍	꼭	꽉	꾹	뀍	끅	끡	윅	

그림 1 | **하나의 자모가 가질 수 있는 다양한 모습**

개조해서는 도저히 만들 수 없는 숫자이다.

이 때문에 인쇄소에서는 한글 자모 활자를 모아 음절글자를 만들어 찍는 것이 아니라, 이른바 '완성형' 활자를 쓰게 되었다. 미리 네모반듯한 음절글자를 통째로 만들어 두었다가 찾아내어 글을 찍는 것이다. 이렇게 되면 "세계에서 가장 간단한 문자 체계"라는 한글의 자랑거리는 그 힘을 잃게 된다. 한글 자모를 조합해 만들 수 있는 약 1만8천여 개의 음절글자에 대해 일일이 활자를 만들어 두어야 하기 때문이다. 기계화라는 측면에서는 알파벳은 고사하고 한자보다도 나을 것이 없는 노릇이다. 이것은 한글의 우수성을 줄기차게 주장해 온 한글 학자들에게는 매우 곤혹스러운 일이었다. 한자 대신 한글만 쓸 것을 주장한 최현배와 같은 이는, 이 문제를 해결하기 위해 차라리 한글 자모를 알파벳처럼 풀어쓰는 것이 어떻겠느냐는 주장을 내놓기도 했다. 물론 그의 견해는 너무 과격한 것이어서 실현되지는 않았다. 하지만 이런 주장까지 나왔다는 것은 글자꼴을 감안하여 낱자모를 모아쓰는 메커니즘을 고안하는 것이 얼마나 골치 아픈 문제였는지 잘 보여준다.

이런 문제를 해결하기 위하여 타자기를 설계하는 사람들은 몇 벌의 글쇠를 만들지 결정해야 했다. 네모반듯한 글자를 찍으려면, 미묘한 차이를 무시하더라도 적어도 네다섯 벌의 글쇠는 갖추어야 한다. 예를 들어 다섯 벌의 글쇠라면 초성 자음에 두 벌(세로로 긴 모음과 어울릴 때, 가로로 넓은 모음과 어울릴 때), 중성 모음에 두 벌(받침이 있을 때, 받침이 없을 때), 종성에 한 벌 하여 다섯 벌이 되는 것이다. 다만 하나의 낱글자가 여러 글쇠에 배당되면 외우기가 어렵고 타자하는 것도 그만큼 더뎌진다. 그래서 미관(美觀)을 중시하는 이들은 글쇠의 벌 수를 넉넉하게 잡았던 반면에 타자의 속도를 중요하게 여기는 이들은 음절 글자의 모양이

고궁 가는 길 (세벌식)	• 초성, 중성, 종성이 모양의 변화 없이 한 벌씩만 있는 자판
고궁 가는 길 (네벌식)	• 받침이 있을 때와 없을 때를 구별해 쓰도록 두 벌의 중성을 갖춘 자판
고궁 가는 길 (다섯벌식)	• 중성 두 벌에 더해, 가로모음과 세로모음에 각각 어울리도록 초성도 두 벌씩 갖춘 자판

그림2 | **세벌식, 네벌식, 다섯벌식 글자판의 개념도**

반듯하지 않더라도 글쇠의 벌 수를 줄이는 길을 택했다.

여기에서 알 수 있듯이 '우수한 기술'이라는 것은 생각보다 정의하기 까다로운 개념이다. 일의 능률이라는 관점에서만 평가한다면 가장 빠른 속도로 글씨를 찍을 수 있는 타자기가 가장 우수한 타자기일 것이다. 하지만 네모반듯한 글씨를 읽고 싶은 사람들에게는, 아무리 빠른 타자기라고 해도 거기에서 글씨가 네모반듯하게 찍혀 나오지 않으면 쓸모없는 기계에 불과할 것이다. 즉 기술의 우수성은 단순한 기계적 능률 뿐 아니라 그 기술의 산물이 사용자의 심미적 욕구를 얼마나 충족시킬 수 있느냐와 같은 추상적 가치에 따라서도 결정될 수 있는 것이다.

더욱이 이런 문제는 영문 타자기에서는 찾아볼 수 없는 것이었다. 영문 타자기의 글씨의 아름다움은 타자 메커니즘과는 전혀 상관이 없는 것으로, 어떤 구조의 타자기이건 타이프페이스(typeface)만 아름다운 것으로 달면 아름다운 글씨를 찍을 수 있었다. 그러나 한글 타자기에서는 어떤 메커니즘을 채택하느냐에 따라 글자꼴이 달라질 수 있었던 것이다. 모아쓰기를 하지 않는 나라에서는 영문 타자기의 타이프페이스만 자기네 글자로 바꿔 달면 간단히 자기네 글자 타자기를 만들 수 있었다. 그러나 한글 타자기의 개발자들은 타자기를 설계할 때부터 움직글쇠와 안움직글쇠를 배당하는 규칙을 정해야 했고, 그 규칙을 정하기 위해 속도와 미관 중 어느 것을 중시할 것인지를 결정해야 했다. 아주 새로운 타자기를 만들어 내는 것이 차라리 편한 길이었을지도 모르지만, 그것도 생각처럼 쉬운 일이 아니었다. 1920년대 무렵이면 이미 서구의 타자기 산업이 어느 정도 성숙기에 접어들었고, 그를 뒷받침하는 부품 산업이나 타자수 양성 시스템 등이 모두 확립되었다. 따라서 알파벳이 아닌 글자로 타자기를 만드는 경우에도 완전히 새로운 타자기를 만들어 내는 것보다는 이렇게 확립된 기술을 들여와 개조하는 편이 비용이나 노력 면에서 훨씬 경쟁력 있는 길이 되었다. 이는 새로운 기술이 기존 기술과 가능하면 많은 요소를 공유하고자 하는 일반적인 경향을 잘 보여주는 사례로 볼 수 있다.

2. 식민지 시기의 한글 타자기

현재까지 알려진 최초의 한글 타자기는 재미 교포 이원익(李元翼)이 1914년 무렵 만든 것이다. 이원익은 미국에서 당시 쓰이던 7행식 스미스 프리미어(Smith Premier) 타자기의 활자를 한글로 바꾸어 달아 한글 타자기를 만들었다. 이 타자기는 다섯벌식(세로모음과 쓰는 초성, 가로모음과 쓰는 초성, 받침 없이 쓰는 중성, 받침과 쓰는 중성, 종성) 세로쓰기 타자기로, 글자를 왼쪽으로 드러누운 꼴로 찍어 나중에 인쇄한 종이를 오른쪽으로 돌려 보면 세로로 쓰인 문서를 볼 수 있도록 하였다. 모든 글쇠는 안움직글쇠여서 한 음절글자를 완성한 뒤에는 사이띄개(스페이스 바)를 눌러 종이를 한 칸 움직이는 구조였다.

1929년 무렵에는 미국에 유학중이던 송기주(宋基柱)가 언더우드 포터블(Underwood Portable) 타자기를 개조하여 네벌식(옆자음, 윗자음 겸 받침, 복모음과 쓰이는 작은 자음, 모음) 세로쓰기 타자기를 개발하였다. 송기주는 평안남도 강서 출생으로, 1921년 연희 전문학교를 졸업하고 미국으로 건너가 텍사스 주립 대학교 생물학과를 졸업한 뒤, 시카고 대학교에서 공부를 계속하면서 지도 제작 및 도안 일을 하던 중 이 타자기를 개발하였다. 송기주의 발명은 1934년 초 신문을 통해 고국에 알려졌고, 『동아일보』는 이 해 3월 그를 서울로 초청하여 대대적인 후원회를 열기도 했다. 이 밖에도 미국에서 활동하던 목사 김준성은 1946년 무렵 영문 타자기를 개조하여 한글 타자기를 만들었다. 그의 타자기는 최현배가 주장했던 것과 같은 풀어쓰기 타자기였다는 것이 특징이다.

이들 타자기는 한글 기계화의 가능성을 열어 준 선구적 업적으로 기릴 만하다. 하지만 여러 가지 한계점도 분명했다. 우선 일제의 식민 통치를 받고 있던 한반도에서는 한글 기계화 작업은 꿈도 꾸기 어려운 상황이었다. 따라서 초창기 한글 타자기도 재미 교포가 개발하고 재미 교포들이 사용했을 뿐, 대중에게 널리 선보일 기회조차 갖지 못했다. 또 한두 명의 발명가가 개인적으로 만들다 보니, 정확한 통계자료에 바탕을 두고 자모의 출현 빈도에 따라 글쇠를 배열한 것이 아니라 발명가의 마음대로 글쇠를 배열하는 경우가 많았다. 이렇게 타자 동작에 대한 과학적 이해가 뒷받침되지 못했으므로 타자기의 속도나 능률에도 뚜렷한 한계가 있었다.

여기서 알 수 있는 사실은, 기술혁신의 궁극적인 원동력은 발명가 한두 명의 창의력이라기보다는 그 사회의 전반적인 필요와 지원이라는 점이다. 사회가 그 기술을 얼마나 필요로 하는지, 또 그 기술이 태어날 수 있도록 인력과 자원을 투입할 수 있는지에 따라 새로운 기술이 그 사회에 선보일 수 있는 가능성이 결정된다. 개인의 창의성도 물론 기술혁신에 큰 몫을 한다. 하지만 신기술이 사회에 선을 보이는 시기의 늦고 빠름은 개인의 창의성에 따라 결정되지만, 사회적 필요와 지원이 없다면 그 기술이 사회에 온전히 뿌리내릴 수 없다. 요컨대, 한글 타자기를 본격적으로 연구 개발할 수 있으려면 무엇보다도 한글을 마음껏 연구할 수 있는 시대가 와야 했다. 조선말을 쓰고 연구하는 것이 탄압받던 시절, 한글기계화 연구가 제대로 이루어지지 않은 것은 어쩌면 당연한 일이었다.

3. 공병우와 세벌식 타자기

해방 후 우리말과 우리글에 대한 관심이 새롭게 일어나면서 한글 타자기에 대한 관심도 새로이 일어났다. 한글 타자기에 대한 관심이 높아지자 1949년 7월에 조선발명장려회에서는 상을 내걸고 한글 타자기를 공모하였다. 이 공모에서 대상은 나오지 않았지만 세 명이 2등상, 두 명이 3등상을 받아 자신의 발명을 인정받았다. 그런데 2등상을 받은 세 사람 중 한 명은 뜻밖에도 저명한 안과 의사였다. 그가 바로 우리나라 최초의 개인 안과 병원인 '공안과'를 세운 공병우(公炳禹)다.

그림3 | **공병우(1906-1995)**

공병우는 평양 의학 강습소를 거쳐 경성 의학 전문학교에서 의사로 일하면서 일본 나고야 제국 대학에 논문을 제출하여 1937년에 의학 박사 학위를 받았다. 1938년에는 안국동에 공안과를 열었는데, 그때 그를 찾은 환자 중에 국어학자 이극로(李克魯)가 있었다. 이극로와의 만남 이후 공병우는 한글에 상당한 관심을 보였고, 해방을 맞자 일본글로 되어 있던 시력 검사표를 한글로 고쳐 만들었으며, 자신이 예전에 썼던 안과 교재를 한글로 옮기기도 하였다. 공병우는 그 과정에서 한글 타자기의 필요성을 절감하고 이원익, 송기주 등의 타자기를 써 보았으나 만족하지 못했다. 글쇠의 벌 수가 많아 능률이 오르지 않았을 뿐 아니라, 의사인 그에게는 문필가들과는 달리 가로쓰기 타자기가 필요했기 때문이다.

1947년 5월에 직접 한글 타자기를 만들기로 결심한 공병우는 환자도 돌보지 않고 집에 작업실을 마련하여 영문 타자기의 개조 작업에 매달렸다. 그가 처음 시도했던 것은 가장 간단한 두벌식, 즉 자음과 모음 한 벌씩만을 가진 타자기였다. 그러나 두벌식 타자기는 기계적으로 구현하는 데 너무 많은 무리가 따랐다. 받침(종성)을 아래에 찍으려면 기계 장

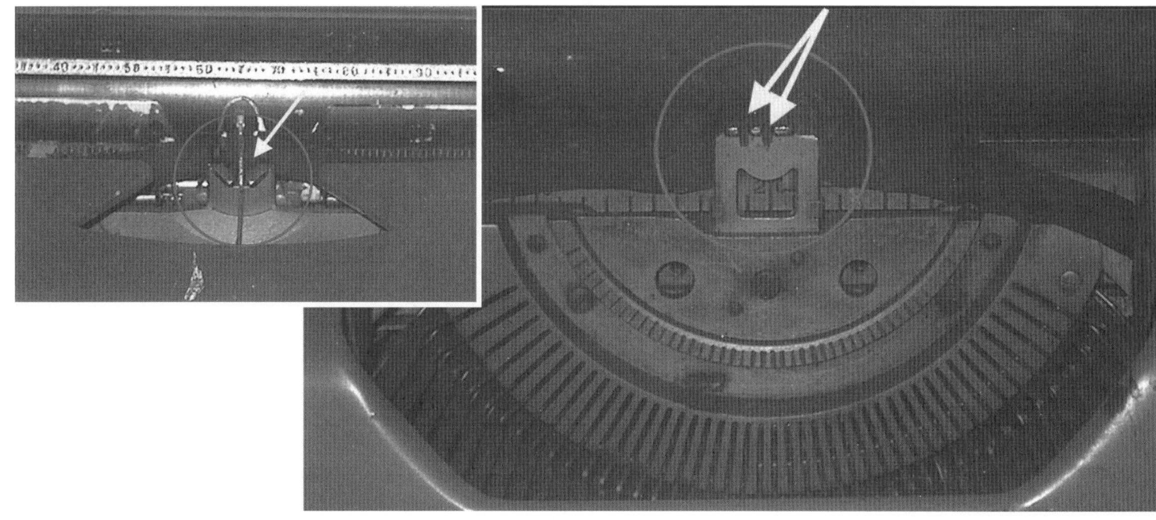

그림4 | **공병우가 고안한 쌍초점 가이드. 보통 타자기(왼쪽)와 달리 활자대를 유도하는 초점이 왼쪽에 하나 더 달려 있다.**

치도 복잡해지고 타자도 번거로워지기 때문이었다. 결국 공병우는 다섯 달 가까이 매달린 두벌식을 포기하고 초·중·종성에 각각 한 벌씩의 글쇠를 배당하는 세벌식 타자기를 연구하기 시작했다. 반년 남짓의 연구 끝에 공병우는 1948년 2월에 쌍초점(雙焦點) 방식의 세벌식 타자기를 만들어 내어 특허를 출원했다. 이것은 초성과 중성을 움직글쇠에, 종성을 안움직글쇠에 배당하고, 타이프가이드(typeguide)의 왼쪽에 또 하나의 초점을 만들어 받침의 활자대를 왼쪽으로 유도하도록 한 것이다(〈그림 4〉 참조).

공병우는 한국과 미국에서 특허를 따고는 자신의 타자기 회사를 세우고, 미국에서 주문 제작해 들여온 자신의 타자기를 팔기 시작했다. 그러나 공병우 타자기에 대한 시장의 첫 반응은 그다지 호의적이지 않았다. 무엇보다도 한글만 쓰기(한글 전용) 정책이 실시되기 전이라, 한자가 찍히지 않는 타자기를 이용하여 문서를 만들려는 사람이 별로 없었다. 또한 공병우 타자기는 속도는 빨랐지만 글자꼴이 들쑥날쑥하여 문서의 형식을 중요하게 여기는 관공서에서는 받아들이기 힘든 것이었다. 게다가 시제품이 미국에서 도착한 지 얼마 되지 않아 한국전쟁이 터지고 말았다.

4. 한글타자기의 보급과 군의 역할

한국전쟁은 이 땅에 사는 많은 이들의 운명을 바꿔 놓았다. 한글 타자기를 연구하던 발명가들도 예외는 아니었다. 서울에서 자신의 타자기를 알리기 위해 동분서주하던 송기주는 납북되고 말았다. 뒷날 타자기를 연구하러 동구권에 가 있는 것을 보았다는 증언도 있으나, 납북 이후의 행적은 자세히 밝혀지지 않았다.

공병우에게도 6·25 전쟁은 큰 계기가 되었다. 공병우는 그의 반공 활동 전력 탓에 서울을 점령한 인민군에게 연행되었다. 그러나 그의 발명에 관심을 보인 인민군 장교에게 타자기 설계도를 그려 주기로 하고 목숨을 구할 수 있었다. 감시를 피해 달아난 뒤 부산으로 피난을 간 공병우는 해군참모총장 손원일(孫元一)이 "공병우를 찾는다"며 낸 신문 광고를 접했다. 손원일은 일찍이 타자기 시제품을 들고 정부 각 부처를 돌아다니던 공병우를 눈여겨보았다가, 전쟁 중에 해병대원들에게 타자 교육을 시키기 위해 그의 소식을 수소문했던 것이다. 손원일의 지원 아래 군은 공병우 타자기의 가장 든든한 후원자가 되었다. 손원일은 해병대 타자 교육을 위해 200여 대의 공병우식 타자기를 군수 물자로 미국에서 들여왔다. 한국전쟁 동안 체제를 갖추게 된 여군도 타자를 익혀 자기네 특기 병과로 삼았다. 공병우 타자기로 타자를 익힌 여군 타자수들은 육·해·공 각 군의 타자수를 양성하는 교관으로 활동했다.

공병우 타자기와 군의 인연은 여기에서 그치지 않았다. 1961년에 일어난 5·16 군사 정변은 우리 사회 구석구석을 군사 문화로 물들이는 계기가 되었다. 공무원 사회도 군대의 업무 양식을 따르게 되었는데, 타자기를 이용한 문서 작성도 그 중 하나였다. 내무부에서는 행정장비 근대화 계획의 하나로 전국 시·군마다 한글 타자기를 30대씩 구입하라는 지시를 내리기도 했다. 이미 군에서 독점적인 지위를 확보하고 있었던 공병우 타자기는 이를 계기로 차츰 민간 분야로도 판로를 넓혀 나갔다. 정부 기관 중에도 특히 국방부와 외무부를 중심으로 수천 대의 공병우 타자기가 운용되었다. 여기에는 해군을 거쳐 주독 대사 등 외교관으로 활동했던 손원일과의 인연이 크게 작용했던 것으로 보인다.

남북한의 군인이 모두 공병우의 타자기에 관심을 보였다는 사실은 남한 공무원들이

그림5 | **1957년 한글날 열린 타자 대회의 사진(동아일보 1957.10.11). 이날 대회의 결과는 1위부터 4위까지가 모두 해병이었다.**

시큰둥한 태도를 보였던 것과는 자못 대조된다. 한자를 많이 사용하고 문서의 양식과 형태를 중시했던 문관(文官)들과는 달리, 무엇보다 빠른 의사 전달을 중요하게 여겼던 군인들은 일찍부터 한글 위주로 문서를 작성했으며 형태보다는 속도를 중시했다. 이것이 공병우 타자기의 특징과 잘 들어맞았던 것이다. 남북한의 군에서 타자에 관심을 보인 데에는 제2차 세계 대전 당시 타자기를 적극적으로 군사 업무에 활용한 미국과 소련의 영향도 있었다. 이처럼 어떤 기술이 한 사회 또는 사회 집단에 보급되려면 그 구성원들이 추구하는 가치를 잘 구현하고 있어야 한다. 공병우 타자기의 경우 군인 집단의 가치지향(능률과 속도)에는 잘 들어맞았지만 공무원 집단의 가치지향(형식과 단정함)에는 잘 맞지 않았고, 그 결과 공무원보다 군인 사회에 더 빨리 더 성공적으로 보급되었던 것이다.

5. 한글타자기 시장의 형성과 자판들 사이의 경쟁

공무원 사회와 민간에서는 공병우 타자기가 군에서처럼 독점적인 지위를 차지하지는 못했다. 공병우 타자기의 들쭉날쭉한 글자꼴은 네모반듯한 글씨에 익숙한 대다수의 사람들에게 낯설어 보였기 때문이다. 더욱이 공무원들은 세벌식으로 공문서를 찍으면 위·변조의 가능성이 있다는 이유를 들어 세벌식 타자기 쓰기를 꺼렸다. 종성으로 끝나는 음절글자의 아랫부분이 비어 있어서 나중에 받침을 임의로 덧붙이거나 지울 수 있다는 것이 그들의 주장이었다. 하지만 공병우 타자기의 옹호자들은 그런 주장에 동의하지 않았다. 그들은 세벌식 타자기로 찍은 글에서 받침을 임의로 덧붙이거나 지울 수 있다는 것은 인정했지만, 한글 문장의 특성상 받침 한두 개를 더하거나 뺀다고 해서 문장 전체의 뜻이 달라지는 일은 매우 드물다고 주장했다. 여기서 알 수 있듯이, 여러 기술이 경쟁하는 경우 그 장단점을 따지는 것은 쉬운 일이 아니다. 공문서의 위·변조 가능성처럼, 경쟁하는 입장에서는 큰 약점이라고 주장하는 것이 그 기술을 사용하는 입장에서는 별 문제가 되지 않는 경우가 있을 수 있기 때문이다. 흥미로운 것은 뒷날 세벌식 컴퓨터 자판 사용자들이 두벌식 표준 컴퓨터 자판의 단점을 공격할 때에도 비슷한 양상이 나타났다는 사실이다.

실제로 공병우 타자기를 이용할 경우 위·변조 가능성이 얼마나 되는지 정량적으로 연구한 사례는 찾아볼 수 없다. 또한 공병우 타자기를 주로 사용한 국방부나 외무부에서 공문서 위·변조 사고가 일어났다는 기록도 찾아볼 수 없다. 그러나 공병우 타자기의 반대자들은 꾸준히 위·변조 가능성을 공병우 타자기의 약점으로 지적했고, 공무원들로서는 비록 '가능성'에 그치는 것이긴 했지만 이런 주장을 흘려 넘길 수만은 없었다. 그에 따라 많은 공무원들은 공병우 타자기 대신 긴 모음(받침이 없을 때 쓰는 모음)과 짧은 모음(받침이 있을 때 쓰는 모음)이 구별되는 타자기를 선호했다. 당시 공병우를 제외한 대부분의 타자기 제

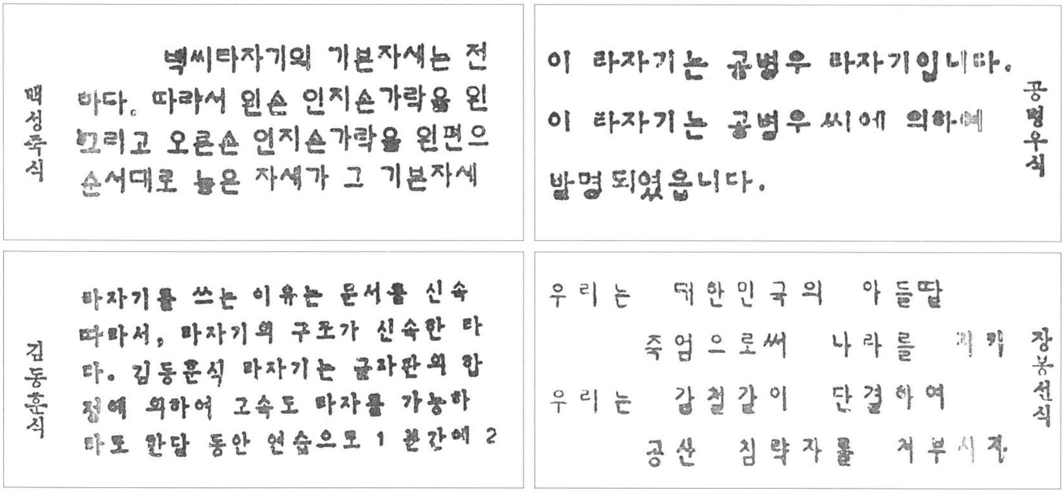

백성죽식

벡씨타자기의 기본자세는 전
바다. 따라서 왼손 인지손가락을 왼
브리고 오른손 인지손가락을 왼편으
순서대로 놓은 자세가 그 기본자세

공병우식

이 타자기는 공병우 타자기입니다.
이 타자기는 공병우 씨에 의하여
발명되었읍니다.

김동훈식

타자기를 쓰는 이유는 문서를 신속
따라서, 타자기의 구조가 신속한 타
다. 김동훈식 타자기는 글자판의 합
점에 의하여 고속도 타자를 가능하
다또 한달 동안 연습으로 1 분간에 2

장봉선식

우리는 대한민국의 아들딸
죽엄으로써 나라를 지키
우리는 강철같이 단결하여
공산 침략자를 쳐부시자

그림6 | **다양한 타자기로 찍은 글자의 모습 (조선일보 1959. 7. 9 조간 2면)**

작자들, 즉 김동훈(다섯벌식), 장봉선(다섯벌식), 백성죽(네벌식), 진윤권(네벌식) 등은 모두 이런 형태의 타자기를 시판하고 있었다.

그 가운데 가장 많이 판매되었던 것은 김동훈(金東勳)의 다섯벌식 타자기였다. 김동훈은 공병우가 2등을 차지했던 1949년 7월의 한글 타자기 현상 공모에서 3등상을 수상했다. 그의 타자기는 세로모음과 쓰는 초성, 가로모음과 쓰는 초성, 받침 없이 쓰는 중성, 받침과 쓰는 중성, 종성 등 다섯 벌의 글쇠로 이루어져 있었으며, 받침과 쓰는 중성의 글쇠가 안움직글쇠로 만들어져 그 자리에 그대로 받침을 찍을 수 있었다. 다섯벌식이었으므로 세벌식에 비하면 한결 네모반듯한 음절 글자를 찍을 수 있었다. 자판의 배치도 비교적 능률적으로 이루어져 있어, 경쟁자인 공병우도 다섯벌식 타자기 가운데 가장 능률적이라고 호평한 바 있다. 1968년 10월의 통계에 따르면 공병우식과 김동훈식 타자기는 행정 기관에서 사용하는 1만 1163대 가운데 각각 6702대와 4264대를 차지하고 있었다. 사실상 양대 제품의 과점 체제였던 셈이다. 공병우는 자서전에서, 한글 타자기의 호황기에 김동훈에게 두 회사의 통합을 제의했으나 거절당했다고 술회하고 있다.

6. '전문가'와 '아마추어'

타자기 시장이 성장함에 따라 자판의 표준화가 중요한 과제로 대두되었다. 1958년에는 정부에서 자판 표준화를 시도하였으나, 최현배의 풀어쓰기 안을 기본으로 삼을 것을 주장하여 현실적인 성과를 거두지 못하였다. 또 1962년에는 한글학회 등의 민간단체에서 표준 자판 제정을 시도했으나, 이때에는 업자들의 이해관계가 얽혀 실효를 거두지 못했다.

1960년대 후반, 정부의 주도 아래 세 번째로 표준 자판 제정 작업이 시작되었다. 공병우는 자신의 타자기가 시장에서 가장 큰 몫을 차지하고 있었으므로 표준으로 제정될 것을 기대했다. 그러나 정부에서는 기존에 시판된 타자기를 모두 인정하지 않고 전혀 새로운 자판을 만들어 그것을 표준으로 삼겠다는 방침을 내세웠다. 기존 제품 중 하나를 표준으로 결정하는 데 정치적 부담이 따르기도 했고, 기존의 세벌식과 다섯벌식이 모두 장단점이 뚜렷한 제품이었기 때문이다. 또 기존 타자기 제작자들이 '아마추어 발명가'라는 문교부 및 과학 기술처 관료들의 선입견도 한몫을 한 것으로 보인다. 과학 기술처에서는 연구조정관 황해용(黃海龍)의 주도 아래, 타자 메커니즘을 연구하고 자모의 이용 빈도를 조사하여 글쇠의 배열을 정했다. 그 결과 1969년에 과학 기술처는 새로운 네벌식 자판을 타자기 표준 자판으로 제정하였다. 초성 자음 한 벌, 받침이 없는 모음 한 벌, 받침과 쓰는 모음(안움직글쇠) 한 벌, 받침 한 벌로 이루어진 글자판이었다(〈그림 2〉 참조).

과학 기술처에서는 네벌식 자판이 세벌식과 다섯벌식의 단점을 보완하고 장점을 합쳐 만든 것이라고 주장했다. 세벌식보다는 자형이 네모반듯하고, 다섯벌식보다는 글쇠가 적어 배우고 치기 쉽다는 것이다. 그러나 시장의 반응은 차가웠다. 기존 제품의 제작자들이 강하게 반발한 것은 말할 것도 없고, 언론에서도 "공병우식과 김동훈식의 단점만 모아 만든 자판"이라며 혹평을 서슴지 않았다. 과학 기술처의 연구자들은 속도와 미관 어느 한 쪽에 극단적으로 치우치지 않은 무던한 타자기를 만들고자 했지만, 그것은 사용자들의 욕구와는 동떨어진 생각이었다. 대부분의 사람들은 두 마리 토끼를 잡는 것이 불가능하다면 한 마리 토끼라도 확실히 잡는 쪽을 원하기 마련이다. 네벌식 타자기는 속도는 공병우식보다 느렸고, 글꼴은 김동훈식보다 들쭉날쭉했다. '아마추어 발명가'들의 일장일단(一

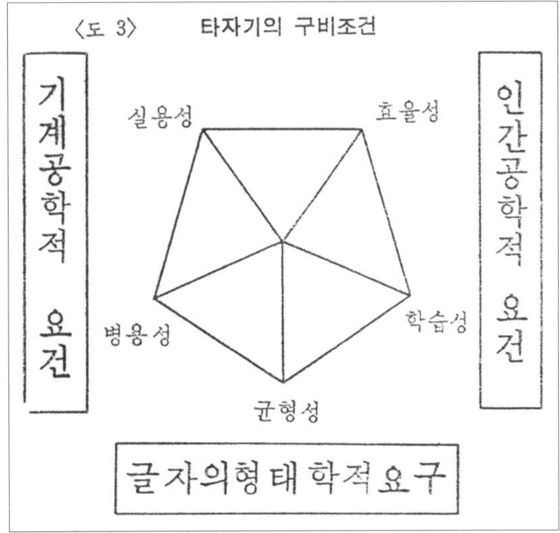

그림7 | **황해용이 제시한 한글 타자기의 구비 조건. 『과학 기술』 2권 3호(1969). 황해용은 이 그림을 제시하면서 공병우식은 속도(효율성, 학습성)에, 김동훈식은 글자꼴(균형성)에 치우쳐 있다고 주장하고, 새 표준 자판은 여러 요소 사이의 균형을 추구하는 것이라고 설명했다.**

長—短)이 뚜렷한 작품보다도 오히려 매력이 없는 결과가 나온 셈이었다.

정부에서 관련 전문가들을 섭외하여 제정한 표준 자판이 어째서 이렇게 장점이 없는 것이 되었을까? "여러 요소 사이의 균형을 추구" 한 나머지 결과적으로는 표준 타자기가 뚜렷한 장점이 없는 물건이 되어 버렸다는 것도 한 가지 이유로 꼽을 수 있다. 하지만 더 근본적인 이유는, '관련 전문가'라는 사람들이 '아마추어 발명가'들에 견주어도 타자기에 대한 전문성과 권위를 확보하지 못했다는 점이다. 과학기술처에서 표준 자판 제정을 위해 섭외한 전문가들은 주로 국어학자들이었고, 거기에 몇 명의 기계공학자들이 끼어 있었다. 이들은 자신의 전문 분야에 대해서는 확실히 다른 이들이 존중할 만한 전문가라고 할 수 있는 사람들이었다. 하지만 한글타자기에 대해서도 그랬을까? 이들은 자신의 전문 분야와 관련된 좁은 주제에 대해서는 의견을 내놓을 수 있었지만, 한글로 타자하는 행위에 대한 총체적인 이해는 직접 타자기를 만지면서 개량해 온 발명가들에 비해 결코 낫다고 할 수 없었다. 국어학자는 자모의 출현 빈도를 파악하여 어떤 글쇠가 치기 편한 자리에 와야 하는지 의견을 낼 수 있었고, 기계공학자는 타자수가 원하는 타자 동작을 구현하기 위해서는 기존의 영문타자기를 어떻게 개조해야 하는지 의견을 낼 수 있었다. 그러나 과학기술처 팀에는 이들의 의견을 수합하고 조율하여 타자기를 어떻게 만들 것인지 결정할 수 있는 사람이 없었다. 영문타자기에는 인쇄 기술자와 장인들이 오랜 세월의 시행착오를 통해 습득한, 글자를 다루는 '암묵적 지식(tacit knowledge)'이 스며들어 있었다. 반면 과학기술처의 한글타자기 자판 제정 팀에는 그런 암묵적 지식을 보유한 이가 없었다. 그것을 지니고 있던 조판공이나 식자공들이 함께 일해 온 것은 오히려 공병우나 김동훈 같은 발명가들이었다. 그런 점에서 표준 자판 제정 팀의 구성원들의 학문적·사회적 지위는 '아마추어 발명가'들보다 높았겠지만, 그들의 의견에는 발명가들을 승복시킬 수 있는 권위가 따르지 않았던 것이다.

7. 타자기에서 컴퓨터로

비판자들의 냉담한 평가에도 불구하고 네벌식 표준 자판은 공무원 사회를 중심으로 어느 정도 자리를 잡았다. 이는 하나의 기술이 보급되는 과정을 기술적 장·단점만으로는 설명할 수 없음을 보여주는 좋은 예다. 표준 자판을 제정하자, 정부는 공공 기관에서 새로 구매하는 타자기는 모두 표준 자판을 채택한 것이어야만 한다는 지침을 내렸다. 당시 한글타자기의 가장 큰 시장이 공무원 사회였기 때문에, 정부의 이와 같은 조치는 대부분의 민간 타자기 업자들로 하여금 표준 자판 타자기를 생산하도록 하는 결정적인 요인이 되었다. 자신의 자판이 표준 자판보다 우수하다는 믿음을 버리지 않았던 공병우와 같은 예외를 빼면, 1970년대 중반 무렵이면 거의 모든 타자기 생산 업체에서 표준 자판에 바탕을 둔 타자기를 만들게끔 되었다. 아울러 타자 교육 및 정부에서 주최하는 타자 대회도 표준 자판으로만 이루어졌으며, 공병우 타자기 등 다른 타자기를 제작하는 업체들은 자사 제품을 홍보할 기회조차 봉쇄당했다. 네벌식 표준 자판의 보급은 시장에서 기술적 우열을 비교함으로써 이루어진 것이 아니라, 시장에 정부가 인위적으로 개입함으로써 달성되었던 것이다.

민주주의가 성장한 오늘날의 관점에서 보면 정부의 이러한 처사는 비민주적인 폭거로 보일 수도 있다. 그러나 정부의 입장도 전혀 이해할 수 없는 것은 아니다. 정부로서는 일단 표준을 발표한 이상, 그것의 보급을 촉진해야 할 필요가 있었다. 더욱이 기술적 우열이 표준화 과정에서 가장 중요하고 결정적인 요인이라고만 할 수도 없다. 표준화를 주도하는 정부 고위 공무원의 입장에서는, 어느 타자기가 타자수가 다루기 편하냐보다는 어느 타자기를 표준으로 삼았을 때 공문서의 서식이 통일되고 정부의 업무 효율이 높아지느냐가 더 중요한 문제일 수 있기 때문이다. 따라서 정부로서는 자판에 대한 논란을 방치하기보다는 일단 과학기술처에서 표준 자판을 제정한 이상 그것이 하루빨리 보급되도록 강력한 정책을 펴는 것이 더 '능률적인' 선택이었다. 경제적·사회적·문화적인 척도도 기술 내적인 척도 못지않게 기술의 가치를 평가하는 데 중요하게 작용할 수 있는 것이다.

그럼에도 네벌식 표준 자판은 단명에 그치고 말았다. 1983년 정부는 국무총리 훈령 제21호로 네벌식 표준 자판을 폐기하고, 기존의 인쇄 전신기 자판을 모태로 한 두벌식(자음, 모음 각 한 벌) 자판을 새 표준 자판으로 공표하였다. 전자 타자기와 개인용 컴퓨터(PC)가 보급되면서 컴퓨터, 전자 타자기, 인쇄 전신기, 기계식 타자기 등의 자판 통일을 위해 새 표준 자판을 발표한 것이다. 새 표준 타자기 자판은 오늘날의 표준 컴퓨터 자판과 거의 비슷하다. 하지만 타자 동작으로 보면 두벌식이라기보다는 사실상 네벌식이다. 받침은 초성 자음의 윗글쇠에, 짧은 모음은 긴 모음의 윗글쇠에 배당되어 있어 시프트키(shift key)를 누르고 입력해야 하기 때문이다. 또 하나의 특징은 자동 시프트락(shift lock) 풀림 장치가 채택되어 있는 점이다. 받침이 있는 음절 글자를 칠 때는 모음을 치기 전에 시프트락 글쇠를 누르고, 짧은 모음과 받침이 찍히고 나면 시프트락이 해제되어 다시 초성 자음을 입력할 수 있도록 한 구조였다.

구조에 대한 설명에서 짐작할 수 있듯이, 두벌식 기계식 타자기는 상당히 다루기 까다로웠다. 받침이 있는 음절 글자를 찍을 때마다 시프트락 글쇠를 눌러야 했으므로 타자하기도 어려웠고, 손목에 많은 무리가 갔다. 자동 시프트락 풀림 장치 같은 부품이 추가되었으므로 구조도 복잡해졌다. 자판은 두 벌이었지만 타이프페이스는 네 벌이었으므로 글자꼴도 네벌식 타자기에 비해 크게 달라지지 않았다. 이것이 시장에서 성공하지 못한 것은 어찌 보면 당연한 일이었는지도 모른다. 새 표준 자판의 제정은 역설적으로 기계식 타자기 시장을 위축시키는 데 이바지했다. 이미 개인용 컴퓨터의 등장으로 입지가 좁아진 기계식 타자기는 표준 자판의 제정으로 설 자리가 더욱더 좁아졌다. 종래의 타자기 사용자들은 불편한 기계식 타자기를 버리고, 개인용 컴퓨터, 전자 타자기, 워드 프로세서 등 전자회로의 도움을 받을 수 있는 장비로 빠르게 옮겨갔던 것이다.

8. 세벌식 자판, 아래로부터 살아나다

개인용 컴퓨터가 보급되면서 기계식 타자기는 빠른 속도로 자취를 감추었다. 개인용 컴퓨터는 기계식 타자기가 해결하지 못했던 많은 문제를 너무나 간단히 해결해 주었다. 첫째, 받침을 입력하기 위해 시프트키를 누를 필요가 없어졌다. 컴퓨터에는 입력된 낱자모를 조합해 주는 프로그램(오토마타)이 내장되어 있다. 자음(초성)과 모음(중성)을 입력한 뒤 세 번째 자음을 입력하면, 오토마타는 판단을 유보하고 네 번째 자모의 입력을 기다린다. 네 번째로 입력되는 것이 자음이면 오토마타는 세 번째 자음을 앞 글자의 받침으로 판단한다. 반면 네 번째 입력이 모음이면 세 번째 자음은 뒤 글자의 초성이 되어 그 다음 입력을 기다리게 된다. 둘째, 받침이 있을 때와 없을 때를 가려 모음 글쇠를 구분할 필요도 없어졌다. 화면에는 오토마타가 판단을 완료한 글자가 완성된 형태로 찍히기 때문에, 타자수가 긴 모음(받침이 없을 때)과 짧은 모음(받침이 있을 때)을 구별하여 찍지 않아도 네모반듯한 글자들이 찍혀 나왔다. 이전에 타자수가 직접 내려야 했던 여러 가지 판단들을 전자 장치가 대신 내려 줌으로써, 타자는 훨씬 간편한 작업으로 바뀌어 갔다.

새 두벌식 표준 자판은 PC가 보급되고 기계식 타자기 시장이 위축되는 것과 발맞추어 빠른 속도로 보급되었다. 타자수들은 손에 익은 기계식 타자기를 제쳐 두고 새로 컴퓨터를 배웠다. 전국의 컴퓨터 학원, 초등학교, 실업계 학교 등은 자라나는 어린이와 청소년에게 컴퓨터를 가르치느라 바삐 움직였다. 국내에서 생산되는 모든 컴퓨터의 키보드에는 두벌식 표준 자판이 새겨졌다. 정부의 행정 전산망과 회사 정보화에 사용되는 프로그램들도 모두 표준 자판을 통한 한글 입력에 맞추어 만들어졌다. 30년 가까이 끌어 온 자판 논쟁은 개인용 컴퓨터의 보급과 함께 곧 일단락될 것처럼 보였다.

그러나 뜻밖에도 세벌식 자판은 사라지지 않았다. 새로 컴퓨터에 눈을 뜬 젊은이들 가운데서도 세벌식 컴퓨터 자판을 쓰는 이들이 나타났기 때문이다. 세벌식 컴퓨터 자판을 가르치는 학원이나 학교가 없을 뿐더러 세벌식 자판이 새겨진 키보드를 생산하는 회사도 없었고, 세벌식 자판을 어렵사리 구해서 익힌다 해도 세벌식 한글 입력을 지원하는 프로그램도 거의 없었다. 하지만 세벌식 사용자들은 PC 통신 동호회 등을 통해 세벌식 자판에 대한 정보를 교환하고, 세벌식 자판 스티커를 나누어 가지고 세벌식 키보드를 주문제작하는 열성을 보였다. 또 세벌식 한글 입력을 지원하는 프로그램이 없으면 직접 프로그램을 만들어 PC 통신 자료실 등에 올리기도 했으며, 인기 있는 프로그램이 세벌식 한글 입력을 지원하지 않는 경우 개발자에게 전자우편 등을 통해 세벌식 지원 기능을 추가해 줄 것을 요청하곤 했다. 그 결과 1980년대 말엽에는 민간에서 개발한 프로그램 가운데 세벌식 한글 입력을 지원하는 것이 제법 늘어났다. 정부의 행정 전산망 등에서는 세벌식 입력을 전혀 지원하지도 않았고 지원할 계획도 없었던 것과는 좋은 대조를 이룬다.

이와 같은 '아래로부터'의 움직임은 표준 자판이 '위로부터' 보급되어 간 과정과는 정 반대의 길이었다. 정부가 강력한 행정력을 동원하여 표준 자판을 보급했다는 사실을 감안하면, 특별한 사회적 영향력이나 권위가 없는 평범한 컴퓨터 이용자들이 세벌식 자판을 보급하여 어느 정도 성과를 거두었다는 것은 놀랄 만한 일이다. 이런 일이 가능했던 배경은 크게 두 가지를 생각해 볼 수 있다. 첫째, 세벌식 컴퓨터 자판을 이용하는 이들은 대체로 표준 자판 이용자들보다 자판 선택 과정에서 더 많은 요소를 고려하였고, 그 결과 자신의 선택에 대해 강한 확신과 자부심을 가지고 있었다. 이런 자부심은 비표준/비주류 기술을 선택하는 사용자 집단에게서 일반적으로 발견할 수 있는 특징이다. 일부러 소수의 사용자들만 쓰고 있는 기술을 선택한다는 것은, 비주류 기술을 선택한 대가로 감당해야 하는 여러 가지 불편함을 상쇄하고도 남을 만한 장점을 거기에서 발견했음을 의미하기 때문이다. 그 장점이란 조작상의 능률, 문화적 정당성, 심미적 우월성 등 여러 가지 형태로 정의될 수 있다. 세벌식 컴퓨터 자판을 선택한 이들의 동기도 매우 다양했다. 어떤 이들은 그것이 기계식 타자기 시절 가장 효율적인 자판이었기 때문에, 어떤 이들은 그것이 초성 중성 종성을 구별하고 있어 『훈민정음』의 창제 원리에 부합한다고 생각했기 때문에, 또 어떤 이들은 이른바 '도깨비불 현상'(받침으로 들어왔던 세 번째 자음이 다음 글자의 초성으로 넘어가는 현상, 아래 그림 참조)이 없는 자판이라고 생각했기 때문에 세벌식 자판을 선택하였다. 이들이 주

(두벌식)
ㄱ → 가 → 갈 → 가라 → 가람
(세벌식)
ㄱ → 가 → 가ㄹ → 가라 → 가람

그림8 | **도깨비불 현상**

목한 장점이 실제로 현실적 불편함을 상쇄할 정도로 뛰어난 것이었는지는 사람에 따라 얼마든지 다르게 판단할 수 있을 것이다. 하지만 제법 많은 사람들이 여러 가지 현실적 불편함을 감수하면서까지 세벌식 사용자가 되고 다른 이들에게 세벌식 자판을 권유했던 사실을 이해하려면 이와 같은 확신과 자부심을 감안해야 한다.

둘째, 이들의 주장이 소수의 폐쇄된 동아리를 넘어 다른 이들에게 퍼질 수 있었던 데는 PC통신과 같은 새로운 기술 환경의 등장이 큰 몫을 했다. 공병우는 1969년 첫 번째 표준 자판이 제정된 뒤에도 꾸준히 표준 자판의 단점과 자신의 세벌식 자판의 우수성을 알리고자 했다. 그러나 권위주의 정권 아래 시민사회가 위축되어 있었던 1970년대에는 공병우가 자신의 주장을 펴고 대중과 만날 수 있는 공간이란 극히 제한되어 있었다. 주요 언론의 무관심 속에서, 공병우가 자신의 지지 세력으로 확보할 수 있었던 것은 소수의 한글운동가들뿐이었다. 이에 좌절한 공병우는 결국 타자기 사업을 정리하고 미국으로 건너갔다. 그런데 공병우가 다시 한국에 돌아온 1980년대 후반 무렵이 되면 상황은 많이 달라져 있었다. 사회적으로도 민주화의 기운이 높아지고 있었을 뿐 아니라, 나이·성별·직업을 따지지 않고, 시간과 공간의 제약도 없이 일대일로 사람들이 만나 의견을 나눌 수 있는 공간이 새롭게 생겨나고 있었다. 바로 PC통신이 그것이었다. 공병우는 고령에도 불구하고 PC통신의 가능성에 눈을 떴다. 그는 하이텔(hitel) 등의 PC통신 서비스를 이용하여 세벌식의 우수성을 설명하는 글을 매일같이 두세 개씩 통신망에 올렸다. 많은 젊은이들이 PC통신에 공병우가 올린 글을 읽고 그와 친교를 맺었으며, 나아가 세벌식 자판의 지지자가 되었다.

9. 공병우와 워드프로세서 '훈글'

이렇게 세벌식 컴퓨터 자판이 아래로부터 적지 않은 사용자를 확보해 가는 가운데, 한국 소프트웨어 사상 최대의 성공작, '훈글'이 나타났다. 훈글은 1989년 이찬진, 김형집, 우원식 등 20대의 젊은 프로그래머들의 손으로 태어났다. 기존의 워드프로세서를 훌쩍 뛰어넘는 기능과 안정성, 그리고 사용자의 편의를 중시한 구성 때문에 출시되자마자 소비자의 폭발적인 호응을 얻었다. 훈글은 1.0 버전이 출시되고 5년도 지나지 않아 한글 워드프로세서 시장을 독점하며, 사실상의 표준이 되었다.

훈글은 다양한 기능 말고도, 한글 자체에 대한 대중의 관심을 환기시켰다는 점에서 특이한 워드프로세서였다. 훈글은 초기 버전에서부터 옛글자 입력을 충실히 지원했다. 컴퓨터로 옛글자를 입력할 일이 있으리라고 생각한 이들도 별로 없었던 상황에서, 이런 신기한 기능은 사용자의 많은 관심을 끌었다. 또 훈글의 "환경설정" 메뉴에서는 매우 폭넓은 글자판 선택 기능을 제공했다. 한글의 두벌식(표준), 세벌식, 네벌식은 물론 각종 유럽어 자판에 영문 드보락(Dvorak) 자판까지 지원했다. 물론 많은 사용자는 글자판 선택 기능을 눈여겨보지 않고 그냥 기본으로 설정되어 있는 표준 자판을 사용했지만, 컴퓨터를 처음 배우는 이들 가운데는 "글자판을 선택해야 하나? 그러면 어떤 글자판이 좋은 것일까?"라는 의문을 품는 이들도 생겨났다. 그리고 이들 중 일부는 PC통신 등에서 활발한 활동을 벌이던 세벌식 사용자들의 영향을 받아 세벌식에 새롭게 입문하였다. 흔글의 개발자 중 하나였던 박흥호는 프로그래머들이 자주 사용하는 특수 문자를 입력할 수 있도록 공병우 자판을 개량하여 거기에 '세벌식 390 자판'이라는 이름을 붙였는데, 이것을 흔글에서 권장함으로써 적지 않은 이들이 세벌식 자판으로 컴퓨터에 입문하게 되었다. 그뿐 아니라 흔글은 정부 표준 한글 코드인 완성형(완성된 음절 글자 하나에 여섯 자리 코드 하나가 대응되는 방식) 대신 조합형(초성, 중성, 종성에 각각 두 자리의 코드를 배당하고 그것을 합치는 방식) 코드에 바탕을 두었다. '똠'이나 '슭'처럼 기존 완성형 코드가 아우르지 못하는 글자들도 찍어내기 위해서였다. 이런 기능은 전문가의 영역으로 여겼던 한글 코드 문제에 대해 대중의 관심을 불러일으키는 역할을 했다.

엄연히 표준 자판과 표준 한글 코드가 있는데, 왜 이들은 조합형 코드를 내장했으며 글자판 선택 같은 기능을 굳이 마련한 것일까? 흔글에서 옛글자 입력, 조합형 코드, 글자판 선택 등의 기능을 지원한 까닭은 일차적으로 한글이 지닌 모든 기능을 구현하고, 기존 타자기에 익숙한 사용자들을 흡수하고자 하는 프로그래머들의 의욕 때문이었다. 하지만 그 밑바탕에는 무시할 수 없는 또 하나의 흐름이 깔려 있었다. 바로 당시에 널리 퍼져 있던, 정부의 한글 기계화 방침에 대한 불만이었다. 하루가 다르게 새로운 기술이 태어나던 컴퓨터 분야에서는 기성 전문가들의 의견이 꼭 옳지만은 않은 경우가 많았다. 오히려 시대의 조류에 민감한 젊은이들이 더 건설적인 의견을 내놓곤 했다. 하지만 정부에서는 전문가주의를 내세워 재야의 비판 의견을 묵살하곤 했다. 완성형 코드나 두벌식 자판에 이런저런 문제가 있다는 지적이 많았지만, 정부는 이미 정해진 표준을 바꾸거나 조정하려 하기보다는 반대 의견을 묵살해버리기 일쑤였다. 정통성 없는 정부가 보여준 이와 같은 권위주의적 태도는 많은 이들에게 정부의 한글 기계화 시책 전반에 대해 회의(懷疑)를 품도록 만들었다. 이상주의적인 젊은이들의 눈에 비친 관료들은 행정적 편의를 추구할 뿐, 가장 중요한 것을 잊고 있었다. 그것은 바로 '한글을 사랑하는 마음'이었다. 정부의 한글 기계화 방침에 문제가 있다고 생각한 많은 젊은이들은 하나둘씩 정부 표준이 아닌 재야 기술에 눈을 돌리기 시작했다.

그리고 거기에, 이제는 한글 운동의 원로가 된 공병우가 있었다. 공병우는 세벌식 타자기가 공공 기관에서 배척당한 뒤에도 '한글문화원'과 같은 사설 기관을 차려 세벌식의 우수성을 알리는 일을 계속했다. 컴퓨터의 한글 처리에도 일찍부터 관심을 기울여 간단한 한글 문서 편집 프로그램을 직접 만들어 보급하기도 했다. 그리고 PC통신에서도 젊은이들과 활발히 교류하는 한편, 젊은 세대의 한글 운동을 물심양면으로 지원하기도 하였다. 당시 대학생이던 이찬진 등이 훈글을 만들자 공병우는 한글문화원의 공간 일부를 선뜻 그들에게 빌려 주어 그들이 '한글과컴퓨터'사라는 회사를 세울 수 있도록 도와주었다. 그뿐 아니라 이들이 졸업과 입대 등으로 제대로 회사를 운영하기 어려운 상황이 되자, 한글문화원에서 함께 일하던 박흥호에게 이름뿐인 한글과컴퓨터 사를 맡아 운영하도록 권유하기도 했다. 훈글이 처음 선을 보였을 때부터 세벌식 자판을 충실히 지원한 배경에는 이와 같은 개인적 친분과 신뢰가 있었다.

10. 기술의 보편화, 경쟁의 해소

하지만 세벌식의 역습은 결국 성공하지 못했다. 개인용 컴퓨터 사용자 수는 크게 늘어났지만, 세벌식 자판을 쓰는 사용자의 비율은 오히려 줄어들어 갔던 것이다. 이는 컴퓨터 사용자의 구성이 달라졌기 때문이다. 개인용 컴퓨터가 보급되던 초창기에는, 컴퓨터를 만질 줄 아는 사람이면 누구나 컴퓨터의 구조나 프로그래밍에 대해 어느 정도의 지식을 갖추고 있었다. 사용자의 대부분이 개발자이기도 했으므로, PC통신 등에서는 프로그래밍과 같은 전문적인 주제를 중심으로 이야기가 오가는 것이 보통이었다. 따라서 초기의 컴퓨터 사용자들은 한글 전산화 문제에 대해서도 큰 관심과 전문가 못지않은 식견을 가지고 있었다. 이들 가운데 매우 많은 수는 세벌식 자판의 지지자였다. 빠른 타자 속도라든가 초·중·종성이 구분되어 있다는 논리적 타당성 등이 전문가들의 완벽주의적 취향에 잘 들어맞았기 때문이다. 물론 공병우라는 인물에 대한 신뢰도 중요하게 작용하였다.

그러나 1990년대 중반 이후 상황은 크게 달라졌다. 대량생산과 가격 하락에 따라 개인용 컴퓨터 시장은 급격히 확장되었고, 마이크로소프트의 '윈도95' 등 GUI(graphic user interface)를 채용한 운영체제가 선을 보이면서 컴퓨터의 구조나 프로그래밍 같은 것을 몰라도 남녀노소 누구나 컴퓨터를 이용할 수 있게 되었다. 윈도 시대에 컴퓨터를 익힌 이들에게 1980년대의 한글 전산화 논쟁은 피부에 와 닿지 않는 것이었다. 완성형이니 조합형이니 하는 한글 코드에 대한 논쟁은 이들에게는 아무 의미가 없었다. 1990년대 중반 이후 윈도 계열 운영체제에서는 완성형과 조합형을 절충한 유니코드(unicode)를 채택했으므로, 사용자들이 한글 코드를 선택할 필요가 없어졌기 때문이다. 한글 자판에 대한 논쟁도 일반 사용자들에게는 별로 중요한 문제가 되지 못했다. 겉으로 드러나지 않는 부분까지 기술의 완결성이나 논리적 타당성을 따지는 전문가들과는 달리, 일반 사용자들은 사용하기에 편리하다면 그 기술에 대해 더 의문을 제기하지 않는 것이 보통이다. 따라서 이들에게는 초·중·종성의 구분 같은 다소 형이상학적인 문제들보다는, 얼마나 직관적으로 배우기 쉽고 쓰기 쉬운가가 자판을 선택하는 데 더 중요한 문제였다. 그뿐 아니라 모든 키보드 표면에 표준 자판이 인쇄되어 시판되고 있었으므로, 일부러 세벌식 자판을 배우기로 결심하고 세벌식 키보드 스티커 등을 찾아 나서지 않는 한, 컴퓨터를 처음 배우는 사용자들은 두벌식 자판에 친숙해지게 마련이었다.

일부러 세벌식 키보드 스티커를 구해다 붙여 쓰는 '유별난' 사용자들이 없었던 것은 아니다. 기존의 세벌식 사용자들도 여전히 PC통신 동호회 등에서 활발히 활동하면서 키보드 스티커를 무료로 나누어 주는 등 세벌식 보급을 위해 애를 썼다. 그러나 전체 컴퓨터 이용자 중에서 그들이 차지하는 비중은 매우 작았다. 소수의 전문가나 고급 사용자들이 영향력을 미칠 수 없는 공간에서 엄청난 속도로 일반 사용자들이 늘어나고 있었던 것이다. 그리고 이들은 거의 모두 두벌식 표준 자판으로 컴퓨터와 인연을 맺었다.

일반적으로 하나의 기술이 보편적으로 퍼지는 단계가 되면, 경쟁 기술과의 비교는 현실적으로 의미 없는 일이 된다. 기술의 경쟁이란 낱낱의 기술들 사이에서 이루어지는 것이 아니라 인접 기술들을 아우르는 '시스템'들 사이에 벌어지는 것이기 때문이다. 하나의 시스템이 지배적인 것으로 확립되고 나면, 비록 경쟁 기술이 많은 장점을 가지고 있다 해도 그것을 선택하기 위해 치러야 하는 비용이 급격히 높아짐으로써 선택의 이점이 사실상 소멸된다. 예를 들어 미국 냉장고 산업의 초창기에는 전기냉장고와 가스냉장고가 서로 경쟁을 벌였던 적이 있었다. 냉장고 자체의 성능만을 놓고 보면 가스냉장고가 눈에 띄는 몇 가지 장점을 가지고 있었다. 하지만 전기의 사용이 먼저 보편화되었기 때문에 전기냉장고가 더 널리 보급되었고, 일단 전기냉장고가 사실상의 표준으로 자리 잡은 뒤에는 가스냉장고의 장점을 따지는 일은 의미 없는 것이 되어 버렸다. 이처럼 기술의 초창기에는 표준을 둘러싼 논쟁이 중요하지만, 하나의 표준이 확립되고 그것이 보편적으로 파급된 뒤에는 그 표준 안에서 효율성을 높이는 것이 훨씬 중요한 문제로 떠오른다. 예컨대 전기냉장고가 보편화된 뒤에는 전기냉장고의 성능을 높이는 것이 이미 사라진 가스냉장고라는 대안을 모색하는 것보다 사회·경제적으로 훨씬 의미 있는 일이 되는 것이다. 이 경우 기술들 사이의 경쟁은 그 결판을 보는 것이 아니라 필요성을 잃고 '해소'되어 버리는 셈이다.

11. 맺으며

세벌식 자판은 지금도 명맥을 유지하고 있다. 세벌식 사용자들은 프로그래머들을 중심으로, 윈도95에서 세벌식 한글 입력을 지원하도록 마이크로소프트사에 지속적으로 요구했다. 그 결과 이후의 윈도 계열 운영체제에서는 세벌식을 기본적 한글 입력 방식 중 하나로 지원하게 되었다. 윈도 계열 운영체제가 깔려 있는 컴퓨터라면 어디에서든지, 별도의 프로그램을 설치하지 않아도 한글 입력기의 속성 항목에서 두벌식 자판, 세벌식 390 자판, 세벌식 최종 자판(공병우가 최종적으로 개편한 자판) 중 하나를 골라 쓸 수 있게 되었다. 1948년에 태어난 세벌식 자판은 타자기 시절의 경쟁 자판이 모두 사라진 윈도 시대에도 꿋꿋이 살아남은 것이다.

공병우는 아흔이 다 되어서까지 PC통신과 자신의 병원(공안과) 등에서 세벌식 자판의 우수성을 주장하는 일을 게을리 하지 않았다. 노환으로 병원에 입원한 1995년 1월, 하이텔에서는 그의 ID 'Kongbw'가 탈퇴 처리되었다. 공병우는 그해 3월 세상을 떠났고, 미리 써 둔 유서에 따라 그의 시신은 장례식 없이 의학 실습용으로 세브란스 병원에 기증되었다. 그의 사망 소식은 하이텔에 공지 사항으로 올랐고, 일주일 만에 5000여 명의 네티즌이 이 '온라인 부음'을 조회했다. 당시의 PC통신 사용자 수를 감안하면 기록적인 조회수였다.

공병우가 세상을 떠난 지 오랜 시간이 흘렀지만 글자판 논쟁은 아직도 끝나지 않았다. 실질적으로 두벌식으로의 표준화가 이루어졌음에도 불구하고 세벌식 옹호자들이 이 의제기를 멈추지 않고 있기 때문이다. 이들의 주된 논거는 "한글 자판은 한글의 창제 원리에 충실해야 한다"는 생각이다. 한국인에게 한글은 하나의 문자 체계 이상의 의미를 갖는다. 그것은 전통 문화의 정수 가운데 하나이며 민족의 자존심이다. 따라서 한글 기계화를 둘러싼 논쟁은 순전히 기술적인 것이 될 수는 없었다. 효율성과 경제 논리 못지않게, 때로는 그것에 앞서, '한글의 정신'이 올바로 계승되었느냐는 질문이 그 한가운데 자리 잡고 있었기 때문이다.

더 생각해볼 주제

—

- 기술 표준을 정할 때는 늘 많은 논란이 일어나곤 한다. 최근 한국의 경우를 살펴보면, 차세대 이동통신의 표준을 정할 때 시분할 접속방식(TDMA)과 코드분할 접속방식(CDMA) 사이의 논쟁이 있었고, 디지털방송의 표준을 정할 때는 미국식과 유럽식을 놓고 격렬한 논쟁이 일어났다. 각각의 논쟁에서 양쪽의 지지자들은 서로 "이 기술이 더 우수하다"라든가 "이 기술이 더 많은 경제적 부가가치를 낼 수 있다"는 등 다양한 논거를 제시하였다. 두 가지 논쟁 가운데 하나의 사례를 골라 양측의 주장을 정리해 보고, 본문의 논의를 참고하여 자신이라면 어느 쪽의 입장을 지지하겠는지 의견을 밝혀 보자.
- 기술은 상품 안에 체현된다. 따라서 기술의 우수성은 상품의 경쟁력과 따로 떼어 판단하기가 매우 어렵다. 예를 들어 휴대전화의 한글 입력 방식에 대해서는 어떤 판단을 내릴 수 있을까? 현재 가장 널리 쓰이는 휴대전화 한글 입력 방식은 S사 전화기의 '천지인' 방식이다. S사 전화기의 점유율이 높다 보니 천지인 방식의 한글 입력이 널리 보급된 것일까, 아니면 천지인 방식이 다른 방식보다 뛰어나기 때문에 소

비자들이 S사의 전화기를 더 많이 선택하여 그 시장 점유율이 높아진 것일까? 또 다른 문제로, 천지인 방식의 한글 입력을 좋다고 생각하는 사용자들은 그 입력 속도를 다른 방식과 비교해 본 결과 그렇게 생각하는 것일까, 아니면 그것이 논리적으로 합당한 한글 입력 방식이라고 생각하는 것일까? 어떤 기술을 선택하거나 평가할 때 '논리적 타당성'이 얼마나 큰 역할을 한다고 생각하는가?

- 하나의 기술이 보편적으로 보급되어 경쟁이 해소된다면, 경쟁기술 진영에서 지적했던 문제점을 개선할 필요도 없어지는 것일까? 가령 두벌식 자판의 경우, 사실상 자판 사이의 경쟁은 해소되었지만, 세벌식 진영에서 제기한 문제들은 여전히 남아 있다. 왼손가락의 잦은 연타(連打), '도깨비불현상', 조합형 한글 코드와 대응시키기 어렵다는 점, 완성한 문서에서 낱 자소 단위의 검색이 어렵다는 점 등이 그것이다. 경쟁이 해소되면 이런 문제점의 개선 작업도 우선순위가 낮아지는 것인가?

더 읽어볼 거리

—

공병우, 『나는 내 식대로 살아왔다』, 대원사, 1989.

김정수, 『한글의 역사와 미래』, 열화당, 1990.

송현, 『한글 기계화 운동』, 인물연구소, 1982.

임종철 외, 『타자 및 워드프로세싱 실기교육방법론』, 종문사, 1988.

임종철 외, 『한글기계화론』, 서울중등상업교육연구회, 1985.

최현배, 『글자의 혁명』, 군정청 문교부, 1946.

한국기계연구소, "한글타자기 자판 및 기구제도 개선에 관한 연구", 과학기술처, 1985.

루쓰 코완, 송성수 편역, 「어떻게 해서 냉장고는 윙윙하는 소리를 내게 되었는가」, 『우리에게 기술이란 무엇인가』, 녹두, 1995.

가볼 만한 사이트

—

한글문화원구소 홈페이지 http://moonhwawon.ye.ro/main.html

세사모(세벌식 사랑 모임) http://sebul.org/

김용묵의 홈페이지 http://moogi.new21.org/

젊은 세벌식 자판 사용자의 홈페이지. 세벌식을 지원하는 프로그램을 스스로 만들어 배포하고 있으며 세벌식 자판의 장점을 홍보하고 있다.

드보락 자판 관련 홈페이지 http://www.dvorak-keyboards.com/

드보락(Dvorak) 자판은 1932년 미국에서 오거스트 드보락(August Dvorak)이 개발한 자판이다. 인체공학적 설계를 통해 기존의 자판(일명 "쿼티(Qwerty)" 자판)보다 손가락의 연타(連打)를 줄이고 더 능률적으로 개량했다고 주장하고 있다. 그럼에도 오늘날 절대다수의 사용자들이 쿼티 자판을 이용하고 있는데, 이에 대해 드보락 진영에서는 문제가 많은 기술이라도 시장을 선점하면 그 지위를 유지하는 이른바 '잠김(lock-in) 효과' 때문이라고 주장하는 반면, 반대자들은 실제로 두 자판의 효율 차이가 드보락 진영에서 주장하는 것만큼 크지 않기 때문이라고 주장하고 있다.

04

한국 원자력의 역사와 담론

1. 들어가며: 한국 원자력, 그 복합적인 역사

여러분은 KBS에서 방영하는 TV 시리즈 〈신화창조의 비밀〉을 본 적이 있을 것이다. 이 프로그램은 우리나라 기업 혹은 연구소의 기술개발 과정을 다큐드라마의 형식으로 보여주는 형식을 가지고 있다. 이 프로그램을 유심히 지켜본 사람이라면 매번의 프로그램이 비슷한 형식과 구조를 가지고 있음을 눈치 챘을 것이다. 어려운 여건, 열악한 환경 하에서 사명감을 가진 창업자 혹은 기술진들이 작업에 착수한지 얼마 후 작은 문제에 부딪히고, 그것을 극복하고 어느 정도 성공한 다음에는 그동안의 노력을 모두 무위로 돌릴 수 있는 큰 어려움에 봉착한다. 그러나 결국은 그 큰 어려움까지 극복하고 독자적인 기술을 구축하는데 성공하며, 해외에서도 인정받게 된다는 것이 대개의 줄거리이다.

물론 나는 묵묵히 음지에서 기술개발에 힘쓰는 기술자, 과학자들의 노력을 조명하는 것은 충분히 가치 있는 일이라고 생각한다. 그러나 이 프로그램이 보여주는 기술 혹은 기술개발에 대한 인식은 조금 막연하고 안이하다는 생각이 든다. 이 프로그램 속에서 기술은 대개 약간의 역경이 존재할 때도 있지만 그저 단선적으로 앞으로 발전해나갈 뿐이며, 그 기술을 만든 환경이 되는 사회적 맥락은 기술의 발전과 큰 관련이 없는 것으로 묘사되고 있다. 이와 같은 인식은 〈신화창조의 비밀〉 제작진만 가지고 있는 것은 아닐 것이다. 무엇보다도 기술개발의 주역이었던 기술자, 과학자들이 가진 그와 같은 인식이 그 프로그램에 영향을 주었을 것이다. 과학자, 기술자들의 이와 같은 기술 인식은 심할 경우 '내가(기술자, 과학자가) 모든 것을 다했다'라는 식의 자기 역할에 대한 과장된 기억으로 나타나기도 한다. 이런 상황은 한국의 어떤 기술 분야를 보아도 나타나고, 이 글의 주제인 원자력 분야도 예외는 아니다.

한국의 원자력 기술은 짧은 역사와 열악한 기반에도 불구하고 상당한 성취를 이루었다고 평가된다. 원자력 발전은 국내 발전량의 약 40%를 점유하고 있고, 원자력 기술의 수준도 상당히 높아져서 해외로 국내 원자력 기술을 수출할 정도에 이르렀다. 그러나 이러한 기술적 성취에도 불구하고 원자력은 여전히 사회적으로 논란이 있고 그 수용이 문제시되고 있다. 원자력과 같은 거대과학은 이미 사회의 제반 영역과 불가분한 관계를 갖는 '사회적 기술'이다. 우리가 한국 원자력 기술의 위상을 살펴보기 위해서 그것의 사회적 맥락도 살펴봐야 할 이유가 여기에 있다.

원자력 기술과 그 응용의 측면만을 볼 때, 그 역사는 완만하거나 급격한 '성장의 역사'를 보여준다. 그러나 사회적 측면까지 포함된 한국 원자력의 역사를 보면, 원자력 관련 기관에서 출간한 책에서 말하는 '매끈하고 단선적인 발전의 역사'가 아니라는 것을 알게 된다. 그 속에는 많은 행위자들의 서로 다른 이해관계 충돌이 있고, 각자 서로 다른 목소리가 있으며, 때로는 대립하고 때로는 타협해 온, 수많은 균열이 존재하는 복합적인 역사가 존재한다. 한국 원자력의 역사는 〈신화창조의 비밀〉 수십 편, 수백 편으로도 다 담아낼 수 없는 복합적이고 입체적인 역사이다. 한국 원자력 기술이 고도로 정교한 기술들의 복합체이기 때문만이 아니다. 원자력의 역사가 원자력 기술과 기술자만의 역사가 아니라, 원자력 관련 기관 종사자, 정책담당자, 관련 기업과 기업인, 일반 대중, 외국의 외교적 영향 등이 서로 영향을 주고 받고 소통해온 것이기 때문이다. 이 글에서는 1950년대부터 1970년대 말까지 한국 원자력의 역사를 사례로 보게 되겠지만, 여러분은 이 사례를 통해 다른 기술에서도 그런 복합적인 이면이 존재한다는 것을 짐작할 수 있을 것이다.

원자력의 역사는 과거 속에만 존재하지 않는다. 어느 역사나 마찬가지로 원자력의 역사는 언제나 현재 속에 진행형으로 살아 숨쉬고 있다. 특히 우리가 주목할 수 있는 것은 기술과 대중과의 상호작용 속에서 교량 역할을 하는 사회적 인식, 사회적 담론의 영역이다. 이 글의 두 번째 부분에서는 우리가 가지고 있는 원자력에 대한 인식, 담론을 구체적인 역사적 사례를 통해 살펴보고자 한다. 앞으로 살펴보겠지만 한국 원자력의 역사는 '경제'와 '안보'라는 두 가치에 의해 추동되었으며, 두 가치의 시대적인 '힘의 분배 상황'에 영향을 받았다. 그리고 이 과정에서 홀대받은 것은 '안전'이라는 가치였다.

2. 한국 원자력의 초기 역사

1) 전력(電力), 원자탄, 과학: 원자력 추구의 다른 동기들

한국에 원자력이 도입된 우선적 계기가 된 것은 에너지 부족 문제였다. 해방 이전 대부분의 공업시설과 발전소는 북측에 건설되어 있었고, 남측에는 공업시설도 전력설비도 부족했던 상황이었다. 북측은 1948년 5월 14일 갑자기 전력공급을 끊었고, 남한 측은 심각한 전력난을 겪게 되었다. 이런 상황에서 1953년 미국 아이젠하워 대통령의 '평화를 위한 원자력(Atoms for Peace)' 선언은 한국이 원자력을 통해 전력문제를 해결할 수 있을 것이라는 희망을 갖게 했다. 또한 1956년 한국을 방문한 미국의 전기기술자이자 디트로이트 에디슨 전력회사의 대표 워커 시슬러(Walker Lee Cisler)가 이승만 대통령에게 한국에 원자력을 도입할 것을 제안하기도 했다. 이런 계기를 바탕으로 상공부와 조선전업(한국전력의 전신)은 전력문제 해결을 위해 원자력 도입에 힘쓰게 되었다.

한국 정부가 원자력 사업에 본격적으로 나선 데에는 전력문제 해결 외에 다른 동기도 존재했다. 한국을 해방시키는 계기가 되었고, 한국 전쟁 당시 밀려 내려오는 중공군을 막기 위해 미국에 의해 진지하게 그 사용이 고려되었던 원자탄은 이미 원자력의 대표적인 응용으로 잘 알려져 있었다. 한국 정부는 원자력의 군사적 응용 가능성, 즉 당시 첨예하게 대립하고 있던 남북 관계에서 군사적 열세를 극복하기 위한 방안으로 원자력을 고려했던 것이다. 이승만 대통령이 문교부 원자력과장 윤세원을 만났을 때 '원자력을 연구하면 우리나라에서도 원자탄을 만들 수 있는지' 물었다는 에피소드가 알려져 있기도 하다.

한편 한국 정부가 본격적으로 원자력 사업을 추진하면서 이를 주도한 것은 문교부의 과학자 출신 관료들이었다. 1959년 원자력 담당 행정기구 원자력원과 국립연구소 원자력연구소가 설립되기 전에 한국 원자력 사업을 담당했던 곳은 문교부였고, 문교부 기술교육국장 박철재, 원자력과 과장 윤세원이 핵심 인물이었다. 문교부는 과학기술처가 존재하지 않던 시절 행정부 내에서 과학기술 분야를 담당했었고, 문교부의 과학기술 사업은 이들을 비롯한 과학자 출신 관료들에 의해 주도되었다. 박철재와 윤세원은 문교부의 관료가 되기 전에는 서울대학교 물리학과에 교수로 재직하던 인물들이었고, 원자력원과 원자력연구소가 설립된 이후에는 원자력연구소장, 원자로 연구부장으로 일했으며, 한국의 초기 원자력 사업을 실질적으로 주도했다.

이들 과학자 출신 관료들은 원자력 사업을 통해 한국 과학기술의 본원적인 기반을 닦고자 애썼다. 이들에게 과학기술은 정치, 경제, 산업 상의 당장의 필요를 뛰어넘는 장기적인 중요성을 갖는 것이었다. 원자력을 통해 한국 과학기술의 기반을 닦는데 우선적인 목표가 있었다는 점에서, 이들의 관심은 상공부 관료의 경제적 관심이나 군부 및 정치권 일부의 군사적 관심과는 차이가 있었다. 요컨대, 이들 과학자들의 관심은 '원자력을 통한 과학기술 진흥'에 있었던 것이다.

2) 미국의 영향

1950년대 말 한국 정부의 원자력 계획에서 가장 핵심적인 문제는 원자로 기종 및 원자력연구소 부지 선택 문제였다. 먼저 원자로 기종 선택과 관련된 문제를 보자면 다음과 같다. 1955년 유네스코 한국위원회 사무국장 장내원은 한 신문에 기고한 글에서, 한미 원자력 협정에 따라 한국에 도입될 연구용 원자로는 전력수요가 급박한 한국의 상황에 맞지 않으며 기술자 양성 정도에나 기여할 것이니, 연구용 원자로가 아니라 발전용 원자로를 도입하여야 한다고 주장하였다. 또한 농축우라늄이 아니라 천연우라늄을 사용할 수 있는 원자로를 도입하여야 한국에 매장되어 있는 천연우라늄을 활용할 수 있고 차후 한국의 원자력 자립화에 기여할 수 있다고 말했다.

같은 신문에 실린 반박논평에서 윤세원은 장내원이 연구용 원자로를 통해 이루어지는 원자력 연구와 이 원자로를 통해 생산할 수 있는 방사성 동위원소의 유용성을 과소평가했다고 말했다. 또한 한국이 천연우라늄을 사용하는 원자로를 건설할 상황이 되지 못하므로, 현재로서는 미국이 농축우라늄을 사용하는 원자로를 지원해주는 기회를 적극 활용하는 것이 좋다고 말했다.

그 외에 상공부 등 경제관련 부처들도 발전용 원자로를 도입하고 싶어 했었다. '발전용 원자로를 도입하여야 한다는 주장'과 '우선 연구용 원자로를 도입하자'는 주장의 이면에는 한국의 근대화에 대한 견해 차이가 존재한다. 후자의 주장은 '우선 연구용 원자로를 받아들여서 원자력 연구 및 과학기술 전반의 기초를 닦고, 점차적으로 발전용 원자로를 도입할 기반을 마련하자'는 의미라고 할 수 있다. 이 주장은 '기초를 쌓아가며 느리게 진행시키는 발전 논리, 근대화 논리'에 기반하고 있었다.

원자로의 입지와 관련해서도 여러 견해들이 대립했다. 당시 이승만 대통령은 원자로를 군사기지 근처, 즉 해군기지가 있는 진해라든가, 강원도 지역에 설치해서 군의 호위를 받게 한다는 생각을 갖고 있었다. 부흥부는 당시 공장 부지로 공업 관련 기반시설이 잘 갖춰져 있던 충주비료 공장 부근을 추천했다. 그러나 이와 달리 문교부의 과학자 출신 관료들은 가급적 서울에서 가까운 곳을 택해야 기존의 과학 연구와 원자력 연구가 연계될 수 있다고 생각했다. 여러 논의 결과 경기도 시흥군의 장소가 절충안으로 거론되었다. 이 장소는 과거 일본군의 무기 저장소였던 만큼 산으로 둘러싸여 있어서 '보안' 문제도 어느 정도 해결할 수 있었고, 다른 장소에 비해 서울에서도 그리 멀지 않은 곳이었다. 그러나 결과적으로 이 장소가 원자력 연구소 부지로 결정된 것은 아니었다.

원자력연구소 부지가 결정되는 데는 미국의 영향도 작용했다. 원자로 기종 선정과 원자력연구소 부지 결정 과정이 한창 진행 중이던 1958년, 미국의 두 원자력 과학자, 조지 윗플(George Hoyt Whipple)과 헨리 곰버그(Henry Jacob Gomberg)가 각각 4월과 8월, 한국을 방문했다. 이들은 모두 미국 미시건 대학의 교수였으며 윗플은 보건 물리학을, 곰버그는 원자력공학을 전공하고 있었다. 이들의 한국 방문은 미시건 대학의 '미시건 메모리얼 피닉스 프로젝트(Michigan Memorial Phoenix Project)' 하에서 이루어졌고, 이 프로젝트는 국제협력국(ICA, International Cooperation Administration)과 함께 해외의 원자력 프로그램에 대한 자문 업무를 담당하고 있었다.

윗플은 한국 방문시 문교부, 부흥부, 상공부, 농림부 등 정부 부처와 중앙화학연구소, 임목육종연구소 등 여러 국립 연구소, 그리고 서울대학교를 방문했다. 곰버그는 행정부처 중에는 문교부를 방문했고, 서울대, 한양대, 인하대, 연세대 등 대학들과 국방부 과학연구소를 방문했다. 이들의 한국 방문 목적은 한국의 상황을 미국 정부에 보고하는 것에도 있었지만, 한국 원자력 프로그램에 영향을 미치려는 목적도 있었다. 초점은 당시의 이슈인 원자로 기종과 원자력연구소 부지 선정에 있었다.

윗플이 부흥부를 방문했을 때 부흥부 장관 송인상은 미국인들이 와서 발전용 원자로를 지어주고 가동하면서 한국인들은 그 옆에서 기술을 배우는 '현장교육'이 가능하지 않겠느냐는 제안을 했다. 윗플은 그것이 불가능하며, 한국인들은 아직 전통적인 화력발전소를 운용하기 위해서도 시간이 필요하기 때문에, 일단 소형의 원자로를 도입하고 그것을 운전한 경험으로 더 큰 원자로를 운영해야 한다고 대답했다.

또한 윗플은 윤세원의 안내로 당시 원자력연구소의 잠정 부지였던 경기도 시흥군의 장소를 방문하기도 했다. 그는 이 장소가 서울과 너무 떨어져 있고, 산으로 둘러싸여 있는 외딴 곳이라는 점에서 의심스럽다는 반응을 보였다. 윗플은 그의 한국 방문 보고서에서 서울대학교 공과대학 부근에 원자력 공학 실험실이 생겨야 한다는 견해를 보였는데, 실제로 나중에 이곳에 원자력연구소가 지어졌다는 점에서 의미심장하다. 원자로 기종과 원자력연구소 부지 문제에 대해 곰버그 역시 윗플과 유사한 반응을 보였다. 이들의 영향 때문인지, 결국 도입될 원자로는 제네럴 아토믹(General Atomic)사의 TRIGA Mark-II라는 연구용 원자로가 선택되었고, 원자력연구소는 현재의 공릉동 지역인 서울 공대 부근에 짓도록 결정되었다.

윗플과 곰버그라는 두 미국인 과학자가 우려했던 것은 한국 정부의 원자력 계획이 원조국인 미국의 통제를 넘어서는 것이었다. 이들은 한국 정부가 가급적 작은 원자로를 도입하도록 영향을 미치려 했으며, 원자로가 외딴 곳에 설치되는 것을 막으려 했다. 미국은 이 시기 한국의 원자력 프로그램이 소형 원자로를 통해 방사성 동위원소를 생산하여 과학 연구에 기여하는 정도가 되기를 바랬던 것 같다. 즉, 이러한 결과는 한국 과학자들의 영향력이 작용한 것이기도 하지만, 미국이 희망했던 '안전하고 온건한' 방향이기도 했던 것이다.

3) 과학자 그룹이 주도한 원자력 사업과 내분

문교부의 과학자-관료 그룹은 한국의 원자력 사업이 한국 과학기술의 기반을 다지는 계기로 작용해야 한다는 강한 소신을 갖고 있었다. 박철재는 원자력원 설립 과정에서 원자력원보다는 더 일반적인 과학기술 기관을 설립해야 한다고 주장하기도 했다. 이들의 이러한 태도는 이들이 이전 세대의 과학기술자와는 다른 교육을 받고 다른 경험을 했던 것과 관련이 있다. 소위 '원자력 유학'은 도입될 원자로의 운용을 위해 우수한 과학기술 인력을 대규모로 해외의 선진국으로 유학 보냈던 한국 정부차원의 사업을 말한다. 원자력 과학자들은 이러한 유학 경험을 통해서 과학기술 연구 활동에 대한 새로운 기준을 갖게 되었다. 그리고 원자력 과학자들의 새로운 기준, 인식은 기존의 체제, 가치와 충돌을 일으키기도 했고, 원자력 기구의 내분으로 폭발했다.

1959년 설립된 원자력원, 원자력연구소에는 설립 초기부터 내분이 일어났다. 4·19, 5·16으로 이어지는 정치적 격동의 시기에 원자력 기구의 기관장인 원자력원장이 정권에 따라 교체되는 등의 변화가 있었고, 정부 내에서 과학기술 관련 행정기구를 운용한 경험이 없는 것도 작용해서, 원자력 연구를 위한 안정적인 환경을 제공하지 못했다. 갈등의 핵심은 과학자인 연구관들과 행정 공무원들 사이에 있었다. 과학자들은 행정조직의 타성에 젖은 운영이 연구를 위한 여건을 마련해주지 못한다고 불만을 표출했다. 상황이 극단화되면서 원자력연구소의 과학자들은 국무총리실을 찾아가서 사직서를 내기도 하고, 진정서를 배포하기도 하는 등 집단행동에 나섰다. 당시 상황을 보기 위해 과학자들의 요구했던 5개 항목을 보자.

① 원자력 사업에 대한 무모·무지·무능의 시정
② 사대주의적인 인사행정의 배격
③ 문서취급계통의 문란과 결재서류의 수개월 유보문제
④ 원자력원의 관료적 직제의 개선 및 간소화
⑤ 부정, 비행 및 월권을 자행하는 원자력위원의 총사퇴와 원장, 기감, 사무총국장 및 원과 소의 총무과장의 사퇴*

원자력연구소의 과학자들이 볼 때 원자력 기구의 행정적 간섭은, 자신들의 유학시절 해외의 연구소에서 보았던 연구를 한국에서 시작하겠다는 의욕을 가로막는 '무모, 무지, 무능'한 장애물이었다. 그러나 당시 행정업무를 담당하던 사람들은 나름대로의 이유로 과학자들에 대한 불만을 가지고 있었다.

과학자들로 그 대종을 이루고 있는 이 직장에 과학자들은 일반적으로 그 기질이
1) 개인의 독립성을 최고로 발전시키려는 욕구가 강하며
2) 하등의 제약을 받지 아니하고 자유로운 입장에서만 사물을 요구하려고 하기 때문에 일단 그 자유를 맛보면 결코 그것에 대한 욕구를 상실하지 않으려고 하며

* 「윤세원과의 대담」, 『한국원자력창업비사』, 59쪽.

3) 그들은 실용적 문제를 전념하려고 하지 아니하고 그들이 하고자 하는 기초적 문제의 연구에만 종사하려고 하며

4) 그들은 실리를 떠난 호기심에 지배되며

5) 그들은 그들이 속해 있는 조직을 위해서 일하고 있다기보다는 우연히 그 조직체 내에서 일에 종사하고 있다는 것에 불과한 것이며

6) 그들은 보통 일반 행정담당자와는 달리 어떠한 조직의 조화 있는 운영관리라든지 인간관계에 대한 문제에는 지극히 무관심하며 단지 하고 싶은 것을 할 수 있는 자유만을 추구하려고 하며

7) 그들은 그들이 속해 있는 조직에 대해서라기보다는 자기들이 하고 있는 연구에 대해서 충성을 바치기 때문에 조직의 구성원으로서의 소속감을 느끼지 않으려고 한다. 즉 과학자들은 보통 일반 행정담당자들과는 달라서 일반적으로 사고방식이 기계적이고 융통성이 없고 내성적인 성격의 소유자인 경우가 많다.*

여기서 원자력 과학자들은 '지나친 엘리트 의식을 가지고 있었고, 자신들의 연구 관심에만 몰두해 있어서 행정적으로 무리한 요구를 하는 등 유연하지 못했던' 것으로 언급되고 있다. 이 글의 저자는 원자력연구소 총무과장으로 부임하다가 원자력 기구 내분으로 퇴임한 인물이다. 그러나 이러한 언급을 과학자들의 요구로 사임한 것에 대한 한 맺힌 푸념만으로 받아들일 수는 없을 듯하다.

여기서 흥미로운 것은 당시 심각했던 에너지 사정 등 한국의 국가적 필요에 의해 도입되었던 원자력 분야를 담당했던 과학자들이 '실리를 떠난 호기심에 지배되고', '실용적 문제를 전념하려고 하지 아니하고 그들이 하고자 했던 기초적 문제의 연구에만' 관심이 있었다는 점이다. 한국에서 원자력 사업은 당면한 국가적 과제를 해결하기 위해 시작되었지만, 과학자들에게는 한국에서 '제대로 된' 과학기술의 싹을 뿌릴 기회였다. 원자력연구소의 과학자들 역시 당시 한국의 시대적 과제를 이해하고 있었고, 한국의 근대화를 위해 복무하겠다는 생각을 가지고 있었을 것이나, 이들의 방법은 어디까지나 '과학기술을 통해서', '과학기술의 기초를 다짐으로써'였다.

4) 원자력에 대한 회의론 확산

1950년대 들어 원자력에 대한 회의론이 생겨나고 확산되었는데, 이는 도입된 원자력이 당장의 유용한 결과를 가져다주지 못하는 상황과 관련이 있었다. 한국에 도입된 원자

* 송겸호, 「행정기관에 있어서의 사회적 갈등: 원자력연구소의 경우」, 서울대 행정대학원 석사논문, 1961, 7쪽.

로는 원자력 관련 교육·연구를 위한 연구용 원자로이며, '전력생산'에 기여하는 것은 한참 세월이 흐른 뒤에야 가능하다는 먼 전망도 원자력 분야에 종사하지 않는 다른 사람들을 설득하기 어렵게 했다.

국회에서의 회의론 확산은 원자력 기구에서 볼 때 매우 심각한 문제였다. 왜냐하면 회의론이 원자력 기구의 예산삭감으로 이어져 사업 전반을 위축시킬 수 있기 때문이었다. 실제로 원자력 기구의 예산은 해마다 조금씩 삭감되고 있었다. 아래 1964년 제 5회 문교공보위원회 회의에서의 토론은 이와 같은 상황을 보여준다.

> 일반 국민은 20억에 가까운 돈을 써 가지고 아무 효과도 없지 않느냐? 원자력원이 설치된 후로 5, 6년이 되었음에도 불구하고 현재 무슨 효과가 났느냐 이렇게 생각합니다. 그래서 다소 내용을 아는 국민들은 이해도 합니다마는 현재 농산물에 있어서 방사선을 이용하는 종자 개량이라든지 이런 것을 눈에 띄는 면을 알려가지고 다음에 원자발전을 해서 원자발전이 실행되면 큰 효과를 냈다 이렇게 생각하겠지만 예산을 보면 이런 것은 나열되어 있는데 원자력원에 관계되신 분들은 잘 알겠지만 경제기획원으로 보아서는 이것을 보면 필요도 없지 않느냐 그래서 많이 깎인 것 같습니다.*

원자력 사업에 대해 조금 아는 사람들은 방사선을 이용한 종자개량 등의 성과에 대해 이해하겠지만 잘 모르는 사람들은 원자력 사업이 무엇을 하고 있는지 매우 회의적인 입장이라는 것이다. 여기서 예산에 영향을 줄 경제기획원이 원자력 발전을 제외한 다른 원자력의 응용에 대해 별 관심이 없었다는 것도 볼 수 있다. 이러한 문제제기에 대한 원자력원 측의 답변은 다음과 같다.

> 원자력원의 사업이라는 그 본질이 기초연구에 역시 중점을 두지 않을 수 없는 이러한 본질을 가졌고…… 따라서 항상 이 예산을 배정하고 예산을 딸 때마다 무엇을 하느냐 연구소는 무엇을 하느냐 빨리 국민에게 혜택 줄 만한 데이터를 내놓아라 이러한 소리를 듣고 있습니다…… 연구사업을 맡고 있는 우리의 입장으로 볼 때에는 중앙정부에 우리의 공업은 어떠한 방향으로 나가야 되겠는데 어떠한 문제점이 있다. 어떠한 문제점을 저희 기술자들이 해결해라 이러한 과제가 없다 다시 말하자면 종합적인 기술과학 정책이 없습니다. 따라서 이러한 것을 빨리 수립해주면…… 우리의 능력에 비추어서 혹은 우리의 원자력 사명에 비추어서 우리가 해결할 점은 우리가 찾겠다…… 70년대에 가면 원자력발전소를 저

---

* 「제45회 국회 문교공보위원회 회의록 제12호」, 국회사무처(1964. 10. 30), 13-14쪽.

희가 건설하겠습니다. 어떠한 난관이 있든지 간에 건설하겠습니다. 이것을 건설한다고 하는 자체는 제가 보기에는…… 우리 국력을 자랑하고 우리의 힘을 자랑하는 커다란 힘이 되지 않나 이렇게 자부하면서 이 난관을 돌파할 결심을 하고 있습니다…… 여러 위원님들의 커다란 양해 밑에서 70년도까지만 밀어주시면 어떻게 국민에게 뚜렷이 내놓을만한 성과를 이루고…… .*

원자력원 측의 답변이 이와 같이 저자세인 것은 예산 삭감을 어떻게든 막아보려 했기 때문으로 보인다. 여기서 흥미로운 것은 원자력 사업의 본질이 '기초연구'에 있다고 말하는 점이다. 또한 원자력 사업 스스로 한국의 상황에 필요한 연구를 찾아서 할 능력이 없으므로, 그 목표를 정부에서 세워달라고 기대하고 있는 점도 기초연구에 중점이 있음을 보여준다. 많은 사람들이 기대하고 있는 '원자력 발전'에 대해서는 그것을 어떻게든 추진하겠다고 말하고는 있지만 구체적인 계획이 부족해 보인다.

이와 같이 원자력 사업의 '무생산성'을 질책하는 상황 하에서 원자력연구소의 과학자들은 '당장 결과를 낼 수 없는 원자력 과학에서 무언가 실용적인 것을 요구하는' 외부적 압력을 불편해했다. 이들은 오히려 기초연구에 대한 정부의 투자가 해마다 줄어가는 상황을 아쉬워하고 있었다.

원자로 운전자들을 끊임없이 괴롭힌 것은 원자로 운전을 위해 투입되는 원가와 이를 이용하여 얻어지는 파급효과를 비교하는 손익계산을 제시할 것과 그것이 납세자들을 설득할 만한 것이어야 한다는 원자력위원회와 감사당국의 압력이었다. 사실 원자로와 부속건물의 감가상각비, 핵연료비, 전기, 수도, 전화 및 각종 행정지원비, 그리고 관계인력의 인건비를 모두 감안하면 원자로를 운전하지 않는 것이 가장 애국적인 행동일 것이라는 결론에 도달하게 된다. 왜냐하면 중성자 이용 연구로 결과된 몇 편의 논문, 인력양성, 그리고 방사성동위원소 판매대금은 투입된 비용을 정당화시키기엔 너무나 미미하기 때문이다. 원자로를 이용한 기초연구 활동에 정부가 과감히 투자했더라면 그런 질문은 원천적으로 나오지 않았을 텐데 투자는 적게 하고 커다란 결과만 원했기 때문에 어려움이 따를 수밖에 없었다.**

초기 원자력 기구 내분의 원인이 되었던 원자력 연구와 행정적 요구의 갈등이 여전히

* 「제45회 국회 문교공보위원회 회의록 제12호」, 국회사무처(1964. 10. 30), 21쪽.

** 『한국원자력연구소30년사』, 120쪽.

남아 있었음을 보여준다. 이는 원자력연구소가 가지고 있었던 국립연구소로서의 지위 탓에 불가피한 것이기도 했으며, 이 문제점은 1973년 원자력연구소가 정부출연연구소가 되면서 일부 해소된다.

문교부 주도로 진행된 원자력 사업에서, 원자력 발전은 중요한 목표로 설정되어 있기는 했으나, 원자력을 이용한 과학기술 연구가 어느 정도 진행된 이후 단계적으로 접근할 목표로 설정되어 있었고, 구체적인 추진 노력은 충분하지 않았다. 그것은 과학자들에게는 그리 긴급한 일이 아니었을지 모르나, 상공부, 경제기획원 등 경제관련 부처와 한국전력 등의 기관에서는 불만으로 여겨질 수 있는 일이었다.

5) 원자력 자립화 추구와 좌절

60년대 중반 이후 일어났던 몇 가지 사건들은 원자력 사업을 재편성시켰는데, 이는 한편으로는 원자력 기구 위상의 격하로 볼 수 있지만, 다른 한편으로는 원자력 기구 성격의 변화, 이념의 변화를 의미한다고 볼 수 있는 사건들이었다. 그 변화는 원자력 기구의 '자립화'와 관련이 있었다.

1966년 설립된 KIST는 원자력연구소로부터 '한국을 대표하는 연구소'의 자리를 빼앗았다. 원자력연구소와 KIST의 과학자 대우 차이가 매우 커서, KIST의 급여가 원자력연구소 급여의 3배가 될 정도였다. 그 결과 원자력연구소의 많은 과학자들이 KIST로 이직하기도 했다. 또한 KIST가 기업체 용역 업무를 담당하는 등 자체적인 수익사업의 기반을 가지고 출발한 것은 한편으로 원자력연구소의 '무생산성'에 대한 반작용으로도 볼 수 있을 듯하다.

1967년 과학기술처의 설립은 행정부 내 과학기술 분야의 성장을 보여주는 사건이고 여기에 원자력 사업의 기여도 컸지만, 한편으로 이 설립은 원자력 기구 위상의 격하를 의미했다. 대통령 직속 기관으로 행정기구 내의 높은 지위를 가지고 있었던 원자력원이 과학기술처 산하의 원자력청으로 격하된 것이다.

원자력 기구 위상의 격하를 보여주는 또 다른 사건으로 원자력 발전의 주체가 한국전력으로 결정된 것을 들 수 있다. 이러한 결정은 1969년 제 72차 원자력위원회에서 내려졌으며, 이 결정이 내려지기 전까지 과학기술처(원자력청)와 상공부(한국전력) 사이에는 첨예한 논쟁이 벌어졌다. 과학기술처(원자력청)는 그 특수성 때문에 원자력 사업을 기업에 맡길 수는 없으며 이는 국가적 기구를 통해 운영되어야 한다고 주장했고, 반면 상공부(한국전력)는 원자력도 전력이므로 여태까지의 전력사업의 노하우를 반영할 수 있도록 한국전력이 원자력발전의 주체가 되어야 한다고 주장했다.

전력사업의 주체 문제를 놓고 과학기술처(원자력청)와 상공부(한국전력) 사이에 벌어진 이 논쟁은 원자력 발전을 바라보는 기본 이념의 차이와 관련이 있었다. 전력사업의 주체가 한국전력으로 넘어가기 전까지 원자력청 나름대로는 자체적인 원자력 발전 계획이 있었는데, 그 계획에 나타난 기본 이념은 첫째가 '원자력 개발 및 이용의 자주성', 둘째가 '국리민복에의 기여'로 되어 있었다. 이렇게 원자력청의 계획에서 '자주성'이 '국민의 이익·복지'보다 우선적인 과제로 설정되어 있는 것은 한국전력과 차이를 보이는 점이라고 할 수 있다.

원자력청-원자력연구소는 전력사업을 한국전력에 넘겨줌으로써 '경제적 부흥을 위한 원자력'을 추진할 조건을 잃은 대신 '자주성'이라는 이념의 강화를 얻었다. 이러한 변화는 1973년 원자력연구소가 국립연구소에서 정부출연연구소로 변화되면서 본격화되었고, 원자력연구소는 핵연료 재처리 사업을 통해 '국가의 자주적 역량'에 기여하려는 노력에 나서게 된다.

그러나 한국 정부가 추진하고 있던 핵연료 재처리 사업 및 핵무기 개발 사업은 70년대 중후반 미국의 압력으로 좌절되었다. 당시 한국 정부는 캐나다 및 프랑스와의 국제적 교류를 통해 핵연료의 자립화를 시도하고 있었다. 한국 정부의 노력이 좌절된 계기는 캐나다로부터 도입한 민수용 기술을 이용하여 1974년 핵실험에 성공한 인도의 영향이었다. 이 영향으로 미국은 캐나다 등 국가들이 제 3국으로 핵연료 재처리 시설에 도움이 될 수 있는 기술을 수출하지 못하도록 영향력을 행사했다.

3. 한국 원자력의 담론들

이상과 같이 살펴 본 한국 원자력의 초기 역사를 바탕으로 한국 원자력의 3가지 담론적 특징을 끌어내 보려고 한다. 그것은 기술낙관주의, 기술민족주의의 강한 존재, 그리고 안전 담론의 결여이다.

1) 기술낙관주의

원자력은 조선을 일본으로부터 해방시켜 준 계기였고, 이와 관련하여 원자력에 대한 한국인들의 긍정적인 이미지가 일차적으로 형성되었다. 한국전쟁 시기 동안에도 원자력 담론은 지속되었다. 각종 언론매체를 통하여 이 전쟁에 미국이 원자탄을 사용할 것인지에 대한 기사가 연일 보도되었는데, 마치 '남의 일인 양' 전쟁의 승리를 위하여 원자탄을 사용해야 한다는 주장들이 신문에 실리기도 했다. 이승만 대통령 역시 원자력의 군사적 활용에 관심을 가지고 있었고, 그것이 원자력 사업에 대한 파격적인 지원으로 이어졌다.

한국에서 원자력 사업이 시작될 즈음, 한국의 과학자들은 신문 등의 언론매체에 글을 쓰거나 원자력과 관련된 대중 계몽도서를 출간함으로써 원자력에 대한 기술낙관주의적 신념의 확산에 기여했다. 또한 원자력과 관련된 전시회나 박람회가 개최되고 TV 등을 통해 보도됨으로써 글을 읽지 않는 사람에게까지 원자력 낙관주의가 스며들었다. 이 시기 원자력은 새로운 과학기술 그 자체였고, 새 시대를 열어 줄 '제 3의 불'이었다.

원자력 분야의 과학자들은 극단적인 낙관론을 가지고 있었다. 한국사회를 '도약'시킬 에너지로서의 원자력에 대한 기대가 너무나 커서 방사능의 위험은 별로 걱정조차 되지 않았던 듯하다. 신문의 칼럼에 실린 한 원자력과학자의 말은 그 극단적인 사례를 보여준다.

> 하여간 누가 무어라건 우리에겐 하나의 신념이 있다. 보리 한 알이 죽어야만 많은 열매를 맺을 수 있다는 이야기와 같이 과도의 방사능에 피폭되면 생명이 단축되고 병신이 되고 심지어는 후손에게까지 영향을 미친다지만 우리는 가늘고 긴 인생보다는 짧더라도 차라리 굵직한 삶을 지향하며 또 과도의 방사능에 조사되는 것 때문에 결혼 후 후손에게 영향을 주는 한이 있어도 자위 받을 하나의 커다란 구실이 있다. 즉 그것은 우리는 원자씨앗의 아버지가 될 수 있다는 것이다.*

여기에서 원자력 과학자들에게 자신들의 '안전', '건강'보다 중요한 것은 원자력 과학자로서의 사명감이며, 이를 통해 한국 사회를 근대화시켜야 한다는 신념이었음을 볼 수 있다. 이 글은 원자력 연구를 위해 스스로 헌신하겠다는 비장한 결의를 보여주고 있으나, 자신뿐 아니라 일반인 모두의 안전에 대한 고려는 그리 비중 있게 다뤄질 것으로 보이지 않는다.

2) 기술민족주의

원자력을 비롯한 현대의 과학기술은 특정 가치와 결합함으로써 '존재의 이유'를 얻고, 스스로의 존재를 강화시키는 경향이 있다. 특히 원자력이나 국방과학기술 등의 분야는 정치적, 안보적 후원을 받는 경우가 많다. 다만 기술에 대한 정치적 후원의 양상은 기술선진국과 기술후진국의 경우가 조금 다르다. 한국과 같은 기술후발국의 경우, 기술은 민족주의적 정서와 결합함으로써 자기 방어적인 모습을 보일 경우가 많다. 이를 '기술민족주의'라고 흔히 지칭한다.

원자력연구소에서 출간한 『한국원자력 20년사』에는 초기 한국 원자력 사업의 문제점에 대해 다음과 같이 말하고 있다.

> ① 우리 원자력 사업은 우리 자신의 요청에서가 아니라 미국의 권유로 시작하였기 때문

---

* 박익수, 『한국원자력측면사: 평론을 통한 측면사』, 도서출판 경림, 80쪽.

에 국내에 발판이 없었다.

② 인도의 바아바(Bhabha) 박사와 같은 뛰어난 지도급 선각자가 없었다.*

여기서 말하고 있는 '인도의 바아바 박사'는 '인도 원자력의 아버지'라고 불리는 호미 바바(Homi Jehangir Bhabha)를 말하는 것이다. 호미 바바는 영국에서 유학한 소립자 물리학 분야의 과학자로, 1945년 귀국 후 인도 원자력 프로그램을 실질적으로 지도했고, 국제적으로도 1955년 국제원자력회의의 의장을 맡는 등 명성이 높았던 인물이다. 호미 바바는 1966년에 사망했지만 인도가 1974년 핵실험에 성공함으로써 핵보유국이 된 이후 인도 핵개발의 기반을 닦은 인물로 평가되어 왔다. 위의 글에서 '인도의 바아바 박사와 같은 지도급 선각자가 없었다'고 말하는 것은 '한국 원자력의 아버지'로 거론할 만한 인물이 없는 것을 아쉬워하는 것이다.

원자력 분야 외에도 어떤 분야의 기원이 되는 단계에서 중요한 역할을 한 사람에게 '아버지'라는 호칭은 자주 사용되지만, 원자력 분야에서 '아버지'는 특히 많은 편이다. '원자력 과학의 아버지' 혹은 '핵물리학의 아버지'라고 불리우는 어네스트 러더포드, 엔리코 페르미가 있고, '원자폭탄의 아버지 오펜하이머', '수소폭탄의 아버지 에드워드 텔러'가 있다. 그러나 원자력에 관련된 아버지 호칭이 이들에 의해 모두 선점된 것은 아니다. 원자력 과학 분야의 최초 발견자 혹은 원자력 기술 분야의 최초 발명자가 아니더라도 자신이 소속된 국가의 이름이 붙어서 '인도 원자력의 아버지 호미 바바', '파키스탄 원자력의 아버지 칸 박사' 등의 호칭이 사용된다.

상징적인 호칭으로 사용되는 '아버지'는 가정을 잘 이끌어서 가족 구성원들의 존경을 받는 부성적 카리스마가 있는 사람에게 붙여진다고 할 수 있는데, 어려운 여건 속에서 가정을 잘 이끌어 안정적이고 독립적인 지위에 올려놓은 공로가 있을 때 '아버지' 호칭은 더욱 기꺼이 사용된다. '원자력의 아버지' 호칭도 경제력이나 과학기술의 수준이 낮은 국가에서 자체적인 노력을 통해 원자력의 자립화에 성공했을 때, 이 과정에 크게 공헌한 과학자나 정치인에게 흔히 부여된다. 미국의 '평화를 위한 원자력(Atoms for Peace)' 사업의 지원을 받아 자국의 원자력 사업을 구축한 국가들에는 '원자력의 아버지' 호칭이 적고, 미국과 적대적이었던 공산권 국가나 비동맹국 등에 '원자력의 아버지' 호칭이 많은 것은 이 때문이라고 할 수 있다.

'한국 원자력의 아버지'라고 말할 때 금새 떠오르는 인물은 없다. 굳이 찾아보자면 한국 원자력에 대한 기여는 없었지만, 대중들의 기대 속에서 그런 인물로 남아 있는 사람으

---

* 『한국원자력20년사』, 17-18쪽.

로 작고한 재미 물리학자 이휘소(Benjamin W. Lee)를 들 수 있을 것이다. 이휘소는 미국에 거주하던 소립자 물리학자로서 당대에 인정받던 세계적 수준의 물리학자였다. 그는 1977년 교통사고로 갑자기 사망하였고, '그의 사망은 한국의 핵개발을 우려한 미국 정부의 암살'이었다는 음모론이 유행했다. 그리고 이러한 음모론은 1993년 한 소설에서 각색되면서 증폭, 재생산되었다.

이휘소가 한국의 핵개발에 가담하려 했고, 이를 염려한 미국에 의해 암살되었다는 이야기는 물론 허구일 가능성이 높지만, 이와 같은 이야기가 한국 사회에 유행할 수 있었던 것은 한국의 과학계와 사회전반의 민족주의적 원자력 담론과 관련이 있다. 한국의 원자력 기술이 자립화됨으로써 한국의 국가적 자립에 기여하기를 바랬던 믿음은 원자력계 종사자를 넘어 한국 국민 일반으로 폭넓게 확장되어서 존재하고 있었다. 한국의 원자력 과학자들과 많은 국민들은 이휘소를 호미 바바와 같이 '원자력의 아버지로 모심'으로써, 한국이 인도와 같은 '핵자립국'이 되기를 희망했던 것이다.

3) 안전 담론의 결여

1970년대까지 한국에서 원자력의 위험성에 대한 사회적 자각 및 안전에 대한 사회적 고려는 전반적으로 희박했다. 히로시마, 나가사키 원폭 투하는 한국을 해방시켜 준 계기로서 한국인들에게 원자력에 대한 긍정적 이미지를 심어 준 계기였다. 그러나 공업도시였던 히로시마에는 징용된 조선인 노동자가 많아서 원폭 피해자 가운데 상당수가 조선인이었다는 사실은 그리 잘 알려지지 않았고 원자력의 위험성에 대한 자각을 확산시키는 계기로도 작용하지 못했다.

그 외 국제적으로 원자력의 위험성에 대한 사회적 인식을 환기시킨 사고들이 여러 가지 존재했다. 1954년 남태평양 비키니섬 환초에서 미국의 수소폭탄 실험이 있었는데 인근 지역을 항해하던 일본 어부들이 방사능 피해를 입은 사건이 있었다. 1979년에는 소위 원자력 선진국인 미국의 드리마일 아일랜드 원자력 발전소에서 사고가 발생했다. 국제적으로 큰 파장을 일으킨 이 사건들이 한국에서는 상대적으로 크게 주목받지 못했다.

한국 내에서 원자력의 위험성 및 안전에 대한 경각심을 준 사건으로 방사능 낙진 논란의 예를 들 수 있다. 1961년 9월경 소련이 대기권에서 핵실험을 했다는 사실이 언론매체를 통해 크게 보도되었다. 이에 대해 원자력연구소에서는 그 직후 '내린 비에 방사능이 미발견되었다'거나 '신경쓸 것 없'다는 입장을 표명하였다. 그러나 이에 대해 '죽음의 재 공포에서 400만 어린이 방호하라'는 전국학부형대표의 탄원이 제기되는 등 일반 대중들의 우려와 언론매체의 보도가 계속되었다. 마침내 1961년 11월 9일에는 원자력연구소에서 고도의 방사능 낙진이 있었음을 인정하고 주의할 것을 당부하기도 했다. 그러나 이러한 사회적 논란은 그것이 원자력에 대한 위험 담론으로 확산되기보다는, 방사능 낙진이 사회주의권에서의 실험의 결과인 만큼 대중들 사이에 반공의식을 높이는 것으로 유도될 뿐이었다.

국회에서도 방사능 낙진과 관련하여 문제제기가 있었다. 조금 이른 시기인 1957년 4월 23일 국회외무위원회 회의에서는 박철재 문교부 기술교육국장의 발언이 있었고, 이에 대해 한 국회의원은, 최근 소련에서 핵실험을 해서 '죽음의 재'가 생겼고, 이것이 비가 내리면서 일본에서 방사능이 검출되었다는 보도가 있던데, 소련보다 더 가까운 한국에서는 왜 검출되었다는 보고가 없는지, 혹시 이를 검출할 장비 등이 없는 것은 아닌지에 대해 질문하였다. 이에 대해 박철재는 한국에서도 방사능 검출을 다른 나라와 똑같은 장비로 하고 있으며, 방사능이 검출되지 않는 것에 대해서는 '우리나라 상공에 가 떨어지지 않고 그것이 나가서 일본에 떨어지는 경우가 많습니다. 그러니까 염려하실 것 없습니다'라는 궁색한 답변을 하기도 했다.

1966년 국회 국정감사 문교공보위원회에서는, "지난 5월에 중국에서 핵실험을 했고, 충남대학에서 '죽음의 재'가 검출되었다는 발표가 있었는데 왜 원자력원은 이에 대해 아무 이상이 없다는 답변을 했는지"라는 질문이 있었다. 이에 대해 원자력연구소 측에서는, 그것은 데이터 해석상 착오가 있었던 것인데 매스컴이 확대보도한 것이라고 답변하였다.

이상과 같은 국회에서의 질문 및 답변 사례에서 '죽음의 재' 문제는 그리 강력한 문제제기를 받지 못했다. 국회의원들의 질문의 초점은 혹시 한국에는 방사능을 검출할 장비가 없는 것인지에 맞추어져 있었으며, 혹시 고의로 위험한 사항을 알리지 않거나 할 가능성에 대해서는 거의 의심하지 않았다. 국회의원들은 원자력과 관련된 사항은 전문가인 원자력 과학자들이 전담하는 일이라고 생각하고 그다지 깊게 추궁하지 않았던 것이다. 또한 원자력 기구 측은 방사능 낙진의 위험성에 대해 인정하고 공개적으로 알리기보다는 어떻게든 그것을 감춤으로써 원자력 일반에 대한 불신이 생겨나는 것을 막으려 했던 것으로 보인다.

4. 나가며 : 원자력은 궁극적으로 무엇에 기여해야 하는가?

이상으로 1970년대 말까지의 한국원자력의 역사를 간략히 살펴보고 그 시기까지 한국 원자력의 특징적 담론을 논의해 보았다. 한국은 뒤늦게 근대화에 뛰어든 국가로서 원자력을 통해 부족한 에너지 상황을 극복하고자 했으며, 식민지 상황을 벗어났으나 여전히 강대국에 의존적인 상황에서 원자력을 통해 국가적 자립을 추구하고자 했다. 이 과정에서 미진하게 고려된 것은 일반 국민들의 안전, 복지의 측면이었다.

작은 규모의 과학기술이 그것의 주체인 인간에 의해 효율적으로 통제될 수 있는데 반해, 원자력을 비롯한 거대 과학기술 분야는 때로는 그 자체의 모멘텀을 가지고 움직인다.

그것은 원자력 기술 자체가 인간과 같은 자유의지를 가진다는 의미가 아니다. 거대과학기술은 정치, 경제 등 사회의 가치체계, 사회 시스템과 불가분한 관계를 맺기 때문에, 그러한 사회적 시스템의 방향에 깊은 영향을 받고, 때로는 거대 과학기술 자체의 존재를 강화시키는 방향으로 움직이는 경향이 있다는 뜻이다. 인간의 문제를 해결하기 위해 만든 원자력이 원자력 자체의 존재를 강화시키는 방향으로 발전한다면, 그 방향은 때로는 일반 대중의 이익과는 거리가 있는 방향일 수 있다.

한국의 원자력은 궁극적으로 누구를 위해 존재하고 무엇에 기여해야 하는가? 그것은 현 세대 혹은 미래 세대의 한반도 혹은 인근 지역에 살아갈 대중들이다. 원자력 사업의 방향은 항상 이점을 염두에 두어야 할 것이며, 여기에 원자력을 둘러싼 많은 사회적 논란의 해결을 모색할 열쇠도 존재한다고 믿는다.

더 생각해볼 주제

—

- 과학기술은 '국가이익'과 어떻게 연결을 맺으며, 어떤 연결이 바람직한가?
- 민족주의와 긴밀히 결합해서 존재하는 한국 과학기술의 사례를 들어보시오.
- 기술의 효율성, 경제성, 안전성이 충돌하는 사례를 들어보시오.
- 과학자로서의 소신과 국가이익 혹은 자신을 고용한 기관의 이익이 충돌할 경우를 들어보고, 그럴 경우 어떤 선택을 할지 말해보시오.

더 읽어볼 거리

—

고대승, 김영식·김근배 엮음, 「원자력기구 출현과정과 그 배경」, 『근현대 한국사회의 과학』, 창작과비평사, 1998.

고대승, 「원자력의 도입과 원자력 발전의 추진」, 『우리과학 100년』, 현암사, 2001.

『과학사상』 45 (2003년 여름) 특집 〈원자력과 원자력 산업 그리고 한반도〉.

이필렬, 「한국의 원자력 발전」, 『에너지 대안을 찾아서』, 창작과비평사, 1999.

함께 볼 만한 영화

—

〈멸망의 창조〉 제2차 세계대전 시기 맨하탄 프로젝트의 진행과정을 과학자 오펜하이머를 중심으로 보여주는 영화.

〈차이나 신드롬〉 원자력발전소에서 일어난 사고를 우연히 취재하게 된 기자를 주인공으로 거대과학기술의 위험성과 폐쇄성에 대해 고발하는 줄거리의 영화.

05

한국 온라인 게임 산업의 개척자들

지난 반세기 동안 한국의 산업 성장은 눈부셨다. 20세기 중반 사실상 기반기술이 전무한 상황에서 산업화를 시작했던 한국은 철강, 가전, 자동차, 반도체 등 수많은 분야에서 첨단기술을 창출하며 21세기 초반 세계 수위권의 공업국가로 탈바꿈했다. 이 수많은 성공사례 중에서도 최근 온라인 게임 산업에서 한국의 빠른 약진은 더욱 독특하고 극적인 사례에 해당한다고 할 수 있다. 한국은 현재 세계 최고의 온라인 게임 산업 대국이 되어 있지만 이 상황은 불과 10여년 전만 해도 전혀 상상 불가능한 것이었다. 1990년대 중반까지만 해도 일본과 미국은 세계 게임 시장을 사실상 양분하고 있었고 한국 게임 산업은 불법복제와 유통혼란의 그늘 속에서 영세산업의 명맥을 간신히 유지하고 있었다. 이 시기에 한국의 언론과 대중은 부정적인 시선으로 게임을 바라보았고 정부 정책도 게임의 규제에 초점이 맞추어져 있었다. 이렇게 분명한 후발주자로 악조건 속에 있었던 한국의 게임 산업은 외관상 1998~2000년의 짧은 기간 동안 최소한 온라인 게임 분야에 있어서 세계 최고의 기술력과 세계 최대의 시장을 보유하게 되었다. 2000년대로 접어들면 언론에서는 게임 산업의 성공을 대서특필했고 e스포츠는 방송 전파를 타고 대중적 인기를 누리게 되었다. 게임 산업의 후진국이었던 한국이 2000년을 전후한 불과 몇 년도 안 되는 짧은 기간에 온라인게임 분야 세계 1위의 국가로 변모하는 놀라운 상황이 발생했던 것이다. 무엇이 이런 급격한 변화를 가져온 것일까? 왜 한국에서는 게임 산업이 온라인 게임 위주로 편향되어 형성되게 된 것일까? 이 혁신 과정에는 어떤 인물들의 활동이 매개되어 있는 것일까?

이 글에서는 한국 온라인게임 산업의 급격한 발전과정을 정리해 보고 〈바람의 나라〉와 〈리니지〉의 개발사례를 통해 초기 온라인 게임 개발의 핵심 인력들이 새로운 IT 환경 변화에 적응해 가는 과정을 살펴볼 것이다. 이 과정은 새롭게 대두된 첨단 기술이 적절한 사회 환경, 융합적 사고를 갖춘 혁신가들의 다양한 대응에 의해서 성공적인 산업으로 정착하는 과정을 명확히 보여준다.

1. 1998년 이전의 한국 게임 산업 – PC 패키지 게임과 텍스트 머드 게임의 한계

1970년대 미국을 중심으로 게임 산업이 태동했고 1980년대에는 일본을 중심으로 게임 산업은 본격적인 중흥기에 들어갔다. 이 시기 컴퓨터 게임에 접한 한국의 유소년층은 아케이드게임을 통해 컴퓨터 게임문화를 어느 정도 공유하고 있었다. 1990년대에 IBM PC 호환기종을 중심으로 한국의 PC시장이 형성되자 1980년대에 게임을 배웠던 PC 사용자들은 자연스럽게 PC용 게임을 원하게 되었다. 그 결과 1992년 최초의 국산 상업용 PC 게임이 출시되었고 이후 여러 개발팀들에 의해 다양한 국산 PC패키지 게임이 출시되기에 이르렀다.

하지만 1990년대 내내 한국 PC게임 산업은 지극히 영세한 규모였다. 1980년대에 생겨난 무단복제 관행과 용산과 청계천 상가 위주로 형성된 복잡한 유통시스템이 산업적 발전을 가로 막았던 것이다. 다양한 노력에도 불구하고 한국 PC게임 산업은 끝까지 이 고질적인 관행들을 해결할 수 없었다. 1990년대 초중반의 한국 게임 산업의 상황은 당시의 평균적인 게임 개발사들의 일반적 모습을 떠올려 보는 것으로 충분할 것이다. 한 예로 1994년 〈어스토니시아 스토리〉를 개발했던 손노리(Sonnori)팀은 제작 기간 중 지하방에서 작업했던 여섯 명의 팀원 중 네 명이 폐렴으로 군 면제를 받을 정도의 열악한 개발 환경을 견뎌낸 일화가 있다. 이들의 팀장이 한 해 동안 받은 연봉은 기본적인 숙식해결과 100만 원 정도의 돈이 전부였다. 1990년대 중반 최고의 인기를 끌었던 게임의 제작자들이 겪은 이 상징적인 사건들은 1990년대 중반까지 대부분의 게임 개발 인력이 어느 정도의 열악한 환경에서 개발을 진행했는지 잘 알려준다. 그나마 정상적인 월급을 주고 있는 몇 안 되는 회사들조차 IMF 사태 직후 바로 부도가 날만큼 대부분의 게임 개발사들은 경제적으로 취약했다. 게임 개발 업체들이 영세성을 벗어날 수 없었던 이유는 개발력의 한계나 사업 능력의 부재 등을 언급할 수도 있겠지만 훨씬 중요한 이유는 외부적 문제였다. 게임 산업이 영세할 수밖에 없는 결정적인 이유는 수익을 얻을 수 없는 비즈니스 모델에 있었다. 다음의 글은 당시 한국 게임 산업의 상황을 정확히 대변해 주고 있다.

> 우리나라 PC 패키지 시장은 거의 '완전히' 사라졌다. 전통 있던 회사도, 좋은 개발자도, 깨끗한 돈도, 훌륭한 프로세스도 그 바닥에 남아 있지 않다…… 하지만 많은 사람들은 기억하고 있다. 한때 그곳에는 로망이 있는 회사들과 좋은 개발자들이 있었다. 돈과 시간이 모자랐어도 최선을 다한 게임들이 있었다. 하지만 망할 수밖에 없었고, 흥미가 있건 없건

MMORPG*를 만들 수밖에 없었다…… 국산이든 외제든, 패키지 게임을 다운로드 받은 주제에, 프리섭 찾아 돌아다니는 주제에, 우리나라 게임들이 그 나물에 그 밥이니 독창성이 없다느니 입을 놀리지 마라.

(……)

1990년대 중반, 소프트웨어 산업에 몰린 관심 덕에 게임회사들이 우후죽순처럼 생기면서 좋은 꿈을 꾸던 시절이 있었다. 젊은이들이 게임을 만들겠다고 꾸역꾸역 회사에 들어왔고, 정부에서는 병역특례나 소프트웨어 지원 사업 등으로 인적, 물적 지원을 해줬다. 투자를 해주겠다는 사람들도 넘쳐났다. 그러나 곧 패키지 게임으로는 잘 해봐야 돈이 크게 벌리지 않는다는 것이 밝혀졌다. 유통망은 원시적이었고, CD 라이터는 급속히 보급되었다. 기껏 락을 걸어도 크랙이 통신망을 타고 돌았다.

— 이수인, 『게임회사 이야기』 중에서

위의 글에 표현된 것처럼 게임 개발사들이 아무리 재미있는 게임을 만들어도 유소년층 위주의 한국 게임 사용자들은 기본적으로 게임을 돈을 주고 산다는 것을 받아들이지 못했다. 그나마 팔리는 게임들도 복잡한 유통구조로 개발사에 돌아오는 마진은 극히 적었다. 어쩔 수 없이 재고가 쌓이면 적은 돈이라도 확보하기 위해 주얼(염가버전)판으로 내놓거나 게임 잡지사와 계약해서 부록으로 제공했다. 그 결과 정품을 구입하던 사용자들조차 게임구입을 기피하게 되어 PC 패키지 게임시장은 사실상 몰락하는 과정이 가속화했다.

이것은 비교적 안정적으로 수입을 확보할 수 있을 것으로 보이는 머드 게임 시장도 상황은 마찬가지였다. PC통신을 통해 사용자의 사용시간에 따라 접속료를 징수하는 머드 게임의 경우 불법복제나 유통망 혼란의 문제는 존재할 수 없었지만 PC통신사의 횡포가 문제였다. 1994년 PC통신망을 통해 첫 선을 보인 〈쥬라기 공원〉, 〈단군의 땅〉과 같은 머드 게임이 인기를 끌자 PC통신사들은 일방적으로 자신들의 수익배분비율을 바꿨다. 콘텐츠 제공자로서 머드 게임 개발사들은 이런 불공정한 처우에 대처할 방법이 없었다. 전형적인 예로 국내 최초의 머드게임 〈쥬라기 공원〉을 서비스한 삼정데이터시스템의 예를 들 수 있다. 서비스를 시작할 당시 초기수익은 삼정데이터시스템과 PC통신사가 8:2로 배분했다. 하지만 막상 서비스를 시작한 후 온라인게임 열풍이 불자 PC 통신사들은 수익배분율을 일방적으로 변경했다. 점차적으로 개발사의 배분비율이 내려가더니 나중에는 2:8 정도로 상황이 완전히 역전되는 단계까지 진행되었다. 막상 서비스가 예상외의 수익을 거두게 되자 PC통신사측은 유리한 입지를 악용해서 8:2에서 2:8까지 점점 불리한 수익배분을 제시

* Massively Multiplayer Online Role Playing Game의 약어. 다중 사용자 온라인 롤플레잉 게임.

한 것이다. 결국 이런 상황이 지속되자 삼정데이터시스템은 성공적인 게임을 완성하고도 온라인게임 사업을 포기하고 사업방향을 바꿨다. 1990년대 중반 당시 온라인 게임 산업이 발전하지 못한 것은 시대 상황에 적합한 콘텐츠의 부족이 아니라 우수한 게임을 만들어도 그 수익은 통신망을 장악하고 있는 통신사들에게 흘러가게 되는 구조적 문제 때문이었다. 아무리 성공적인 게임을 만들어도 다음 게임을 개발할 자금을 축적하는 것이 불가능했다.

하지만 이런 산업적 한계에도 불구하고 이 시기의 PC 게임 개발 작업이 분명한 게임 개발의 의지를 가진 인력을 형성했다는 점에서는 이후 온라인게임 산업 발전에 중요한 역할을 담당했다고 볼 수 있다. 1990년대 초중반은 게임자체의 제작에 대한 아마추어적 열정으로 게임 제작이 진행된 시기였다. 뚜렷이 주목받지 못했지만 이 시기는 게임 산업의 기술시스템이 형성되기 위해 꼭 필요한 인력과 기술 등의 주요한 구성요소들이 만들어지는 과정이었다. 게임사용자 문화의 선도, 게임 개발 기술의 확립, 게임 개발 인력의 네트워크 형성 등 핵심적인 한국 게임 산업의 구성요소들은 이 시기에 거의 확립되었다. 그럼에도 그 당시의 개발 인력들은 노력에 대한 충분한 보상을 누리지 못했다.

정리해보면 PC게임시장은 PC 사용자 수 규모 자체가 작았고 불법복제가 만연했으며 정품 시장조차 혼란했다. 머드 게임과 같은 초기 온라인 게임 역시 마찬가지로 모뎀을 사용하던 시절이어서 비싼 전화요금과 전송 속도문제로 사용자 규모에 한계가 있었고 그나마의 수입도 통신사가 거의 독식했다. 전체적으로 보아 한국의 정부, 학부모, 게임사용자, 게임개발자의 게임에 대한 이해관계는 미국과 일본 등과는 철저하게 달랐고 이는 한국의 PC 게임 산업에 성장의 한계를 가져왔다. 이 상황은 인터넷의 보급이라는 새로운 상황이 전개될 때까지 게임 산업 발전을 가로막는 결정적인 요인으로 작용했다. 한국 게임 산업에서 유통혼란, 불법복제, 통신사 횡포라는 문제들은 끝끝내 해결되지 못했다. 단지 이 문제가 존재하지 않는 온라인 게임으로 시장의 중심이 갑자기 이동하는 사건이 발생했을 뿐이다.

2. 1998~2000년의 환경 변화 – 초고속통신망, PC방, 그리고 스타크래프트

한국 온라인 게임 산업은 기존에 형성되어 있던 PC 패키지 게임과 머드 게임의 기술력과 인력이 융합해서 인터넷이라는 새로운 네트워킹 환경에 정착하면서 발생했다고 요약할 수 있다. 그리고 한국에서는 이 과정을 가속하고 확장시켜준 환경변화가 있었다. 초고속 통신망의 보급, PC방의 확산, 〈스타크래프트〉 신드롬이 동시에 맞물리면서 발생한 사회 상황의 변화는 한국의 IT 산업의 외양을 순식간에 바꾸고 독특한 인터넷 문화를 형성시켰던 것이다. 게임 산업을 둘러싼 기류 변화는 1998년 여름부터 한국 게임 산업 종사자들 사이에서 감지되었다.

> 제이씨 엔터테인먼트의 첫 번째 온라인 게임 워바이블의 경우 게임의 동시 접속자 수가 보통 15명 내외였는데 이중에 대부분은 게임회사 직원이었다. 게임 내에 사람이 없으면 손님 떨어진다고 사원들은 회사를 퇴근해서까지 게임에 억지로 접속하고 있어야 할 정도였다. 이러한 결과에 대해서 회사직원들도 힘이 빠지고 좌절의 시기를 겪어야만 했다. 그런데 바로 그 순간에 실로 놀라운 기적이 일어났다. 어느 날 갑자기 순수 고객 동시 접속자가 200명을 돌파하더니 게임이 수익을 내기 시작하였다. 1998년 8월 단 한 달만에 이루어진 기적 같은 사건이었다.
>
> — 김정남·김정현, 『한국 게임계의 산타클로스, 빌 로퍼』 중에서

위의 글에 나타난 온라인 게임 개발자들의 기억은 결코 실제 발생했던 상황을 과대해석하고 있는 것이 아니다. PC방 증가, 초고속 통신망의 보급, 스타크래프트 판매량, 출시 온라인 게임의 증가, 온라인 게임 동시 접속자수의 증가 등의 통계적 수치 변화들은 1998년 여름 이후의 상황을 정확히 대변해주고 있다. PC방은 1998년 초 100여 개에 불과했던 것이 IMF와 1998년 4월의 〈스타크래프트〉 출시가 겹치면서 1998년 말 3500개가 넘었고, 1999년 8월 1만 개, 1999년 말 1만 5000개로 늘어났다. 2000년 이후부터는 평균 2만 개 이상의 PC방이 운영 중이다. 초고속 인터넷 가입자 수는 1999년 37만 명이던 것이 2000년 400만 명, 2001년 800만 명에 육박해서 2002년에 1000만 명이 넘었다. 〈스타크래프트〉 판매량은 1998년 4월에 출시된 이래 1998년 말까지도 10만 장 판매에 불과했던 것이 1999년 3월 40만 장, 1999년 10월 100만 장으로 늘어났다. 최종적으로 300~400만 장 이상이 판매됐다. 게임 〈리니지〉의 동시접속자수는 1998년 9월 200명이던 것이 1998년 12월 1000명 돌파, 1999년 11월 1만 명 돌파, 2000년 12월 10만 명을 돌파하며 매년 10배씩 늘어났고 이는 엔씨소프트의 수익증가와 정비례했다. 온라인 게임은 1996년 최초의 머그게임인 〈바람의 나라〉가 출시된 이래 1997년 3개, 1998년 7개, 1999년 9개가 출시되었지만 〈리니지〉의 성공을 확인한 2000년에는 100개 이상의 온라인 게임이 출시되었다. 모든 수치의 기하급수적 증가가 1998~2000년 사이에 집중되었다. 이 인상적인 일치는 각 사건들 간의 밀접한 연관성을 잘 보여 주고 있다.

이론의 여지없이 정책으로서의 초고속통신망의 보급, 새로운 산업모델로서의 PC방의 확산, 문화아이콘으로서의 〈스타크래프트〉 열풍은 서로가 되먹임 구조를 가지고 있었다. PC방은 초고속통신망이 보급되면서 갑자기 늘어났고, 초고속통신망은 PC방의 확산으로 보급에 탄력을 받았다. 동시에 PC방은 〈스타크래프트〉라는 킬러 소프트웨어의 보급으로 사용자가 증가했고 〈스타크래프트〉는 PC방 사용자의 증가로 판매량이 급증했다.

각각의 사건이 그렇게 절묘한 시점에 중첩되기는 쉽지 않다. 어느 하나가 결여되었을 경우 나머지 산업의 확장은 큰 타격을 받거나 심각한 지체가 일어났을 것이다. 1998년 변화가 시작된 후 1년 정도의 선순환 과정이 지나간 1999년에는 매일 수백만 명의 사람이 PC방을 찾는 것이 일상화되었다. IT 산업 전반에 걸친 대규모의 환경 변화가 1-2년 사이의 짧은 기간에 완성된 것이다. 특히 게임 산업만을 놓고 볼 때 이 과정에서 〈스타크래프트〉 효과는 독특한 부분이다. 〈스타크래프트〉는 한국에서 게임의 개념과 인식을 바꾸었다. 1980-1990년대 아케이드게임을 통해서 만들어져 있었던 잠재적 게임 사용자들을 게임의 실사용자로 만들고 그들을 온라인게임의 소비대중으로 만드는 중간고리 역할을 수행했다.

1998~2000년의 예측되지 못한 상황의 도래로 과거 게임 산업의 문제들은 깨끗이 해결되며 온라인 게임 산업이 형성되었다. 기본적으로 PC방의 증가와 함께 인터넷과 컴퓨터를 사용하는 사용자 수가 수직상승함에 따라 게임의 잠재 시장 자체가 비교할 수 없을 정도로 커졌다. 여기에 새로운 비즈니스 모델로서 정액 요금제 형식이 이루어지자 불법복제, 유통구조는 걱정할 필요가 없었다. 인터넷 환경은 중간에서 콘텐츠의 수익을 독식하는 통신사를 매개할 필요가 없어 개발사에게 직접적으로 수익이 전달되고 개발에 재투자가 가능해졌다. 이런 환경 변화 속에서 MMORPG로 대표되는 한국 온라인 게임 산업이 등장할 기반이 조성될 수 있었던 것이다.

3. 한국적 온라인 게임의 탄생 – 〈바람의 나라〉의 개발 과정

전술한 배경 하에 기술적 측면에서는 PC 패키지 게임과 머드 게임의 기술력과 인력이 융합되면서 그래픽 기반의 머그 게임이 등장할 수 있었다. 초기 온라인 게임 개발 과정의 핵심적 프로그래머로 알려져 있는 송재경 등에 의해 주도된 이 기술적 융합의 결과는 성공적이었다. 1990년대 후반 인터넷 환경에서 온라인게임 개발이 가능한 수준의 기술을 습득할 수 있었던 사람은 1990년대 초중반부터 관련 기술에 종사한 경험이 있는 사람으로 제한되었다. 이는 결국 청계천·용산에서 독학으로 IT 기술을 익힌 세대의 종말을 의미했다. 청계천과 용산에서 프로그래밍을 독학하던 세대들 중 전설적인 프로그래밍 실력과 박식한 H/W지식을 자랑하던 인력은 꽤 있었다. 하지만 이들의 지식은 PC를 넘어설 수는 없었다. 결국 1990년대 초부터 인터넷 환경을 이용할 수 있었던 초기 머드 게임 개발자들이 그대로 새로운 유형의 온라인게임 서버 프로그래머로 활동하게 되는 경우가 많았다. PC게임 위주로 편성되어 있던 한국 게임 업계에 서버 프로그래밍 기술은 중요한 기술적 역돌출(reverse salients)*로 작용했다. 게임 산업 종사자 중 온라인게임 서버를 구축할 수 있는 인력은 극소수였고 이중에서 한국 PC게임 문화 등의 게임 전반을 이해하면서 시스템적 접근이 가능한 사람은 더더욱 없었다고 볼 수 있다. 송재경은 이 조건을 만족시키는 대단히 드문 유형의 인력이었다. 한국 최초의 머드 게임 〈쥬라기 공원〉, 최초의 그래픽 머그게임 〈바람의 나라〉, 한국 MMORPG 최고의 히트작인 〈리니지〉가 모두 송재경의 손을 거쳐서 개발되었다. 초기에 송재경과 함께 게임 개발을 한 결과 넥슨과 엔씨소프트는 세계적 규모의 온라인게임 기업을 만들 수 있었다.

국산 온라인게임 개발의 역사는 1990년을 전후한 한국과학기술원(KAIST)에서 시작했다고 볼 수 있다. 당시 한국에서는 KAIST와 서울대학교만이 교육기관 중 유일하게 인터넷에 접속할 수 있는 환경이 제공되었다. 송재경은 바로 이 시기인 1990년 KAIST 대학원에 진학했고 재학시절 프로그래밍 실력에서 많은 전설적인 이야깃거리를 남겼다. 대학원 재학 시기 송재경은 당시 KAIST 학생들이 실험삼아 만든 MUD 게임을 보고 강한 인상을 받았다. 그래서 송재경 스스로 인터넷을 통해 다양한 MUD 게임 소스코드를 수집하고 개량하면서 다수의 접속자가 있을 경우 서버의 효율을 최적화하는 방법을 연구해 나갔다. 그리고 송재경은 서울대학교와 KAIST 동기생인 김정주와 공동으로 1994년 12월 넥슨이라는 회사를 창업했다. 그리고 그때까지의 경험을 바탕으로 세계 최초의 그래픽 기반 MMORPG인 〈바람의 나라〉를 개발하기 시작했다. 하지만 1995년 10월 송재경은 김정주와 의견차로 넥슨을 사직했는데 사직 시 조건은 '넥슨 주식지분 50%를 포기하는 대신에 〈바람의 나라〉 소스코드를 이용해서 새로운 게임을 개발할 수 있으며, 1997년 이후 그 개발된 게임의 서비스를 시작할 수 있다'라는 독특한 조건으로 넥슨 측과 합의 후 퇴사했다. 이 중요한 합의로 인해 송재경은 새로운 게임의 개발이 가능해졌다.

송재경 퇴사 후 넥슨은 〈바람의 나라〉 개발을 계속해서 1995년 12월에 게임을 완성해서 PC통신 천리안을 통해 서비스를 시작했으며 1996년 12월 유료화 전환에도 성공했다. 이는 그래픽 온라인게임 개발 가능성에 대한 당시의 부정적 인식을 뚫고 이루어낸 성공이라는 점에서 가치가 컸다. 개발 당시나 개발 완료시에도 게임에 대한 인식이 좋지 않아 좋은 개발자를 구하는 것이 어려웠으며 시장 분위기 역시 머그 게임을 쉽게 반기지 않았다. 송재경의 생각은 게임을 현재 최고 스펙의 컴퓨터에 맞추어 개발하면 2년 후에는 보

---

* 원래 역돌출은 군사용어로서 군대가 앞으로 전진 할 때 형성된 전선 중에서 아직 아군이 미처 점령하지 못한 지점을 말한다. 장군들은 전투 후반부에 아직까지 적군이 점령하고 있는 이곳에 군사력을 집중시켜 완전한 승리를 추구하게 된다. 토마스 휴즈(Thomas P. Hughes)는 자신의 기술시스템(Technological system) 이론의 설명에 이 용어를 차용했다. 즉 군사력이 역돌출에 집중되듯이 기술 시스템 구축가 역시 기술적 역돌출 - 기술발전이 가장 정체되고 있는 부문 - 지점에 노력을 집중하여 '결정적 문제(critical problem)'를 해결하면서 역돌출을 제거하게 되고 전체 기술시스템은 발전해 나가게 된다는 것이다. ('기술 사회학의 최근 경향' 참조.)

급형 컴퓨터에서 동작 가능한 게임이 될 것이고 게임 개발기간을 2년 정도로 생각하면 당시 가장 빠른 컴퓨터에서만 동작가능하다면 된다고 보았다. 컴퓨터 발전 속도를 막연히 믿으며 S/W개발을 진행한 것인데 송재경의 이런 생각은 들어맞았다. 일견 무모해 보이지만 게임 출시 시점의 컴퓨터 성능 향상을 예측하여 개발된 게임이 〈바람의 나라〉였다. 이 예측 자체가 놀라운 것은 아니지만 이 예상에 따라 2년 정도가 소요될 게임 개발을 시작했다는 것은 대단히 위험성이 높은 혁신적 선택이었다. 이미 어느 정도 기반을 구축했던 다른 게임개발사들은 그래픽 머드 게임의 가능성에 대해 부정적이었기 때문에 가장 중요한 시장 진입 시점을 놓치게 된다.

〈바람의 나라〉를 개발하는 과정에는 송재경이 프로그래머 이상의 활동을 수행했음도 관찰된다. 송재경과 김정주는 두 사람 모두 개발자 출신이었기 때문에 스스로 시나리오 기획력이 약하다고 생각하고 시나리오를 찾았다. 게임의 스토리는 이공계열 출신인 자신들이 만들어내기에는 무리가 있다고 판단했던 것이다. 결국 송재경이 〈한글과컴퓨터〉에 근무할 당시에 알게 되었던 만화가 김진의 작품인 〈바람의 나라〉를 원작으로 채택해서 게임의 세계관과 기본 시나리오를 구성했다. 이렇게 송재경은 게임 개발 과정에서 게임의 성공을 위한 요소들을 전체적으로 조망하고 프로그래머 출신인 자신들이 취약한 게임 기획 쪽을 보강할 방법을 찾는 등의 시스템적인 접근을 보여주었다. 이런 식으로 새로운 형태의 MMORPG에 맞는 콘텐츠를 찾아냈고, 클라이언트 기술은 기존의 PC게임 기술을 사용했고, PC게임 개발의 경험을 갖춘 그래픽 인력을 활용하고, 서버 프로그래밍에 있어서는 자신들의 프로그래밍 역량을 활용하는 등의 전방위적인 접근을 시도했다. 〈바람의 나라〉는 다양한 시스템적 접근의 결과 만들어진 것이다.

일단 그래픽 기반의 머그게임이 상용화되자 이전의 텍스트 머드와 결정적으로 차별화될 수밖에 없는 차이 하나로 사용자 증가가 동반되었다. 텍스트 머드는 일정수준 이상의 타이핑 실력을 요구했던 반면에 그래픽 기반의 머그는 몇 개의 단축키와 마우스로 사용이 가능했으므로 컴퓨터 초보자도 게임에 쉽게 접근할 수 있었다. 일반적으로 화려한 그래픽이 사용자들을 포섭했을 것으로 보이지만 사실은 쉬운 조작성이 더 중요한 요소였다고 볼 수 있다. 후발 게임업체들 중 많은 수가 이런 부분을 제대로 파악하지 못했다. 결국 텍스트 위주의 머드 게임에 종지부를 찍은 〈바람의 나라〉는 세계적인 차원에서도 온라인게임의 수준을 한 단계 발전시킨 게임이 되었다.

4. 한국형 온라인 게임의 지배적 디자인 형성 – 〈리니지〉의 개발 과정

넥슨을 퇴사한 이후 송재경은 아이네트(I-Net)로 회사를 옮기고 1996년 9월부터 〈리니지〉의 개발에 착수했다. 하지만 아이네트는 1년의 개발기간을 정하고 프로젝트를 진행시키다가 1997년 재정적으로 어려운 상태에 빠지자 송재경의 온라인게임 개발 프로젝트를 정리해 버렸다. 이로써 송재경은 또다시 회사를 사직할 수밖에 없게 되었고 이때까지 송재경을 눈여겨 봐둔 엔씨소프트의 김택진이 송재경을 영입하면서 〈리니지〉 개발은 본궤도에 오르게 됐다. 송재경은 1997년 말 엔씨소프트에 입사 후 〈리니지〉개발을 계속해서 1998년 9월에 무료서비스를 시작했다. 이후 불과 20개월 만에 〈리니지〉 회원 수는 300만 명을 넘었고 한국 온라인게임 시장은 전혀 다른 차원의 산업으로 진화했다.

〈리니지〉의 개발과정에서도 다양한 노력들이 발견된다. 먼저 기획에 있어 〈리니지〉는 신일숙의 만화를 원작으로 했다. 송재경은 새롭게 개발할 게임도 〈바람의 나라〉처럼 한국 소녀만화에서 아이템을 찾아냈다. 당시 한국만화들이 소녀만화를 제외하면 판타지, SF 등의 소재를 다루는 만화가들이 거의 없었다는 점도 이유가 되었을 것으로 보인다. 게임 내용에 있어서 〈리니지〉의 성공에 가장 중요한 역할을 한 요소는 '혈맹' 개념의 존재였다. '혈맹'은 다른 게임 기획에서는 찾아보기 힘든 독특한 발상이었다. 일반 RPG처럼 소수의 동료들로 구성된 파티(Party)의 개념을 넘어서서 집단과 집단, 개인과 집단 간에 동맹과 적대관계가 가능해짐으로써 개개인의 모험이야기를 넘어 소규모 국가 수준의 사회 집단 간 관계가 형성될 수 있었다. '충분한 수의 동시접속자만 보장된다면' 이전의 게임에서 느낄 수 없었던 수준의 가상사회 속에서 협력과 대결 구도를 형성하는 것이 가능했다. 인간 사회의 사회적 유대관계를 최대한 모사한 혈맹의 개념은 사용자들에게 〈리니지〉만의 독특한 재미를 맛보게 해주었고 접속인원이 늘어나면 늘어날수록 새로운 차원의 재미를 선사했다.

이런 기획이 성공하려면 어려운 기술적 난관을 넘어야 했다. 이런 MMORPG 특유의 게임 기획이 예측대로 동작하기 위해서는 무엇보다 게임 서버의 효율과 안정성을 높이는 것이 가장 중요한 문제였다. 〈리니지〉 게임의 재미가 최대로 보장되기 위해서는 1000~3000명 정도의 인원이 하나의 월드(World)에 동시에 접속해서 상호작용하는 것이 가능해야 했다. 다른 월드를 다수 만들어서 수백 명의 인원을 월드마다 분산시키는 전략이라면 H/W 서버의 증설만으로 충분히 운영이 가능하겠지만 이 경우는 애써 만든 '혈맹'의 개념은 무용지물이 되게 된다. 수천 명에 달하는 사용자 캐릭터와 가상공간의 인공지능 캐릭터들, 게임 환경 간에 상호작용하는 조건들의 조합을 서버가 무리없이 시뮬레이션 한다는 것은 당시까지 한 번도 시도된 적이 없는 일이었다. 실제 많은 후발 게임 업체들이 MMORPG의 개발과정에서 300~500명 선의 동시접속자가 하나의 월드에 접속하게 되면 게임 속도가 늦어지든지 심한 경우 시스템 다운(System down) 현상이 빈번하게 일어나서 해당 게임의 서비스를 포기해야 하는 경우가 많았다. 1999년 동시접속자수 폭주의 과정에서 엔씨소프트는 여러 번 이런 위기상황을 경험했지만 송재경 등의 엔씨소프트 개발진은 늦지 않은 적절한 대응을 통해 꾸준히 서버의 효율을 높여 나갔다. 결국 2000년경에 동시접속자수가 단위 월드 당 수천 명씩 총 10만 명을 넘나드는 시점에도 〈리니지〉 서비스는 안정적으로 동작할 수 있었다. 많은 게임 개발자들에게 송재경이라는 특출한 인물의 프로그래밍 실력을 각인시킨 일화기도 했다. 결국 한국 게임 산업은 이 문제가 해결된 순간 MMORPG 장르에서 독보적인 기술력을 갖추게 된 셈이었다.

또한 이 부분은 기획력의 부재라는 한국 게임의 중요 약점의 해결과정으로도 설명될 수 있다. 온라인게임의 동시 접속자 수가 늘어나 일정한 단계에 이르면 게임의 질적 변화가 일어난다. 〈리니지〉와 같은 게임은 100~200명이 접속하느냐 1000~2000명이 접속하느냐에 따라 전혀 다른 수준의 품질을 가진 게임이 된다. 따라서 송재경의 경우 3000여 명이 접속할 수 있는 수준으로 서버 구현 기술을 강화시킨 것은 게임의 품질을 바꾸는 효과를 가져왔다. 한국게임 회사들의 중요한 문제점이었던 게임 기획력의 부재를 온라인게임은 이렇게 기술력만으로 메울 수 있었다.

이후 사용자들이 증가하며 사용자간 상호작용이 강화되자 〈리니지〉는 더욱더 재미있는 게임이 되었다. 개발회사의 개입 없이 게임 내용은 자기 진화를 거듭했다. 이렇게 2000년이 지나게 되면 〈리니지〉는 온라인 게임 시장의 사실상의 표준으로 자리 잡는다. 새로운 온라인 게임을 개발할 때 투자자들은 〈리니지〉와 얼마나 비슷한가를 물었고 사용자들은 〈리니지〉와 비슷한 게임이 나오면 표절이라고 혹평했다. 더구나 〈리니지〉와 비슷한 게임이라면 이미 동시접속자수가 많아 다양한 사용자간 이벤트들이 펼쳐지는 〈리니지〉가 훨씬 유리했다. MMORPG는 초기에 일정한 수의 동시접속자를 확보하지 않으면 실패할 수밖에 없었다. 물론 〈리니지〉와 다른 방식을 도입하면 '낯설다', '불편하다'라는 불만이 제기되었다. 〈리니지〉의 시장 선점효과는 완벽해서 일정 기간 새로 개발된 어떤 게임도 〈리니지〉의 시장점유율을 잠식하기는 힘들었다. 엔씨소프트의 〈리니지〉와 같은 시기 시장을 개척한 넥슨과 한게임(현 NHN 게임 부문) 정도만이 장르의 차별화를 통해 엔씨소프트와 시장을 어느 정도 나눠가질 수 있었다. 그리고 1998~2000년과 같은 기회는 지금까지 다시 오지 않았다. 다른 후발경쟁자들이 대응 불가능한 짧은 시간 동안 넥슨, 엔씨소프트, NHN 등의 몇몇 회사들은 시장을 선점해서 스스로 표준이 되어 버렸다.

5. 온라인 게임의 산업화 과정 – 김정주와 김택진의 경우

송재경이 한국 온라인 게임의 기반 기술을 구축했다면 넥슨의 김정주와 엔씨소프트의 김택진은 게임 개발과 서비스의 관리자로서 온라인게임 산업의 비즈니스 모델을 구축한 인물이라고 분류해 볼 수 있다.

1) 한국 온라인게임 비즈니스 모델의 시작 – 〈바람의 나라〉의 서비스 과정

김정주는 송재경의 온라인게임 개발 능력을 알아볼 수 있었고, 송재경의 〈바람의 나라〉 개발 시 회사를 다양한 방법으로 유지했으며, 송재경의 퇴사 후에도 훌륭하게 개발의 뒷마무리와 서비스 체계 및 수익모델의 확립을 이끌어냈다. 김정주가 송재경과 단둘이 넥슨을 시작해서 1995년 말에 처음 나온 〈바람의 나라〉는 1996년 PC통신 천리안을 통해 제공되었다. 하지만 PC통신사를 통한 서비스는 적절한 수익이 보장되지 못하던 시기라 자금이 고갈되는 위기에 처하게 된다. 〈바람의 나라〉 자체의 기술적 완성도와 무관한 문제가 발목을 잡고 있었다. 이 시기 김정주는 SI(시스템 통합) 개발 용역을 병행하면서 살아남기 전략을 선택했다. 아직 게임이 개발 중이던 1995년 중반부터 현대자동차, 한국 IBM, SK텔레콤 등의 대기업 홈페이지를 계속해서 제작하며 운영자금을 확보했고 이쪽에서 확보한 자금을 게임개발 쪽에 쏟아 부어 게임 개발을 계속해 나갔다. 게임 개발에서 전혀 합리적인 수익이 발생하지 않고 있었음에도 업종을 전환하지 않았던 것은 게임 개발에 대한 열정이 유일한 동기였다. 1996년부터 〈바람의 나라〉를 서비스했지만 1998년까지도 게임 이외의 사업이 넥슨을 유지시켰고 1999년이 되어서야 게임 매출이 다른 매출을 넘어서기 시작했다. 김정주는 게임개발의 꿈을 포기한 적은 없었지만 언제나 흑자를 유지할 수 있는 정도의 다른 수익모델을 동작시키는 데도 게을리하지 않았다. 많은 경우 기술자 출신의 경영자들은 자신의 기술을 과신하고 회사의 방만한 경영 상태를 방치해서 실패하는 경우가 많다. 김정주의 경우 게임에 대한 기술적 열정을 유지하면서 개발의 지속 가능성과 상업적 측면을 함께 염두에 두는 영민한 관리자의 모습을 보여 주었다. 1999년 중반 전혀 예상치 못한 동시접속자수의 폭증이 일어날 때까지 해당 게임의 서비스를 포기하지 않았고 사용자 수 증가에 적절히 대응하며 최종적으로 넥슨의 성공을 이끌어낸 것은 김정주로 대표되는 넥슨 자체의 역량이었다. 1998년 여름이 될 때까지 온라인게임은 기술적으로는 안정적으로 서비스되고 있었지만 산업적으로 성공할 가능성은 보이지 않았다. 안정적인 기술의 완성만으로는 산업적 성공이 보장될 수 없음을 잘 보여주는 이야기다. IT 환경이 바뀐 1998년 이후가 되어서야 넥슨의 〈바람의 나라〉는 요금체계 면에서도 새로운 수익모델을 만들어낼 수 있었다. 〈바람의 나라〉가 인기를 얻자 넥슨은 PC방 업주들의 요청에 따라 정액제를 시작했고 뒤이어 개인 사용자들에 대해서도 정액제를 시작했다. 이렇게 온라인게임의 유료 비즈니스 모델을 최초로 적절히 제시한 것은 넥슨이었다.

2) 한국 온라인게임 비즈니스 모델의 완성 – 〈리니지〉의 서비스 과정

〈리니지〉는 온라인게임의 확산을 몰고 와 한국 게임시장 형성의 기폭제가 된 게임이다. 따라서 〈리니지〉라는 킬러 소프트웨어가 한국 게임 시장을 주도하는 콘텐츠가 되어가는 과정은 한국 온라인 게임 산업이 형성되는 가장 중요한 국면이라고 할 수 있다. 〈리니지〉의 개발사인 엔씨소프트는 '훈글' 개발자 중의 한명이었던 김택진이 창업한 회사다. 김택진은 1990년 현대전자에 입사해서 곧바로 미국 보스톤 연구소 파견 생활을 했다. 1년 6개월간 미국 생활을 하는 사이 막 태동하고 있던 TCP/IP 프로토콜을 꼼꼼하게 분석할 수 있는 기회를 가졌고 PC에서 인터넷으로 IT 기술의 패러다임이 이동하고 있는 상황을 직접 지켜볼 수 있었다. 이는 S/W 엔지니어로서의 김택진에게는 큰 행운으로서 국내 기술진으로는 누구보다 먼저 인터넷과 통신이 중요성을 깨달을 수 있는 위치를 선점한 셈이었다. 1991년 입국해서 현대전자 내에서 다양한 개발을 주도했고 특히 1993년 세계 최초의 인터넷 기반 PC통신 프로그램인 아미넷(현 신비로)을 개발했다.* 이렇게 김택진은 1990년대 최고 수준의 S/W 개발자로서 시스템 구축가로서의 중요한 필요조건을 만족시키고 있었다.

이런 김택진의 중요한 인적 네트워크 중 하나가 1995년에 형성됐다. 당시 한글과컴퓨터에서는 윈도(Windows)버전의 '훈글' 프로그램을 개발하기 위해 시도하다 여러 가지 문제에 직면해서 고전하고 있었다. 이 문제를 해결해 달라는 요청이 오자 김택진은 현대전자 사원 신분으로 한글과컴퓨터에 파견근무를 했고 김택진은 이곳에서 송재경을 만났다. 상당한 기술 수준의 보유자인 김택진이 보기에도 출중한 프로그래밍 능력을 가지고 있었으며 처음부터 게임 개발에 대한 분명한 열정을 가지고 있었던 송재경과는 바로 친해질 수 있었다. 이 인연은 서로가 따로 활동하는 몇 년 동안 아슬아슬하게 이어져서 최종적으로 〈리니지〉 개발로 이어지게 됐다.

김택진은 자신과 일하던 직원 10여 명과 함께 동반 퇴사해서 1997년 3월 엔씨소프트를 창업했다. 엔씨소프트는 창업 시 그룹웨어 및 IT 솔루션을 취급하는 기업으로 출발했으나 치열한 경쟁으로 온라인게임 분야로 사업 방향 전환을 검토했다. 자연스럽게 김택진은 〈쥬라기 공원〉과 〈바람의 나라〉의 핵심개발자이자 자신과 친분이 있는 송재경을 영입하고자 했다. 송재경이 1996년 아이네트에서 게임개발팀장을 맡고 있을 때부터 김택진은

* 당시 천리안 등의 BBS들이 전혀 제공하지 못하고 있던 웹 메일, 웹 게시판, HTML 편집 등의 기능 - 현재는 널리 쓰이고 있는 기능 - 을 제공하는 전혀 다른 차원의 프로그램이었고 이 시기 김택진은 '댓글' 기능도 세계 최초로 도입했다.

송재경의 영입을 시도했다. 하지만 동종업계에서 안면이 있는 아이네트 사장과의 의리를 생각해 일단 포기했다. 후일 IMF로 아이네트가 게임사업 방출을 결정하자 1998년 초에 김택진은 기회를 놓치지 않고 송재경을 영입하는데 성공했다. 〈리니지〉가 엔씨소프트에서 개발될 수 있었던 것은 김택진의 적극적인 인력유치 작업의 결과물이었다. 이후 엔씨소프트가 국제적인 회사로 성장하자 미국회사인 아레나 넷(Arena.net)* 과 전설적 게임개발자인 리처드 게리엇(Richard Garriott)** 을 영입하는 등 김택진은 집요하게 인력유치 작업을 반복했고 그때마다 상당한 효과를 얻어냈다. 소문에 의해서만 인력을 영입했다면 이런 결과가 발생하기는 힘들었을 것이다. 이것은 출중한 프로그래머를 찾아낼 수 있는 엔지니어로서의 역량과 대기업 근무 경험을 통해 배양한 사업적 수완 및 인적 네트워크 등 김택진의 역량들이 종합적으로 상호작용한 결과였다. 송재경 영입 당시 어느 정도 개발이 진행되어 있던 〈리니지〉를 처음부터 인터넷을 통해 서비스하기로 결정하고 소스코드부터 뜯어고치는 작업을 추진한 것도 김택진이었다. 대상시장을 바꿔서 처음부터 인터넷 망을 통해 서비스된 〈리니지〉는 2년여 개발기간과 10개월의 공개 베타테스트를 거치고 1998년 9월 상용화 이후 대중화에 극적으로 성공했다.

〈스타크래프트〉를 통해 각인된 팀플레이의 재미를 잘 알고 있는 한국 사용자들은 PC방을 통해 〈리니지〉라는 게임이 새로운 규모의 집단적 팀플레이가 가능하다는 것을 빠르게 인지할 수 있었다. 따라서 〈리니지〉의 성공은 PC방을 통한 적절한 마케팅 전략 또한 필수적이었다. 엔씨소프트 직원들은 직접 포스터와 게임 CD를 가지고 PC방을 돌아다니며 〈리니지〉를 설치해 주었고 PC방 업주들에게 〈스타크래프트〉 이외에도 사용자를 끌어모을 수 있는 게임이 있다는 것을 적극적으로 홍보했다. 이 방법은 PC방을 중심으로 한 〈리니지〉의 매출증가에 크게 기여했다. 넥슨의 〈바람의 나라〉가 PC방에서 수익을 얻기는 했지만 PC방 매출이 실제 넥슨의 매출에 크게 기여하지는 못했다. 반면 넥슨이 처음 제시한 PC방 수익모델은 엔씨소프트가 확립하고 혁신함으로써 안정적 수익 창출을 이루어냈다. 〈리니지〉는 PC방이 온라인게임 전체의 초기 사용자층 확대와 게임개발사의 수익모델 형성에 중요한 영향을 미쳤음을 보여주는 대표적인 사례가 됐다.

〈리니지〉 동시접속자수의 폭발적 증가는 그 당시 전 세계적인 관점에서도 상상하기 힘든 현상이었다. 〈리니지〉는 1999년 〈스타크래프트〉가 국내 게임 시장을 거의 장악하다시피 한 상황에서 많은 사용자가 온라인게임으로 전환하는 계기를 만들었다. 시장 자체가 성장한 결과 많은 게임 업체의 온라인게임 시장 진입이 촉진되었다. 〈리니지〉의 성공으

---

* 〈스타크래프트〉를 제작했던 블리자드(Blizzard)사의 핵심 프로그래머 3인이 만든 회사.

** 유명 RPG인 울티마(Ultima) 시리즈의 창시자.

로 비로소 온라인게임이 고부가가치 산업이라는 인식이 확산되어 인력과 자금의 게임업계 유입계기가 됐다. 이후 판타지 풍 세계관과 조작 인터페이스, 심지어는 공성전의 개념까지 거의 모방된 〈리니지〉 아류작들이 계속해서 등장하게 된다. 또한 2000년경 〈리니지〉가 보여준 사회적 파급력은 게임 산업에만 국한된 것이 아니었다. 누적 회원 수 천만 명 돌파, 평균 동시접속자수 10만 명 돌파라는 기록은 한국이 사이버 공간에서 가상사회 형성에 어느 정도 성공했다는 지표로 해석될 수 있다. 게임 상 채팅을 통해 약어, 은어, 비문법적 언어 표현 등이 광범위하게 퍼져서 특히 유소년 층의 언어문화를 바꾸었다. 사용자들은 사냥이나 공성전 등의 전투 참가와 아이템 수집 및 거래, 채팅 등을 통한 커뮤니케이션을 통해 세컨드 라이프(Second Life)를 즐겼다. 〈리니지〉의 파급 효과는 개발자들이 예상한 이상이었다.

뿐만 아니라 성공의 결과 〈리니지〉는 여러 사회적 문제도 야기해서 앞으로 발생할 온라인게임의 문제점들을 압축적으로 보여주기도 했다. 게임 중독, 다른 사람의 아이템을 빼앗는 행위, 아이템 현금 거래 등에 따른 범죄 유발 등이 문제점으로 지적되었다. 〈리니지〉가 한참 유행할 당시 아이템들이 수 십 만 원에 거래되었고 리니지 내에서 통용되는 사이버머니 '아데나'는 현금과 10:1로 거래되는 것이 관행이었을 정도다. 현금 거래뿐 아니라 돈만 받고 아이템은 주지 않는 사기 사건도 빈발했다. 부정적인 측면이지만 온라인게임이 사회적 영향력을 행사하기 시작했음을 분명히 보여주는 사건들이었다.

1996년 〈바람의 나라〉로 시작한 온라인 게임 산업은 1999-2000년 사이의 〈리니지〉의 성공으로 시장성을 암중모색하는 단계가 종료되게 된다. 〈리니지〉의 성공은 2000년 거의 100개에 달하는 온라인게임들이 폭발적으로 출시되게 만들었다. PC방과 초고속인터넷망이라는 조합이 〈리니지〉의 성공을 가능하게 했다. 1998년 당시 큰 게임업체들의 매출은 보통 월 수천만 원 수준이었지만 2000년이 되자 엔씨소프트는 수백억 원대의 매출을 내기 시작했고 이 과정에는 김택진이라는 시스템 구축가의 선택들이 중요한 요인으로 작용했다. 김택진은 시의적절한 대응을 통해 현재 한국에서 가장 성공한 벤처기업인이 되었다. 사실상 〈리니지〉에 의해 온라인게임이 혁신되었고 한국 게임 산업의 비즈니스 모델이 완성되었던 것이다.

6. 나가는 글

한국 온라인 게임 산업의 발전 과정에는 다양한 요인들이 영향을 미쳤다. 특히 1990년대 PC 플랫폼 위주로 형성된 게임 시장, 게임 유통구조의 후진성과 무단 복제 문제는 한국 게임 산업이 온라인게임 위주로 편향 발전 하는데 중요한 요인으로 작용했다. 정부가 정책적으로 초고속통신망의 보급을 가속시키던 시기 IMF 사태 이후 실직한 많은 사람들이 PC방을 개업했다. 여기에 〈스타크래프트〉가 신드롬을 일으키며 대유행을 하자 한국의 게임 시장은 폭발적으로 팽창했다. 한국 게임 산업의 발전과정에는 기술의 발전경로가 사회문화적 요인에 의해 영향 받는 과정이 뚜렷이 나타난다. 하지만 그 과정에서 강조되어야 할 또 하나의 중요한 요소는 소수의 혁신가들의 존재와 그들의 견고한 인적 네트워크라고 할 수 있다. 전술된 조건에도 불구하고 소수의 혁신가들이 한국 온라인게임 산업에 나타나지 않았다면 온라인 게임 산업은 시작되기 힘들었을 것이다. 특히 PC게임과는 다르게 서버와 클라이언트간 네트워크 프로그래밍은 독자적인 영역이었고 여기에 익숙해지기 위해서는 다년간의 해당 분야 경험이 필요했다. 온라인게임 산업의 결정적인 돌파구를 연 소수의 혁신가들은 대부분이 1980년대 후반에서 1990년대 초반 대학에서 수학할 당시 서로 친분을 쌓았다. 이들은 IT업체들에서 또 한 번의 인적 네트워크를 쌓으며 IT산업 전반을 이해하는 기회를 가졌다. 최신의 산업정보를 공유하고 IT산업과 기업의 생리를 이해하며 성장해 나갔고 유사한 문화를 공유했다. 개발자 출신이었기에 기술의 중요성을 정확히 간파했으면서도 다년간의 대기업 근무 경험은 기술만으로 사업이 성공할 수 없다는 것을 숙지하고 있었다. 그들의 업적과 현재 게임 산업 내 위치를 놓고 판단해 볼 때 10여 년 전 이들 사이에 이미 완성되어 있었던 인적 네트워크는 주목할 만한 것이었다. 거대 산업이 되어버린 온라인 게임 산업의 형성과정에서도 소수 혁신가들의 역할은 핵심적이었다. 그들의 성공과정은 이공계열 전공자로서의 한계를 스스로 진단할 수 있었고 이를 해결하는 과정에서 다양하고 종합적인 접근을 시도했다는 공통점을 가진다. 기술의 성공은 기술의 완성 이상의 것을 필요로 한다.

더 생각해볼 주제

—

- 1970년대 미국의 아타리(ATARI), 1980년대 일본의 닌텐도(Nintendo)의 성공과정을 살펴보면 모두 해당 시기의 기술 환경의 외연에 적극적으로 대응하는 과정을 관찰할 수 있다. 시대 환경과 융합하지 못하는 기술은 성공할 수 없음은 자명하다. 특히 게임은 기술과 문화의 접점에 있는 산업이다. 해외 사례들에 대한 접근을 통해 다른 시대, 다른 문화권에서 게임 산업이 정착하는 과정을 살펴보라.
- 한국이 온라인게임 산업의 중심국가지만 여전히 세계게임시장에서 차지하는 비중은 한계를 가지고 있다. 단적인 예로 여전히 한국 게임 산업 전체의 매출 규모는 닌텐도라는 단일한 회사의 매출규모보다도 작다. 가정용 게임기 시장을 장악한 외국 기업들과 온라인 게임의 S/W적 기술력을 확보한 한국 기업들 간에 세계시장에서 경쟁은 치열해지고 있다. 기종 간 차이가 적어지고 출시되는 게임들이 자연스럽게

네트워크에 연결되는 추세에 있는 지금 우리는 어떤 대응이 필요할까?

- 한국 IT 산업 전반을 개척한 사람들은 본문의 사례와는 어떻게 다른 환경과 상호작용했으며 어떤 대응법을 통해서 기반기술을 만들고 이를 사업적 성공으로 이끌었을까? 한게임과 웹젠 등의 후발게임 개발기업들의 사례, [훈글]의 개발 사례, 한국 포털들의 성장과정, 인터넷 결재, 백신 개발들의 다양한 성공사례들은 모두 치열한 과정의 연속이었다. 이런 사례들을 통해 기술 포화상태에 도달한 고도산업사회에서 공학도들이 갖춰야 할 조건에 대해 생각해볼 것을 권한다.

더 읽어볼 거리

—

김택진·서울대기초교육원, 『공학도에서 게임 산업 CEO까지』, 생각의나무, 2008.

이수인, 『게임회사 이야기』, 에이콘, 2005.

데이비드 셰프, 김성균·권희정 역, 『닌텐도의 비밀: 닌텐도는 어떻게 아이들의 마음을 사로잡았나』, 이레미디어, 2009.

박정규, 『넥슨만의 상상력을 훔쳐라』, 비전코리아, 2007.

위정현, 『온라인게임 비즈니스 전략』, 제우미디어, 2006.

유형오·이준혁, 『게임기 전쟁』, 진한도서, 2002.

허준석, 『재미의 비즈니스 – 경제학으로 본 게임 산업』, 책세상, 2006.

06

포스코의 철강 기술 발전

1. 한국의 산업화와 철강산업

1960년만 해도 우리나라는 매우 가난한 국가였다. 당시에 우리나라의 국민 1인당 총생산은 79달러로 아프리카의 수단보다 적었고 남미에 있는 멕시코의 1/3에도 미치지 못했다. 이러한 상황은 1962년에 경제개발 5개년 계획이 추진되면서 급속히 변하기 시작했다. 우리나라도 본격적인 산업화의 국면에 접어든 것이었다. 세계사적인 관점에서 본다면 1960년대 이후의 급속한 산업화를 "한국의 산업혁명"으로 부를 수 있을 것이다.

산업화의 과정에서는 철강산업이 중요한 역할을 담당한다. 철강산업은 산업 중에 근본이 되는 "기간산업(基幹産業)"으로서 건설, 조선, 자동차, 가전 산업 등의 발전에 필수적인 소재를 공급한다. 효과적인 산업화를 위해서는 적절한 철강재가 공급되어야 하며 거꾸로 다른 산업의 발전은 철강산업의 성장을 촉진하는 거름으로 작용하는 것이다. 우리나라의 경우에는 이러한 선(善)순환의 관계가 형성되어 왔기 때문에 급속한 산업화를 이룰 수 있었다.

철강산업은 우리나라 산업의 역사에서 대표적인 성공 사례 중의 하나이다. 우리나라의 철강생산량은 1970년에 50만 4천톤이었던 것이 2000년에는 4310만 7000톤으로 증가하여 30년 동안에 약 85배에 달하는 성장을 경험하였다. 이에 따라 우리나라가 세계 전체의 철강산업에서 차지하는 비중도 1970년에 0.1%에 불과했던 것이 2000년에는 5.1%로 증가하였다. 우리나라는 1993년 이후에 세계 6위의 철강대국으로 도약했으며 2002년부터는 세계 5위를 기록하고 있다. 철강산업의 성장 추세는 다른 산업 부문에 비해서도 두드러진 것으로서 철강산업이 국내총생산(GDP)에서 차지하는 비중은 1970년에 0.4%였지만 1980년대 중반 이후에는 2.0% 내외로 향상되었다(〈표 1〉 참조).

철강산업의 성장 과정에서 포항제철이 중요한 역할을 담당해 왔다는 것은 주지의

표1 | **한국 철강산업의 발전 추세(1970~2000년)**

단위 : 천톤, %

구분 \ 년도	1970년	1975년	1980년	1985년	1990년	1995년	2000년
생산규모 (포항제철)	504 (-)	2,534 (1,234)	8,558 (5,903)	13,539 (9,284)	23,125 (16,223)	36,772 (23,428)	43,107 (27,735)
세계 철강산업에서 차지하는 비중	0.1	0.4	1.2	1.9	3.0	4.9	5.1
국내총생산에서 차지하는 비중	0.4	1.1	1.5	1.9	1.9	2.1	2.0

사실이다. 1968년에 공기업으로 창립된 포항제철은 1970년대의 포항제철소 건설사업과 1980년대의 광양제철소 건설사업을 배경으로 눈부시게 성장했으며 2000년에 완전히 민영화된 후 2002년에는 포스코로 이름을 바꾸었다. 생산량의 측면에서 포항체철은 1990~1992년의 세계 3위와 1993~1997년의 세계 2위를 거쳐 1998, 1999, 2001년에는 세계 1위를 기록하기도 했다. 창업 30년 만에 세계를 선도하는 기업으로 우뚝 선 것은 역사상 유례를 찾아보기 어려울 것이다.

이 글에서는 포항제철의 성장이 생산규모에 국한된 것이 아니라 생산성과 기술수준의 향상을 동반해 왔다는 점에 주목하고자 한다. 이를 위하여 1970년대의 기술습득, 1980년대의 기술추격, 1990년대의 기술창출을 중심으로 포항제철에서 기술활동이 전개되어 온 과정을 검토할 것이다. 아울러 이제는 성숙산업이 된 우리나라 철강산업의 발전과제에 대해서도 언급하고자 한다. 이 글은 주로 1970~1990년대를 다루고 있기 때문에 포스코 대신에 포항제철이란 용어를 사용할 것이다.

2. 해외연수에서 출발한 기술습득

포항제철이 제철소 건설과 운영에 필요한 기술을 습득했던 가장 중요한 원천은 해외연수였다. 그것은 "공장의 성공적인 건설이나 정상 조업이 가능했던 것은 무엇보다도 해외위탁교육의 결과라고 할 수 있다"는 포항제철의 공식기록에서 단적으로 드러난다. 당시 국내 철강업계에서 축적된 기술은 특정한 공정에서 소규모 설비를 가동하거나 국한되어 있었으므로 대규모 일관제철소를 운영하는 데 필요한 기술습득은 외국에 의존할 수밖에 없었던 것이다.

해외연수는 준비교육, 본 교육, 사후관리의 단계를 거쳐 전개되었다. 포항제철은 해외연수 후보자를 2배수로 선정한 후 준비교육 결과에 따라 절반을 탈락시킴으로써 해외연수 대상자를 엄선하였다. 그들은 해외연수로 파견하기에 앞서 3~6개월에 걸쳐 다양한 준비교육을 받았다. 준비교육의 내용에는 일상회화와 철강용어에 대한 외국어 교육, 철강산업에 대한 기초지식, 외국에서의 교육방법과 태도, 외국의 역사와 지리에 대한 상식, 해당 분야의 전문지식이 포함되어 있었으며, 전문지식에 대한 교육은 소속 부서장의 책임 하에 이루어졌고 다른 교육은 제철연수원이 담당하였다. 해외연수요원이 선발되면 해당 분야별로 팀을 구성하여 해외연수의 목표를 구체적으로 설정한 후 훈련중점사항에 대한 교육이 집중적으로 실시되었다.

더 나아가 포항제철은 해외연수요원이 연수기관으로 출발하기 전에 "현재 자신이 맡은 일이 회사와 국가를 위해서 얼마나 중요한 일인지"에 대하여 정신교육을 실시하였고 "연수기관과의 계약사항인 커리큘럼이나 일정표에 구애받지 말고 맨투맨 작전으로 상대방의 기술을 빠짐없이 배워 오라"라고 주문했으며 "연수자 중에서 성적이 불량한 사람들에 대해서는 강력하게 조치를 취할 것"이라는 경고도 서슴지 않았다.

포항제철의 해외연수에서 가장 많은 비중을 차지했던 국가는 일본이었다. 일본의 대표적인 철강업체인 신일본제철(新日本製鐵)과 일본강관(日本鋼管)은 "일본기술단(Japan Group, JG)"을 결성하여 포항제철에게 기술을 전수하는 데 적극적으로 협조하였다. 1969년에 무로란(室蘭) 제철소에서 연수를 받았던 김기홍은 "일본 철강업계의 거두들이 친히 와서 명강의를 했고" "일본 사람들 특유의 치밀함과 친절 덕분에 3개월 후에는 제법 철강이 이런 것이구나 하는 개념을 이해하게 되었다"라고 회고했으며, 1972년에 제강부 계장으로서 일본강관에서 연수를 받았던 홍상복은 "일본강관이 형님뻘인 신일본제철에 뒤지지 않기 위하여 더욱 성심껏 기술을 지도하면서 연수생이 요구하는 자료는 거의 제공하였다"라고 회고하였다.

이러한 JG의 협조에 못지않게 중요한 점은 포항제철의 해외연수요원들이 교육훈련에 능동적인 자세를 보였다는 사실에서 찾을 수 있다. 그들은 교육내용을 자세히 기록하면서 강사들에게 끊임없이 질문을 제기했으며 그래도 이해가 되지 않는 내용은 "언젠가는 큰 도움이 될 것"이라는 생각으로 암기하였다. 또한 그들은 제철소 운영에 필요한 자료들을 수집하는 데 많은 노력을 기울였는데 어떤 연수팀의 경우에는 "열두 상자나 되는 자료를 포항으로 우송하느라 큰 돈을 써버려 나중에는 연수비가 모자라 애를 먹을" 정도였다.

더 나아가 포항제철의 해외연수요원들은 현장실습으로 부족한 부분에 대해서는 JG의 담당 기술자들과 개인적인 친분을 쌓는 비공식적인 방법을 통해 보충하였다. 예를 들어 포항제철 초창기에 열연분야의 연수팀을 인솔했던 김종진은 "우리 기술진들은 일본 기술자들한테 술값이 엄청 들어갔을 정도로 수단방법을 가리지 않고 접근하였고 … 설계도만 보면 정신을 번쩍 차리고 주머니에 쑤셔 넣거나 눈에 담곤 하였다"고 회고하였다. 해외연수팀은 정규 교육이 끝난 뒤에도 개인적인 시간을 제약하면서 교육내용과 자료를 정리하여 기록하는 것은 물론 당일 교육의 성과에 대한 토론회를 개최하여 문제점을 발굴하고 이에 대한 대책을 세우는 작업도 지속적으로 추진하였다. 아울러 그들은 일주일에 한 번씩 개인의 연수 노트를 검사하여 성실한 요원에게 상을 주고 그렇지 못한 사람에게는 벌금을 부과하는 방법을 통해 면학 분위기를 조성하였다.

포항제철은 해외연수요원들을 체계적으로 관리하고 활용함으로써 교육훈련의 효과를 극대화하고자 했다. 해외연수의 관리와 관련하여 도착보고와 결과보고가 의무적으로 실시되는 것은 물론 2개월 이상 장기 연수의 경우에는 월 2회의 중간보고와 귀국예정보고가 추가되었다. 또한 해외연수요원들은 자신의 전문 분야에 보직되었으며 2년 동안 포항제철에 의무적으로 근무해야 했다.

이러한 인사상의 조치보다 더욱 중요한 것은 포항제철이 연수자료의 축적과 전파교육(傳播敎育)의 실시도 해외연수요원의 임무에 포함시킴으로써 해외연수의 결과를 적극적으로 활용하는 제도적 장치를 구축했다는 점을 들 수 있다. 해외연수요원들이 가져온 각종 자료들은 거의 모두 마이크로필름으로 제작되어 직원 교육을 실시하거나 기술계획을 수립할 때 활용되었고 해외연수요원들은 전파교육을 통해 자신의 구체적인 경험과 신선한 아이디어를 전달하는 데 많은 노력을 기울였다.

포항제철이 해외연수를 통해 획득했던 대부분의 기술은 공장조업에 관한 것으로서 선진국에서는 이미 표준화된 성숙기술에 해당하였다. 이처럼 포항제철의 해외연수는 성숙기술을 대상으로 했기 때문에 기술의 습득이 상대적으로 용이하였고 빠른 시일 내에 가시적인 성과가 유발될 수 있었다. 그러나 철강산업의 경우에는 실제적인 설비가동을 통하지 않고서는 조업기술을 축적할 수 없으며, 특히 1970년대 초반에는 생산공정이 충분히 전산화되지 않은 상태였기 때문에 현장훈련은 더욱 중요한 의미를 가지고 있었다. 더구나 일관제철소를 가동시켜 본 경험이 없었던 당시 한국의 입장에서는 대규모 제철설비에 대한 조업기술이 첨단기술에 해당하는 것이었다고 해석할 수 있다.

포항제철은 해외연수를 통해 조업기술을 획득하는 한편 공장가동에 체계적으로 대비함으로써 정상조업도를 조기에 달성하고자 하였다. 이를 위하여 건설공사가 끝난 뒤에 별도로 조업 및 정비 조직을 구성하는 것이 아니라 처음부터 조업요원과 정비요원을 편성하여 조업요원이 건설공사를 주관하고 정비요원이 공사감독을 담당하는 체제가 구축되었다. 이와 함께 포항제철은 공장이 완공되기에 앞서 설비를 시험적으로 가동하는 과정을 거치게 함으로써 설비의 결함으로 인하여 발생할 수 있는 문제점을 사전에 제거하고자 하였다.

설비가 가동된 후의 조업은 각 공정별로 해외연수를 받았던 대졸 엔지니어가 책임을 맡고 다른 기술자와 기능공이 보조원의 역할을 담당하며 일본의 기술자가 자문을 제공하는 방식으로 진행되었다. 포항제철의 대졸 엔지니어가 해외연수에서는 조연(助演)을 담당했다면 조업현장에서는 주연(主演)의 역할을 했던 것이다. 특히, 포항제철은 55세로 퇴직한 일본의 현장기술자들을 1~2년간 기술고문으로 고용하여 조업을 지도하도록 함으로써 풍부한 현장 경험을 전수받을 수 있게 하였다.

그러나 설비가 가동된 후 정상조업의 단계에 진입하는 것은 쉬운 일이 아니었다. 포항제철 초창기에 제선공장에서 근무했던 이일옥은 다음과 같이 회고하고 있다.

> 제선공장에서는 1973년 6월 8일부터 용선이 배출되기 시작했지만 6월 11-14일에 누수(漏水)로 인해 고로 내부가 고체 상태로 되어 조업이 중단되는 냉입(冷入)사고가 발생하였다. 포항제철의 직원들은 출선구에 문제가 있는 것으로 판단하고 순간적으로 단수를 한 후 급수 중에 물감을 탄 물을 주입하는 "물감 테스트"를 실시했지만 누수 지점을 찾을 수 없었다. 이러한 상황을 타개하는 데에는 신일본제철의 퇴직기술자로서 제선공장의 기술고문으로 있었던 핫도리(服部)가 중요한 역할을 담당하였다. 당시에 많은 사람들은 출선구에서 누수 현상이 발생하는 것으로 간주하고 있었지만 핫도리는 배수 지점을 압력계로 점검한 후 출선구가 아닌 송풍구에 이상이 있다는 점을 확인하였다. 또한 고로의 온도를 낮추기 위하여 해수(海水)를 사용하자는 견해도 있었지만 핫도리는 담수(淡水)를 그대로 사용해도 무방하다는 의견을 제시하였다. 핫도리의 적절한 조언을 바탕으로 포항제철의 직원들은 냉입사고를 원활하게 수습할 수 있었고 그러한 과정에서 현장문제를 해결할 수 있는 능력을 배양하였다.

포항제철의 직원들도 제철소 현장에 필요한 지식과 경험을 습득하는 데 매우 적극적인 자세를 보였다. 그들은 교대 근무시간에도 퇴근하지 않고 하루에 16시간 이상 현장에 상주하면서 원활한 공장가동을 도모했으며 조업상의 문제점과 대책에 대하여 스스로 연구하고 그 결과를 동료들과 공유하였다. 또한 포항제철의 직원들은 조업현장에서도 해외연수의 경우와 유사한 방식으로 일본 기술자로부터 기술을 전수받는 데 적극적인 노력을 기울였다. 그들은 보다 많은 지식을 획득하기 위하여 일본 기술자들의 "발언 내용을 남김없이 기록"했으며 퇴근한 이후에도 일본 기술자와 접촉하여 많은 정보를 수집하였다. 당시 일본의 어떤 기술자는 "우리의 주변에는 늘 공책을 들고 있는 포항제철 직원이 있어서 마치 교주라도 된 듯한 느낌이 들었다"고 회고한 바 있다. 특히, 당시 조업현장에서는 일본 기술자와 포항제철 직원 사이에 파트너십이 형성되어 있었기 때문에 개인적인 친분에 입각한 비공식적인 기술학습이 촉진될 수 있었다.

공장가동 초기의 사고가 수습되고 직원들이 공장조업에 익숙해지면서 포항제철의 조업기술 수준은 빠른 속도로 향상되었다. 제선공장의 경우에 JG는 포항제철소의 1고로와 규모가 비슷한 일본 제철소들의 조업도를 감안하여 1일 출선량(出銑量)이 설계용량에 도달하는 기간을 설비 완공 후 12개월로 조언했지만, 포항제철은 6개월 내에 정상조업도를 실현하는 것을 목표로 삼았고 실제적으로는 그 기간이 107일로 단축되었다. 또한 전로가 가동된 지 5개월 후의 출강률(出鋼率)은 1일 m^3당 1.5~2.0톤으로 JG가 제안했던 1.0톤을 크게 넘어섰으며, 열연공장의 실수율은 조업 1개월 후에 50%, 5개월 후에 90%로 계획되었지만 실제적으로는 조업 1개월 후에 92.6%를 기록하였다. 공장이 정상적으로 가동되면서 외국 기술자에 대한 의존도가 현저히 감소되었고 4-5개월 정도의 조업경험이 축적된 이후에는 현장 노하우가 충분히 습득될 수 있었다. 외국 기술자에 대한 의존도가 감소했다는 것은 포항제철소 2기 사업부터는 JG와의 기술용역계약에서 조업지도가 포함되지 않았고 일본의 퇴직기술자를 기술고문으로 채용하는 계약이 1회로 종료되었다는 점에서 확인할 수 있다.

포항제철이 빠른 속도로 조업기술을 습득할 수 있었던 중요한 요인은 기술 및 기능인력을 관리하는 정책에서 찾을 수 있다. 우선, 우수한 공과대학을 졸업한 대졸 엔지니어들이 제철소 현장의 반장(foreman)으로 배치되어 공장 가동을 직접 담당하게 하는 정책이 구사되었다. 당시에 대졸 엔지니어와 같은 우수한 직원들을 일반 관리직이 아니라 생산 분야의 반장으로 활용했던 것은 특이한 일로서 그들은 교육훈련을 통해 획득한 지식을 효율적으로 현장에 적용했을 그뿐 아니라 창의적인 제안을 통해 기술을 개선하는 데 크게 기여하였다. 또한, 포항제철은 기능이 "성스러운" 경지에 도달한 사람들을 특별히 대우하는 기성(技聖, Saint Technician) 제도를 구축하였다. 한국 정부가 1970년대 중반에 추진했던 기능장 우대 정책이 기업의 성의부족으로 무위로 그쳤던 반면 포항제철은 기능인력이 경력을 발전시킬 수 있는 통로를 제도화하고 기성단을 파격적으로 대우함으로써 기능인력의 능력개발을 촉진하는 데 크게 기여하였다.

3. 태스크포스팀을 통한 기술추격

1980년대에는 광양제철소 건설사업을 통해 첨단 설비가 대폭적으로 도입되면서 그것을 원활하게 가동하기 위한 기술을 확보하는 것이 중요한 과제가 되었다. 그러나 그러한 기술들은 선진국에서 이전을 기피하거나 외국의 선진 제철소에서도 적용되기 시작하는 단계에 있었다. 이로 인하여 과거와 같이 기술을 일괄적으로 제공받기는 매우 어려워졌고 해당 기술을 자체적으로 개발하여 선진기술을 조기에 추격하는 것이 중요한 과제로 부상하였다.

이러한 배경에서 포항제철은 1977년에 설립했던 기술연구소를 대폭적으로 재편하여 새로운 연구개발체제를 구축하기 시작하였다. 그것은 1986년과 1987년에 포항공대와 산업과학기술연구소(RIST, Research Institute of Industrial Science and Technology, 1996년에 포항산업과학연구원으로 변경됨)가 설립되는 것으로 이어졌다. 이로써 포항제철은 기업과 연구소는 물론 대학을 연결하는 "삼각(三角) 연구개발 협동체제"를 구축한 국내 최초의 기업이 되었다. 특히, 포항제철, RIST, 포항공대는 지리적으로 근접한 곳에 위치하고 있어서 실질적인 산학연 협동이 가능한 조건을 가지고 있다.

포항제철이 1980년대에 기술활동을 전개하는 과정에서는 당시 세계 최고의 철강기술국이었던 일본을 추격하는 것이 중요한 기준으로 작용하였다. 공식적인 문헌이나 비공식적인 접촉을 통해 일본이 달성했던 기술적 업적이 알려지면 그것을 극복하기 위하여 수많은 노력이 기울여졌다. 이와 관련하여 1980년대에 포항제철의 설비기술본부장과 기술담당 부사장 등을 역임했던 백덕현은 다음과 같이 지적하였다.

> 세계 최고의 철강기술을 보유하고 있었던 일본이 옆에 있어서 많은 자극을 받았으며 그것을 극복하는 것이 절대절명의 과제로 간주되었다. 특히, 일본이 달성한 기술적 업적이나 생산성에 대한 지표는 결과로만 알려졌기 때문에 우리는 그에 상응하는 기술수준을 달성하기 위해 수많은 노력을 했다. 이러한 방식에 입각한 일본과의 경쟁은 포항제철의 기술노력에 가장 중요한 추동력으로 작용하였다.

따라서 일본은 1980년대부터 공식적인 기술이전을 기피하기 시작함으로써 포항제철의 기술수준 향상에 직접적으로 기여하지는 못했지만 기술적 업적에 대한 정보를 통해 포항제철의 기술활동에 많은 자극과 위기를 제공하는 간접적인 역할을 담당했다고 평가할 수 있다.

포항제철은 1980년대에 들어와 기술추격에 필수적인 선진 기술정보를 획득하기 위하여 각종 문헌과 자료를 조사하고 분석하는 작업을 본격적으로 전개하였다. 포항제철과 RIST는 기술정보에 대한 수집과 분석을 바탕으로 제선, 제강, 제어, 에너지, 강재, 특수강, 용접, 표면처리 등의 모든 부문에 걸쳐 연구개발활동에 필요한 참고자료를 지속적으로 발간하였다. 문헌조사로 포괄되지 않는 부분은 해외연수와 기술교류를 통해 보완되었다. 1980년대의 해외연수에서는 포항제철의 기술수준이 향상됨에 따라 기술연수의 중요성이 점차적으로 감소되는 가운데 선진업체의 기술동향 및 경영실태를 파악하기 위한 해외체험교육의 비중이 크게 증가하였다. 해외연수요원들은 귀국 후에 기술동향을 중심으로 한 연수보고서를 작성하여 제출하였고 그것은 선진업체의 기술수준과 성과를 검토할 수 있는 자료로 활용되었다. 또한 1979년부터 외국 철강업체와의 업무협정을 바탕으로 기술을 교류하는 공식적인 제도가 구축되었다. 그것은 해당 분야별로 기술자를 교환하고 기술간

담회를 개최하는 방식으로 전개되었으며 새로운 기술정보를 획득하는 통로로 활용되었다.

1980년대에 선진 철강업체들은 포항제철을 견제하기 시작하면서 기술정보를 제공하는 데 인색한 모습을 보였다. 이에 따라 실질적인 기술정보를 획득하는 과정에서는 "도용(盜用)"이라고 칭할 수 있는 방법이 동원되는 경우가 많았다. 예를 들어 포항제철의 해외연수요원들은 연수기관이 적극적으로 협조하지 않는 상황에서 기밀 자료를 몰래 복사하고 자료와 설비에 대한 사진을 찍기도 했다. 또한 개인적인 관계를 활용하여 자료를 수집하거나 설비를 관찰하여 기술정보를 획득하는 방법도 널리 활용되었고 그것은 포항제철의 기술기획과 기술개발에 크게 기여하였다.

이와 관련하여 1983년부터 설비계획2부장으로서 포항 2냉연공장과 광양 3냉연공장에 대한 기술기획을 담당했던 심장섭은 1982년에 개인적인 친분을 통해 히로하다(廣畑)제철소의 냉연공장을 견학했던 것이 최신예 공장을 설계하는 데 많은 도움이 되었다고 지적하였다. 또한 1981년부터 기술연구소와 RIST에서 근무했던 신영길은 비공식적인 방법으로 연주조업에 관한 데이터와 연주설비에 대한 사양을 확보할 수 있었으며 그것은 포항제철의 연주기술을 향상시키는 기준으로 작용하였다고 평가하였다. 이와 같은 자료 수집이나 설비 관찰이 효과적으로 활용될 수 있었던 것은 포항제철이 이미 상당한 지식기반을 확보하고 있었기 때문이라고 풀이할 수 있다.

이러한 방법을 통해 획득한 기술정보를 바탕으로 기술을 개발하는 과정에서는 많은 시행착오가 수반되었다. 처음의 계획대로 기술개발이 성공하는 사례는 많지 않았으며 실패한 원인을 분석하고 다시 시도하는 과정을 반복함으로써 원하는 결과가 도출될 수 있었던 것이다. 아울러 몇몇 기술과제에서는 요소기술의 개발이 지연되면서 병목 현상이 유발되기도 했는데 그러한 경우에는 추가적으로 정보를 획득하여 다시 개념을 정립하는 작업이 병행되었다. 이러한 시행착오는 포항제철의 기술진으로 하여금 해당 기술의 특성을 이해하고 기술개발에 대한 노하우를 획득할 수 있는 기회를 제공했으며 이에 따라 문제점이 발생하는 비율이 점차적으로 감소하고 그것의 원인이 체계적으로 규명될 수 있었다.

포항제철은 기술개발을 효과적으로 추진하기 위하여 핵심적인 기술과제를 대상으로 태스크포스팀(TFT, task force team)을 구성하여 집중적으로 관리하는 방법을 활용하였다. 태스크포스팀은 기술개발기간과 시장진입기간을 단축시키기 위해 연구개발, 시제품개발, 양산기술개발을 순차적으로 진행하지 않고 병렬적으로 추진하였다. 또한 태스크포스팀은 포항제철은 물론 RIST, 포항공대, 수요업체를 포괄하는 경우가 많았기 때문에 보다 종합적인 차원에서 문제점을 해결할 수 있었으며 이를 통해 관련된 집단이 공동연구개발을 추진할 수 있는 분위기가 조성되었다. 포항제철은 태스크포스팀을 운영하면서 해당 목표를 단기간에 달성한 조직에게 파격적인 상금을 부여하고 이를 적극적으로 홍보하는 전략을 구사함으로써 조직간 경쟁을 유발하고 기술개발속도를 가속화시켰다. 이에 따라 해당

구성원들의 노동강도는 매우 높아졌지만 그것은 포항제철이 짧은 기간에 선진 기술을 추격하는 데 크게 기여하였다.

1980년대에 포항제철이 전개했던 기술활동의 구체적인 유형은 다음의 세 가지로 구분할 수 있다. 첫째는 외국에서 기술을 도입하여 더욱 발전시킨 경우로서 미분탄취입 기술과 슬래브 품질향상 기술이 여기에 해당한다. 둘째는 선진국이 기술이전을 회피하여 자체적으로 기술을 개발한 경우로서 초심가공용 강판(extra deep drawing steel)과 가속냉각법(TMCP, thermo mechanical control process)이 여기에 해당한다. 세 번째 유형은 포항제철에 적합한 기술이 국내 기술진에 의해 개발된 경우로, 고로 조업의 전산화가 그 대표적인 예이다.

이처럼 1980년대의 기술활동은 다양한 형태를 띠고 있었지만 전체적으로는 기술혁신의 범위가 거의 모든 영역을 포괄하는 것으로 발전했다고 평가할 수 있다. 그것은 포항제철이 1981년과 1993년에 발간한 공식 자료가 기술개선의 사례로 제시하고 있는 내용을 비교해 보면 명확해진다. 즉 1981년의 자료는 몇몇 기술개선의 사례를 산발적으로 거론하고 있는 반면 1993년의 자료는 해당 기술을 포괄적이고 체계적으로 논의하고 있는 것이다(〈표 2〉 참조).

이러한 기술활동을 바탕으로 포항제철은 세계적 수준의 기술을 갖춘 철강업체로 성장하기 시작하였다. 제철소 설비의 정상조업도 달성기간은 더욱 단축되어 세계 신기록을 보유하게 되었다. 예를 들어 대부분의 고로는 화입에서 정상조업도로 이행하는 데 30일 정도가 소요되지만 광양 1~4고로의 경우에는 그 기간이 23일, 18일, 18일, 7일로 단축됨으로써 세계 신기록이 계속해서 갱신되었다. 또한 포항제철은 1980년대에 들어와 설비의

표2 | **1970년대와 1980년대의 주요 기술혁신 사례**

	제선	제강	열연
1970년대	- 계측 및 제어 기술 - 조업지수 관리 - 수명연장 대책 - 중유 취입량 감소	- 고탄소강 취련패턴 확립 - 출강 후 슬래그 유입 방지 - 대형 슬로핑 발생 억제 - 잔괴율(殘塊率)의 안정	- 가열로 고압배관 설치 - 조압연 실린더 리테이너(Retainer) 탈락 방지 - 냉각수 라인 개조
1980년대	- 보조연료 취입기술 - 장입물 분포제어 기술 - 고로조업 전산화 - 고로 노벽보수 기술 - 고로개수 기술	- 용선 예비처리 기술 - 전로 조업기술 - 노외 정련기술 - 분체취입 기술 - 용강승온 기술	- 가열로 연소제어 기술 - 치수 정도 향상기술 - 형상제어 기술 - 온라인 롤 연삭기술 - 재질예측 기술

설계용량을 초과하여 제품을 생산하여 100~110%의 공장가동률을 보였다. 이러한 초과 가동 현상은 국내 철강수요가 계속 증가했다는 사실만으로는 설명될 수 없는 것으로서 포항제철이 보유한 조업기술의 수준을 단적으로 보여주는 증거라고 할 수 있다.

포항제철이 보유한 조업기술의 전반적인 수준은 생산성과 관련된 주요 지표를 통해 살펴볼 수 있다. 종합실수율은 1970년대에 80% 정도에 머물렀던 것이 1987년을 계기로 90%를 넘어섰으며 1992년에는 94.4%를 기록하여 일본의 94.8%와 거의 유사한 수준을 달성하였다. 또한 1992년 기준으로 1인당 제품 생산량은 880톤으로서 일본의 1102톤에 이어 세계 2위를 차지했으며 에너지원단위는 529만kcal로서 일본의 589만 kcal보다 효율적인 성과를 보였다. 이러한 점을 종합적으로 고려해 볼 때 포항제철은 1990년대 초반에 일본과 대등한 세계적 수준의 생산성을 보였다고 평가할 수 있다. 사실상 포항제철은 조업기술의 발전과 저렴한 인건비를 바탕으로 1980년대 중반 이후에 종합적인 가격경쟁력에서 세계 1위의 철강업체로 부상하였다.

4. 차세대 혁신철강기술에의 도전

세계 철강산업은 1990년을 전후로 "기술혁명"이라 부를 수 있을 정도의 급격한 기술 변화의 국면에 접어들었다. 이전에 분리되어 있었던 생산공정을 생략하거나 직결화할 수 있는 차세대 혁신철강기술이 출현하기 시작했던 것이다. 차세대 혁신철강기술은 신(新)제선기술과 신(新)주조기술로 구분된다. 전자에는 직접환원법(direct reduction)과 용융환원법(smelting reduction)이, 후자에는 박슬래브주조법(thin slab casting)과 박판주조법(strip casting)이 포함된다. 직접환원법은 고철의 공급 부족이 심화됨에 따라 고철대체재를 생산하기 위한 기술이고, 용융환원법은 용융 상태의 철광석을 환원하여 직접 선철이나 용선을 제조하는 방법이다. 박슬래브주조법은 연주공정과 열연공정의 일부를, 박판주조법은 연주공정과 열연공정의 전체를 통합한 것이다(〈표 3〉 참조).

포항제철이 차세대 혁신철강기술에 대한 연구개발을 추진하는 과정에는 과거에 비해 현격히 증가된 투자가 동반되었다. 예를 들어 스트립캐스팅 프로젝트에는 1989-2000년에 817억 원이 소요되었으며 용융환원 프로젝트의 경우에는 1990-2000년에 600억 원이 투자되었다. 1980년대에는 대형 기술개발 프로젝트의 경우에도 십억 대의 금액이 소요되었던 반면 1990년대에 추진되었던 차세대 혁신철강기술에 대한 프로젝트에는 백억 대의 금액이 투자되었던 것이다. 이에 따라 막대한 연구개발자금을 조달하는 것이 중요한 과제로 부상하였다. 용융환원 프로젝트의 경우에는 정부로부터 222억 원을 지원받을 수 있었으나 포항제철이 단독으로 추진했던 스트립캐스팅 프로젝트는 수많은 논란을 거쳐야만 했

표3 | **차세대 혁신 철강기술의 개요**

구분	제선			제강	연주	열연			냉연
	코크스	소결	고로			가열로	조압연	사상압연	
용융환원법	●——	——	——●						
박슬래브주조법					●——	——	——●		
박판주조법					●——	——	——	——●	

*주 : 선으로 표시된 부분은 생략되거나 통합될 수 있는 공정임.

다. 당시에 정명식 사장은 "목숨 걸고 하라"는 말과 함께 스트립캐스팅 프로젝트를 승인했다고 한다.

포항제철은 차세대 혁신철강기술의 개발을 위하여 프로젝트팀 형태의 조직을 구성하면서 우수한 연구인력을 충원하였다. 프로젝트팀은 1980년대에 구성되었던 태스크포스팀이 더욱 발전된 형태라 볼 수 있다. 태스크포스팀이 비교적 짧은 기간에 운영되었던 반면 프로젝트팀은 10년 이상의 장기적 안목에서 구성되었다. RIST는 1987년부터 용융환원법과 신주조기술에 대한 기초연구를 실시해 왔으며 1990년 3월과 1991년 2월에 각각 스트립캐스팅(S/C) 프로젝트팀과 용융환원(S/R) 프로젝트팀을 발족시켰다. 스트립캐스팅 프로젝트와 용융환원 프로젝트 팀장은 상당 기간 동안 신영길과 이일옥이 맡았다. 프로젝트팀의 연구원은 연구 경험이 풍부하거나 우수한 자질을 갖춘 박사급 인력을 중심으로 구성되었다.

차세대 혁신철강기술을 개발하는 작업은 기술정보를 수집하는 것에서 시작되었다. 당시에는 몇몇 공법을 대상으로 상업화가 시도되는 단계에 있었으며 확실한 성과가 도출되지 않고 있었기 때문에 연구개발의 추진방향을 정립하는 데 많은 어려움이 수반되었다. 용융환원법의 경우에는 1985년 초에 오스트리아의 푀스트(Vest)가 코렉스(COREX, coal ore reduction)법을 개발한 후 1987년 11월에 남아프리카공화국 이스코르(Iscor)의 프레토리아(Pretoria)제철소에 연산 30만 톤 규모의 공장이 완공되었고 1989년 11월부터 정상적인 조업이 실시되었다. 박슬래브주조법의 경우에는 1986년 12월에 독일의 슐레만 지마그(Schloemann Siemag)가 CSP(compact strip production)법을 개발한 후 1989년 7월에 미국 뉴코어(Nucor)의 크로포드스빌(Crawfordsville) 제철소에 연산 60만 톤 규모의 공장이 완공되어 조업기술을 확보하기 위한 노력이 전개되고 있었다.

RIST의 연구진은 차세대 혁신철강기술에 대한 연구개발활동을 전개하고 있었던 선진국 업체의 관계자들과 개별적으로 접촉하여 기술개발의 현황과 문제점에 대한 정보를 수집하였다. 당시에 선진국에서 입수할 수 있는 정보는 부분적이었을 그뿐 아니라 충분한 신빙성을 가지고 있지 않았기 때문에 실험실 수준의 테스트를 통해 그것을 수정하고 보완하는 작업이 지속적으로 전개되었다. 과거의 기술활동과는 달리 외국의 기술업적도 분명하지 않았고 이에 따라 기술개발의 구체적인 목표를 설정하는 데에도 별도의 작업이 필요했던 것이다.

더구나 차세대 혁신철강기술의 경우에는 공정설계, 설비제작, 공장조업의 세 단계에 필요한 요소기술을 국내에서 모두 정립해야 했으므로 한 부분에서 오류가 있는 것으로 판명될 경우에는 연구개발의 방향 자체가 수정되어야 했다. 과거의 기술활동이 대체로 각 단계에 따라 순차적으로 전개되었던 반면 차세대 혁신철강기술의 개발을 추진하는 방식은 각 단계를 반복하면서 점차적으로 발전해 가는 나선형 구조를 가지고 있었던 것이다.

특히, 차세대 혁신철강기술의 경우에는 "철강기술의 르네상스 시대"라고 부를 수 있을 정도로 과거와는 달리 매우 다양한 공법이 출현하는 경향이 현저하게 나타나고 있었다. 그 중에서 포항제철은 코렉스법과 ISP(in-line strip production)법을 선택하였다. 용융환원법의 경우에는 이스코르가 코렉스법에 입각한 30만톤 규모의 공장을 가동하고 있었지만 포항제철은 규모의 경제 효과를 누릴 수 있는 60만톤으로 확대하기로 하였다. 박슬래브주조법에서는 뉴코어가 CSP법을 적용한 60만톤 규모의 공장을 가동하고 있었고 1994년에 180만톤으로 확장할 계획을 가지고 있었다. 포항제철은 CSP법보다 생산공정이 단축되어 설치비용이 저렴한 ISP법을 선택하여 180만톤 규모의 공장을 건설하기로 하였다.

1990년을 전후하여 포항제철은 시험설비(pilot plant)를 구축하여 상업화에 필요한 기술을 확보하기 위한 활동을 추진하였다. 시험설비의 설계와 제작은 외국의 기술진과 국내기술진이 공동으로 수행했으며 설비설계는 외국 기술진이, 설비제작은 국내 기술진이 주도하였다. 용융환원에서는 푀스트가, 스트립캐스팅에서는 영국의 데이비 디스팅톤(Davy Distington)이 공동연구개발의 형태로 참여하였다. 용융환원 시험설비는 푀스트가 이미 관련 경험을 축적하고 있었기 때문에 상대적으로 쉽게 제작될 수 있었지만, 스트립캐스팅 시험설비의 경우에는 데이비의 능력 부족과 잦은 설계변경으로 상당한 어려움이 수반되었다. 데이비가 당시에 데이비가 선택된 이유는 만네스만 데마그(Mannesman Demag)를 비롯한 세계 유수의 설비제작업체들이 포항제철과의 협력을 거부했기 때문이었다.

시험설비가 제작된 후에는 수십 차례의 시험조업을 통해 생산규모 확대, 품질향상, 설비개선 등이 도모되면서 실제 공장에 적용할 수 있는 설비사양과 조업조건을 도출하는 작업이 전개되었다. 이러한 과정을 거쳐 공장건설사업이 착수되기 전에 상업적 활용가능성이 높은 기술체계가 정립되었다. 용융환원법의 경우에는 일일 생산량이 10톤 규모에서 시작하여 150톤 규모로 증가하였고 박슬래브주조법에서는 두께가 14㎜인 주편을 대량으로 생산할 수 있는 기술이 확보되었다.

이상의 준비작업을 바탕으로 포항제철은 1992년 10월에 코렉스 프로젝트 추진반과 스트립캐스팅 추진반을 구성하여 실제 공장을 건설하는 사업을 추진하였다. 코렉스법을 적용한 연산 60만톤 규모의 신(新)제선공장은 포항제철소에서 1993년 11월에 착공되어 1995년 11월에 완공되었다. 신제선공장이 가동된 이후에는 철광석 투입 장치가 작동을 멈추고 용융로 출구가 급격히 부식되는 문제점이 발생하였다. 그것은 제선공정에 대하여 많은 경험을 축적하고 있었던 포항제철의 현장 기술진에 의해 해결될 수 있었다. 포항제철은 1996년 12월부터 신제선공장을 정상적으로 가동시킨 후 1998년 초에 코렉스 운용기술을 남아프리카공화국의 살다나(Saldanha)사와 인도의 JVSL(Jindal Vijaynagar Steel Ltd.)에 수출하기도 했다.

연산 180만 톤 규모의 1미니밀 건설사업은 광양제철소에서 1994년 12월부터 1996년 10월까지 전개되었다. 포항제철이 선택한 ISP법은 CSP법에 비해 기술적으로 안정되지 않은 것이었기 때문에 용강 누출과 품질 불량 등의 문제가 빈번히 발생하였다. 이에 따라 1미니밀은 약 3년 동안의 시행착오를 거쳐 1999년 7월에 완전 가동에 진입할 수 있었다. 포항제철의 박슬래브 제조기술은 설비공급선인 만네스만 데마그로부터 인정을 받았으며, 1999년 10월에는 네덜란드의 후고벤스(Hoogovens)에 판매하는 성과를 거두었다.

이처럼 포항제철은 용융환원법과 박슬래브주조법에 대한 조업기술을 확보하여 그것을 해외에 수출하는 단계에 도달하였다. 푀스트 혹은 만네스만 데마그가 보유한 설비제작기술과 포항제철이 확보한 조업기술이 결합되어 용융환원법과 박슬래브주조법에 대한 기술이 집합적 형태로 다른 외국 업체에 수출되고 있다. 과거에는 포항제철이 선진국으로부터 직접적 혹은 간접적으로 기술을 이전받았던 반면, 최근에는 선진국의 일류 업체와 동등한 자격으로 기술협력을 추진하고 있는 것이다. 이러한 성과는 포항제철이 "보완적 자산(complementary assets)"을 확보하고 있기 때문에 가능하다고 평가할 수 있다.

더 나아가 포항제철은 차세대 혁신철강기술을 상업화하는 과정에서 새로운 개념을 제안하거나 자체적인 시스템을 구축하기도 했다. 코렉스법은 용기 내부에 반응가스가 잘 통과할 수 있도록 입경이 8-35㎜인 펠릿(pellet)을 원료로 사용해야 한다는 단점을 가지고 있다. 이러한 점을 보완하기 위하여 입경 8㎜ 이하의 분광석을 원료로 사용할 수 있는 새로운 공법이 모색되었고 그것은 파이넥스(FINEX, fine iron ore reduction)법으로 명명되었다. 포항제철은 1999년 8월에 일산 150톤 규모의 시험가동에 성공한 후 같은 해 11월에는 푀스트와 함께 파이넥스 데모 플랜트를 공동으로 개발하기 시작하였다. 연산 60만톤 규모의 파이넥스 데모 플랜트는 2003년 5월에 완공된 후 현재 상업화의 과정을 밟고 있다. 참고로 포항제철은 2008년경에 포항제철소의 1고로와 2고로를 파이넥스 설비로 대체할 계획을 가지고 있다.

그 밖에 포항제철은 광양제철소에 5고로와 2미니밀을 건설하여 새로운 제철공정인 "일관제철소 내의 미니밀(MMIM, mini mill within an integrated mill)"을 구축하려고 시도하였다. 고로에서 만들어진 용선을 원료로 사용하여 미니밀에서 최종제품인 열연강판을 생산함으로써 수급변동에 대한 탄력적 대응이 어려운 전로법과 우수한 품질을 확보하기 어려운 미니밀의 단점을 동시에 해결한다는 것이다. 그러한 구상은 IMF 위기를 배경으로 철강재의 과잉공급이 문제시 되면서 1998년 5월에 2미니밀 건설사업이 중단됨으로써 실현되지 못했지만, 포항제철이 다양한 기술적 가능성을 선택적으로 통합함으로써 독자적인 기술체계를 구축하기 위한 시도라고 해석할 수 있다. 대신에 포항제철은 2001년 말에 광양제철소 1미니밀을 1고로 및 2고로와 연결하여 조강류를 생산하는 방식을 적용하고 있다.

2002년 9월에 포항제철은 100여건의 기술을 면밀히 검토하여 다음의 여섯 가지를 대표 고유기술로 선정하였다. 첫째는 저가의 연료와 원료를 사용하고서도 출선율을 높이는 기술이다. 둘째는 앞서 언급한 파이넥스법이다. 셋째는 전로 수명을 향상시키고 정련 시간을 단축하여 전로 3기를 동시에 가동하는 기술이다. 넷째는 포항제철소와 광양제철소의 생산·품질·공정계획을 통합하여 조업을 관리하는 기술이다. 다섯째는 최적의 스케줄 시스템을 바탕으로 슬래브를 가열로에 바로 장입하여 압연하는 기술이다. 여섯째는 제품 두께와 형상을 자동으로 제어하여 열연 및 냉연 제품의 품질을 향상시키는 기술이다. 이러한 기술들은 세계에서 가장 앞서 있거나 다른 철강업체와 확연히 구분되는 것으로서 포항제철의 브랜드 파워를 높이는 데 크게 기여하고 있다.

5. 한국 철강산업의 과제

우리나라의 대표적인 철강업체인 포항제철과 인천제철은 각각 2002년 3월과 2001년 8월에 포스코와 INI 스틸로 이름을 바꾸었다. 새로운 환경 변화에 적극 대응하여 세계 일류의 기업으로 거듭나겠다는 포부를 담은 것이다.

2004년을 기준으로 우리나라는 4750만톤을 생산하여 중국, 일본, 미국, 러시아에 이어 세계 5위의 철강대국이 되었으며, 포스코는 3105만톤을 생산하여 아르셀로(Arcelor), LNM 그룹, 신일본제철, JFE 그룹에 이어 세계 5위의 철강업체가 되었다. 포스코는 한 때 세계 1위로 부상하기도 했지만 세계적인 철강업체들의 연이은 통합으로 2003년부터는 세계 5위가 되었다. 2004년을 기준으로 INI 스틸은 792만 톤을 생산하여 세계 28위를, 동국제강은 297만 톤을 생산하여 세계 86위를 기록하고 있다.

세계 각국의 철강업체들은 1990년대 중반 이후에 기업간 통합을 본격적으로 추진해 왔다. 1997년에는 독일의 티센과 크루프가 TKS(Thyssen Krupp Stahl)로 합병되었으며, 1999년에는 브리티시 스틸(British Steel)이 코러스(Corus)로, 보산강철(寶山鋼鐵)이 상해보강(上海寶鋼)으로 거듭났다. 2002년에는 프랑스의 유지노(Usinor), 룩셈부르크의 아르베드(Arbed), 스페인의 아세랄리아(Aceralia)가 합병하여 초대형 철강사인 아르셀로(Arcelor)로 새롭게 출범하였고, 일본에서는 일본강관과 가와사키제철(川崎製鐵)의 합병으로 JFE 그룹이 탄생하였다. 이와 함께 LNM 그룹은 1992-2003년에 11개국의 16개 철강업체를 인수하면서 꾸준히 성장해 왔으며, 2004년 10월에 미국의 ISG(International Steel Group)를 인수하기로 하면서 미탈스틸(Mittal Steel)로 이름을 바꾸었다. 이와 같은 대통합의 움직임에는 불필요한 과잉설비를 해소하고 생산체제의 전문화를 통해 경쟁력을 강화시키겠다는 의도가 깔려 있다.

그렇다면 우리의 현실은 어떠한가? 우리나라의 철강산업은 1990년대에 들어와 경쟁적으로 시설 확장을 추진하였고 1995년 이후에는 철강재에 대한 내수가 둔화되면서 과잉설비의 문제가 본격적으로 거론되었다. 급기야 1997년을 전후한 IMF 위기의 국면에서는 철강재 생산량이 감소하고 적지 않은 철강업체가 경영부실의 상태에 빠지게 되었다. 그것은 우리나라 철강업계의 뼈를 깎는 노력과 중국 특수를 배경으로 상당 부분 극복될 수 있었다. 1990년대 후반부터 추진되었던 철강업체의 구조조정도 2004년에 한보철강이 INI스틸 컨소시엄에 매각됨으로써 일단락된 바 있다.

그러나 이러한 구조조정이 실질적인 기업체질의 강화로 이어지지는 못했던 것으로 보인다. 따라서 중국 특수의 효과가 둔화되면 우리나라의 철강산업은 또 한 차례의 홍역을 치러야 할지도 모른다. 이러한 상황에 직면하기 전에 우리나라 철강산업의 구조를 선진화하는 것이 가장 좋은 대책이다. 이러한 맥락에서 우리나라의 철강업계는 구조조정에 대하여 다시 한번 심각하게 논의할 필요가 있다. 구조조정은 어느 정도의 여유 자원이 확보된 상황에서 자발적으로 추진될 때 실질적인 효과를 발휘하는 법이다.

이와 함께 성숙기에 접어든 철강산업의 성장잠재력을 강화시키기 위해서는 생산제품의 부가가치를 높이는 일이 필수적이다. 우리나라의 경제구조가 고도화됨에 따라 전체적인 철강수요는 둔화되는 경향을 보이고 있지만 고급강에 대한 수요는 점점 늘어날 것이기 때문이다. 단순한 생산규모의 확대를 지양하고 고급강의 생산비중을 높여 적정수준의 생산으로 최대 이익을 실현할 수 있는 구조를 확립해야 할 것이다.

철강제품에 대한 새로운 수요를 창출하는 것도 중요한 과제이다. 우리나라에는 철강재에 대한 새로운 수요를 창출할 여지가 많은 편이며 다른 국가에 앞서 신제품을 개발한다면 국제 시장을 선점하는 것도 가능하다. 철강업계와 수요업계가 전략적인 관계를 구축하여 새로운 철강수요를 창출하고 이에 적합한 철강재를 공동으로 개발하는 노력이 뒤따라야 한다.

철강산업의 환경친화성을 확보하는 것도 피할 수 없는 이슈가 되고 있다. 철강산업은 다량의 에너지 사용이 불가피하기 때문에 환경규제가 본격적으로 강화되면 환경문제가 철강산업의 국제경쟁력을 좌우하는 중요한 요소가 될 전망이다. 철강재의 제조에서부터 최종제품의 사용에 이르는 전(全) 과정평가의 관점에서 환경친화적 체제를 구축하는 데 적극적인 노력을 기울여야 할 것이다.

아울러 차세대 혁신철강기술의 개발과 상용화에도 박차를 가해야 한다. 차세대 혁신 철강기술은 생산비 절감, 수익성 증가, 환경비용 절감 등의 측면에서 획기적인 돌파구가 될 것으로 기대되고 있다. 그것을 적기에 개발하지 못할 경우에는 점차 국제경쟁력을 상실하게 될 것이다. 여기에는 많은 시간과 비용이 소요되므로 철강업계의 지속적인 노력은 물론 정부의 적극적인 지원이 필요하다.

이상의 과제는 모두 기술혁신과 관련되어 있다. 우리나라 철강산업의 미래가 기술혁신에 달려 있다고 해도 과언이 아닌 것이다. 30여 년의 짧은 기간에 세계 철강산업의 주역으로 부상한 우리나라에게 또 한 번의 도전이 기다리고 있다.

더 생각해볼 주제

—

- 선진국의 기술이전은 기술종속을 유발하는가, 아니면 기술발전의 계기로 작용하는가? 포항제철의 사례를 통해 이에 대해 토론해 보자. 그리고 1970년대, 1980년대, 1990년대를 거치면서 기술협력의 성격이 어떻게 변화해 왔는지에 대해서도 생각해 보자.
- 기술혁신은 새로운 산업의 발전을 위해 필수적인 요소일 그뿐 아니라 철강산업과 같은 기존 산업의 경쟁력을 강화할 수 있는 중요한 수단이 된다. 오늘날 철강산업에서 기술혁신이 왜 중요한지, 그리고 어떤 기술혁신이 필요한지에 대해 논의해 보자.

더 읽어볼 거리

—

김종범, 「포항제철의 기술혁신과정 분석 및 정책함의」, 『한국 기술혁신의 이론과 실제』, 129-164. 백산서당, 2002.

송성수, 「기술능력 발전의 시기별 특성: 포항제철 사례연구」, 『기술혁신연구』 제10권 1호, 174-200, 2002.

송성수, 『소리 없이 세상을 움직인다, 철강』, 지성사, 2004.

이구택, 「또 다른 신화에 도전하는 철강산업」, 서정욱 외, 『세계가 놀란 한국 핵심산업기술』, 13-69, 김영사, 2002.

이대환, 『세계 최고의 철강인, 박태준』, 현암사, 2004.

이호 엮음, 『신들린 사람들의 합창: 포항제철 30년 이야기』, 한송, 1998.

포스코, 『포스코 35년사』, 2004.

Seo, K.K., The Steel King: The Story of T.J. Park (New York: Simon & Schuster, 1997) [국역: 서갑경 저, 윤동진 역, 『최고기준을 고집하라: 철강왕, 박태준의 경영이야기』, 한국언론자료간행회, 1997].

가볼 만한 사이트

—

http://news.posco.co.kr (포스코신문)

http://www.kosa.or.kr (한국철강협회)

07

삼성의 반도체 기술 발전

1. 한국의 "반도체 신화"

우리나라는 지난 40여 년 동안 급속한 경제성장을 경험했으며, 지금은 선진국과 유사한 산업집단을 보유하고 있다. 수출품목의 경우에도 광산물, 경공업 제품, 중화학 제품, 첨단 제품의 순으로 변화해 왔다. 특히, 1990년대 이후에는 반도체가 최고의 수출품목으로 부상했으며, 현재 반도체가 수출에서 차지하는 비중은 10%를 넘어선다. 우리나라의 수출액이 1,000원이면 그 중 100원은 반도체를 팔아서 버는 셈이다.

반도체는 도체와 부도체의 중간에 해당하는 물질로서 외부의 조건에 따라 그 특성이 민감히 변화하기 때문에 다양한 용도로 사용된다. 반도체는 정보를 저장하는 기능을 가진 메모리 반도체와 기능이 특별하게 설계된 비(非)메모리 반도체로 분류된다. 메모리 반도체는 반도체 시장 전체의 25% 정도를 차지하며 정보를 저장하는 방식에 따라 D램, S램, 플래시 메모리 등으로 구분된다. 우리나라가 세계 시장을 주도하고 있는 분야는 D램을 비롯한 메모리 반도체이다.

우리나라의 반도체산업이 성장해 온 과정은 매우 극적이어서 "신화(神話)"라는 말이 자주 사용된다. 우리나라의 반도체산업은 1960년대 중반에 시작된 후 1980년대 이후에 D램을 중심으로 급속히 성장했다. 특히, 삼성은 64K D램부터 시작하여 선진국을 급속히 추격한 후 64M D램 이후에는 세계를 주도하는 반도체업체로 부상했다. 삼성은 1992년부터 D램에서, 1993년부터는 메모리 반도체에서 세계 1위의 자리를 고수하고 있다. 우리나라 전체로는 1998년부터 D램에서 세계 1위, 2000년부터 메모리 반도체에서 세계 1위를 지키고 있다. 1980년대 초만 해도 해외 시장에 명함도 내밀지 못했던 한국의 반도체산업이 10년이 지난 후에는 생산량은 물론 기술수준에서도 세계를 선도하게 된 것이다.

이 글에서는 우리나라 반도체산업의 대명사인 삼성을 중심으로 반도체산업의 성장과 기술발전이 어떤 과정을 통해 이루어졌는지에 대해 살펴본 후 그 특징을 검토하고자 한다. 삼성그룹에서 반도체사업을 담당해온 기업은 한국반도체(1974~78년), 삼성반도체(1978~80년), 삼성전자(1980~82년), 한국전자통신(1982년), 삼성반도체통신(1982~88년), 삼성전자(1988년~현재)의 순으로 변천해 왔지만, 이 글에서는 기업의 명칭이 특별히 중요하지 않은 경우에는 편의상 "삼성"으로 칭하기로 한다.

2. 첨단기술에의 도전

우리나라의 반도체산업은 1965년에 미국의 중소기업인 고미가 반도체를 조립하기 위한 합작회사를 설립하면서 시작되었다. 이어 페어차일드, 모토롤라, 도시바 등과 같은 세계적인 기업들이 투자함으로써 우리나라의 반도체산업은 성장의 국면을 맞이하게 되었다. 당시에 외국인 투자회사는 모든 자재를 수입하여 이를 조립한 후 수출하는 방식을 취하고 있었다. 우리나라는 값싼 노동력을 제공하는 생산기지에 불과했던 것이다.

국내 기업으로는 1970년에 금성사와 아남산업이 반도체 조립을 시작하였다. 이어 1974년 10월에 설립된 한국반도체는 단순 조립을 넘어 웨이퍼를 가공하는 데 도전하였다. 웨이퍼는 반도체의 원료가 되는 둥근 막대기 모양의 결정을 말한다. 삼성은 1974년 12월에 자금난에 봉착한 한국반도체를 인수함으로써 반도체산업에 진출하였다. 그 후 삼성은 전자손목시계와 컬러텔레비전에 사용되는 반도체를 국산화하는 작업을 추진하였다. 당시에 삼성이 생산한 전자손목시계는 "대통령 박정희"란 이름이 새겨져 외국 국빈들에게 선물되기도 했다.

우리나라의 반도체산업은 1980년대 초반에 삼성, 현대, 금성(현재의 LG)과 같은 대기업들이 대규모 투자를 시작하면서 본격적으로 성장하였다. 1982년에 정부는 "전자산업 육성방안"을 발표하면서 반도체의 국산화를 강조하였다. 전자제품에 널리 사용되는 반도체를 대부분 일본에서 수입하고 있었기 때문에 반도체기술의 자립이 없이는 전자산업의 발전이 어렵다고 판단했던 것이다. 일본의 대기업들이 반도체에 집중적으로 투자하여 미국에 필적하는 성과를 거둔 것도 상당한 자극으로 작용하였다.

삼성은 1982년 9월에 전담팀을 구성하여 과거의 사업을 평가하면서 새로운 사업을 모색하기 시작하였다. 전담팀은 그동안의 사업성과, 향후의 시장 전망, 기술발전의 추이, 기업의 수준 정도 등을 본격적으로 검토하였다. 국내에서의 업무 추진이 일단락되자 삼성은 1983년 1월에 미국 출장팀을 구성하였다. "반도체 신사유람단"이란 별명을 얻은 그 팀은 대학, 연구소 등을 조사하면서 반도체에 대한 최신 정보를 수집하는 한편 구체적인 사업계획서도 작성하였다. 미국 출장팀의 보고서를 검토한 후 이병철 회장은 1983년 2월

8일에 소위 "동경(東京) 구상"을 통해 첨단반도체사업에 대한 대대적인 투자를 공표하였다.

그러나 동경 구상이 공표되자 수많은 우려와 비판이 제기되었다. "사업성이 떨어지고 돈도 많이 드는 반도체를 왜 하겠다는 말인가? 차라리 신발산업을 밀어주는 게 낫다"는 견해도 있었다. 일본의 반도체 관계자들도 삼성의 결정에 실소를 금치 못했다고 한다. 선진국과의 격심한 기술격차, 막대한 투자재원조달의 부담, 고급 기술인력의 부족, 특수설비 공장건설의 어려움 등과 같은 수많은 문제들이 산적해 있었던 것이다.

이와 같은 불확실성에도 불구하고 삼성이 첨단반도체에 도전하게 된 데에는 이병철 회장의 신념이 중요한 역할을 담당했던 것으로 전해진다. 1986년에 발간된 『호암자전(湖巖自傳)』은 다음과 같이 기록하고 있다.

> 인구가 많고 자원이 없는 우리나라가 살아남을 길은 무역입국(貿易立國)밖에는 없다. 삼성이 반도체사업을 시작하게 된 동기는, 세계적인 장기불황과 선진국들의 보호무역주의 강화로 값싼 제품의 대량수출에 의한 무역도 이젠 한계에 와 있어 이를 극복하고 제2의 도약을 하기 위해서는 첨단기술개발밖에 없다고 판단했기 때문이다. … 또 우리 주변의 모든 분야에서 자동화, 다기능화, 소형화가 급속히 추진되고 여기에 필수적으로 사용되는 반도체 비중이 점차 커져 국제경쟁력을 확보하기 위해서는 피나는 반도체개발 전쟁에 참여해야만 한다. 반도체는 제철이나 쌀과 같은 것이어서 반도체 없는 나라는 고등기술의 발전이 있을 수 없다. … 생각하면 생각할수록 난제는 산적해 있다. 그러나 누군가가 만난(萬難)을 무릅쓰고 반드시 성취해야 하는 프로젝트이다. 내 나이 칠십삼 세. 비록 인생의 만기(晩期)이지만 이 나라의 백년대계를 위해서 어렵더라도 전력투구를 해야 할 때가 왔다. 이처럼 반도체개발의 결의를 굳히면서 나는 스스로 다짐했다.

첨단반도체 사업에 진출한다는 결정이 내려진 후 가장 어려웠던 문제는 어떤 제품을 개발할 것인가를 선택하는 데 있었다. 반도체는 제품의 종류가 다양할 그뿐 아니라 각 제품이 요구하는 기술수준이나 시장의 크기가 천차만별이기 때문에 집중적으로 투자할 제품을 선택하는 것은 사업의 성패를 좌우하는 문제였다. 삼성의 내부적 상황으로서는 비메모리 반도체를 선택하는 것이 타당해 보였다. 당시에 삼성은 가전제품의 생산에 필요한 반도체를 대량으로 수입하고 있었으며, 삼성이 그동안 기술개발을 추진해 온 분야도 가전용 중심의 비메모리 반도체였던 것이다.

그러나 삼성은 메모리 반도체를 선택하였다. 내부적인 수요도 중요하지만 그 자체로 수익을 낼 수 있는 품목을 개척해야 한다는 것이었다. 당시의 예측에 따르면 메모리 반도체는 1982~1988년에 연평균 28%의 고성장을 통하여 세계 반도체시장을 주도해 나갈 제품이었다. 또한, 메모리 반도체는 특성상 표준형이기 때문에 대량생산이 가능하고 투자회

수기간이 짧아 재투자의 여력이 높을 것으로 판단되었다. 아울러 메모리 반도체는 원천기술에 비해 응용기술이 비중이 크기 때문에 우리나라와 같은 후발국도 선진국과의 경쟁이 가능할 것으로 보였다.

그 다음에는 메모리 반도체 중에서 어떤 것을 주력 제품으로 할 것인지를 결정해야 했다. 처음에는 S램이 유력해 보였다. S램은 다양한 제품으로 구성되어 있기 때문에 시장 진입이 쉽다는 장점을 가지고 있었다. 이에 반해 D램은 미국과 일본이 치열한 경쟁을 벌이고 있었고 가격의 변동이 심한 특성을 가지고 있었다. 그러나 삼성은 결국 D램을 선택하였다. 시장규모를 자세히 검토한 결과 S램의 시장규모는 D램의 절반에도 미치지 못했던 것이다. 아울러 D램이 반도체기술을 선도하고 있기 때문에 D램을 선택하는 것이 선진국과의 기술격차를 줄이기 위한 지름길이라는 인식도 중요하게 작용하였다.

삼성은 D램을 주력 품목으로 선정하면서 64K D램을 개발한다는 목표를 세웠다. 1K, 4K, 16K, 32K D램을 생략하고 곧바로 64K D램에 도전한다는 야심찬 목표였다. 그것은 선진국이 밟아왔던 단계를 모두 거쳐서는 계속해서 선진국에 뒤질 수밖에 없다는 판단에 입각하고 있었다. 그러나 당시 우리나라에서는 첨단반도체에 대한 기술과 경험이 전혀 없었기 때문에 그러한 결정은 마치 걸음마 단계에 있는 아이가 갑자기 달리기를 하겠다는 것처럼 보였다.

삼성은 첨단반도체 사업에 진출하면서 외국에 있는 한국계 과학기술자들을 적극적으로 영입하였다. 특히, 미국의 우수한 대학에서 박사학위를 받고 반도체 관련 업계에서 실무경험을 축적한 사람들이 스카우트의 대상이 되었다. 그들에게는 연봉 20만 달러라는 파격적인 조건이 제시되었다고 한다. 삼성은 1983년 7월에 미국 산호세에 현지법인을 세워 스카우트한 재미 과학기술자들을 중심으로 최신 정보를 수집하고 새로운 기술을 개발하는 작업을 추진하였다.

삼성은 1983년 5월부터 64K D램을 개발하는 작업에 착수하였다. 조립공정기술은 자체적으로 개발하고 설계기술과 검사기술은 선진국으로부터 도입한다는 전략이 세워졌다. 이를 위하여 당시에 D램 산업을 주도하고 있었던 미국과 일본의 선진업체들에 접근했지만 그들은 모두 기술이전에 인색한 자세를 보였다. 우여곡절 끝에 선택된 기업은 미국의 벤처기업인 마이크론과 일본의 중견기업인 샤프였다.

삼성은 효과적인 기술이전을 위해 마이크론에서 기술연수를 받기로 하였다. 이를 위하여 삼성은 유능한 사원을 선발하여 6개월에 걸쳐 목표설정에서 정신무장에 이르는 사전교육을 철저하게 시켰다. 그러나 삼성의 기술연수팀은 별로 환영받지 못했다. 기업의 생존 비밀과 같은 핵심 기술을 미래의 경쟁자에게 이전해 준다는 것은 결코 생각될 수 없었던 것이다. 이에 삼성의 기술연수팀은 공식적인 연수일정을 소화하는 것은 물론 하나라도 더 배운다는 일념 하에 자료를 몰래 뒤져서 복사하거나 개인적인 친분을 활용하여 정보를 얻어내는 일도 마다하지 않았다.

당시에 삼성은 마이크론에서 기술연수를 받거나 미국 현지법인에서 활동할 임직원들을 대상으로 기술개발에 대한 각오와 팀워크를 다지는 특별훈련을 실시하기도 했다. 거기에는 "64킬로미터 행군"도 포함되어 있었다. 행군 거리가 64킬로미터였던 것은 64K D램을 염두에 두고 있었기 때문이었다. 저녁을 먹은 후 무박 2일 동안 실시된 그 행군은 산을 넘고 공동묘지를 지나면서 갖가지 과제를 수행하는 훈련이었다. 행군 도중에 꺼낸 도시락에는 D램 개발에 성공해야 하는 이유를 담은 편지 한 통이 있었던 것으로 전해진다.

삼성은 마이크론으로부터 64K D램 칩을 제공받은 후 이를 재현하는 작업을 추진하였다. 그것은 완제품을 사다가 이를 분해하여 해석함으로써 기술을 익히는 방법으로서 흔히 "역행 엔지니어링(reverse engineering)"으로 불린다. 이러한 과정에서 제대로 된 생산조건을 확립하고 불량의 원인을 밝히는 데에는 수많은 시행착오가 반복되었다. 조립생산기술을 어느 정도 정립된 후에는 기술연수를 받았던 인력을 중심으로 웨이퍼가공에 관한 기술을 개발하는 작업도 병행되었다.

당시의 연구팀은 밤낮을 잊고 기술개발에 매진하였다. 아침 7시에 출근하였고 퇴근시간은 따로 없었다. 밤 11시에는 소위 "일레븐 미팅"이 열렸다. 각자 맡은 일을 수행하다가 밤 11시에 모여서 그 날의 성과와 문제점에 대한 토론을 벌였던 것이다. 이러한 노력을 바탕으로 삼성은 개발착수 6개월만인 1983년 11월에 64K D램을 개발하는 데 성공하였다. 삼성의 공식 문건은 64K D램을 개발하는 과정을 "6년과 같았던 6개월"로 표현하고 있다.

이로써 우리나라는 미국과 일본에 이어 세계에서 세 번째로 64K D램을 개발한 국가가 되었다. 그것은 "한국의 기술수준으로는 1986년까지라도 개발할 수 있으면 대단한 성공"이라는 미·일 업계의 공언을 무색하게 하였다. 64K D램의 개발을 계기로 선진국과 10년 이상의 격차가 났던 우리나라의 반도체 기술수준은 3년 내외로 크게 단축되었다.

삼성은 64K D램을 개발하면서 양산공장을 건설하는 데에도 박차를 가하였다. 한 쪽에서 반도체를 개발하는 동안 다른 한쪽에서는 반도체 공장을 지었던 것이다. 반도체 장비는 약간의 먼지에나 진동에도 오류를 일으킬 만큼 민감하기 때문에 반도체 공장은 건설하는 것은 쉬운 일이 아니었다. 이 때문에 선진국에서는 반도체 공장을 건설하는 데 18개월 정도가 걸렸다. 그러나 1983년 9월에 경기도 기흥에서 열린 기공식에서 이병철 회장은 "6개월만에 공장건설을 완료하라"는 지시를 내렸다. 후발주자인 삼성이 선진업체와 경쟁하기 위해서는 조기에 공장을 건설하여 시장에 진입해야 한다는 것이었다. 이런 상황에서 건설현장의 직원들은 추운 날씨에도 24시간 내내 일하다시피 했다. 당시에 기흥공장 건설현장에 붙여진 별명은 "아오지 탄광"이었다.

기흥공장을 건설하는 데에는 정부의 지원도 한 몫을 했다. 정부는 반도체 사업이 수도권에서도 가능한 업종으로 허가해 주었다. 우수한 인력을 확보할 수 있도록 부지를 서울에서 1시간 이내의 거리에 위치하게 한 것이다. 또한 반도체 공장에 필수적인 용수와 전력을 공급하는 데에도 예외적인 조치를 취해 주었다. 반도체 생산을 위해 외국에서 수입하는 재료와 장비에 대해 관세를 감면해 준 것도 정부의 몫이었다.

삼성은 64K D램 생산라인인 제1라인에 착공한 지 2개월 후인 1983년 11월에 256K D램 생산라인인 제2라인의 내역을 검토하였다. 제1라인은 4인치 웨이퍼를 사용할 예정인데 제2라인의 경우에는 웨이퍼의 크기를 얼마로 할 것인가 하는 것이 문제였다. 당시에 미국과 일본에서는 대부분 5인치 라인을 갖추고 있었고 6인치 라인을 갖춘 업체는 3개 업체밖에 없었다. 삼성에서는 5인치 라인과 6인치 라인을 놓고 논쟁이 벌어졌다. 5인치 라인을 주장하는 진영은 4인치에 겨우 익숙한 현장 기술자와 작업공이 5인치에 대한 경험 없이 6인치로 곧바로 갈 경우에 기술을 충분히 습득할 수 없다고 판단했다. 또한, 아직 256K D램 생산기술이 개발되지 않은 상태인데 만약 생산공정에서 문제가 발생하면 그 원인이 기술의 미숙에 있는지 아니면 장비의 결함에서 온 것인지 판단하기 어려운 문제도 있었다. 그러나 이러한 문제점에도 불구하고 삼성은 6인치 웨이퍼를 사용하기로 결정하였다. 선진업체를 하루빨리 따라잡기 위해서는 보다 공격적인 전략을 구사해야 한다는 것이었다.

반도체업체들이 1인치를 두고 고민을 하는 이유는 웨이퍼의 크기가 클수록 많은 반도체를 만들 수 있기 때문이다. 웨이퍼의 면적은 반지름의 제곱에 비례하므로 6인치 웨이퍼의 면적은 4인치의 두 배가 넘는 것이다. 4인치 웨이퍼에서 50개의 반도체를 만들 수 있다면 6인치 웨이퍼로는 100개 이상을 생산할 수 있는 것이다.

삼성은 1984년 3월에 256K D램을 개발하는 데 착수하였다. 256K D램의 경우에는 기술도입과 자체개발이 병행되었다. 국내에서는 설계기술의 도입을 통하여 256K D램을 개발하는 한편, 미국 현지법인에서는 설계기술부터 독자적으로 개발하기로 했던 것이다. 국내 연구팀은 마이크론에서 설계기술을 도입하여 1984년 10월에 256K D램을 개발하는 데 성공하였고, 미국의 현지법인은 1985년 4월에 설계를 완료한 후 같은 해 9월에 양품(良品)을 확보하는 성과를 거두었다. 처음에 삼성은 국내 연구팀이 개발한 256K D램을 생산하다가 나중에는 미국의 현지법인이 개발한 제품으로 바꾸었다. 미국 현지법인의 제품이 몇 가지 측면에서 국내에서 개발된 제품보다 우수한 것으로 판명되었기 때문이었다.

256K D램을 개발하는 과정에서 삼성은 국내의 연구진이 미국 현지법인에서 기술연수를 받도록 하였다. 젊고 유능한 사원 32명을 선발한 후 미국 현지법인에 파견하여 D램 제조기술을 체계적으로 배울 수 있게 했던 것이다. 당시에 파견된 사원들은 현지법인의 연구원을 그림자처럼 따라다니면서 기술을 습득하는 데 많은 노력을 기울였다. 256K D램 개발 작업에 참여했던 한 연구원이 회고했듯이, "반도체를 설계하느라 무릎이 다 까졌을" 정도였다. 당시에는 지금처럼 컴퓨터를 이용하지 않았기 때문에 커다란 도면 위를 기어다니며 직접 펜으로 회로를 그리느라 무릎이 상처투성이가 되었던 것이다.

3. 경쟁과 행운의 결실

삼성은 첨단반도체 사업에 진출하면서 미국의 현지법인이 핵심기술을 개발하고 국내에서는 양산을 담당하는 것을 기본방침으로 삼았다. 그러나 1M D램을 개발할 무렵에는 상황이 달라졌다. 256K D램을 개발할 때 미국에 기술연수를 다녀왔던 사람들이 귀국하면서 국내 연구팀이 1M D램을 직접 개발하겠다고 나선 것이다. 이에 따라 미국의 현지법인과 국내 연구팀 중에 누가 기술개발을 주도할 것인가를 놓고 상당한 논쟁이 벌어졌다. 결국 삼성은 1985년 9월에 현지법인팀과 국내팀이 동시에 1M D램을 개발하기로 결정하였다. 두 팀이 동시에 연구개발에 착수하면 비용은 두 배로 들겠지만 성공할 확률은 더욱 높아질 수 있었다. 이와 함께 두 팀이 경쟁적으로 연구개발을 추진함으로써 시간을 단축하는 효과도 기대되었다.

삼성은 1M D램의 개발에 착수하기 전인 1985년 2월부터 시작(試作)라인을 건설하여 같은 해 10월에 완공하였다. 시작라인은 신제품을 개발할 때 공정조건을 확립하기 위하여 사용되는 라인이다. 64K D램과 256K D램을 개발할 때에는 기존의 생산라인이 활용되었지만, M급 D램을 개발하기 위해서는 별도의 시작라인을 통해 시행착오를 극소화하는 것이 요구되었던 것이다. 삼성은 시작라인을 건설하면서 공정개발을 위한 웨이퍼가공시설을 설치하는 것은 물론 CAD 시스템을 확충하여 회로설계에 소요되는 기간을 대폭 단축할 수 있게 하였다.

1M D램 개발팀은 제품사양을 결정하는 단계부터 예상치 못한 어려움에 직면하였다. 삼성은 지금까지 선진업체의 샘플을 입수·분석하여 기술흐름을 파악하고 이를 자사의 관련 자료와 비교·검토함으로써 최적의 제품사양을 결정해 왔다. 그런데 1M D램의 시제품을 발표한 바 있는 미국과 일본의 업체들이 삼성에 샘플을 제공하는 것을 기피하기 시작하였다. M급 D램의 개발을 계기로 선진업체들은 삼성을 본격적인 경쟁상대로 인식했던 것이다.

선진업체의 삼성에 대한 견제는 특허권 침해소송으로 이어졌다. 1986년 2월에 미국의 텍사스 인스트루먼츠(Texas Instruments)는 일본의 8개 업체와 한국의 삼성이 자기 회사의 특허를 침해했다고 국제무역위원회에 제소하였다. 그때 일본의 업체들은 자신들이 보유하고 있던 메모리 분야의 개량 특허를 근거로 텍사스 인스트루먼츠에 대항하였다. 결국 텍사스 인스트루먼츠와 일본의 업체들은 1987년 5월에 특허 사용료를 지불하는 조건으로 크로스라이센싱(cross-licensing)을 체결함으로써 화해를 도출할 수 있었다. 반면 삼성은 D램에 관한 특허를 보유하고 있지 않았기 때문에 판결에서 패배하여 엄청난 경제적 손실을 입었다. 그 사건을 계기로 삼성은 독자적인 기술이 없는 서러움을 뼈저리게 느낄 수 있었다.

1M D램을 개발하는 과정에서도 기술선택의 문제가 제기되었다. 당시 반도체기술의

경향은 N-MOS에서 C-MOS로 이행하고 있었다. 반도체 회로를 설계하는 방식에는 전자의 흐름을 이용하는 N-MOS와 홀의 흐름을 이용하는 P-MOS가 있으며, C-MOS는 N-MOS와 P-MOS를 모두 사용하는 방식이다. 삼성에서는 1M D램은 기존의 방식을 따라 N-MOS 기술을 토대하자는 주장과 1M D램부터 C-MOS를 채택하자는 주장이 팽팽히 맞섰다. 결국 삼성은 자신이 보유하고 있던 기술을 과감히 버리고 당시의 추세에 부응하여 C-MOS로 설계를 변형하였다. 이때 채택된 C-MOS 는 이후의 제품에서도 지배적인 위치를 차지함으로써 삼성은 선도업체들과의 기술격차를 크게 단축할 수 있었다.

1M D램에 대한 국내팀과 현지법인팀의 경쟁은 예상을 깨고 국내팀의 승리로 끝났다. 국내팀은 1M D램의 개발에 착수한 후 11개월만인 1986년 7월에 양품을 생산했던 반면 현지법인팀은 이보다 4개월 뒤진 1986년 11월에 1M D램의 개발에 성공했던 것이다. 더구나 국내팀이 개발한 제품의 성능이 현지법인팀에 비해 더욱 우수한 것으로 판명되었다. 이 사건을 계기로 국내팀은 기술적 측면에서도 상당한 자신감을 가지게 되었다.

1987년은 삼성에게 행운을 가져온 해였다. 사실상 삼성의 반도체사업은 상당 기간 동안 고전을 면치 못했다. 삼성은 1984년 9월부터 D램을 세계시장에 수출하기 시작했지만 같은 해 말부터 공급과잉으로 인한 불황이 닥쳤다. 이에 대응하여 일본의 업체들이 가격덤핑을 시도했기 때문에 D램의 가격은 크게 폭락하였다. 첫 출하시 3달러였던 64K D램 가격이 1985년 8월에는 생산원가인 1.7달러에 크게 미치지 못하는 30센트까지 떨어지기도 했다. 더욱이 1986년에 삼성은 텍사스 인스트루먼츠의 특허제소로 9천만 달러의 배상금을 물어야 했다. 이에 따라 1985-1986년에 반도체공장의 가동률은 30%에 지나지 않았고, 2년 동안 삼성이 입은 손실은 2천억 원에 달했다. 사태가 심각해지자 삼성의 내·외부에서 "반도체산업에의 진입 시기를 잘못 택하지 않았느냐" 혹은 "반도체산업에 너무 많은 투자를 하지 않았느냐" 하는 반론이 제기되었다.

이러한 사태는 1985년 말에 미·일 반도체 무역협정에 의거하여 공정거래가격이 설정되고 일본이 생산량을 축소하면서 서서히 해소되기 시작하였다. 게다가 1987년부터는 세계경제가 활기를 되찾고 제2의 PC 붐이 발생하여 256K D램을 중심으로 반도체시장이 급속히 호전되었다. 당시에 일본과 미국의 업체들은 256K D램이 구형제품이라고 간주하면서 1M D램의 생산에 열을 올리고 있었는데, 갑자기 삼성의 주력 제품이었던 256K D램의 수요가 폭발적으로 증가했던 것이다. 더욱이 미·일 반도체 무역협정으로 공정거래가격이 설정되어 있었기 때문에 256K D램의 가격이 실질적으로 상승하는 효과까지 있었다. 이로 인해 삼성은 1987년을 계기로 3년 동안 누적된 적자를 말끔히 해소할 수 있었다.

앞서 언급했듯이, 텍사스 인스트루먼츠의 특허제소 사건을 계기로 국내의 반도체업체들은 독자적인 기술을 보유하는 것이 얼마나 중요한지를 절감할 수 있었다. 이에 삼성, 현대, 금성은 1986년 5월에 반도체연구조합을 결성한 후 정부에 공동연구개발사업을 제안하기에 이르렀다. 1986년 7월부터 1989년 3월까지 추진된 4M D램 공동연구개발사업에는 정부, 한국전자통신연구소(ETRI), 삼성, 현대, 금성의 공동투자를 바탕으로 총 879억 원이 투입되었다. 국내 업체들은 4M D램을 공동으로 개발하기 위해 연구개발컨소시움을 구성했으며 선의의 경쟁을 통하여 당초의 목표를 달성하였다. 4M D램 공동연구개발사업은 참여기업의 본격적인 연구개발활동을 촉진하는 데 크게 기여했으며, 삼성으로부터 현대와 금성으로 기술이 이전되는 효과도 낳았다. 이러한 국가공동연구개발사업은 16M, 64M, 256M D램을 개발할 때에도 지속적으로 추진되어 1990년대 이후에 현대전자와 LG 반도체가 세계적인 반도체업체로 성장할 수 있는 밑거름으로 작용하였다.

삼성이 4M D램을 개발하는 과정에서도 국내팀과 현지법인팀의 경쟁이 있었다. 국내팀의 1M D램 기술이 채택되자 현지법인팀은 크게 반발하였고 이에 삼성의 경영진은 4M D램의 개발에서도 경쟁체제를 적용했던 것이다. 현지법인팀이 다시 국내팀에 뒤질 경우에는 향후에 D램 개발사업을 맡지 않는다는 것이 전제조건이었다. 그러나 두 번째 경쟁도 국내팀의 승리로 끝났다. 두 팀은 모두 1986년 5월에 4M D램의 개발에 착수했지만 1988년 2월에 국내팀이 먼저 양품을 생산하는 데 성공하였다. 이후에는 국내에서 D램 개발을 전담하고 현지법인은 D램 이외의 고부가가치 제품을 담당하는 체제가 정착되었다.

국내팀이 현지법인팀과의 경쟁에서 계속해서 승리할 수 있었던 비결은 무엇이었을까? 현지법인팀의 연구원들은 반도체 분야에서 상당한 경험을 쌓은 40대의 전문가들이었던 반면, 국내팀의 연구원들은 반도체에 눈을 뜨기 시작한 젊은이들이었다. 국내팀은 전문성에서 뒤졌지만 패기와 성실로 이를 극복하고자 했다. 그들은 1년 8개월 동안 밤낮과 휴일을 가리지 않고 연구개발에만 몰두하였다. 이처럼 국내팀의 연구원들은 개인생활을 희생하면서까지 자신의 모든 것을 다 걸었기 때문에 현지법인팀에 승리할 수 있었다.

4M D램을 개발하는 과정에서도 또 한번의 심각한 선택의 문제가 발생하였다. 1M D램까지는 칩의 평면만을 사용하는 플래너(planar) 방식으로도 필요한 셀을 충분히 만들 수 있었지만, 4M D램의 경우에는 평면 구조로는 부족하여 지하층을 더 만들든지 고층을 쌓아 올려야 했다. 지하층을 만드는 트렌치(trench) 방식은 칩의 크기를 소형화할 수 있지만 생산공정이 길어져서 실제 제작이 어려운 문제점이 있었다. 이에 반해 고층을 쌓아 올리는 스택(stack) 방식은 공정이 상대적으로 짧고 대량생산이 가능하지만 미세가공이 곤란하고 칩의 면적을 축소하기 어려웠다. 당시에 IBM을 비롯한 미국업체들은 대부분 트렌치 방식을 채택하고 있었고, 일본업체의 경우에는 도시바와 NEC는 트렌치 방식을, 히타치, 미쓰비시, 마쓰시타는 스택 방식을 채택하고 있었다.

삼성은 처음에 트렌치 방식으로 4M D램을 개발한다는 방침을 세웠지만 우연한 기회에 트렌치 방식으로는 4M D램의 수축이 어렵다는 정보를 입수하였다. 이를 계기로 삼성 내부에서는 4M D램의 개발방식에 대한 격렬한 논쟁이 전개되었는데, 그 논쟁은 두 가지

방식에 대한 자세한 검토를 바탕으로 이건희 회장이 스택 방식을 채택하는 것으로 마무리되었다. 스택 방식은 4M D램은 물론 이후의 제품에서도 기술주류를 형성함으로써 트렌치 방식을 택한 업체들은 2군으로 밀려나고 스택 방식을 택한 업체들은 1군으로 성장하는 결과를 가져왔다. 당시에 공동연구개발사업에 참여했던 현대와 금성도 처음에는 트렌치 방식을 선택했다가 삼성의 성공을 목격한 후에 스택 방식으로 전환하였다.

4. 세계 1위로의 도약

앞서 살펴보았듯이, 삼성은 1982년에 첨단반도체 사업에 진출한 후 6년이라는 짧은 기간 동안에 64K, 256K, 1M, 4M D램을 잇달아 개발하였다. 그러한 과정에서 선진국과의 기술격차도 5.5년, 4.5년, 2년, 6개월도 점차 단축되었다. 그러나 4M D램까지는 외국의 기술을 도입하거나 신제품에 대한 정보를 입수하여 선진업체를 신속히 추격하는 데 초점이 주어져 있었다. 물론 1M과 4M D램을 개발할 때에는 선진업체로부터 샘플을 입수하는 것도 어려웠지만, 이 경우에도 C-MOS나 스택 방식과 같이 기술경로에 대한 선택지는 제공되고 있었다. 이에 반해 삼성이 1988년부터 추진했던 기술혁신활동은 이전과 달리 선행주자와 모범사례가 없는 상태에서 무형의 목표에 도전하는 것이었다.

삼성은 1988-1989년에 경기도 기흥에 D램을 전담하는 연구소를 설립하여 새로운 제품을 독자적으로 개발하는 데 박차를 가하였다. 16M D램은 1988년 6월부터 1990년 8월까지 26개월에 걸친 노력 끝에 개발되었다. 당시에는 16M D램의 시제품을 생산하는 해외업체가 없었기 때문에 설계기술과 공정기술을 독자적으로 확립하는 것은 물론 감광재료나 노광장비와 같은 자재도 자체적으로 개발해야 했다. 삼성보다 약간 앞서거나 비슷한 시기에 일본의 히타치, 도시바, 미국의 IBM 등이 16M D램을 개발했다고 발표하였다. 16M D램의 개발을 계기로 일본과 미국의 업체들은 삼성의 독자적인 기술력을 공식적으로 인정하기 시작하였다.

삼성은 선례가 없는 무형의 목표에 도전하기 위하여 1989년 4월부터 "수요공정회의"라는 제도를 도입하였다. 기술개발 담당자들이 매주 수요일 오후 7시에 모여서 자유로운 난상토론을 통해 문제점을 해결하자는 것이었다. 그 회의는 발표자와 토론자가 자신의 명예를 걸고 진지하게 의견을 교환하는 장이 되었다. 수요공정회의를 통해 삼성은 기술개발의 진척되는 정도를 사전에 점검할 수 있었을 그뿐 아니라 기술개발의 방향이나 방식에 대한 의견 차이도 극복할 수 있었다.

삼성은 16M D램의 개발을 목전에 두고 있었던 1990년 6월에 64M D램을 개발하는 작업에 착수하였다. 아직 16M D램의 개발이 완료되지 않았는데 차세대 제품인 64M D램

표1 | **삼성의 D램 개발사**

구분	64K	256K	1M	4M	16M	64M	256M	1G
개발 시기	'83.5-'83.11	'84.3-'84.10	'85.9-'86.7	'86.5-'88.2	'88.6-'90.8	'90.6-'92.9	'92.1-'94.8	'94.4-'96.10
소요 기간	6개월	8개월	11개월	20개월	26개월	26개월	30개월	30개월
개발 비용	8억	12억	250억	500억	600억	1,200억	1,700억	2,200억
최초 개발 기업	인텔	NEC	도시바	도시바	NEC	삼성	삼성	삼성
선진국과의 격차	5.5년	4.5년	2년	6개월	1개월	선행	선행	선행
선폭	2.4㎛	1.1㎛	0.7㎛	0.5㎛	0.4㎛	0.35㎛	0.25㎛	0.18㎛

에 착수했던 것이다. 그것은 삼성이 동시에 두 세대의 신제품을 동시에 개발하는 방식을 활용하기 시작했다는 점을 의미한다. 즉, 4M D램이 양산단계에 이르면 그것을 개발했던 팀이 64M D램의 개발에 착수하고, 다시 16M D램을 개발한 팀은 차차세대 제품인 256M D램의 개발에 투입되는 것이다. 이처럼 공격적인 방식을 활용하여 삼성은 1992년 9월에 세계 최초로 64M D램을 개발하는 데 성공했다.

1991년은 삼성에게 또 한번의 행운이 다가온 해였다. 당시 일본의 반도체 3강인 도시바, NEC, 히타치는 반도체산업의 주기적인 불황에 대비해 1M D램 생산라인의 증설을 중단하고 4M D램으로의 이동을 모색하고 있었다. 그런데 마이크로소프트의 윈도가 폭발적인 인기를 누리면서 불황으로 예상되었던 반도체시장이 뜻밖의 호황을 맞았다. 당시의 세계 각국의 컴퓨터 업체들은 대량공급이 가능하고 가격이 저렴한 1M D램을 선호하였다. 여기에 일본의 엔화절상 사태까지 겹쳐 컴퓨터업체들의 구매 담당자들은 삼성으로 발길을 돌렸다. 이에 따라 삼성은 1992년부터 D램 분야에서 일본의 도시바를 제치고 세계 제1의 메이커로 부상하였다. D램 분야에 진출한지 10년 만에 삼성이 세계 정상에 우뚝 선 것이었다.

1992년에 삼성은 또 하나의 승부수를 띄웠다. 그것은 16M D램 양산라인을 8인치로 하는 데 있었다. 8인치 라인은 6인치 라인에 비해 생산성이 1.8배 높을 것으로 예상되었지만, 막대한 설비투자와 고도의 기술이 필요하기 때문에 대부분의 업체들은 8인치 라인의 도입을 주저하고 있었다. 특히, 8인치 라인은 공정이 복잡하고 가공 중에 깨지기 쉬워서 품질의 균일성을 확보하기 어렵다는 과제를 안고 있었다. 삼성은 엄청난 위험 부담을 안고 과감히 8인치에 도전한 후 1993년 6월에 양산라인을 준공하는 데 성공하였다.

삼성은 1992년 1월부터 256M D램을 개발하는 작업을 추진하였다. 그 과정에서는 처음부터 256M D램을 제작하지 않고 이미 개발된 16M D램에 256M D램의 사양을 적용하는 방식이 적용되었다. 16M D램을 통해 선폭을 축소하는 기술을 확보한 후에 이를 바탕으로 완전한 256M D램을 개발한다는 것이었다. 그것은 선폭의 축소와 용량의 증가를 동시에 추진하는 것이 기술적으로 매우 어렵기 때문에 채택된 전략이었다. 삼성은 1992년 12월에 16M D램의 선폭을 0.28㎛으로 축소하는 기술을 확보한 후 1994년 8월에는 선폭이 0.25㎛인 256M D램을 세계 최초로 개발하는 데 성공하였다. 이처럼 삼성은 기존의 제품에 새로운 사양을 적용하고 이를 통해 차세대 제품을 개발하는 방식을 통해 16M D램의 성능을 향상시킴과 동시에 256M D램을 추가로 개발하는 일석이조의 효과를 누릴 수 있었다.

삼성은 "꿈의 반도체"로 불리는 G급 D램에서도 다시 한 번 세계 최고의 기술력을 입증하였다. 삼성은 1996년 10월에 선폭이 0.18㎛인 1G D램을 개발하였고, 2001년 2월에는 선폭이 0.10㎛인 4G D램을 개발하는 데 성공하였다. 삼성의 G급 D램은 세계에서 최초로 개발된 것일 그뿐 아니라 가장 선폭이 좁은 초미세 가공기술을 적용하고 있다. 삼성은 경쟁업체보다 1년 정도 앞선 기술력을 보유하고 있으며, 이러한 기술적 우위를 바탕으로 제품의 생산 시기를 주도적으로 결정하고 있다.

삼성은 1990년대 이후에 D램의 설계와 제조에 필요한 기술을 독자적으로 개발하면서 이에 대한 특허권을 확보하는 데에도 많은 신경을 썼다. 예를 들어 256M D램의 경우에는 해외 특허 49건을 포함하여 총 129건의 특허를 받았다. 이러한 특허권은 외국업체의 견제를 막아낼 수 있는 기반으로 작용했는데, 그것은 1997년 9월에 발생한 후지쓰의 특허제소 사건에서 잘 드러난다. 일본의 후지쓰가 삼성이 미국으로 수출하고 있는 메모리 반도체가 자사의 특허권을 침해한 것이라고 국제무역위원회에 제소하자 삼성은 후지쓰가 자사의 특허를 무단으로 사용했다고 맞고소했던 것이다. 결국 그 사건은 1998년 10월에 삼성과 후지쓰가 메모리 반도체에 대한 특허를 공동으로 사용하기로 합의하고 상대방 회사에 대해 제기한 소송을 철회함으로써 해결되었다. 1986년에 있었던 텍사스 인스투르먼츠의 특허제소 사건과 대비되는 대목이다.

이상에서 살펴본 반도체의 성공을 배경으로 우리나라는 산업화를 시작한 지 30여년 만에 세계 1위의 기술과 세계 1위의 기업을 보유하게 되었다. 특히 반도체의 사례는 후발국이 선진국을 추격하는 것은 물론 추월하는 것도 가능하다는 점을 보여주고 있다. 사실상 1980년대만 해도 일본과 미국의 전자제품을 선호할 정도로 국산품의 품질은 좋지 못했다. 그러나 이제는 기술적인 측면에서도 국산품의 우수성을 인정받고 있으며, 반도체를 비롯한 몇몇 분야에서는 오히려 선진국을 앞서고 있다. 반도체를 매개로 세계 최고의 "한국산 제품(Made in Korea)"을 창출했다는 자부심을 가지게 된 것이다.

5. 평가 및 전망

삼성이 반도체산업에서 성공할 수 있었던 것은 무엇보다도 반도체의 개발과 생산을 담당했던 연구개발인력, 현장기술자, 작업공들의 적극적인 노력에서 기인한다고 할 수 있다. 이와 함께 반도체산업의 국제환경, 정부의 반도체산업육성정책, 국내 반도체업체의 경쟁 등과 같은 기업외적인 요소도 매우 중요하게 작용했던 것으로 평가된다. 이에 못지않게 중요한 원인으로는 최고경영진의 리더십, 기술경로의 적절한 선택, 독특한 기술개발방식 등과 같은 기업내적인 요소에서 찾을 수 있다.

최고경영진의 역할은 삼성이 D램에 진출할 때 수많은 불확실성에도 불구하고 대규모 투자를 감행했던 데에서도 엿볼 수 있지만, 이후에 반도체사업이 지속적으로 성장할 수 있도록 투자와 지원을 아끼지 않았던 점에서도 잘 드러난다. 예를 들어 이병철 회장은 1980년대 중반 반도체불황으로 인하여 반도체사업이 매우 큰 곤란을 겪고 있었을 때에도 주위의 반대를 무릅쓰고 설비투자와 연구개발투자를 게을리 하지 않았다. 물론 이러한 투자는 대규모 자금을 용이하게 동원할 수 있는 재벌구조의 특성 때문에 가능했지만, 최고경영자의 굳건한 의지가 없이는 불황기에 대규모 투자를 지속하기는 매우 어려운 것으로 판단된다. 삼성 최고경영진의 기술개발에 대한 관심은 연구개발인력에 대한 파격적인 대우에서도 엿볼 수 있다. 삼성은 D램에 진출할 당시에 우수한 인재를 유치하기 위하여 그들이 원하는 만큼의 급여를 주었으며 재산관리를 담당하는 별도의 팀을 운영했다고 한다. 이러한 인력들은 나중에 삼성전자의 임원진으로 승진하는 경우가 많았으며, 사실상 삼성전자는 우리나라에서 이공계 출신을 중심으로 임원진을 구성하는 모범적인 사례를 창출해 왔다.

삼성의 급속한 기술발전에는 기술경로의 적절한 선택이 결정적인 역할을 담당하였다. 첨단반도체 사업에 진출할 당시에는 메모리 분야와 비메모리 분야 사이의 선택과 S램과 D램 사이의 선택이 중요한 문제로 부상하였다. 삼성은 치열한 경쟁에 예상된다 하더라도 시장규모가 가장 크고 기술개발을 선도하고 있는 D램을 주력품목으로 삼았다. 또한 삼성이 256K D램 생산라인을 건설할 때에는 5인치 웨이퍼와 6인치 웨이퍼 사이의 선택이 문제로 떠올랐으며, 1M D램 개발의 경우에는 N-MOS와 C-MOS, 4M D램 개발의 경우에는 트렌치 방식과 스택 방식, 16M D램 생산의 경우에는 6인치와 8인치 사이의 선택이 중요한 문제로 대두되었다. 이러한 일련의 과정에서 삼성이 추구했던 목표는 최단 시일 내에 기술발전의 주류에 동참함으로써 선진업체들을 급속히 추격하는 데 있었다. 이를 위해 삼성은 기존에 보유하고 있던 기술을 과감하게 폐기하는 조치도 서슴지 않았다. 만약 삼성이 기술발전의 주류에 신속히 동참할 수 있는 의사결정을 하지 않았더라면 단기간 내에 세계적인 선도기업으로 부상하지는 못했을 것이다.

삼성의 기술개발방식이 보여주는 독특한 특징으로는 “병렬적 개발시스템(concurrent development system)”을 들 수 있는데, 그것은 다음과 같은 네 가지 유형으로 구분할 수 있다. 첫 번째 유형은 신제품의 개발과 생산라인의 건설을 병렬적으로 추진하는 방식이다. 즉, 연구개발, 시제품개발, 양산기술개발, 생산라인 건설, 대량생산의 단계를 순차적으로 밟아가지 않고 양산기술을 개발하기 전에 미리 생산라인을 확보하는 것이다. 두번째 유형은 동시다발적으로 여러 개의 신제품 개발을 진행시키는 데 있었다. 예를 들어 1M, 4M, 16M D램 개발팀을 동시에 운영하게 되면, 한 팀은 대량생산을 위한 노하우를 정립하는 중이고, 다른 한 팀은 기본적인 공정기술을 개발하고 있으며, 또 다른 팀은 신제품에 대한 개념을 모색하는 단계에 있게 된다. 병렬적 개발시스템의 세번째 유형은 한국의 본사와 미국의 현지법인이 동일한 제품을 병행해서 개발하는 것으로서 256K, 1M, 4M D램을 개발할 때 주로 활용되었다. 네번째 유형은 두 세대의 반도체제품에 대한 연구개발작업을 동시에 진행시키는 것으로서 삼성이 64M D램 이상의 신제품을 개발할 때 사용해 왔다. 이상과 같은 방식을 통해 삼성은 기술개발이나 시장진입에 소요되는 기간을 단축하는 것은 물론 보다 우수한 제품을 적기에 확보할 수 있었다.

그러나 삼성을 비롯한 우리나라의 반도체산업이 직면하고 있는 문제도 많다. 우선, 우리나라 반도체산업은 메모리 분야에 과도하게 편중된 구조를 보이고 있다. 우리나라와 삼성은 메모리 분야에서는 세계 최고이지만, 비메모리 분야에서는 매우 취약하다. 이에 따라 반도체산업 전체적으로는 2003년의 시장점유율을 기준으로 미국(49.2%)과 일본(26.4%)에 이어 우리나라(7.9%)가 세계 3위를 차지하고 있으며, 삼성(5.9%)은 인텔(15.3%)에 이어 세계 2위를 기록하고 있다. 사실상 세계 반도체 시장에서 메모리 분야가 차지하는 비중은 25% 내외에 불과하지만, 우리나라의 경우에는 그 비중이 80%에 이르고 있는 것이다. 우리나라가 명실상부한 반도체 강국이 되기 위해서는 마이크로프로세서와 주문형 반도체를 비롯한 비메모리 분야에 대한 적극적인 대응이 요청되고 있다.

또한 반도체 재료와 장비를 과도하게 외국에 의존하고 있는 문제점도 있다. 반도체를 개발하고 생산하는 것은 세계 최고 수준이지만 이에 필요한 재료와 장비는 30~50% 정도를 외국에 의존하고 있는 것이다. 게다가 아직도 충분한 기술수준이 확보되지 않아 반도체 재료와 장비가 독자적인 발전 패턴을 형성하지 못하고 있다. 즉 한동안 국산화율이 높아지다가 외국에서 우수한 신제품이 등장하면 다시 수입량이 늘어난 후 국내의 기술개발이 추진되는 양상을 보이고 있는 것이다.

물론 1990년대 후반부터 국내에서도 이러한 문제점을 해결하기 위해 많은 노력을 기울이고 있고 몇몇 부분에서 가시적인 성과를 보이고 있는 것도 사실이다. 10년 뒤 우리나라 반도체의 모습은 어떠할까?

더 생각해볼 주제

—

- 삼성이 반도체사업을 추진하는 과정에서는 기술이나 설비를 선택하는 문제가 계속해서 제기되었다. 기존의 기술을 옹호하는 입장과 새로운 기술을 지지하는 입장이 가진 장 · 단점을 논의해 보고 어떤 기준에서 특정한 입장을 선택할 것인가에 대해 논의해 보자.
- D램으로 대표되는 메모리 분야의 소품종 대량생산체제에 익숙해져 있는 우리나라의 반도체산업이 주문형 반도체를 비롯한 비메모리 분야의 다품종 소량생산체제로 전환하는 것은 어느 정도 필요한지, 그리고 어떻게 가능한지에 대해 토론해 보자.

더 읽어볼 거리

—

김인수, 「반도체 산업: 세계 최첨단으로의 도약」, 『모방에서 혁신으로』, 191-217, 시그마인사이트컴, 2000.

배용호, 「반도체산업의 기술혁신과 기술능력의 발전: DRAM을 중심으로」, 이근 외, 『한국 산업의 기술능력과 경쟁력』, 169-214, 경문사, 1997.

삼성전자, 『삼성전자 30년사』, 1999.

송성수, 「삼성 반도체 부문의 성장과 기술능력의 발전」, 『한국과학사학회지』 제20권 2호, 151-188, 1998.

윤정로, 「한국의 반도체 산업, 1965-1987」, 『과학기술과 한국사회』, 119-187, 문학과지성사, 2000.

조형제·김창욱 편, 『한국 반도체산업, 세계기술을 선도한다』, 현대사회경제연구원, 1997.

최영락, 「한국인의 자긍심, 반도체 신화」, 서정욱 외, 『세계가 놀란 한국 핵심산업기술』, 133-175, 김영사, 2002.

최영락 · 이은경, 『세계 1위 메이드 인 코리아, 반도체』, 지성사, 2004.

가볼 만한 사이트

—

http://www.sec.co.kr (삼성전자)

http://www.ksia.or.kr (한국반도체산업협회)

08

북한 과학기술의 변천 : 주체와 선진의 대화

우리에게 북한 과학기술의 이미지는 낙후성과 폐쇄성으로 각인되어 있다. 시대에 뒤떨어져 있고 다른 나라와의 교류도 꺼리고 있기 때문이다. 그렇더라도 북한의 과학기술은 일반적인 생각보다 실제로는 훨씬 더 크고 작은 변화를 내부적으로 거듭해 왔다. 사상의 우위가 강조되는 사회 분위기 속에서도 과학기술은 특히 어려운 상황에 놓일 때마다 적지 않게 달라졌다. 이는 북한에서 과학기술이 기본적으로 사회체제와 정치사상의 영향력 범위 안에 있었으면서도 한편으로는 다소의 유동성과 자율성을 지니며 전개되어 왔음을 시사해 준다.

그동안 북한의 과학기술이 변화해온 궤적을 살펴보면 크게 자립이나 주체라는 이상적 목표와 모방이나 선진이라는 현실적 과제 사이를 오고간 것으로 드러난다. 이 중 '주체와 선진'은 변화하는 시대 상황에 발맞추어 북한 과학기술이 기반으로 삼은 두 개의 중심축이었다. 공산주의 이상이 드높은 시기일수록 북한 특유의 주체과학을 좇았고, 반면에 사회현실이 힘겨울수록 외국의 앞선 선진과학으로 기울었던 것이다.

물론 북한의 과학기술이 주체과학과 선진과학 사이를 단순하게 오고갔던 것은 아니다. 그보다는 나선형으로 진화해 가는 모습을 띠었다. 주체과학 혹은 선진과학을 좇더라도 이전과 이후는 그 내용에서 상당한 차이를 나타냈다. 즉 북한 과학기술은 주체와 선진을 양 축으로 삼아 '나선형의 진화'를 이루며 진전되어 왔던 것이다. 이 때문에 해방 직후의 과학기술과 현재의 과학기술은 그 추구하는 방향이 매우 비슷해 보이지만 실제로는 자못 다르게 나타나고 있다.

1. 과학기술로의 매진

북한은 해방과 더불어 과학기술에 유달리 깊은 관심을 쏟았다. 이데올로기 다음으로, 때로는 그에 못지않게 강조한 것이 과학기술이라고 말할 수 있을 정도이다. 사회주의적 생산관계와 수준 높은 생산력은 북한사회가 이룩해야 할 핵심 과제였기에 이데올로기와 함께 과학기술은 그만큼 중요할 수밖에 없었다. 그러므로 이후 북한을 이끈 두 중심 부문은 바로 이데올로기와 과학기술이었다고 해도 지나치지 않는다. 그것은 사상혁명과 더불어 기술혁명이 국가적 과업으로 계속 추진되었던 것을 보더라도 잘 알 수 있다.

그런데 초기 북한의 과학기술 여건은 남한보다도 열악한 처지에 놓여 있었다. 해방직후 과학기술계 고등교육기관은 평양공업전문학교와 평양의학전문학교 뿐이었고 시험연구기관도 두드러진 것이 없었다. 일제 때에 세워진 몇 개의 과학기술기관들이 그나마도 불균등한 지역분포를 하고 있었던 것이다. 중화학 공장들이 흥남을 비롯한 북쪽 지역에 들어서 있긴 했으나 그 기계설비는 일본인들이 운영하고 있어 북한의 과학기술 기반 형성에 그다지 도움이 되지 못했다.

이 때문에 북한에 있던 과학기술자들도 해방이 되자 오히려 남한으로 이동하는 경향이 있었다. 일부는 정치나 종교 요인에 기인했지만 초기 단계에 대다수는 남쪽에서 더 좋은 직장을 얻기 위해서였다. 특히 미국유학 출신자들은 남한의 미군정에 들어가 자신의 능력을 발휘하기를 원했다. 이들 중 북한에 남은 사람은 거의 없었던 것으로 보인다. 그만큼 당시 과학기술자들은 남한에서 자신의 전문능력을 발휘할 더 넓은 취업의 기회를 찾을 수 있었던 것이다.

이같은 어려움을 북한은 짧은 기간 안에 스스로 해소하고자 했다. 과학기술 학부가 주축을 이룬 김일성종합대학을 비롯하여 김책공업대학, 흥남공업대학, 평양의학대학, 함흥의과대학, 청진의과대학, 원산농업대학 등을 세웠다. 연구기관으로는 중앙연구소, 중앙광업연구소, 흥남연구소, 약품위생연구소, 가축위생연구소, 농사시험장, 잠업시험장 등이 들어섰다. 그리고 무엇보다 놀라운 일은 국가의 중심적인 연구기관으로 과학원을 세우고 그 내에 여러 개의 과학기술 연구소를 설치한 것이었다. 이 밖에 우수한 인력을 양성하기 위해 매년 수백 명의 유학생을 소련으로 과학기술 분야를 중심으로 해서 파견하기도 했다.

이들 과학기술기관은 그 상당수가 뜻밖에도 일제의 유산에 기반하여 만들어졌다. 식민지시기 북쪽에 세워져 있던 과학기술계 전문학교, 시험연구기관, 병원 및 농장 등이 최대한 그대로 활용되었다. 예를 들어, 김일성종합대학은 식민지시기에 세워진 평양공업전문학교와 평양의학전문학교를 모체로 삼음으로써 단기간 내에 설립될 수 있었다. 게다가 일본인 기술자들을 곧바로 내쫓지 않고 상당 기간 억류시켜 과학기술기관과 대규모 공장의 순조로운 운영을 도모했다. 사회주의체제를 지향하던 북한이 일제의 과학기술 유산을 청산하기보다 활용하는 조치를 취했다는 것은 다소 의아스러운 일이다.

그러면 북한은 왜 이토록 과학기술을 중시한 것이었을까? 그것은 북한이 초기에 중요하게 내세우고 있던 새로운 사회의 건설에 과학기술이 밀접한 관계를 맺고 있다고 보았기 때문이다. 우선, 과학기술은 일제가 통치 기간 내내 결과적으로 가장 억압한 분야로서 그를 발전시키는 일은 식민지 폐해로부터 하루 빨리 벗어나는 중요한 조치로 여겼다. 그리고 과학기술은 사회주의체제 건설에 절실히 요구되는 과학적 사상의 함양과 물질 생산력의 발전에도 결정적인 기여를 할 것으로 보았다. 이처럼 과학기술은 북한이 내세운 '과학적 사회주의'를 실현하는 데 정신적으로나 물질적으로 매우 중요한 기여를 할 것으로 전망했다.

이로 인해 과학기술자들은 다른 분야의 사람들에 비해 상당 기간 사상적 구속을 덜 받으며 활동할 수 있었다. 사회 전반적으로 정치사상이 아주 강조되었지만 당시 북한의 현실이 과학기술계에 대해서만은 그 적용을 어렵게 만들었다. 왜냐하면 과학기술의 막중한 중요성에 비해 그 종사자가 너무도 적었으므로 한 사람이라도 끌어안는 것이 필요했기 때문이다. 따라서 북한에서는 일제시기에 활동경력을 지닌 '오랜 인텔리'에게도 자신의 재능을 발휘할 수 있게 상당기간 면죄부를 주었던 것이다.

그에 발맞추어 북한은 남한의 우수한 과학기술자들을 끌어들여 부족한 인력을 충원하고자 했다. 어느 분야보다도 과학기술계 인사들이 월북을 많이 했는데 — 남한 주요 과학기술자의 40% — 이는 북한의 유인과 남한의 배척이 상호 작용을 한 결과였다. 남한에서는 국립서울대학교설립안(국대안) 파동으로 많은 과학기술자들이 대학에서 떨려났고 북한은 이를 놓치지 않고 공작전담반까지 만들어 그들의 월북을 조직적으로 추진했던 것이다. 당시 이들 과학기술자의 상당수는 자신의 행동을 이념과 관계없는 단순한 '지역이동'으로 생각했기에 결과적으로 그 인원이 많았다. 수학의 김지정, 유충호, 물리학의 도상록, 한인석, 정근, 화학의 최삼열, 김양하, 화학공학의 리승기, 려경구, 리제업, 기계공학의 강영창, 김덕모, 전기공학의 최성세, 배준호, 토목건축학의 김시온, 김응상, 광산야금학의 정준택, 박성욱 등이 포함되어 있다. 결국 이들 월북 과학기술자는 이후 북한에서 핵심인력을 형성하며 과학연구의 구심점 역할을 하게 되었다.

2. 소련 과학기술의 모방

북한은 해방직후부터 1950년대 중순까지 전적으로 소련을 모델로 삼아 과학기술을 발전시켜 나갔다. 사회주의 선진 과학기술을 빠른 기간 안에 갖추는 것이 과학기술의 주요 목표의 하나였던 것이다. 이는 탁월한 과학적 사상과 과학기술 수준을 갖춘 국가라는 소련의 이미지와 사회주의 진영에서 차지하고 있던 모국으로서의 소련의 위상을 생각해

보면 당연한 일이었다. 누가 보아도 낙후한 상태에서 갓 출발하는 북한이 사회주의 선두주자인 소련을 뒤따라야 하는 것은 의심의 여지가 없었던 것이다.

소군정은 소련에서 다년간 활동경험을 지닌 소련계 한인들을 끌어들여 주요 직책에 앉혔다. 대표적인 인물로 소련의 사범대학에서 물리학을 가르치던 남일은 교육국 부국장 겸 김일성종합대학 교수로서 국가와 대학의 정책을 주도했다. 북한도 각종 시찰단과 연수단을 소련으로 파견하여 새로운 제도를 본받는 일에 적극 나섰다. 과학기술기관을 새로이 설치할 경우에는 언제나 예외없이 대표단을 소련으로 보내 관련 시설을 둘러보게 한 후 그 경험을 반영하도록 했다. 아울러 오파린을 단장으로 한 소련의 전문가단과 여러 분야의 기술자들이 뒤이어 파견되며 북한의 과학기술제도는 소련식으로 만들어졌다. 특히 고등교육기관의 설치와 대규모 공장의 재건에 이들 소련 과학기술자가 미친 영향은 아주 컸다.

북한 최고의 대학인 김일성종합대학은 1946년 설립과 함께 소련의 대학체제를 본받았다. 대학 행정직제는 물론 전공조직, 교육내용, 학내활동 등에 이르기까지 전반적인 면에서 소련과 똑같은 모습을 갖추려고 애썼다. 사용된 명칭도 아스삐란트라(연구원), 까페드라(강좌), 까비넷트(연구실), 꼰페렌치아(발표회), 꼰슬따찌야(자문) 등처럼 소련에서 불리는 그대로 썼다. 아울러 과학기술에 역점을 둔 소련의 대학체제를 본받아 종합대학과 함께 전문화된 여러 단과대학들을 창설, 확충하는 조치도 취했다. 평양공업대학, 평양의학대학, 원산농업대학은 각각 김일성종합대학의 공학부, 의학부, 농학부를 분리해서 만든 대학들이었다. 그 결과 북한에서는 처음 단계부터 과학기술계의 비중이 전체 고등교육의 70%를 넘어설 만큼 매우 높게 나타났다.

과학원도 소련의 과학아카데미를 모방해서 1952년에 만든 국가적인 종합연구기관이었다. 처음에 붙인 명칭이 바로 과학아카데미였고 그 포괄 범위도 과학기술과 함께 인문학, 사회과학까지 망라했다. 조직체계와 임원구성, 사업계획, 활동방향 등도 소련의 경우를 그대로 따랐다. 과학원 설립을 전후해서는 주요 책임자들을 역시 소련으로 파견하여 과학아카데미를 둘러보고 그곳 관계자들로부터 구성 및 운영 전반에 관한 상세한 조언을 받기도 했다. 그 덕택에 북한은 자체의 기반이나 경험이 없었음에도 소련의 선례를 본받아 아주 일찍이 중추적인 과학연구기관을 만들 수 있었다. 이로써 월북 과학기술자를 중심으로 한 우수한 인사들은 국가로부터 물적, 인적 지원을 받으며 연구활동을 본격적으로 벌일 수 있었다.

그런데 이 과정에서 북한은 의도했던 바와는 다르게 실제 결과에서는 소련과 다른 특징을 부분적으로 띠었다. 소련의 선진적인 제도를 그대로 이식하려고 했지만 서로간에 존재하는 역사적 경험과 당면한 현실의 차이로 말미암아 그 내용과 방향이 달라지는 경우가 있었던 것이다. 어찌 보면 다른 국가의 제도를 받아들일 때 작고 큰 변화가 뒤따르게 마련이듯이 소련 과학기술의 북한식 변형이 일어났던 것이다.

그 하나는 종합대학과 전문화된 단과대학의 이른 분화로 북한에서 기술관료 집단이 빠르게 형성된 점을 들 수 있다. 소련은 이미 사회주의 교육체계가 확립된 관계로 전공교육일지라도 사상 지침이 그 안에 스며들어 있었지만 북한은 역사적 경험의 부재로 인해 그와는 다를 수밖에 없었다. 그럼에도 전공교육에 중점을 둔 소련의 대학 교과과정을 그대로 적용함에 따라 북한의 과학기술계 대학은 상대적으로 사상교육과 전공교육의 분리, 나아가서는 과학기술교육에서 정치사상성(구체적으로는 맑스-레닌주의)의 약화를 초래했다. 이에 따라 공과대학, 의과대학, 농과대학에서는 전공교육의 확장에 힘입어 기술 전문성을 상대적으로 강조하는 기술관료가 출현할 수 있는 제도적 기반이 일찍이 갖추어졌다.

다음으로는 부족한 과학기술인력을 현장에서 대거 충원하면서부터 과학기술의 현장성을 남다르게 강조하는 경향도 나타났다. 북한은 소련과 같은 사회주의 과학기술체제를 구축하기 위해 전문성과 함께 사상성을 크게 강조하고 한편으로는 과학기술기관의 확충으로 그 수요가 급증하는 과학기술 인력을 새로이 확보할 필요가 생겼다. 이때에 북한의 정치권력자들은 사상성과 전문성이 결합된 한 형태로 현장에서의 활동경험 및 실무능력이 포함될 수 있고 실제로 생산현장에는 비교적 다수의 전문인력—비록 학력이나 학술연구는 미흡할지라도—원천이 존재하고 있음을 발견했다. 결국 이들을 사회적으로 우대하는 조치를 취하고 그들을 주요 과학기술기관으로 끌어들임으로써 현장지향 과학기술자들이 하나의 주요 집단으로 성장하는 계기가 마련되었다.

이 시기 북한은 소련을 모델로 삼아 사회주의 선진 과학기술을 따라가고자 힘썼다. 바로 소련식 과학기술의 추구가 북한 과학기술계의 주된 흐름으로 자리 잡았다. 그 덕분에 북한에서는 과학기술의 기반을 빠른 기간 안에 갖출 수 있었고 과학연구도 미흡하나마 본격적으로 추진할 수 있었다. 이와는 다르게 일각에서는 북한의 사회현실과 현장경험을 풍부하게 지닌 과학기술집단이 새로이 부상하고 있었다. 이들은 북한이 직면한 현실적 문제를 해결하는 데 앞장을 섰고 실제로도 커다란 기여를 했다. 따라서 이들은 눈앞에 닥친 북한 과학기술의 낙후성이라는 당면과제를 극복하기 위해 일단은 서로 간에 적절히 역할분담을 하며 힘을 합해 나갔다.

3. 과학의 주체, 사상의 주체

북한이 소련식에서 벗어나 자기식의 길을 내딛기 시작한 것은 1950년대 후반부터였다. 중소간에 이념분쟁이 일어나고 국내에서는 반대 정치세력이 부상하는 등 북한정권으로서는 위기상황을 헤쳐나가기 위해 자기의 정체성을 확실하게 세울 필요를 깨달았다. 그 결과 정치사상에서는 맑스-레닌주의의 '창조적 적용', 경제에서는 '자립적 토대'의 구축, 문화에서는 '민족 문화유산'의 계승발전, 역사에서는 '혁명전통'의 재인식 등이 주창되었다. 소련을 그대로 뒤따르는 것에서 탈피, 북한의 역사 경험과 사회 현실을 보다 충실히 반영하는 방향으로 사회체제를 구축하고자 했던 것이다.

당시 북한은 상공업의 국유화와 농업의 협동농장화를 포함한 생산관계의 사회주의적 개편을 완료한 후 생산력 발전을 본격적으로 도모하기 위한 이른바 '기술혁명'을 내세웠다. 실제 생산현장에서 직면하고 있는 과학기술 문제를 구체적으로 해결하려는 움직임이 다각도로 벌어졌다. 그리고 김일성을 비롯한 주도적인 정치집단은 당시의 곤란을 외국에 의존하지 않고 자체 역량으로 해소하려고 했다. 특히 천리마작업반운동은 과학기술자는 물론 인민대중까지 광범히 참여시켜 과학기술 현안을 단숨에 해결하기 위한 국가적 과학기술동원사업이었다. 이같은 상황은 결국 소련유학 출신이 아닌 현장출신의 과학기술자들이 과학기술계에서 주도적인 위치로 올라서고 정치세력으로 부상할 수 있는 길을 열어 주었다.

이들 현장지향 과학기술자는 북한의 실정에 부합하는 과학기술을 발전시키는 일에 관심이 높았다. 외국의 과학을 훌륭하다 하여 무조건 도입하기보다 북한의 실정을 고려하여 그것들을 적절히 활용 발전하는 것이 바람직하다고 판단했다. 과학기술은 그 자체를 위한 것이 아니라 국가와 인민을 위한 것이어야 한다고 여겼다. 전반적으로 볼 때 순수 및 기초과학보다는 응용과학과 산업기술을 중시하는 방향으로 크게 기울었다. 그리고 아주 낙후한 과학기술을 빠른 시간 안에 전면적으로 발전시키기 위해서는 집단적이고 전인민적인 방식으로 과학기술을 진흥해야 한다고 보았다. 이 때문에 과학기술은 북한의 사회주의 건설과 인민의 생활 증진에 직접 기여하도록 과학기술과 생산의 결합, 심지어는 생산현장에서 수행되는 '현지연구사업'이 대대적으로 추진되었다.

이때에 기술관료들이 자신의 주장을 확실히 뒷받침할 수 있는 근거로 찾아낸 것이 바로 리승기의 비날론 연구였다. 세계적으로 주류 기술로 부상중인 석유화학에 기반한 나일론이냐, 아니면 북한에서 새로이 개발중인 석탄화학에 기반한 비날론이냐? 논란을 거듭한 끝에 비날론 연구는 북한이 직면한 의복문제를 자체의 힘으로 해결해줄 수 있는 방안이라는 결론이 내려졌고 이는 세계에 내세워도 손색이 없다고 여겨진 리승기라는 걸출한 과학기술자의 명성에 의해서도 뒷받침되었다. 이렇듯 비날론 연구에 대한 성격 규정과 채택 여부는 과학기술 내부만이 아니라 정치권력의 향방과도 관련 되었던 것이다.

과학기술계에서는 이를 기회로 북한 고유의 새로운 연구과제들이 한층 더 관심을 끌게 되었다. 몇 가지 대표적인 예로 염화비닐, 합성고무, 갈섬유, 옥수수섬유, 무연탄가스화, 무연탄 제철법, 동의학, 집약화 농법 등을 들 수가 있다. 대부분이 북한에 풍부하게 존재하는 부존자원을 이용하고 자체의 힘으로 기술력을 확보할 수 있으며 시급한 현안의 해결에 유용하게 활용될 수 있는 연구과제들이었다. 이로써 이들 연구과제는 국가 차원에서 대규모로 추진되고 그 중의 일부는 곧바로 응용되어 산업적 성과를 거두기도 했다.

결국 리승기의 비날론을 비롯한 이들 연구과제는 아주 짧은 기간 안에 큰 성공을 거둔 것으로 비춰졌다. 정치 권력자들은 이같은 일들이 과학연구에서 주체적인 정책을 취했기 때문이라고 그 요인을 내세웠으나 실제로는 그런 것이 아니었다. 일부 업적이 현지연구기지에서 얻어지기는 했지만 대부분은 이미 과학원 창립 때부터 연구되어 오던 것들이고, 그것도 현장 출신이 아닌 월북 과학기술자들의 주도로 성취되었던 것이다. 그러므로 이때에 획득하게 된 새로운 가치는 과학적 연구성과 그 자체보다는 정치적, 사상적으로 그것들을 해석한 일이었다.

당시 월북 과학기술자들은 - 소련 유학이나 북한 대학 출신자들과는 달리 - 풍부한 활동경험과 연구업적을 쌓은 적이 있어 짧은 기간 안에 우수한 연구성과를 거둘 수 있었다. 그리고 이들은 북한 과학기술계의 대표적 인물들이어서 과학기술을 중시하던 국가의 정책에 따라 이전부터 상당한 지원을 받아오고 있던 터였다. 그뿐 아니라 이들은 2차대전 때에 대용품 개발을 위한 일본 특유의 연구활동에 참여한 경력을 가지고 있어 북한의 새로운 과학기술 노선에 쉽게 적응할 수 있었다. 즉 이들 월북 과학기술자는 일본인들이 식민지시기에 주장했던 일본식 과학을, 그에 대한 경험을 살려 새로이 북한식으로 훌륭하게 적용 변형한 것이었다.

결국 비날론의 공업화는 과학기술의 중요성, 과학기술자의 위상을 사회적으로 크게 높였을 그뿐 아니라 '주체'라는 용어의 사용을 정당화해주는 과학적 근거가 되었다. 주체라는 말이 몇 년 전에 정치영역에서 반대파의 사상 경향을 비판할 목적으로 사용된 적이 있었다. 아직은 일시적으로 조심스럽게 거론되고 있던 상황이었다. 그러다가 1960년대 초반부터 과학기술계를 중심으로 '과학에서 주체를 확립하자'라는 주장이 본격적으로 제기되었다. 이는 과학기술을 주체적 방식으로 연구함으로써 북한에 보다 직접적이고 실질적으로 도움이 되는 성과가 얻어질 수 있다는 것이었다. 이를 계기로 주체라는 용어는 문학, 언어, 경제 등 다른 영역으로도 그 사용이 빠르게 확산되었다. 주체는 무엇보다 과학기술 분야에서 그 정당성이 입증된 가장 과학적이고, 사회주의적인 것으로 인식되었기 때문이다.

이후 주체라는 말이 사상분야에서까지 쓰이며 장차 주체사상으로의 길을 여는 데 하나의 중요한 전기가 된 것은 생물 의학에서의 봉한학설 등장이었다. 월북 의학자 김봉한이 한의학에서 주장해온 경락이 실제로 존재하고 그 내에는 다량의 핵산을 함유한 산알(살아 있는 작은 알갱이)이 있어 세포의 성장 및 사멸에도 관여한다는 것을 제시했다. 이 학설은 세포이론에 기반한 기존 생물학과는 달리, 생명의 기본 단위는 산알로서 그것이 매개되어 이루어지는 생명현상은 경락체계에 의해 관장된다는 아주 혁명적인 내용을 담고 있었다. 이 때문에 북한에서는 이 연구업적이 다윈의 진화론에 버금가는 세계 과학사에 기리 새겨질 위대한 성과로 여겼다. 이 연구논문은 노벨상 수상을 염두에 둔 때문인지 영어와 로어는 물론 일어, 불어 등으로 번역되어 세계 각국으로도 배포되었다.

이러한 엄청난 과학 발견이 가장 낙후한 곳에서 이루어졌으니 그것이 몰고 온 사회적 파장과 충격은 이루 말할 수 없이 컸다. 다른 무엇보다 1965년 중순에 모습을 드러낸 주체사상의 초기 형태는 이 봉한학설에 적지 않게 힘입었다. 이 새로운 과학의 성과와 주체에 대한 논의는 긴밀한 관련을 맺으며 전개되었을 그뿐 아니라 서로간에는 자주성, 창조성, 자력갱생의 측면에서 닮은꼴을 하고 있었던 것이다. 당시 북한에서 자기의 독자적인 사상을 내세운다는 것은 상상하기 힘든 일이었다. 왜냐하면 국내외로부터 수정주의적 편향이라는 거센 비난을 면치 못할 것이기 때문이었다. 그럼에도 이러한 저항에 맞설 수 있었던 내부 원천의 하나는 봉한학설을 비롯한 그간의 과학 성취와 그들로부터 추출한 메시지에 크게 기댈 수 있었던 점을 들 수 있다.

이 시기는 북한의 과학기술이 상대적으로 가장 정점에 달했던 때이다. 북한은 이같은 과학기술 발전이 이루어진 요인을 자립적이고 주체적인 정책노선으로 간주했다. 어찌 보면 정치 주도세력이 당시 얻어진 연구성과를 자신들의 입지를 강화하는 방향으로 활용했던 것이다. 그러나 북한의 과학기술이 이 시기에 급속도로 발전할 수 있었던 주된 요인은 다른 데에 있었다. 무엇보다 일본에서 연구경력을 쌓은 유능한 월북 과학기술자들이 다수 포진해 있었던 점이 중요했다. 하지만 북한의 정권은 과학기술에서 인력의 가치를 제대로 인식하지 못한 채 노선의 가치만을 눈여겨봤던 것이다.

4. 주체사상과 주체과학

주체사상이 1960년대 후반 정식화되면서 그것은 과학기술을 포함한 모든 분야를 새로운 방향으로 구축하게 만들었다. 과학기술은 그 중요성이 여전히 강조되긴 했지만 이때부터는 전면에 앞세워진 사상의 영향 아래에서 그 발전이 모색되지 않으면 안되었다. 주체사상의 위대성과 전능성이 강조되면 될수록 과학기술도 그 가르침을 받으며 뒤따라야 했던 것이다. 주체과학, 주체기술, 주체의학, 주체농법 등의 말이 널리 쓰이며 그 내용이 매우 독특한 모습을 체계적으로 갖추게 된 것은 바로 이 시기부터였다.

그 특징은 세 가지로 뚜렷이 나타났다. 하나는 김일성의 교시를 절대시하여 과학기술도 그것을 이어받아 철저히 따라야 하는 것으로 여겨진 점이다. 수령의 지도를 받아야 과학기술의 올바른 발전이 이루어질 수 있다는 것이다(수령의 향도). 다음으로는 사회의 주인으로 간주된 근로인민이 과학기술에서도 주체가 되는 대중적 혁신에 의해 과학기술은 빠른 발전이 보장될 수 있다고 한다. 이 때문에 과학기술활동은 근로인민이 대거 유입되는 가운데 생산현장에서 수행되게 되었다(대중적 혁신방식). 끝으로는 주체노선과 항일유격대의 혁명정신을 이어받아 과학기술의 경우도 자립적 발전을 강화하고 자력갱생의 원칙을 견지해 나가야 한다는 점을 지적할 수 있다(자력갱생의 원칙).

이에 따라 북한의 과학기술은 다른 나라에서는 그 유례를 찾아보기 힘든 북한식 과학, 즉 '주체과학'의 등장과 정착으로 이어졌다. 주체과학은 북한의 자체 자원, 기술, 설비에 철저히 기반한 속에서 모든 인민을 대대적으로 동원하여 북한의 실정에 가장 적합하게 발전시켜 나가는 것이다. 북한은 주체사상을 주축으로 한 정치사상에 부합하며 당시 처한 여건에서 경제건설과 인민생활에 즉각적이고 직접적으로 이바지할 수 있는 방향으로 과학기술의 재편을 시도했던 것이다. 이렇듯 다른 나라에 대한 과학기술의 의존을 탈피하고 그 자립을 도모하려던 노력이 그것을 훨씬 뛰어넘어 자기만의 특유한 과학기술을 추구하는 방향으로 나아가게 되었다. 이는 과학기술의 실천지향, 집단주의 성격에다가 새로이 지역주의, 인민주의 성격을 가미하는 결과를 낳았다.

이 시기에 추진한 기술혁명을 보면 과학기술과 정치사상이 얼마나 밀착되어 있었는지를 잘 알 수 있다. 이른바 중노동과 경노동의 차이, 공업노동과 농업노동과의 차이, 가사노동으로부터 여성의 질곡을 극복하기 위한 '3대기술혁명'이 제시되었다. 그 목표는 주체사상에서 최고의 가치로 내세우는 인간의 자주성을 실현하기 위해 과학기술을 통한 노동해방을 본격적으로 추진하기 위한 것이었다. 이를 위해 북한은 생산과정의 기계화와 자동화에 필요한 기계공학, 전자공학, 컴퓨터공학의 발전과 그 산업적 응용을 강조하게 되었다. 과학기술과 정치사상의 일체화가 보다 전면적으로 추진되었던 것이다.

한편, 과학기술자는 전문성이 아무리 뛰어나더라도 사상성이 담보되지 않으면 국가적으로 필요없다고 간주되었다. 대학 졸업 후 진로 배치에서는 실력이나 재능보다 출신성분, 그리고 군대나 현장 경력이 우선적인 중요성을 지녔다. 과학기술자를 대상으로 한 정치 및 노력 동원이 자주 행해지고 생산현장의 과학기술 문제를 풀기 위해 관련 전문가를 파견하는 '과학자기술자돌격대' 제도가 시행되었다. 과학기술자는 혁명하는 자세로 국가와 인민에 헌신해야 하므로 다양한 임무를 수행하는 만능형의 인간이 되어야 했다. 이를테면, 과다한 강의, 대중교양, 정책토론회, 현장실습, 학술강연, 외국서적 번역 등은 그들이 부여받은 주요 과제들이었다.

과학연구는 스스로의 힘에 전적으로 의거하여 자체 자원의 활용과 대용품 개발에 중점이 두어졌다. 이 때문에 이전부터 강조해오던 기계공업과 함께 채취공업, 금속공업, 화학공업, 건설공업 등처럼 자립적인 경제체제 구축을 위한 원료, 연료, 동력기지를 꾸리는 일에 많은 노력이 기울여졌다. 물론 전자공학이나 자동화공학처럼 첨단기술의 중요성을 강조하기는 했으나 그것의 목적은 첨단산업의 발전을 위해서라기보다는 낙후한 전통산업, 특히 힘든 노동으로부터의 해방에 도움을 주기 위한 것이었다. 그리고 실험설비도 외국에서 들여오기보다 필요한 기관이 중심이 되어 자체 제작하는 것을 기본 원칙으로 삼았다.

과학기술자의 양성은 일하면서 배우는 교육체계의 대표 형태인 '공장대학'의 증설에 중점을 두며 이루어졌다. 이 대학은 가능한 한 많은 사람들이 고등교육을 받을 수 있으며 과학기술활동에 근로인민을 대대적으로 유입시킬 수 있는 북한이 지닌 우월한 교육제도로 여겨졌다. 반면에 외국 과학기술을 좇는 것은 사대주의, 교조주의의 발로로 간주되었기에 해외유학이나 연수는 거의 완전히 중단되었다. 주체과학의 건설에 외국에서 이룩된 과학기술 성과는 그다지 도움이 되지 않는다고 판단했던 것이다. 이로 인해 외국서적이나 잡지도 번역을 통해서만 제한적이고 단편적으로 전달될 뿐이었다. 결국 우수한 과학인재의 양성이나 외국과의 교류는 이 기간 동안 크게 위축되는 결과가 빚어졌다.

따라서 북한의 과학기술은 극히 몇몇 부문을 제외하고는 다른 나라에 비해 크게 뒤떨어졌다. 특히 첨단기술, 소비재기술, 기초과학 부문은 낙후성이 가장 두드러지게 드러난 영역들이었다. 이는 과학기술의 정치사상화, 우수 고급인력의 부족, 외국과의 교류 미진, 지나친 실용적 목표의 추구, 국방기술 치중, 경쟁시스템의 부재 등에 기인했다. 주체적 연구가 가져온 뜻밖의 성과로 북한은 주체과학의 가치와 승리를 지나치게 낙관했고 그럴수록 북한만의 특유한 과학을 추구하는 경향이 더욱 강해졌던 것이다. 그러므로 북한으로서는 이 같은 문제를 어떻게든 해결하려는 노력을 기울이지 않으면 안되는 상황에 놓이게 되었다.

5. 주체과학 대 선진과학

북한에서 선진 과학기술에 대한 관심이 높아지고 그 수용을 위해 가시적인 조치를 취한 것은 1980년대 중반부터였다. 자신의 과학기술이 뒤지고 있다는 것을 인정하면서 '과학과 기술의 시대'에 맞게 과학기술 발전을 위한 새로운 노력이 필요함을 깨달았다. 과학기술의 세계 추세나 수준이라는 말이 자주 언급되며 북한의 과학기술도 그 흐름에 어느 정도 부응하지 않으면 안된다는 판단을 내렸다. 이로써 주체과학이나 주체기술이라는 용어는 잘 사용되지 않고 대신에 '과학기술에서의 주체' 정도로 약화되며 선진 과학기술이 그것에 모순되지 않는다고 여기게 되었던 것이다.

이는 북한의 경제현실, 그것을 뒷받침하고 있는 과학기술의 낙후성에 대한 반성을 통해 나타났다. 특히 과학기술의 질적인 수준의 문제는 아주 심각한 것으로 여겼다. 북한이 안고 있는 경제문제는 과학기술의 수준을 높이지 않고는 해결하기 어렵다는 인식을 가지게 되었던 것이다. 한편으로는 과학기술의 자립성과 주체성 확립을 위한 그간의 노력이 일정 정도 성과를 거둠으로써 외국 과학기술의 도입이 이제는 문제가 되지 않을 것이라는 판단도 하게 되었다. 외국의 선진 과학기술은 북한의 주체적 과학기술에 어긋나지 않고 오히려 그것의 효율적이고 빠른 발전에 도움이 될 수 있다는 것이었다. 과학기술에서의 이같은 새로운 방향 모색은 김정일이 정치권력 전면에 나서서 정책결정을 주도하게 되면서 본격적으로 이루어졌다.

이때부터 과학기술자는 과학기술의 핵심 혹은 직접 담당자로 여기며 그 위상에 변화가 일어났다. 과학기술의 주체로 간주되던 인민대중에서 핵심집단은 과학기술자이고 과학기술의 전문화와 학제화로 전문인력의 중요성은 더욱 커졌다는 것이다. 이 때문에 과학기술자는 사회적 동원에서 벗어나 연구활동에 보다 역점을 두게 되었다. 과학기술자의 지위 향상을 위해 실력과 성과 위주의 평가, 학습 제일주의, 연구 및 생활여건의 향상, 사회적 홀대 분위기의 개선 등과 같은 노력도 기울여졌다.

사회적으로 중요성이 커진 우수한 연구인력의 확보를 위해 영재 및 수재교육이 새롭게 모색되었다. 중등학교에서 과학영재교육이 실시되고, 나중에는 컴퓨터수재 교육기관을 세우고 김일성종합대학, 김책공업대학, 리과대학 등 주요 대학을 강화하며 연구원과 박사원을 확충하는 조치가 취해졌다. 영재 중등학교를 졸업한 학생들에게는 대학에 곧바로 들어갈 수 있는 특혜를 주어 20-30대 준박사/박사를 대대적으로 양성하고자 했다. 그뿐 아니라 외국유학 및 연수, 해외동포와의 교류가 적극 장려되며 영어를 비롯한 외국어의 습득이 중요하게 여겨졌다. 물론 곧이은 사회주의국들의 붕괴, 그에 따른 북한의 체제위기로 말미암아 이같은 조치가 당장에 실효성을 거두지는 못했다.

북한은 이 시기 이후로 과학기술에서 새로운 전환이라고 부를 수 있을 변화를 꾸준히 추진했다. 과학기술은 정치사상, 인민경제와의 연계가 논의되면서도 이전의 사상적 구속으로부터 한층 벗어나는 모습을 보여주고 있다. 때로는 과학기술을 정치나 경제의 하위영역이 아닌 그 자체를 자율적이고 우선적인 영역으로 간주하는 경향도 나타나고 있다. 그리고 기초과학과 첨단기술의 중요성이 부각되며 이를 뒷받침할 제도적 조치가 강구되고 있기도 하다. 전자공학, 정보과학, 열공학, 생물공학, 신소재 등은 새로이 역점을 두고 있는 대표적인 분야들이다.

선진 과학기술에 대한 강조는 다분히 과학주의 경향을 낳고 있기도 하다. 북한에서는 첨단과학이 가져다줄 기술경제적 효과를 유달리 긍정적으로 보고 있다. 이를테면, 서방의 국가들에서는 유전자조작식품, 생물복제, 유전공학, 원자력에너지, 나노기술 등을 둘러싸고 논란이 일고 있으나 북한에서는 오로지 긍정적 측면만이 강조되고 있다. 선진 과학기술은 새로운 재부를 낳을 원천이기에 북한으로서는 일단 부푼 꿈을 가지고 그것과 대면하고 있는 상태이다.

물론 북한 과학기술에서의 근간은 여전히 주체 확립에 있다. 새로운 변화에도 불구하고 과학기술은 전통과의 연결 속에서 추구되는 면이 상당 부분 있기 때문이다. 구체적으로는 과학기술과 정치사상의 관련, 실천지향 생산연구, 과학기술자와 생산자의 협조, 생산현장과 밀착된 교육, 집단주의의 구현 등은 그 예들이라고 할 수 있다. 그렇지만 과학기술에서 서방의 앞선 과학을 뜻하는 선진이 주체와 모순되지 않고 추구될 수 있다는 생각은 분명 커다란 발상의 전환이다. 과학기술에서는 이데올로기 접근보다 갈수록 실리주의 접근이 강화되어 나갈 것으로 전망된다.

6. 북한 과학기술의 향방

지금 북한은 정치경제적으로 매우 힘든 처지에 놓여 있다. 핵과 미사일 개발로 인한 국제 긴장과 식량 및 에너지난으로 빚어진 내부 위기에 직면해 있다. 이같은 문제를 해결하기 위해 북한은 광명성1호의 발사를 계기로 1990년대 후반부터 강성대국 건설과 과학기술중시사상을 새로이 내세우고 있다. 즉 첨단 및 정보 과학기술을 확고히 앞세워 현재 당면하고 있는 긴박한 문제를 해소함은 물론 사회주의 강국을 위한 기틀을 마련한다는 것이다.

무엇보다 정보기술은 북한에서 과학기술의 핵심 종자로 간주되고 있다. 21세기를 '정보산업의 시대'로 규정하며 정보기술의 중요성을 역설하는 가운데 사회 전반적으로 그에 대한 열풍을 불러일으키고 있다. 특히 소프트웨어는 인간의 지능노동, 즉 지식과 두뇌가 결정적인 작용을 하는 가장 첨단분야로 여기며 널리 장려되고 있다. 그동안 역점을 두어 추구해 왔던 기술혁명론도 정보기술을 중심으로 한 논의로 변모하고 있다. 새로운 시대에 걸맞은 기술혁명의 단계로서 정보화와 정보기술혁명이 제기되고 있기까지 한 것이다.

이 때문에 정보기술 분야에서는 세계수준의 과학기술을 확보하고자 다른 나라와의 교류 협력을 활발히 벌이고 있다. 국제기구와 재외동포는 물론 유럽의 국가들, 그리고 남한과도 정보기술의 도입 및 개발을 위해 애쓰고 있다. 현재 남한과 가장 활발한 교류가 이루어지고 있는 분야도 바로 정보기술이라는 사실은 북한이 그에 대해 쏟는 관심과 노력이 얼마나 큰지를 알 수 있다. 그뿐 아니라 자체 개발한 소프트웨어를 개량 수출하기 위해 다른 나라와의 공동연구나 협력사업도 강화하고 있다. 내부적으로는 수준 높은 소프트웨어 개발을 통해 새로운 외화 획득의 원천을 찾으려 하고 있는 것으로 보인다.

북한은 이렇게 정보기술을 필두로 한 첨단 과학기술을 선행시켜 기술적 문제는 물론 사회전반에 걸쳐 있는 현안을 풀고 사회발전을 재촉하려 하고 있다. 이른바 '과학기술중시사상'을 주창하고 있는 것이다. 이 사상은 그동안 부분적으로 알려져 있는 것과 같이 단순히 경제문제를 풀기 위해 제시되고 있는 것만은 아니다. 그보다는 과학기술을 사회전반의 문제를 해결하는 데 훨씬 더 포괄적이고 광범위하게 활용하기 위한 것이다. 이 때문에 사상이라는 말이 과학기술 앞에 붙어 과학기술 중시 사상으로 불리고 있다.

이 과학기술 중시 사상은 최고 통치자 김정일이 직접 이끌고 있는 것으로 보인다. 과학기술을 선행시켜 경제난과 식량난을 해결하고 행정관리의 난맥을 풀려고 하고 있다. 중앙집권, 계획경제, 교육수준 제고 등도 첨단의 과학기술을 통해 원활히 이루어질 수 있다고 생각한다. 그뿐 아니라 과학기술이 주는 혁신, 전환, 실리의 이미지를 정치에도 적극 활용하고 있다. 새로운 시대에 부합하는 통치형태로서 '과학정치'가 제기되고 있는 것이다. 특히 북한 내에서 김정일은 최신의 과학기술에 정통한 과학정치가로서 세계에서 가장 앞서가는 지도자로 거론되고 있다. 이렇게 과학기술중시사상은 첨단의 선진과학에 기반하여 그것을 사회전반을 새롭게 다지는 데 적극 활용하려는 담론인 것이다.

현재 북한에서의 과학기술 논의에는 '기술경제 측면'과 함께 '이데올기 측면'이 공존하고 있다. 북한이 당면하고 있는 체제 및 사상의 이완을 다시금 추스리는 데 과학기술은 대중적 공감을 불러일으키며 상당한 효과를 발휘하고 있는 것으로 보인다. 무엇보다 첨단의 과학기술이 그동안 느끼지 못하던 신선함과 기대감을 풍겨주고, 그것을 최고 통치자가 앞장서서 제시하며 이끌고 있기 때문이다. 그러나 첨단의 과학기술이 실제적으로 가져다주는 경제생활에의 기여는 가시화되고 있다고는 보기 힘들다. 다른 부문에 비해 소프트웨어가 빠른 발전을 보이고는 있으나 그마저도 국가 경쟁력을 갖춘 상태는 아니다. 더구나 미국을 비롯한 서방 국가들이 가하고 있는 기술경제 제재조치는 근본적인 제약조건으로 작용하고 있다.

북한은 갈수록 서방의 선진과학에 보다 깊은 관심을 가질 것이다. 물론 체제 및 사상의 위기가 지속되는 한 과학기술의 주체 확립도 계속해서 제기될 것으로 전망된다. 이 문제는 과학기술의 이데올로기 측면과 맞물리며 전개되어 나가게 된다. 그렇지만 북한으로서 사활이 걸린 과제는 과학기술을 통해 국가 경제와 인민 생활에 직접적으로 도움이 될 기술경제 성과를 거두는 일이다. 선진과학을 통해 기대하는 기술경제 성과를 이룰 경우 체제도 자연스럽게 안정될 것이지만, 그렇지 못하면 현재 과학정치를 통해 얻고 있는 이데올로기 효과마저도 약화될 가능성이 크다. 이렇듯 북한에서 새롭게 제기하고 있는 과학기술중시사상은 북한사회의 향후 행로와 밀접하게 관련을 맺고 있다.

더 생각해볼 주제

—

- 북한에서 전개된 과학기술과 사회의 상호관계를 남한의 경우와 비교해서 살펴보자.
- 리승기가 북한에서 가장 유명한 과학영웅으로 존경을 받고 있는 이유를 생각해 보자.

더 읽어볼 거리

—

김근배, 「'리승기의 과학'과 북한사회」, 『한국과학사학회지』 20-1, 1998.

김근배, 「과학과 이데올로기의 사이에서: 북한 '봉한학설'의 부침」, 『한국과학사학회지』 21-2, 1999.

김태호, 「리승기의 북한에서의 '비날론' 연구와 공업화」, 『한국과학사학회지』 23-2, 2001.

남성욱, 『북한의 IT산업 발전전략과 강성대국 건설』, 한울아카데미, 2002.

이춘근, 『북한의 과학기술』, 한울아카데미, 2005.

가볼 만한 사이트

—

한국과학기술정보연구원 북한과학기술네트워크(NK테크) http://www.nktech.net

제 6 부

현대 테크노사이언스 사례 연구

현대 테크노사이언스 사례 연구

01

VR, 가상현실의 시대

Enter ↵

여러분들은 하루 일과를 어떻게 보내는가? 미미의 하루 일과는 다음과 같다.

미미는 아침 9시에 일어나 VR 마트에서 향기가 좋은 바나나와 말랑말랑한 식빵을 산다. 그리고 VR 꽃밭에서 아침식사를 한다. 가상 꽃밭에는 형형색색의 꽃들이 찬란하고, 상쾌한 바람이 불어오며, 새소리가 들려온다. 미미는 가상의 오렌지색 테이블에 앉아, 가상의 친구 수현과 함께 담소를 나누며 토스트를 먹는다. 오전 11시, 미미는 화산에 대한 레포트를 쓰기 위해 VR 화산 폭발을 체험한다. 덕분에 레포트를 잘 썼다.
나른한 오후 2시, 미미는 일주일 전에 예약한 VR 프로그램으로 하와이 여행을 떠난다. 뜨거운 햇빛을 받으며 푸른 바다에서 보트를 탔고, 수영을 했으며, 하와이 사람들과 맥주도 마셨다. 돌아오니 오후 6시다. 배가 고프다. 생각해보니 점심을 먹지 않았군! 미미는 서둘러 식사를 하고, 3D TV를 보다 잠깐 잠이 들었다. 깨어보니 8시. 이런! 저녁 모임에 늦을 것 같다. 몇 년 전부터 활동하고 있는 아바타 동아리 모임이다. 미미는 서둘러 옷장에서 아바타를 꺼낸다. 오늘은 여전사 아바타로 재미있는 게임을 해볼 작정이다.

가상환경에서 식사를 하고, 여행을 떠나고 아바타 놀이를 하다니! 놀랍다. 이런 미미의 하루, 어떠한가? 이는 VR기술을 통해 가능하며, 곧 우리에게 다가올 미래의 일상이다.

VR은 1989년, 오토데스크사와 VLP사에 의해 처음으로 소개된 이래 꾸준한 발전을 거듭해왔고, 최근 들어 다양한 기업들과 대중들의 관심 속에 차세대의 가장 유망한 산업으로 떠오르고 있다. 이미 게임, 테마파크, 의료산업 등 다양한 분야에서 VR 혹은 AR 제품들이 쏟아져 나와 있으며, 기술의 발전 속도로 볼 때, 미미의 하루 일과가 우리에게 현실화될 날도 얼마 남지 않은 듯하다. 가상의 친구와 밥을 먹고, 가상의 바다에서 수영을 하는 VR의 신세계가 다가오고 있는 것이다. 이러한 VR 시대에 우리가 생각하고 걱정해야 하는 문제는 무엇일까? VR의 철학적 의미와 사회 윤리적 의미를 탐색해보자.

1. VR이란?

1) VR의 기술 시스템

우선, VR이란 무엇이며, 기술시스템은 어떠한 것인지 살펴 볼 필요가 있다. VR은 'virtual reality'의 약어이며, 한국어로는 '가상현실'이라 부른다. 이 단어는 컴퓨터 공학자 자론 래이니어(Jaron Lanier)가 만들어 낸 단어로, 주로 "사용자에게 실제 같은 환경이나 체험을 구현해주는 기술"을 말한다. 예를 들어 실제와 유사한 박물관의 환경을 구현하여 박물관 안을 둘러보게 하거나, 실제처럼 생생한 게임 환경 안에 들어가서 게임을 할 수 있도록 해주는 시스템을 VR이라 한다.

VR의 대표적인 시스템으로는 몰입시스템(immersion system), 탑승형 시스템(vehicle-based system), 원거리 로보틱스(tele-robotics) 등이 있다.

① 몰입시스템

몰입시스템은 HMD(Head Mounted Display), 데이터 장갑(data glove), 데이터 옷(data suit), 후각 효과 장치, 미각 효과 장치 등의 특수 장비를 통해 실제로 보고 만지고 맛보는 것과 같은 감각적 효과를 부여하는 시스템이다. 이 시스템의 장비인 HMD는 사용자의 머리의 움직임에 따라 입체적인 시청각 효과를 부여하는 디스플레이 장치이며, 데이터 장갑은 손의 위치와 방향, 손가락의 움직임에 따라 견고함, 유연함, 질량감, 압박감 등 촉각을 출력하는 장치이다. 그리고 데이터 옷은 몸 전체의 움직임을 추적할 수 있게 해주는 특수한 장비이다.

그림1 | **HMD와 데이터 장갑**

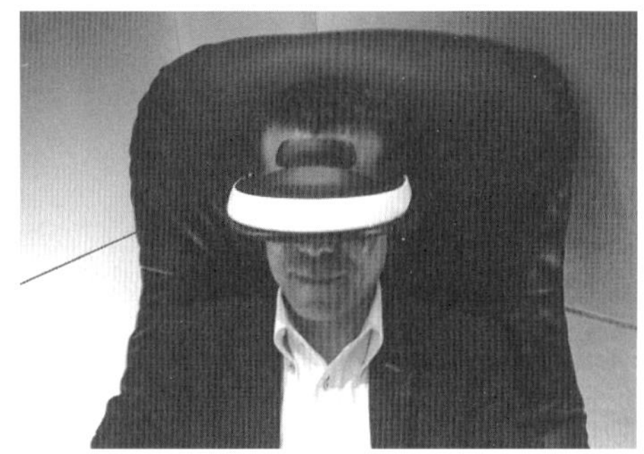

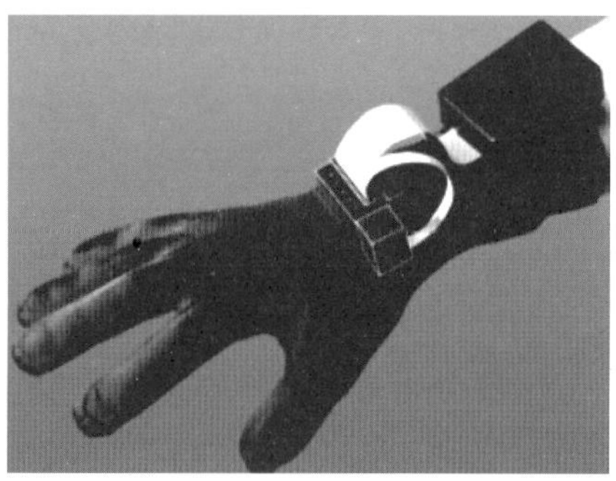

이 장비들을 사용하면 가상의 대상을 보고 만지는 것 같은 느낌을 갖게 된다. 예컨대 가상의 숲 속을 걸어 들어가면 사용자의 시각과 몸의 움직임에 맞게 길옆으로 나무들이 펼쳐지고 머리를 들어 위를 보면 파란 하늘이 떠 있으며 허리를 숙여 길가의 돌멩이를 들어 올리면 딱딱한 그것이 알맞은 무게감과 함께 들려진다. 여기에 음향 장치와 후각 효과 장치까지 동원될 경우, 가상의 숲 속에서 새소리가 들려오고 어디에선가 신선한 나무 향을 맡을 수 있게 된다. 시스템에 몰입된 사용자는 사무실에 앉아 실감나게 뉴질랜드 숲이나 하와이의 해변을 관광할 수 있다.

② 탑승형 시스템

탑승형 시스템은 HMD와 조이스틱, 그리고 각종 탑승기구로 이루어진 시스템이다. HMD의 입체적인 시각효과와 탑승 장치의 움직임을 통해 롤러코스터를 타거나 스키, 자전거를 타는 느낌을 생생하게 부여할 수 있다. 현재 우리나라에서도 테마파크나 다양한 VR 체험관에서 탑승형 VR 놀이기구가 등장하고 있다.

그림2 | **탑승형 VR 롤러코스터**

③ 원거리 로보틱스

원거리 로보틱스는 몰입시스템에 로봇을 첨가한 시스템으로, 사용자가 가고자 하는 원격지 공간에 로봇을 대신 보내 그 곳의 환경을 탐색하고 필요한 작업을 할 수 있게 하는 기술이다. 예를 들어 인간이 직접 가기 힘든 바닷속을 로봇을 이용하여 탐사하거나, 의사가 직접 가기 어려운 전쟁터의 환자를 로봇을 이용하여 수술하는 것이 가능하다. 이 시스템의 사용자는 직접 실제 환경에 가지 않고도, 마치 그곳에 가 있는 듯한 느낌에 몰입하며 여러 가지 작업을 하는 것이 가능하다.

원거리로보틱스는 꽤 이른 시기인 2001년, 뉴욕의 의사가 7000km 떨어진 프랑스의 환자를 수술하는 데 성공하면서 주목을 받은 바 있다. 아마도 언젠가는 영화, '아바타' 속 주인공처럼—주인공 제이크는 아바타를 이용하여 외계 행성에 침투하는 임무를 수행하다가 그곳의 주민인 나비족 여인과 사랑에 빠진다—로봇을 대리인으로 하여 아름다운 행성을 돌아다니고 행성의 주민들과 대화를 나누는 일이 가능할지도 모른다.

그림3 | **영화 '아바타'(2009)**

VR과 유사한 기술인 AR(Augmented Reality, 증강현실)이라는 시스템도 있다. AR은 현실에 가상 물체 이미지를 겹쳐 보여주는 기술이다. 예를 들어 '포켓몬고' 게임이나, 구글 글래스 등이 이에 속한다.

2) VR의 기술적 효과

VR의 기술적 효과는 크게 다음 네 가지로 설명될 수 있다.

① 원격현전(tele-presence)

VR은 거리가 먼 곳의 환경을 사용자 앞에 펼쳐 보이는 '원격현전'—원격지의 환경이 눈 '앞'에 나타난다는 점에서 '현존'(現存)보다는 '현전'(現前)이라는 표현을 사용한다—의 효과가 있다. HMD, 데이터 장갑 등을 통해 오감을 시뮬레이션하여 생생한 환경이 구현하기 때문이다. 사용자는 마치 '그 곳'에 와 있다는 느낌을 가질 수 있다. 시간이 없어 가지 못하는 해외의 관광지, 위험해서 갈 수 없는 방사능 지역, 혹은 과거의 역사적 사건의 한가운데에 원격 현전하는 것이다.

현재 이러한 원격현전의 기능을 가진 VR이 많이 출시되어 있다. 석굴암 HMD, 영국의 버킹검 궁전, 중국의 만리장성 등 다양한 VR 여행이 출시되어 있으며, 과거의 제2차 세계대전을 경험하게 해주는 VR, 우주를 탐험하게 해주는 VR도 출시되어 있다. 앞에서 언급한 원거리 로보틱스도 원격현전 효과를 보여주는 VR이다.

그림4 | **VR의 원격현전**

② 모형화(modeling)

VR의 또 다른 효과는 모형화다. 가상현실에서의 모형 작업은 현실에서의 모형 작업이 할 수 없는 다양한 방식을 가능하게 하며, 지각 가능하지 않은 대상의 모형화도 가능하게 해준다. 예컨대 건축가들은 설계된 건축물을 모형을 통해 미리 그 안에 들어가 살펴보고, 원하는 구조물을 손가락으로 집어서 원하는 위치에 놓고 크기를 늘렸다 줄였다 하면서 디자인할 수 있다. 화학자들은 인간의 지각능력으로 포착되지 않는 고분자 모형을 만들어 관찰하고 만질 수 있으며, 실시간에 새로운 분자결합물을 만들 수 있다.

③ 리허설(rehearsal)

VR은 리허설의 효과가 있다. 리허설이란 어떤 것을 하기 전에 미리 예행연습을 하는 것을 말한다. 예를 들어 비행기 조종법이나 수술을 VR에서 미리 리허설 해볼 수 있다. 현재 나사((NASA)의 비행훈련, 군사 분야의 전투 모의훈련에서 VR의 리허설효과를 이용하고 있다. 또한 의료 분야에서는 고소공포증이나 대인기피증 치료를 위해 VR을 이용한다. 환자에게 가상의 높은 환경에 서 있는 경험을 자주 접하게 함으로써 실제로 높은 환경에서의 공포감을 약화시키고, 가상의 무대에서 많은 청중들과 대화를 나누는 체험을 부여하여 대인기피증을 약화시키는 것이다. 현실에서는 하기 어려운 일을 VR을 통해 연습하도록 함으로써 치료에 도움을 주는 것이다.

그림5 | **VR게임**

④ 오락(entertainment)

VR의 가장 대중적인 효과는 오락적 효과이다. 현재 VR게임이 봇물처럼 쏟아져 나오고 있으며 테마파크에서도 탑승형 VR을 자주 볼 수 있다. VR 게임은 기존의 게임보다 훨씬 생생한 입체 환경에서, 보다 실제 같은 사건과 캐릭터를 경험하게 해준다. 더 자극적이고, 더 재미있다. 게임을 통해 공룡들이 살아 숨 쉬는 행성에 불시착하여 진짜 같은 공룡들을 피해 달리고, 여러 가지 모험을 할 수 있다. 생생한 가상환경 속에서 소름끼치는 좀비들을 물리치고, 진짜 같은 암벽을 등반하며, 아리따운 여인과 커피를 마시고 대화를 나눌 수 있다.

2. 가상현실도 현실일까?

진짜처럼 생생한 세상이 눈앞에 펼쳐지고 내가 그 안에서 걷고, 만지고, 다른 존재와 대화를 한다. 진짜 같은 이 세상은 단지 허구인가? 아니면 또 하나의 현실인가?

"현실"은 "reality"의 번역어로 "실재", "진짜 존재"의 의미를 지닌다. VR의 기술이 컴퓨터 공학자들이 다루는 영역이라면, "현실"이나 "존재"는 철학자들의 전문적인 영역이다. VR, 가상현실은 철학적으로 어떻게 평가될 수 있을까?

VR은 비물질적인 이미지로 구성된 인공물이다. 사진이미지, 그림이미지, 문자이미지 등을 통해 인위적으로 조작하고 가공해낸 것들이다. 이미지는 현실의 그것들과 비슷하면서도 더 편리하거나 화려하다. 가상의 나비는 현실의 나비보다 더 아름답고 더 선명하며, 가상의 꽃밭에는 현실에 나뒹구는 쓰레기 같은 것은 없다. 게다가 게임 속 가상현실은 허

그림6 | **VR은 이미지로 구성된다**

그림7 | **VR은 인간의 현전감에 의존한다**

구적 캐릭터와 스토리로 진행된다. 좀비가 나오고 여전사가 날아다닌다. 과연 이러한 것을 현실이라 할 수 있을까?

그리고 VR은 진짜로 현전하는 것이 아니라 현전한다는 느낌, 즉 "현전감"을 불러일으킨다. 인간의 오감을 시뮬레이션하여 진짜로 보고 만지고 맛보고 냄새 맡으며, 가상의 존재들과 상호작용할 수 있게 함으로써 그곳에 환경이 "현전하는 것 같은 느낌"을 부여한다. VR은 인간의 감각이 만든 현전감에 의존하는 세상인 것이다. 거기에 있는 것이 아니라 거기에 있다고 느껴지는 존재, 그것은 철학적으로 볼 때 진정한 존재라고 볼 수 있을까?

1) 가상현실은 가짜다

철학자 플라톤(Platon)이나 르네 데카르트(Rene Descartes)는 이에 대해 부정적으로 대답할 것 같다. 이들은 인간의 감각은 믿을 것이 못된다고 생각하기 때문이다. 우리의 시각은 불완전해서 하늘에 떠 있는 별 보다 가까이 있는 형광등을 더 크게 보기도 하고, 존재하지도 않는 신기루를 보기도 하며, 우리의 청각은 자신의 핸드폰 소리를 다른 사람의 것으로 착각하기도 한다. 게다가 감각은 주관적이어서 사람마다 같은 사물을 달리 보기도 한다. 플라톤이나 데카르트는 진짜 현실, 진정한 존재란 이러한 불완전한 감각에 의존하지 않는다. 진짜 존재는 주관적인 것이 아닌 절대적인 것이며, 감각으로 보고 만질 수 있는지 여부와 상관없이 존재하는, 본질적인 것이다. 절대적인 본질은 감각이 아닌 이성을 통해 파악되는 것이다. 따라서 플라톤과 데카르트의 입장에서 볼 때 감각에 의존하는 VR은 진정한 존재라고 볼 수 없다.

영화 '매트릭스'는 감각적으로 진짜 같았던 현실이 사실은 진짜가 아니었다는 반전으로부터 이야기가 시작된다. 주인공 네오(Neo)는 그동안 먹고 자고 일하고 꿈꾸며 살아온 현실이 사실은 현실이 아닌 컴퓨터가 만들어낸 가상현실임을 알게 되고 AI 컴퓨터가 지배하는 세상에 저항하게 된다. 영화에서 주인공을 제외한 대부분의 사람들은 컴퓨터가 만들어낸 가상현실이 가상현실임을 눈치채지 못한다. 왜냐하면 눈과 귀 촉감이 만들어내는 현전감이 너무나 생생하기 때문이다. 영화에서 인간의 오감은 가짜 세계를 진짜처럼 현혹하고, 진짜 세계가 무엇인지 파악하는데 장애가 된다. '매트릭스'는 우리가 의존하는 시각, 청각, 후각, 촉각이 우리를 속일 수도 있으며, 그리 믿을 것이 못 된다는 데카르트적 의심을 잘 표현하고 있다. VR이 감각적으로 생생하다고 하여 현실이라고 믿는다면, '매트릭스' 같은 미래가 왔을 때, 우리는 영화 속 사람들처럼 캡슐에 갇혀 컴퓨터가 꾸며낸 가짜 이야기들을 현실이라 믿으며 일생을 마쳐야 할지도 모른다.

2) 가상현실은 또 하나의 현실이다

다른 주장도 있다. 넬슨 굿먼(Nelson Goodman)이나 조지 버클리(George Berkeley) 같은 철학자들은 우리의 감각, 현전감에 의존한 VR이 하나의 현실로서 인정될 수 있다고 본다. VR이 현전감에 의존한다고 해서 진짜가 아니라고 한다면 우리가 발을 딛고 있는 이 현실도 진짜가 아니기 때문이다. 왜냐하면 발을 딛고 선 이 현실도 감각에 의존하기 때문이다.

우리의 눈은 책상을 딱딱하고 네모나며 갈색인 것으로 보지만, 개나 고양이의 눈에는 회색 물체로 보일 수도 있다. 어쩌면 책상의 진짜 모습은 개나 고양이나 인간의 눈에 비친 책상의 모습과 달리 물렁물렁하고, 동그랗고, 무지개 색일지도 모르며, 실제로는 아예 존재하지 않는 것일지도 모른다. 그럼에도 책상은 딱딱하고 네모난 모습을 지녔고, 거기에 있는 하나의 존재다. 그것은 우리가 책상을 그런 모습으로 지각하기 때문이다. 책상은 인간의 감각에 의존하는 것이다. 어차피 현실, 진짜 존재, 세계란 그런 것이다. 따라서 굿먼이나 버클리의 입장에서 볼 때, VR이 우리의 감각에 의존한다는 이유로 이를 가짜라고 치부할 수는 없다.

사실 VR의 한국어 번역어인 '가상'이 가짜의 뉘앙스를 담고 있는 반면에, 원어인 'virtual'은 '형식상은 아니지만 본질적인'이라는 뜻을 가지고 있다. 즉 VR은 '형식상은 아니더라도 본질적으로는 현실'이라는 뜻이다—이 점에서 '가상현실'보다는 '인공현실'이 번역어로 적합하다는 의견이 많다. 이렇게 본다면 굿먼이나 버클리의 입장이 원어의 의미에 부합하는 철학적 입장이 아닐까 싶다.

그림8 | **굿먼(N. Goodman)**

하지만 VR은 분명 이미지에 불과하며, 허구의 캐릭터와 사건들로 넘쳐난다. 조작된 이 이미지들을 진짜 존재라 볼 수 있을까? 굿먼은 어차피 존재, 현실, 세계는 구성되고 조작되는 것이라고 말한다. 굿먼에 따르면 현실은 그것을 분해하거나 합성하고, 강조하고, 배열하고, 삭제하거나 보충하고, 변형하는 해석(version)을 통해 구성된다. 우리는 눈앞에 있는 대상을 있는 그대로 보지 않는다. 언제나 특정한 관점에 따라 해석한다. 대상을 하나의 범주에 속하는 것으로서 합성하거나 다른 것으로서 분해하고, 특정한 질서 속에서 배열하고, 특정한 측면을 강조하고, 특정한 자료를 삭제하거나 보충하고, 변형한다. 예를 들어 우리는 꽃을 동물과는 다른 것으로, 식물과는 같은 범주로 분류(분해와 합성)하고, 색깔을 명도나 채도에 따라 순서(배열) 짓는다. 통계 처리를 할 때에는 목적에 필요한 것을 강조하고, 사소한 데이터는 삭제하며, 가설을 증명하기 위해 부족한 관찰자료는 이론을 통해 보충하기도 한다. 이런 식으로 우리는 대상을 해석하며 만드는 것이다.

그리고 대상을 어떻게 해석할 것인지는 그 대상을 바라보는 다양한 관점에 의해 영향을 받는다. 예를 들어 책상은 일반인들에게는 하나의 개체로 간주되지만 물리학자들에게는 수만 개의 분자덩어리로 간주되고, 만화가에게는 신비스러운 비밀이 담긴 물체로 간주된다.

즉 어차피 세계는 날 것 그대로가 아니라, 우리 인간이 특정한 관점에 따라 여러 방식으로 해석하고 구성한 것이다. 책상은 그냥 책상인 것이 아니라 우리가 지각체계, 과학 이론, 혹은 만화적 상상력으로 이러저러하게 간주한 책상인 것이다. 어떤 특성이 강조되는지에 따라 책상은 이런 것도 될 수 있고 저런 것도 될 수 있다. 그저 딱딱한 것일 수도 있고, 수 만개의 분자덩어리 일수도 있으며, 그 속에 나무 요정이 살고 있을 수도 있다.

그래서 굿먼은 현실이란 다양한 관점에 따라 구성되는 것이기에, 하나가 아닌 여럿이라고 말한다. 즉 물리학적 현실, 역사적 현실, 만화적 현실, 소설의 현실, 영화적 현실, 인터넷의 현실 그리고 가상현실 등 현실은 다양하다는 것이다. 현실은 감각으로 구성되기도 하고, 문자나 언어를 통해 구성되기도 하며, 이미지가 난무하는 VR 버전을 통해 구성되기도 한다. 좀비가 존재하지 않는 현실도 있지만 좀비가 돌아다니는 VR의 현실도 있으며, 딱딱한 물질적 현실도 있지만, 원격현전이 가능한 VR 현실도 있는 것이다. 굿먼의 입장에서 볼 때, VR은 여전사가 등장하고, 화려한 나비들이 날아다니는 또 하나의 현실이다.

3. VR의 사회적 기능

철학적으로 가상현실이 현실인지 아닌지의 논란도 의미가 있지만, 더 중요한 것은 가상현실이 우리의 실제 삶에 미치는 영향일 것이다. VR은 어쨌거나 새로운 우리들의 일상이 될 것이다. VR은 우리 사회에 어떤 영향을 미칠까? 원격현전, 모형화, 리허설, 오락 등 다양한 효과를 통해 사회 전반에 있어서 여러 가지 좋은 영향을 미칠 것으로 예측되고 있다. VR의 사회적 순기능을 살펴보자.

우선 VR을 통해 체험형 교육이 활성화될 것이다. 이미 화산폭발, 등고선을 입체적으로 볼 수 있는 AR, VR 제품들이 교실에서 사용되고 있으며, 앞으로 기술이 더 발전하고 보급되면 역사 시간에 HMD를 쓰고 과거의 역사적 사건을 체험하거나, 먼 곳에 있는 유적지를 체험하게 될 것이다. 체험형 교육을 통해 우리 사회의 교육의 질은 향상될 것이다.

그리고 각종 안전사고 예방 훈련도 발달할 것이다. 지진, 화재, 해상안전사고, 비행안전사고 현장을 시뮬레이션하여 VR을 통해 대피훈련을 받아볼 수 있기 때문이다. 또한 경제활동 분야에서는 VR로 인해 새로운 신규 산업이 등자하고 일자리도 많아질 것으로 전망된다. 의료업계의 의료행위의 질적 향상도 예측된다. 모의 수술, 원격 수술, 가상 진료 등을 통해 예전보다 정교한 수술, 신속한 진료가 가능하기 때문이다.

또한 VR의 원격현전, 오락 효과를 통해 사회 구성원의 경험이 확장되고 다양화될 것으로 보인다. 여행, 스포츠, 놀이기구, 각종 게임 등 VR을 통해 저렴한 가격으로 다양한 경험을 소비할 수 있게 되어 사회 각계각층의 구성원들의 경험이 다양하고 풍부해질 것이다. 또한 해외 유학도 VR화 된다면 경제적인 문제로 유학을 가지 못했던 이들에게 새로운 기회를 부여할 수 있다. VR이 소득격차에 따른 경험의 격차를 좁혀줄 것이라는 전망이다.

VR은 환경 보호에도 좋은 기능을 한다. 모형화 효과를 통해 불필요한 건축쓰레기 발생을 절감할 수 있기 때문이다. 시뮬레이션 VR이나 AR을 통해 건축물을 미리 만들어 볼 수 있기 때문에 불필요한 자재를 사들이는 비용도 절감하고, 버려지는 쓰레기 역시 줄일 수 있다.

그리고 VR은 사회에 어려운 빈곤층, 국제적인 기아 문제, 전쟁으로 인한 참사 현장 등 도움의 손길이 필요한 이웃들에 대한 사회적 공감을 확산하는데 기여한다. VR은 뉴스나 동영상 보다 훨씬 더 생생하게 현장을 구현해 주기 때문이다. 예를 들어 미국의 빈곤층의 생활을 보여준 VR, '로스엔젤레스의 굶주림(Hunger in Los Angeles)'이나 시리아 내전이 가져온 참상을 구현한 '프로젝트 시리아(Project Syria)'는 많은 사회적 공감을 불러 일으켰다. '로스엔젤레스의 굶주림'은 로스엔젤레스에서 실제로 있었던 일을 시뮬레이션하여 사용자로 하여금 그 사건 안에 들어가 체험할 수 있도록 해주는 VR이다. HMD를 쓰면 눈앞에 급식 배급소에 길게 줄을 선 사람들이 보인다. 이때 갑자기 앞에 서 있던 한 남자가 당뇨성 저혈당증으로 쓰러지고 그의 몸이 경련으로 뒤틀린다. 놀란 그를 사람들이 둘러싸고 이 와중에 일부는 새치기를 시도한다. VR 체험자는 로스엔젤레스 빈곤층의 이런 일상을 생생하게 느끼며 눈물을 흘린다. VR은 말로만 듣고, 글로만 접했을 때와는 비교할 수 없을 정도의 공감을 불러일으키는 것이다. 사회적 공감의 향상은 이웃에 대한 자선과 관심을 향상시키는 훌륭한 윤리적 기능이라 할 수 있다.

이렇듯 VR은 교육의 질, 사회 안전, 의료, 경제활동, 환경 보호에 기여하고, 경험 문화를 확산하고 사회적 공감을 향상시키는 다양한 순기능을 가진다.

4. VR의 사회 · 윤리적 문제들

VR은 우리 삶에 여러 가지 유익한 영향을 미칠 것이다. 그러나 어떤 기술이든 밝은 면만 가지는 것은 아니다. VR에는 문제가 없을까? VR과 관련한 사회, 윤리적 문제들을 생각해보자.

1) 가상현실/현실 혼동

마이클 하임(Michael Heim)은 VR의 등장으로 인해 우리가 현실세계와 VR 구별하지 못하는 혼란에 빠질 수 있다고 본다. 우리는 게임에 한동안 몰입했다가 현실로 돌아왔을 때 그곳의 현란한 이미지가 현실에 중첩되는 것을 종종 경험하곤 한다. 단순한 벽돌게임만 해도 게임이 끝난 후에 현실에서 벽돌이미지들이 여기저기 떠 있는 것이 보이기도 한다. 같은 색깔 맞추기 게임을 여러 번 하는 경우, 현실에서 같은 색의 옷을 입은 사람들을 보면 우습게도 줄을 세우고 싶은 충동이 들기도 한다. 평면적인 2차원 게임도 이러한 현상을 보이는데, 입체적이고 감각적인 VR게임에 오랜 시간 몰입했다면 그 증상은 더 심해질 수 있을 것이다. 가상현실이 현실처럼 생생한 경우 가상현실과 현실의 혼동이 있을 수 있다.

가상현실과 현실을 혼동한다는 것은 어떤 것일까? 화산폭발을 VR로 학습하거나 의사가 VR을 통해 모의수술을 연습하면서 지식을 얻고 훈련을 할 때, 그러한 상황을 두고 현실과 가상현실을 혼동했다고 말하지는 않는다. 가상현실/현실 혼동은 방금 전 모의수술을 끝낸 의사가 실제 수술을 마쳤다고 판단하거나, 화산폭발을 학습했을 뿐인 학생이 화산폭발의 현장에 갔었다고 기억할 때 일어난다. 이러한 혼동은 많은 것들에 혼란을 준다. 현실에서 일어난 객관적 사실에 대한 잘못된 판단을 야기하고, 기억의 오류를 불러일으킨다. 해야 할 수술과 했던 수술, 학습한 지식과 실제 경험들이 서로 뒤섞이는 것이다.

가장 심각한 혼동은 현실에서는 하면 안되는 행위를 하게 되는 경우일 것이다. 게임의 속에서는 하늘을 날아다니고 적들을 물리치고, 폭력을 행사한다. 이러한 행위를 현실에서도 한다면 어떻게 될까? 몇 해 전, 한 중학생이 게임과 현실을 혼동하여 살인을 저지른 사건이 있었다. 적들을 물리치면 레벨이 올라가는 게임 상황을 현실에서도 적용하여 실제로 사람의 목숨을 해친 것이다. 다음은 그 당시의 언론보도 기사이다.

> "나는 가상세계의 전사"- 광주의 양아무개(15 · 중3)군이 잠자던 친동생(11 · 초등4)을 흉기로 무참하게 살해한 사건이 발생했다. 양군은 경찰조사에서 "인터넷 게임 상에서 죽이는 게임을 즐겨했으며 현실에서도 살인을 하고픈 충동을 느껴 범행대상을 찾다가 가장 가까이에 있는 동생을 살해대상 1호로 지목했다"고 말했다. 양군은 중1 때부터 몇몇 컴퓨터 머드게임에 심취했고, 최근에는 국산 네트워크 게임에 빠져 있었다. 실제로 양군의 친구들

은 그가 최근 게임에서 무기로 사용하는 도끼를 실제로 구입해 날까지 세웠다고 말했다. 신경정신과 전문의들은"양군이 게임 중독에 빠졌으며 가상세계의 캐릭터(등장인물)를 현실세계의 동생과 착각해 살인을 저질렀을 가능성이 높다"고 진단했다. 최근 온라인 롤플레잉 게임을 둘러싸고 가상현실과 현실을 착각해 폭력사건이 잇따라 발생하고 과다하게 게임에 빠져 사망하는 등 게임 중독 현상이 심각한 후유증을 부르고 있다.(한겨레신문)

단순히 글을 통해 다수의 유저(user)들과 즐기는 머드(MUD)게임에서 현실과 게임을 혼동한 사례가 발생했으니, 생생한 VR게임으로 인한 현실과의 혼동은 보다 쉽게, 빈번하게 발생할 것이다. 무엇보다도 VR은 사용자의 몸에 체험을 부여한다는 점에서 더 위험하다. 정말 총을 쏘는 경험, 좀비들에게 칼을 휘두르는 경험, 적들이 눈앞에서 실감나게 쓰러지는 것을 경험한다. 손으로 휘두르고, 쏘고, 발로 차는 동작들은 몸이 기억을 한다. 승리했다는 쾌감과 함께 폭력을 생생하게 체험하는 것이다. 이러한 게임에 반복적으로 빠져든다면, 게임이 끝나고 현실로 돌아와도 폭력성은 자제되지 않을 수 있다.

가상현실/현실 혼동은 가상현실이 현실만큼 생생하게 체험되기 때문에 일어나지만, 그 혼동이 위험한 것은 가상현실과 현실의 내용과 규제가 다르기 때문이다. 하임은 가상현실과 현실의 차이를 '죽음과 탄생', '과거와 현재간의 이행', '염려'로 규정한다. 현실에서는 인간은 유한한 존재로서 언젠가는 죽게 되며, 시간의 흐름은 과거로부터 현재, 미래로 순차적으로 흘러간다. 그리고 현실세계는 딱딱한 물질적인 공간이기 때문에 언제나 다칠 수 있다는 위험이 있어서 우리는 늘 조심하고 염려하게 된다. 그러나 VR에서는 죽어도 죽지 않으며, 이미 시간적으로 지나간 사건은 언제든 리셋(reset)할 수 있다. 그리고 비물질적 공간이기 때문에 다치지 않으며, 다칠 것이라는 염려를 하지 않아도 된다. VR에서 물리친 적들은 언제나 다음 게임에서 되살아나고, 맘에 들지 않은 게임은 다시 리셋되며, 게임캐릭터에게 공격당해도 상처받지 않는다. VR 세상은 상처받지 않고 죽지 않고 리셋되기에 폭력성은 증대되고, 책임감은 약화된다. 이러한 차이가 존재하기 때문에 현실과 VR을 혼동하면 심각한 피해가 발생한다. 현실에서 사람을 죽이고도 다시 리셋할 수 있다고 믿게 되기 때문이다.

이러한 혼동을 막을 방법은 무엇일까? 4차 산업혁명으로 인해 VR와 현실의 경계는 더더욱 허물어질 전망이다. 인터넷, 인공지능, 가상현실, 로봇, 사물, 인간이 서로 연결되면서 가상현실이 어느 곳에나 존재할 것이고, 현실/ VR의 경계는 점차 사라질 것이다. 경계가 흐려지는 그 곳에 혼동의 위험이 존재한다. 이에 대한 대비책이 시급하다.

2) 정체성의 분열

현실에서 평범한 여학생인 미미는 VR에서는 힘센 여전사가 될 수도 있고, 남성이 될 수도 있으며, 심지어는 개구리가 될 수도 있다. VR에서 인간은 물질적인 육체가 아닌 문자, 그림, 영상, 사진 등의 이미지나 아바타로 존재하기 때문이다. 손쉽게 자신의 모습, 성격, 이름, 성별, 그리고 종까지도 원하는 대로 변경 가능하다.

오늘은 수줍음이 많은 여성으로 활동하고, 내일은 똑똑한 변호사가 될 것이며, 다가오는 주말에는 외계 행성의 '나비족'이 될 것이다. VR 세상에서 인간의 정체성은 하나가 아닌 여럿이며, 고정되지 않고 유동적이다.

이렇게 정체성이 많아지고 변화무쌍하다는 사실은 종종 VR의 치명적인 문제로서 지적되기도 한다. 예컨대 케빈 로빈스(Kevin Robins)는 VR은 정체성의 분열을 가져오는 정신병적 공간이라고 평가한다. 정체성이 다양하고 변화무쌍하다는 것은 일종의 다중인격 장애와 유사하기 때문이다. 다중인격 장애란 한 사람에게 두 개 이상의 인격이 나타나는 것을 말한다. 한 순간 수줍고 여린 여성이었다가 다른 순간 난폭하고 단호한 남성이 되는 것이다. 즉 한 사람의 정체가 하나가 아닌 여럿으로 분열되는 것이다. 로빈스는 VR이 인간에게 그런 무대를 열어준다고 본다. VR은 되고 싶은 무엇이든 될 수 있게 해준다. 변호사, 개구리, 나비족, 여전사 등 많은 아바타로 활동하면서 마치 진짜 변호사처럼 변호를 하고, 진짜 개구리처럼 행동하며, 여전사로서 정의롭게 누군가를 심판한다. 한 순간 남자 변호사였다가, 다른 순간 나비족이 되고 또 다른 순간에는 여전사가 되는 것이다. 다중인격 장애처럼 한 사람의 정체가 여럿으로 분열된다.

게다가 자신의 아바타를 진짜 자신으로 믿게 된다면 더욱 문제는 커진다. 초라한 자신의 직업, 마음에 들지 않은 자신의 외모, 고치려 해도 잘 고쳐지지 않는 자신의 성격은

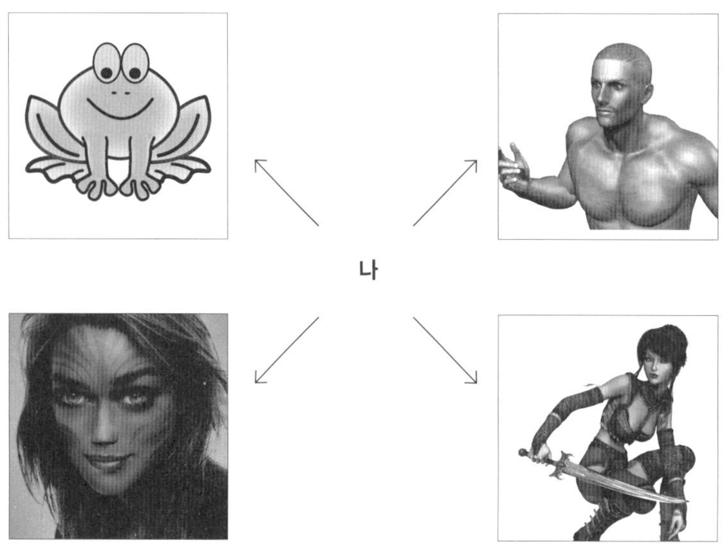

그림9 | **VR에서 자아정체성은 다양하다**

VR에서 마음대로 조작가능하다. 유능하고, 멋지며, 단호한 사람이 되어 실제 같은 환경에서 실제처럼 일하고, 대화하고, 사람을 만나는 경험은 내가 진짜 그런 사람이라는 착각을 불러올 수 있다. 특히 자신의 모습에 만족하비 못하고 다른 사람처럼 되고자하는 욕망이 있다면 더더욱 그러하다. 변호사 아바타가 진짜 나자신 이라고 믿게 되는 것이다. 이는 일종의 리플리(Ripley) 증후군에 해당한다. 리플리 증후군이란 현실을 부정하고 거짓을 사실인 것처럼 믿으며 상습적으로 거짓말을 하는 반사회적 인격장애이다. VR의 아바타는 사실과 다른 직업, 성별, 외향을 거짓으로 꾸미고, 사실과 다른 개인사로 치장한, 일종의 '거짓말하기' 게임이라 할 수 있다. VR은 자신의 진짜 인격, 진짜 정체성을 거부하고 거짓으로 포장하는 심리적 장애를 야기하는 것이다.

그러나 정체성이 하나가 아니고 다양하다는 것이 반드시 나쁜 결과를 가져오는 것은 아니다. 셰리 터클(Sherry Turkle)은 다양한 정체성은 정신병적 징후보다는 오히려 심리적 안정에 기여한다고 말한다. 그녀는 오래 동안 롤플레잉 머드게임 유저들을 연구해왔는데, 그녀의 연구사례에 따르면 다양한 정체성 경험은 자아의 발전과 타인에 대한 이해에 많은 도움을 준다. 예를 들어, 교통사고 후 다리를 잃은 아바(Ava)라는 한 대학원생은 자신이 장애인이 되는데 익숙해진 것은 게임을 통해서였다고 한다. 그는 왼쪽 다리에 의족을 한 장애인 캐릭터로 활동하면서 친구들의 자연스러운 반응을 경험하였고 나중에는 자신의 캐릭터에 애착을 갖게 되었다. 이를 통해 그는 자신이 불구라는 사실을 받아들이고 자신감을 갖게 되었다고 한다. 그리고 소심한 성격의 여성, 조는 머드에서 단호하고 자신감 있는 남성 캐릭터를 경험함으로써 현실에서보다 적극적인 직장생활을 할 수 있게 되었다고 한다. 그녀는 어릴 적부터 여자는 남자에게 큰 소리를 내거나 말대꾸를 해서는 안 된다는 교육을 받고 자랐기 때문에 자신의 주장을 이야기하는데 항상 주눅이 들어 있었는데, 머드 경험을 통해 자신의 이러한 심리상태를 조절하고 당당하게 목소리를 낼 수 있게 되었다고 말한다. 또한 머드에서 여자 개구리로 활동한 개럿(Garrett)이라는 청년은 자신의 사이버 성정체성을 통해 새로운 경험을 할 수 있었다고 한다. 남자이기 때문에 항상 자기 영역을 확보하고 치열한 경쟁에서 승리해야 하는 데 부담을 느꼈던 개럿은 머드게임에서 여성 캐릭터가 되어 타인을 돕고 배려하는 역할을 함으로써 즐거움을 느낄 수 있었다. 또한 그는 사람들의 성별에 대한 편견이 어떤 것인지 몸소 체험하기도 하였다. 개럿은 도움을 주는 개구리 역할에 있어서 여성 뿐 아니라 남성 캐릭터가 되기도 했는데, 그의 도움주기 행동은 여성 캐릭터일 때는 '따뜻한 환영', '자연스럽고 친절한 행위'로 여겨진 반면 남성 캐릭터일 때는 '예기치 않은 친절'로서 치부되었다고 한다. 개럿은 머드에서의 자신의 사이버 성전환을 통해 성별의 문제에 대해 폭넓은 경험을 쌓고 깊이 생각해 볼 기회를 갖게 되었다고 한다.

이렇듯 터클이 제시하는 사례들은 다양한 정체성이 인간의 심리에 좋은 기여를 하고 있음을 보여준다. 그러나 리플리 증후군이나 다중인격 장애의 위험성은 여전히 간과되어서는 안될 것이다. VR은 분명 다양한 인격이 출몰하는 장소이고, 허구를 꾸며내기를 즐기는 장소이기 때문이다. VR의 다양한 정체성의 허구성을 인지하면서 자아를 보다 발전시키는 방향으로 아바타를 누려야 할 것이다. 기술의 발전과 더불어 다양한 세계들이 몰려오고, 다양한 정체성이 다가온다. 다양한 정체성을 다루는 지혜가 필요한 시점이다.

3) VR 중독

VR은 현실보다 편하고, 화려하고, 쉽다. 간단하게 손가락만 움직이면 화려한 가상의 호텔에서 수영을 하고, 스키를 즐기고, 여행을 가고, 롤러코스터를 탈 수 있다. 모든 것이 편하고, 쉽고, 즐겁고, 재미있다. 존 발로우(Jhon P. Barlow)는 VR의 이러한 즐거움을 LSD(마약 이름)에 비유한다. 짜릿하고, 즐겁고, 황홀한 느낌이 마치 마약과 같다는 것이다. 마약은 중독된다는 문제를 갖고 있다.

중독이란 어떤 것에 빠져들어서 그것 없이는 생활을 할 수 없는 상태를 말한다. 이미 우리가 사는 세상에는 인터넷 중독, 스마트폰 중독, 게임 중독 등 매체에 빠져드는 중독현상이 널리 퍼져 있다. 언론보도에 따르면 60시간에서 70시간에 이르러 인터넷을 하며 지내는 사람들도 있고, 아예 집밖으로 나오지 않고 온라인 게임만 하며 사이버세계에 거주하는 사람도 있다고 한다. 한 방송사(KBS '추적 60분', 2005년)는 7년간 집에 은둔한 채로 온라인 게임에만 몰두하며 사는 K라는 사람을 취재하여 방송한 적이 있다. 고등학교 시절 친구들로부터 폭행과 집단 따돌림을 당해 외톨이로 지내왔던 K는 온라인 게임을 하면서 그동안 느끼지 못했던 행복을 느껴 볼 수 있었다고 한다. 그러나 그는 얼마 후에 온라인 게임 길드에서마저 퇴출당했고 충격을 받아 결국 자살로 생을 마감하였다고 한다.

이러한 중독은 왜 생기는 것일까? 킴벌리 영(Kimberly S. Young)은 인터넷 중독의 원인을 다음과 같이 분석한다. 첫째, 인터넷 중독은 인간의 탈출욕구에서 비롯된다. 인간은 힘든 현실에서 벗어나고자 하는 욕구가 있는데, 이를 인터넷이 만족시켜줌으로써 중독에 빠진

그림10 | 영화 '매트릭스'에서 사이퍼가 스테이크를 먹는 장면

다는 것이다. 둘째, 인터넷 중독은 마인드스릴(mindthrill)에서 비롯된다. 풍부한 전자적 즐거움으로 정신적 자극을 제공하기 때문에 인간에게 중독을 일으키는 것이다. 셋째, 중독은 매체가 인간의 자만심 충족시키기 때문에 일어난다. 인터넷 공간은 사용자의 뜻대로 움직여지므로 마치 매체가 자신에게 복종하는 느낌을 받는다. 자기 자신이 높은 존재가 되는 느낌이 자만심을 충족시켜 인터넷에 빠져든다는 것이다. 마지막으로, 인터넷 중독은 온라인 세계가 인간에게 부여하는 정서적인 양분 때문에 비롯된다. 채팅에서 만난 사람들과 동류의식, 서로간의 보살핌, 지원 같은 끈끈한 정서적 양분이 온라인을 통해 전해지기 때문에 그 세계에 머무르는 시간이 많아지고 중독에 빠지게 된다는 것이다.

VR은 그 무엇보다도 인간의 탈출욕구, 자만심을 충족하는 최고의 매체이며, 생생한 마인드스릴과 정서적 양분을 제공하는 곳이다. VR은 진짜 같이 생생한 환경을 구현하여 인간의 현실 탈출을 돕고, 실제 같은 아바타 친구와 우정을 나누는 정서적 양분의 장소이며, 자극적이고 짜릿한 긴장감으로 마인드스릴을 선사하는 천국이다. 또한 인간은 VR에서 명령을 내리는 왕이며, 마음대로 모든 것을 선택하고 조작하는 능력자가 되어 자만심을 충족한다. 기존의 인터넷이나 스마트폰과 같은 매체들이 보여준 현실감은 VR에서 더 극대화되고 더 생생해지고 더 입체화되었으니, 탈출욕구, 정서적 양분, 마인드스릴, 자만심충족 역시 더 극대화될 수밖에 없다. 따라서 VR의 중독성은 다른 매체보다 더 심각할 것이라 예상된다.

예를 들어 VR에 중독되면 현실 대신 VR에서 일생을 보내게 될 수도 있다. 아침에 일어나면, 좁고 지저분한 자신의 방 대신에 정갈하고 깨끗한 가상의 호텔에서 미각VR을 이용하여 맛난 식사를 하고, 힘들게 학교에 가는 대신 VR대학에서 수업을 듣는다. 상처를 받을 수 있는 친구 대신 VR 프로그램과 우정을 나누며, 귀찮은 가족모임에는 아바타를 보내고, 심심할 땐 가상의 롤러코스터를 탄다. 집 밖으로 한걸음도 내딛지 않은 채, 현실의 인간관계를 단절한 채, 현실 대신 VR에서 삶을 사는 것이다. 영화 매트릭스에서 사이퍼(Cypher)라는 인물은 화려한 가상의 레스토랑에서 스테이크를 먹으며 이것이 컴퓨터가 보내주는 신호에 불과한 가짜라는 것을 알지만 그래도 자신은 다시 그 화려한 세계로 돌아가고 싶다고 말한다. 즉 가상일지라도 고통스러운 현실보다는 행복한 가상에서 일생을 보내고 싶다는 것이다.-결국 그는 매트릭스에서의 삶을 위해 동료들을 배신한다.

중독은 마인드스릴이나 자만심충족 등 여러 가지 행복에의 추구에서 비롯된다. 이런 추구의 결과는 여러 가지 피해를 불러온다. 현실에서의 삶, 역사, 업적, 인간관계 등을 잃게 된다. 학생들은 학업을 게을리 하여 학업성적이 떨어지고, 직장인들은 직장업무를 소홀히 하게 되며, 부모들은 아이를 제대로 돌보지 못한다. 가족, 친구, 동료 등 살아오면서 맺은 인간관계가 파괴되면서, 쓰라리지만 도움이 되는 충고, 갈등으로부터 얻을 수 있는 발전도 사라진다. 게다가 화려하고 자극적인 VR에 익숙해져서 웬만한 자극으로는 즐거움을 얻을 수 없게 되며, 사고하는 능력 역시 저하된다. VR 중독이 행복을 가져다주는 것 같지만 실은 학업, 업적, 인간관계 등 다양한 측면에서의 고통스러운 손실을 가져오는 것이다.

또한 VR 중독은 인간의 본성인 이성적 기능을 마비시킨다. 편하고, 쉽고, 쾌락적인 것에만 몰두하다 보니, 어렵게, 천천히, 차근차근 사고하는 이성적 기능이 저하되는 것이다. 임마누엘 칸트(Immanuel Kant)는 자율적이고 이성적인 존재인 인간이 스스로를 쾌락을 위한 수단으로 만드는 것은 비도덕적인 행동이라고 비판한다. 즉 이성적 존재는 이성적으로 행동할 때 도덕적일 수 있는 것이다. 인간이 VR의 자극적인 쾌락에만 몰두하여 자신의 이성적 기능을 저하시키는 것은 자기 자신을 소중한 존재가 아닌 쾌락의 도구로 만드는 것이다.

현실에서 겪은 쓰라린 고통, 힘든 극복의 과정, 땀 흘려 얻은 성과들은 모두 소중한 자산이다. VR에 중독되어 VR에서 일생을 사는 것은 이러한 소중한 자산들을 모두 포기하는 것이다. 사이퍼가 매트릭스를 선택한 순간, 그는 모든 것이 컴퓨터의 지배하에 일어나는 사기극이라는 진실을 외면하게 된다. 진실은 쓰라리지만 이성적인 존재라면 추구해야 하는 도덕이다. 따라서 우리는 중독의 유혹을 다스려야 한다. 자극적이고 화려한 쾌락을 절제하도록 노력해야 할 것이다.

그러나 개인적인 노력만으로는 VR 중독은 해결하는 데 한계가 있다. 현실을 탈출하려는 욕구는 현실의 불행에서 기인하기 때문이다. 집안은 가난하고, 취업은 어렵고, 끊임없이 노력해도 꿈을 이룰 수 없는 사회라며, 그리고 사회계층은 양극화되어 '갑질'이 난무하고, 소수 재벌들만이 행복한 사회라면 사람들은 현실과 가상현실 중 어디로 가고 싶겠는가? VR 중독을 방지하기 위해서는 행복한 현실세계를 만들려는 사회 전반의 노력이 필요할 것으로 보인다.

Esc

VR은 공학기술이 가져다준 마법의 개척지이다. 미미의 하루일과는 마법이다. 미미는 마법처럼 쉽게 쇼핑하고, 숙제를 하고, 마법처럼 여행을 가며, 심심할 틈도 외로울 틈도 없다. 그렇지만 미미는 조심해야 한다. 미미는 자칫 가상의 화산 폭발을 실제 화산 폭발로 혼동할 수도 있고, 여전사 아바타가 진짜 자신이라 여길 수도 있으며, 현실과의 모든 관계를 끊고 VR에 중독된 채 살아가게 될 수도 있다. 우리는 VR과 현실 사이를 자유로이 오가며, 두 세계로부터 유익한 것들을 얻어야 한다. 그러기 위해서는 VR의 문제를 극복하기 위해 노력해야 할 것이다.

더 생각해볼 주제

—

- 이 글에서는 VR의 문제로, VR/현실 혼동, 정체성 분열, 중독의 문제를 제시하였다. 이 외에 VR이 가져올 다른 문제는 없을까? 이에 대해 토론해보자.
- VR 중독을 방지하기 위해서는 개인적인 노력 뿐 아니라 현 사회를 행복하게 만들려는 사회 전반의 노력이 필요하다. 이를 위해 어떤 정치적, 법적 노력이 필요할지 토론해보자.

더 읽어볼 거리

—

이채리, 『가상현실, 별만들기』, 동과서, 2004.

서기만 외, 『가항현실 세상이 온다』, 한스미디어, 2016.

이민화 외, 『가상현실을 말하다』, 클라우드북스, 2016.

니콜라스 네그로폰테, 백욱인 옮김, 『디지털이다』, 커뮤니케이션북스, 2003.

셰리 터클, 최유식 옮김, 『스크린 위의 삶』, 민음사, 2003.

02

디지털 기술과 인문학의 융합

1. 융합의 시대

1) 시대적 트렌드로서의 융합

"교수님, 질문 있습니다. 융합이 무엇입니까?" "컨버전스?"
"융합이란 도대체 뭘까요?" "합쳐지는 거?" "원 플러스 원?" "퓨전?"

얼마 전까지 방송에서 볼 수 있었던 한 광고의 대사이다.* 한때 "침대가 아니라 과학"이라는 광고가 큰 이목을 끌었는데, 이제는 융합이 과학의 자리를 대신하고 있다. 이는 융합이 단순한 레토릭을 넘어서 이미 시대를 지배하는 신뢰 키워드가 되었음을 의미한다. 융합은 거스를 수 없는 시대의 트렌드가 되었고, 마땅히 해야만 하는 마법의 탄환처럼 인식되고 있다. 하지만 기술 영역에서의 활발한 융합 시도와 달리, 학문영역에서는 융합이 그리 실효성 있는 성과를 내고 있는가에 대한 의구심도 많다. 학문영역에서의 융합은 오랜 전통과 영향력 있는 제도적 기반을 구축한 학과들 속에서 강한 포식자에 둘러싸인 약한 생명체와도 비슷하고, 융합을 강조하는 지식인들도 떠들썩한 분위기에 비해 상대적으로 적다는 비판도 있기 때문이다.**

융합(또는 통섭, 복합, 통합)에 대한 논의는 우리의 경우, 윌슨(E. O. Wilson)의 『통섭』(*Consil-*

---

* 이 광고는 현대차그룹에서 만들어 방영했던 것이었다.

** 고인석, 「기술의 융합, 학문의 통합」, 『철학과 현실』 (2010 봄), pp. 68-80; 홍성욱 엮음, 『융합이란 무엇인가』 (서울: 사이언스 북스, 2012), p. 8.

ience: The Unity of Knowledge, 1998) 번역과 출간을 계기로 일련의 열풍을 거치면서 매우 다양하게 이루어져왔다. '융합 산업'이라 불러도 손색이 없을 정도로 통섭 관련 논의들은 서로 시각과 지향점은 달랐지만, 융합의 시대적 필요성과 당위성에는 대체로 동의해 온 역사를 지니고 있다. 그러나 그 이면에는 그 열풍에 걸맞은 개념정의나 진지한 논의의 부재, 그리고 철학적 빈곤을 우려하는 목소리도 존재한다. 이는 우리 사회에서 학문 분야 간의 소통, 협력 경계 넘나들기, 그리고 통합의 필요성에 관한 인식공유와 실천적 시도는 활발하게 이루어지고 있지만, 좀 더 세밀한 접근과 열린 토론, 비판적 인식은 여전히 부족하다는 아쉬움의 표명일 수 있다. 이는 당위와 필요성만으로 융합이라는 혁신적 체제가 달성되는 것이 아님을 인식하고, 꼼꼼한 지적 차원의 융합 논의가 필요하다는 것을 말해준다.*

융합은 기본적으로 자기 정체성이 이미 확립된 이질적인 두 요소가 만나 지식과 경험 그리고 방법론 등을 합친다는 의미를 갖고 있다. 이런 점에서 융합을 단순히 여러 개가 하나로 합쳐지는 데 머물지 않고 새로운 가치나 영역을 창출하는 일련의 과정으로 인식한다면, 이는 결코 쉬운 과정이 아닐 것이다.

2) 융합, 개념과 유형의 다양성

융합이라는 용어는 단일한 실체가 있는 개념처럼 무심코 사용하고 있지만, 서로 다른 경험과 인식론 그리고 목표를 지닌 사람들은 각기 다른 의미로 이해하며 사용하고 있다. 복합, 퓨전, 하이브리드, 통섭, 통합, 탈경계 등 다양한 용어가 융합과 동일하거나 유사한 의미로 혼재된 채 사용되고 있다. 이런 점에서 융합은 개념적으로 학문공동체에서 여전히 성숙과정에 있는 용어이자 개념이고, 실천적 시도도 미성숙한 경우가 많은 상황이다.

융합과 관련하여, 가장 많이 사용되고 있는 용어는 컨버전스(convergence)이다. 이 용어는 여러 갈래의 경로가 한 점으로 모이는 듯한 현상을 뜻하지만, 최근 정보통신 기술 분야에서 여러 가지 기능을 한 제품에 모아 놓는다는 의미로 각광을 받고 있다. 하지만, 컨버전스는 수렴의 의미가 강하다. 통합(또는 복합, integration)이라는 용어도 흔히 사용되는데, 이는 물리적 결합의 의미가 강하다. 만일 융합을 수렴이나 합치기보다는 경계를 넘고 새로운 것을 창출하는 분화의 과정, 즉 둘이 만나 하나가 되는 것이 아니라 둘이 만나 셋이 되는 과정으로 본다면, 융합은 컨버전스나 통합(또는 복합)이라는 용어의 의미를 넘어선다고 봐

---

* 2012년 5월에 출범한 고등과학원 초학제 연구 프로그램의 패러다임-독립연구단의 협동 연구는 이와 같은 흐름을 잘 반영해주고 있다. 여기서는 여러 학문 영역의 학자들이 협동연구를 통해 융합 대신 지식의 합류(confluence)를 주창하며, 인문학과 자연과학의 대화를 모색할 그뿐 아니라 동서의 사유 패러다임의 교차까지 상정하며 실험적이고, 도전적인 시도를 전개해가고 있다. 김상환 · 박영선 엮음, 『사물의 분류와 지식의 탄생』(서울: 이학사, 2014); idem, 『분류와 합류』(서울: 이학사, 2014); 김상환 외, 『동서의 학문과 창조』(서울:이학사, 2016).

야할 것이다.*

융합의 유형이나 방식도 여러 가지다. 학문 영역을 볼 때, 조직의 통합 정도에 따라, 다학제(multidisciplinary), 학제간(interdisciplinary), 초학제(transdisciplinary)의 영역이 있을 수 있고, 이는 '다학제 → 학제 간 → 초학제' 연구로 진행되면서 융합의 정도가 더 깊어지고 학문의 토대에서의 융합이 진전된다. 우리가 보통 융합연구를 한다고 할 때, 이는 대체로 학제(學制)간 연구를 의미한다. 일반적으로 학제간 연구란 지식을 구성하는 방법론, 이론, 모형, 법칙 들이 융합되어 새로운 지식이 만들어지는 과정을 수반하는 연구를 의미한다. 또한 융합되는 학문의 이질성의 정도에 따라, 동일 학문 영역 안의 학문들이 더 먼 경우도 있고, 따라서 과학과 인문학이 제일 거리가 먼 것은 아니다. 이는 융합이 분야 사이의 거리만이 아니라 학문의 목표, 문화, 가치관, 언어 등이 개입하여 일어나는 것에 기인한다. 방법론에 따라서도, 물리학과 생물학이 만나서 분자 생물학이 되는 과정처럼 생명 현상을 물리적 단위로 환원시키는 환원론적 방법론이 있는가 하면, 어느 한 분야로 환원되지 않고 각 정체성을 유지하면서 접점이나 인터페이스가 확장되어 새로운 분야가 만들어지는 경우도 있는데, 이 경우는 전체론적인 특성을 보인다.**

이처럼 융합에 대한 개념과 유형은 다양하게 존재하고, 이에 대한 이해와 논쟁은 융합 관련 학문공동체의 기반을 튼실하게 다져가기 위한 필수적인 과정이라고 할 수 있다. 지금은 융합이라는 말에 과도한 의미부여에서 벗어나 과연 어떤 개념과 유형의 융합을 꾀하고 있는지 또는 어디로 향해야하는지에 대해 좀 더 진지한 숙고가 필요하다.

2. 디지털 기술과 인문학의 융합

넓은 맥락에서 디지털기술은 시간과 공간에 대한 인간의 경험방식을 근본적으로 뒤흔들고 있다. 일례로 가상현실(virtual reality)은 인간의 시간적 순차성과 공간의 독점적 배타성에 대한 경험을 동시성과 무매개성에 기초한 경험으로 바꾸어놓고 있다. 인간 삶의 근본적인 토대라 할 수 있는 시공간에 대한 경험방식의 급진적인 변화는 인간의 욕구와 이를 충족시키려는 행동 방식을 흔든다. 이는 새로운 기술을 낳고, 나아가 이 기술들은 새로운 융합기술로 진화해간다. 디지털기술은 그 중심에 있다. 일례로 휴대전화는 디지털기술을 중심으로 기계공학, 전자공학, 재료공학, 화학공학, 광학 등이 어우러진 산물이다. 이러

---

* 박상욱, 「융합은 얼마나-이론상의 가능성과 실천상의 장벽에 관하여」, 홍성욱 엮음, pp. 21-40, esp. 22.

** 같은 책, pp. 12-14.

한 기술의 융합은 산업의 융합으로 이어진다. 융합을 구성하는 각 학문분야 관련 산업들도 융합을 지향해가는 것이다. 그뿐 아니라 융합의 흐름은 학문의 지형도와 각 학문의 정체성을 완전히 새롭게 구성해가고 있다. 디지털 기술은 인간 지능의 확장인 정보기술(IT)과 감각적 차원의 커뮤니케이션기술(CT)이 융합한 것으로 생명-비생명의 경계를 넘나들며, 인간 삶과 문명 자체의 변화를 선도하고 있다. 최근엔 정보통신기술에 생명공학기술과 인지과학이 합쳐져 NBIC (Nano-Bio-Information technology, Cognitive science) 기술로 확장되어 가는 추세이고, 이러한 변화들은 인간 삶과 문명 자체의 매우 급진적인 변화를 추동해가고 있다. 이와 같은 상황은 많은 학문 분야의 정체성에 대한 진지한 고민을 낳은 배경을 이룬다.*

인문학도 예외는 아니다. 실제로 디지털 기술의 발전에 따른 일련의 변화는 고전적인 의미에서 인간의 사회적 행위와 가치들과 시민적 상호작용을 인간화하는 능력으로 정의되던 인문학을 과학기술의 발전에 조응하는 새로운 모습의 학문으로 정의하는 시도들을 낳고 있다. 대표적으로 인문학의 범주를 비인간적인 것으로까지 확장해야 할 필요가 있다는 주장, 인문학과 과학의 상호 호환적인 지점을 찾아내야 한다는 주장, 인문지식과 경험과학이 서로 보충적인 존재임을 보여주는 시도, 과학적 정보와 이미지의 상호작용을 통해 과학과 예술 사이의 대화를 개척한 시도, 생명과학과 정치적 요인 그리고 인식론적 차원을 연결시키는 노력 등 과학과 인문학의 새로운 관계 설정에 대한 새로운 담론들이 매우 풍성한 상황이다. 특히 로지 브라이도티(Rosi Braidotti)의 주장은 디지털 기술과 인문학의 융합이라는 견지에서 주목해볼 만하다. 브라이도티는 인간과 인간 아닌 것들의 결합이 가능해진 시대에 학문적 기획으로서의 인문학은 기술적으로 매개된 탈인간중심주의적인 방향으로 나아가야한다고 주장하며, 이른바 포스트휴먼 인문학(posthuman humanities)을 주장한다. 이러한 주장의 근저에는 자연-문화/물질-비물질의 이분법적 구도를 허물어뜨린 디지털 기술이 존재한다. 실제로 디지털 기술은 여러 학문들을 넘나들며 새로운 담론들을 창출하고 있고, 브라이도티는 인문학이 사이버항해 기술을 발전시켜야 한다고 본다. 그러면서 브라이도티는 포스트휴먼 인문학의 현재 사례로 인간 활동과 지질학적 영향력 상관관계를 다루는 환경인문학, 인간과 동물 그리고 생태계를 포괄하는 공중보건운동을 전개하는 '건강은 하나 운동'(One Health Initiative), 그리고 디지털 인문학(digital humanities)

---

* 디지털기술로 한정하여 새로운 학문의 지형을 고려할 때, 다음과 같은 점을 주목해볼 필요가 있다. 지식의 생산, 전수, 유통, 소비, 복제 시간이 매우 빠르고 쉬워졌다는 점, 생산되는 정보의 양이 천문학적 급증하고 정보 유통의 시공간적 제약이 거의 사라졌다는 점, 기원이 소실된 파편적인 정보의 범람으로 인한 유효한 정보선별의 어려워졌다는 점, 정보의 효용 시간이 매우 짧아졌다는 점 등이 그것이다. 따라서 유효한 정보를 취사선택할 수 있는 비판적 사고 역량의 강화와 총체적인 안목이 무엇보다 중요해졌다. 손동현, 「교양교육의 새로운 위상과 그 강화 방책」, 『교양교육연구』 제3권 제2호 (2009b), pp. 5-22, esp. 11-15.

을 제시한다.*

이처럼 디지털 기술을 비롯한 일련의 과학기술 발전은 연성(soft) 학문과 경성(hard) 과학이라는 이분법을 넘어 두 문화의 관계를 새롭게 정의하는 역동적인 흐름을 낳고 있다. 빅데이터(Big data)를 활용하여 인간능력을 보완하고, 이것에 기초한 인문학의 새로운 서사는 이러한 역동적인 흐름의 한가운데 놓여 있다. 또 하나의 자기 진화적인 인문학이 등장하고 있는 셈이다.

그런데 융합 학문은 기본적으로 둘 또는 셋 이상의 학문 영역이 서로의 경계 지점에서 만나 또 다른 영역을 창출함으로써 만들어진다. 사실 과학기술의 발전과 그에 영향을 받는 우리 사회의 현재와 미래에 대한 지향은 몇몇 추상적 철학 사조나 사회과학 이론으로 간단히 정복될 수 있는 사안이 아니다. 따라서 인문학과 자연과학의 경계지점에서 디지털 기술과 인문학이 만날 수 있는 구체적이고, 실질적인 방법에 대한 고민이 요구된다. 이른바 디지털 인문학처럼 수집, 분석, 해석, 출력의 모든 것을 아우르면서 데이터 사이언스(data science)와 인문학을 결합시킨 영역은 '두 문화'(Two Culture)의 경계지점에서 그 영역의 안정화를 꾀할 수 있는 현실적인 방안에 대한 진지한 고민이 요구된다. 경계지점에서 경계 너머를 지향하려는 융합의 시도 국면에서는 이질적인 학문 사이의 지식체계나 인식론, 방법론을 존중하며 상호간의 연결고리를 만들어내는 노력이 무엇보다 중요하다. 이미 우리는 모든 것들이 관계와 소통하는 세계에 살고 있기 때문이다. 이러한 노력은 오래도록 고착되어온 '두 문화'의 문제를 해소할 수 있는 한 계기가 될 수도 있다.

3. 디지털 기술과 인문학 융합 사례 : 디지털 인문학

디지털 기술과 인문학의 융합 시도는 여러 측면에서 이루어지고 있지만, 여기서는 디지털 인문학을 사례로 삼아 이질적인 두 영역이 융합 시도를 살펴보자.

1) 빅데이터

빅데이터는 말 그대로 커다란 데이터를 의미한다. 빅데이터는 단순히 용량만 큰 것이 아니라 비교할 수 없을 정도의 빠른 속도와 다양성이라는 요소를 특징으로 삼는다는 점에서 이전의 데이터와는 사뭇 다르다. 이는 우리가 어떤 문제를 해결하려할 때, 표본 샘플링에서 전수조사로 방법을 전환할 수 있음을 의미하고, 상대적으로 정확하고 빠른 예측

---

* 로지 브라이도티, 이경란 옮김, 『포스트휴먼』 (서울: 아카넷, 2015) pp. 188-209.

이 가능한 길이 열렸다는 것을 말한다. 바로 이 점이 사람들이 빅데이터에 열광하게 된 한 이유이다. 전수조사를 통한 정확하고 효율적인 예측은 상업적 효과가 매우 크기 때문이다. 경제적 효과는 개인이나 기업뿐만 아니라 도시나 국가의 전반적인 공적 비용 절감까지 포함한다. 넷플릭스사의 유로인터넷 드라마 하우스 오브 카드(House of Cards)의 성공은 빅데이터를 활용한 경제적 효과 창출의 대표적인 사례이다. DVD 유통업체에 불과했던 넷플렉스는 빅 데이터 분석을 거쳐 이 드라마를 만들었고, 이는 대박으로 이어졌다. 넷플릭스는 영국의 BBC 원작 드라마 판권을 구입한 뒤, 매일 평균 300만 건의 동영상 데이터를 토대로 드라마 시청자들의 성향을 분석했고, 여기에 시청자의 평가와 소셜의 반응, 검색 정보와 시청률까지 감안하여 어떤 감독과 배우를 섭외하면 성공할 수 있을지 결론을 내렸고, 이는 커다란 경제적 이익을 창출했다. 구글(google)의 감기지도(Flu-Map)로 확인된 질병의 예측과 예방이나 서울시 시내버스의 효율적인 노선변경, 그리고 스페인 바로셀로나의 스마트 쓰레기통과 가로등(30% 전력 소비량 감소)은 빅데이터를 활용한 공적 차원의 비용 절감의 대표적인 성공 사례이다.*

한편, 매년 유망 IT 기술 트렌드를 예측하는 미국의 정보 기술 연구회사 가트너(Gartner)는 일반적인 제품 수명 주기 그래프를 대체하는 신기술 하이프 사이클(Hype Cycle for Emerging Technologies)을 개발한 바 있다. 이는 시간의 경과에 따른 기술의 성숙도와 업계의 상황을 반영하여 ICT 기술의 진화를 설명하고, 이들의 미래 성장모습을 예측한다. 이 보고서는 기업들이 필요한 신기술을 올바르게 선택하고 도입하는 데 큰 도움을 주기 때문에 발표할 때마다 집중적인 조명을 받는다. 2012년 가트너가 발표한 사이클에서는 빅데이터가 정점에 있었으나, 1년 뒤 빅데이터가 내리막길을 걸을 것으로 전망했다. 실제로 2014년 사이클에서는 빅데이터는 하향곡선을 그리고 사물인터넷(IoT)이 정점에 도달했다. 2015년 이르면, 빅데이터는 그래프에서 아예 사라질 것을 전망했는데, 우리는 빅데이터가 이미 일상의 한 부분이 되었음을 실감하고 있다. 이 과정에서 가트너는 디지털 휴머니즘(digital humanism)의 시대가 도래하고 있음을 언급했다. 디지털 휴머니즘은 디지털 비즈니스와 디지털 워크플레이스의 중심이 기술이 아닌 사람이며 인간의 관심과 가치를 반영해야 한다는 개념이다. 최근 우리의 관심을 끌고 있는 자율 주행 자동차가 대표적인 것인데, 디지털 휴머니즘의 폭과 넓이는 이보다 훨씬 더 깊고 넓다. 우리 생활에서 빅데이터는 모든 곳에 침투해 있고, 이는 디지털 휴머니즘의 영향력을 잘 알려준다. 기본적으로 디지털 휴머니즘은 기술이 인류 문명을 선도해서는 안 되며, 사람의, 사람에 의한, 사람을 위한 기술 문명이 되어야 한다는 것을 전제로 하고 있다. 이처럼 빅데이터는 인간 존재의 기본 요소인 삶,

---

* 유강하, 「빅데이터와 사물인터넷 시대의 비판적 해석과 인문학적 상상력」, 『시민인문학』 30 (2016), p. 97.

일, 사고방식을 근본적으로 바꾸는 디지털 혁명을 가져옴으로써 우리가 세계와 인간을 바라보는 시선과 응대의 방식을 바꾸어 놓고 있는 것이다.

빅데이터는 지식의 저장과 공유 그리고 생산 방식의 변화와도 관련을 맺고 있다. 빅데이터는 흔히 코페르니쿠스적 전회에 비견될 만한 잠재력을 가진 것으로 평가받고 있는데, 실제로 빅데이터 활용이 가능한 디지털 시대에는 3년마다 정보량이 2배로 늘어났고, 이는 구텐베르크의 인쇄술 발명이후 유럽의 정보량이 50년마다 2배로 증가한 사실과 비교해 볼 때, 혁명적이라고 할 수 있다. 오래지 않아, 지구상의 모든 데이터는 디지털 방식으로 저장될 것이라는 주장도 등장하고 있다. 이는 사물인터넷처럼 모든 것들이 네트워크로 연결됨으로써 유통 데이터가 비약적으로 증가했기 때문이다. 바로 이러한 상황은 양질 전화, 즉 빅데이터의 출현이 인류 문명의 질적인 전환을 선도할 것이라는 주장을 낳았고, 이는 엄청난 양의 데이터를 활용하여 지식 생산 방식과 내용이 바뀔 수 있음을 의미한다.*

2) 디지털 인문학, 개념과 탄생 배경

빅데이터를 활용한 지식 생산 방식과 내용의 변화는 인문학 영역에서도 일어나고 있고, 이는 일련의 디지털 기술의 융합을 통해 디지털 인문학이라는 새로운 학문적 영역을 구축해가고 있다. 최근 우리 학계에서도 유행하고 있는 디지털 인문학은 디지털로 표현하고 디지털로 소통하는 이 시대에 인문지식이 더욱 의미 있게 탐구되고 가치 있게 활용되도록 하는 노력으로 이해된다. 즉 디지털 인문학이란 ICT 의 도움을 받아 새로운 방식으로 수행하는 인문학 연구와 교육, 그리고 이와 관계된 창조적인 저작 활동을 일컫는 말이다. 이는 전통적인 인문학의 주제를 계승하면서 연구 방법 면에서 디지털 기술을 활용하는 연구, 그리고 예전에는 가능하지 않았지만 컴퓨터를 사용함으로써 시도할 수 있게 된 새로운 성격의 인문학 연구를 포함한다. 단순히 인문학의 연구대상이 되는 자료를 디지털화 하거나 연구 결과물을 디지털 형태로 간행하는 것보다는 정보기술의 환경에서 보다 창조적인 인문학 활동을 전개하는 것, 그리고 그것을 디지털 매체를 통해 소통시킴으로써 보다 혁신적으로 인문지식의 재생산을 촉진하는 노력 등이 디지털 인문학의 의미라고 할 수 있다.

디지털 인문학은 이탈리아의 예수회 신부 로베르토 부사(Roberto Busa, 1913-2011)가 토마스 아퀴나스의 저작을 중심으로 중세 라틴어 텍스트 1,100만 단어의 전문 색인을 전자적인 방법으로 편찬한 것(1949-1974)을 그 시초로 보고 있다. 이후 인문학 연구의 새로운 방법에 눈을 뜨게 된 연구자들이 컴퓨터의 활용을 여러 방면으로 모색하기 시작했다는 것

* 이상은 김기봉, 「빅데이터의 도전과 인문학의 응전」, 『시민인문학』 30, (2016), pp 14-20.

이다. 초기의 디지털 기술과 인문학의 관계는 전산 인문학(cumputational humanities)이나 인문학 전산화(humanities computing)라는 용어에서 알 수 있듯이 인문학 텍스트를 전자적인 자원으로 전환하는 것이 대부분이었고, 이는 텍스트 및 언어 자원의 색인, 통계 처리 위주에 불과했다. 그러다가 디지털 기술의 혁신적인 발전과 더불어 데이터베이스, 멀티미디어, 데이터 마이닝, 시각화 등으로 범위가 확장되면서 인문학과 디지털 기술의 접촉이 단순한 데이터의 양적 처리에만 머물지 않는다는 의미에서 인문학 전산화가 아닌 디지털 인문학이란 용어 사용으로 변화했다. 2006년 미국 인문학재단은 디지털 인문학 사업(Digital Humanities initiative)을 시행했고, 2008년에는 미국 인문학 재단의 정규 사업단의 이름을 디지털인문학국(局)(office of digital humanities)으로 정했다. 이후, 디지털 인문학은 대중적으로 일반화하기 시작했다.

한국의 경우, 디지털 인문학의 효시는 에드워드 와그너(edward wagner, 1924-2001)의 문과 프로젝트를 꼽는다. 미국 하버드 대학의 동아시아언어문명학과 교수를 지낸 애드워드 와그너는 미국과 서유럽의 역사학계에서 한국사 연구를 선도했던 학자였다. 와그너 교수는 한국인 동료 송준호 교수와 1967년 문과 합격자 명부인 문과방목(文科榜目) 데이터를 디지털 데이터베이스로 편찬하는 문과프로젝트(munkwa project)에 착수했고, 14,000명의 문과 합격자와 그의 가까운 친족에 관한 데이터를 컴퓨터에 입력하고 이를 종합적으로 분석한 바 있다. 이후 우리의 디지털 인문학 프로젝트는 1992년에 착수해서 2005년 10월 첫 결실을 맺은 『조선왕조실록』 데이터베이스화 작업으로 본격적인 서막을 알렸다고 볼 수 있다. 디지털화된 『조선왕조실록』은 디지털 기술의 활용을 통해 학술과 대중(드라마나 영화제작, 교양서적 편찬에 조선시대사 활용 등등) 사이의 간극을 좁힌 것으로 평가받고 있다. 즉 우리나라의 디지털 인문학은 전문적인 학술 연구만이 아니라 인문지식을 대중화하여 유용하게 쓰일 수 있게 하는 목적을 동시에 갖고 있었으며, 더불어 그와 같은 일을 수행할 수 있는 응용인문학 인력을 양성하는 데도 관심을 기울였다는 점에서 그 폭이 넓다고 할 수 있다.*

3) 디지털 인문학 연구 개발 사례

디지털 인문학 영역에서 이루어지고 있는 새로운 연구 방법론의 적용과 그 결과는 최근 급속히 증가하고 있는 형국이다. 여기서는 대표적인 몇 가지만 소개한다.

- 문화의 시각화(visualizing cultures) 프로젝트 : MIT가 시행한 이미지가 이끄는 학술(image driven scholarship)을 표방하는 디지털 환경의 인문 교육 교재 개발 사업이다. 역사적 사

---

* 이상은 김현 임영상 김바로, 『디지털 인문학 입문』(HUEBOOKS: 서울, 2016), pp. 17-23을 참조하여 정리했다.

실에 관한 그림, 사진 등의 이미지 자료를 디지털 영상으로 제작하고, 영상 자료의 구석구석에 담긴 지식의 모티브를 찾아 학술적인 설명을 부가하는 방법으로 시각적인 스토리텔링을 구현했다고 평가받는다. 중국 광동무역의 흥망(rise & Fall of the canton trade system), 흑선과 사무라이(Black ship & samurai) 등 20개의 주제에 관한 45개의 코스웨어 유닛이 만들어졌는데, 대부분 아시아의 근대에 관한 내용을 담고 있다고 한다.

- 편지 공화국의 지형도(mapping the republic of letters) 프로젝트 : 스탠포드 대학이 시행한 프로젝트이다. 편지 공화국이란 17, 18세기 유럽과 미국에서 원거리 편지 교신으로 지식과 감성의 공감대를 형성해 온 문화적 공동체를 지칭하는 표현으로, 볼테르, 라이프니츠, 루소, 뉴튼, 디드로 등 계몽주의 시대의 인물들이 남긴 수많은 편지의 발신지와 수신지, 발산 날짜로 기록된 공간, 시간 정보를 시각적으로 재현한 디지털 콘텐츠라고 한다.

- 노예 해방의 시각화(visualizing emancipation) 프로젝트 : 미국의 리치몬드 대학은 남북 전쟁 기간 동안 400만명의 흑인 노예 해방의 시간적, 공간적 추이를 시각적으로 탐색할 수 있는 데이터베이스를 구축했다. 이 프로젝트는 구글 어스로도 열람할 수 있도록 제작했고, 연구 자료와 일반인 교양 정보로도 활용할 수 있다고 한다.

- 중국 역대 인문 데이터베이스(china biographical database): 미국 하버드 페어뱅크 중국학 연구센터, 타이완 중앙연구원 역사언어연구소, 중국 북경대학교 중국고대사 연구센터가 공동으로 구축한 데이터베이스로 7-12세기 중국에서 활동한 인문 36만명의 신상 정보와 친속관계 그리고 다양한 사회관계망을 정리한 것이다. 당시 중국 주요 인물들의 사회적 관계망을 시각화하여 다양한 관점에서 그 시대와 인물을 살펴볼 수 있는 기회를 제공한 것으로 평가받고 있다.

- 조선시대 표류 기록의 시각화 : 연세대학고, 선문대학교, 한국학중앙연구원 연구진이 공동 참여하여 조선시대의 다양한 문헌을 검토한 뒤, 표류 사건에 대한 기사를 정리하고, 표류 인물, 출해 목적, 표류 원인, 표류 기간, 표류 경로, 표착 지점, 송환 경로, 송환 시기 등의 정보를 추출하고 이를 시각적 데이터 관계망 및 이동 경로가 표시된 전자지도로 표현한 것이다. 구글 어스로 볼 수 있고, 3D 영상도 제작하였다고 한다.

- 문중 고문서 시맨텍 아카이브 : 한국학 중앙 연구원에서 수행하고 있는 작업으로 65개 문중 고문서 가운데 재산과 관련한 사항 및 족보를 통한 혈연관계를 분석하고 정리했다.

이 밖에도 현재 디지털 인문학은 매우 다양한 형태로 확장되어 가는 추세인데, 위의 사례에서 알 수 있듯 디지털 인문학은 의미나 적용의 측면에서도 매우 포괄적인 접근을 하고 있다. 달리 말해, 디지털 인문학은 연구, 교육, 그리고 응용 등 지식 생산과 소비의 측면을 모두 포괄하고 있는 셈이다.*

4) 디지털 인문학의 핵심 가치

디지털은 오픈 소스의 영역이다. 오픈 소스는 소프트웨어 혹은 하드웨어 제작자의 권리를 지키면서 원시 코드를 누구나 열람할 수 있도록 하는 소프트웨어 혹은 호픈 소스 라이선스를 통칭하는 말이다. 이런 측면에서 디지털 인문학은 콘텐츠 제작자들의 권리는 연구 및 교육 목적의 재작업 그리고 비평 사용을 위한 자유에 우선할 수 없다는 전제를 깔고 있다.

디지털은 풍부함(copiousness)을 중시한다. 이는 전통 인문학이 강조하는 독창성보다는 개방과 참여를 통한 확산에 관심을 둔다는 것을 의미한다. 풍부함, 즉 copiousness 는 copy의 의미를 담은 용어로서 복제 자료의 가치를 평가절하하지 않는다는 것을 말해준다.

디지털 인문학은 생성 인문학(generative humanities)이다. 이는 디지털 인문학이 서로 다른 전문지식 영역들 사이의 협력과 그 과정에서의 창의적 산물을 장려한다는 것을 의미한다. 따라서 디지털 인문학에서는 학제간, 초학제 간, 다학제 간 여러 국면의 협동을 강조한다.

궁극적으로 디지털 인문학은 공동창조(co-creation)의 산물로서 그 자체로 빅 인문학이라 할 수 있다. 이런 점에서 디지털 인문학은 인문학과 디지털 기술의 융합이 무조건적인 과거와의 단절을 의미하는 것이 아니라 변화하는 기술 흐름에 상응하여 정보와 지식에 대한 개념을 새롭게 하는 가운데, 전통적인 학문의 구조, 지식 생산과 소비 매체, 그리고 그것들의 의미부여 방식에 새로운 방법론적 접근을 통해 인문학의 새로운 가치를 재해석해려는 노력으로도 볼 수 있을 것이다. 디지털 인문학은 인문학 위기 담론을 내세운 판매 기술, 디지털 기술을 단지 유용한 도구로만 사용하는 것에 불과하다는 비판도 적지 않다.**

---

* 이상은 김현 외, 『디지털 인문학 입문』, pp. 24-38을 참조하여 정리했다.

** 홍정욱, 「디지털기술 전환 시대의 인문학」, 『인문콘텐츠』 38 (2015), pp. 41-74을 참조하여 정리했다.

4. 데이터 활용의 위험요소들

디지털 인문학처럼 빅데이터 시대가 가져온 지식 세계의 변화는 그 목적이나 방법론의 측면에서 논란이 있지만, 더 근본적으로는 빅데이터 자체가 갖고 있는 일련의 위험, 즉 데이터 조작이나 데이터 오독의 문제는 일련의 디지털 기술과 인문학의 융합 과정에서 매우 중요한 함의를 담고 있다. 이는 빅데이터를 구성하는 요소가 정형적 데이터가 아니라 대부분 비정형 데이터로서 이를 기계적으로 해석할 경우, 오독의 위험성은 피할 수 없기 때문이다. 기계는 데이터를 모을 수 있지만, 자기과시용 글, 위로받기 위한 과잉감정의 분출, 거짓말, 디지털 잔해, 행간의 의미 등 인간의 내밀한 정서와 감정을 정확하게 읽어내기는 쉽지 않기 때문이다. 여기서는 디지털 기술과 인문학의 융합과정에서 제기될 수 있는 데이터 활용의 위험요소들을 살펴보도록 하자.

1) 역사 속의 기만행위들

흔히 기만행위라고 하면 데이터의 완전 날조를 뜻하는 것으로 생각한다. 그러나 이런 경우는 매우 드물다. 데이터를 조작하는 사람들은 기존의 결과를 개량하는 좀 더 사소한 범죄에서 출발하는 경우가 많으며 이러한 시도는 대개 성공한다. 사소하고 얼핏 보면 대수롭지 않은 데이터 변조의 사례들, 즉 결과를 실제보다 조금 더 분명하게 만들고 결정적으로 보이게 하거나, 맞지 않는 사례들을 버리고 최고의 데이터만을 선별해서 발표하는 것은 과학에서 흔히 볼 수 있는 일이다. 이러한 기만행위는 대개 의도적으로 행해진다. 반면에 자기기만(self-deception)은 자신도 모르게 저질러진다. 그러나 둘 사이는 불분명한 경우가 많다.*

위대한 과학자들도 종종 속임수를 썼다. 갈릴레오(Galileo Galilei)는 경험적 증거에 의거하여 자연의 진리를 밝혀낸 과학자이자 종교에 맞선 과학의 순교자쯤으로 알고 있지만, 그도 낙하하는 물체의 법칙을 도출할 때 실험을 하지 않았지만, 마치 한 것처럼 기술되어 있다. 일반적으로 과학의 실험이나 관찰은 재연이 어렵다. 갈릴레오의 법칙도 마찬가지였다. 갈릴레오는 실제 실험보다는 사고실험(thought experiment)을 선호했었다. 뉴튼(Isaac Newton)도 데이터를 조작했다고 알려져 있다. 1687년 출판된 그의 기념비적인 저작 『프린키피아』(Principia)에는 거짓 데이터를 활용하여 자신의 주장을 보강하기도 했다는 것이다. 뉴튼 연구자인 웨스트폴(Richard S. Westfall)은 뉴튼이 음속과 춘분점의 세차(춘분점이 황도상

---

* 기만행위는 fraud 의 번역인데, 비슷한 용어로는 부정행위(misconduct)가 있다. 데이터나 실험 결과를 거짓으로 지어내는 날조(fabrication), 원데이터나 실험과정을 조작하거나 생략하는 변조(falsification), 다른 사람의 아이디어, 과정, 연구결과 등을 몰래 가져다 쓰는 표절(plagiarism) 등이 포함하고, 이를 합쳐 FFP 라는 용어를 쓰기도 한다.

을 동에서 서로 해마다 50초 가량씩 이동하는 현상 또는 그 차)에 대한 계산 결과를 보정했고, 이론과 정확히 일치시키기 위해 자신의 중력 이론에 포함된 변수의 상관관계를 고쳤다는 것이다. 뉴튼은 『프린키피아』 최종판에서 오차가 천분의 일 이하라고 주장했지만, 이는 날조된 것이고, 뉴튼은 전대미문의 솜씨로 이를 조작했다는 것이 웨스트폴의 주장이다. 뉴튼과 같은 위대한 과학자가 데이터를 날조한 것도 놀랍지만, 더욱 놀라운 사실은 당시의 누구도 뉴튼의 기만행위를 눈치채지 못했었다는 점이다. 뉴튼의 조작이 폭로되기까지는 무려 250년이 걸렸다.

컴퓨터의 전신인 미분기계를 발명한 찰스 배비지(Charles Babbage)는 19세기 과학자들이 데이터를 다루는 태도에 대해 다음과 같이 지적했는데, 이는 오늘날에도 여전히 숙고해볼 사항이다. "다듬기(trimming)는 평균에서 가장 많이 벗어나는 관측치들을 여기저기 조금씩 깎아내서 너무 작은 값에 붙여주는 것이고, 요리하기(cooking)는 더 고약한 경우다. 요리하기의 대표적인 방법은 관찰 횟수를 늘려서 그 중에서 합치하거나 합치에 거의 가까운 결과만을 선별하는 것이다." 이 말은 과학의 제도화로 인한 과학자 수의 증가가 야기한 경쟁의 과정에서 나타날 수 있는 기만행위의 상황을 꼬집은 것이다. 과학의 역사는 성공적인 소수만을 기억한다. 그런데 이른바 데이터 선별이나 조작 등 일련의 데이터 마사지는 많은 경우, 연구자의 현실적인 이익과 깊이 연동되어 있다. 이러한 지적은 과학기술과 자본과의 결탁 그리고 경쟁이 일상화된 오늘날에도 여전히 의미심장한 대목이라고 할 수 있다.*

2) 상식적인 과학관의 한계와 편견의 침투

흔히 과학 또는 과학적 방법을 활용했다고 하면, 신뢰와 객관성의 증표처럼 인식되는 경향이 있다. 실제로 많은 이들은 과학은 엄격하고 논리적이며, 객관성을 지닌 지식으로 생각한다. 과학자의 주장은 동료의 엄격한 검증과 실험의 재연을 통해 확인되며, 이 과정에서 모든 오류는 신속하게 제거되거나 교정된다고도 말한다. 하지만, 이는 당위적인 해석일 뿐 과학의 실체와는 거리가 있을 수 있다. 만일 빅데이터를 활용하는 것이 방법론으로서 의미를 갖는다면, 이때 그 결과의 신뢰나 객관성이 그 자체로 보장되는 것은 아니다.

많은 경우, 과학적 방법론이나 경험적 데이터를 활용한 연구가 다른 접근에 비해 상대적으로 객관적인 것은 사실이다. 보통 과학 연구는 결과에 대한 기대를 배제한 채 사실을 평가하고 가설을 검증한다고 생각하지만, 늘 그렇지는 않다. 생물학 같은 분야는 정치사회문화적 편견이 녹아들 소지도 많다. 새뮤얼 모턴(Samuel G. Morton)은 두개골 측정치를 조

---

* 이상은 윌리엄 브로드·니콜라스 웨이드, 김동광 옮김, 『진실을 배반한 과학자들』(서울: 미래 M&B, 2007), pp. 29-43 참조했다.

작하여 인종의 서열화를 시도했다. 모턴은 1830-1851 사이 각기 다른 인종의 두개골 천개 이상을 모아 두개골의 용적이 지능의 척도라며, 그 용량에 따라 인종을 서열화했다. 그러나 그의 연구는 1978년이 되어서야 조작된 것으로 판명되었다. 그가 사용한 두개골 용적은 거의 비슷했다. 모턴의 편견이 개입된 결과였다. 모턴이 수치를 속인 방법은 유치할 정도로 단순했다. 모턴은 한 집단의 평균을 내리고 싶으면 작은 두개골의 하위 집단을 포함했고, 집단 평균을 올리고 싶으면 빼버렸다. 굴드(S. J. Gould)는 모턴의 속임수가 편의주의, 선입관, 절차 생략, 그리고 잘못된 계산에 의거한 것으로 판단했다. 객관주의자로 명성을 떨쳤던 모턴의 이미지는 허상에 불과했던 것이다.* 알프레드 비네(A. Binet)의 지능검사를 미국에 소개했던 고더드(H. H. Goddard)는 칼리칵 가(The Kallikak Family)에 대한 가계 조사 연구 과정에서 그들을 정신박약자로 보이게 하려고 사진을 조작했다.** 루이스터먼(L. M. Terman)의 IQ 검사나 로버트 여크스(Robert M. Yerkes)의 군인 심리 검사 등도 데이터 조작에서 자유로울 수 없다. 멘사(Mensa)를 창설했던 20세기 심리학의 거두 시릴 버트 경(Sir Cyril Burt)의 지능 연구는 완전히 날조된 사기극임이 사후에 밝혀지기도 했다. 버트의 경우는 매우 심각한데, 누가 언제 어떤 이에게 무슨 검사를 했는지 세부적인 연구 과정이나 내용이 아예 없었고, 상관관계를 보여주는 수치가 모두 동일했다. 더 큰 문제는 날조된 데이터가 많은 후속 연구자들에 의해 활용되기도 했고, 1940년대의 연구인데 1974년이 되어서야 기만행위가 발각되었다는 사실이다. 이들의 기만행위가 의심받지 않고 살아남을 수 있었던 것은 모든 사람이 원하거나 믿고 싶어하는 것을 그들이 제시한 데이터가 확증해주었기 때문이었을지도 모른다. 수사나 권위와 연동된 과학에서의 기만행위는 과학적 또는 과학적 방법론의 객관성에 대한 진지한 고민이 필요함을 알려준다.***

이는 편견이 작용할 여지가 있음을 알려준다. 즉 어떤 과학자가 특정한 이데올로기나 사회적 전통을 신봉할 경우, 자신의 가설을 입증해 줄 자료 수집과 선택의 과정에서 무의식적으로 또는 의도적으로 주관적인 편견이 침투할 가능성도 완전히 배재하기는 어렵다는 점이다. 과학적 방법이 편견을 막지 못하면서 객관성을 확보하지 못할 경우, 특히 그 실패가 한 개인을 넘어 같은 분야 동료 학자들에게까지 영향을 미칠 때 엄청난 파장을 몰고 온다. 더구나 그 결과들이 상식적 앎과 잘 부합할 경우, 이는 대중적으로 고착화하는 경향도 많다. 1994년 출간된 『종형곡선』(The Bell Curve)는 이를 잘 보여줄 수 있는 사례이다. 이

---

* 스티븐 제이 굴드, 김동광 옮김, 『인간에 대한 오해』(서울: 사회평론, 2003), pp. 113-138.

** H. H. Goddard, The Kallikak Family: A Study in the Heredity of Feeble-Mindedness (New York: Macmillan, 1913).

*** 브로드 외, pp. 280-297을 참조했다.

책은 수많은 통계 자료를 기초로 인간 지능(IQ)은 유전되는 것이고, 이는 교육, 직업, 사회적 성공을 예측할 수 있는 지표가 될 수 있음을 밝히면서, 계급 간 사회경제적 격차와 지위의 불평등이 생물학적 요인에 의해 결정될 수 있다고 주장했다. 이 때문에 이 책의 출간은 커다란 논란을 야기했다. 이 책의 출판과 그에 의해 촉발된 수많은 논쟁은 과거 더러운 용어로 전락하여 역사 속에서 완전히 패퇴당한 것처럼 보였던 우생학(eugenics)이 오늘날에도 여전히 그 힘을 발휘하고 있고, 또 발휘할 수 있음을 많은 이들에게 상기시켜 주었기 때문이다. 이미 우리는 우생학의 창시자인 골턴(F. Galton)이 생물측정학(biometrics)을 창안하여 우생학의 과학성을 역설했지만, 객관적이지 못했고, 엄청난 역사적 과오를 가져왔음을 잘 알고 있다. 더욱이 이 책의 저자들은 자신들의 주장이 당시 학계에서 상당한 영향력을 행사하고 있는 유력한 과학자들의 연구결과를 참고한 것으로 밝히고 있으나, 그 신뢰도나 학자들의 면면은 논란을 야기하기 충분했다.* 그뿐 아니라 『종형곡선』에 인용된 다수의 과학자들은 인종차별적인 이민제한 활동을 지원하고 있는 한 단체에서 연구 지원을 받았다는 의혹을 받고 있다. 연구비의 출처는 연구 과정의 윤리적 문제를 논할 때 주요한 사항이기도 하다. 누가, 왜, 무엇을, 지원하는가는 어떤 이론의 인식론적 정당성의 확보뿐 아니라 연구의 결과가 미칠 정치적, 사회적, 경제적, 문화적 파장과 깊은 연관이 있기 때문이다.

3) 상관관계에 대한 오해(?)

굴드는 물화할 수 없는 인간 정신성과 관련한 사안을 정량적인 방식으로 통계화하면서 상관성에 지나지 않는 결과를 인과적이고 결정론적인 것처럼 해석해내는 일련의 연구에 대해 꼼꼼한 비판을 수행한 바 있다. 그는 통계학적 방법을 활용할 경우, 범주오류나 지나친 선호의 개입은 과학적 연구의 객관성에 위해가 된다면서 객관성은 자료의 공정한 처리에 의해서만 정의될 필요가 있음을 주장하기도 했다. 더불어 다변수분석(Multivariable analysis)이나 요인분석(factor analysis)을 활용한 통계학적 방법론은 한계가 있을 수 있음을 언급했다. 굴드는 스피어맨의 g가 실체가 없다는 것을 밝혀내는 과정에서 요인분석 기법의 경우 정의 상관(positive correlation) 관계 배후에 있는 근거를 구체적으로 연구하는데 효과적일 수 있지만, 요인분석의 주성분이 수학적 추상개념이기 때문에 경험적 실재가 아니며, 요인분석의 대상이 되는 모든 매트릭스는 다른 의미를 갖는 다른 성분에 의해서도 마찬가지로 나타날 수 있고, 특이한 사례에 적용된 요인분석 방식에 의존한다면서, 어떤 방식을 선택하는지는 주로 연구자의 선호 문제이기 때문에 주성분이 경험적 실재를 가진다고

---

* 『종형곡선』의 부록 1-7은 자신들의 주장을 뒷받침하는 각종 통계 자료를 제시하고 있고, 마지막 부분에서는 소수자 우대 정책에 대한 자신들의 시선을 곁들이고 있고, 거의 60쪽 달하는 참고 문헌을 소개하고 있으니 그 신뢰도에 대해 의문이 제기된 바 있다. 또한 일부 우생학적 사고가 침윤된 연구자들의 연구를 그대로 활용한 것도 논란의 여기가 있었다.

주장할 수 없다고 주장했다. 통계가 주는 매력의 상당부분은 많은 데이터를 요약한 추상적 척도가 데이터 그 자체보다 실제적이고 근본적인 무엇을 나타낼 것이라는 본능적인 느낌 때문이라는 것이다.

상관(correlation)이란 한 측정값이 변화할 때 다른 측정값이 함께 변화하는 경향을 뜻한다. 상관에는 한 측정값의 변화와 같은 방향으로 함께 변화하면 정의 상관, 반대반향으로 변화하면 부의 상관(negative correlation)이라 한다. 많은 이들은 상관관계가 인과관계를 명확하게 확인하는 마술이라고 착각할 위험이 있다. 그러나 상관은 원인에 대해 아무런 의미도 갖지 않기 때문에, 대부분의 상관에는 인과관계가 없다. 설사 상관이 인과적일 때에도 그 상관관계가 존재한다는 사실이나 상관의 세기가 원인의 본질을 밝혀주는 경우는 드물다. 요인분석은 차원을 감소시켜 보다 적은 차원에서 정돈된 구조를 인식하기 위해 부분적인 정보 손실이라는 비용을 치르고 데이터의 집합을 단순화시키는 방법이다. 단순화의 도구로서 요인분석은 여러 학문분야에서 높은 가치를 가지고 있지만, 많은 요인분석가들은 단순화를 넘어 요인을 인과적 실체로 정의하려고 시도했다. 요인분석은 상관이라는 수학을 넘는 정보로 우리를 이끌어 원인을 이해하는 데 도움을 줄지도 모른다. 그러나 요인 그 자체가 실체가 아니며 원인도 아니다. 그것은 수학적 추상에 불과하다는 것이 굴드의 비판이다.*

4) 생명정보의 디지털화와 상업화 그리고 프라이버시 침해

빅데이터의 활용이 가장 유용할 것으로 생각되는 건강이나 복지 영역의 한 사례를 살펴보자.** 1990년대 중반 이후 미국 등 많은 나라에서 벤처 자본들은 잠재적 이익의 실현이 예상되는 생명공학 관련 사업의 투자에 열을 올리고 있다. 인간 유전체 계획(Human Genome Project)은 태생부터 분자생물학자, 거대 제약회사, 벤처자본, 그리고 국가라는 이해당사자들의 네트워크에 의해 작동되었고, 유전체학(genomics)의 생의학적 이익 실현과 이를 전지구적 시장에서 부를 창출하는 수단으로 바이오뱅크를 구상하는 단계로까지 발전했다. 특별히 복지국가의 정체성을 견지하고 있던 유럽의 많은 나라들은 세기말에 닥친 경제 불황의 여파로 인해 건강과 의료 지원 정책에 대한 새로운 돌파구 마련이 시급한 측면이 있었고, 이는 생명공학 기술을 활용하여 재정적 효율을 확보하려는 일련의 의료 복지 정책을 고민하는 계기가 되었다.

---

* 이상은 스티븐 제이 굴드, 『인간에 대한 오해』, pp. 37-48 및 pp. 392-435을 참조했다.

** 이하의 내용은 힐러리 로즈·스티븐 로즈, 『급진과학으로 본 유전자, 세포, 뇌』 (서울: 바다출판사, 2015), pp. 213-288을 참조하여 정리했다.

이런 상황을 상징적으로 잘 보여주는 사례가 1998년 아이슬란드(the Republic of Iceland)에서 있었던 디코드(deCode)의 대규모 DNA 바이오뱅크 구축 제안이었다. 당시 제안된 DNA 바이오뱅크는 개인과 그들의 미래 건강 상태에 대한 예측을 맞춤의학의 핵심으로 상정하고, 인구 전체의 건강 유지와 향상을 내세웠다. 이 바이오뱅크는 정부나 공공 기관, 특히 건강이나 보건 관련 기관에 보관된 의학 기록과 바이오뱅크에서 나온 가계 정보 및 DNA분석 자료를 토대로 질병을 유발하는 유전자 변이를 조기에 발견함으로써 신약 개발과 의약품 처방에 획기적인 전기를 마련할 수 있다는 전망을 내놓기도 했다. 디코드는 아이슬란드의 전 인구를 대상으로 의학 기록의 수집과 컴퓨터 저장을 제안했고, 이는 매우 빠른 속도로 진행되었다. 사람의 유전자를 상품화하는 이런 시도들은 유전학이나 의학 분야 종사자에게는 엄청난 비판을 받았지만 다수의 기업에게는 좋은 기회였다. 전 인구의 의학 기록을 담은 전자 데이터베이스가 유일하게 사용권을 가진 한 기업에 의해 구축되고, 그 기업에는 연구비가 지원되며, 그 기업만이 데이터베이스에 대한 배타적인 접근권을 소유할 것이며, 또 그 기업만이 유전자 발견과 진단 및 약제와 건강관리를 위해 계약 기간동안 데이터베이스를 판매할 권리를 가지게 되는 상황이 연출된 것이다. 그런데 이런 상황은 여러 문제를 야기할 수 있다. 특히 오래전부터 유전학 분야에서 우려가 제기된 전방위적인 이른바 '유전자 낚시질'은 인간을 대상으로 유전적 연구를 하려면 정보에 근거한 동의가 필요하다는 국제적으로 확립된 기준을 무시하기 때문에 문제의 소지가 크다. 보통 의학 분야에는 추정된 동의(presumed consent, 이는 당사자가 명백히 반대하지 않는 경우 동의한 것으로 간주하는 제도이다. 가령 뇌사자가 생전에 장기적출에 명시적으로 반대하지 않았을 경우, 적출이 가능하다)나 옵트 아웃(opt out, 예외나 정보수집 거부) 등을 고려하지 않는 경우, 이는 개인에 대한 인권 또는 프라이버시 침해로 이어질 수 있다. 건강 등 일련의 의학 기록은 일차적으로 환자 관리를 위해 작성되지만, 이 기록을 연구 등을 위해 이차적으로 이용하는 것은 개인의 프라이버시 침해 위험을 높일 수 있다. 유전정보의 디지털화는 문화적 낙인을 찍을 수 있는 환자들을 식별해낼 수 있는 기회를 주고, 이는 개인에게는 프라이버시 침해로 상처를 줄 수 있기 때문이다. 이는 우리가 사회를 시장과 계급이 아니라 개인 간의 상호 작용에 의해 형성되는 어떤 네트워크로 인식하는 가운데, 데이터 주도적 사회의 핵심적인 비전으로 개인의 프라이버시와 자유의 수호를 삼아야할 필요를 제기하는 것인지도 모른다.

5. 나오며

"애플사의 DNA는 이것입니다. 테크놀로지 하나만으로는 충분하지 않다는 것! 우리의 가슴을 노래하게 만드는 것은 핵심교양(liberal arts)과 결혼한 테크놀로지, 인문학(humanities)와 결혼한 테크놀로지입니다. ...... 많은 이들이 PC의 기술적 스펙만을 이야기하지만 우리의 경험과 직관은 그런 접근이 잘못된 것임을 말해 줍니다. 포스트 PC 시대에는 소프트웨어, 하드웨어, 앱이 끊김없이(seamless) 통합된, 더 직관적인 장치가 나와야 합니다. 이에 관해 애플은 올바른 방향으로 가고 있으며 경쟁력이 있다고 생각합니다."*

스티브 잡스(Steve Jobs)의 고별 강연회(2011년 3월)에서 나온 이 문구는 과학기술 시대에도 여전히 인문학이 중요함을 역설하는 것으로 이해되면서 우리 사회의 인문학 열풍을 가져오기도 했고, 융합론의 시대적 당위성을 역설하는 중요한 계기가 되기도 했다. 빅데이터 인문학 또는 디지털 인문학 또는 인문학적 정보학, 무엇으로 지칭하던 간에, 이는 인문학을 중심으로 디지털 기술을 활용하려는 또는 인문학과 디지털 기술의 수평적인 관계를 지향하는 두 문화의 건설적인 융합 시도임에 틀림이 없다. 만일 이를 현실화시키고, 확장된 진전을 이루고 싶다면, 이때 요구되는 것은 한 쪽이 다른 한 쪽을 도구화하거나 일방적으로 수렴하는 구조가 아니라 상호 존중에 기초한 협업의 자세를 견지하는 것이라 생각한다. 그래야만 단순한 도구로서의 활용이 아니라 새로운 사유까지 창출할 수 있는 기회를 얻을 수 있을 것이다. 이를 위해서는 무엇보다 이질적인 영역에 존재하는 사람들의 협동이 중요할 것이다. 협동은 사람에 대한 이해를 전제로 성립한다. 인문학, 언제나 그 자리다.

더 생각해볼 문제

—

인간의 생체기록이나 의학기록이 디지털화될 경우, 과연 그 소유권과 관리권은 누가 갖는 것인가? 생체정보를 제공한 환자인가 연구자인가 아니면 연구비를 지원한 기관인가? 나아가 빅데이터를 활용한 많은 연구들과 그 연구들의 시장화에서, 과연 누가 이익을 얻고, 이를 누가 통제할 것인가? 이에 대해 토론해 보자.

* 장대익, 『인간에 대하여 과학이 말해준 것들』, 바다출판사, 2013, pp.7-8.

더 읽어볼 거리

—

김광웅 엮음, 『융합학문, 어디로 가고 있나?』, 서울대학교출판문화원, 2011.

박치완 외, 『디지털인문학이란 무엇인가?』, 꿈꿀권리, 2015.

편석준, 『구글이 달로 가는 길』, 레드우드, 2015.

빅토르 마이어 쇤버거 외, 『빅데이터가 만드는 세상』, 21세기북스, 2013.

에레즈 에이든 외, 『빅데이터 인문학: 진격의 서막』, 사계절, 2015.

C.P.스노우, 『두 문화』, 사이언스북스, 2007.

03

융합은 얼마나
– 이론상의 가능성과 실천상의 장벽에 관하여

1. 들어가며: 학문 융합의 개념

근래 과학기술 연구개발분야에서 널리 사용되고 있는 '융합'이란 무엇인가? 국어사전에 따르면 융합이란 "다른 종류의 것이 녹아서 서로 구별이 없게 하나로 합하여지거나 그렇게 만듦"인데, 이는 단순히 한자를 풀어 놓은 것에 지나지 않는다. 과학의 용어로는 '융해'에 가까운 설명이다. 과학에서 '융합'이라는 용어는 주로 핵융합(fusion)을 칭할 때에만 사용되는데, 핵융합은 앞서 언급한 사전의 정의와 전혀 다른 물리학적 현상이다. 우리가 과학기술 연구개발에 대해 흔히 사용하고 있는 '융합'이란 용어에 대해 제대로 된 정의나 정돈된 개념은 존재하지 않는다. 어쩌면 그 개념적 모호함 자체가 융합의 본질이자 묘미일 수도 있다.

이 글에서는 여러 가지 융합 중에서 지식의 융합, 그 중에서도 과학기술 연구개발 분야에서 융합을 논할 때 대표적인 공통인식이라 할 수 있는 학제간 융합을 다룰 것이다. 그렇다면 학제간 융합의 조작적 정의는 "서로 다른 학제(discipline)들이 하나로 합하여지거나 그렇게 만듦"으로 하는 것이 간편하겠다. 기실 지금 사용되고 있는 '융합'이라는 키워드는 일종의 레토릭으로, 몇 해 전에 주목받은 '통섭(consilience)' 개념을 일부 대체하면서 부상하였다. 통섭이란 원래 자연과학과 인문학 사이의 '넘나듦'과 '두루 통함'을 뜻하는 말로, 특별히 학제간 융합이나 새로운 학문의 탄생을 전제하거나 규범화하는 것은 아니다. 통섭보다 먼저 등장한 유사 개념으로 '컨버전스(convergence)'가 있다. 컨버전스란 원래 수렴, 즉 여러 갈래의 경로가 한 점으로 모이는 현상을 뜻하는 용어이나, 정보통신기술 분야에서는 여러 기능을 한 제품에 모아 놓는 것, 또는 이전에 별도의 기기와 서비스를 통해 구현되던 기능들이 하나로 융합되는 것을 뜻하게 되었다. 예를 들면 캠코더, 디지털카메라, 휴대용 음악 재생기의 기능이 스마트폰에 흡수되어 일부 전문적 제품을 제외하고는 별도 제품은 거의 자취를 감춘 것과 같은 현상이다. 컨버전스의 개념은 여전히 유용하지만, 유독 학제간 융합을 칭하는 용어로는 '컨버전스'보다 '융합'이 선호되고 있다. 그 이유는 컨버전스 개념이 갖는 강력한 수렴성, 즉 수렴점을 제외한 나머지 부분의 소멸성 때문이다. 학문 융합의 경우, 기존 학제들이 여러 기작을 거쳐 새로운 융합학문을 탄생시키더라도 기존 학제가 사라져 버리는 일은 없기 때문이다—적어도 학제라는 개념이 성립한 이후의 역사를 보았을 때 그렇다. 새로운 융합학문의 탄생은 여러 학제들의 수렴의 과정이 아니라, 결과적으로는 분화의 과정이다. 두 학제가 만나 하나가 되는 것이 아니라 셋이 되는 것이다. 융합을 대신하여 간혹 사용되는 '통합(integration)' 역시 '컨버전스'와 마찬가지로 적합하지 않다. 통합이라는 개념 역시 역분화적이고 수렴적인데다가, 융합이 '서로 녹아듬'이라는 어감을 갖고 있는 것과 비교해 통합은 '서로 합쳐짐'의 어감을 가졌기 때문이다. 과학의 용어로 비유하자면 융합은 화학적 결합, 통합은 물리적 결합에 어울린다.

이렇게 융합이라는 용어는 학문간 상호작용을 통해 새로운 무언가를 창출하는 행위 또는 현상을 지칭하는 개념으로서 사회적으로 선택되었다. 이렇게 구성된 융합 담론에 대한 비판은 뒤에서 좀 더 다루기로 한다. 이 글에서는 융합 학문의 형성과정에 대해 고찰해 보고, 우리 사회의 규범적인 융합 담론에 대해 생각해 보며, 융합을 추구함에 있어 직면하게 되는 현실적인 장벽들을 열거하고, 마지막으로 융합에 대해 계속 생각해 볼만 한 몇 가지 질문을 던지는 것으로 마무리할 것이다. 이 글은 융합에 대해 어떠한 결론을 내리려고 시도하지 않고, 다만 더욱 풍부한 논의를 위한 단초가 되는 것을 목표로 한다.

2. 학문 융합의 과정

1) 새로운 융합학문의 구성요소

새로운 학문의 형성과정을 논하기 위해 먼저 알아보아야 할 것은 바로 학제(discipline)의 개념이다. 학문은 지식과 지식의 체계를 뜻하나, '학제'는 거기에 학자 커뮤니티와 관련된 제도(institutions)를 더한 개념이다. 예를 들어, 학제로서의 물리학은, 물리학 지식과 지식체계에 더불어 물리학자들과 그들의 연결망, 공식·비공식적 학술회의체, 대학에 설치·운영중인 물리학과라는 제도적 체제, 그 외 물리학 연구 및 교육과 관련된 각종 제도를 포함하는 것이다. 또한 '학제'는 그 학제에 속한 구성원들이 공유하는 자기 정체성에 대한 인식론적 기반—'물리학자'—이 있어야 하며, 그 학제가 다소간 배타적으로 점유하고 있는 학문적 영토(영역)를 가져야 한다. 다만 이러한 인식론적 기반과 학문적 영토 사이에 어떠한 선후관계나 인과관계가 존재하는 것은 아니다. 요약하면, 하나의 학제를 구성하는 핵심요소로서 다음의 세 가지를 제안한다. 첫째는 지식기반(knowledge base)으로, 구성원들이 공유하는 합의된 지식과 그 체계, 그리고 널리 인정되는 연구방법론을 의미한다. 둘째, 구성원과 그들의 연결망이다. 이는 학제의 인적 요소이자 유일한 유형(tangible) 요소이다. 셋째, 학술적 제도(academic institutions)이다. 대학과 연구소의 체제, 연구개발 지원체계 및 행정체계, 관련된 법, 규칙, 그리고 규범(norm), 나아가 문화적 맥락이 여기에 속한다. 새로운 융합학문의 형성 과정은 바로 이 세 가지 구성요소가 갖추어지는 과정으로 볼 수 있다.

2) 새로운 융합학문의 형성 과정

새로운 융합학문은 무에서 창조되기보다는 기존 학제들 사이의 접점에서 발원한다. 융합학문이 형성되는 과정을 과감히 일반화하자면 다음과 같다. 첫 단계는 여러 학제들이 동시에 또는 순차적으로 어떠한 한 가지 주제 또는 대상에 대해 관심을 갖고 연구와 교육의 대상으로 삼는 것이다. 그 대상은 사회적 수요 또는 경제적 수요를 인식함으로써 도출되기도 하고, 정부 정책에 의한 주의환기로부터 촉발될 수도 있으며, 특정한 문제—특히 기존의 학제만으로는 해결이 난망한 복합적인 문제의 경우—해결을 위해 여러 학제에 속한 학자들이 모여 머리를 맞대면서 형성되기도 한다. 바꾸어 말하자면 자연스러운 학문 팽창과 중첩의 맥락에서 융합 현상이 일어나는 것이 일반적이나, 다분히 인위적인 접합 노력에 의해 일어날 수도 있으며, 심지어 그저 우연히 일어날 수도 있다. 개별 연구자가 소속 학제의 영토에서 빈자리를 찾아 헤매다 타 학제의 영역을 침범한 결과일 수도 있고, 타 학제의 방법론이나 아이디어를 차용하는 데서 비롯되기도 한다. 이는 인간의 지적 호기심과

	다학제학문	간학제학문	신융합학제
학문 커뮤니티	기존 학제 기반	기존학제에서 양성된 연구자들에 의한 간학제 조직의 등장(협동과정 등)	연구/교육자 자체 수급 독립되고 안정된 학문조직
관점	기반한 학제에 따라 다른 관점	관점들의 경쟁	몇 가지로 수렴
방법론	학제에 따라 다른 방법론 선호	여러가지 방법론 혼용	선호되는 방법론 존재
지식기반	기존 학제	집합적	지식기반 완성
인식론 및 제도	기존 학제	니치로 인식 불완전하고 불안정한 제도	주류 학문의 일종으로 인식

표1 | 신융합학문의 형성 단계

새로운 것을 추구하는 성향 덕분이기도 하다. 마치 금맥을 찾아 다른 방향에서 땅을 파들어 간 광부들이 서로 만나는 것과 같다.

몇 가지 사례를 들어보자. 대표적인 융합학문인 뇌인지과학은 뇌의 작동과 인간 사고의 작동원리에 대해 궁금증을 품었던 여러 학제들—의학, 심리학, 생물학, 나아가 컴퓨터공학과 의공학 등등—이 오랜 기간에 걸쳐 '뇌'라는 공통의 목표점에 다가가 온 결과이다.(또한 현재진행형이다) 재료과학은 물리학, 화학, 재료공학 등이 물질이라는 공통 대상에 대해 학문 영역을 확장해 나가다 중첩이 생기며 융합한 결과물이다. 반면 나노과학은 정책적 이니셔티브에 의해 선언적으로 형성된 측면이 있고, 비교적 최근 등장한 소위 그린에너지공학은 사회경제적 수요에 부응한 이합집산 현상에 가깝다. 또한 기술경영학의 경우 공학의 영역에서 다루는 경영학의 성격을 갖고 있어 중첩 현상이라기보다는 타 학제(경영학)를 기존 학제(공학) 내로 수용한 형국이다. 이처럼 융합의 형태와 양상은 다양하다. 다만 강조하고자 하는 것은 이처럼 다양한 사례들에서 공통적으로 지식기반, 네트워크, 그리고 제도의 형성이라는 융합학문 형성과정이 관측된다는 점이다.

새로운 융합학문은 항상 기존의 학제들로부터 파생된다. 하루아침에 땅에서 솟는 학문이란 성립할 수 없다. 그렇다면 신융합학문의 형성단계를 기존 학제들과의 관계를 통해 〈표 1〉과 같이 '다학제학문 – 간학제학문 – 신융합학제'의 세 단계로 구분할 수 있을 것이다.

3) 학문 융합의 유인

경제학의 설명방식을 차용하자면, 학문 융합에 참여하는 주체들에게는 합리적 이유가 있어야 한다. 쉽게 말하면 융합을 통해 얻거나 기대하는 것이 있기 때문에 융합이 일어난다는 설명이다. 먼저 개인 수준에서 보면 개별 연구자가 융합적인 연구를 수행하는 것은 많은 경우 지적 개척정신의 발로이거나 학문 조류의 흐름에 따라 자신도 모르는 채 융합의 최전선, 즉 학제들 사이의 접점에 서게 된 경우일 것이다. 하지만 만약 융합적 성격의 연구에 대한 정부 또는 소속기관의 지원이 늘어나는 경우라면 연구자는 연구비 확보의 극대화라던가 경쟁회피의 수단으로 융합 연구를 전략적으로 선택할 것이다.

그렇다면, 조직 수준에서는 왜 융합적 연구를 지향하게 되는가? 기업에서는 당면한 문제 해결을 위해 여러 학제의 조력을 필요로 하는 경우가 많을 것이다. 당면한 문제라 함은 작은 기술적 해법이나 돌파구일 수도 있고, 새로운 제품, 서비스, 또는 시장의 개발일 수도 있다. 즉 경쟁력 확보, 부가가치 창출, 그리고 수익 증대를 위해 융합적인 접근법을 취한다는 것이다. 그런데, 기업 수준에서 일어나는 융합현상들은 학문 융합을 위한 자극제 또는 촉매제로 작용할 수는 있어도 학문 융합 자체를 구성할 수는 없다. 왜냐하면 기업은 학제의 직접적 구성요소가 아니기 때문이다. 국가 수준을 생각해보면, 기업과 달리 한 나라의 정부는 학문 융합에서 주요한 주체로서 작용할 수 있다. 정책과 제도를 통해 기존 학제들에 대해 영향을 미칠 수 있기 때문이다. 물론 그러한 정책들은 정부 관료의 머릿속에서 시작되기보다는 소수의 선도적 연구자들의 요구에 응하는 과정에서 형성된다. 그러나 추종적인 연구자들은 정부 정책의 영향을 크게 받는다. 융합현상과 그에 부합하는 정부 정책은 일종의 공진화 패턴을 보일 것이다.

그렇다면 정부는 인위적 융합으로부터 무엇을 기대하는가? 정부의 정책행위는 납세자의 돈과 시민으로부터 위탁받은 권위에 기반한 것으로서 책임성과 정당화 논리(rationale)가 필수적이다. 즉 다른 곳에 투입할 수도 있는 역량과 자원을 융합의 지원에 투입하는 데에는 합당한 이유가 있어야 한다. 종종 접하는 정당화 논리는, 융합이 새롭고 창의적인 성과물을 도출하는 효과적인, 아니 거의 유일한 방법이라는 것이다. 기존의 학제들도 끊임없이 새롭고 창의적인 결과물을 생산하고 있음에도 불구하고, 융합의 기대되는 결과물에 비하면 점진적인(incremental) 것으로 평가절하되고, 급진적인(radical) 혁신은 융합에 의한 것이라고 (뚜렷한 근거도 없이) 여겨지고 있다. 이는 우리 사회가 성장의 한계에 도달하여 기존의 학제만으로는 한계를 돌파할 수 없다는 위기의식과 경쟁에서 승리하고 추격으로부터 달아나야 한다는 압박감에 의해 증폭된다. 기초과학과 같은 기저 역량이 성장하기를 기다리는 대신 즉시 유용한 무언가를 찾는 조급증도 여기에 한몫한다. 새로운 요리를 만들기 위해 새로운 재료와 조리법을 찾아 나서는 대신, 다 되어 있는 요리들을 섞어서 새로운 맛과 모양을 내겠다는 것과 같다. 그저그런 요리에 그치고 말 실패의 높은 가능성은 한껏 증폭된 기대에 가려 간과되기 쉽다. 요약하자면, '융합 찬가'의 유행과 인기에는 나름의 설명 가능한 사회심리적 이유가 있다. 이 유행과 인기가 거품일 수도 있다는 경고는 아래에 이어진다.

3. 우리사회의 융합 담론에 대한 비판적 성찰

1) 융합의 실현 가능성에 대한 모호한 기대

역사도, 문화도, 방법론도, 시각도, 언어도 전혀 다른 두 학문을 인위적으로 섞어 융합하는 것은 가능할까? 융합의 실현 가능성을 낙관하는 이들은 이렇게 답할 것이다. "융합되기 쉬운 인접학문이나 연구 대상을 공유하는 학문이라면 약간의 촉진제만으로도 충분히 융합에 도달할 수 있다." 과연 그럴까? 그렇다면 어떤 학문과 어떤 학문이 얼마나 '인접'한 것인지는 어떻게 측정할 것인가? 예를 들어 물리학과 화학의 학문적 '거리'는 물리학과 사회학에 비해 가까운가, 먼가?

근래에 등장한 '사회물리학'은 사회현상을 물리학의 논리로 설명하는 학문분야이다. 예를 들어 두 도시 사이의 물동량을 만유인력모형으로 설명한다든가, 소셜네트워크서비스(SNS)의 네트워크를 복잡계로 설명한다든가, 사람들의 행동패턴을 통계역학적으로 설명한다든가 하는 것으로, 매우 흥미진진한 융합학문이라 할 수 있다. 물리학과 사회학이 성공적으로 융합된 것이다. 반면, 매우 가까운 학문으로 여겨지는 물리학과 화학은 어떠한가. 화학과의 전공과목중에 '물리화학(physical chemistry)'이 있고 물리학과 전공과목중에 '화학물리(chemical physics)'가 있지만 그 과목들은 실은 각각 물리학을 차용한 화학과 화학현상을 대상으로 한 물리학으로서 상당히 상이한 관점을 지니고 있다. '이과와 문과'라는 이분법에 익숙한 한국 사회에서 물리학과 사회학이 물리학과 화학보다 융합학문을 잉태하기 쉽다는 것을 받아들이기 힘들지도 모르겠다.

여러 학제는 각기 상이한 극성(polarity)을 가진다. 비교적 서로 잘 섞이는 학제들이 있고, 섞이기 어려운 학제들이 있다. 학제의 극성은 세계관, 주로 사용되는 방법론과 접근방식, 규범성의 정도, 그리고 실용성 등에 의해 달라진다. 이러한 극성의 구성요소들은 흔히 '학풍'이라고 불리기도 하는데, 해당 학문 커뮤니티의 문화, 규범, 암묵지와 불문율을 포함한다. 학제에 따라 엄밀한 과학적 객관성을 중시하기도 하고, 사회 진보를 위한 규범적 성격과 현실 참여를 중시하기도 한다. 계량적 방법론과 공식만을 인정하는 학문이 있는가 하면, 이야기(내러티브)와 맥락을 강조하는 학문도 있다. 거시적이고 담론적인 학문이 있는가 하면, 미시적이고 실천적인 학문도 있다. 의학과 한의학의 경우를 보면, 인체라는 대상과 질병의 치유라는 목적을 공유함에도 불구하고, 역사와 전통 그리고 철학과 관점이 상이한데다가, 지극히 현실적인 이해가 충돌하기에 서로 융합하기 어렵다.

이처럼 융합의 용이성과 가능성은 복합적으로 작용하는 여러 인자들에 의존한다. 일반적으로 잘 섞이리라 예상하여 인위적인 융합 노력을 우선적으로 경주하는 학문들이 융합에 이를 것인지에 대해서는 어떠한 낙관도 불가능하다. 그런데 최근 우리 사회의 융합담론과 그에 따른 융합 시도들을 보면 인위적 융합의 실현가능성에 대해 지나칠 정도로 낙관적이며 매우 막연하고 모호한 기대에 기대고 있다. 역사 속에서 여러 학문분야들로부터 신생 융합학문이 형성되는 경우를 보면, 융합현상은 점진적으로 진행되며, 지식기반과 인적 네트워크가 함께 형성된다. 그 과정에서 외부 환경의 변화에 대한 적응 기작이 작동하고, 유사한 신생학문분야와의 경쟁과 그에 따른 합병과 도태 또한 관찰될 것이다. 즉, 신생 융합학문의 형성과정은 진화적 과정이다. 그리고 융합현상은 그러한 진화적 현상의 초기동인이 아니라 결과로서 관측되는 것이다. 달리 말하자면 신생 융합 학문의 등장은 항상 결과론적인 것이며, 융합이 먼저 선언되고 융합현상이 뒤를 잇는 것은 아니다. 인위적으로 융합을 촉진한다는 것은 수많은 실패의 씨앗을 뿌린다는 것과 마찬가지이다.

2) 융합의 성과에 대한 과장된 기대

혹자는 수많은 실패에도 불구하고 성공적인 융합을 몇 사례라도 얻는다면 그것으로 의미가 충분하다고 말할 것이다. 성공적인 융합이 가져다 줄 값진 성과가 그 모든 실패들을 보상하고도 남을 것이기 때문이다. 하지만 이 역시 과장된 기대에 해당한다. 다음과 같이 반문해 보자. 그 '성과'라는 것은 반드시 융합을 통해서만 얻을 수 있는 것인가? 성과에 대해 풀어 설명하자면 일차적으로는 과학적 지식의 증진과 새로운 기술의 확보(또는 기술적 해법의 확보)를 들 수 있고, 이차적으로는 산업경쟁력의 제고, 신산업육성 및 일자리 창출을, 좀 더 멀리 간접적·파생적·중장기적인 성과로는 경제성장과 사회변화를 들 수 있을 것이다. 과연 이러한 직간접적 성과들은 반드시 융합을 통해서만 도달할 수 있는 것인가? 만약 융합이 아닌 다른 경로—예를 들어 기존 지식의 지속적 발전과 활용, 대안적 기술의 모색 등—로도 엇비슷한 성과를 얻을 수 있다면, 융합의 실패 확률을 감안한 '융합의 사회적 비용'을 고려해야 마땅할 것이다. 융합이 가져다 줄 성과는 융합의 (값비싼) 사회적 비용을 정당화할 수 있을까?

〈그림 1〉은 가트너 그룹이 제안한, 신기술에 대한 거품기대 주기(hype cycle)이다. 물론, 융합은 단일한 신기술이 아니기 때문에 이 그래프가 표현하는 바에 완전히 부합하는 것은 아니지만, 현재 실체가 뚜렷하지 않은 가운데 미래의 효용에 대한 기대에 의존하고 있는 소위 '융합기술'을 일종의 신기술로 볼 수 있을 것이다. 융합에 대한 기대는 2016년 현재 최고점에 이른 것으로 보인다. 거품기대 주기에 따르면 다음 단계는 '탈환상의 골'이다. 기대가 클수록 실망이 크다고 했던가. 거품 낀 기대는 성과를 재촉하지만 돌아오는 것이 별것 아닐 경우 실망 이상의 역풍이 불어오는 것이다. 부풀려진 기대는 지금 융합을 촉진하기 위한 각종 투자를 지탱하고 있을 뿐 아니라 그 투자의 책임성과 효과성에 대한 정당한 질문을 차단하고 있다. 융합이 부풀려진 기대에 부응할 수 있는 정도의 가시적이고 실효적인 성과를 적절한 시점에 내어 놓지 못한다면 단순히 '융합의 인기가 예전만 못하다' 정도에 그치는 것이 아니라 융합에 적극 나섰던 이들이 공격당하고 융합 관련 조직들이 해체되며 융합이 배척당하는 역풍에 휘말리게 될 것이다. 이런 최악의 경우가 현실로 닥친다면 바람직하게 진행되고 있던 융합과 성공 가능성이 큰 융합 활동들에마저 타격이 가해지는 것을 피할 수 없다.

부풀려진 기대의 또 다른 부작용은 조급증이다. 전술했듯이 새로운 융합학문은 간학제(interdisciplinary) 분야로 시작하여 진화적으로 다학제(multidisciplinary) 분야를 거쳐 서서히 형성된다. 이러한 진화적 경로에 어울리는 공간은 틈새(niche) 공간이다. 틈새는 기존의 주류 학제들의 사이에 작은 규모로 허락되는, 학문적 다양성과 신학문 성장을 위한 실험의 장이다. 틈새 공간의 학문을 위한 조직은 한 개의 연구실로부터 시작하여 몇 개의 연구실 연합, 협동과정이나 특별 프로그램 등으로 성장하고, 학문적 성취, 배출인력에 의한 학술 커뮤니티의 육성, 그리고 정치적 성공까지 결합될 때 비로소 새로운 학제가 된다. 주요 대학에 학과와 대학원이 설치되고 '~학자'라고 스스로 인식하고 남들이 인정하는 전문가 집

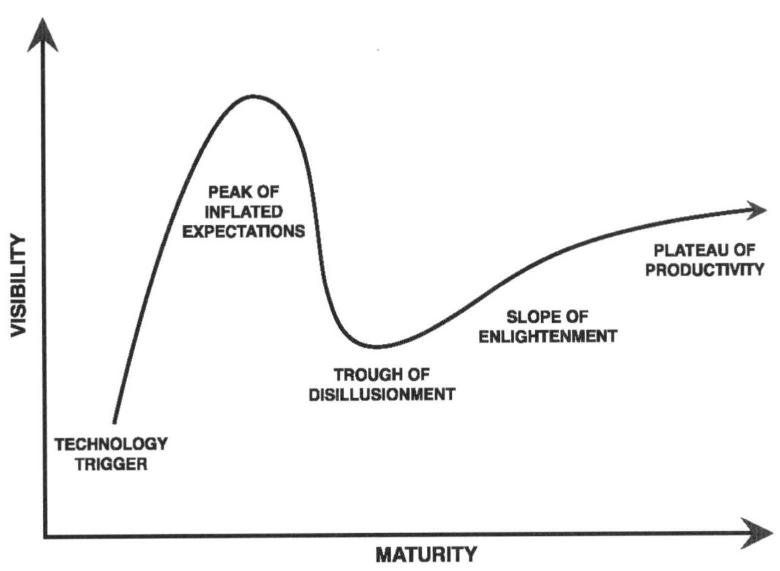

그림1 | **신융합학문의 형성 단계가트너 그룹이 제안한 신기술에 대한 '거품기대 주기(hype cycle)'. 융합에 대한 기대는 정점에 도달한 게 아닐까? (출처: 가트너 그룹)**

단이 가시적으로 형성되는 것이다. 이러한 진화의 과정은 최소한 한 학문세대, 즉 초창기 학생이 박사학위를 받고 경력을 쌓아 교수—말하자면, 모교의—가 되는 데 걸리는 시간인 10~20년에 걸쳐 일어난다. 그것도 사회적 수요가 높고 기타 모든 주변 여건이 우호적인 경우에 국한한다. 그런데 근래 한국의 융합 노력은 이 단계들과 시간을 생략하고 있다. 곧바로 대학원을 설립하고, 다른 학제에서 양성된 연구자들로 자리를 채우고는 융합학제의 명칭을 작명하여 간판에 새겨 넣고 있다. 자연스럽지 못함에도 불구하고 이러한 단계 생략(stage skipping) 전략은 일정 부분 성공할지도 모른다. 그러나 성공을 위해서 필수적인 조건은, 비록 선후는 바뀌었을지언정 진화를 위한 융통성을 허락하고 인내하며 기다리는 시간과 학문적 실험공간이다.

'탈환상의 골' 다음은 '깨우침의 비탈'이다. 애초의 기대에는 못 미치더라도 제한적 영역에서 성과가 나타나면서 적정한 기대수준을 회복하는 것이다. 꾸준한 발전은 '안정기'에 이르게 한다. 융합에 대한 부푼 기대가 일부 실패사례에 의해 깊은 실망으로 이어지더라도 융합적 학문활동에 대한 적절한 지원과 관리는 계속되어야 한다.

3) 현상 진단과 비판

앞에서 융합의 실현 가능성과 성과에 대한 기대를 다룬 것에 이어, 융합을 추구하는 활동들과 관련한 현상들을 비판적으로 진단해 본다.

첫째, 인위적 융합을 개시하는 방식을 보면 하향식(top-down)이고 선언적이다. 연구자들의 상향식(bottom-up) 요구에 의해 시작되기보다는 정책적 결정—때로는 정치적 이해에 따른 전시성 행정—에 의해 시작되었다. 둘째, 융합의 형식을 보면 다분히 하드웨어적 집체에 머물고 있다. 융합을 기치로 내 건 신설 조직이 신축 건물에 들어서고, 섞을 대상으로 선택된 학제들을 같은 지붕 아래 모은다. 연구활동의 형태도 공동연구보다는 IT융합, 나노기술, 그린에너지 등 거대 담론하에서 각개의 연구를 진행하는 식이다. 말하자면, 굳이 물리적으로 같은 지붕 아래에서 연구하지 않더라도 전혀 이상할 것이 없는 연구들을 개별적으로 수행하는 경우가 많다. 융합을 촉진하기 위해 형식적인 내부 발표회, 교류회 등이 개최되고 있지만 일선 연구자들은 상호소통의 어려움과 비효율로 인한 애로점을 토로하는 형편이다. 소위 '융합의 피곤함'이다.

셋째, 융합 자체가 목적이 되고 있다. 융합은 더 나은 연구를 위한 방법이고 창의적 아이디어 발현을 촉진하기 위한 방법이다. 즉 지식의 진보를 위한 (여러 가지의 길 중) 하나의 길이다. '융합하기' 자체가 목적이 되어선 안된다. 이는 아무 목적 없이 융합한다는 것이나 마찬가지이기 때문이다. 넷째, 바람직한 융합의 지향에 대한 고민이 없다. 학문 융합의 개념은 우리 사회에서 내재적으로 잉태한 것이 아닌 외생적인 것, 수입한 것이다. 즉, 해외로부터 받아들인 개념인데, 이에 대한 비판적 체화과정을 충분히 거치지 못한 채 성공한 정치적 레토릭이 되고 말았다. 또한 융합을 추구하는 이유가 산업경제적 성과에 대한 기대에 치우쳐 있는 것도 문제이다. 융합의 과정뿐 아니라 결과 역시 사회적인 것이며, 융합이 사회적 목표를 가질 수 있는 것도 지당한데도 불구하고 그렇다.

다섯째, 자연계와 인문계라는 뿌리 깊은 이분법과 두 분야 사이의 높다란 장벽을 극복하지 못하고 있다. 융합을 표방하는 대부분의 신설 조직은 이공계 학제 간의 융합에 집중하고 있는 것이 현실이다. 드물게 명맥을 유지하는 이공계-인문사회계 융합의 경우 내용을 자세히 들여다보면 대등한 결합이 아닌 경우가 많다. 복잡한 사회적 문제들, 특히 과학기술과 사회의 관계선상에 놓여 있는 문제들에 대응하는 데에 융합학문의 장점이 발휘될 수 있음에도 불구하고, 이공계와 인문사회계 학문들을 융합하려는 활동은 오히려 부족하다. 따라서 위에 언급한 대로 사회적 목표의 융합이 자리할 기회가 결여되어 있다.

여섯째, 많은 융합 노력이 대학 및 대학원 교육과 연계되어 있음에도 불구하고, 융합형 인재란 무엇인가에 대한 고찰이 부족하다. 흔히 말하는 융합형 인재란 복수의 전공을 이수한 사람이나 여러 상이한 학제에서 석·박사 학위를 취득한 사람, 혹은 자기 전공과 다른 분야에서 해당 분야 전공자 이상의 식견을 지닌 사람이다. 개인의 학경력상의 '스펙'으로 융합형 인재인지 여부를 표피적으로 구분하는 것이다. 그러나 어떤 사람이 융합형 인재인지를 판별하는 기준은 보유한 학위의 개수가 아니라 그가 사고하는 방식과 문제를 해결하는 능력이 융합적인지, 여러 학제로부터 습득한 능력을 실제로 복합적으로 활용하는지, 그리고 융합의 산물로서의 창의성을 발휘하는지에 두어야 한다. 여러 학제에 걸쳐 인적 네트워크를 형성하고 있는지, 각각의 학문 커뮤니티에서 무난히 소통이 가능하고 구성원으로 상호인지되는지도 기준이 될 수 있다. 융합을 간판에 내건 학과의 졸업장을 받았다는 것만으로는 융합형 인재라고 할 수 없다.

4. 융합 실천상의 장벽들

전술한 대로, 우리 사회의 융합에 대한 기대는 과장된 측면이 있으며, 부풀린 기대에 기반해 인위적이고 표면적인 융합 노력이 경주되고 있다. 융합의 사회적 비용과 비효율성의 문제는 공론화된 바 없으나 현장 연구자들에게는 공공연한 비밀이다. 그럼에도 지향점으로서의 융합의 위치가 여전히 공고한 까닭은 그만큼 새로운 것의 가능성에 대한 열망이 절박하다는 뜻일 것이다. 그러나 비판의 여지가 있을 만큼 성급하고 저돌적인 인위적 융합 노력들조차 뚫을 수 없는 장벽들도 여전히 공고하다. 그만큼 융합은 어렵고, 바람직한 융합을 추구함에 있어서 제거 또는 완화해야 하는 장해물들을 파악할 필요가 있다. 미래에 융합의 지향에 대한 깊은 성찰을 거쳐 가치 있는 목적하에 적절한 방식으로 이루어지는 융합활동들을 위해서라도 그렇다.

1) 기존의 조직과 제도가 융합을 가로막는다

소위 '융합의 시대'에도 여전히 전통적인 학제의 체계는 공고하다. 교육과 연구를 지배하는 지식기반, 학문 커뮤니티, 그리고 대학의 편제에서 모두 그렇다. 학과의 명칭은 시류에 발맞춰 융합을 지향하는 것으로 변하기도 하지만—물리학과가 나노과학과로, 지질학과가 환경시스템과로, 화학과가 화학생명과학과로……—학제의 근본적 성격이 변한 것으로는 보이지 않는다. 몇몇 학과들의 이합집산으로 융합적인 이름을 갖게 된 경우도 있다. 그러나 한 꺼풀 안을 들여다보면 '원래 학과들'로 나뉘어 있는 것을 알 수 있다. 완전히 새로운 융합학과의 경우 교원 임용, 교과목 개설, 교내 인프라 확보 등에서 각종 현실적 어려움에 봉착하는 것이 현실이다. 대학의 행정은 기존 학제들에 기반해 돌아가기 때문이다.

여기에 덧붙여 동아시아권 국가들의 경우 지나치게 세분화된 학술학위(degree)의 종류가 문제를 일으킨다. 예로써, 현재 우리나라에서 수여되는 박사학위의 종류에는 문학, 철학, 이학, 공학, 교육학, 법학, 정치학, 경제학, 의학, 약학, 농학이 있다. 융합분야 전공자는 이것들 중 대학이 허용하거나 개인이 임의로 선택한 학위를 받아야 한다. 혹자는 박사학위의 종류가 뭐가 중요하느냐고 물을지 모르겠다. 하지만 취득 학위의 종류는 현실적으로 중요한 문제가 된다. 박사학위 소지자가 취업시 주로 지망하는 연구직의 경우 지원자격에 학위분류가 명시되는 경우가 많기 때문이다. 융합분야 전공자는 자신이 희망하는 직장이 어떤 학위를 선호하는지 눈치를 보아야 한다. 예를 들어 기술경영학(management of technology,

MOT) 전공은 대학에 따라 공과대학 또는 경영대학에 설치되어 있는데, 경영학 박사학위는 민간 경영연구소 취업에 유리하고, (남성의 경우) 공학박사학위는 병역특례 전문연구요원으로 병역을 해결하기 위해 필수적이기에 선택에 고민이 따를 수밖에 없다. 학위 분류는 수십년 전 대표적 학제들의 지형도가 반영된 것으로 현재에 와서는 불필요한 규제나 마찬가지이다. 그렇다고 융합전공을 위한 학위종류를 신설하는 것도 학술적 권위를 손상시키는 등 혼란만 가져올 것이다. 특정한 전문학위(의학, 법학 등)를 제외한 학술학위는 철학박사(Ph.D.)로 일원화하는 영미식 체계가 차라리 합리적이다. 불필요한 구분과 구획은 학위 종류뿐 아니라 이와 상황이 비슷한 다른 예들에서도 발견된다. 학문 분류에 따른 연구비 신청, 소관부처, 관련 자격증 등등 수많은 제도들이 전통적인 학제 구분에 기반해 불필요한 구분을 강요하고 있다.

2) 융합하고자 하는 개인에 대한 인센티브가 없다

융합학문의 길은 어렵고 힘들다. 첫째, 융합분야의 지식을 제대로 습득하기 위해서는 융합의 소스에 해당하는 여러 학제들의 지식뿐 아니라 각종 필수 정보와 연구동향 등을 두루 알아야 한다. 모든 학문 분야를 깊이 안다는 것은 사실상 불가능하므로 깊이보다는 폭에 초점을 맞추게 되지만 그 또한 방대한 학습량과 긴 수학기간을 필요로 하는 것이다. 그리고 최소한 한 개 학제에 대해서는 전공자 수준의 깊은 이해와 연구능력—학자들이 소위 '내공'이라고 부르는—을 갖출 필요가 있다. 예를 들어 과학기술정책학은 과학기술에 대한 기본적인 이해와 지식이 필요하며, 경제학, 경영학, 행정학, 정책학, 과학기술학, 사회학 등이 융합되어 있다.

길고 어려운 수학기간을 견디고 나면, 앞 절에서 설명한대로 기존 학제 위주의 대학 편제와 취업관문 탓에 협소한 융합분야 밖에서는 진로 개척이 쉽지 않다. 그런 이유인지 융합학문 학생의 경우 취업 등을 고려한 전략적 진학보다는 지적 호기심과 학문적 도전의식에 이끌려 힘든 공부를 선택하는 경우가 많다. 융합분야 전공자는 전통학제 전공자의 시각에서 보면 마치 박쥐와 같아서, 이 분야 저 분야에서 서로 "우리 (분야) 사람이 아닌데"라고 배척당하기 쉽다. 물론 대단한 수월성과 연구업적을 갖춘 사람이라면 반대로 여러 분야에서 서로 자기네 사람이라고 주장하고 나설 수도 있겠다. 하지만 학제에 대한 공동체적 소속감과 학문적 동료의식은 지식의 공유뿐 아니라 상호인지 요건과 같은 사회적 측면이 크게 작용한다는 것을 감안하면, 학문 경쟁의 장에서 포용되기보다는 배척되기가 더 쉬우리라는 것을 쉽게 예측할 수 있다.

둘째, 융합학문 연구자는 학술적 업적의 평가 측면에서도 불리하다. 융합학문 분야의 학술 커뮤니티는 작기 때문에 논문을 실을 수 있는 전문학술지의 종류와 개수가 매우 제한적이다. 전통 학제 기반의 학술지 중에서도 융합분야 논문에 투고의 문호를 개방한 경우가 종종 있지만, 심사 과정에서 주류 논문들과 경쟁해야 하며, 특히 융합분야에 우호적이지 않은 보수적 심사자를 만날 심사 통과와 논문 게재가 난망하다. 융합학문 연구자들이 스스로 조직한 학회에서 자체 학술지를 발간하기도 하는데, 역사가 짧고 학문 공동체가 작은 탓에 '연구재단등재지'니 SCI(science citation index)니 하는 기준에 들지 못하는 경우가 다반사이다. 더욱이 연구자 집단의 규모가 작기에 논문 피인용지수(impact factor) 측면에서도 불리하여 논문의 질과 수준이 저평가되는 경향이 있다. 연구업적 평가 측면의 불리함은 아쉬운 심정에서 그치는 것이 아니다. 취업, 승진, 성과급 등에서 지극히 현실적인 불이익을 겪게 된다.

융합학문 연구의 불리함을 부분적으로나마 상쇄하고 있는 것이 역설적이게도 인위적 융합을 위한 활동들이다. 융합연구 전용 연구비, 융합을 우대하는 각종 대형사업, 새로 설립되는 융합특화 연구기관의 일자리 등이 그것으로, 대증적인 유인책이라고도 볼 수 있다. 융합을 가로막고 서 있는 장벽들이 뿌리가 깊고 사회에 체화되어 있다는 점을 고려하면, 대증요법이 근본적인 해법이 될 수 없음을 짐작할 수 있다.

5. 융합은 얼마나…?

거품을 걷어내고 냉정히 보더라도 융합이 제공하는 이점은 분명히 존재한다. 무엇보다도 가장 큰 가치는 바로 새로운 생각의 창발점이라는 데서 찾을 수 있다. 새로운 아이디어는 경계(boundary, interface)에서 생성된다. 한 학제 내에서 해결되지 않았던 문제 풀이의 실마리가 여러 학제들과의 충돌하는 접점에서 발견된다. 완전히 무에서부터 창조된 새로운 생각이란 것은 존재하지 않는다. 새로운 생각은 기존 지식들을 조합함으로써 창발된다. 지식의 결합으로부터, 또는 지식들을 조합하는 새로운 방법으로부터 생겨나는 것이다. 앞에서 융합의 실현 가능성과 성과에 대한 기대가 부풀려져 있음을 지적하였다. 하지만 부풀려져 있다는 것이 문제라고 말한 것이지 기대할 가치조차 없다고, 융합을 내쳐야 한다고 주장한 것은 결코 아니다.

특히 융합은 사회적 문제를 다루는 데 유용하다. 왜냐면 현대 사회의 제문제는 복합적이고 다면적이기 때문이다. 예를 들어 원자력발전의 불안한 미래에 대해 고민하자면 전기공학자, 화학공학자, 물리학자, 화학자, 생물학자, 지구환경학자, 경제학자, 사회학자, 정책학자, 행정학자, 심리학자, 의사…… 등이 머리를 맞대야 할 것이다. 융합은 문제중심적(problem-oriented)으로 지향될 수 있으며 다양한 관점을 적용해 사회적으로 필요한 해법을 도출할 수 있는 길이다.

융합이 강조되는 시대에 살면서도 정작 융합 자체에 대한 고찰, 말하자면 메타융합연

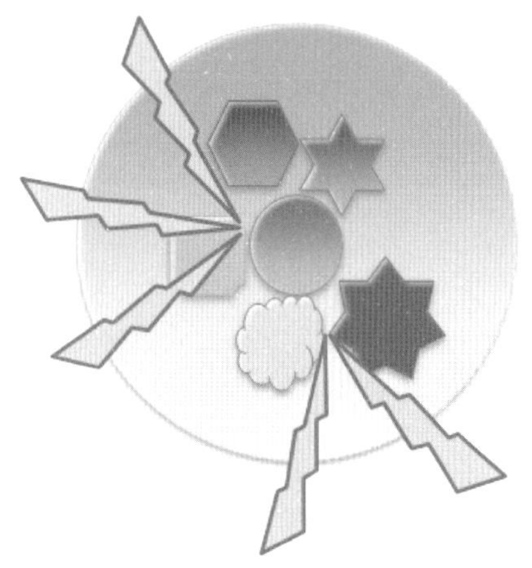

그림2 | **창의성은 접점에서 발현된다. 특별한 목적 없이 마치 큰 주머니에 여러 모양을 담아 놓는 듯한, 일견 무모해 보이는 융합 노력이라도 유의미할 수 있는 이유는 학문들이 서로 충돌하는 접점이 만들어지기 때문이다.**

구는 빈약하다. 융합에 대한 논의가 빈약한 만큼 융합의 현재 모습은 공허하다. '융합에 관한 논의'는 이제 겨우 시작 단계이다. 결론을 말할 수 있는 단계가 아니라 질문을 던져야 하는 단계인 것이다. 융합은 얼마나 가능한가? 인위적 융합은 성공할까? 융합은 얼마나 바람직한가? 융합의 비용과 편익 관계는 무엇인가? 융합 연구자들은 얼마나 힘든가? 융합은 얼마나 어려운가? 융합 앞에 놓인 장벽을 어떻게 넘을 수 있는가?

학문의 역사에서 등장해 온 융합의 사례들을 보면 융합의 잠재력은 부정할 수 없다. 융합이 가져오는 성과—인류의 지식을 더욱 풍성하게 하며, 진보를 견인하고, 사회경제발전에 기여하는—의 가치 또한 무시할 수 없다. 융합을 촉진하는 것 자체를 부정적으로 볼 필요는 없지만, 현재 우리 사회에서 시도되고 있는 융합의 방식이 유일하고 바람직한 것인지는 다시 생각해 볼 여지가 있다. 융합은 '촉진'한다기보다 '허락'한다는 말이 더 잘 어울린다. 융합이 일어날 수 있는 학제간 틈새공간을 허락하고, 학문적 실험과 실수와 실패를 허락하고, 개별 연구자가 개인적 불이익 없이 지적 탐험에 나서는 것을 허락하며, 학문이 정해지지 않은 방향으로 자유롭게 진화해 나가도록 허락하는 것이다. 우리 사회에서 형성된 '융합의 정치권력화' 탓에 학문 사회에서 융합은 강자와 기득권자의 것이라는 착시현상도 있지만, 사실 전통 학제들의 철옹성 앞에서 융합은 여전히 불리한 편에 놓여 있다. 말로는 허락하고 행동으로는 훼방하는 상황이나 마찬가지이다. 융합의 레토릭과 융합의 이미지로부터 거창한 거품을 걷어내고 앙상한 속살과 허기진 속내를 여과 없이 드러내는 용기가 필요하다. 융합에 대한 부푼 기대가 깊은 실망으로 변하기 전에 융합의 참모습과 건강한 지원방법을 찾아내야 한다. 융합에 관한 논의의 빈약함에서 비롯된 여러 문제와 실천상의 어려움에도 불구하고, 융합은 우리사회가 채용해야 하는 중요한 전략이자 지식의 진보를 위해 학문 커뮤니티가 지향해야 하는 주요한 덕목이기 때문이다.

더 생각해볼 주제

—

최근 등장한 사회적 문제 중 과학기술을 포함한 융합적 접근이 필수적이라고 생각되는 사례를 들고, 융합의 양상에 대한 사고실험을 수행해 보자.

더 읽어볼 거리

—

홍성욱 엮음, 『융합이란 무엇인가』, 사이언스북스, 2012.

노암 촘스키 외, 이창희 옮김, 『사이언스 이즈 컬처』, 동아시아, 2012.

에드워드 O. 윌슨, 최재천·장대익 옮김, 『통섭』, 사이언스북스, 2005.

C.P. 스노우, 오영환 옮김, 『두 문화』 ,사이언스북스, 2001.

04

행위자 네트워크로 보는 과학과 세상

과학과 기술이 사회 속에서, 사회적이고 문화적인 요소들과 영향을 주고받으면서 발전한다는 것은 이제 상식이다. 인간이 하는 어떤 활동도 사회적 진공 속에서 이루어지는 것은 없다. 과학기술과 사회의 관계를 연구하는 과학기술학(Science and Technology Studies, STS)에서는 1970년대 이전까지는 주로 과학기술이 사회에 주는 영향을 강조했다. 그렇지만 1970년대 중반에 등장한 사회구성주의(social constructivism)는 사회적 요소들이 과학 지식의 발전에 영향을 미친다는 점을 강조하기 시작했다. 과학이 사회와는 무관한 합리적이고 객관적인 지식이라고 생각한 과학자들과 과학철학자들은 이런 사회구성주의의 주장을 좋아하지 않았고 이를 강하게 비판하기도 했지만, 여러 논쟁을 거치면서 사회구성주의의 시각은 과학기술과 사회의 관계를 새로운 각도에서 조망하는 방법론으로 평가받고 정착되었다.

1. 행위자 네트워크 이론과 테크노사이언스(technoscience)

과학의 사회적 구성론이 수용되는 과정에서 중요한 역할을 한 개념이 '잘 확립된 과학' 대 '연구'의 구별이었다. 뉴턴 역학, 산소 이론, 다윈의 진화론처럼 '잘 확립된 과학'은 객관적이고 보편적으로 보일만큼 견고한 반면에, 지금 막 진행되고 있는 '연구'는 불확실성이 크고, 이견과 논란이 존재하며, 따라서 과학 외적인 요소의 개입이 용이할 수 있다는 것이다. 그런데 지금 '잘 확립된 과학'도 이것이 처음 만들어질 당시에는 논란이 많던 '연구'였다는 사실을 생각할 필요가 있다. 지금 뉴턴 역학을 사용해서 문제를 푸는 과정에는 사회문화적 요소가 개입할 여지가 거의 없지만, 뉴턴 자신은 당시에 여러 가지 신학적, 철학적, 문화적 요소들을 자신의 과학 내로 끌어 들이면서 뉴턴 역학의 핵심적인 개념들을 창안했다. 이런 인식은 '잘 확립된 과학'과 '연구'를 구별해서 생각하면 자연스럽게 유도되는 것이었는데, 이런 구별을 제안했던 이가 프랑스 과학기술학자인 브뤼노 라투르(Bruno Latour)였다.

라투르는 동료들과 함께 행위자 네트워크 이론(actor-network theory)이라는 과학기술학의 방법론을 제창했던 사람이었다. 행위자 네트워크 이론에 따르면 과학 연구의 본질은 실험실에서 새로운 인공물이나 비인간(non-human)을 길들여서 인간과의 새로운 네트워크를 만드는 것이다. 과학자와 엔지니어는 새로운 비인간들을 계속 세상에 내어 놓기 때문에, 인간-비인간의 네트워크는 시간이 지나면서 훨씬 더 복잡하게 진화한다. 이 행위자 네트워크에는 지리적으로나 시간적으로 계속 확장되고 뻗어나가는 속성이 있는데, 이는 우리가 과학기술이 발전하고 진보한다고 얘기하는 것에 해당된다. 그렇지만 네트워크는 확장되는 속성 외에 다른 속성도 가지고 있다. 잘 성장하던 하나의 네트워크가 다른 네트워크로 대체될 수도 있고, 오랜 기간에 걸쳐서 형성된 네트워크 전체가 응축되어 하나의 인공물로 집약될 수도 있다. 이렇게 네트워크가 집약된 인공물이 필수적인 것이 되거나 표준화되면 이것들은 사회의 구성원들이 반드시 거쳐 가야하는 지점이 된다.

행위자 네트워크 이론에서 말하는 네트워크는 과학기술자라는 인간들 사이의 네트워크가 아니라는 사실에 주목해야 한다. 인간이 중요한 행위자이긴 하지만, 과학기술을 이해할 때에는 인간만이 아니라 비인간(nonhuman)을 포함시켜야 하기 때문이다. 과학기술이 인문학이나 사회과학 대부분과 다른 이유는 전자가 비인간을 다룬다는 데에 있다. 과학자들은 백묵을 사용해서 칠판에서 문제를 푸는 사람들이 아니다. 대부분의 과학자들은 실험실에서 실험을 하는데, 실험은 비인간을 길들이는 인간의 행위라고 볼 수 있다. 실험실은 '날 것'으로부터의 자연을 인간에게 이해될 수 있는 규칙적인 상태로 만드는 공간이며, 과학자들은 실험실에서의 실험을 통해서 세균, 세포, RNA, 원자핵, 중성자, 중력파 등을 길들여서 이런 비인간들과 인간들을 사이에 새로운 연결망을 만들어 낸다. 행위자 네트워크 이론에서는 이런 연결망을 '동맹'이라고 부르기도 한다. 지금 우리는 자동차, 비행기, 수 천 가지의 전쟁무기, 220볼트 전기, 전파, 레이저, 강화유리, LED 광원, 원자핵발전, 유전자변형식품, 온실가스, 항생제, 항암치료제, 수천 가지의 약, 줄기세포, 나노입자, 인공비료, DDT 같은 살충제 등의 비인간들과 같이 살고 있는데, 이런 비인간들은 과학기술자가 실험실에서 길들인 존재들이다. 우리는 인간만이 아니라 이런 수많은 비인간들과 함께 살아가고 있기 때문에, 행위자 네트워크 이론은 비인간을 고려하지 않은 인간에 대한 논의가 추상적이며 현실적이지 못하다고 평가한다.

한정된 지면에서 행위자 네트워크 이론을 상세하게 설명하기는 어렵기 때문에 다섯 가지 정도로 행위자 네트워크 이론의 핵심만을 간추려 보자. 첫 번째로, 행위자 네트워크 이론에 따르면 과학이 자연에서 거리를 두고 자연을 이해하는 활동이 아니라 실험실에서 새로운 네트워크를 만들어 내는 활동이기 때문에, 자연과 사회의 경계는 큰 의미가 없다.

비인간을 매개로 한 네트워크를 생각하면 자연과 사회 사이의 경계는 상당 부분 허물어진다. 사회/자연의 경계가 무의미하기 때문에 (사회적) 가치와 (자연적) 사실의 경계, (사회과학의) 주관성과 (자연과학의) 객관성의 경계도 흐려진다. 행위자 네트워크 이론은 이렇게 우리가 확고하다고 생각하는 경계를 넘나든다.

두 번째로 행위자 네트워크 이론은 비인간에 적극적인 역할을 부여한다. 이는 인간이 기계를 장착해서 사이보그가 되었다는 얘기가 아니고, 인공지능이 마치 인간처럼 사고하고 활동한다는 얘기도 아니다. 영화 〈매트릭스〉나 〈터미네이터〉처럼 인간이 기계의 지배를 받아서 꼼짝 못한다는 얘기는 더더욱 아니다. 행위자 네트워크 이론에서 비인간에 주목한다는 것은, 인간이 비인간 없이 혼자서 할 수 있는 일이 거의 없다는 사실이다. 다른 말로 하면, 인간이 다른 인간에게 명령, 설득, 회유를 해서 그의 행동이나 사고를 바꾸듯이, 비인간도 비슷한 역할을 수행한다는 것이다. 이런 의미에서 비인간은 행위능력을 가진 행위자(agency)이다. 우리의 행동, 사고, 의지는 비인간에 의해서 그 역량이 커지기도 하지만, 또 다른 한편으로는 그 가능성을 제약받기도 한다. 따라서 사회에 대한 분석을 담당하는 사회과학은 인간관계에만 주목할 것이 아니라, 사회에 새롭게 포함되는 비인간들이 인간들 사이의 관계를 어떻게 비틀고, 확대하고, 제한하는지에 주목해야 한다. 우리가 사는 사회는 인간-비인간의 복합체이다.

세 번째로, 행위자 네트워크 이론은 행위자와 네트워크를 분리하지 않는다. 즉 행위자는 곧 네트워크이며, 네트워크는 행위자인 것이다. 앞서 보았듯이 인간의 행위는 인간 행위자와 비인간 행위자의 이종적인 네트워크로부터 나오는 관계적 효과라고 볼 수 있다. 나라는 인간은 내가 맺는 네트워크에 의해서 만들어진다. 나의 사고는 어떤 책을 읽었는가에 따라서 결정되지만, 내가 어떤 기계를 사용해서 글을 쓰는가에 따라서도 달라진다. 컴퓨터 없이는 글을 쓸 수 없는 사람에게 펜과 종이만 제공한다면, 이는 그의 사고를 옭죄는 결과를 낳기 때문이다. 인간도 네트워크의 일부이기 때문에 그런 결과가 생기는 것인데, 비슷한 방식으로 인공물에 대해서도 생각해 볼 수 있다. 우리는 자동차를 하나의 인공물로만 생각하지만, 실제로 자동차는 오랜 시간에 걸친 수많은 과학기술적인 네트워크가 응축되어서 만들어진 존재이다. 자동차의 내연기관을 만들기 위해서 증기기관이 있어야 했고, 카르노 사이클(Carnot cycle) 같은 열역학이 필요했고, 내연기관에 대한 수 많은 실험들이 있었으며, 정밀 기계공학이 발전해야 했다. 이렇게 시공간적으로 중층적으로 연결된 복잡한 네트워크가 엔진과 같은 하나의 인공물로 집약되는 것을 '블랙박스화'(black-boxing)라고 한다.

네 번째로, 행위자 네트워크 이론에서는 네트워크를 만드는 과정이 가장 중요한데, 이 과정을 '번역'(translation)이라고 부른다. 일상에서의 번역이 두 언어를 같은 뜻을 가리키는 것으로 만드는 것이듯이, 행위자 네트워크 이론에서의 '번역'은 다른 행위자들의 이해관계를 내 이해관계와 같은 것으로 맞추는 것을 의미한다. 그런데 내가 다른 행위자를 내 네트워크 속에 끌어들이고 싶다면 신중한 방법을 사용해야 한다. 그 이유는 이 다른 행위자가 이미 기존의 네트워크 속에 들어 있는 경우가 대부분이기 때문이다. 따라서 나는 이 행위자가 맺고 있는 네트워크를 비집고 들어가서 이를 끊거나 약화시킨 뒤에 상대를 내 네트워크 쪽으로 연결시켜야 한다. 행위자 네트워크 이론에서 네트워크란 강한 연결망이 아니라 항상 불안정하고 소멸되기 쉬운 것이며, 네트워크 확산 및 유지에 필요한 다양한 전략이 필요하다. 이 과정에서 비인간 행위자의 역할이 중요하다. 왜냐하면 표준화된 비인간 행위자들은 다른 인간 행위자들이 오랜 시간 동안에 반드시 거쳐가야만 하는 "의무통과점"(Obligatory Passage Point, OPP)으로 기능하게 만들 수 있기 때문이다.

마지막 다섯 번째로 행위자 네트워크 이론은 권력(power)의 기원과 효과에 대해서 새로운 통찰을 담고 있으며, 이를 더 민주적인 방식으로 만들기 위한 전략을 제공한다. 권력은 인간-비인간의 이종적인 네트워크에서 나오며, 인간이 다양한 비인간을 어떻게 조직하고 통제하는가에 따라 더 큰 권력을 가질 수 있다. 이런 비인간을 만들어내고, 이를 이해하고, 통제하는 활동이 과학과 기술이며, 따라서 과학과 기술의 작동 방식을 이해하는 것은 현대 사회에서 권력이 어디로부터 나와서 누구의 손에 모이는가를 이해하는 핵심적인 통찰을 제공한다. 특히 행위자 네트워크 이론은 비인간에 대한 '대변'(representation)을 기존의 권력자들과 전문가들에게만 맡기는 것은 지금의 권력 비대칭을 심화시킬 수 있다는 점을 지적하면서, 인간 행위자만이 아니라 비인간 행위자들을 제대로 대변할 수 있는 '사물의 의회'(Parliament of Things)를 제창한다. 사물의 의회는 현대 과학기술의 문제를 과학기술자들만이 아니라 일반 시민들까지 참여한 상태에서 토론을 통한 숙의적인 방식으로 해결하는 공론장을 의미한다.

이런 행위자 네트워크 이론이 과학기술에 대해서 제공하는 새로운 이해는 무엇일까? 첫 번째는 현대 과학기술과 과학기술자가 가진 독특한 지위에 대한 이해이다. 현대 사회에서 전문가라고 불릴 수 있는 사람들은 많이 있지만, 비인간을 길들이는 사람들은 과학기술자들이다. 핵전략은 정책전문가들이 짤 수 있지만, 핵분열을 낳는 플루토늄과 중성자를 길들일 수 있는 사람들은 과학기술자들이다. 과학기술자들은 실험실에서 새로운 비인간을 끊임없이 생산해 내는 1차 생산자들이다. 이런 의미에서 이들은 현대사회를 만들어 내는 사람들이라고 할 수 있다. 정치적 권력은 정치인이나 국회의원이 가지고 있지만, 세상을 만들어 내는 힘은 과학기술자들에게 있다. 이런 의미에서 베이컨의 "아는 것은 힘이다"는 경구는 진실을 담고 있다. 그렇지만 지금은 이런 힘을 소수의 정치인들, 엘리트 과학기술자들, 기업가들이 좌지우지하고 있기 때문에, 이를 분산시켜 과학기술이 가진 힘의 더 많은 부분이 시민 사회의 공공 영역으로 귀속되는 것이 중요한 과제가 된다. 이런 의미에서 행위자 네트워크 이론은 "과학기술의 민주화"라는 슬로건에 새로운 의미를 부여한다.

두 번째로, 과학이 비인간을 길들이는 과정으로 보는 행위자 네트워크 이론은 과학이 과학자가 마음먹은 대로 이루어지는 활동이 아니라는 사실을 보여준다. 창의적인 연구를 하는 과학자들은 여러 가지 '밑천'(resource)을 동원해서 가설과 모델을 만들고, 실험 결과를 해석한다. 이런 밑천에는 사회적이고 문화적인 가정들, 과학자 공동체가 공유한 특정한 철학적 관점들이 포함될 수 있다. 그렇지만 실험의 가장 중요한 '밑천'이 비인간인 이상에 과학자가 이런 비인간을 원하는 대로 조작할 수 있는 것은 아니다. 과학이 소위 '자연이라는 제약'하에 이루어지기 때문에 과학은 이 제약 하에서 실험의 결과를 해석해야 한다. 이런 이유에서 과학이 사회문화적으로 구성된다고 해도 과학을 전적으로 문화적이거나 전적으로 사회적인 활동이라고 할 수는 없다. 자연을 해석하고, 길들이고, 통제하는 과정은 항상 많은 제약으로 점철된 과정이기 때문이다.

세 번째는 통제된 실험실과 복잡한 실제 자연 사이의 간극에 대한 인식이다. 여러 고대 문화권에서 가장 처음 발달한 과학이 천문학이었는데, 그 이유가 천체의 운행들이 당시에 관찰할 수 있는 유일한 규칙적인 현상이었기 때문이었다. 실제 자연은 복잡하고 불규칙적이다. 인간은 이런 불규칙한 자연을 이해하기 위해서, 자연을 실험실 안으로 가지고 들어와서 이를 규칙적인 것으로 만든다. 실험은 자연을 규칙적으로 만들어서 이를 이해하는 가장 강력한 방법이다. 이는 또 자연을 길들이고 통제하며 유용한 것으로 변화시킨다. 이 과정에서 새로운 지식과 유용한 기술이 만들어지지만, 동시에 우리는 실험실에서 만들어진 규칙적인 현상이 실제 복잡한 자연과 거리가 있음을 인지해야 한다. 자연을 실험실로 가지고 들어오면서 자연의 전부가 아닌 일부가, 그것도 단순해진 형태로 들어오는 경우가 많기 때문이다. 많은 경우에 이런 이해가 우리가 얻을 수 있는 가장 확실한 이해이지만, 어떤 경우에는 실험실에서 재현된 현상과 복잡한 자연 사이에 존재하는 간극이 문제가 될 때가 있다.

마지막으로 과학기술을 인간-비인간의 네트워크로 보면 과학기술을 이해하기 위해서 초월적인 가정을 도입할 필요가 없다는 것을 알 수 있다. 과학에서 말하는 자연의 법칙이 인간을 초월해서 자연에 존재하는 것이 아니라, 인간이 복잡한 자연을 이해하는 과정에서 만들어낸 인공적인 모델 비슷한 것이라고 이해하는 것이 더 타당할 수 있다는 것이다. 고대와 중세시기에 사람들은 무거운 물체에 자기 자리를 찾아가려는 경향이 있기 때문에 사과가 지구의 중심을 향해 떨어진다고 생각했다. 뉴턴 이후에는 지구의 중력이 사과를 잡아당기기 때문에 이것이 떨어진다고 생각했다. 일반 상대론 이후에는 지구 주변의 공간이 휘어져 있고, 사과는 이 휘어진 공간을 따라서 자연스럽게 운동하는 것이라고 해석한다. 이 해석이 100년 뒤에 다시 바뀔지 아닐지 알 수 없지만, 이런 식으로 자연의 법칙에 대한 이해가 바뀌어 왔다는 것은 분명한다. 우리가 자연의 법칙이라고 부르는 것들도 이렇게 바뀌어 왔다.

행위자 네트워크 이론에서는 이렇게 인간-비인간의 네트워크의 형태로 이해된 과학기술을 '테크노사이언스'(technoscience)라고 부른다. 과학기술, 혹은 과학과 기술 대신에 테크노사이언스라는 용어를 사용하는 데에는 이유가 있다. 첫 번째로 테크노사이언스는 과학과 기술 모두가 실험실에서 비인간을 길들여서 세상에 내어놓는 행위라는 점에서 공통점을 가지고 있음을 강조한다. 실험기구로 꽉 찬 실험실을 보면 우리는 전문가가 아닌 이상에 이것이 과학 실험실인지 공학 실험실인지 구별할 수 없는 경우가 많다. 대학, 정부출연연구소, 기업의 실험실도 다 비슷하다. 목적과 동기, 방법론은 달라도, 비인간을 길들임으로서 복잡한 자연을 이해되고 통제될 수 있는 것으로 만들려는 과학자와 엔지니어의 작업은 근본적으로 연결되어 있다.

두 번째로 테크노사이언스는 과학과 사회의 연결에 주목하게 한다. 실험실에서 만들어진 비인간은 실험실 밖으로 나온다. 새로운 존재들이 우리 세상에 점점 더 늘어나는 것이다. 많은 경우 이들은 인간에게 유용한 존재들이다. 그렇지만 까탈스러운 존재들도 많이 있다. 우리가 만들어서 세상에 내어 놓았지만, 이해하기도 힘들고 미래에 어떻게 진화할지 불확실한 존재들도 많다. 이산화탄소 같은 온실가스, 플루토늄, 유전자변형식품, 나노 입자들, 줄기세포 같은 존재들이 이런 까탈스러운 존재들의 대표적인 사례들이다. 어떤 과학자들은 이런 존재들에 아무런 문제가 없다고 주장한다. 반면에 비판자들은 우리가 사는 세상에서 이런 이상한 존재들을 빨리 몰아내야 한다고 주장한다. 우리는 양극단을 피하면서, 마치 부모가 자식을 책임감 있게 돌보듯이 이런 까탈스러운 존재들을 품어야 한다. 마음에 안 든다고 방기하는 것은 책임 있는 부모가 할 일이 아니다. 우리가 원했던 자식이 아니어도, 우리가 만든 존재들에 대해서는 애정을 가지고 책임을 져야 한다. 그리고 이 과업은 과학기술자와 시민사회가 함께 수행해 나가야 한다.

마지막으로, 과학이 인간의 활동임을 강조하는 테크노사이언스 네트워크라는 개념은 우리에게 과학을 문화로 파악하는 것의 중요성을 상기시킨다. 우리는 우리가 서양의 과학을 수용한 뒤에 이를 아직 우리의 문화에 깊게 뿌리 내리지 못했다는 지적을 자주 접한다. 서양에서는 과학이 발전하면서 새로운 과학 이론이나 실험과 관련해서 숱한 논쟁이 발생했고, 지금도 그렇다. 뉴턴의 역학 이론에 대해서는 라이프니츠(Gottfried Wilhelm Leibniz) 같은 과학자가 과학적인 근거에서 이견을 제시했고, 데이비드 흄(David Hume) 같은 철학자는 철학적인 반론을 제기했다. 여기에 괴테(Johann Wolfgang von Goethe) 같은 문인, 윌리엄 블레이크(William Blake) 같은 예술가 겸 시인도 뉴턴을 비판했다. 뉴턴과 뉴턴의 제자들은 이런 비판을 다시 논박했다. 이런 과정을 통해서 과학은 사회와 문화 속에 훨씬 더 조밀하게 뿌리 내리게 되었던 것이다.

반면에 우리는 이런 논쟁이 다 끝난 뒤에 교과서에 실린 뉴턴 과학을 수용했고, 이를 배웠다. 교과서에 실린 '잘 확립된 과학'은 깔끔하고 확실하다. 교과서의 뉴턴 과학은 객관적이고 보편적이다. F=ma란 공식을 이용해서 문제를 푸는 과정에는 사회적이거나 문화적인 요소들이 개입할 여지가 없다. 우리는 과학을 공부하면서 과학이 매우 합리적인 것이며, 인간이 만들었지만 인간 세상을 뛰어넘는 초월적인 것이라고 생각한다. 이런 생각은 역동적인 문화로서의 과학의 발전 과정을 직접 경험하지 못한 채로 교과서에 실린 과학만을 수용해서 배웠다는 데에 기인한다. 때문에 테크노사이언스라는 네트워크가 어떻게 만들어지고 성장하고 변화하면서 다른 모양으로 바뀌는지를 살펴보는 것은 과학에 '인간의 얼굴'을 부여하는 것이 될 수 있다. 특히 과학이 경제성장의 도구로만 인식되는 도구주의를 극복하기 위해서는 '신의 얼굴'을 한 과학이 아니라 인간의 얼굴을 한 과학이 절실하다.

2. 행위자 네트워크의 핵심으로서의 동맹

네트워크의 알파이자 오메가는 서로 관계없는 것들을 움직여서 연결하는 "동맹"이다. 동맹을 맺기 위해서는 서로 다른 이해관계를 가진 행위자들이 하나의 지점을 바라보게 해야 한다. 이를 위해서는 다른 방향을 보는 행위자를 설득해야 하는데, 설득에는 여러 가지 방법이 있다. "나와 동맹을 맺으면 기존에 네가 맺은 동맹에 비해서 네게 더 이익일 수 있다. 나와 동맹을 맺으면 네 적을 내가 제압해주겠다. 나와 동맹을 맺으면 미래의 이익을 보장해주겠다" 등등.

동맹이라고 하면 정치가 생각날 수 있다. 정치적 입장을 관철시키기 위해서는 동맹을 통해서 상대보다 힘이 세져야 하기 때문이다. 일본의 사례 하나를 보자. 1960년대부터 토호쿠 원전회사는 니기타현 마키마치 지역에 원전을 지을 계획을 세우고 부지의 매입과 주변 정리를 진행했다. 보상금 때문에 원전 설치를 찬성하는 주민들이 많았지만, 1986년의 체르노빌 사고 이후에는 원전에 동요하는 사람들도 늘어났다. 그렇지만 전통적으로 보수적인 주민들은 원전을 추진하는 지역의 정치인이나 부호들에게 반대 하는 것이 바람직하지 않다고 생각했고, 시골의 작은 도시민들이 가진 배타성 때문에 외부에서 온 반원전 운동가들에게도 호의적이지 않았다. 지역의 반원전 운동가들은 이 지역 출신이었기 때문에 지역의 이런 역사와 문화를 잘 알고 있었다. 그들은 원전 건설과 관련된 직접적인 이해관계를 갖지 않는 지역 출신들로 조직을 만들고, 천천히 주민들의 신뢰를 얻는 식으로 운동을 전개했다.

지역에 근거한 운동가들은 우선 공정하고 중립적인 절차하에 주민투표를 시행했다. 그 결과는 다수가 원전에 반대한다는 것으로 나왔다. 이들은 이 공정한 투표 결과가 이전의 시장이 진행했던 찬성 위주의 투표 결과와 다르다는 것을 홍보했고, 이런 계기를 이용해서 반원전 운동가인 사사구치 다카아키(笹口孝明)를 새로운 시장으로 임명하게 하는 데 성공한다. 반원전 운동가의 대표 사사구치는 시장이 된 뒤에 공식적인 주민 투표를 다시 했고, 원전에 반대한다는 지역의 결정을 공식화했다. 그리고 그는 시장의 권한으로 부지의 일부를 매각했다. 토호쿠 원전회사는 이 행동을 법원에 제소했지만, 결국 대법원은 사사구치의 손을 들어 주었으며, 대법원의 판결 이후에 토호쿠 전력은 원전을 포기했다. 주민들은 보상금 때문에 토호쿠 원전회사와 동맹을 맺었는데, 사사구치와 운동가들은 지역의 역사와 주민들의 문화를 잘 이해한 뒤에 이들이 회사와 맺은 동맹을 깨고 자신들과 새로운 동맹을 맺도록 했던 것이다. 공정한 투표, 정치 권력의 장악, 공식적인 반대 입장의 확정, 부지의 매각 등의 절차가 주민들로 하여금 토호쿠 전력과 맺은 동맹을 파기하게 하고, 그들을 새로운 동맹으로 이끈 것이다. 이 새로운 동맹은 도저히 이길 수 없어 보였던 거대한 상대와의 싸움을 승리로 이끌었다.

새로운 네트워크를 만듦으로써 기존의 네트워크에 대항할 때, 과학적 성과가 종종 사용되곤 한다. 일본의 사례를 하나만 더 들어보자. 요즘 전세계 과학자들과 정치인들은 지구상에서 생물 종이 급격하게 줄어들고 있고, 따라서 생물다양성을 보존하는 일이 매우 시급한 과제라는 사실에 동의하고 있다. 이런 상황을 상징적으로 보여주는 생물이 (돌고래를 포함한) 고래이다. 특히 서양 사람들에게 고래는 지능이 매우 높을 정도로 똑똑하고, 서로 소통하면서 협력하는 동물로 간주된다. 심지어 어떤 이들은 고래를 "영적인" 동물로 간주하기도 한다. 게다가 고래는 요즘 무분별한 포획의 결과로 멸종 위기에 처해져 있어서, 국제포경위원회는 고래를 잡는 포경을 규제하고 있다. 서양인들에게 고래를 잡아서 먹는 행위는 생물다양성에 대한 위협일 뿐만 아니라, 지능이 있고 영적인 동물을 해치는 야만적인 행위인 것이다. 고래에 대한 이런 "사실들"은 서양의 환경운동가와 과학자들의 동맹이 만들어낸 결과이다.

고래를 사냥하고 먹는 대표적인 나라가 일본이다. 원래 일본은 국제포경위원회의 규약을 준수하는 식으로 고래를 잡았지만, 국제적인 압력이 거세지면서 일본의 포경산업은 일본 과학자들과 동맹을 맺어 서양에서 만들어진 동맹에 저항했다. 예를 들어 일본 농림수산부 장관을 역임했고 국제포경위원회에 일본 대표로 있던 모리시타 조지(森下丈二)는

그림1 | **최근 일본의 포경은 '과학적 연구'라는 타이틀을 걸고 이루어지는 것이 많다. 위 사진은 포경에 반대하는 그린피스에서 일본이 과학연구를 하는 척하면서 고래를 잡는다는 것을 조롱하기 위해 만든 사진이다.**

고래의 지능이 높고 이들이 영적인 동물이라는 이미지가 서양인들에 의해서 만들어진 이미지일 뿐이며, 고래는 붕어와 다르지 않은 물고기일 뿐이라는 점을 강조한다. 또 그는 고래가 멸종 위기의 종이 아니라 아직 상당히 많이 존재하며, 다른 물고기들을 마구 먹어치워서 오히려 어업에 해를 끼치는 존재임을 강조한다. 이를 위해 그는 여러 과학적 데이터를 이용하고, 밍크 고래의 배를 갈라서 거기에서 쏟아져 나오는 물고기들을 직접 보여주기도 한다. 이런 캠페인의 일환으로 최근 일본의 포경은 "과학적 연구"라는 타이틀을 걸고 이루어지는 것이 많이 생겼다. 이들은 서양의 동맹을 "환경 제국주의적인 동맹" "환경 테러리스트의 동맹"이라고 비난하면서, 이러한 동맹이 서구에서나 통하지 일본에서는 통할 수 없다고 주장한다.

이 중 어느 것 하나가 합리적이며 정당한 반면에, 다른 하나는 비합리적이고 부당한 것인가? 지금의 시점에서 보면 이 중 하나의 손을 들어주기 힘들다. 오랫동안 고래를 잡았고 고래 고기를 먹었던 일본의(노르웨이, 아이슬란드, 캐나다도 일본과 비슷한 입장이다) 입장에서 보면, 고래가 지능이 높고 보호해야 하는 물고기이기 때문에 이를 잡아먹어서는 안 된다는 주장은 과학을 빙자한 신화에 불과한 주장이다. 반면에 서양의 입장에서 보면 고래가 지능이 높고 멸종 위기에 있다는 것은 과학이 밝혀낸 "사실"이기 때문에 일본의 포경 산업이야 말로 야만적이고 비과학적이다. 고래는 어떤 네트워크 속에 포함되는가에 따라서 연약해서 보호해야 할 존재가 되기도, 다른 물고기들을 마구 먹어치우는 사나운 포식자가 되기도 한다. 현재 국제적 포경 산업의 경우에는 서로 다른 두 네트워크가 고래를 서로 다른 존재로 묘사하면서 접점을 만들지 못하고 있다.

그렇지만 이런 평행선이 영구하리라고 생각해서는 안 된다. 이런 네트워크들의 대립은 그 중 하나의 근거가 취약하다는 것이 밝혀지면서 와해되기도 하고, 두 네트워크를 모두 포괄하는 상위의 네트워크가 생김으로써 둘 사이의 원래 갈등이 그 본래의 의미와 중요성을 잃어버리면서 해소되기도 한다. 앞에서 지적했지만 행위자 네트워크 이론에서 얘기하는 네트워크는 강고하고 영원한 것이 아니라, 와해되기 쉽고 취약한 것이다. 이를 유지하고 확장하려는 노력이 멈추면 네트워크는 파편화되면서 오작동하기 시작한다. 그러면서 네트워크는 과학적 타당성과 정치적 정당성을 동시에 잃게 되는 것이다.

3. 행위자 네트워크의 관점에서 보는 과학적 '사실'

조금 더 확실해 보이는 사실을 생각해 보자. "심장마비는 성인 사망 원인 중 2-3위를 다투는 무서운 질명이다. 심장병에 걸리면 100에 97.5명이 사망하고, 살아날 확률은 2.5%밖에 되지 않는다." 언론에도 보도된 이런 "사실"은 논쟁이 없어 보인다. 그런데 이런 사실

명제조차 내가 어떤 네트워크에 속해 있는가에 따라 그 결과가 크게 달라진다. 예를 들어, 국민 대다수가 응급 심폐소생술 교육을 받은 스웨덴에서는 심장마비 환자의 소생율이 14%에 달한다. 내가 스웨덴을 여행하다가 심장마비에 걸리면 한국에서 심장마비에 걸렸을 때보다 5배 이상 생존 확률이 높아진다. 일본의 경우만 해도 7%이다. 대한민국 안에서도 내가 어디 속하는가에 따라 다르다. 서울대병원 응급의학과의 한 교수는 "우리 병원에 실려온 심장마비 환자 중 10층 이상 아파트 거주자가 살아난 경우는 극히 드물었다"고 한다. 심장마비가 발생하고 4~10분 내에 응급처치를 해야 하는데, 고층아파트는 엘리베이터를 한참 기다려야 하고, 또 구급침대가 엘리베이터에 들어가지 않기 때문에 시간이 더욱 지연된다는 것이다. 도시의 아파트 1층에 살 경우에는 4% 정도의 생존 확률이 있지만, 10층 이상일 경우는 1%도 안 된다. "심장마비가 왔을 때 살아날 확률이 2.5%이다"는 얘기는 이런 네트워크의 차이를 고려하지 않은 명제이다.

다른 사례를 생각해 보자. 미국의 총기 자유화를 주장하는 전미총기협회(National Rifle Association; NRA) 같은 단체는 "총이 사람을 죽이는 게 아니라, 사람이 사람을 죽이다"고 주장한다. 정신이 나간 강도가 총을 들고 설칠 때, 시민들이 총을 휴대하고 있었다면 심지어 생명을 구할 수도 있다는 것이 NRA의 주장이다. 이를 반대하는 사람들은 "사람이 사람을 죽이는 것이 아니라, 총은 사람을 죽인다"고 한다. 총이 사람을 죽이는 것일까, 아니면 사람이 사람을 죽이는 것일까?

우리는 총의 문제를 네트워크로 생각할 필요가 있다. 우선 "총이 사람을 죽인다"는 명제가 참인가? 이 역시 내가 어떤 네트워크에 속해 있는가에 따라서 달라진다. 내가 아프리카의 사하라 사막에서 총을 맞았다면 나는 살 가능성이 거의 없을 것이다. 그렇지만 총기 사고가 빈번하고, 따라서 총기 사고에 대한 응급 의료 시스템이 잘 갖춰지고 의료진들의 경험도 많은 로스엔젤레스(LA)라면 상황이 달라진다. LA에서는 총을 맞았을 경우 사하라 사막에서보다는 살 확률이 훨씬 더 크기 때문이다. 그렇기 때문에 총이 허용되는 현재 미국의 법률 하에서 총기사고에 따른 사망률을 낮추기 위해서는 LA의 경험으로부터 배울 필요가 있다.

사람인가, 총인가의 문제는 어떻게 되는가. 방아쇠를 당기는 것도 사람이기 때문에, 총은 죄가 없고 사람이 문제라고 할 수 있을까? 총은 장롱 속에 있을 때에는 아무런 문제가 되지 않다. 다만 그것이 사람 손에 쥐어졌을 때에는, 장롱 속에 있는 총과는 전혀 다른 존재가 된다. 꿔간 돈을 안 갚는 사람을 겁주기 위해서 총을 들고 찾아갔다면, 작은 말다툼을 하다가 방아쇠를 당길 확률이 높아진다. 자기는 겁만 주러 간 것인데, 총이 손에 들려 있음으로써 자신도 다른 사람이 되어 버리는 것이다. 나의 자유의지가 100% 발휘되지 못하는 상황이 되어버린다는 것이다. 따라서 총이 스스로 발사되는 것은 아니지만, 사람과 총의 네트워크를 생각한다면 사람을 계도하는 정책보다 총기를 규제하는 정책이 더 의미를 가지는 것이다.

이로부터 얻을 수 있는 결론은 테크노사이언스의 네트워크가 국지적(local)이라는 것이다. 이는 과학적 사실이 어떤 네트워크에 속하는가에 따라서 그 속성이 달라진다는 의미이다. 과학만이 아니라 기술도 마찬가지다. 이런 국지성을 생각하면 우리는 주변에서 일어나는 여러 가지 현상에 대해서 새로운 통찰을 얻을 수 있다. 산업혁명 이후에 유럽에서는 증기기관이 많이 만들어졌고, 새로운 동력의 세대를 열었다. 그런데 남미로 수출된 증기기관은 유럽에서처럼 잘 작동하지 못하고, 고장 난 뒤에 폐기처분 되었다. 왜 그랬을까? 증기기관이 잘 작동하기 위해서는 풍부한 석탄, 열차나 운하와 같은 석탄의 수송 체계, 기관이 고장 났을 때 이를 고칠 수 있는 엔지니어, 이를 사용하는 대규모 공장 등이 갖춰져 있어야 한다. 유럽의 증기기관은 이런 네트워크의 속에서, 이런 네트워크의 중요한 매듭의 역할을 하면서 발전했던 것이다. 증기기관이 수출된 남미 사회에서는 이런 네트워크가 존재하지 않았기 때문에 증기기관이 잘 작동하지 않았던 것이다. 특히 고장이 나면 이를 고치기가 힘들었고, 따라서 조금 사용되다가 곧 이전의 전통적인 수력 동력원으로 대체되곤 했다.

비슷한 문제가 지금도 발생한다. 우리나라를 포함한 OECD 국가들이 상대적으로 못사는 저개발 국가들을 지원하기 위해서 "적정기술" 프로젝트를 많이 진행한다. 선진국의 발전한 기술을 바탕으로 저개발국의 낙후된 마을이 자립할 수 있도록 도와주는 것이다. 정부에서 주도하는 적정기술 정책 중에는 저개발국의 마을에 공장을 세워주는 것이 있다. 그런데 대부분의 경우, 처음에는 잘 돌아가던 이런 공장이 곧 무용지물로 변하곤 한다. 공장에 사용되는 원재료들의 공급이 마을 차원에서 이루어지지 않는 경우가 생기고, 무엇보다 부품들이 고장 났을 때 이를 대체할 수 있는 방법이 마땅치 않다. 공장의 작동에 대해서 잘 아는 엔지니어가 없다는 것도 문제이다. 적정기술이 성공하기 위해서는 저개발 국가의 마을이라는 네트워크 속에서 작동하는 기술을 만들어야 하는데, 그 네트워크를 충분히 이해하지 못한 채로 우리의 관점에서만 지원을 한다. 이는 기대에 미치지 못하는 결과를 낳기 십상이다.

저개발국에서 성공한 적정기술의 좋은 사례가 아프리카 짐바브웨의 "부시 펌프"(Bush Pump)이다. 짐바브웨의 시골 마을에 물을 공급하는 데 사용되는 이 펌프는 1930년대에 개발되어 사용되다가 1960년대에 정부에 의해서 개량되었고, 1980년대에 피터 모건(Peter Morgan)이라는 엔지니어에 의해서 다시 개량되었다. 이 기간 동안에 부시 펌프는 부품 수가 줄었고, 더 견고해졌으며, 사용자가 이를 조작하고 수리하는 일을 더 쉽게 할 수 있게 발전했다. 시골에서 이를 사용하는 주민들은 부시 펌프의 간단한 고장을 고치는 일을, 지방 행정 구역에서 파견된 숙련된 엔지니어는 심각한 고장을 고치는 일을 담당한다. 어디에 이 펌프를 설치하는가는 중앙 정부 차원에서 결정된다. 펌프를 놓는 일에는 마을의 모든 구성원이 동원되고, 펌프는 공동체에 깨끗한 물만 아니라, 함께 어울리고 연대하는 의

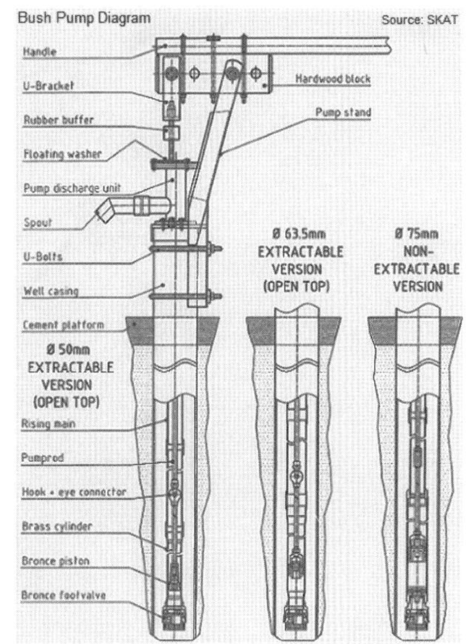

그림2 | **짐바브웨의 부시 펌프와 그 단면도**

식(儀式)을 제공한다. 더 나아가서 부시 펌프는 마을에 건강을 제공한다는 상징적인 역할을 하면서, 짐바브웨라는 국가의 정체성을 만드는 데에도 큰 역할을 하고 있다.

이런 네트워크를 만들었지만, 짐바브웨 부시 펌프는 한 사람의 영웅적인 엔지지어에 의해서 만들어져서 견고한 "의무통과점"으로 작동하던 것이 아니었다. 이것은 여러 사람에 의해서 발명되어 여러 사람의 손을 거치면서 개량되었고, 아무도 이에 대한 소유권을 주장하지 않았다. 또 이 펌프는 엄격한 표준을 갖고 있었던 것도 아니며, 지역적인 상황과 필요에 따라서 조금씩 다른 형태로 만들어져서 그것을 가장 잘 아는 지역 주민에 의해서 유지되고 보수되는 것이었다. 펌프에 정교한 방식으로 고정된 규격이나 표준이 없다는 것은 이 펌프가 아프리카의 짐바브웨에서 오래 살아남고 사용되는 데 크게 기여했다. 아마 펌프의 유지와 수리를 위한 네트워크가 잘 갖춰진 선진국이었다면 규격과 표준이 없는 이런 펌프가 작동하기 더 힘들었을 것이다. 반대로 이런 "유동적인" 펌프는 짐바브웨라는 저개발국가의 시골 마을이라는 취약한 네트워크에 가장 잘 어울렸고, 이런 국지적 상황에 가장 민감했던 기술이라고 할 수 있다.

4. 네트워크로 보는 과학 이론의 전파와 수용: 진화론의 사례

국지적인 네트워크에 주목하면 과학 이론의 형성, 전파, 수용에 대해서도 새로운 통찰이 가능하다. 유럽의 물리학자들에게 뉴턴의 물리학은 〈프린키피아〉가 1687년에 출판된 이래 19세기 말까지 200년이 넘는 기간 동안에 거의 절대적인 권위를 갖고 받아들여졌다. 따라서 아인슈타인이 뉴턴의 물리학을 그 근저에서 비판한 특수상대성이론(1905), 일반상대성이론(1915-1916)을 잇달아 발표했을 때, 이에 대한 과학자들의 저항과 반대가 상당했다. 절대시공간, 절대운동을 중요하게 생각했던 뉴턴 역학에 비추어 보면 상대성 이론은 상식에 반하는 측면이 많았기 때문이다. 반면에 뉴턴의 물리학 자체가 없었던 중국의 경우에는 상대성이론에 대한 거부감이 거의 없었고 오히려 더 쉽게 이해되고 받아들여졌다. 뉴턴 역학을 몰랐다는 것은 뉴턴역학이 발전하면서 만들었던 견고한 네트워크가 없었다는 얘기며, 이런 상태에서 상대성이론의 네트워크는 훨씬 더 쉽게 뿌리를 내렸던 것이다.

다윈의 진화론을 행위자 네트워크의 관점에서 생각해보자. 다윈은 청년 시절까지 영국에서 살다가 1831년에 비글호를 타고 세계 여행을 떠났다. 그는 5년 동안 세계를 일주했지만, 실제로는 남미에서 대부분의 시간을 보냈다. 남미를 탐험하던 그가 가장 충격을 받았던 것은 자신이 상상했던 것보다 훨씬 더 많은 동식물들의 종이 존재한다는 것이었다. 영국에 있을 때에도 "종의 기원"에 대해서 관심을 갖지 않았던 것은 아니었지만, 남미에서의 경험은 그로 하여금 "이 수많은 종들이 다 어디에서 왔는가. 신이 이 모든 종들을 단 한 순간에 전부 만들었다고 보기는 어렵다. 그렇다면 이 무수히 많은 종들의 존재는 어떻게 설명할 수 있을 것인가?"라는 질문을 심각하게 던지도록 만들었다. 그는 영국에서 경험했던 것보다 훨씬 더 많은 종을 보고는 제한된 공간 속에서 유한한 자원을 놓고 경쟁하는 이 종들 사이의 관계에 대해서 고민했고, 결국 이 관계의 핵심이 "생존경쟁"이며 이것이 진화의 메커니즘인 "자연선택"이라고 결론지었던 것이다.

다윈은 이런 자신의 생각을 책으로 출판하지 않겠다고 결심했었는데, 그가 이런 결심을 깨고 1859년에 『종의 기원』을 출간한 데에는 생물학자 알프레드 러셀 월러스(Alfred Russel Wallace)의 역할이 중요했다. 다윈보다 14살이 어린 월러스는 1858년에 동인도제도에서 진화에 대한 자신의 논문을 영국의 다윈에게 보냈는데, 다윈은 이 논문을 보고 월러스가 자신과 실질적으로 동일한 생각을 하고 있다고 판단하고, 우선권의 문제로 고민을 하기 시작했다. 다윈이 이미 오래전에 진화론을 생각했다는 것을 알고 있던 다윈의 친구들은 월러스의 논문을 다윈의 초록과 함께 1858년 7월 1일 런던의 린네학회에서 발표하게 함으로써, 우선권의 문제를 해결했다. 이후 다윈은 자신이 계속 미루고 있던 진화에 대한 책을 집필하기 시작해서 1859년 12월에 『종의 기원』을 출판했던 것이다.

월러스는 남미 아마존에서 현지조사를 하면서 종이 분화해서 다양한 종이 발생한다는 진화의 원리를 알아내게 되고, 이를 1855년에 "법칙에 대해서"라는 논문에 추상적인 형태로 기술했다. 그의 당시 생각은 이런 진화의 결과 비슷한 지역에 비슷한 종이 분포한다는 것이었다. 이후 월러스는 장소를 옮겨서 동인도제도에서 동식물을 관찰하다가 자신의 이론과 위배되는 놀라운 사실을 발견했다. 그것은 약 20킬로미터 정도 떨어져 있는 발

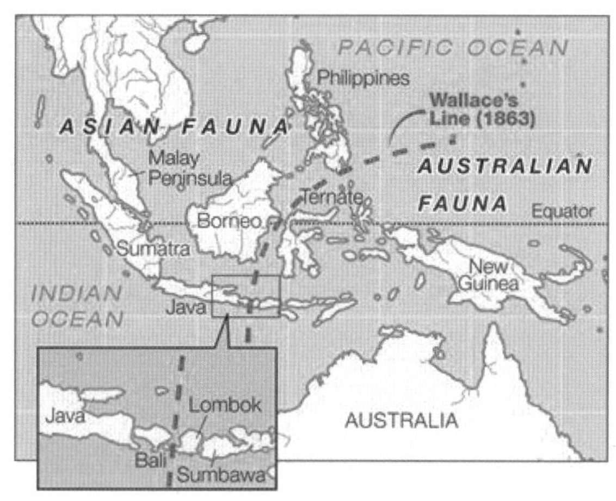

그림3 | **인도네시아의 발리섬과 롬복섬을 가르는 월러스 라인(Wallace Line). 현대 생물학에서 이는 오스트레일리아 동물군과 남아시아 동물군을 나누는 선이다.**

리와 롬복 섬에서 전혀 다른 동물군이 발견된다는 것이었다. 이 두 섬은 매우 가까웠을 뿐 아니라 지리적 조건도 비슷했다. 다만 이 두 섬 사이의 해협에는 유속이 강한 해류가 흐르고 있었을 뿐이었다. 월러스는 이 문제에 대해서 고민하면서, 강한 해류가 지리적 고립을 낳았고 이런 상태에서 두 지역의 종이 서로 다르게 진화했다고 결론을 내렸다. 그의 진화론은 종이나 개체간의 경쟁이 아니라 지리적 환경이 종에게 미치는 압력이 종분화를 낳는다는 쪽으로 더 기울게 되었다. 다윈과 월러스는 자연에 대한 세심한 관찰에서 진화론을 만들어내지만, 남미에서 대부분의 관찰을 수행한 다윈과 발리-롬복의 차이에 대해서 고민했던 월러스의 진화론은 미묘하게 달랐던 것이다.

유럽의 생물학자들은 다윈의 진화론을 환영했다. 그렇지만 이들이 다윈 이론의 전부를 받아들인 것은 아니었다. 시베리아 벌판에서 답사를 하면서 생명체를 관찰한 러시아 생물학자들은 진화론을 다르게 해석했다. 이들은 다윈의 진화론이 옳다고 생각했지만, 생존경쟁은 모든 생명체들 사이에서 볼 수 있는 관계가 아니라고 판단했다. 러시아 식물생리학자 티미랴제프(Kliment Timiryazev)는 다윈의 진화론과 생존경쟁을 분리해서, 생존경쟁보다 '조화'라는 단어를 써서 자연선택을 서술했다. 그는 황량한 시베리아 벌판 같은 곳에서는 생명체들끼리 경쟁을 해서는 아무도 살아남을 수 없고, 생명체들은 환경과의 투쟁 속에서 서로 협력한다고 보았다. 그는 자연선택이 잔인한 경쟁을 만들어 가는 과정이 아니라 조화를 만들어가는 방식이라고 재해석했던 것이다. 비슷한 시기에 러시아 무정부주의자이자 생물학자인 크로폿킨(Peter Kropotkin)도 상호협력(mutual aid)을 진화의 메커니즘이라고 생각했다. "생존경쟁" 개념에 대한 비판은 러시아 생물학자들만이 아니라, 독일과 프랑스 생물학자들 사이에 광범위하게 공유되었던 것이었다. 진화론은 같은 유럽에서도 나라에 따라서 다른 방식으로 수용되었던 것이다.

과학기술을 수용하는 지역적인 네트워크의 상황이 모두 다르기 때문에, 한 나라나 문화에서 만들어진 테크노사이언스가 다른 나라나 문화로 전파되는 과정 역시 부드럽지 않다. 영국에서 만들어진 진화론이 유럽 외의 다른 문화권에 전파되는 과정은 순탄하지 않았다. 다윈의 이론을 제대로 이해하려면, 분류학, 동식물학, 지질학 등 연관된 과학에 대한 이해가 병행되어야 한다. 유럽에서는 17세기 이후에 자연사 분야가 발전하고, 18세기 이후에 지질학 등이 발전하면서 이런 발전의 기초 위에서 진화론이 나올 수 있었다. 그렇지만 이런 관련 학문들이 부재한 상태에서는 다윈 이론의 중요성과 설득력을 제대로 이해하기가 쉽지 않다. 따라서 한국, 일본, 중국과 같은 아시아 국가들은 다윈의 이론을 받아들인다고 하면서 실제로는 허버트 스펜서(Herbert Spencer)의 사회다윈주의(Social Darwinism)을 주로 받아들였다.

스펜서의 사회다윈주의는 생존경쟁을 통한 자연선택보다 "적자생존"을 강조했던 사회 이론이었고, 계급과 계급 사이의 투쟁, 민족과 민족 사이의 투쟁을 강조하면서, 이 중 강한 자가 살아남는다는 주장을 폈던 이론이었다. 동아시아의 지식인들은 스펜서의 이론에서 세상에는 생존경쟁과 적자생존이 판을 치고 있기 때문에 진보를 위해서는 "힘을 키워야 한다"는 메시지를 얻어 냈다. 따라서 아시아의 사상가들 중에서는 진보적인 사상가들이 사회다윈주의를 환영하고 이를 받아들인 경우가 많았다. 반면에 유럽과 미국에서는 주로 보수적인 자본가들, 정치인들이 이런 식의 사회다윈주의 사상을 선호했다. 사회다윈주의의 핵심 사상들은 시기적으로 다윈의 진화론 이전에 등장했지만, 다윈의 『종의 기원』(1859)이 나오자 주로 보수적인 사회다윈주의자들은 다윈의 과학이 이런 정치적 가치를 정당화한다고 주장했다.

유럽과 미국에서도 다윈의 진화론과 스펜서의 사회진화론 사이의 관계는 논쟁적인 것이었다. 다윈 자신은 생물학적 진화가 궁극적인 지향점을 향한 사회적 진보와 거리가 멀기 때문에, 인간 사회에 대한 이해를 위해서 생물학적 진화론이 유용할 수도 있지만, 그렇지 않을 수도 있다는 식으로 이 문제에 대해서 신중한 입장을 표명하곤 했다. 당시 사상가나 과학자 중에서는 다윈의 진화론이 인간 사회에서는 적용이 되지 않는다고 생각한 사람도 있었고, 인간 사회에서도 진화론이 적용된다고 생각한 사람도 있었다. 후자처럼 생각한 사람들 중에서 스펜서의 사회진화론을 신봉한 사람도 있었고, 반대로 스펜서의 사회진화론을 강하게 비판하면서 적자생존의 사회가 아니라 평등한 사회를 진보의 이상향으로 생각한 사람들도 있었다. 이렇게 유럽과 미국에서도 다윈의 진화론과 스펜서의 사회진화론을 같은 것으로 간주하는 사람들이 있었지만, 이런 생각에 반대하던 사람들, 다른 의견을 제시하던 사람들이 광범위하게 존재했던 것이다. 반면에, 서양의 과학 전통이 부재했던 동아시아 국가에서는 다윈의 진화론이 너무 쉽게, 그리고 특별한 반대 없이 사회진화론과 같은 것으로 간주되고 받아들여졌던 것이다.

5. 비본질주의와 성찰성

네트워크의 관점에서 세상을 본다는 것은 어떤 사물의 맥락성에 주목하는 것이다. 아침에 떠오르는 태양은 천동설을 믿는 사람에게는 천체가 지구 주위를 도는 것의 증거로 생각되지만, 지동설을 받아들이면 같은 현상이 지구가 자전하는 것의 증거가 된다. 하나의 그림을 토끼로 보는가 오리로 보는가에 따라서 토끼의 귀가 오리의 주둥이가 된다. 오리의 주둥이가 토끼의 귀가 되듯이 하나의 존재가 어떤 네트워크에 포함되어 있는가에 따라서, 그것에 대한 설명과 이해가 달라질 수 있다. 같은 대상에 대한 우리의 인식론적, 존재론적 해석이 달라진다는 것이다.

그림4 | **토끼인가 오리인가? 토끼의 귀는 오리의 주둥이가 된다.**

그렇다면 사물의 "본질"(essence)은 무엇인가? 네트워크로 사고한다는 것은 "나라는 인간의 본질은 내 속에 있다"는 생각을 넘어서 "나라는 인간의 본질은 내가 맺는 관계의 총합이다"는 식으로 세상을 다르게 보는 것을 함축한다. 내가 좋은 환경과 좋은 친구들에게 둘러싸여 있다면 내 생각도 건전할 수밖에 없지만, 내 주변에 사기꾼들만 들끓는다면 나도 사기꾼이 될 가능성이 크다. 사물의 본질은 그 속에 존재한다고 보는 관점을 "본질주의"(essentialism)라고 한다면, 그 반대는 "비본질주의"(non-essentialism)이다. 네크워크식의 사고는 비본질주의를 지향한다.

이런 "비본질주의"는 휴머니즘(humanism)과 상충되는 것처럼 보이기도 한다. 휴머니즘에 따르면 우리는 지금까지 세상을 바꾸는 것은 인간 주체라고 생각했다. 내가 어떻게 결정하고 행동하는가에 따라서 내 주변의 환경이 바뀌고, 그것이 인간의 가장 고유한 본질이라고 믿었다. 그런데 이미 우리는 이런 생각의 한계를 알고 있다. 그것은 내가 세상을 바꾸지만, 나 역시 세상에 의해서 바뀐다는 것이다. 휴머니즘을 비판하자는 것이 아니라, 인간-비인간의 네트워크를 고려할 때 인간 중심의 휴머니즘은 한계를 가지며 부분적일 수밖에 없다는 얘기이다.

자전거의 사례를 살펴보자. 자전거의 역사를 보면 여성 자전거 애호가들은 자전거를 위험한 스포츠용 기구에서 안전한 탈것으로 바꾸는 데 결정적인 역할을 했다. 19세기 말엽의 유럽의 여성들이 앞바퀴가 큰 스포츠용 자전거를 탈 수 없었던 이유는, 위험한 스포츠 자전거가 여성의 이미지와도 맞지 않는다는 이유도 있었지만, 당시 여성들이 입던 치마 복장을 하고는 거대한 앞바퀴를 가진 자전거를 운전하는 것이 불가능했기 때문이기도 했다. 따라서 여성들은 치마를 입고도 탈 수 있는 앞바퀴가 낮고, 앞바퀴와 뒷바퀴가 프레임으로 연결되어 있는 자전거를 선호했다. 이런 선호가 결국 안전 자전거로 이어진 것이다. 기술의 사회적 구성론에서 자주 인용되는 이 사례는 인간이 기술을 만든, 인간이 세상을

그림5 | **19세기 말엽에 미국에서 자전거를 타는 여성들. 앞바퀴가 낮은 자전거는 치마를 입고 쉽게 탈 수 있으며, 여성들의 선호는 이런 자전거가 보급되는 데 중요한 역할을 했다.**

만든 얘기다.

그런데 이는 전체 이야기의 일부이다. 여성이 자전거를 만들었지만, 동시에 자전거가 여성을 만들기도 했기 때문이다. 서양의 경우 "남성에게 자전거는 장난감이었지만, 여성에게는 새로운 세상으로 질주하는 수단"이었다고 할 정도로 자전거가 여성의 해방에 미친 영향은 지대했다. 일단 자전거를 타기 위해서 여성들은 몸에 꼭 끼는 코르셋을 벗어 던졌다. 대신 헐렁한 속바지를 입었다. 자전거를 타다보면 치마가 날리고 속바지가 보이는 광경이 연출되는데, 이는 19세기의 전통적이고 보수적인 사회에서는 상상도 할 수 없었던 것이었다. 그리고 자전거는 여성들에게 먼 거리를 이동할 수 있는 수단을 제공했으며, 이동의 자유를 만끽하게 했다. 더 나아가서 자전거를 타는 여성들은 사회적 성공을 위해서는 튼튼한 신체가 필수불가결하다는 관념을 가지게 되었다. 해방된 여성으로서의 정체성은 이렇게 자전거와 여성의 네트워크가 확장되면서 더 공고해졌던 것이다.

우리나라에서도 비슷한 과정을 관찰할 수 있다. 1946년 10월 17일 〈경향신문〉은 "씩씩한 우리 여성들 — 자전거를 달리는 건각미(建脚美)"라는 기사를 실었다. 이 기사는 "민주주의 국가인 우리나라에서도 여성이 자전거를 탈 시대가 왔다. 싸늘한 추풍에 스커트 자락을 나부끼며 사슬을 돌리는 이 나라의 여성의 자태는 명랑도 하다"라며 자전거 타는 여성을 칭찬하고 있다. 우리나라처럼 오랫동안 여성의 지위가 낮았던 나라에서 자전거는 여성의 지위를 높여 남녀평등에 기여하고, 이를 통해 여성의 정체성을 새롭게 정의하는 데 기여한 기술이라고 볼 수 있다. 여성이라는 정체성은 여성들의 노력에 의해서도 바뀌고 새롭게 정의되었지만, 자전거에 의해서도 그렇게 되었던 것이다. 여성은 여성이 맺는 관계에 따라서 바뀐다.

관계에 대해서 주목하는 비본질주의는 개별 존재자에 대해서 무심해도 좋다는 것을 의미하는 것은 결코 아니다. 오히려 그 정반대이다. 세상을 네트워크로 이해한다는 것은 개인의 차이에 좀 더 예민해지는 것을 의미한다. 여기서 개인의 차이는 체형의 차이, 성

그림6 | **자전거를 타는 과정에서 치마가 휘날리며 속바지가 드러나는 여성들**

격의 차이라기보다는, 개인이 속한 네트워크의 차이에서 발생하는 것이다. "여성은 자궁경부암 검사를 받아야 한다"는 명제를 생각해보자. 여기에서 "여성"이라고 했지만, 모든 여성은 다 다른 상황에 처해 있다. 여성 개개인은 자신을 둘러싼 고유한 네트워크를 구성하는 일부이며, 이런 네트워크 속에서 자신이 검사를 받아야 하는지, 아닌지를 고민하고 판단할 수 있다. 자궁경부암 검사가 내 네트워크 속에 새롭게 들어오면 이것은 나의 정체성을 바꾸며, 나와 주변인들과의 관계도 변화시킨다. 그 속에서 자궁경부암 검사의 의미도 다시 변한다. 그러면서 어떤 이에게 검사는 긍정적인 의미를, 다른 이에게는 부정적인 의미를 가질 수 있다. 이런 변화에 주목하고 "받겠다" 혹은 "안 받겠다"는 결정을 내리는 사람은 나 자신이어야 한다. 이런 결정에 이르는 과정은 수십 가지일 것이기 때문에, 하나의 정답이 존재한다고 할 수 없다. 이렇게 사물과 인간 주체가 함께 역동적으로 만들어지는 과정이 우리가 네트워크에 주목할 때 얻어지는 통찰이다.

내 자신이라는 존재를 피부로 둘러싸인 3차원 공간 속의 어떤 실체가 아니라 네트워크로 생각해 보면 내가 맺고 있는 관계들이 훨씬 더 중요해진다. 그 관계가 바뀜에 따라서 내 자신의 본성도 변한다. 그 관계가 바뀜에 따라서 내가 할 수 있는 일도 달라진다. 내가 맺고 있는 관계를 똑같이 가진 사람이 있을 수 없기 때문에, 나는 고유하고 소중한 존재이다. 또 내가 나와 관계를 맺고 있는 다른 사람이나 환경에 영향을 미칠 수 있기 때문에, 내 자신의 사고와 행동에 대한 책임감이 더 커진다. 이렇게 네트워크로 인간, 사물, 세상을 본다는 것은, 이런 존재를 맥락적으로 이해하고, 그 속성과 본질을 그것이 맺는 관계로 파악하고, 뭉뚱그려진 전체가 아닌 개개인이나 개별 존재자들의 특수성에 주목하며, 네트워크로 연결된 존재들의 상호 영향과 변화에 대해서 책임을 인식한다는 것이다. 이런 의미에서 네트워크식의 사고는 성찰적 사고이다.

더 생각해 볼 문제

—

- 행위자 네트워크 이론의 핵심적인 주장을 열거해보자. 이런 행위자 네트워크 이론은 과학과 사회를 보는 관점에 어떤 변화를 수반하는가.
- 우리 주변의 인공물이 우리들의 행동과 사고를 어떻게 바꾸는가에 대한 구체적인 사례를 찾아보자.
- 행위자 네트워크 이론은 과학 이론의 형성과 전파에 대해서 어떤 새로운 통찰을 제공하는가?
- 행위자 네트워크 이론은 과학 이론을 행위자 네트워크의 연결망 속에서 파악한다. 그렇다면 진화론과 창조론도 각각의 네트워크 속에서 모두 타당하다는 결론이 나오는가? 경쟁하는 두 네트워크 사이에 어느 것이 더 타당하고 더 과학적이라는 우열을 매길 수 있는 방법이 무엇인가에 대해서 생각해 보자.

더 읽어볼 거리

—

브뤼노 라투르 저, 황희숙 역, 『젊은 과학의 전선 – 테크노사이언스와 행위자 연결망의 구축』, 아카넷, 2016.

홍성욱 저, 『홍성욱의 STS, 과학을 경청하다』, 동아시아, 2016.

05

뇌영상 이미지와 뇌에 대한 최근 이해들

최근 들어 신문과 잡지의 지면이나 TV 같은 영상 매체를 통해 다채로운 뇌영상(brain image)을 접할 기회가 부쩍 늘었다. 이러한 뇌영상에는 활성화된 뇌의 특정 부분이 붉은색이나 노란색으로 밝게 표시된 채로, 여기에 "인간 정신의 이러저러한 기능을 담당하는 뇌의 부위가 발견되었다"는 설명이 붙어 있는 경우가 많다. 예를 들어, "사랑의 감정을 느낄 때는 내측 도(insula)와 전측 대상피질, 그리고 미상핵과 피각 등의 활동이 증가했다"는 식이다.

사람을 설득하는 데 백 마디의 말보다 한 장의 사진이 더 효과적이라는 경구가 있듯이, 이러한 뇌영상은 실체를 포착하기 힘든 인간의 정신 작용이 두뇌가 화학적으로 활성화되어 나타난다는 것을 확증하는 증거로 해석된다. 우리는 뇌영상이 어떻게 얻어졌고 얼마나 신뢰할 만한 것인가에 대해 깊이 고민하지 않은 채로, 이를 마치 인간 정신에 해당하는 뇌라는 물리적 실재에 대한 사진으로 받아들이는 것이다. 이런 과학적 설명과 이의 대중적 수용은 마치 뇌과학이 뇌라는 비밀의 상자를 빠른 속도로 열어젖히고 있으며, 우리는 가까운 미래에 뇌는 물론 인간 의식과 행동의 근원에 대해서 모든 것을 알게 되리라는 기대를 갖게 한다.

이 장에서는 뇌영상이 무엇을 말하는가를 성찰적으로, 비판적으로 분석해 볼 것이다. 과학자의 실험실에서 뇌영상이 얻어진 뒤에 그것이 우리에게 보여지기 까지는 여러 단계를 거쳐야 한다. 우선 과학자는 실험을 디자인하고 뇌영상기기를 통해 원하는 영상을 얻어야 하는데, 이 과정에서 자극과 반응의 유형을 비롯한 실험의 여러 변수를 결정해야 하고, 실험 과정과 데이터 처리에서 오류를 최소화해야 하며, 이미지 해독과 관련해서 표준화된 좌표와 프로그램을 채용해야 한다. 그리고 과학자는 자신이 얻은 영상 결과를 해석해서 이를 과학자 공동체에 의미 있는 형태로 이론화해야 한다. 전문가들의 평가를 거쳐서 학술지에 출판된 논문 중에서 흥미로워 보이는 것들은 미디어에 의해서 선택되어 우리에게 전해지는데, 그 과정에서 실험 결과의 단순화나 과장 같은 변용이 이루어지는 경우가 많다. 우리가 접하는 뇌영상이 진정으로 뇌와 의식에 대해서 무엇을 말하고 있는가를 알기 위해서는 이 전 과정에 대한 성찰적인 분석이 필요하다.

1. fMRI와 뇌영상 혁명

자기공명영상(magnetic resonance imaging, 이후 MRI로 약칭)은 1937년 미국의 로터버(P.C. Lauterbur)와 영국의 맨스필드(Sir P. Mansfield)에 의해 발명되었다. MRI의 원리는 수소 원자의 핵인 양성자의 스핀(spin) 회전운동을 활용하는 것이었다. 정상적인 상태에서 양성자는 무작위적으로 회전하지만, 자기장에 노출될 경우에는 그 회전축들이 일정한 방향으로 배열된다. 이때 특정 전자기파를 주입하면 전자기파의 주파수와 공명하는 특정 양성자들이 일정 배열에서 벗어나게 되는데, 이 전자기파의 주입을 정지하면 배열에서 벗어났던 양성자들이 다시 제자리로 돌아오면서 거꾸로 특정 주파수의 전자기파를 방출한다. MRI는 이렇게 방출된 전자기파 신호를 해독해서 물체 내부의 정보를 얻는 기기였다.

MRI를 인체에 적용했을 때, 인체 조직을 구성하는 특정 부분이 방출한 전자기파로부터 그 조직에 대한 정보를 알 수 있었다. 컴퓨터와 같은 전자 장비를 이용하면 이러한 정보는 영상으로 변환되었다. X선 같은 오래된 의료영상 장비와 비교해서 MRI에는 큰 장점이 있었다. X선은 단단한 물체에 반사되기 때문에 주로 피부 조직 밑에 있는 뼈를 보여주는 데에 사용되었지만, 동시에 이 광선을 투과하는 인체 조직이나 장기 같은 부분을 보는 데는 무력했다. 반면에 MRI는 신체 조직이나 장기 같은 연한 부분도 영상화할 수 있다는 장점이 있었다. MRI가 의료기기로 처음 응용된 곳도 정상적인 신체조직과 암에 걸린 신체조직의 차이를 감지하는 작업이었다. 또 단단한 뼈로 둘러싸인 인간 두뇌의 경우 두개골을 통과할 수 없는 X선은 아무런 역할도 할 수 없었지만, 양성자에서 나오는 전자파를 이용한 MRI는 두개골 속의 뇌를 '찍는' 것도 가능케 했다.

강력한 전자석과 용량과 속도가 커진 컴퓨터 같은 전자장비의 발달로 인해 MRI의 해상도는 과거에 상상도 하지 못했던 선명한 이미지를 만들어 낼 정도로 발전했다. 그렇지만 MRI는 양성자의 회전축의 재배치를 이용한 것이기 때문에, 근본적으로 시간적인 한계를 가진다. 자기장에 노출된 양성자에 전자기파를 쏘고, 전자기파를 중단한 뒤에 양성자가 전자기파를 방출하는 데까지 기본적으로 어느 정도 시간이 걸리기 때문이다. 즉 기술적 진보에 따라서 사진의 공간적인 해상도는 증가해도, 영상을 실시간으로 만들거나 원하는 순간순간의 영상을 바로 보여주는 데에는 근본적인 한계를 가진다는 것이다.

그런데 MRI 기술에서 혁명적인 변화가 1990년에 찾아왔다. 미국 벨연구소의 세이기 오가와(Seigi Ogawa) 박사는 MRI가 혈중 헤모글로빈의 산화 수준에 따라 다른 이미지를 만들어낸다는 사실을 발견했다. 이 발견은 뇌에 바로 적용할 수 있었다. 만약 뇌에서 상대적으로 활성화된 뉴런이 더 많은 혈액을 소모한다고 하면, 더 많은 혈액 속에는 더 많은 산화 헤모글로빈이 들어 있기 때문에 MRI가 이를 감지함으로써 활성화된 뉴런 부위를 촬영할 수 있다는 것이었다. 이것이 기능성 자기공명영상(functional MRI, 혹은 fMRI)의 시작이었다. MRI의 발명과는 달리 fMRI는 새로운 기계를 발명한 것이 아니라, 기존의 MRI 기계를 뇌의 활성화되는 부분을 찾아내는 데 사용하는 방법을 발견한 것이었다. 이 방법론은 BOLD(Blood Oxygen Level Dependent) 방법이라 이름 붙여졌다. BOLD 방법은 뇌 속에 혈액이 많이 흐르는 부위와 그렇지 않은 부위 각각이 활성화된 뇌 영역과 그렇지 않은 뇌 영역에 대응한다는 가정에 근거한 것이었고, 이 가정은 충분한 근거가 있어 보였다.

fMRI는 두개골을 절개하지 않고도 뇌와 인지활동의 관계를 연구할 수 있게 해 주었다. 이렇게 비침입적인(non-interventionist) fMRI를 활용한 연구는 심리학의 '바이오 혁명'을 낳으면서 뇌에 대한 연구를 폭발적으로 증가시켰다. 한 통계에 따르면 1990년 이후에 fMRI를 사용해서 실험을 한 논문이 매달 800편씩 발표되었다. fMRI는 정신 질환자의 뇌에 대한 연구 뿐 아니라, 분노, 동감, 사랑, 성적 흥분과 같은 감정을 느낄 때 뇌가 어떻게 반응하는지를 알아보는 실험이나, 자선, 납세, 상품과 정치에 대한 선호도와 같이 특정한 사회적 행위를 할 때 뇌가 어떻게 반응하는지를 보는 실험 등에도 널리 활용되었다. 인간의 감정, 행동, 관계 등 사회적 행동을 뇌의 메커니즘을 사용해서 설명할 수 있게 되면서 fMRI는 신경정치학(neuropolitics), 신경법(neurolaw), 신경마케팅(neuromarketing)과 같은 일련의 '사회 신경과학(social neuroscience)'이라는 새로운 분야를 만들었던 가장 중요한 동력이 되었던 것이다. 간단히 말해서 fMRI는 뇌과학에 새로운 혁명을 불러일으킨 영상기기였다.

2. fMRI로 밝혀진 남녀 뇌의 차이와 뇌영상 결정론(neuro-image determinism)

fMRI가 확산되면서 인간의 정신 작용과 관련된 온갖 종류의 실험들이 설계되고 수행되었다. 주제는 달라도 이러한 실험들은 동일한 과정을 포함하고 있었는데, 그것은 자극을 주었을 때의 뇌영상과 자극이 없었을 때의 뇌영상의 차이를 찾아낸다는 것이었다. 예를 들어, 남성 피실험자들이 아름다운 여성의 얼굴을 보았을 때의 fMRI 영상과 보통의 여성 얼굴을 보았을 때의 fMRI 영상을 각각 얻어낸 뒤에 그 차이를 얻어내면, 이렇게 얻은 뇌의 부위가 바로 남성이 여성의 아름다움에 온전히 반응할 때 활성화된 뇌의 부위라고 추정할 수 있다는 것이었다.

과학자들은 실험을 통해서 얻어진 영상만을 출판하는 것이 아니라 여기에 자신의 해석을 덧붙인다. 전문 학술지에 실린 논문에서 과학자들이 제시하는 뇌영상에 대한 해석은 불확실한 일련의 요소들을 감안해서 나온 것이다. 통계적으로 유의미한 숫자의 피실험자들이 실험에 참여했는가, 개별 실험들의 평균을 낸 방식에는 문제가 없는가, 자극과 반응의 변수들이 실험의 목적에 가장 정확하게 부합하는가, 자극이 있을 경우와 그렇지 않을 경우의 차이를 얻어낸 과정이 타당한가 등에 대한 고려는 과학자들이 다뤄야 하는 불확실한 요소 중 일부이다. 그런데 뇌영상을 이용한 연구 결과가 미디어에 보도되면서 이러한 불확실한 요소들은 감춰지고, 뇌영상은 인간 정신의 특정한 기능과 작동에 대응하는 뇌 차원에서의 '실재'를 반영한 사진으로 대중에게 인식된다. 사랑에 빠진 사람의 뇌를 찍은 fMRI 뇌영상은, 인간의 사랑 감정이 사진에 찍힌 뇌의 밝은 부위에서 나온다는 식으로, 혹은 더 나아가서 사랑은 뇌의 특정 부위의 화학 작용에 지나지 않는다는 식으로 해석되었다. 이런 식의 사고는 뇌영상 결정론이라고 부를 수 있다. 여기에는 언론의 속성이 한몫을 했지만, 과학자들 연구의 인지도를 높이기 위해서 자신들의 연구가 가진 함의를 과장했던 이유도 있었다.

fMRI 기술이 이용된 주된 연구 분야 중 하나는 남녀의 뇌의 차이에 대한 연구이다. 남녀가 생각하고 느끼는 것이 같은지 다른지는 과학적으로도 흥미로운 연구 주제일 뿐만 아니라, 대중적으로도 큰 관심을 끌 수 있는 주제이기 때문이다. 많은 뇌과학자들이 남성과 여성의 뇌가 감정처리, 기억의 작동, 청각정보 처리, 언어, 시각피질의 반응(visual cortex responsiveness), 듣고 이해하기, 시각반응 운동(visual-motor connection) 등에서 어떤 차이를 보이는지를 연구했다.

널리 알려졌던 사례가 셰이위츠(Bennett Shaywitz & Sally Shaywitz) 부부가 1995년에 발표한 언어사용에 관한 남녀 뇌 차이였다. 『네이처』(Nature)지에 발표된 논문에서 이들은 fMRI를 이용하여 남녀 피실험자들이 문자, 음운, 의미를 인식하는 과정에서 뇌의 어느 부위가 활성화되는지를 탐구했다. 연구자들은 이 중 두 번째 실험, 즉 음운을 인지하는 과정에서 남녀의 뇌가 다르게 반응하는 것을 볼 수 있었다. 남성의 뇌는 음운 인지 과정에서 좌뇌만이 활성화되는 데 비해 여성의 뇌는 양쪽 모두가 활성화되었던 것이다(〈그림 1〉 참조). 셰이위츠 등은 이러한 실험을 통해 남성과 여성은 언어와 관련된 뇌 구성이 서로 다르며, 이러한 차이는 음운을 인지하는 수준에서 존재한다고 결론을 내렸다. 이들은 여성이 남성보다 독서 능력에서 더 많은 뇌 부위를 사용하고, 따라서 이해력이 더 뛰어나다고 결론 내렸다.

이 논문의 주 연구자 샐리 셰이위츠는 이 연구 이전에 독서 행위를 독특하게 파악했던 사람이었다. 그녀는 독서가 단어를 음소(phoneme)로 나누어 파악하는 행위이고, 따라서 독서장애(dyslexia)가 시각적인 문제가 아니라 음운론적인 문제라는 가설을 제창했던 연

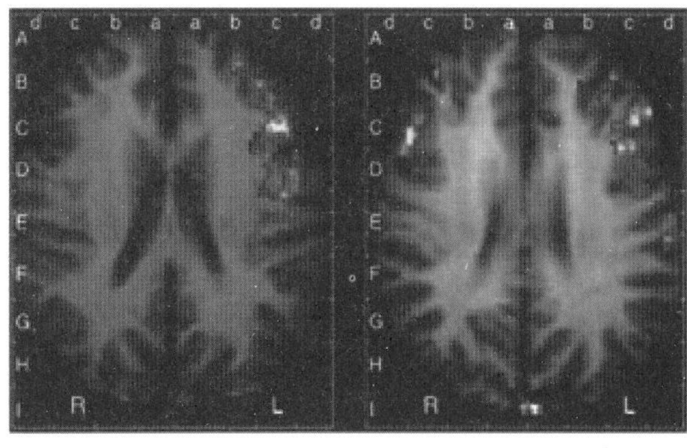

그림1 | **음운 인지 과정의 뇌. 남성의 뇌(왼쪽)는 음운 인지 과정에서 좌뇌(L)만이 활성화되는 데 비해, 여성의 뇌(오른쪽)는 양쪽 모두가 활성화되는 것으로 나타났다.**

구자였다. 동물과는 다른 인간의 가장 고난위도의 사고능력과 인지 능력을 볼 수 있는 행위가 독서이고, 독서는 음운적인 활동이기 때문에 음운의 인식에 대한 실험은 곧바로 인간의 사고 능력에 대한 의미를 갖는 것이 될 수 있었다. 적어도 그녀에 따르면, 남녀가 음운의 인식에서 차이를 보인다면, 독서라는 고도의 지적 활동에서 차이를 보이고, 이는 다시 남녀의 사고가 다르다는 결론으로 통하는 것이었다. 앞서 지적했지만, 독서에서는 여성이 남성보다 더 뛰어났다.

〈뉴욕타임스〉는 셰이위츠의 연구를 "연구자들은 남성과 여성이 뇌를 다르게 사용한다는 결정적 증거를 발견했다"라고 보도하면서, 이는 "남녀가 사고하는 동안 그들의 뇌를 각자 다른 방식으로 사용한다는 최초의 증거"라고 대서특필했다. 이 실험은 fMRI를 이용한 초기 연구였기 때문에 세간의 관심을 특히 더 많이 끌었다. 그렇지만 이후의 후속연구들은 독서와 관련해서 남녀의 뇌가 거의 차이가 없음을 보여주었다. 그렇지만 약간의 예외도 있었다. 예를 들어 이야기를 듣고 이해하는 데 있어서 여성은 좌뇌와 우뇌를 모두 사용하지만, 남성은 좌뇌만을 사용한다는 것을 보인 연구가 그 중 하나였다. 그런데 이 연구를 수행한 연구자들은 남녀의 이야기 이해력을 fMRI 이외의 다른 방식으로 테스트했을 때에는 자신들이 찾아낸 뇌의 차이가 보이지 않았기 때문에 자신들의 뇌영상을 해석하는 데 매우 신중한 태도를 보였다. 이런 사례에서 보듯이 fMRI를 사용해서 얻은 남녀의 뇌영상의 차이가 실제로 항상 뇌의 차이를 말하고 있는지는 분명치 않다.

남녀의 뇌 차이에 대한 또 다른 연구를 하나 더 살펴보자. 2007년 고르벳(D. J. Gorbet)과 세르지오(L. E. Sergio)는 화면을 보고 조이스틱이나 마우스를 움직이는 것처럼 시각에 의해서 안내된 운동(visually guided movement or visuomotor response)에서 남녀의 뇌가 어떤 차이를 보이는지 연구했다. 연구결과 대부분의 실험에서 여성의 뇌는 남성의 뇌에 비해 좌측 일차 감각운동 피질(the left primary sensorimotor cortex), 우측 전운동 피질(the right dorsal premotor cortex), 우측 상두정소엽(right superior parietal lobule) 부위에서 더 높은 활동성을 보였다. 이러한 실험

결과에 대해 〈사이언스 데일리〉 지는 세르지오의 말을 인용하여 "여성의 뇌에서 주로 3개 부위가 시각 안내 운동에 관여하며, 대부분의 실험에서 뇌의 양쪽 모두가 활성화됨을 보였다. … 반면, 남성의 뇌는 복잡한 운동을 실행할 때만 활성화 되었다"라고 보도했다. 이들의 실험에서 여성의 뇌는 양쪽 뇌 모두가 활성화됨에 비해, 남성의 뇌는 한쪽만 활성화 되었던 것이다.

흥미로운 사실은 이 두 연구를 비교할 때 드러나는데, 언어에 대한 남녀 뇌영상과 시각반응운동 뇌영상을 비교해 보면 "뇌영상에서 밝게 빛나는 부분이 무엇을 의미하는가"라는 문제에 대해서 흥미로운 시사점을 얻을 수 있기 때문이다. BOLD 방법에 의하면, 밝게 빛나는 뇌 부위는 그 부위가 다른 부위에 비해서 더 많은 산소를 소비함을 의미한다. 독서 능력을 테스트한 뇌영상에서는 남성의 경우는 한쪽 뇌만이 밝게 활성화된 데 비해 여성의 뇌는 양쪽 모두가 밝게 나타났고, 이는 여성이 남성보다 독서 이해 능력에서 더 뛰어나다고 해석되었다. 반면 조이스틱을 움직이거나 손을 움직이는 것 같은 작업을 할 때 여성의 뇌가 더 활성화된 것은, 여성의 뇌가 남성의 뇌보다 더 힘겹게 작업을 수행하며 따라서 여성이 이런 작업을 잘 못하는 것으로 해석되었다. 실제로 이러한 해석은 여성은 남성보다 상황을 이해하는 이해력이 뛰어나고 공간 지각력이 부족하다는 남녀 차이에 대한 기존의 관념과 일치하며, 다른 한편으로는 이런 관념을 반영했다고도 할 수 있는 것이었다.

남녀의 뇌의 차이를 포함해서 성차에 대해 좀 더 균형 잡힌 접근을 시도한 프랑스의 저명한 뇌과학자 카트린 비달(Catherine Vidal)은 『남자와 여자의 뇌는 같을까』라는 저서에서 남성과 여성이 성적 재생산 부분과 뇌에 의해 조절되는 성적 행동에서 분명히 차이가 있고 이러한 차이가 뇌의 차이에서 연유하는 것을 인정하면서도, 남성과 여성 뇌의 구조적 차이는 크지 않다고 주장했다. 그녀의 인간의 전체 뉴런 중 10퍼센트만이 태어날 때부터 연결되어 있고, 나머지 90퍼센트 이상은 가족이나 교육, 문화, 사회적 환경에 의해 나중에 연결된다는 것을 자신의 근거로 제시했다. 실제로 남녀 뇌의 차이를 보인 많은 연구들이 소수의 사람을 대상으로 한 실험에 근거하고 있는데, 그녀는 수백 명 이상의 사람을 대상으로 한 메타분석은 남녀의 뇌에서 통계적으로 유의미한 차이가 존재하지 않음을 보여준다고 지적한다. 또한 그녀는 남녀평등에 우호적인 환경에서 공부하는 여학생들이 그렇지 않은 여학생들에 비해서 남학생들과 더 비슷한 수학점수를 받는다는 연구 결과를 제시하면서, 남성은 이성적이고 여성은 감성적이라는 일반적 통념을 반박하고 있다.

3. fMRI를 이용한 거짓말 탐지기

자극적인 기사를 좋아하는 언론은 fMRI를 "독심기"(마음을 읽는 기계)라고 묘사한다. 뇌를 훤히 들여다보기 때문에, 참말과 거짓말도 쉽게 구별할 수 있다는 것이다. fMRI를 이용해서 뇌가 거짓말을 할 때 활성화되는 부위를 찾으려는 시도는 2001년에 출판된 영국의 정신과의사 스펜스(Sean Spence)의 연구에서 시작했다. 그는 이 연구에서 피험자가 거짓말을 할 때 활성화되는 영역을 조사했는데, 그 영역은 억제 조절(inhibitory control)을 담당하는 영역으로 알려진 복외측 전전두피질(ventrolateral prefrontal cortices, VLPFC)로 드러났다. 스펜스는 이 부위가 활성화되는 이유가 피험자가 거짓말을 할 때는 진실을 억제하려고 노력하고 있기 때문이라고 해석했다.

이후의 연구들은 다양한 거짓말을 대상으로 이루어졌다. 사실과는 정 반대의 답을 얘기하게 하는 거짓말, 되풀이 연습을 한 거짓말, 기억이 손상되었다고 가장하는 거짓말, 자신이 가진 카드 모양을 거짓으로 얘기하는 것, 총을 쏜 사실에 대한 거짓말, 돈을 숨긴 장소에 대해 거짓말, 시계나 반지를 훔친 것에 대해서 거짓말을 하는 것 등에 대한 다양한 실험이 이루어졌다(〈그림 2〉 참조). 이런 실험들은 대개 비슷한 결과를 내어 놓았는데, 그것은 거짓말을 할 때 전전두피질의 VLPFC와 전방대상피질(anterior cingulate cortex, ACC)이 활성화되고, 반응 속도를 잰 실험에서는 거짓말을 할 때 반응 속도가 더 느려진다는 것이었다. 이러한 결과는 거짓말이 참말을 억제하는 것 같은 특정한 "수행 작업"이며, 참말을 하는 것 보다 더 힘들고 느리다는 우리의 상식적인 판단과 전반적으로 일치하는 것이었다.

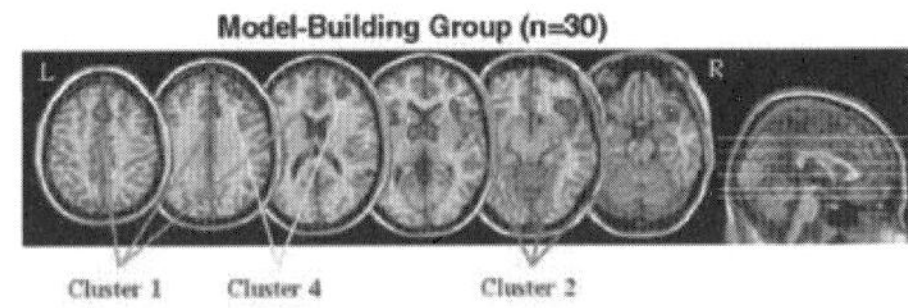

그림2 | 거짓말을 할 때 활성화되는 영역의 뇌영상들. 어두운(원래 컬러 사진에서는 오렌지색에서 붉은 색으로 표시된) 부분은 거짓말을 할 때에만 활성화되는 뇌 부위라고 판단된 부위들이다.

이러한 실험 결과는 언론에 의해서 새로운 거짓말 탐지기의 등장으로 보도되었고, 실제로 이런 연구결과를 이용해서 fMRI를 이용해서 거짓말 탐지기를 만들 수 있다고 생각한 사람들이 생겨났다. 기존에 경찰과 검찰 등에서 널리 사용되던 거짓말탐지기 폴리그래프(polygraph)는 크게 두 가지 결정적인 한계가 있었다. 첫 번째 한계는 그것이 중추 신경계의 반응이 아니라, 혈압, 호흡, 맥박, 땀과 같은 몸의 2차적인 반응을 측정한다는 것이었는데, 이는 능수능란한 거짓말쟁이가 폴리그래프 검사를 속일 수 있다는 문제를 낳았다. 특히 이러한 한계는 정부에서 스파이를 잡아내는 목적으로 폴리그래프를 사용하는 데 있어서 큰 약점이 되었다. 두 번째 문제는 기존의 폴리그래프가 훈련된 검사자를 필요로 한다는 것이었다. 검사자는 피검자에게 많은 질문을 동요 없이 던져야 했으며, 미세한 심리 반응의 차이를 잡아내고, 결과를 놓고 무엇이 의미 있는 시그널(signal)이고 무엇이 잡음(noise)인지를 판단할 수 있는 사람이어야 했다. 그렇지만 이런 사람을 훈련시키기가 쉽지 않았으며, 훈련받은 사람일지라도 주관적인 견해나 편견을 완전히 배제하기 힘들었다. 이런 문제들 때문에 거짓말탐지기의 결과는 법정에서 증거로서 채택되지 않고 있었다.

반면에 fMRI를 이용하는 거짓말 탐지기는 이미지 등을 보여줄 때 활성화 된 뇌의 반응을 스캔하는 것이었다. 이러한 거짓말 탐지기는 위의 두 가지 한계를 극복한다고 간주되었다. 우선 fMRI 거짓말 탐지기는 몸의 2차적 반응이 아니라 중추 신경계의 반응을 직접 조사하는 것이었다. 긴장된 상태를 피함으로써 심박이나 땀을 조절하는 숙련된 스파이도 뇌의 반응 자체를 통제할 수는 없다고 생각되었다. 자기가 자기 뇌를 속일 수 있는 방법은 없다는 것이었다. 두 번째로 fMRI를 이용하는 거짓말 탐지기는 이미지를 보여주거나 소리를 들려주면 되고, 그 결과는 컴퓨터로 처리가 되기 때문에 훈련된 검사자가 불필요하다고 생각되었다. 숙련된 검사자가 없어도 되기 때문에, 검사자의 주관적인 오류를 피할 수 있다는 것이었다. 이러한 이유 때문에 보안이나 직원들의 충성심을 요구하는 회사의 경영진들과 관료들은 더 믿을 만한 거짓말 탐지기의 등장 가능성에 큰 관심과 기대를 가졌던 것이다.

2005년에 이와 관련된 두 개의 연구 성과가 출판되었다. 뇌과학자 코젤(F. A. Kozel)은 30명의 피험자에게 시계나 반지 중 하나를 훔치는 것 같은 가상적인 범죄를 하도록 했고, 범인만이 알 수 있는 질문을 포함한 80개의 질문에 답을 하게 하면서 뇌 스캔을 했다. 이들은 훔친 것에 대해서는 거짓말을 하지만, 다른 질문에 대해서는 참말을 하라는 지시를 받았고, 실험에 참가하는 데 받은 50달러 외에 기계를 속일 경우에 50달러를 더 받는다는 인센티브를 약속받았다. 결과는 fMRI 영상만을 보고 30명 중에 28명에 대해서 시계를 훔쳤는지 혹은 반지를 훔쳤는지 맞출 수 있었는데(93%), 코젤이 얻은 뇌영상에 따르면 참을 얘기할 경우와 거짓을 얘기할 경우에 뇌에 다른 영역이 활성화되었기 때문이다. 코젤은 이 결과가 실제 상황에 적용될 수 있다고 생각하고, 여기에 특허를 내고 신생 기업인 〈씨포스〉 사(Cephos Corporation)에 이 특허를 라이센스(license) 했다.

반면에 뇌과학자 다바치코스(C. Davatzikos)는 22명의 자원자들로 하여금 특정 카드를 소유하게 하고, 이 카드에 대해서 거짓말을 하게 하면서, 이들의 뇌를 스캔했다. 이들은 기계를 속일 경우에 20달러의 돈을 받는다고 약속받았다. 연구팀은 이들의 뇌를 스캔한 결과 뇌 스캔 만으로 90%의 확률로 이들이 거짓말을 하는지 참말을 하는지를 알아낼 수 있었다. 이 방법은 〈노라이엠알아이〉(No Lie MRI) 회사가 라이센스 비용을 지불하고 채택했다. 2007년 당시 이 회사들은 곧 정확도를 97~99%까지 올릴 것이며, 이럴 경우에 fMRI 거짓말 탐지 영상이 법원에 증거로 받아들여질 수 있을 것이라고 선전했다. 이러한 주장이

나올 무렵에 스탠포드 대학교의 법학교수 그릴리(Hank Greely)와 신경윤리학자 일리스(Judy Illes)는 이런 연구 결과에 대해서 우려하면서 fMRI 이미지들이 법정에서 증거로 사용되지 못하도록 하는 강력한 규제가 필요하다는 점을 지적하기도 했다.

이런 영상 데이터가 법적 효력을 갖는 증거가 될 수 있는가라는 문제는 미묘한 것이었다. 우선 미국의 법정에서 뇌영상 증거가 사용되는 빈도는 계속 증가하고 있다. 대개는 뇌에 병변이 있음을 보이는 MRI 사진이 증거로 제출되고 있지만, 피고나 증인이 거짓말/참말을 하는 것을 입증하는 증거로 fMRI 뇌영상도 제출되기 시작했다. 2009년에는 샌디에고의 법정에서, 자식을 성적으로 학대했다고 고소된 부모가 자신들의 결백을 입증하는 증거로 fMRI 뇌영상을 제출했다. 그렇지만 이는 증거적인 신뢰성이 없다는 이유로 법정에서 받아들여지지 않았다. 2010년 뉴욕 브루클린의 법정에서 윌슨(Cynette Wilson)이라는 원고의 변호를 맡던 변호사 제빈(David Zevin)은 윌슨의 입장을 지지하는 결정적 증인이 진실을 말하고 있다는 것을 입증하기 위해서 증인의 뇌를 fMRI로 스캔한 사진을 증거로 제출했다. 그렇지만 법관은 이를 증거로 받아들이지 않았고, 배심원들은 증인이 거짓말을 한다고 판단했다. 기계의 판단과 배심원들의 판단은 정반대였다.

브루클린 판결에 이어 테네시 법정에서는 fMRI 거짓말 영상을 증거로 채택하는 것이 타당한가를 심리하는 공판이 열렸다. 2010년 6월 테네시 주에서 보험회사와 의료회사를 상대로 사기를 쳤다는 혐의로 피소된 피고는 자신이 진실을 얘기한다는 증거로 〈씨포스〉사에서 얻은 fMRI 뇌영상 자료를 법정에 제출했다. 그렇지만 법관은 이 증거가 아직 과학적 증거의 지위에 미치지 못한다는 이유로 채택을 거부했다. 당시 법관은 증거 인정 여부에 대한 판결을 마무리지으면서 "그 표준을 높이려는 더 많은 실험, 발전, 검증을 거치면 미래에는 이 방법이 법정에서 받아들여 질 수도 있다"고 함으로써 미래에 상황이 변화할 수 있는 여지를 남겼다.

미디어는 fMRI 거짓말 탐지기를 "독심술 기계" "심령술사의 컴퓨터"와 같은 식으로 추켜세우지만, 지금까지도 fMRI를 이용하는 거짓말 탐지기의 데이터는 법정에서 증거로 받아들여지지 않고 있다. 여기에는 세 가지 이유가 있다. 첫 번째는, 사람들이 기억이 잘못되었기 때문에 거짓말을 하지 않는다고 생각하면서도 결과적으로 거짓말을 할 수도 있다는 것이다. 2010년에 출판된 스탠포드 대학교의 연구자 리스만(Jesse Rissman)의 연구는 fMRI를 이용하는 방법이 잘못된 기억으로 인한 거짓말을 판별하는 데 효과가 거의 없다는 것을 보여주었다. 즉 리스만은 사람들에게 인물 사진을 보여주면서 질문을 했는데, fMRI는 피험자들이 1) 실제로 본 사람을 보았다고 한 경우와 2) 처음 보는 사람인데 자신이 과거에 보았다고 잘못 기억을 했기 때문에 보았다고 하는 경우를 거의 구별하지 못했다. 우리가 하는 거짓말의 상당 부분이 잘못된 기억에 근거한다는 점을 생각해 보면 이는 fMRI를 사용한 거짓말 탐지법의 심각한 한계가 될 수 있다. 리스만은 이런 테스트가 자칫 잘못하다가는 한 사람을 평생 감옥에 보낼 수 있을 정도로 중요한 결과를 낳기 때문에, 신경과학자와 법률가가 이 문제에 관심을 두고 지속적으로 대화해야 한다고 경고했다.

두 번째로, fMRI 방법은 실험실에서 연구자들에 의해 통제된 실험에서 사용될 때와 현실 세계인 법정과 같은 공간에서 증인이나 피고인의 진실성을 테스트하는 데 사용될 때 큰 차이를 보일 수 있다. 실험실의 피험자들은 연구 목적으로 거짓말을 하라고 교육을 받은 사람들이다. 게다가 법정에서의 증인이나 피고는 거짓말이 통했을 때 큰 이익을 얻고 그것이 들통이 날 경우에는 위증죄에 의한 처벌을 받을 수 있지만, 피험자들은 약간의 사례비를 받는 것 외에 다른 이득이나 손해를 볼 것이 없는 사람들이다. 이런 차이가 뇌에 어떤 다른 상태를 유발할지에 대해서도 알려진 바가 없다. 또 다른 문제는 fMRI 방법이 방해(countermeasures)하기 쉽다는 것이다. 만약에 법정에서 증인을 fMRI에 눕히고 증언의 거짓이나 참을 테스트하려 한다면, 증인은 머리를 조금 움직이거나 심지어 발가락을 움직이는 것으로 시험 결과를 엉망으로 만들 수 있다. 한 연구는 손가락을 움직이는 것 같은 방해 동작이 거짓말 탐지의 신뢰도를 33% 깎아 내리는 것을 발견했다. 질문 도중에 조금 격정적인 생각을 하는 것도 시험 결과를 교란한다. 이렇게 fMRI가 방해에 취약하다는 사실은 이를 유죄를 입증하는 목적으로 범죄 피의자에게 사용하기가 매우 힘들다는 점을 시사한다.

세 번째로, 같은 실험 방법을 사용하는 경우에도 거짓말의 차이에 대해서 조금씩 다른 부위가 활성화되는 것이 발견되었다는 것도 문제가 된다. 연구자들은 즉석에서 만들어낸 거짓말과 수 분 동안 암송한 거짓말의 경우에 활성화된 뇌 부위가 달랐다는 점을 보였는데, 이는 거짓말의 강도에 따라서 자극의 부위가 달라지는 것을 의미한다. 또 지금까지의 많은 연구들이 거짓말을 할 때 특별히 활성화되는 뇌 영역에 대해서 조금씩 다르다는 결과를 내고 있다. 어떤 연구자들은 거짓말을 할 때 뇌의 전방대상피질(anterior cingulate cortex, ACC)과 좌측 감각운동피질(left sensorimotor cortices)에서의 반응을 관찰했고, 다른 연구자들은 전전두피질보다는 오려 좌측 두정엽피질(left parietal cortex)에서의 반응이 더 여러 번 관찰되었다고 보고했다. 또 다른 그룹은 전반적으로 오른편 전두엽에서 활성화 영역이 있음을 발견했지만, 이어진 여러 편의 논문 각각에서 안와전두피질(orbitofrontal) 영역, 후전두엽(posterior frontal) 영역에서 ACC에 이르는 영역, 등쪽 상전전두엽(dorsal superior prefrontal) 영역이 활성화되는 것으로 보고했다. 연구자들은 아직도 왜 이렇게 활성화되는 부위가 다른지에 대해서 설득력 있는 설명을 내놓지 못하고 있다.

종합해 볼 때, 이런 세 가지 한계는 fMRI 거짓말 탐지기가 법정에서 증거력을 가질 정도로 사용될 때까지의 과정이 멀고도 험한 길이라는 것을 잘 보여준다. 한 실험이 다른 연구자에 의해서 정확히 재현되고, 에러 확률 등이 분명하게 알려진 뒤에야 fMRI 영상은 법정에서 과학적 증거로 기능하게 될 것이다.

4. fMRI 뇌영상 기술의 근본적 문제

보통 시민들은 주로 대중매체를 통해서 뇌과학 연구들은 접한다. 대중매체는 "사랑의 뇌가 발견되었다", "증오의 뇌회로가 규명되었다", "사랑과 우정의 차이가 뇌과학적으로 밝혀졌다", "진보주의자와 보수주의자는 뇌가 다르다"는 식으로 뇌과학의 성과를 과장한다. 우리는 인체의 모든 장기 중에서 뇌가 가장 중요하다고 생각하고, 인간의 사고나 감정 모든 것이 뇌에 의해서 결정된다고 생각한다. 뇌가 고장 나면, 사람으로서 정상적인 사고나 삶을 살 수 없다고 생각하며, 뇌를 이식받으면 (아직은 먼 미래의 일이지만) 내가 아닌 전혀 다른 사람이 만들어질 것이라고 생각한다. 이는 인간의 사고와 행동 모두가 뇌의 뉴런 회로에 의해서 결정된다는 "뇌 결정론"의 형태를 띠고 있다.

다른 뇌영상 기법과 비교했을 때 fMRI는 뚜렷한 장점이 있다. 전통적인 MRI는 뇌 속의 고정된 영상을 찍어서 뇌종양의 존재를 알아낼 수 있지만 뇌의 활성화를 볼 수는 없다. 그에 비해 fMRI는 뇌의 특정 부위가 활성화되는 것을 볼 수 있다는 이점이 있다. 또 뇌영상 기법 중에 PET(양전자방출단층촬영) 검사나 SPECT(단일광자단층촬영) 검사는 뇌에 방사능 물질을 주입해서 그 물질의 변화를 추적하지만, fMRI는 이러한 침입적인 방법을 사용하지 않는다. 또 PET나 SPECT는 수 분에 걸친 변화의 평균적인 결과만을 볼 수 있지만, fMRI는 수 초, 심지어 1~2초 내의 빠른 반응시간 사이의 변화를 볼 수 있다. 이런 장점과 선명한 이미지들은 사람들에게 fMRI가 뇌의 작동 그 자체를 보여준다는 생각을 심어준다.

그렇지만 방사능 물질을 사용하는 PET나 SPECT에 비해서 볼 때 단점도 있는데, 그것은 fMRI가 뇌에서 일어나는 "상대적"인 변화를 측정한다는 것이다. 예를 들어, 우리가 거짓말을 하는 사람의 뇌에서 활성화된 부분을 알기 위해서는 거짓말을 하는 사람의 뇌영상과 비교할 수 있는 베이스라인(baseline)이 있어야 하는데, 이 경우는 당연히 같은 사람이 참말을 할 때의 뇌영상이 그 비교 대상이 된다. 즉, 거짓말을 할 때에 특수하게 활성화되는 뇌 부위만을 알기 위해서는 다음과 같은 "인지적인 뺄셈"(cognitive subtraction)이라고 불리는 과정을 수행해야 한다는 것이다. 거짓말을 할 때의 뇌영상을 얻기 위해서는 참말을 얘기할 때의 뇌영상을 구해서 다음과 같은 뺄셈을 해야 한다.

거짓말에 특수하게 활성화되는 뇌 부위 = [거짓말을 하는 뇌영상] - [참말을 하는 뇌영상]

fMRI의 BOLD 방법론은 항상 이런 "상대적인 차이"를 측정한다. 그런데 fMRI 방법에 비판적이거나 회의적인 연구자들은 BOLD 방법의 인지적 뺄셈을 비판한다. 심리학자이자 뇌과학자인 우탈(William R. Uttal)에 따르면 과학자들이 실험의 대상으로 삼는 많은 인지과정이 심리생물학적인 실재가 아니라 실험을 위해 고안된 프로토콜이기에, 이에 해

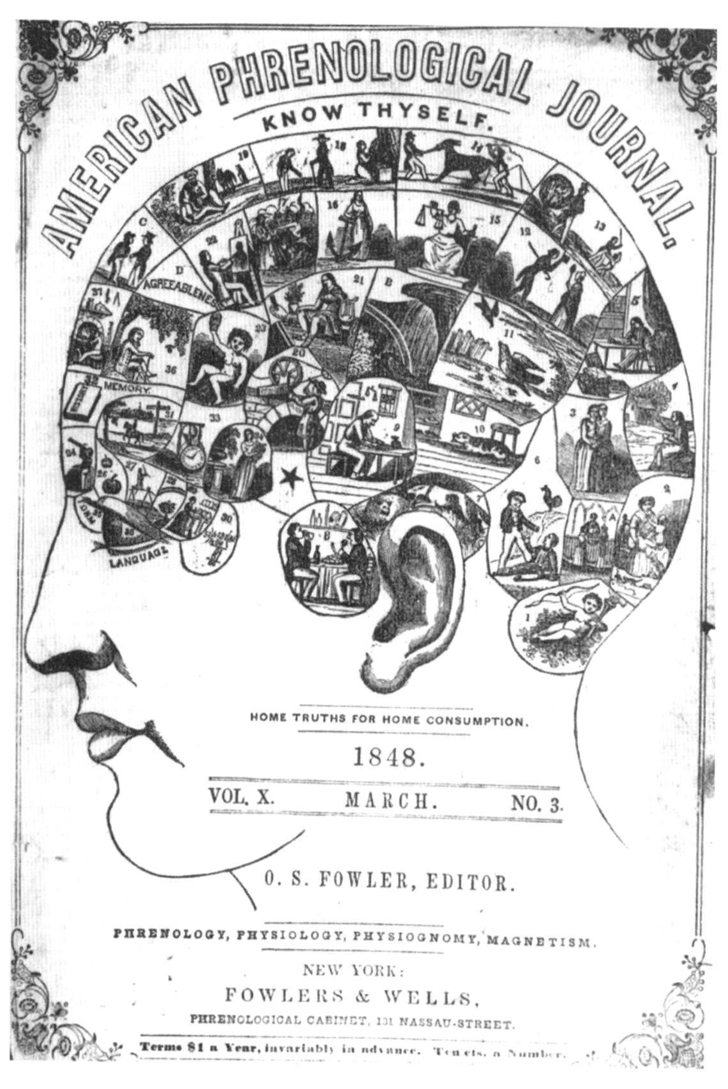

그림3 | **19세기 미국의 골상학에서 뇌의 구조와 기능을 그린 그림**

당하는 뇌의 영역을 fMRI로 발견했다고 하는 것 자체가 어불성설이라고 비판한다. 그는 fMRI 영상 대부분이 뇌의 특정 부위에 인지나 심리가 국소화(localized)된 이미지를 보여주는데, 이는 fMRI 영상을 얻는 과정에서 자극을 준 경우와 보통의 경우를 비교해서 전자에서 후자를 빼는 '인지적 뺄셈'의 결과라고 비판한다. 즉, 이렇게 영상을 '빼는' 과정에서 두 영상이 공유한 뇌 전반에 걸친 활성 영역이 사라지고 마치 활성화된 부분이 국소적인 영역에 국한된다는 결과를 낳게 된다는 것이다. 이런 비판자들은 우리 뇌가 국소적으로 활성화되기보다는 전체가 네트워킹되어서 작동한다고 주장한다.

국소적인 뇌활성화에 근거한 "뇌 결정론"은 역사적으로 선례가 있다. 18-19세기 유럽과 미국에서는 골상학(phrenology)이 유행이었다. 골상학은 뇌의 부위들이 정신 작용을 담당하기 때문에, 머리의 특정 부분이 튀어나온 사람은 다른 사람에 비해서 더 방탕하던가, 혹은 더 신앙심이 깊다는 식으로, 두상을 가지고 그 사람의 성격과 행동을 이해했다. 골상학은 19세기에 뇌에 대한 이해가 깊어지면서 사이비과학이라는 비판을 받고 역사의 커튼 뒤로 사라졌던 학문이었다.

뇌과학 연구자 돕스(David Dobbs)는 fMRI의 한계들을 열거하면서 fMRI 연구를 18세기 골상학과 비교했다. 그는 뇌신경세포인 뉴론(neuron)의 반응 속도가 천분의 1초 단위이지만 fMRI는 수초 간에 걸친 반응을 평균해서 보기 때문에 fMRI가 보여주는 것이 실제 뉴론의 활동과는 무관하다고 비판했다. 돕스는 또 자신의 주장을 뒷받침할 근거로 '중앙집행기(central executive)'의 위치를 찾으려는 연구들을 예로 들었다. 많은 뇌과학 연구자들은 뇌의 활동을 감독하고 우선순위를 조절하며 의사결정을 담당하는 중앙집행기라는 부위가 존재할 것이라고 믿고, 이것의 위치를 찾으려고 노력해왔다. 그러나 돕스는 이러한 연구 38개를 메타분석해서, 연구자들이 찾은 중앙집행기의 위치가 너무도 상이해서 과연 중앙집행기라는 것이 존재하는지에 대해 심각한 의문이 생긴다고 지적했다. 돕스는 이러한 fMRI연구가 18세기 골상학과 같은 의사과학(pseudo-science)과 크게 다르지 않다고 주장했던 것이다.

이런 극단적인 비판은 아니지만 뇌과학계 내부에서도 fMRI의 BOLD 방법론에 대한 비판이 제기되었다. fMRI의 발전에 아주 중요한 역할을 했고, 가장 영향력 있는 뇌과학자 중 한 명으로 꼽히는 독일 막스 플랑크 연구소의 로고테티스(N. Logothetis)는 연구자들이 fMRI의 미묘한 문제에 주목하지 않고 fMRI 영상을 과도하게 신뢰해서 확대해석한다고 비판을 했다. 그는 fMRI를 통해 활성화된 것으로 보이는 뇌의 영역이 그 부분에서 더 많은 신호를 보냄으로서 활성화된 경우도 있지만, 신호를 적게 보내려고 하거나, 균형을 유지하려 함으로써 활성화된 경우도 있다고 지적하면서, 뇌의 활성화된 부위를 보여주는 영상만을 가지고는 왜 그 부위가 활성화되는지, 또는 뇌에서 어떤 작용이 일어났는지에 대해서 확실하게 알 수 없다고 지적했다. 또 그는 뇌 작용의 많은 부분이 뉴런의 직접적인 작

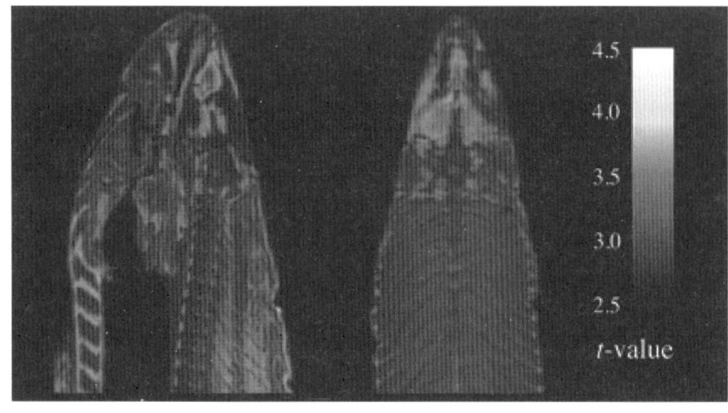

그림4 | **죽은 연어의 fMRI 뇌 이미지. 사진을 보여주자 뇌의 일부가 활성화된 것처럼 반응을 보였다.**
http://prefrontal.org/files/posters/Bennett-Salmon-2009.jpg

용보다 뉴런의 네트워크에 일종의 조정을 하는 뇌변조(neuromodulation) 작용이라고 지적하면서, fMRI 실험 결과의 해석에 주의를 기울일 것을 당부했다.

fMRI에 대한 비판의 정점은 크레이크 베넷(Craig Bennett)이 〈인간 두뇌 매핑 학회〉에서 발표한 죽은 연어의 뇌영상 포스터였다. 그는 인간에게 fMRI를 실험하는 것과 비슷하게 "죽은 연어"에게 특정한 그림을 보여주는 자극을 주면서 연어의 두뇌를 fMRI로 찍었더니 뇌의 특정부분이 활성화된 것이 발견되었다고 주장했다(그림 4). 그런데 연어는 살아 있는 것이 아니라 죽은 것이었다. 이 결과는 몇 군데에서 거절당한 뒤에 〈인간 두뇌 매핑 학회〉에서 포스터 발표의 기회를 얻어 발표되었는데, 그의 포스터 발표는 즉각 미디어의 관심을 끌면서 인터넷상에서 널리 유포되었다. 이런 활성화가 얻어진 것은 죽은 연어의 뇌가 활성화되었기 때문일 수 없었고, fMRI 기기의 문제 때문이라는 것이 분명했다. 그런데 이는 다시 지금까지 얻어진 fMRI 데이터 중에서도 이런 기기 오류에 기인한 것이 꽤 있을 수 있다는 사실을 지적하고 있었다.

이러한 근본적인 비판을 차치하더라도, 실험을 성공으로 이끌기 위해서 fMRI 연구자들이 넘어야 할 벽도 많이 있다. 우선 연구자는 믿을 만한 MRI 스캐너를 사용해야 하며, 이는 가격이 만만치 않다. 또 연구자는 적절한 실험 패러다임과 자극의 종류를 잘 디자인해야 하고, 피험자들이 실험을 정확하고 일관성 있게 수행하도록 해야 하며, 몸이나 머리를 움직이지 않게 해야 하며, 심한 의치와 같은 인공물을 몸에 가지고 있지 않은지를 확인해야 하고, 뇌 스캔을 하는 동안에 시간과 반응을 잘 측정해야 한다. 이렇게 한 사람, 한 사람에 대해서 얻어진 데이터는 이를 중합하기 위해서 재조정되며, 기준이 되는 뇌에 맞춰서 표준화를 이뤄서 개인 차이를 줄이고 노이즈를 최소화 한다. 이 과정에서 다양한 프로그램과 통계적 기법이 사용되는데, 이러한 기법들 중에는 과학적인 타당성을 비판받는 것들도 있다. 불(E. Vul)은 "사회적 신경과학의 부두 상관(Voodoo Correlations in Social Neuroscience)"이라는 논쟁적인 논문에서 fMRI 뇌영상 기법을 사용한 사회적 신경과학 논문 54편을 분석하여 이 중 31편이 데이터 해석에서 방법론적 오류를 범했다고 주장했다.

이런 비판들이 지금까지의 fMRI 연구를 모두 의미 없는 것으로 만드는 것은 결코 아니다. 많은 중요한 연구들이 뇌과학의 새로운 지평을 열었다. 그렇지만 이런 비판들이 fMRI 영상을 얻는 과정에서 거짓 데이터나 오류가 개입할 수 있는 가능성이 있고, 따라서 연구자들이 이에 매우 세심한 주의를 기울여야 한다는 점에 다시 한 번 주의를 상기시키고 있음은 분명하다. "한 장의 사진은 천 개의 말보다 낫다", "보는 것은 믿는 것이다"라는 경구는 뇌과학 이미지의 경우에 신중하게, 비판적인 거리를 유지하면서 적용되어야 한다.

5. 맺는 말: fMRI 뇌영상의 성과와 한계

뇌영상 이미지를 과다하게 신뢰하는 성향을 뇌 실재론(neuro-realism) 혹은 뇌 근본주의(neuro-essentialism)라고 한다. 최근에 이러한 성향은 fMRI를 이용해서 인간의 뇌 속에서 감정이나 행동의 원천을 찾으려는 연구자들과 이를 과대 포장해서 보도하는 미디어의 상호 피드백에 의해서 강화되고 있다. 미디어의 보도는 "두뇌에 심어진 증오 회로"와 같은 확고한 톤을 사용하고, 뇌영상 연구결과가 수량화될 수 있는 객관적인 것임을 강조하며, 이것이 인간 사회와 정책에 큰 영향을 줄 수 있고, 가까운 미래에 치료나 법정에서 응용 가능하다고 보도한다. 이러한 과장된 보도는 기술적인 혁신과 사회적 파장을 가져올 수 있는 과학적 발견을 기대하는 대중의 심리에 부응하고, 자신의 논문의 사회적 영향을 증대하려는 과학자들의 구미에도 들어맞는다. 특히 과학자들은 자신들의 뇌과학 연구가 사회에 큰 영향을 미친다는 미디어의 보도가 후속 연구에 긍정적인 영향을 미치는 것을 알고 있으며, 따라서 미디어의 과장된 보도에 암묵적으로 동조한다. 이 과정에서 뇌 실재론 혹은 뇌 근본주의는 더 강화되는 것이다.

사진에 대한 대중적 신뢰는 꽤 높다. 특히 실험실에서 얻어진 과학 자신에 대해서는 더욱 그러하다. 사람들은 총천연색으로 표시된 fMRI 뇌영상이 특정 기능을 담당하는 뇌 영역이 실제로 존재하는 것을 보여주는 결정적인 증거라고 생각하는 경향을 보인다. 최근의 한 연구는 TV시청을 할 때와 수학 문제를 풀 때 활성화 되는 뇌의 부위가 동일하다는 허위 기사를 만든 뒤에 일부 학생에게는 이 기사를 뇌영상 이미지와 함께 보여주고, 나머지 학생에게는 뇌영상 없이 기사만을 보여주는 실험을 했다. 이때 뇌영상과 기사를 함께 접한 학생들은 이미지가 없는 기사만을 접한 학생들에 비해서 기사의 내용을 믿는 성향을 훨씬 강하게 드러냈다. 뇌영상은 추상적인 뇌의 작용을 보여주는 물질적 증거로 간주되었고, 이런 증거는 인지 과정은 결국 물질적 작용에서 기인한다는 사람들의 환원론적인 철학과 부합했던 것이다.

이 비슷한 연구가 거짓말 탐지기 데이터에 대해서도 이루어졌다. 과학자들은 대학생들을 참여시켜서 가상적인 배심원 집단을 만들고 이들에게 거짓말 탐지기 자료들을 보여주고 판결을 내리라는 실험을 했다. 설정된 상황은 "합리적 의심"(reasonable doubt)이 적용될 수 있을 만큼 피고의 유죄를 입증하는 증거들이 애매한 상황이었다. 이렇게 애매한 상황에서 배심원집단에게 여러 가지 거짓말 탐지 증거들을 보여주고 판결을 내리라고 하면, fMRI 영상을 본 배심원들이 가장 높은 유죄판결을 내렸다. 이러한 결과는 배심원들이 전통적인 폴리그래프 데이터는 신뢰하지 않음에 반해, 첨단 기술인 fMRI 뇌영상은 높은 수준으로 신뢰하고 있음을 보여주는 것이었다. fMRI 영상은 실제 신뢰도 보다 더 높은 신뢰도를 가진 것으로 해석될 수 있다는 것이다. 이는 특히 법정에서 fMRI 뇌영상이 훨씬 더 조심스럽게 사용되어야 한다는 결론을 시사하고 있다.

fMRI 뇌영상에 대한 부풀어진 신뢰만큼이나 이에 대한 우려와 공포도 부풀어져 있다. fMRI에 대해서 우려하는 사람들은 가까운 미래에 경찰이 용의자의 두뇌에 대한 법원의 "수색영장"을 받아서 용의자를 fMRI 속에 넣어 뇌를 스캔하는 일도 일어날 수 있다고 우려한다. 이를 우려하는 사람들은 이렇게 국가나 수사기관이 fMRI를 이용해서 시민의 동의 없이 그들의 마음을 읽는 것을 막기 위해서는, fMRI를 법정, 과학수사, 보안이 필요한 상황에서만 적절하게 사용하는 것이 중요하며, 뇌에 대한 프라이버시권을 제정해야 한다고 주장한다. 그렇지만 미래에 뇌를 수색하는 영장이 발부될 수 있다는 우려는 현실적이라기보다는 과학소설(science fiction)에 가까운 것이라고 볼 수 있다. fMRI 영상을 얻기 위해서는 좁은 기계 속에 머리와 몸을 10여분 동안 미동 없이 누워 있어야 하며, 이 과정에서 여러 가지 자극에 대해서 자발적으로 반응해야 하는데, 이는 피험자의 동의와 협조 없이는 국가기관이나 수사기관이 원한다고 할 수 있는 일이 아니다. 설령 몸을 결박해서 검사를 한다고 해도 손가락을 움직이거나 다른 생각을 하는 것 같은 작은 방해만으로도 그 결과를 심각하게 교란시킬 수 있다. fMRI는 "독심기계(mind-reading machine)"가 아니고, 미래에도 그렇게 될 수 없다.

fMRI는 뇌의 활동을 거의 실시간으로, 몸에 해로운 방사능 원소 등을 사용하지 않고서 볼 수 있는 놀라운 기계이다. 1990년에 이 기계가 만들어 진 뒤에 우리는 인간의 사고와 행동에 대해서 이전에는 불가능했던 뇌과학 실험들을 할 수 있게 됐다. 그렇지만, fMRI 실험을 통해 나온 영상을 과다하게 해석해서 "거짓말을 할 때는 뇌의 복외측 전전두피질"이 활성화된다는 식으로 결론짓는 것은 성급하다. 지금까지 여러 다른 실험들을 통해 드러난 증거는 뇌가 사고나 인지를 할 때 국소적으로 기능하는 경우도 있지만, 많은 경우 뇌 전반에 걸친 여러 부분들이 네트워킹되어 작동한다는 것이다. 뇌가 국소적으로 활성화된 사진들은 앞에서 언급한 "인지적 뺄셈"을 한 결과이기 때문에, 그 해석에 있어서 조심스러워야 한다. 이런 fMRI 실험 결과들은 다른 영상 기기를 사용한 실험이나 심리학적인 실험들과 비교하면서 해석되어야 한다.

20세기 후반 이후에 뇌과학은 빠르게 발전했고, 미래에는 더더욱 그럴 것이다. 그럴수록 우리는 뇌영상이 보여주는 뇌과학의 성과와 한계를 냉정하게 평가해봐야 한다. 과장된 기대나 극단적인 우려는 결국 과학의 발전에 득이 되지 않기 때문이다.

더 생각해 볼 문제

—

- 다른 뇌영상 이미지와 비교해 볼 때 fMRI 뇌영상 이미지가 갖는 특성들은 무엇인가? fMRI 뇌영상을 해석하는 데 이런 특성들이 왜 중요한가?
- fMRI 거짓말 탐지기가 가까운 미래에 실현되기 어려운 이유는 무엇인가?
- "fMRI 실험을 통해 자신을 진보적이라고 여기는 사람은 전측 대상피질(anterior cingulated cortex)이 활성화되고, 보수주의라고 하는 사람은 우측 편도체(amygdale)의 회색질이 활성화되는 것으로 나타났다"는 신문 보도에 대해서 토론해보자.

더 읽어볼 거리

—

카트린 비달, 『남자와 여자의 뇌는 같을까』(민음 바칼로레아 56), 2008.

홍성욱, 「보는 것이 믿는 것이다 – fMRI 뇌영상을 어떻게 해석할 것인가」, 홍성욱·장대익 엮음, 『뇌 속의 인간, 인간 속의 뇌 – 뇌과학은 인간의 윤리에 대해 무엇을 말하는가』, 바다출판사, 2010, 307–337쪽.

홍성욱, 「기능성자기공명영상(fMRI)을 이용한 거짓말 탐지 증거의 정확도와 법적 시사점」, 『서울대학교 법학』 제52권 제3호(2011년 9월), 511–540쪽.

06

인공지능의 미래와 암묵지 – 로봇 과학자는 가능한가?

딥러닝(deep learning)으로 무장한 인공지능 컴퓨터가 놀라운 속도로 발전하고 있다. IBM의 수퍼컴퓨터 왓슨(Watson)은 2011년에 퀴즈 쇼 〈제퍼디〉의 세계 챔피언들을 이겼다. 구글의 무인자동차는 290만 킬로미터를 달리는 동안에 13번의 경미한 충돌사고가 있었는데, 이 모두가 다른 자동차들이 후반에서 추돌한 경우였다. 성능이 좋아진 구글 번역기는 웬만한 사람보다 더 번역을 잘 한다. 게다가 2016년 3월 구글의 인공지능 부서 딥마인드(DeepMind)에서 만든 바둑 프로그램 알파고는 세계 챔피언 이세돌 9단을 4:1로 이겼다.

알파고와 이세돌 국수의 대결 이후에 우리나라에서도 인공지능에 대한 논의가 넘쳐나고 있다. 많은 전문가들은 가까운 미래에 인공지능과 로봇 기술이 인간의 능력을 뛰어넘을 정도로 발전할 것이며, 이에 따라 인간이 쓸모없어질 수도 있다고 걱정을 한다. 과연 그럴까? 기계가 하기 어려운 인간의 행위는 없는 것일까? 이번 장에서는 이 문제를 과학기술학(Science and Technology Studies, STS)의 관점에서 분석해보자.

1. 인공지능과 암묵지

인공지능이 똑똑해 보이지만 인간이 하듯이 사고를 하는가? 여기에 두 가지 문제가 있다. 첫 번째로, 알파고는 출중한 실력을 가졌지만 자신이 이겼다는 사실도 모른다. 알파고는 이세돌과의 제4국에서 패하면서 돌을 던졌지만, 자신이 돌을 던졌다는 사실조차 모른다는 얘기다. 이렇게 보면 알파고는 의식이 없는 그냥 복잡한 계산기계라는 것이다. 인공지능이 인간의 두뇌를 뛰어넘을 수 없다고 생각하는 사람들은 딥러닝이 아무리 발전을 해도 의식을 가질 수 없다고 비판한다. 인공지능은 생각하는 기계가 아니라, 자기가 뭘 하는지 모르면서 그저 알고리듬에 의해서 학습하고 계산해서 판단하는 기계라는 것이다.

그림1 | **2011년 신화적인 제퍼디 챔피언들을 이긴 왓슨. 이후 왓슨은 의료 서비스와 투자 서비스를 시작했고, 2016년에 〈Watson 2016 재단〉은 왓슨을 다음번 미국 대통령에 출마시킨다는 목표를 세웠다.**

어떤 때에는 이런 한계가 심각한 문제가 될 수 있다. 무인자동차를 예로 들어보자. 무인자동차는 프로그래머가 심어둔 프로그램에 따라서 판단을 한다. 만일 두 보행자를 치거나 이들을 구하고 운전자를 희생해야 하는 상황이 있다면, 사람의 경우에는 순간적인 판단에 따라서 핸들을 꺾던가 아니면 그냥 돌진을 해서 두 보행자를 치던지 할 것이다. 어떤 판단을 내려도 그 행위의 책임은 운전자에게 있다. 그렇지만 무인자동차의 경우에는 사회적으로 용인된 규범에 맞는 프로그램을 심게 된다. 이 프로그램이 2명을 구하고 운전자 한 명을 희생하는 쪽으로 만들어지면, 사회적으로는 더 환영을 받을지 몰라도 무인 자동차를 구입하는 운전자들은 거의 없을 것이다. 반대로 2명을 희생하고 운전자를 구하는 쪽으로 프로그램 된다면, 사회적인 비판과 비난이 가해질 가능성이 높고, 이런 저항은 무인자동차의 도입을 어렵게 할 수도 있다. 같은 판단을 내려도 이 판단이 의식을 가진 운전자에 의해서 내려지는 것과 의식이 없는 프로그램에 의해서 이루어지는 것 사이에는 질적으로 다른 차이가 존재한다.

두 번째 문제는 인공지능이 인간이 배우듯이 세상에 대해서 배우지 않는다는 사실이다. 인간은 비교하고 차이를 익히면서 세상에 대해서 배운다. 어린 아이들은 오리를 보고 저것이 무언인가 물어보고, 다른 오리를 보고 또 물어보고 하면서 오리를 익히고, 백조를 보고 저것이 무엇인가를 물어본 뒤에, 오리와의 차이를 직관적으로 파악하게 된다. 물론 이렇게 사물을 파악하는 과정에서 실수를 하지만, 어른들이 이런 실수를 고쳐 주곤 함으로써 결국 세상의 사물들에 대해서 동질성과 이질성을 익혀 나간다. 그렇지만 컴퓨터는 이런 식으로 사고하는 법을 배우지 않기 때문에, 구글 번역기는 "옛날에 백조 한 마리가 살았다"를 "The 100,000,000,000,001 lived long ago"라고 번역한다. "백조 한"이 "100,000,000,000,001(백조 일)"이 되는 것이다. '백조(swan)'와 '백 조(100,000,000,000,000)'를 구별하지 못해서 이런 우스운 결과가 나온다. 어린아이들도 잘하는 개와 고양이를 구별하는 작업이 이미지를 인식하는 컴퓨터에게는 매우 어려운 일이 된다.

기계가 인간처럼 사고하는 것은 아니라고 해도, 인간이 지식을 가지고 있듯이 기계도 지식을 가지고 있다고 할 수 있지 않을까? 이 문제에 답하기 위해서는 인간의 지식이 대체 무엇인가를 좀 더 철학적으로 분석해 볼 필요가 있다. 인간의 지식을 나누는 방법에는 여러 가지가 있는데, 그 중에 지식의 대상을 분류함으로써 지식을 나누는 방법이 많이 쓰인다. 즉 지식에는 대상에 대한 사실적인 지식이 있고, 현상의 원인에 대한 지식이 있으며, 무엇을 이루는 방법에 대한 지식이 있고, 누가 무엇을 잘 하고 잘 아는지를 이해하는 형태의 지식이 있다. 이를 각각 know-what, know-why, know-how, know-who라고 부를 수 있다.

지식을 분류하는 또 다른 방법으로 헝가리 출신의 화학자이자 과학철학자였던 마이클 폴라니(Michael Polanyi)가 최초로 제안했던 암묵지(tacit knowledge)와 형식지(explicit knowledge)의 구분이 있다. 폴라니는 "우리는 우리가 말할 수 있는 것보다 더 많은 것을 알고 있다"라는 유명한 얘기를 남겼다. 자전거를 잘 타는 사람에게 자전거 타는 법을 말로 쓰라고 하면 잘 쓰지 못할 것이며, 가까스로 이를 글로 적었다고 해도 이 글을 읽고 자전거 타는 방법을 배울 수는 없다. 수영 매뉴얼을 읽고 수영을 배우지도 못한다. 그런데 한번 자전거 타는 법을 익히거나 수영하는 법을 배우면 10년 이상 자전거를 안 타거나 수영을 안 해도 핸들을 잡거나 물에 들어가면 다시 예전의 실력이 나온다. 이런 사례에서 알 수 있듯이 형식지는 언어로 분명하게 표현해서 잘 전달할 수 있는 지식임에 반해서, 암묵지는 글로 표현하기도 어렵고 설령 그렇다고 해도 이를 통해 전수가 어려운 지식이다. 위의 구분에서 보면 know-what과 know-why는 형식지이고, know-how와 know-who는 암묵지의 성격이 강하다.

과학에서도 암묵지가 중요한 경우가 많다. 과학 연구에서는 실험을 잘 하는 것이 중요하지만 실험을 잘 하는 방법을 교육하기는 매우 어렵다. 교과서에 실험의 프로토콜에 대해서 이런저런 얘기들이 있고, 고등학교와 대학을 다닐 때 실험 실습을 한다. 그런데 이런 실험들은 대개 정답이 있는 실험이다. 반대로 연구자가 되어 수행하는 실험은 정답이 있는 실험이 아니다. 연구자들은 선임 연구자나 교수가 실험을 디자인하고 수행하는 것을 보면서 실험의 노하우를 배우는데, 이는 예전에 장인들을 훈련시켰던 도제(apprenticeship) 과정과 흡사한 과정이다. 실험을 위해서는 각각의 기기에 최적화된 조건들을 잘 알아야 하

표1 | **지식의 종류와 그 특성들**

지식의 종류	특성
Know-what	서울 인구는 얼마인가처럼 '사실(facts)'에 대한 지식, 우리가 정보라고 부르는 것.
Know-why	현상의 원인에 대한 지식. 주로 자연과학 지식이 이에 해당하며, 이러한 지식은 19세기 후반부터 산업에 응용됨.
Know-how	우리가 '노하우', '숙련'이라고 부르는 지식. 육체노동뿐 아니라 과학자와 같은 고급 정신노동자, 관리자들에게도 숙련 지식이 있음. 회사의 혁신을 위해서는 종업원들의 '노하우'를 잘 운용해서 공유하게 하는 것이 중요함.
Know-who	누가 무엇을 알고, 누가 무엇을 할 수 있는가에 대한 지식. 이 지식은 사람들이 얼마나 협동하고 소통할 수 있는가에 대한 지식을 포함하며, 최근 점점 더 중요해지고 있음.

고, 기기를 변형시킬 줄도 알아야 하며, 측정의 노하우도 중요하고, 미세한 변화에 따라서 결과가 달라지는 것에 주목을 해야 한다. 실험을 잘 하는 요령을 체득하는 것은 숙련된 요리사가 되는 과정과 흡사한다. 실험에 필요한 암묵지는 이렇게 오랜 훈련과 시행착오를 겪으며 습득되며, "접촉"을 통해서 스승으로부터 제자에게 전해지는 경우가 많다.

실험에 암묵지가 개입하기 때문에 실험이 재연되는 데 어려움이 있다. 몇 가지 사례를 들어보자. 19세기 영국 엔지니어 헨리 베세머는 강철을 만드는 새로운 방법을 발견한 뒤에 이 특허를 다른 사람에게 팔았다. 베세머 법의 핵심은 회전이 가능한 항아리 모양의 전로를 사용하는데, 원료의 인의 함량에 따라서 모양이 다른 전로를 사용해서 불순물을 산화시킨다. 그리고 이 산화과정에서 생성된 열을 가지고 선철에 공기를 불어 넣음으로써 탄소를 제거한다. 그런데 그의 특허를 산 사람들이 특허에 나와 있는 방법을 밟아서는 강철을 만들 수 없다고 베세머를 고소했다. 베세머는 이런 논란 끝에 결국 자기가 회사를 차린다. 베세머는 자신의 방법을 다른 사람에게 충분히 설명할 수는 없었지만, 스스로 강철을 만들 수 있었기 때문이다. 이렇게 만들어진 베세머 회사는 세계 최대의 강철 생산회사가 됐다.

과학과 기술에 이런 특성이 있다면, 논문을 읽고 과학 지식을 습득하는 데에 한계가 있어야 한다. 보통 과학은 합리적이고 객관적이기 때문에, 논문이나 책을 통해서 온전한 지식의 전수나 학습이 가능하다고 믿어진다. 그렇지만 실제 과학 지식이 전파되는 과정을 보면 이와는 거리가 있다. 너무나 분명해서 암묵지가 개입할 여지가 전혀 없어 보이는 경우에도 "접촉"을 통한 암묵지의 전수가 중요한 역할을 한다. 과학에서 암묵지가 개입한 세 가지 사례를 살펴보자.

간섭계는 한 줄기 빛을 두 줄기로 분산시켜서 반사시킨 뒤에 이를 다시 모아서 두 줄기 빛 사이의 간섭현상을 측정하는 기구이다. 이 기구는 19세기 말과 20세기 초에 미국의 물리학자 마이켈슨(Albert Michelson)이 에테르의 효과를 측정하기 위해서 처음 만들고 개량했는데, 1980년대 이후에는 중력파를 측정하기 위한 기구로 탈바꿈했다. 중력파 같은 아주 미세한 진동을 감지하기 위해서는 반사 거울에 의한 빛의 산란을 최소화하는 것이 중요한다. 이런 특성을 알 수 있는 것이 물질의 Q 값(공명 감쇄율)인데, 블라디미르 브래진스키(Vladimir Braginsky)가 이끄는 모스코바 주립대학교의 연구 팀은 사파이어의 Q 값이 매우 높고, 따라서 간섭계의 거울로 가장 적합한 물질이라는 결과를 발표했다. 그런데 이 실험을 재연해보려 했던 유럽의 연구자들은 사파이어의 Q 값이 러시아처럼 높게 나오지 않는 것을 발견했다. 당시 유럽과 러시아 사이에는 냉전의 여파가 남아 있었고, 유럽의 물리학자들은 러시아 과학자의 실험 결과를 신뢰하지 않았다. 결국 오랜 시간 뒤에 유럽의 물리학자들은 모스코바 주립대학교를 직접 방문해서 이들의 실험을 보고 배운 뒤에야 러시아에서 얻은 Q 값과 같은 값을 얻어낼 수 있었다. 이 실험을 위해서는 진공의 정도, 거울을 매단 서스펜션(suspension)의 길이, 서스펜션 파이버(fiber)의 재로, 클램프(clamp)의 미세한 조정, 비단 실에 그리스(grease)를 묻히는 방법 등을 적절하게 맞춰야 하는데, 이런 조건들을 출판된 논문만을 보고 모두 정확하게 재연할 수가 없었던 것이다.

실험만이 아니라 이론에도 암묵지가 중요한 역할을 한다. 1950년대에 미국의 물리학자 리처드 파인만(Richard Feynman)은 양자전기동역학적인 틀에서 입자들의 궤적과 상호작용을 쉽게 기술할 수 있는 파인만 도형을 만들었다. "파인만 다이어그램"이라 불리는 이 도형은 지금 입자물리학자들에게 없어서는 안 되는 도구가 되었지만, 초기에는 이를 전파하는 데 상당한 어려움을 겪었다. 파인만의 친구인 프리만 다이슨은 파인만과의 잦은 접촉을 통해 이 도형을 이용한 계산방식을 이해하고, 이에 대한 일련의 세미나를 프린스턴에서 개최했다. 다이슨의 세미나에서 직접 다이슨과 접촉했던 사람들은 파인만 도형을 이해하고 이를 미국 곳곳에 퍼트릴 수 있었다. 일본에서 비슷한 작업을 하던 도모나가의 그룹은 혼자 힘으로 파인만 도형을 충분히 이해하지 못하고, 결국 미국에서 온 물리학자들과 접촉하면서 이를 이해하게 됐다. 러시아 물리학자들은 파인만 도형을 잘 아는 미국 물리학자들을 접촉하는 데 실패했고, 그 결과 러시아에서는 이 파인만 도형의 방법이 오랫동안 사용되지 못하는 결과를 낳았다. 이 사례는 실험만이 아니라 이론적 작업을 이해하는 과정에서도 암묵지에 대한 습득이 중요한 역할을 한다는 것을 보여준다.

마지막으로 한국의 사례를 하나 들어보자. 곰팡이 독소를 연구하기 위해서 포자의 현미경 사진을 찍는 S대학교의 곰팡이독소학실험실은 뚜렷한 사진을 얻는 데 어려움을

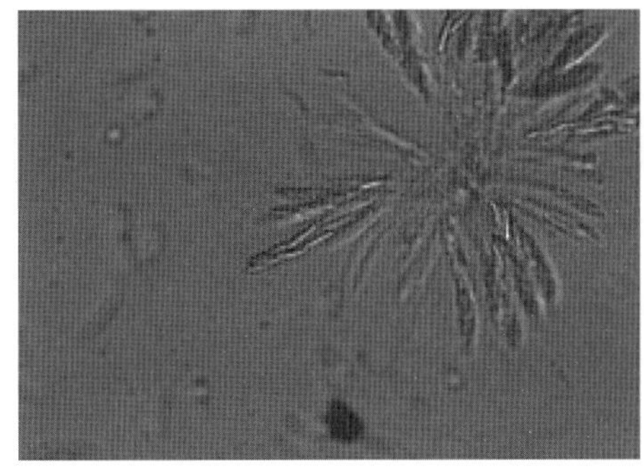
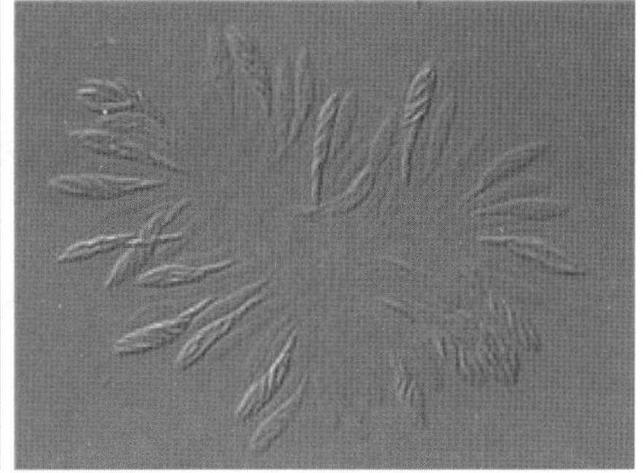

그림3 | **라주 박사에게 현미경 사진에 대한 노하우를 배우기 전(좌)과 배운 후(우)의 곰팡이 포자 사진**

겪었다. 그러다가 이 실험실은 2009년에 미국 스탠포드 대학교의 유전학 실험실에서 선명한 현미경 사진을 찍는 일을 담당한 남부리 라주(Namboori Raju) 박사를 초청해서 그로부터 현미경 사진 찍는 법을 배우게 됐다. 원래 곰팡이독소학실험실에서는 이쑤시개를 사용해서 물을 떨어뜨려 놓은 슬라이드 위에 채취한 자낭각을 올려놓고 다른 슬라이드를 위에 놓고 두드리면서 자낭각을 터트렸다. 이 과정은 2분 정도 걸렸는데, 자낭각을 터트리는 게 우연에 의존했고 사진을 찍을 때에는 현미경 심도처리가 잘 이루어지지 않아서 흐릿한 사진들이 나오곤 했다. 그렇지만 연구원들은 라주 박사로부터 광학 현미경을 사용해서 성숙한 자낭각을 선별하는 방법을 배우고, 뾰족한 해부 도구를 이용해서 자낭각을 해부해서 얇게 펴는 기술을 익혔다. 이 과정은 매우 정밀한 손놀림을 요하는 과정이고, 숙련을 필요로 한다. 그런데 이런 과정은 스탠포드 대학교에서 낸 논문에는 나와 있지 않은 내용들이었고, 라주 박사와의 "접촉"을 통해서만 배울 수 있었던 것이다. 이런 방법을 배운 뒤에 S대학교의 실험실은 이전보다 훨씬 더 선명한 사진들을 얻을 수 있었다. 비교적 간단해 보이는 현미경 사진을 얻어내는 과정에서도 암묵지는 중요한 역할을 수행했던 것이다.

2. 암묵지와 과학기술정책

과학이 암묵지에 의존하기 때문에 논문 등을 통한 지식의 전파가 한계를 가진다면, 이는 과학 지식의 확산과 억제에 중요한 함의를 가진다. 암묵지와 인공지능에 대한 논의를 하기 전에 과학의 암묵지가 과학 정책에 어떤 의미를 갖는가를 잠깐 생각해보자.

실험이나 상대적으로 간단한 기구의 제작에 암묵지가 필요하다면, 핵무기 같은 복잡한 기술의 설계와 제작에도 당연히 암묵지가 필요할 것이다. 1970~80년대에 미국에서 핵무기 설계에 종사했던 디자이너들이 50-80명 정도 있었다. 이들 대부분은 물리학 내에서 핵분열/핵융합 관련 전공을 한 뒤에 핵무기 설계 분야에 뛰어든 사람이었다. 그렇지만 이런 지식을 알고 있다고 바로 무기를 만들 수 있는 것은 아니었다. 선배 디자이너들이 신입 디자이너를 훈련시키는 데 5년 정도가 필요했고, 이런 훈련 과정 이후에도 이들이 실제로 무기를 디자인 할 능력을 갖추는 데 또 다시 5-10년 정도의 시간이 필요했다. 이 과정에서 선배들의 노하우가 후배들로 전해지는 것이었다.

이들 핵무기 디자이너들은 자신들의 디자인을 과학이 아니라 "예술" 혹은 "경험적 기술"이라고 부르길 좋아했는데, 그 이유는 이들이 하는 핵무기 설계의 95%정도는 컴퓨터를 이용해서 코딩할 수 있는 것이지만, 나머지 5%정도는 경험적인 숙련에 의존하는 것이기 때문이다. 심지어 어떤 이들은 코딩이 불가능한 부분이 5%가 아니라 50%에 달한다고 평가하기도 한다. 특히 핵무기의 위력을 높이기 위해서 필요한 '부스트'(boost, 핵융합 물질을 넣어서 핵분열을 유도하는 중성자의 수를 늘리는 것)와 관련해서는 마땅한 이론도 없고, 그렇다고 부스트만을 가지고 실험을 하는 것도 불가능하기 때문에 대부분 경험적 노하우에 의존할 수밖에 없다고 한다. 디자이너들의 암묵지는 컴퓨터로 코딩할 수 없는 부분들을 채워주고, 이런 암묵지의 타당성은 핵실험을 통해 얻어진 데이터를 사용해서 보충되는 것이다.

스파이 영화를 보면 유능한 스파이가 핵무기 설계도를 훔치는 장면이 자주 나온다. 부분적으로 이런 대중적인 영화 때문에, 우리는 핵무기가 몰래 훔친 설계도를 통해서 한 나라에서 다른 나라로 확산되었다고 생각한다. 그렇지만 핵무기가 암묵지에 많이 의존하기 때문에, 미국에서 처음 발명된 핵무기가 다른 나라로 확산되는 과정은 쉽지 않았다. 러시아(당시 소련)는 미국에 심었던 스파이를 통해서 미국 핵무기에 대한 많은 정보를 얻었지만, 이렇게 얻은 정보(즉 형식지)에 바탕해서 핵무기를 개발하는 것이 거의 불가능하다는 것을 발견했다. 러시아의 핵무기 개발은 미국으로부터의 정보에 근거한 것이었다기보다는 독자적인 재발명에 가까운 것이었다. 반면에 영국의 핵무기 개발은 미국 맨해튼 프로젝트에서 일했던 영국 과학자들이 나중에 영국으로 돌아와서 암묵지의 중요한 중개자의 역할을 함으로써 이루어졌다. 중국의 핵무기 개발은 러시아의 개발자들의 인적인 도움을 받았던 것이었다.

이렇게 핵무기 디자인이 암묵지에 의존하고 이런 암묵지가 숙련된 디자이너로부터 신임 디자이너로 전수되며, 컴퓨터 프로그램이 채워주지 못하는 변수들에 대한 추정이 핵실험을 통해 얻어낸다면, 핵실험이 금지되고 핵폭발에 대한 지식이 컴퓨터 시뮬레이션으로 대체된 지금에는 핵무기 디자이너들이 가졌던 암묵지가 더 이상 전수되지 못하고 사라질 가능성도 있다. 실제로 1990년대 미국에서는 1970-80년대의 전성기에 비해서 훨씬 더 적은 수의 핵무기 디자이너들이 활동하고 있고, 이 수가 점점 줄어들고 있다. 이런 과정이 2-3세대 지속된다면, 핵무기 디자인과 관련된 암묵지는 더 이상 전수되지 못하고, 지구상에는 제대로 작동하는 핵무기를 만들 수 있는 사람이 사라질 수도 있는 희망적인 전망을 생각해 볼 수도 있다.

암묵지에 대한 고려는 생물학 무기에 대해서도 다르게 생각할 수 있게 한다. 요즘은 DNA 재조합 같은 실험은 대학생들도 쉽게 할 수 있는 실험이 되었고, 미국에서는 바이오해커(bio-hacker)들이 차고에 실험실을 차려 놓고 인공생명체를 만드는 합성생물학 실험을 할 정도가 되었다. 동시에 이런 바이오해커들이 대량 살상용 독성 생명체를 만들 가능성에 대한 우려도 커지고 있다. 그런데 이런 생물 무기들이 매뉴얼만 보고 만들 수 있는 것일까? 실제 생물학적 무기를 만들었던 구소련의 스테프노고르스크 과학실험생산기지(SNOPB)에 대한 기록을 보면 문제가 이보다 복잡하다는 것을 알 수 있다. 이 기지의 연구자들은 이전에 탄저병균을 만들었던 실험실의 보고서만을 보고 이를 만들어내는 데 성공하지 못했기 때문이다. 결국 이전에 탄저병균을 만들었던 다른 실험실의 인력 65명이 스테프노고르스크 기지로 와서 자신들이 탄저병균을 만들었을 때 사용했던 여러 노하우를 전수한 뒤에야 실험이 성공했다.

이러한 분석은 생물무기 확산을 억제하는 데 함의를 지닐 수 있다. 1990년대 이후에 구소련이 여러 나라들로 쪼개지면서, 소련의 이런 설비들이 테러리스트에 유출될 위험이 커지고 있다. 그런데 논문을 통한 지식의 확산을 막기는 힘들지만, 암묵지를 지닌 사람의 이동을 막을 수는 있다. 따라서 생물무기 확산을 대비하는 한 가지 방법은 미국과 같은 나라가 이런 생화학무기 실험실에서 일했던 과학자들을 흡수하는 것이다(미국이 이들을 데리고 생화학무기를 만들지 않는다는 가정하에서). 생화학무기의 제조에 암묵지가 필요하기 때문에, 이런 암묵지를 소유한 사람들이 없는 상태에서 매뉴얼만 가지고 무기를 만드는 것이 매우 어려운 일이 되기 때문이다.

3. 암묵지의 분류와 기계에서 구현 불가능한 암묵지

이번 장의 출발점은 인간과 기계의 차이였다. 아마 이 글을 읽는 여러분들은 지금쯤이면 '형식지는 기계로 구현이 되지만 암묵지는 기계로 구현되지 않을 것이다'는 생각을 할지 모른다. 그렇지만 한 가지 분명히 해야 할 사안은 어떤 암묵지는 기계로 구현이 되며, 따라서 암묵지가 인간만의 고유한 지식은 아니라는 사실이다. 폴라니는 자전거 타는 노하우를 정보화할 수 없다고 했지만, 일본의 엔지니어들은 자전거를 타는 로봇을 이미 오래전에 만들었다. 장인들이 가진 지식은 보통 암묵지로 분류되지만, 일본 가전 회사 마츠시타는 빵을 맛있게 만드는 유명한 제빵 장인의 노하우를 오랫동안 연구해서 결국 이를 알아내는 데 성공했다. 반죽을 늘일 때 이를 비틀면서 늘이는 것이 장인의 맛의 비밀이었던 것이다. 이들은 이런 기술을 체화한 제빵 기계를 만들어서 장인이 만든 빵과 똑같은 맛을 내는 제빵 기계를 생산했고, 이 과정에서 그 전까지는 제빵 장인조차 몰랐던 새로운 제빵 노하우를 발견해서 특허를 내기도 했다. 이렇게 많은 암묵지들은 형식지, 혹은 정보로 전환 가능하다. 요즘 기업들은 이렇게 오랜 경험을 통해 체득한 암묵지를 형식지로 변환시켜서 공유하는 과정을 무척 중요하게 생각한다. 기업은 이것이 지식경영(Knowledge Management)의 요체라고 생각한다.

어떤 암묵지가 형식지로 전환 가능하고, 또 어떤 암묵지는 이런 전환이 불가능할 정도로 어려울까? 이 문제를 생각하기 위해서는 암묵지를 구분해 볼 필요가 있다. 사실 암묵지를 처음 제창한 폴라니는 암묵지를 "세계관, 신념, 개인적인 관점 등 언어, 문장으로 표현하기 어려운 주관적이고 개인적인 지식"이라고 너무 광범위하게 정의했다. 폴라니가 제안한 암묵지의 정의가 분명하지 못하다고 생각한 과학기술학자 해리 콜린스(Harry Collins)는 암묵지를 세 가지로 구분했다. 첫 번째는, 충분히 주의를 기울였으면 알 수 있었는데 그러지 못했기 때문에 명시적 지식이 되지 못한 "관계적 암묵지"이다. 충분히 면밀하게 관찰했으면 알 수 있었던 제빵 장인의 반죽 만드는 법이 이런 사례이다. 두 번째는 "신체적 암묵지"로, 이는 연습을 통해 몸으로 익힌 지식을 말한다. 자전거 위에서 균형을 잡는 것이 이런 대표적인 사례이다. 마지막 세 번째 암묵지는 우리 사회가 공유한 재원에서 끌어내지는 "집합적 암묵지"이다. 앞에서 얘기했듯이, 우리 사회가 백조와 오리를 구별하는 방식을 공유하고 있는데, 어린 아이가 이것이 백조인가, 저것은 오리인가를 물어보면서 사회의 구분을 체화하는 것이 이런 사례이다. 모국어의 문법을 익히는 과정도 이와 같은 과정이다. 자전거 위에서 균형을 잡는 것은 신체적 암묵지이지만, 복잡한 도로에서 여러 표지판을 읽으며 위험 상황을 피해가면서 자전거를 타는 기술은 사회에서 동의하고 공유한 규약을 익혀야 하기 때문에 마지막 암묵지인 집합적 암묵지를 포함한다.

이렇게 암묵지를 세 가지로 구분하면 인공지능과 같은 기계로 구현할 수 있는 암묵지와 기계로 구현하기 힘든 암묵지를 어렵지 않게 판별할 수 있다. 예를 들어 환자의 증상을 듣거나 보고 병명을 알아내는 의사의 암묵지는 인공지능에서 구현할 수 있다. 오히려 이 문제와 관련해서 인공지능은, 많은 환자들 때문에 바쁘고 정신이 없어서 증상의 일부를 부주의하게 놓치는 의사에 비해서 잇점을 가질 수도 있다. 또 아무도 없는 강당에서 혼자서 뱅글뱅글 자전거를 타는 로봇을 만드는 것도 가능하며, 이미 이런 로봇은 여럿 나와 있다. 이는 신체적 암묵지도 어느 정도는 기계로 구현할 수 있다는 사실을 보여준다. 그렇지만 복잡한 도로에서 자동차와 행인 사이를 질주하면서 자전거를 모는 로봇을 만드는 것은 거의 불가능하다. 복잡한 거리에서 자전거를 탄다는 것은 시간의 흐름에 따라서 그때그때 달라지는 여러 가지 요소들과 상호작용을 하는 것을 필요로 하기 때문이다. 이런 암묵지는 사회적인 성격의 암묵지, 즉 집합적 암묵지이다. 이런 암묵지는 인간이 수많은 다른 인간-기계와의 상호작용을 통해 습득하고, 사회의 규약을 체화하면서 배우고 발현시

그림4 | **기계가 모방하기 힘든 암묵지의 사례, 도시에서 자전거 타기**

키는 암묵지이다. 이는 기계가 모방하기 정말 어려운, 아니 거의 불가능한 암묵지이다.

이러한 논의는 최근 자동 기계에 대한 담론과는 조금 다르다. 구글 자동차에서 알파고까지, 우리 주변에는 인간 없이 작동하는 기계들이 넘쳐나는 것 같기 때문이다. 구글은 "다른 회사들은 운전자에게 더 좋은 차를 만들려고 했지만, 우리는 운전자보다 더 좋은 차를 만들려고 한다"고 자신들의 무인 자동차를 광고한다. 구글은 네바다의 한적한 도로에서 성공적인 운전을 마쳤고, 이를 대대적으로 홍보했다. 그렇지만 아직도 구글의 무인 자동차가 복잡한 도시에서 운전이 가능한지는 미지수이다. 무인 자동차에 대한 비판자들은 도시에는 공사현장, 도로를 마음대로 건너는 무단 횡단자, 과속하는 자전거 운전자, 비나 폭풍처럼 시야를 가리는 악천후 환경, 눈이 쌓인 뒤에 완전히 변하는 거리의 풍경, 교통 체증을 뚫고 차선을 몇 개를 바꿔야 하는 상황 등이 존재한다고 주장한다. 실제 도시의 상황은 한적한 도로보다 10~100배 복잡하다고 평가되는데, 무인 자동차에 대해서 회의적인 사람들은 이런 상황이 그때그때 이루어졌다가 없어지는 사람들 사이의 규약에 의존하기 때문에 어떤 알고리듬으로도 구현하기 불가능하다고 주장한다.

이와 관련된 무인 자동차의 가장 큰 잠재적 문제는 자동-수동의 변환이다. 컴퓨터로 작동되는 모든 기계가 그렇듯이 무인 자동차도 자동으로 움직이다가 알고리듬으로 다룰 수 없는 상황이 발생하면 수동으로 전환하는 방식을 써야 한다. 그런데 이런 위기 상황에 익숙하지 않은 운전자들이 갑작스러운 환경에서 새로운 사고를 낼 수가 있다. 2009년 6월 1일, 자동으로 운항하던 에어프랑스 447기가 나빠진 기상 때문에 운항방식을 갑자기 자동에서 수동으로 바꿨는데, 그동안 자동항법에 과도하게 의존하면서 이런 상황을 처음 겪게 된 기장들이 상황을 수습하지 못해 비행기를 바다에 추락시키고 200명이 넘는 승객들이 몰살당한 사고가 생겼다. 무인 자동차가 도로를 질주할 때도 이와 비슷한 작은 사고들이 끊임없이 일어날 수 있다. 사람 없이 혼자서 움직이는 무인 자동차는 실제 복잡한 도로에서의 실전 테스트를 아직 겪지 못한, 엔지니어들의 이상적인 도로에만 존재하는 것이라고도 할 수 있다. 인간은 자동인형(automata)을 만들기 시작했을 때부터 오랫동안 사람 없이 혼자서 잘 작동하는 기계를 꿈꿔왔지만, 지금도 그렇고 미래에도(적어도 한참 동안은) 기계는 인간-기계의 복합체로서 존재할 때에만 제대로 된 역할과 기능을 한다고 볼 수 있다.

4. 컴퓨터와 인간: 과학과 예술의 사례

창의적이고 중요한 과학 연구의 대부분은 주어진 문제에 대한 답을 내는 것이 아니라, 새로운 문제를 찾고 이에 대한 답을 만드는 과정이다. 과학자들과 과학철학자들은 이 과정에서 암묵지가 중요한 역할을 한다고 생각한다. 그런데 창의적인 결과물이라고 무(無)에서 만들어진 것은 아니다. 새로운 지식 대부분이 기존에 존재하는 지식을 조합한 것이다. 그렇다면 대체 창의적인 사람들은 어떻게 사고하고, 어떤 방식으로 기존의 지식을 이용하기에 새로운 이론을 만들어 내는 것일까?

지금 기계 중에는 체스 프로그램, 무인자동차만 있는 것이 아니라 인간이 하는 창의적인 일을 한다고 평가되는 기계들도 있다. 웬만한 사람보다 그림을 잘 그리는 기계도 있고, 작곡을 잘 하는 기계도 있으며, 혼자서 과학 연구를 해서 논문을 쓰는 기계도 나왔다. 일부 전문가들은 지금부터 20년 내에 인간의 직업 중 40%가 소멸될 것이라고 하면서, 미래 사회에 대한 낙관론과 비관론을 얘기한다. 낙관주의자들은 인간 일의 대부분을 컴퓨터가 할 것이기 때문에 인간은 일을 하지 않으면서 삶을 즐기는 세상이 될 것이라고 하며,

그림5 | **인공지능 화가 아론과 그의 작품(위). 이-다비드의 그림(아래).**

비관론자들은 기계 때문에 실업이 심화되고 지금의 불평등이 훨씬 더 강화될 것이라고 우려한다.

기계가 무슨 일을 할 수 있는지를 알기 위해서는 소위 인간의 창의성을 모방한 기계들에 대해서 조금 더 자세히 살펴볼 필요가 있다. 1990년대에 영국의 화가 해롤드 코언(Harold Cohen)은 인공지능 연구자들을 만나서 인공지능에 대해서 알게 된 뒤에 컴퓨터 프로그램을 배워서 아론(Aaron)이라는 컴퓨터 화가를 만들었다. 아론은 추상화, 구상화, 채색화 등을 그렸고, 아론이 그린 그림들은 독특한 화풍을 가지고 있다고 평가되기도 한다. 최근에는 유명한 화가들의 화풍을 분석한 프로그램을 장착해서 마치 재주가 뛰어난 화가처럼 붓과 연필을 사용해서 그림을 그리는 인공지능 로봇인 이-다비드(e-David)가 만들어졌다. 이-다비드의 그림 역시 기계가 그렸다고 생각하기에는 놀라울 정도의 예술성을 보여준다. 2016년 4월에는 또 다른 인공지능 프로그램이 그린 그림이 외국의 경매에서 900만 원에 팔려서 놀라움을 자아내기도 했다.

그런데 이런 인공지능 화가들이 창의성을 가졌는가? 우리가 아론의 작품에 눈길이 간다면 그것은 프로그램을 만든 화가 코언이 유명한 영국의 화가였고, 그가 프로그램을 만들면서 자신의 그림을 비롯해서 기존의 그림들을 분석해서 어떤 요소들이 예술적으로 가치가 있는 그림에 공통적으로 존재하는가에 대한 이해를 프로그램에 담았기 때문이다. 아론이 잘 하는 것은 여기까지이며, 스스로 자신의 화풍을 뛰어 넘어서 새로운 화풍을 만들어 낸다던가 하는 일은 하지 못한다. 이-다비드도 마찬가지이다. 이-다비드는 기존에 유명한 화가들의 화풍을 모방해서 그것을 하나로 결합시킴으로써 자신만의 독특한 화풍을 만들었고, 그렇기 때문에 사람들은 이 기계가 그린 그림에서 약간의 예술성을 발견한다. 그렇지만 이-다비드가 그리는 그림은 기존 화가들의 화풍을 조합한 것이다. 이-다비드 역시 이런 화풍을 뛰어 넘어서 자신만의 새로운 화풍을 만들어내지 못한다는 것이다. 이들의 그림은 감상하기에는 좋지만 위대한 화가가 보여주는 독창성과 창의성을 갖고 있지는 못하다.

영국 맨체스터 대학교에서 컴퓨터 과학을 전공하는 로스 킹(Ross King) 교수는 2008년 이후에 영국 정부의 지속적인 지원을 받아서 "로봇 과학자" 아담과 이브를 만들었다. 킹은 아담과 이브가 "사람 과학자"가 하지 못하는 발견을 해 낼 수 있다고 장담했지만, 의미 있는 결과가 나왔다는 보고는 아직 없다. 앞으로도 로봇 과학자가 중요한 발견을 할 것 같지도 않다. 그런데 이는 현대 과학에서 컴퓨터와 같은 기술이 널리 사용되는 것을 보면 좀 의아하기도 한다. 컴퓨터는 계산을 간단하게 하고, 데이터베이스를 만들어서 복잡한 자료를 정리하는 데에도 사용할 수 있고, 사람이 할 수 없는 시뮬레이션을 한다. 복잡한 단백질 구조나 중력파 연구처럼 컴퓨터를 통한 시뮬레이션 없이는 연구 자체가 아예 불가능한 것들이 많다. 그렇지만 컴퓨터의 이런 용도는 창의적인 과학자들의 손에서만 그 중요성을 발

그림6 | **피카소 〈아비뇽의 여인들〉**

할 수 있다. 최근에 블랙홀 두 개의 충돌을 시뮬레이션한 컴퓨터 작업은 블랙홀의 물리적 특성을 추정할 수 있었던 창의적인 과학자들에 의해서 가능했던 작업이며, 이 결과는 다시 2015년 가을에 관측된 중력파가 두 개의 블랙홀의 충돌에 의한 것이라는 해석을 낳고 중력파의 존재를 수용하게 하는 데 결정적인 역할을 했다. 컴퓨터의 이런 놀라운 작업은 창의적은 과학자와의 연계(네트워크) 속에서 가능하지, 컴퓨터 혼자서 독자적으로 진행하는 것이 아니다.

창의적인 예술가는 어떻게 예술 작업을 하는가를 좀 자세히 살펴보자. 큐비즘이라는 20세기의 새로운 예술 사조를 열었던 피카소의 〈아비뇽의 여인들〉(1907)이란 작품은 어떻게 만들어졌는가. 피카소는 청색 시대와 장미빛 시대를 통해 이미 꽤 명성을 얻기 시작한 젊은 화가였다. 그렇지만 그는 오랫동안 기존의 회화를 지배하던 근본 가정을 의심스럽게 생각하고, 이를 극복해보려 했다. 그 가정은 "화가는 눈에 보이는 3차원의 세계를 2차원의 캔버스에 정확하게 재현해야한다"는 것이다. 그는 동료들과 이 문제를 함께 고민했고, 1907년 봄부터 새로운 양식을 구현한 그림 〈아비뇽의 여인들〉을 그리기 시작했다.

그는 이 과정에서 친구를 통해서 알게된 엘 그레코(El Greco)라는 화가의 작품에서 영감을 얻었고, 생빅투아르 산을 그리면서 산이라는 구체적인 사물을 점차 추상화시켰던 세잔(Paul Cézanne)에게서도 큰 영향을 받았다. 또 고갱(Paul Gauguin)의 작품을 통해서 원시주의에 접했고, 고갱의 작품과 당시 파리에서 열린 전시회를 통해서 이베리아 조상(彫像)과 아프리카 마스크의 영향을 받았다. 그는 친구들과 수학자 푸앙카레(Jules-Henri Poincaré)의 4차원 공간을 공부했고, 이를 통해 3차원의 시각적 재현에서 벗어나려고 했다. 이 복잡한 과정을 거치면서 완성된 걸작이 〈아비뇽의 여인들〉이다. 이 작품은 피카소가 엘 그레코, 세잔, 고갱 같은 인간들, 이베리아 조상과 아프리카 마스크, 4차원 공간 같은 비인간들과 사회적 관계를 맺으고 상호작용하면서, 이런 다양한 요소들을 유기적으로 연결시켜서 하나의 화폭 속에 구현한 것이다. 구글링(Googling)에만 의존하는 인공지능은 이런 사회적 성격의 관계 맺기를 하지 못한다.

이번에는 과학의 사례 하나를 생각해 보자. 1953년에 DNA의 구조가 밝혀지고, 여기에 아데닌, 구아닌, 시토신, 티민 등 4개의 염기가 서열을 이루고 있다는 것이 알려진다. 이후 작업을 통해서 DNA가 아닌 RNA가 단백질의 원료인 20가지의 아미노산을 만드는 역할을 한다는 것도 알려진다. RNA의 핵염기에는 아데닌(A), 구아닌(G), 시토신(C), 우라실(U) 등의 역시 4종류가 있었는데, 이것들이 일렬로 배열되어 20가지의 종류의 아미노산을 만드는 것이었다. 따라서 "유전 암호"의 해독은 RNA의 4개의 핵염기(아데닌, 구아닌, 시토신, 우라실)가 어떻게 20개의 아미노산을 만들 수 있는가라는 문제로 환원됐다. 염기 몇 개가 일렬로 쌍을 이뤄서 아미노산을 만들어야 하는데, 염기 2개로는 너무 적은 조합만 나오고, 4개로는 조합이 너무 많아진다. 따라서 분자생물학자들은 3개의 염기 서열이 하나

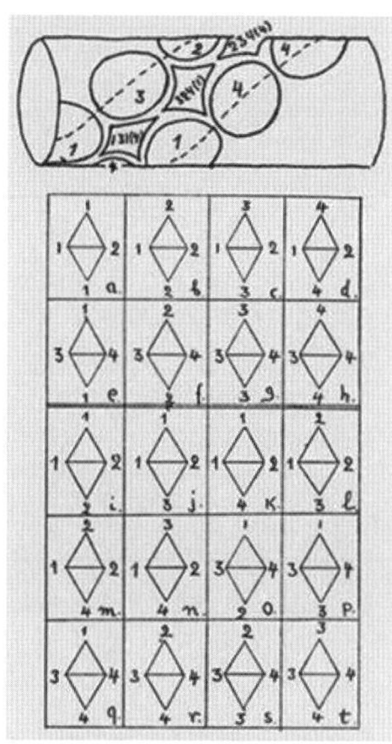

그림7 | **유전암호에 대한 물리학자 조지 가모브의 해답. 1~4까지 4개의 염기를 다이아몬드형으로 배열해서 20개의 서로 다른 아미노산을 얻어내는 "다이아몬드 모델"이다.**

의 아미노산을 만든다고 추측했다. 그런데 4개의 다른 염기 중 3개가 모여서 만드는 가능한 조합은 64개가 있을 수 있기 때문에(4×4×4=64), 20개의 아미노산을 만들려면 64개의 조합 중에 많은 조합이 같은 결과를 내야 한다. 여기까지는 실험 없이 논리적으로 알 수 있는 것이었다.

이런 상황에서 처음 이 문제에 도전했던 사람들은 생물학에 관심을 가진 물리학자, 수학자였다. 이들은 이 문제를 64개의 염기서열을 가지고 20개의 아미노산을 간단한 수학적 연산의 문제, 혹은 암호 해독의 문제라고 생각했다. 이들은 수학적 모델을 만들고 컴퓨터를 돌려서 가능한 조합을 계산했다. 조지 가모브(George Gamov)는 3차원 원통에 그려진 2차원의 다이아몬드형 도형을 가지고 64개의 조합이 20개의 아미노산을 낳는 경우의 수를 만들어냈다. 그는 자신의 모델이 실재와 딱 맞아 떨어진다고 환호했지만, 그의 시도를 포함해서 당시 이루어진 여러 수학적인 시도들은 하나도 성공하지 못했다. 당시 가장 빠르다는 수퍼컴퓨터도 무용지물이었다.

유전암호에 대한 답은 RNA를 가지고 생화학적인 실험을 수행한 마샬 니렌버그(Marshall Nierenberg)와 그의 포스트닥 연구원이었던 하인리히 마태이(Heinrich Matthaei)에 의해서 얻어졌다. 이들은 1961년 5월에 합성 RNA를 가지고 실험을 하다가, 연속적인 우라실 염기 조각을 넣은 시험관에 페닐알라닌이라는 아미노산이 존재하는 것을 발견하고, UUU의 조합이 페닐알라닌을 합성하는 역할을 한다고 결론을 내린 것이다. 사실 이들은 유전암호에 관심이 있었던 것도 아니고 오히려 합성 RNA인 UUU가 아무런 역할을 하지 않을 것이라고 이를 집어 넣었는데 UUU가 아미노산 페닐알라닌을 합성하는 것을 발견했던 것이다. 이들은 이어서 비슷한 방법을 사용해서 다른 유전 암호들을 해독하고, 이 업적을 높게 인정받아서 1968년에 노벨상을 수상하게 된다.

니렌버그의 발견에는 흥미로운 점이 있다. 그는 이 발견을 알리기 위해 1961년 여름에 모스코바에서 열린 학회에 참석해서 논문을 발표했다. 당시 이 유전암호의 해독은 분자생물학자들에게 가장 중요한 문제였기 때문에 니렌버그의 발표에는 많은 사람들이 몰렸을 것이라고 추측할 수 있다. 그렇지만 니렌버그는 생화학자였지 분자생물학자가 아니었고, 당시 지배적인 분자생물학의 패러다임으로부터 멀리 떨어져 있던 사람이었다. 그의 발표장은 썰렁했고, 참석한 소수의 사람들은 아무런 질문도 하지 않았다. 그런데 발표 전날 니

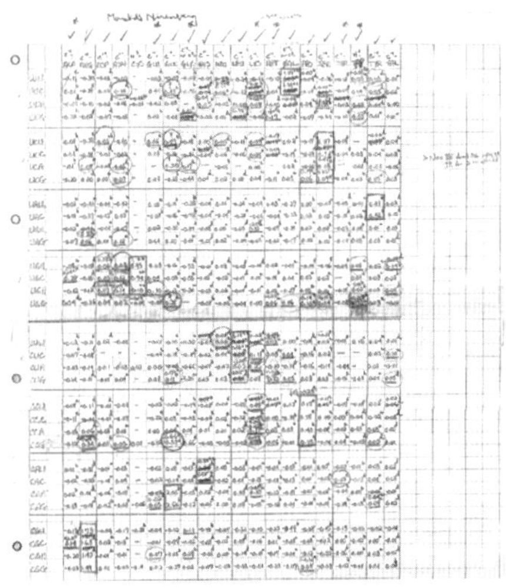

그림8 | **니렌버그의 1961년 실험 노트의 일부**

렌버그는 DNA 구조를 발견해서 세계적으로 유명해진 제임스 왓슨(James Watson)을 학회장에서 만나서 자신의 발견에 대해 잠깐 얘기를 했다. 왓슨은 니렌버그의 발견이 진실이 아닐 것이라고 생각했지만, 같이 참석한 동료에게 자기 대신에 니렌버그의 발표를 들어보라고 했다. 왓슨의 부탁을 승낙했던 동료는 니렌버그의 발표를 듣고 곧바로 이 발견의 중요성을 간파할 수 있었다. 그는 흥분해서 왓슨에게 이 얘기를 하고, 왓슨은 니렌버그를 DNA에 대한 중요한 심포지움에 초청했던 것이다. 이 심포지움을 계기로 그의 발견은 전 세계에 알려지게 됐다. 이런 우연한 접촉이 없었다면 니렌버그의 발견은 오랫동안 주목을 받지 못했을 수도 있고, 심지어 그냥 묻혀버렸을 수도 있었다.

5. 창의성의 핵심은 사회적 성격의 상호작용이다

이런 사례에서 보듯이 예술가와 과학자의 창의성에는 "상호작용"이 필수적이다. 과학과 예술의 상호작용은 사람들과의 상호작용만이 아니라 비인간들과의 상호작용을 포함한다. 그리고 이런 상호작용은 의도적인 탐색의 결과이기도하지만, 많은 경우에 우연적인 사건이 계기가 되어 일어난다. 이는 지난 천년 동안 가장 위대했다고 평가되는 뉴턴과 아인슈타인의 경우도 마찬가지다.

뉴턴은 1665년 이후 오랫동안 행성의 운동에 대해서 고민했지만, 1679년에 이루어진 로버트 후크(Robert Hooke)와의 서신 교환을 보면 그가 아직도 행성의 운동을 구심력이 아닌 원심력으로 이해하고 있었음을 알 수 있다. 둘의 서신을 보면 곡선운동을 접선 방향의 운동과 구심력의 합으로 이해할 수 있다는 아이디어를 제시했던 것은 뉴턴이 아니라 후크였고, 뉴턴은 후크에게서 얻은 이 결정적으로 중요한 아이디어를 자신의 만유인력 개념을 형성하는 과정에서 사용했던 것으로 보이다. 뉴턴의 『프린키피아』에서 가장 중요하고 또 독창적인 증명은 거리의 제곱에 반비례하는 힘을 받을 때 물체가 타원운동을 한다는 정리 11번인데, 사실 훨씬 더 중요한 기여는 이를 위해서 "힘"을 전제한 것이었다. 이 중요한 아이디어를 만드는 데 후크와의 서신 교환이 큰 영향을 주었다. 뉴턴은 "거인의 어깨 위에 선 난장이"라는 표현을 썼는데, 이렇게 뉴턴 자신의 업적은 다른 사람들의 연구와 통찰력에 크게 기대고 있었다.

1905년에 특수상대성이론을 내놓았던 아인슈타인은 자신의 이론이 등속운동의 경우에만 해당된다는 한계를 극복할 생각을 하기 시작했다. 사실 우리 주변의 대부분의 운동은 등속운동이 아니라 가속운동이기 때문이다. 그런데 등속운동의 경우에 만족하는 상대성원리를 가속운동으로 확장할 방법이 마땅치 않았다. 그러다 그는 1907년에 자신의 생애에서 "가장 행복한 생각"을 하게 됐다. 줄이 끊어진 엘리베이터 속에서 무중력 상태를 맛보는 것처럼 자유낙하를 할 때 중력의 힘을 느낄 수 없다는 것이었다. 지금의 용어로는 중력질량과 가속질량의 등가성을 확립한 생각이었다. 이후 아인슈타인은 회전하는 원판의 문제(빨리 회전하는 원판에서 원주율 파이의 값이 3.14……보다 적어진다는 현상을 비유클리드 기하학과 연결시킨 것), 친구 마르셀 그로스만과의 협업(비유클리드 기하학을 다루는 텐서[tensor]에 대한 공동연구), 잘못된 일반상대성이론의 제창과 수정 작업, 미셸 베소(Michel Besso)와 수성의 근일점에 대한 공동 작업, 수학자 힐버트(David Hilbert)와의 경쟁 등을 통해서 1915년 11월에 올바른 형태의 일반상대론 장방정식을 발표하게 된다. 이런 유명한 과학자들 외에도 아인슈타인은 이 몇 년에 걸친 과정에서 에르빈 프로인트리히, 아드리안 포커, 막스 아브라함, 군

그림9 | **일반상대성이론의 발견에 대한 로랑 토댕의 그림. 아인슈타인은 거인들(뉴턴, 맥스웰, 가우스, 리만)만이 아니라 덜 알려진 과학자들(그로스만, 노르트스트룀, 프로인트리히, 베소)이 받쳐주는 곡면의 매트 위에서 일반상대성이론을 만들고 있다. 베를린의 엘리트 과학자들과 아인슈타인의 가족들은 그가 일반상대성이론을 만드는 과정을 예의주시하고 있다(그림 왼편).**

나르 노르트스트룀으로부터 영향을 받았다. 이들은 20세기 물리학사를 전공하는 사람이 아니고는 일반인들에게는 거의 알려지지 않은 과학자들이다. 흔히 아인슈타인은 혼자서 외롭게 작업을 해서 일반상대성이론을 완성한 과학자라고 알려져 있지만, 사실은 많은 상호작용을 통해서 자신의 혁신적인 이론을 하나하나 만들어 냈던 것이다.

실험실의 협동 연구도 비슷하다. 실험 과학자는 대략 가설을 가지고 실험을 하는데 대부분의 실험 결과는 생각처럼 나오지 않는다. 문제는 이럴 경우에 실험이 잘못 디자인된 것인지, 가설이 틀렸는지를 잘 모른다는 데에 있다. 실험을 반복해 보고, 조건을 바꿔 보고, 논문들을 읽어보고, 실험실 멤버나 지도교수와 토론을 하고 하는 과정을 지루하리만큼 반복한다. 따라서 어떤 아이디어를 가지고 실험을 시작해서 논문 초고를 쓸 때까지 1년-2년의 시간이 걸리기도 한다. 초고가 나와도 이를 가지고 과학자 공동체를 어떻게 가장 효과적으로 설득할 것인가의 전략을 세워야 하는데, 이 과정도 쉽지 않은 과정이다. 논문 발표장에 그 분야에서 유력한 학회지 편집인을 불러 오고, 전화통화를 미리 해서 자신의 연구를 얘기하는 일은 이런 전략의 일환인 것이다. 이런 일을 모두 사회적 성격의 상호작용이 필요한 일이기 때문에 인공지능 컴퓨터가 대신 할 수 없다. 논리가 과학의 전부라면, 컴퓨터가 과학 논문을 쓰고 있어야 할 것이다. 그렇지만 이런 일은 지금도 일어나지 않고, 앞으로도 가능하지 않을 것이다.

인공지능이 금융전문가들의 투자 상담 같은 것을 대체할 수 있다는 예측도 있다. 아마 가까운 미래에 우리들은 은행 창구에서 직원에게 상담을 받는 것보다 더 괜찮은 상담을 해주는 인공지능 서비스를 경험하게 될지 모른다. 그렇지만 인공지능이 월스트리트에서 일하는 금융전문가들을 대체할 수는 없다. 최고의 금융전문가가 하는 일은 투자 상담이 아니라, 새로운 금융상품을 만들어 내는 것이다. 새로운 상품을 만들고 그것을 위한 시장을 만들어서, 다른 은행과 투자회사를 설득해야 한다. 이를 위해서 상품에 대한 모델을 만들어야 하고, 어떤 때에는 복잡한 수식을 사용해서 문제를 풀어야 한다. 큰 거래는 사람과 사람 사이에 이루어진다. 자신이 설득해야 할 사람을 만나서 밥을 먹고, 이를 위해 여행을 하고, 회의에 참석하고, 세미나를 개최하는 일은 금융전문가의 일상이다. 이런 일들을 인공지능 컴퓨터가 할 수는 없다.

법률 분야도 비슷한다. 요즘 인공지능이 유행하면서 판사들의 판결을 컴퓨터가 대신할 것이 예측되기도 한다. 인공지능 판사가 나오면 인간의 어쩔 수 없는 편견을 극복할 수 있다는 전망도 나온다. 실제로 판사들은 배가 고플 때 가장 엄격하게 판결을 한다고 알려져 있다. 외모, 신분 등에 따라서 판결이 좌우된다는 연구도 있다. 인공지능은 이런 인간의 편견을 극복할 수 있다고 생각되기 때문에 인공지능 법관에 대한 기대가 크다. 그렇지만 실제 법정에서 일어나는 일은 실험실에서 일어나는 일과 비슷하다. 판사들이나 배심원이 법정에 처음 들어올 때에는 마치 과학자가 새로운 실험을 디자인할 때 정도의 개략적인 아이디어만 가지고 들어온다. 이런 생각은 변호인과 검사들의 반대되는 주장들, 새롭게 제시되는 증거들에 의해 바뀐다. 아예 방향이 바뀔 수도 있고, 생각이 더 정교해 질 수도 있고, 타협을 이룰 수도 있고, 어느 단계에서는 한 쪽 생각이 점점 더 굳어질 수 있다. 오판이 있을 수 있지만, 이게 법적인 판단이 이루어지는 과정이다. 판결은 시간의 흐름 속에서 나타나는 여러 상호작용을 통해 서서히 만들어지는 것이지, 방정식의 여러 변수에 수치를 대입해서 답을 얻는 알고리듬적인 방식으로 이루어지지 않는다는 것이다. 이런 이유에서 인공지능이 판사를 대신하기도 쉽지 않다.

이렇게 인간 행위자들의 창의성은 반짝하는 아이디어가 아니라, 오랜 기간 동안의 상호작용 속에서 잉태되는 것이다. 즉 창의성은 시간의 흐름을 견뎌 내는 것이다. 그리고 그 과정은 동료와 토론하고, 자신의 생각을 고쳐나가는 과정을 포함한다. 인간은 지능만이 아니라, 육체를 가지고 사회 속에서 사람들과 상호 영향을 주고받으면서 살고 있는 존재이며, 이런 상호작용 중에 많은 부분은 우연적으로 일어난다. 창의적인 사람들은 보통 사람들이면 간과하고 지나갈 이런 우연들을 놓치지 않고 이것들을 연결해서 자신이 고민하던 문제를 해결하는 사람이다.

컴퓨터가 이런 상호작용을 하지 않는 이상에 컴퓨터는 결국 인간의 창의성을 모방할 뿐이지 이를 만들 수는 없다. 창의성이 인공지능의 영역이 아닌 이유는 인공지능이 인간보다 멍청해서가 아니라, 창의적 업적이 사회적 관계와 상호작용 속에서 만들어지는 것이기 때문에 그렇다. 인공지능(AI)을 가진 로봇이 이런 사회적 상호작용을 하지 않는 한 AI 아인슈타인, AI 스티브 잡스, AI 피카소, AI 콘스탄스 모틀리(미국이 유명한 법률가) 같은 사람들은 나올 수 없다는 것이다.

더 생각해 볼 문제

—

- 콜린스가 제시한 암묵지 분류 방식에 따라서 이 책에서 제시된 사례 외에 우리 주변의 암묵지를 찾아서 분류해 보라. 이 중에서 인공지능 컴퓨터가 구현하기 힘든 것은 무엇인가?
- 지금의 직업군 중에서 인공지능 컴퓨터가 대체하기 힘든 직업군이 무엇인지 제시해보라. 그 근거는 무엇인가?
- 이 장에서 제시된 과학적, 예술적 창의성에 대한 논의에 기대어 "진정한 창의성은 무에서 유를 만들어 내는 것이다"는 주장을 비판적으로 평가해 보라. 과학과 기술의 역사에서 "무에서 유를 탄생시킨" 창의성의 사례가 있는가?
- 창의적인 과학자, 예술가와 그렇지 못한 과학자, 예술가의 차이는 무엇인가?

더 읽어볼 거리

—

마이클 폴라니 저, 표재명·김봉미 옮김, 『개인적 지식: 후기비판적 철학을 향하여』, 아카넷. 2001.

장하원, "암묵지"(네이버 캐스트, 과학기술과 사회). http://navercast.naver.com/contents.nhn?rid=148&contents_id=8030

홍성욱 저, 『홍성욱의 STS, 과학을 경청하다』, 동아시아, 2016.

홍성욱 외 저, 『뉴턴과 아인슈타인』, 창작과비평사, 2004.

07

포스트 휴머니즘 시대에 낯선 지능과 함께 살아가기

1. 들어가기: '데카르트적 난처함

저명한 뇌과학자인 안토니오 다마지오는 1994년에 인간의 뇌가 합리적 추론 능력과 감정표현 능력을 어떻게 관련짓는지를 설명한 탁월한 저서를 발표하였는데 그 제목을 『데카르트의 오류』라고 했다. 다마지오 주장의 핵심은, 인간이 가지고 있는 지적인 능력 혹은 보다 거창한 이성(reason)을 떠올릴 때 전형적으로 내세우는 합리적 추론 능력만이 아니라, 우리보다 지적으로 못한 동물과도 공유하는 감정표현 능력에 우리 뇌의 상당부분이 사용되고 있으며 실은 인간의 감정표현은 고도의 지적 활동이라는 것이었다.

이는 데카르트가 인간과 동물을 구별하면서 그 핵심적인 차이점을, 단지 기계에 불과한 동물과 인간이 공유하는 저급한 감정이 아닌 오직 인간만이 향유할 수 있는 이성적 사고에서 찾았던 것과 분명한 대조를 보인다. 데카르트 이후 수많은 비교행동학자들은 동물이 인간만큼 복잡한 양식의 추론능력을 가지고 있는 것은 아니지만 나름대로 유추능력과 논리적 판단능력을 가지고 있음을 보여주었다. 이 점에 있어서 야생 침팬지를 대상으로 이루어진 제인 구달의 연구는 동물의 지능과 인간의 지능이 분명한 차이에도 불구하고 연속적인 지적 능력의 스펙트럼 상의 다른 지점으로 이해될 수 있음을 시사했다. 이와는 별도로 인공지능 연구자들은 인간의 다양한 지적 능력 중에서 상대적으로 인공적 구현이 손쉬운 영역은 데카르트가 인간이성의 핵심으로 보았던 논리적, 합리적 추론능력이라는 점을 깨닫게 되었다. 물론 이는 인공지능 철학자의 가능성을 즉각적으로 함축하는 것은 아니지만, 현재 상당한 영역의 형식 추론에 있어서 인공지능의 추론이나 증명 능력은 눈부시게 발전하고 있다.

데카르트 이후 전개된 이상의 상황을 살펴볼 때 다마지오가 왜 『데카르트의 오류』라는 제목을 사용했는지 이해할 수 있다. 다마지오로서는 실은 인간과 다른 동물들 그리고 인공적으로 만들어진 지능 사이의 연속적인 흐름의 한 극단적인 형태에 불과한 인간의 합리적 추론능력을 데카르트가 그토록 강조한 것이 후속 연구에 의해 잘못으로 판명되었음을 부각시키고 싶었을 것이다. 그리고 그에 더해 자신이 연구한 내용, 즉 철학자들에게는 사소해 보이는 인간의 감정표현 및 다른 사람의 감정표현을 해석하는 과정에 고도의 지적 능력이 요구되며, 인간 두뇌의 상당 부분이 이에 사용되고 있음을 이야기하고 싶었을 것이다. 다소 진부하게 들리는 '생각하는 인간'보다는 '감정적 인간'이 더 핵심이라는 것이다.

필자는 다마지오가 데카르트의 주장에 대해 가진 문제의식에 공감하지만 '데카르트의 오류'라는 표현에 대해서는 다소 불편하다. 우선 오류라는 말은 상당히 부정적인 어감을 갖는데 몇 백 년 전 철학자가 당시 이루어지지 않은 경험적, 이론적 연구를 미리 예언하지 못했던 것을 '오류'라고까지 말할 수 있는지 잘 모르겠기 때문이다. 그런 의미라면 오류를 범하지 않는 철학자는 아마 거의 없을 것이니 구태여 데카르트만 골라내어 '데카르트의 오류'라고 명명하는 것은 부당하다는 느낌이 든다.

필자가 느끼는 불편함의 보다 큰 이유는 필자가 데카르트를 심신 실체 이원론을 적극적으로 옹호한 철학자로 평가하는 것보다는 당시 널리 퍼져 있던 '존재의 대사슬(Great Chain of Being)'의 생각에 기반한 중세적 세계관에서 탈피하여 적어도 인간을 제외한 모든 것이 기계적인 인과관계로 이해가능하다고 주장한 급진적인 자연철학자로 평가해야 한다고 생각하는 데서 찾을 수 있다. 실제로 우리에게는 『방법서설』로 익숙한 데카르트의 주저는 그가 자연세계와 인간세계 전반을 기계철학의 입장에서 설명한 4부작의 첫 부분에 해당된다. 필자는 데카르트의 자연철학을 (지금에 와서는 설득력이 많이 떨어진) 심신 이원론을 주장한 보수적인 것이었다기보다는, 자연세계가 정령이나 숨겨진 힘과 같은 불가해한 요인을 끌어들이지 않고서는 이해 가능하지 않다는 기존의 견해를 반박하면서 자연세계를 기계적 인과작용으로 이해할 수 있다는 과감한 주장을 (물론 인간의 영혼은 제외하고) 제기했다는 점에서 그 의의를 갖는 것으로 봐야 한다고 생각한다. 그런 의미에서 데카르트는 경험적 오류보다는 혁명적 생각으로 평가되어야 한다는 것이 필자의 생각이다.

그러나 현대 인공지능의 발달이 데카르트를 (반사실적인 의미에서) '난처하게' 만들었음은 분명하다. 이는 단순히 현대 인공지능 연구자들이 상대적으로 기초적인 형태라도 인간의 지적 능력을 흉내 낼 수 있는 기계를 만들었다는 사실 때문만은 아니다. 그보다는 현대 인공지능이 많은 영역에서의 부분적 성공에도 불구하고 인간의 지적 능력에서 아직까지 흉내 내지 못하고 있는 영역이 인간의 복잡한 감정표현과 그것의 질적 속성이기 때문이다. 몇몇 철학자들은 인간의 감정까지 포함해서 의식의 질적 속성은 결코 인공지능이 성취할 수 없는 부분이라고 주장하기조차 한다. 이런 상황은 적어도 인공지능, 즉 기계가 성취할 수 없는 것을 인간의 본질적 속성으로 본다면 인간의 합리적 추론능력이 아니라 인간의 복합적인 감정 능력을 인간의 고유한 특징으로 생각하는 것이 적절하다고 시사하는듯하다. 이는 기본적으로 기계인 동물과 인간의 절대적인 차이를 합리적 추론능력에서 찾았던 데카르트로서는 상당히 뜻밖의 결론이며 수용하기 어려운 사실일 것이다.

데카르트를 더욱 난처하게 만드는 것은 사이보그와 최근 부상하고 있는 포스트휴머니즘의 가능성이다. 인공지능이나 지능적인 동물이 기계에서 인간으로의 근접을 상징한다면 사이보그와 포스트휴머니즘은 인간에서 기계로의 근접을 상징한다. 여기서 주의할 점은 데카르트는 인간 몸의 기계성에 대해서는 누구보다도 강력한 옹호자였다는 사실이다. 그러므로 단순히 우리 몸의 기능을 향상시키기 위해 기계 팔을 붙이거나 인공 신장을 다는 방식으로 사이보그가 되는 것은 데카르트의 입장에서는 인간의 정체성에 아무런 위협을 가하지 않는 '자연스러운' 일이다. 하지만 두뇌는 다르다. 데카르트가 보기에 비록 영혼이 두뇌 어딘가에 존재하는 것은 아니지만 송과선을 비롯한 두뇌의 여러 부분이 영혼과 몸의 상호작용을 매개한다는 점은 분명하다. 그러므로 두뇌의 정신내용을 온라인상에 올려놓고 가상공간의 삶을 즐긴다든지, 인간의 지적 능력을 (기본적으로는 '기계적인' 방식으로) 향상시키거나 변화시키는 새로운 뇌 신경회로를 사용하는 등의 행위는 인간과 인간이 아닌 기계 사이에 설정한 데카르트의 엄격한 구분을 무너뜨리는 것이다.

물론 현재에도 인간과 기계의 구별은 분명히 존재하고 아마 미래에도 여전히 그럴 것이다. 그러나 이러한 구별 짓기의 가능성은 구별 짓기의 정당성과 혼동되어서는 안 된다. 매즐리쉬도 지적하듯이 인간과 기계의 구별은 서로 다른 시기에 서로 다른 방식으로 이루어져 왔다. 게다가 다른 시기의 구별 기준은 많은 경우 서로 상충되는 것이었다. 예를 들어, 기계의 복잡성이나 수행하는 작업이 단순하던 시기에는 기계는 인간과 달리 체스를 두는 것처럼 고도의 지적 능력을 발휘할 수 없다고 폄하되었다. 하지만 대부분의 평균적인 인간보다 훨씬 체스를 잘 두는 기계가 나오자 기계는 인간적인 특징인 '실수'나 '당황스러움' 등을 보여주지 않는다는 점에서 '기계적이고 냉정하다'는 평가를 받아야 했다. 그러므로 인간과 기계가 구별되어야 하는 사회적, 문화적 필요성이 있는 한 구별은 지속적으로 이루어질 것이고 구별 기준도 매 시기마다 적절하게 선택될 수는 있을 것이다. 하지만 매번 새롭게 제시되는 인간과 기계의 구별 기준은 무엇을 인간과 기계의 본질적 속성으로 규정하는지도 동시에 바꾸게 될 것이다.

이처럼 현대 경험과학의 연구결과나 최근 등장하고 있는 새로운 경험적 가능성은 데카르트를 '난처하게' 만들 것임은 분명하다. 이 글은 이러한 데카르트적 난처함의 내용을 현대 인공지능 연구와 포스트 휴머니즘을 배경으로 살펴보고 그것이 함축하는 바를 논의한다. 특히 필자가 주목하고자 하는 바는 데카르트를 난처하게 한 최근의 연구들이 단순히 인간과 기계의 구별을 불분명하게 한 것이 아니라 지능에 대한 우리의 생각을 바꾸도록 재촉하고 있다는 점이다. 이 점을 살펴보기 위해 다음 절에서는 현대적 인공지능 정의의 시초인 튜링 검사에 대해 살펴보고 튜링 검사가 실용적인 이유에서 흉내 내기로서의 지능 개념에 기초하고 있음을 보인다. 그리고 3절에서 이처럼 인간 지능을 인공적인 장치가 어떻게 '흉내 낼' 것인지에 초점이 맞추어진 고전적 인공지능 연구는 상당한 성과에도 불구하고 경험적 한계와 철학적 반론에 직면해 있음을 설명한다. 이어 마지막 절에서는 최근 인공지능 연구에서 나타나는 지능에 대한 탈인간적 정의의 흐름과 이를 바탕으로 한 연구들을 살펴본다. 그리고 이러한 인공지능의 최근 경향이 보다 일반화된 형태의 지능의 가능성에 대한 철학적 분석에 어떻게 기여할 수 있을지를 논의한다.

2. 튜링 검사와 '흉내 내기'로서의 지능

최근 영화로 그 극적 생애가 소개되기도 한 영국의 수학자-컴퓨터과학자 알란 튜링이 1950년에 발표한 「계산 기계와 지능」이라는 논문은 현대 인공지능학의 개념적 기초를 놓았다고 할 수 있다. 이 논문에서 튜링은 우선 지능의 본성이 무엇이고 지능을 어떻게 이해해야 하는지에 대한 철학자들의 논쟁은 당분간 끝이 날 것 같지 않다고 불평한다. 그래서 철학자들이 지능의 본질에 대해 합의에 도달하기를 기다리기 보다는 현실적인 상황에서 기계가 지능을 가졌는지의 여부를 확인할 수 있는 검사를 제안하기로 한다. 얼핏 생각하면 튜링의 이와 같은 실용주의적 접근법은 처음부터 실패를 내재하고 있는 것으로 생각될 수 있다. 지능이 무엇인지도 모르면서 어떻게 특정 지능후보자가 지능을 가지고 있는지 여부를 검사하겠다는 것인가?

튜링의 해법은 검사를 지능에 대한 절대평가가 아니라 비교평가로 만드는 것이었다. 튜링은 지능에 대해 의견이 분분한 여러 학자들이 적어도 한 가지에 있어서는 견해가 일치하고 있음에 주목했다. 그것은 인간이 지능을 가진다는 사실이다. 그리고 인간이 가진 지능은 적어도 지능이라는 개념으로 우리가 의미하는 바의 대부분을 포함하는 것으로 여겨질 수 있었다. 그러므로 어떤 존재든 인간과 비교해서 손색이 없는 정도로 지적인 행위를 보여준다면 그 존재 역시 인간과 비슷한 수준의 지능을 가지고 있다고 추론할 수 있다. 물론 이러한 추론은 방법론적 행태주의의 가정을 포함하고 있다. 지능을 가졌는지의 여부에 대한 판단을 외부로 드러나 행태로만 판단하겠다는 생각이 그것이다. 그러나 전통적인 내성론이 인간의 마음 상태를 객관적으로 조사하기에 적절하지 않다는 점은 이미 19세기 경험 심리학의 등장부터 인정되던 바였고 지능 검사의 결과를 상호주관적으로 합의가능한 방식으로 만들기 위해서는 행태 이외에 호소할 수 있는 근거를 찾기는 쉽지 않다. 이러한 고려를 거쳐 튜링은 지금은 잘 알려진 튜링 검사를 제안하게 된다.

여기서 우리는 튜링 검사의 구체적인 형식에 주목해야 한다. 첫째 특징은 튜링 검사는 지능이 무엇인지에 대한 '정의'로서 제안된 것이 아니라 누구나 인정할 수 있는 인간의 지능을 특정 대상에게 '확장'시킬 수 있는지를 판가름하려는 목적으로 제안된 것이라는 점이다. 그래서 검사방식은 검사대상에게 여러 질문을 던져 그 대상이 질문에 대답하는 방식이나 답의 내용에서 지능적인 면모를 찾아볼 수 있는지를 판단하는 절대적인 방식이 아니라, 검사자가 피검사자의 정체를 모르는 상황에서 피검사자인 인간과 검사대상(예를 들어 기계)의 답변을 상호비교하여 인간과 동일한 정도의 지능을 기계(검사대상)에게 부여할 수 있을 때 기계에게 지능을 인정해주자는 비교적인 방식으로 이루어진다.

둘째 특징은 튜링 검사가 통계적인 추론을 사용하고 있다는 점이다. 즉, 튜링은 단 한 차례의 검사를 통해 기계가 검사자를 속이고 다른 피검사자인 진짜 인간보다 자신이 더 인간적인 답변을 할 수 있다고 믿게 하는데 성공했을 때 바로 즉시 지능을 가진 것으로 대우해주자고 제안한 적은 없다. 이런 식의 검사는 특정 검사자의 지적, 문화적 배경에 의해 영향을 받을 것이고 당연히 매우 우발적인 방식으로 지능을 부여하거나 부여하지 않거나 할 가능성이 있다. 이는 가상적으로 피검사자를 모두 인간으로 하거나 모두 기계로 했을 경우를 생각해보면 분명하다. 누군가를 분명하게 인간이 아닌 것으로 판결해야 한다는 전제와 '인간적인 대응'이라는 표현이 가진 의미의 모호함이 결합하면 일회적 검사의 신뢰성은 높지 않다고 보아야 한다. 그래서 튜링이 제안하는 것은 지능 부여에 대한 통계적 추론이다. 즉 만약 미래의 인공지능을 갖춘 기계가 수많은 튜링 검사를 통해 인간과 비교하여 평균적으로 못하지 않는 승률을 보인다면 그것이 인간의 지능과 필적할만한 지능을 가지지 않았다고 보기 어렵다는 점을 강조하는 것이다.

이제 튜링 검사가 지능에 대해 함축하는 바를 살펴보자. 우리는 우선 튜링 검사가 지능에 대한 거대한 존재론적 물음에 답하기 위해 마련된 것이 아니라 인공지능을 갖춘 미래의 기계가 언제 지능을 가졌다고 인식론적으로 안전한 방식으로 확인할 수 있는가라는 보다 제한된 실용적 질문에 대답하기 위해 제안되었다는 점을 분명히 할 필요가 있다. 논문 어디에서도 튜링은 튜링검사를 통과하는 것이 바로 지능이다는 식의 주장을 한 적이 없다.

이 점을 고려할 때 튜링 검사가 방법론적 행태주의를 따르고 있다는 점도 그다지 문제삼을 일은 아니라고 생각할 수 있다. 튜링은 지능의 본질적 속성이 행태라고 주장하거나, 아예 철학적 행태주의자처럼 지능과 같은 마음상태는 곧 행태로 환원되어 정의될 수 있다고 주장하지 않는다. 튜링은 그와 같은 논쟁에 휘말리는 것을 바람직하다고 여기지도 않았고 그러한 논쟁이 언젠가 끝이 날 것이라고 생각하지도 않았다. 그보다 튜링은 만약 우리가 인간의 지능과 비교하여 다른 존재의 지능 여부를 판단하려면, 인간에게만 고유할 수도 있는 내성의 능력이나 겉모습이나 예의범절과 같은 사회문화적 요인들을 제거할 필요가 있다는 점을 강조했을 뿐이다. 이런 인간의 종적 특징을 지능과 같은 추상적 능력을 평가하는 데 동원하는 것은 적절하지 않기 때문이다.

이런 의미에서 튜링은 인간 아닌 다른 존재의 지능에 대해 연구하고 그 지능을 확인하는 과정에서 인간중심주의를 기능적으로 배제할 수 있는 방법론적 원칙을 제시한 것이라 볼 수 있다. 적어도 써얼의 중국어방 논제처럼 튜링의 이 방법론적 원칙의 핵심에 도전하는 논제가 아닌 이상은 튜링의 접근방법은 지능을 행태로 환원시켰다는 식의 비판을 받을 이유가 없음은 분명하다.

다음으로 주목해야 하는 튜링 검사의 특징은 이 검사가 앞서 지적했던 이유로 지능 자체를 검사하기 보다는 우리가 암묵적으로 지능적이라고 생각하는 인간의 행위를 기계나 다른 지능소유 후보자들이 얼마나 잘 '흉내' 내는지를 판별하도록 설계되었다는 점이다. 이는 튜링검사가 지능에 대한 일반이론에서 출발하지 않고 논쟁의 여지가 거의 없는 명제, '모든 인간은 지능을 갖는다'에서 출발했기 때문에 갖는 근본적인 특징이다. 즉, 튜링 검사는 미래의 모든 지능소유 후보자들을 오직 인간의 지능을 기준으로 그것에 얼마나 근접하는지를 평가하게 되었던 것이다. 그리고 여기에 방법론적 행태주의가 더해지면 인간 지능에 대한 근접성은 당연히 인간의 (언어적 형태로 한정된) 지적인 행태를 얼마나 지능소유 후보자들이 잘 '흉내' 내는가에 의해 평가될 수밖에 없게 된다. 이처럼 튜링이 직접적으로 지능을 '흉내 내기 능력'으로 정의하지 않았으면서도 결국에는 '흉내 내기 능력'이 튜링 검사에 핵심적인 요소로 자리 잡게 된 것은 이후 인공지능 연구의 전개과정이나 최근의 변화에 지대한 영향을 끼치고 있다.

튜링은 논문이 발표된 1950년을 기준으로 수십 년 내에 튜링 검사를 통과할 수 있는 기계가 등장할 것이라고 예측했다. 하지만 그 예측은 최근까지도 실현되지 않았고 최근에 튜링 검사를 통과했다는 사례 역시 그 적절성에 의문이 제기되고 있다. 그럼 튜링의 직관에 어떤 문제가 있었기에 이런 상황이 도래한 것일까? 다음 절에서는 그 점에 대해 살펴보자.

3. 고전적 인공지능의 전망과 한계

튜링 검사는 미래에 등장할 수 있는 인공지능 후보자들이 인간에 필적할만한 지능을 가졌는지를 통계적으로 알려준다. 고전적 인공지능은 이러한 지능 확인 검사와 함께 흔히 계산주의(computationalism)라 불리는 입장에 기초한다. 이는 폰 노이만 설계를 따르는 보편 튜링 기계로서의 현대 컴퓨터와 우리 뇌가 작동하는 방식 모두를 기능적 관점에서 통합적으로 이해할 수 있다는 입장이다. 우리 두뇌가 마음상태를 처리하는 방식이 진정으로 폰 노이만 설계를 따르는 보편 튜링 기계인지에 대해서는 최근 뇌과학 연구자들 사이에서 논란이 많다. 대체적인 견해는 우리 뇌가 인지과정을 수행하는 방식은 전통적인 기호처리

과정이기 보다는 기호보다 낮은 수준에서 작동하는 연결주의적 방식을 따른다는 것이다. 그러므로 고전적인 인공지능과 비교적 새로운 연결주의 사이에 미래 인공지능 연구를 두고 일종의 주도권 싸움이 벌어지고 있다.

하지만 인간의 마음이 작동하는 방식이 어떠한지에 대한 논쟁에서 벗어나면 고전적 인공지능과 연결주의 모두 비교적 최근까지 '흉내 내기'로서의 지능 개념에 입각해 있었다는 공통점을 갖는다. 간단하게 말하자면 인간이 이러이러한 능력을 가진다는 점은 분명하니 우리가 한 번 이런 능력을 기계로 구현해보자는 방법론적 목표를 공유하고 있다고 할 수 있다. 이 점에 국한하면 고전적 인공지능과 연결주의의 차이점은 자신의 구현방식이 인간의 지능을 '흉내내기'에 더 적합하다고 주장하는 것에 지나지 않는다고 볼 수 있다. 그러므로 우리의 논의에서 중요한 점은, 특정한 인지능력마다 고전주의와 연결주의 모두 상대적 우위를 점하기도 하지만 결국에는 어떤 접근도 인간의 지능을 튜링 검사를 통과할 정도로 모방하는 인공지능을 만드는 데 성공하지 못했다는 점에 있어서는 공통점을 가진다고 할 수 있다.

물론 인공지능 연구가들은 전형적인 과학자의 방법론적 낙관주의에 근거하여 이러한 현재 상황이 미래에는 개선되거나 극복될 것이라고 전망한다. 예를 들어, 두뇌가 진정으로 원리상 연결주의적으로 작동한다면 충분히 많은 수의 연결점(node)을 가진 충분히 복잡한 연결망은 두뇌의 작용을 상당한 정도로 흉내낼 수 있을 것이다. 하지만 이런 '큰 가정'에 입각한 전망은 수많은 원리적, 실천적 어려움을 내포하고 있다. 게다가 몇몇 학자들은 인공지능이 인간의 지능을 흉내 내는 데는 원리적인 문제점이 존재하며 그러한 문제점은 아마도 미래에도 해결되기 어려울 것이라 전망한다. 이 절에서는 이러한 입장을 개진하는 학자 중에서 상이한 이유를 대표하는 사회학자 콜린스와 철학자 써얼의 견해를 살펴본다.

'실험자의 회귀(Experimenters' Regress)' 개념을 사용하여 과학지식이 형성되는 과정에서 암묵적으로 획득되는 지식의 중요성과 인식론적 문제점을 지적한 과학사회학자 해리 콜린스는 인공지능의 불가능성에 대해 독특한 근거를 제시한다. 콜린스 주장의 핵심은 인간의 자연스러운, 즉 '인간적인' 행위가 너무나 비알고리즘적이어서 근본적으로 알고리즘적인 인공지능은 구현할 수 없다는 것이다. 이러한 비판은 유명한 괴델정리를 사용한 마음의 비알고리즘적 속성을 지적한 루카스-펜로즈 논점과는 다르다. 왜냐하면 콜린스 주장의 핵심은 인간은 태어난 후 사회화 과정을 거치면서 인간에게 고유한 여러 독특한 관습, 신념, 기대의 조합을 획득하게 되는데 이러한 조합의 특수함은 몇 가지 규칙의 조합을 통해서 알고리즘적으로 정의되거나 학습될 수 있는 것이 아니라 마치 도예가가 오랜 경험을 통해 좋은 도자기 만드는 기술을 배우듯이 여러 다양한 시행착오적 경험을 통해 배우면서 비알고리즘적으로만 획득될 수 있는 것이기 때문이다.

간단하게 정리하자면 콜린스는 인간의 지적 능력의 상당 부분이 명제화되거나 알고리즘화 될 수 없는 형태로 존재하며 이것의 획득이 오랜 기간의 복잡한 사회화 과정을 거쳐 이루어진다는 것이다. 이런 이유로 인간에 의해 만들어진 인공지능은 아무리 우리가 사회적 지식을 알고리즘적으로 미리 주입시키더라도 튜링 검사를 통과할 수 없게 된다. 튜링 검사에서 인간과 기계를 결정적으로 구별하는 질문들을 생각해보면 이 점이 명확하게 드러난다. 튜링 검사에서 인간이 아님을 확인할 수 있는 질문은 인간이 수행한다고 보기에는 너무 뛰어난 능력을 보여주거나(예를 들어 엄청나게 복잡한 계산을 순식간에 해치우는), 아니면 특정한 사회문화적 배경에 익숙한 인간이 보이기 어려운 반응, 즉 아시모프의 과학소설 『바이센테니얼 맨』에 나오는 앤드류가 자신의 몸을 보다 불완전하게 바꾸면서까지 닮고 싶어 했던 '인간적인' 반응을 유도하는 질문이다.

물론 기계는 이런 사실에 대해 미리 대비하도록 프로그램되어질 수 있지만 일반적으로 프로그래머가 미리 예상할 수 있는 이런 '인간적인' 질문의 종류와 수보다는 튜링 검사의 검사자가 생각할 수 있는 상황과 수가 더 많기 마련이다. 게다가 매 질문마다 존재하는 '인간적인' 답변은 하나 이상이고 마찬가지로 '기계적인' 답변도 하나 이상이다. 그리고 연이은 질문은 서로 연결된 방식으로 인간적이거나 기계적인 답변을 요구할 수도 있다. 이 경우 인공지능에게 매번 '기계적인 답변'의 함정을 피해가도록 미리 프로그램해 넣은 일은 가능한 경우의 수가 기하급수적으로 불어나기 때문에 실질적으로 거의 불가능한 일이다. 그러므로 콜린스의 비판은 고전적 인공지능의 유명한 구성문제(frame problem)와 연결 지을 수도 있다.

이렇게 생각하고 보면 콜린스의 비판의 한계는 비교적 분명하게 드러난다. 콜린스는 인공지능 연구자들에게 잘 알려진 구성의 문제를 사회학적 시각에서 새롭게 제기한 것이라고 할 수 있다. 비록 그가 제기한 구체적인 논점은 지능의 암묵지(implicit knowledge) 의존성을 부각시키는 새로운 측면은 있지만 기본적으로 고전적 인공지능 연구자들이 직면한 문제를 새로 진술한 것으로 볼 수 있다. 이 점에 있어서 콜린스의 비판이 연결주의에도 적용될 수 있을지는 분명하지 않다. 연결주의의 특징은 인간의 사회화 과정과 비슷한 '훈련' 과정을 연결망에게 부여할 수 있다는 점이다. 즉, 연결망 사이의 연결 강도가 초기 값에서 전형적인 문제들을 풀어나가면서 특정한 방식으로 조절될 수 있고 결국에는 유사한 문제가 주어졌을 때 풀어낼 수 있는 성공확률이 높아지게 된다. 이러한 작동방식은 어린아이가 수많은 사회적 훈련과정을 거쳐 특정 사회문화적 배경을 암묵지의 형태로 습득하게 되는 과정과 유사하다고 할 수 있다. 그러므로 콜린스의 인공지능에 대한 비판은 고전주의에 국한한 것으로 여겨져야 할 것 같다.

이러한 콜린스 견해의 한계에도 불구하고 필자는 콜린스의 지적에서 중요한 시사점을 얻을 수 있다고 생각한다. 그것은 바로 인간 지능이 가지는 독특함과 흉내 내기 검사로서의 튜링 검사가 지니는 내재적 한계이다. 앞서 지적했듯이 인간의 지적 능력을 흉내 내려는 고전적 시도가 실패한 영역은 연역추론과 같이 전통적으로 지성의 대표적인 능력이 발휘되는 분야로 여겨져왔던 곳이 아니었다. 튜링 검사를 통과한 기계가 없는 이유는 주어진 상황에서 인간이 적절하게 '인간적인' 방식으로 대응할 수 있는 방식이 연역추론이 허용하는 범위를 훨씬 넘어서도록 많다는 사실과 '인간적이지 않은' 대응방식 역시 상당히 많다는 사실, 그리고 가장 결정적으로 이 두 방식 사이의 차이를 몇 가지 규칙으로 간단하게 규정할 수 없다는 사실이다. 아직 우리가 충분히 이해하지 못하고 있는 방식으로 인간은 동료 인간이 자신과 비슷한 방식으로 지능을 발휘하고 있는 방식을 알아채는 것 같다. 그런데 그런 알아챔을 알고리즘적 방식, 즉 규칙의 결합으로 유한하게 포착해내기는 거의 불가능해 보이는 것이다. 그래서 콜린스는 이러한 차이점이 결국에는 오랜 사회화 과정을 통해 점진적으로 획득될 수밖에 없다고 보는 것이다.

이러한 점을 생각해볼 때 우리는 인간이 지능을 가졌다는 튜링의 직관적 전제에 동의하면서도, 인간의 지능이 다른 모든 가능한 지능이 '흉내 냄으로써' 지능의 지위를 획득할 수 있는 전형적인 것으로 여겨져야 할 것인지에 대해 의문을 갖게 된다. 만약 콜린스가 지적하는 것처럼 인간 지능의 상당 부분이 구체적이고 우발적인 사회화 과정의 결과물이라면 인간과 사회화 과정을 공유하지 않는 침팬지나 인공지능 로봇이 인간과 구별되는 방식으로 행위하는 것은 너무나 당연한 일이다. 비록 튜링이 인간 지능만이 유일한 지능의 척도이고 그렇기에 인간 지능을 기준으로 다른 지능을 평가해야 한다는 원론적인 입장을 견지한 것은 아니지만 그럼에도 지능 검사를 '흉내 내기'의 형태로 고안함으로써 결과적으로 그러한 입장을 전제한 셈이 되었다고도 할 수 있다. 정리하자면 콜린스가 지적한 인간 지능의 사회화 의존성은 인간지능이 분명히 지능이 취할 수 있는 한 가지 형태이긴 하지만 다른 지능이 모방해야만 하는 유일하거나 표준적인 형태가 아닐 가능성에 대해 시사한다고 할 수 있다.

다음으로 써얼의 중국어방 논제에 대해 살펴보자. 이 논제의 내용은 이 책의 다른 글에서도 다루고 있으므로, 필자는 우리의 논의에 관련된 부분으로 바로 들어가기로 한다. 써얼 주장의 핵심을 튜링 검사와 연결지어 생각해보면 다음과 같다. 설사 튜링 검사를 통과한 기계가 존재하더라도 그것을 그 기계가 진정한 지능 혹은 마음을 가지고 있는 증거로 해석할 수는 없다. 중국어방에 있는 사람이 중국어를 전혀 이해하지 못한 상태에서도 충분히 만족스러운 중국어 관련 행태(behavior)를 보일 수 있듯이 튜링 검사를 통과한 기계도 검사 내용에 대한 '진정한' 이해 없이 순전히 전형적인 인간의 행태적 특징을 흉내 낼 수도 있기 때문이다. 보다 중립적인 방식으로 써얼 주장의 함의를 정리하면 다음과 같을 것이다. 우리와 인공지능을 갖춘 기계는 튜링 검사의 의미에서는 서로 동등할 수 있겠지만 관련된 내용을 진정으로 '이해'라고 있는지에 있어서는 서로 다른 정도의 지능을 보여준다고 할 수 있다.

써얼의 논증에서 가정되고 있는 것은 튜링 검사를 통과한 기계가 중국어방과 유사한 상황에 놓여 있다는 것이다. 이는 단순한 컴퓨터 소자의 집합인 기계가 '이해'라는 독특한 마음의 상태를 향유할 수 없다는 써얼의 직관에 근거한다. 그러나 이러한 전제가 별다른 논증 없이 그대로 수용되기는 힘들다. 단순한 세포의 집합체인 우리 인간도 '이해'라는 독특한 특성을 향유하고 있기 때문이다. 이에 대해 써얼은 우리 뇌의 복잡도가 현재 인공지능을 갖춘 기계의 복잡도에 비해 훨씬 크다는 점을 지적할 것이다. 써얼의 생물학적 물질주의의 핵심 주장이 바로 그것이다. 마음이라는 질적인 속성이 물질로부터 발현하는 것은 사실이지만 적어도 인간의 두뇌 정도의 복잡도가 필요하다는 것이다. 그러나 써얼조차도 어떻게 '단순한' 물질에서 '이해'와 같은 전형적인 마음의 속성이 나타날 수 있는지에 대해서는 설명하지 못하고 있다. 필자로서는 이 점에 대한 해명 없이 현재 기계는 이러한 '이해'를 가지고 있다고 보기 어렵다는 직관과 몇 가지 간접적인 경험적 근거에 근거하여 어떠한 종류의 기계도 지향성이나 이해와 같은 고도의 정신적 속성을 구현할 수 없다는 주장에 이를 수 있다고 생각하지 않는다.

인간은 오랜 진화의 역사에서 두뇌 구조를 발달시켜왔고 그 과정에서 향유할 수 있는 정신적 속성의 종류와 깊이에도 상당한 변화가 있어왔을 것이다. 인공지능을 갖춘 기계가 인간의 진화과정과 유사한 학습과정이나 연구의 대상이 되는 과정을 거쳐 이러한 인간의 경험과 유사한 경험을 축적하지 못할 원리적 이유는 없다. 만약 인간이 겪은 수백만 년의 역사적 경험과 질적으로 동일한 경험을 기계에게도 요구해야 한다고 주장한다면 이는 결국 콜린스의 논점으로 회귀하는 것이다. 데넷을 따른다면 다양한 수준의 복잡도를 가지는 물질적 구성은 다양한 수준의 지적인 능력을 발휘할 수 있다. 생명체가 다윈 생물, 스키너 생물, 포퍼 생물, 그레고리 생물로 진화를 거듭할 때 핵심적인 변화는 현재 인공지능에서 익숙한 디자인 원리들로 포착될 수 있다. 이 사실은 지능의 다양한 수준을 인공적으로 얻는 데에 원리적인 장애물이 있다는 주장의 직관적 호소력을 상당히 위축시킨다.

물론 그럼에도 여전히 인간 지성의 '질적 특징'은 여전히 미해결의 가능성으로 남을 가능성이 있다. 찰머스가 지적하듯이 현대 물질주의조차 인간이 왜 좀비가 아닌지를 충분히 설득력 있게 설명해주지 못하다고 평가할 수도 있기 때문이다. 아마도 써얼이 중국어방 논제를 통해 호소하려는 직관도 이러한 마음의 질적 특성일 것이다. 그러나 기능적이고 인지적인 마음의 능력을 여러 단계에서 인공적으로 구현하는 것에 원리적인 문제가 없다는 점에 동의한다면, 인간의 마음 및 지성이 가진 독특한 질적 특성을 기계가 구현하지 못한다고 기계에게 지적인 능력을 부여하는 것을 주저하는 것은 인간중심주의의 옹호하기 어려운 형태라고 볼 수밖에 없다.

앞서 콜린스의 견해를 논의하면서도 지적했듯이, 우리가 현재 비교적 자세히 알고 있는 지능이 인간이 구현하고 있는 지능이기에 우리의 지능 논의는 인간 지능에 대한 우리의 선지식에 의존할 수밖에 없다. 그러나 이는 앞으로 등장할 수 있는 새로운 지능이 항상 인간 지능의 모든 면을 그대로 모방하는 방식으로 평가되어야 함을 의미하지는 않는다. 써얼의 주장이 힘을 얻기 위해서는 인간 지능이 갖는 순수하게 질적인 특성이 인간인 우리에게는 매우 절실하고 중요한 특징인 동시에 전체 가능한 지능의 영역에서도 핵심적인 특징이라는 일반적인 논증이 필요하다. 그렇지 않다면 인간에서 고유한 한 속성, 하지만 인간의 존엄성과는 본질적인 연관이 없었던 피부색을 근거로 다른 인간을 차별했던 인종차별주의와 마찬가지로 지성 일반에서 본질적이지 않은 '이해하는 느낌'이라는 속성을 가지고 인간 이외의 지석 대상을 차별하는 사태가 벌어질 수도 있을 것이다.

이런 차별이 정당화되지 못함은 일종의 '거꾸로 튜링 검사'를 생각해보면 쉽게 이해할 수 있다. 즉, 기계의 지능을 당연한 것으로 생각하고 기계의 지능과 비교하여 인간의 지능이 충분히 '기계적이지 못하다고' 인간에게 지능을 부여하지 않는 상황 말이다. 물론 이 과정에서 '기계보다 더 기계 같은 인간'이나 '인간보다 더 인간적인 기계' 등이 등장할 수도 있다. 거꾸로 튜링 검사 역시 원래 튜링 검사와 마찬가지로 통계적으로 결론을 도출할 것이기 때문이다. 이렇게 튜링 검사의 결과가 매 시행시기 마다에는 다양하게 나올 수 있다는 사실은 인간의 지능조차 실은 다양한 인지요소의 혼합이고 그러한 혼합은 사람마다 상당히 다를 수 있음을 시사한다. 이는 기계도 마찬가지일 것이다. 전형적으로 '기계적인' 지능이 한 가지로 규정될 수 있기보다는 다양한 기계 지능이 가능할 것이고 그들 사이를 하나로 묶어주는 유일한 특징은 인간과는 다르다는 정도일 것이다.

4. 포스트 휴머니즘 시대의 인공지능 연구

최근 인공지능 연구는 새로운 경향을 보여주고 있다. 여기서 새로운 경향이란 고전주의와 연결주의처럼 인공지능을 구현하는 방식에 대한 새로운 경향이 아니라 인공지능 연구의 방향과 학문으로서의 인공지능 연구에 대한 자기정체성에서의 새로운 방향을 의미한다. 보덴은 인공지능의 철학을 다룬 논문모음집 서문에서 인공지능 연구가 원칙적으로 두 가지 방식으로 전개될 수 있음을 지적했다. 첫째는 튜링 검사를 기본으로 하여 인공지능이 인간의 지능을 어디까지 흉내 낼 수 있을 것인지, 그리고 그러한 흉내내기가 지능을 발현하는 충분조건이 될 수 있을 것인지에 대한 논의이다. 이를 보덴은 좁은 의미의 인공지능 연구라고 정의한다. 그에 비해 인공지능 연구자들은 원칙적으로는 인간 지능에 구속받지 않고 자유롭게 지능이 가질 수 있는 여러 특징들을 조사하고 그 중에서 핵심적인 속성이 무엇인지를 분석하려는 노력을 할 수도 있는데 이것이 곧 넓은 의미에서의 인공지능 연구이다. 전통적인 인공지능 연구는 당연히 좁은 의미의 연구에 집중되어 있었고 NASA 처럼 지적 외계 생명체에 관심을 가진 특수집단을 제외하고는 넓은 의미의 인공지능 연구는 그다지 활성화되지 않았다.

최근 인공지능 연구경향에서 재미있는 점은 넓은 의미의 인공지능 연구가 활성화되고 있다는 점이다. 이러한 변화는 지능에 대한 일반 이론이 확립되어 이 이론에 입각한 통합적 연구가 가능해졌기 때문은 아니다. 그보다는 인공지능 연구자들이 자동항법장치와 같은 구체적인 인공지능의 문제들을 풀어나가다가 전통적인 인간중심주의적 인공지능 연구가 더 이상 효율적이지 않다는 점을 깨달았기 때문이다. 예를 들어, 최근 인공지능 연구자들은 자신들이 원하는 인공적인 지능의 구현을 위해서는 인간의 지능을 모방하는 것보다는 경우에 따라 다른 고등 동물이나 심지어 벌레 등의 지능을 모방하는 것이 더 유효하다는 점을 깨달았다. 물론 여기서 지능은 철저하게 행태적으로 이해되고 써얼이 강조하는 '이해'의 차원은 논외이다. 하지만 앞서 지적했듯이 과학자의 입장에서는 설사 원칙적으로 철학적 행태주의를 받아들이지 않더라도 방법론적 행태주의를 수용하지 않는다는 것은 연구를 포기하지 않고서는 거의 불가능하다. 인공지능 청소기가 청소도 말끔히 하는 한편 '집안을 매일 치우는 일은 정말 지겨워!'라는 메타적 성찰을 하는 것도 재미있는 가능성이이다. 하지만 청소기 설계과정에서 그런 요소를 꼭 고려할 필요는 없을 것이다. 그에 비해 청소를 잘 못하는 인공지능 청소기는 무용지물일 것이다.

그러므로 최근 인공지능 연구자들이 발견한 것은 자신들이 인간 지능의 흉내내기로 지능연구를 좁게 해왔다는 다소 새삼스러운 자각이 아니다. 그보다는 실제로 인간 지능을 지능의 표준적인 방식으로 여기고 이를 어떤 방식으로든 흉내 내려 노력하는 것이 전략적으로 유용하지 않다는 사실이다. 이렇게 생각하고 보면 튜링 검사를 통과한 인공지능을 단 기계가 아직 등장하지 않았다는 점은 유감스럽기는 하지만 인공지능의 미래를 뒤흔들 수 있는 일은 아니다. 다른 말로 표현하자면 써얼이 공격하는 강한 인공지능 논제가 거짓이더라도 인공지능 연구는 별 다른 지장을 받지 않을 것이라는 말이다. 그러나 이렇게 별다른 지장을 받지 않는 인공지능 연구는 꿩 대신 닭을 택하는 식으로 실패를 인정하고 인간 지능보다는 못하지만 그저 흉내 내기나 할 수 있는 그보다 못한 지능으로 연구주제를 바꾼 것이 아니다. 그보다는 인간 지능이 가진 독특함이 너무나 분명해서 상당히 다른 물질적 기반을 가진 인공지능을 갖춘 기계로 그것을 모방하려는 시도는 그다지 생산적이지 않다는 점을 경험적으로 깨달은 것뿐이다. 하지만 인간의 지능이 다양하게 존재할 수 있는 수많은 지능 중 한 가지라는 관점을 취하면 이 과정에서 잃은 것은 많지 않다. 기껏해야 과학소설에서 등장하는 인간과 구별되기 어려운 완벽한 휴머노이드는 당분간 기대하기 어려울 것이라는 점 정도이다.

특히 인간과 기계의 경계가 점점 더 불분명해져가는 포스트휴머니즘 시대에는 지능에 대해 튜링 검사가 전제하는 간접적 인간중심주의적 태도를 취할 수는 없을 것이다. 인간의 마음이나 지성이 가진 질적 속성이 독특함을 인정하고 이것을 기계적으로 구현하는 일이 어렵다는 점을 인정하는 것은 그럼에도 기계가 지능을, 우리 인간과는 다르지만 동등하게 훌륭한 지능을, 가질 가능성과 양립가능하다. 그리고 현대 인공지능 연구는 보다 실용적인 이유에서 이러한 방향으로 나아가고 있다. 이제는 지능에 대한 보다 일반화된 이론이 필요하다.

5. 인류를 위협하는 초지능의 등장?

최근 인공지능의 발전 속도가 빨라지면서 인간만이 할 수 있다고 여겨졌던 영역에 인공지능이 등장하는 일이 잦아졌다. 대표적인 사례가 미국의 유명한 퀴즈쇼에서 쟁쟁한 인간 경쟁자를 물리친 IBM의 왓슨과 체스보다 훨씬 복잡한 게임으로 알려진 바둑에서 이세돌 9단을 물리친 알파고다. 이보다 덜 알려져 있긴 해도 이미 우리 주변에는 깔끔하게 신문기사를 뽑아내는 인공지능이나 제법 추상적 느낌을 주는 그림을 그리는 인공지능, 무난하게 읽을 수 있는 소설을 쓰는 인공지능, 상당히 정확하게 의료적 진단을 내리는 인공지능 등 인간의 지적, 예술적 활동을 흉내내는 인공지능이 지속적으로 등장하고 있다.

이쯤 되니 인공지능의 미래가 인류의 생존에 가져올 수 있는 위험에 대해 걱정하는 사람들도 늘어났다. 인공지능이 지금처럼 빠른 속도로 발전한다면 조만간 인간의 지능과 동등한 수준의 지적 능력을 보여주는 것만이 아니라 더 나아가 인간의 지능을 뛰어넘는 초지능(superintelligence)으로 발전할 수도 있을 텐데, 이 초지능이 인간에게 우호적이지 않다면 끔찍한 상황이 벌어질 수도 있다는 것이다. 미래사회는 점점 더 과학기술의 영향력이 커지는 과학기술 기반사회가 될 가능성이 높고 이 과정에서 현재도 우리 사회 곳곳에서 활용되고 있는 인공지능이 더 큰 사회적 역할을 담당하게 될 가능성이 높다. 그런데 이런 상황에서 만약 인간의 지능을 뛰어넘는 초지능이 인간과 협력하는 대신 인간에게 적대적이 되거나 인간을 지적으로 '열등한' 생명체로 무시한다면 정말 상상하기도 싫은 일이 벌어질 수도 있는 것이다.

물론 왓슨이나 알파고를 만든 컴퓨터 공학자들도 인정하듯 현재까지 등장한 인공지능은 그 능력이 특정 활동(예를 들어 바둑을 두는 일)에서 뛰어나더라도 인간처럼 다양한 영역의 지적 활동을 모두 수행할 수 있는 '일반지능(general intelligence)'을 보여주진 못한다. 그래서 인공지능 개발자들은 현재 다양한 학습 기법을 활용하여 미리 확정되지 않은 지적 목표를 달성할 수 있는 보다 일반적인 지능을 실현하기 위해 노력하고 있다. 알파고를 만든 엔지니어들이 예상하기 힘든 상황에 대한 판단과 사고 능력이 요구되는 전략 시뮬레이션

게임으로 다음 목표를 정하고 있는 것도 이런 맥락에서 이해할 수 있다. 한편 인간 지능의 핵심이 사회화 과정에서 자연스럽게 습득되고 우리 몸에 체화된, 그래서 언어적으로 표현되기 어려운 암묵지(implicit knowledge)라고 믿는 학자들은 이런 일반지능을 인공지능이 가질 수 있는 가능성 자체에 회의적이다. 일반적으로 인공지능은 그 설계상 오직 언어 혹은 수식의 형태로 명시적으로 제시된 내용을 학습하는데 이런 방식으로 암묵지를 습득하는 일은 인간 지능의 경험으로 볼 때 매우 어렵기 때문이다. 인간 사회에서 성장하지 않은 늑대 소년이 완전한 사회의 일원으로 변모하기란 어려운 것이다. 하지만 물론 이런 암묵지가 정말 인공적으로 구현불가능할지의 여부는 미리 단정할 수 있는 사안은 아니다. 오직 미래 인공지능 연구를 통해서만 경험적으로 확인할 수 있는 문제이기 때문이다.

필자의 생각으로는 인간보다 더 뛰어난 능력을 갖춘 초지능이 근미래에 실현될 수 있을지조차 논쟁적인 상황에서 섣불리 종말론적 위험을 언급하면서 대비책을 세워야 한다고 호들갑을 떠는 일은 그다지 생산적으로 보이질 않는다. 그보다는 보다 근본적인 문제, 즉 우리가 우리와 다른 종류의 지능을 가진 존재와 어떤 방식으로 상호작용하는 것이 바람직한 지부터 따져봐야 한다. 초지능의 등장이 제기할 여러 사회적, 윤리적, 존재론적 문제가 중요하지 않아서가 아니라, 그보다 더 당면한 문제는 현재도 이미 우리 삶 여러 부분에 침투해 있고 앞으로도 지속적으로 함께 살아야 할 '인공지능'과의 공존을 어떤 식으로 이루어 나가는 것이 적절한 지부터 보다 찬찬히 검토해 보는 것이 더 시급하다는 것이다.

이 문제가 시급한 이유는 우리 인류, 호모 사피엔스는 역사적으로 여러 이유에 의해 이런 종류의 도전에 그다지 잘 준비되어 있지 못하기 때문이다. 인류는 근연종인 네안데르탈인이 오래전에 멸종한 후 자신과 동등하다고 판단될 수 있는 지적 생명체를 경험한 역사가 없다. 그래서 자연스럽게 자연 세계에서 인간은 다른 생명체와 본질적으로 구별되는 매우 특별한 지위를 가진 지적 생명체라고 생각하게 되었다. 이런 생각은 과학혁명과 계몽시기를 거치면서 인간이 가진 지적 능력의 놀라운 효과를 확인하게 되면서 더욱 강화되었다. 적어도 정신적 능력에 관한 한 인간은 독보적으로 유일하다는 이 굳건하고 자연스러운 믿음은 다윈의 진화론적 연속성에 대한 과학 연구 등을 통해 어느 정도 타격을 받았지만 상식적 수준에서 여전히 그 영향력은 막강하다. 그렇기에 비교적 친숙한 동물에 대해서조차 일정한 지적 능력과 감정 능력을 인정하게 된 것도 비교적 최근에 일이었던 것이다.

이런 상황에서 인간과 매우 다른 종류의 지적 존재, 비록 인간이 만들어낸 것이기는 하지만 잠재적으로 인간을 뛰어넘을 수 있는 존재에 대해 우리가 불안해하는 것은 어쩌면 너무도 당연한 일이다. 그러므로 초지능의 위험에 대해 논의하기 전에 우리와 다른 종류의 지능과 함께 살아가는 것에서 중요한 점이 무엇인지부터 따져보는 것이 순서일 것이다.

더 생각해볼 주제

—

- 일상생활에서 '인간적'이다 혹은 '기계적'이다는 표현을 어떤 경우에 사용하는 지, 그리고 그런 사용이 함축하는 바가 무엇인지 생각해 보자.
- 자신의 삶의 여러 측면에서 눈에 잘 뜨이지 않는 형태로 '인공지능'이 사용되고 있는 상황을 떠올려 보자. 인공지능 혹은 보다 일반적으로 기계와 상호작용할 때 인간과 상호작용할 때와 다른 방식으로 하는가? 만약 그렇다면 그 이유는 무엇인가?

더 읽어볼 거리

—

아이작 아시모프, 이영 옮김, 『바이센테니얼 맨』, 좋은벗, 2000.

아이작 아시모프, 김옥수 옮김, 『아이, 로봇』, 우리교육, 2008.

앤드루 호지스, 김희주·한지원 옮김, 『앨런 튜링의 이미테이션 게임』, 동아시아, 2015.

레이 커즈와일, 장시형·김명남 옮김, 『특이점이 온다』, 김영사, 2007.

아서 C. 클라크, 김승욱 옮김, 『2001 스페이스 오디세이』, 황금가지, 2004.

08

자극에 반응하고 조절되는 인간, 행동과학과 인간공학의 인간관

1. 인간과학과 사회과학 연구에서의 인간관

인간이란 무엇인가라는 질문은 모든 시대에 걸쳐 철학자를 포함한 수많은 학자들의 연구주제가 되어 왔다. 최근 학계에서는 인문학적으로 이해된 인간, 사회과학적으로 이해된 인간, 자연과학적으로 이해된 인간 사이에 통합적 이해를 얻을 수 있을지를 놓고 한창 논쟁이 진행 중이다. 이 글의 내용도 이런 인간에 대한 통합적 이해에 대한 최근 연구 경향과 맥을 같이 한다.

하지만 우리는 이 글에서 막연하게 다학문적으로 인간에 대해 탐색하기보다는 현대 실험과학의 근간을 이루는 특정한 인간관이 어떤 방법론적 고려와 인식론적 가정하에 탄생되고 실천되었는지를 과학철학적 관점에서 탐색하려 한다. 이를 통해 필자는 현대 실험과학 연구방법론이 설정하는 인간관이 어떤 측면에서 인간에 대한 전통적 이해를 넘어서거나 보완할 수 있는지를 논의한다. 이 탐색을 시작하기에 파블로프만큼 적절한 인물이 없다.

이반 파블로프(1949-1936)는 우리에게 무엇보다 먼저 '종이 울리면 침을 흘리는 개'의 이미지로 떠오른다. 현대인의 상식에서 무조건 반사(unconditional reflex)와 조건 반사(conditional reflex)는 익숙한 용어로 자리 잡았다. 영국의 극작가 조지 버나드 쇼는 1932년에 쓴 『신을 찾는 흑인 소녀』라는 소설에서 이런 통상적 이미지의 파블로프를 조롱했다. 이 소설에서 흑인 소녀는 이상한 인물을 여럿 만나는데, 그 중 한 사람은 엄청난 근시에 두꺼운 안경을 쓰고 통나무 위에 앉아 있는 노인이었다. 그는 소녀가 사자의 포효를 듣고 공포에 질리는 것을 보고 방금 소녀가 조건 반사에 따라 행동한 것이라고 말한다. 그리고 자신이 그 '놀라운 발견'을 하기 위해 25년 동안 수많은 개의 뇌를 해부했으며 개의 침을 관찰하기 위해 빰에 구멍을 뚫어왔다고 자랑한다. 이 발견에 대해 전 세계 과학계가 놀라움을 금치 못하며 자신의 과학적 업적에 경의를 표하고 있다는 말도 덧붙인다.

이에 답하는 흑인 소녀의 말이 함축적이다. "왜 제게 먼저 물어보지 않으셨어요? 그러셨으면 그 불쌍한 개들을 괴롭히지 않고도 제가 [그 사실을] 25초 만에 말씀드릴 수 있었을 텐데요." 이 말을 듣고, 파블로프를 빗댄 이 노인은 벌컥 화를 낸다. "너의 무식함과 건방짐이 말로 표현할 수조차 없구나. 물론 그 사실은 어린아이라도 알고 있는 것이야. 하지만 한 번도 실험실에서 제대로 된 실험을 통해 증명된 적이 없었다. 그러니까 그 사실은 과학적으로 알려졌다고 볼 수 없는 거야. 그 사실은 내 실험 전에는 조잡한 가정에 불과했지만 내가 비로소 과학으로 만든 거야."

파블로프의 과학적 성취에 대한 버나드 쇼의 이와 같은 조롱은 정당화되기 어렵다. 버나드 쇼는 앞의 우화에서 과학자들이 '상식적으로 누구나 알고 있는 사실'을 '과학적으로 증명'하기 위해 복잡한 실험을 동원하는 일을 비웃고 있는데, 이는 분명 과학연구 방법론의 견지에서 어느 정도 근거를 찾을 수 있는 조롱이긴 하다. 과학은 상호주관적으로 확인된 인과 관계를 탐색하기에 통제된 변인을 실험적으로 조사해서 얻은 사실을, 인식론적으로 가장 믿을 만한 사실로 간주한다. 그런 의미에서 과학자가 아닌 사람에게는 '상식적으로 알려진 사실'과 내용상 큰 차이가 없어 보이는 사실을 얻기 위해 불필요하게 복잡한 실험을 하는 과학자들이 우스꽝스러워 보일 수도 있다.

하지만 파블로프는 누구나 알 수 있는 사실, 즉 개가 맛있는 음식을 '기대'하며 침을 흘린다는 사실을 '과학적'으로 증명하기 위해 25년을 허비한 것이 아니다. 파블로프가 철인적인 성실함과 탁월한 수술 능력을 통해 연구한 것은 그보다 훨씬 더 복잡한 문제였다. 개가 음식과 본질적 관련성이 없으면서도 단지 임의적인 방식으로 연관된 종소리 같은 자극에 반응하여 침을 흘리도록 '훈련'될 수 있다는 사실이 그것이다. 이 사실은 파블로프에게 인간의 환경에 대한 적응을 설명하는 단초를 제공했다. 즉 얼핏 보기에 개인마다 제멋대로 행동하기에 별다른 행동 양상(pattern)을 일반화하기 어려워 보이는 인간 행동이 어떻게 다양한 자극이 혼란스럽게 가득 차 있는 세계에 적응(adaptation)할 수 있게 되는지를 밝혀냄으로써, 파블로프는 인간 행동이 변화되는 방식에 대한 일반원칙을 찾고 있었던 것이다. 이는 일찍이 다윈이 자연선택(natural selection)이라 명명한 과정이 개별 인간의 행동 수준에서 학습의 형태로 어떻게 일어나는지를 탐구한 것이었고, 그런 의미에서 파블로프는 다윈 연구 프로그램의 후계자라고 할 수 있었다.

파블로프는 이런 연구를 수행하는 데 이상적인 지적 배경과 연구 능력을 갖추고 있었다. 생리학자로 교육받고 외과의사로 수많은 수술을 통해 단련된 그는 수술대상인 개에게 최소한의 고통을 준 조건에서, 살아 있는 상태에서 생리작용이 일어나는 과정을 관찰할 수 있는, 드문 능력을 갖추고 있었다. 파블로프는 이러한 행동 양상의 변화가 어떻게 두뇌에서 구현(implementation)되는지를 비교적 단순하기는 하지만 일정한 인지 모형을 동원해서 탐색한 셈이다. 그러므로 궁극적으로 그의 연구는 행동의 변화라는, 실험적으로 조정되고 객관적으로 확인될 수 있는 증거에 입각하여 학습과 같은 인지적 과정이 어떤 생리학적 메커니즘에 기초하여 이루어질 수 있는지를 탐색하는 것이었다. 파블로프가 이런 방식으로 학습(learning)을 연구하는 전통을 시작했고, 그의 연구주제는 지금도 심리학과 신경과학에서 여전히 연구되고 있다.

이처럼 버나드 쇼는 파블로프의 지적 성취를 상당히 부당하게 조롱했지만, 그의 조롱의 문화적 함의와 그 함의를 뒷받침하는 사회적 공감대를 무시하기는 어렵다. 인간이 개를 키워온 것은 아주 오래된 일이고, 그 과정에서 수많은 사람들이 개에게 먹이를 주면서 관찰했던 '침흘림'을 구태여 수많은 개에게 그런 끔찍한 수술을 자행하면서까지 '체계적으로' 수행할 필요가 있었을까? 게다가 그런 연구가 인간에 대해 무엇을 말해줄 수 있단 말인가? 인간의 학습이 종소리를 듣고 침을 흘리는 개와 무슨 관련이 있다는 것인가? 이런 식의 생각은 파블로프 실험실의 '피비린내 나는' 광경에 대한 묘사를 읽거나, 그곳에서 벌어지는 일이 인간의 학습을 이해하는 데 도움을 줄 수 있다는 주장을 접할 때 대부분의 사람들에게 직관적으로 떠오를 수 있는 생각일 것이다. 버나드 쇼는 이런 사회적 공감대를 특유의 풍자적 이야기 실력으로 풀어낸 것이다.

파블로프 연구의 이 두 특징, 즉 실험실에서 학습과 같은 '심리' 현상의 본질을 침흘림과 같은 생리적 현상에 대해 인공적인 조건하에서 실험함으로써 알아낼 수 있다는 생각, 그리고 개에 대한 실험연구가 인간의 정신작용과 행동 사이의 관계를 이해하는 데 도움을 줄 수 있다는 생각은 인간에 대한 현대 실험과학적 이해의 핵심적인 전제라고 할 수 있다. 파블로프 이후 이루어진 행동과학과 인간공학 연구는 모두 이러한 전제에 입각하여 이루어졌고, 그로부터 얻어진 연구결과들은 자극에 반응하고 조절될 수 있는 존재로서의 인간에 대한 생각을 널리 퍼뜨리는 데 큰 기여를 했다.

현대사회의 중요한 특징은 특정 견해가 절대적 우위를 차지하지 않는, 다원적 경향을 보인다는 점이다. 그러므로 이 글의 목적이, 인간을 바라보는 우리의 방식이 전적으로 '자극에 반응하고 조절되는' 인간으로 한정될만한 결정적인 과학적 혹은 철학적 근거가 있다고 주장하려는 것은 아니다. 우리가 인간을 바라보는 관점은 적어도 우리가 인간을 연구하는 여러 연구 방법만큼이나 다양하다. 하지만 부인할 수 없는 점은 '자극에 반응하고 조절되는 인간' 개념이 현대 인간과학(Human Sciences)과 사회과학(Social Sciences) 전반에 널리 퍼져 있는 애우 영향력 있는 입장이라는 사실이다. 그런 이유로 이러한 인간관의 철학적 전제와 잘 드러나지 않는 함축, 특히 이러한 인간관이 인간에 대한 기존의 이해를 수정하거나 보완할 수 있는 가능성에 대해 살펴보는 것은 유익하다.

한편 '자극에 반응하고 조절되는' 인간관이 현대 과학계에서 막강한 영향력을 떨치고 있는 것은 서양의 지적 전통에서 매우 독특한 상황이라고 볼 수도 있다. 이어지는 절에서 논의하겠지만, 서양의 인간관은 전통적으로 이와 상당히 다른 입장을 취해 왔기 때문이다. 당연히 이런 변화의 배경에는 행동에 대한 과학적 연구를 표방한 행동과학(behavioral science)의 등장이 자리 잡고 있다. 비록 행동과학이 서양의 지적 전통 전체를 놓고 볼 때 다소 독특한 입장이기는 하지만 사상적 선례 없이 갑자기 불쑥 나타난 것은 아니다. 행동과학의 등장에는 인간과 기계 사이의 관계, 그리고 인간과 동물 사이의 공통점과 차이점에 대한 서양철학과 과학의 고민이 큰 역할을 했다. 그리고 이러한 고민은 행동과학이 인간공학으로 이어질 수 있는 개념적 기초를 제공했다. 이 글에서는 이러한 과정의 개요를 살펴보고 '자극에 반응하고 조절되는 인간' 개념이 함축하는 바에 대해 공부한다.

2. '이성적 동물'로서의 인간

서양철학의 역사에서 일반적으로 19세기 전까지 인간은 무엇보다 먼저 이성적 존재로 상정되었다. 물론 인간은 육체도 지녔기에 동물적인 감정의 영향에서 자유로울 수는 없겠지만, 그럼에도 '이성적 동물'로서의 인간은 이성과 합리적 사고를 활용하여 인간의 동물적이고 비속한 습성을 극복하는 능력을 지닌 존재였다. 그리고 이성을 가졌다는 사실이 인간을 인간이 아닌 다른 동물들과 구별하는 질적으로 가장 중요한 특징이라고 여겨졌다. 이런 인간관은 자연스럽게 인간이라는 종(species) 내에서 보다 정신적으로 고양된 인간과 그렇지 못한 채 동물적 본능에 휘둘리는 인간 사이의 구별로 이어졌고 인간사회의 계급과 계층을 정당화하는 논리로 이용되기도 하였다.

이성적 인간관의 핵심은 체계적으로 사유할 수 있는 인간의 정신능력을 인간의 고유하고 본질적인 속성으로 규정한 것이다. 이는 자연스럽게 '인간만이' 이러한 속성을 가졌다는 생각으로 이어졌다. 예를 들어 기계는 인간 몸의 연장이나 강화로서 이해될 수 있을 뿐, 어떤 방식으로도 인간의 정신세계를 흉내 낼 수조차 없다는 생각과 동물이 향유하는 정신세계란, 설사 그런 것이 있더라도 저급한 감수성과 본능에 머무를 뿐이라는 생각이 그것이다. 이처럼 이성적 인간관은 인간과 기계 및 동물 사이의 본질적 차이를 강조함으로써 세계에 일종의 존재론적 단절을 부여했다고 볼 수 있다.

이성적 인간관이 가장 분명하게 나타난 것은 데카르트에서였다. 데카르트는 당시 사상적 맥락 내에서는 매우 혁신적인 사상가였다. 데카르트는 세계의 다양한 현상을 이해하기 위해 구태여 신비로운 힘을 도입할 필요가 없으며 철저하게 기본입자의 운동과 충돌로만 만물의 원리를 설명할 수 있다는 급진적인 물질주의를 제창했다. 하지만 데카르트가 후대에 끼친 영향은 데카르트 물질주의의 급진적 내용보다는 그의 심신이원론, 즉 물질의 영역과 독립적인 마음 혹은 영혼의 세계가 존재론적으로 따로 있으며 이는 동물이 아니라 만물의 영장인 인간만이 가진 특권이라는 생각에서 주로 파생되었다.

데카르트는 당시 팽배하던 '만물에 깃든 영혼'이라는 중세적 세계관에 반기를 들고 인간의 영혼을 제외한 모든 세계를 물질적으로 이해할 수 있다는 기계 철학(mechanical philosophy)을 주장했다. 그런 의미에서 그는 현대 물질주의의 원조로 여겨질 수도 있었겠지만 결국에는 그에 반대되는 이원론의 주창자로 자리매김되고 있는 것이다.

이렇게 된 이유는 다소 역설적이지만, 데카르트의 물질주의적 세계관 옹호가 워낙 설득력이 있었기에 많은 추종자가 등장했다는 데 있었다. 즉, 뉴턴을 비롯한 여러 데카르트의 후학들이 이후 학계를 지배하게 되면서 그의 물질주의가 '당연하게' 받아들여진 결과로 볼 수 있는 것이다. 인간의 영혼을 제외하고는 모두 물질로 설명 가능하다는 데카르트의 생각이 너무나 보편적으로 받아들여지고 나자, 인간의 마음에 대한 그의 예외 조항이 두드러져 보이게 되었고 이후에 제기될 다양한 논쟁의 시발점이 되었던 것이다.

인간이 영혼을 가짐으로써 동물과 뚜렷하게 구별된다는 데카르트의 생각은 부분적으로 당시 유행하던 보캉송의 기계오리와 같은 성공적인 동물기계에 대한 대응으로 이해될 수 있다. 오리처럼 걷고, 오리처럼 꽥꽥거리고, 심지어 오리처럼 배설도 하면서도 여전히 오리가 아니었던 보캉송의 기계오리는 당시 많은 사람들을 매혹시켰고, 보캉송처럼 정교한 기계장치를 부자들의 유흥거리로 제작할 수 있었던 장인들은 큰돈을 벌 수 있었다. 보캉송과 같은 탁월한 기계제작자들의 활약으로 당시 지식인들 사이에는 정교한 기계장치는 외부 행동을 관찰해서는 도저히 물질적 구현이라고 보기 어려운 (그래서 자연스럽게 의인화하게 되는) 동물이 실제로는 매우 정교한 기계에 지나지 않을 가능성에 대해 진지하게 고려할 기회를 제공했다. 데카르트가 다친 개가 아무리 아픈 듯 끙끙대더라도 그 현상은 기름칠이 제대로 되지 않은 기계의 삐걱거리는 것과 다를 바가 없다고 생각한 것도 이런 맥락에서 나온 생각이었다.

그럼에도 데카르트는 신학적, 철학적 이유에서 인간의 영혼만은 물질적으로 설명 가능한 세계 바깥에 위치시켰다. 이때 데카르트가 이런 존재론적 단절을 정당화하기 위해 호소한 점은 인간 이성의 독특한 능력이었다. 데카르트는 인간의 지적 능력, 특히 논리적으로 추론하고 수학적으로 계산하는 능력을 기계(이제는 동물까지 포함하는)가 가질 수 있는지를 묻고 이에 부정적으로 답했다. 실은 데카르트는 이보다 훨씬 약한 가능성조차 회의적으로 바라보았다. 즉, 기계가 인간의 지적 행동을 진정으로 완벽하게 흉내 낼 수 있을 것인지조차 가능성이 낮다고 생각했던 것이다. 보다 구체적으로 데카르트는 기계가 아무리 인간의 몸과 유사하게 만들어졌더라도 언어 구사 능력에 있어 미리 정해진 규칙을 따라 인간의 말과 비슷한 소리를 낼 수 있을 뿐 진정으로 상황에 맞춰 유연하게 언어적 변형을 구사할 수는 없을 것이라고 단언했다. 이런 차이의 근본적 이유로 데카르트는 기계에게는 자신이 하는 일에 대한 이해가 결여되어 있기 때문이라고 분석한다.

기계가 진정으로 인간과 동일한 방식으로 사유하는지 여부와 무관하게 적어도 외부적으로 관찰가능한 수준에서 인간의 지적 '행동(behavior)'과 구별가능하지 않은 방식으로 주어진 자극에 적절하게 반응할 수 있는지의 여부는 20세기 들어와 논리학자-수학자 알란 튜링의 인공지능에 대한 탐색과 랭던 위너의 사이버네틱스 연구에서 다루어졌다. 두 사람이 내린 결론은 데카르트와 반대되는 것이었다.

튜링은 지적 능력에 대한 철학자들의 끝없는 논쟁에 진저리를 내면서 상호주관적으로 확인가능한 외부 행동에 초점을 맞춘 '튜링 검사(Turing Test)'를 지적 기계의 판별을 위한 우회적 대안으로 제시했다. 그는 인간이 지능(intelligence)을 가졌다는, 누구도 부인하기 어려운 전제로부터 지능이 무엇인지에 대한 합의가 없이도 기계가 지능을 가졌는지 여부를 판단할 수 있는 비교검사를 제안했던 것이다. 요점은 지능을 가진 것이 분명한 인간과 기계가 언어적 행동에 있어 구별될 수 없다면 기계도 인간의 지능에 준하는 지능을 가졌다고 볼 수 있다는 생각이었다. 튜링은 기계, 요즘 말로 하면 인공지능이 언젠가 이 검사를 통과해 지능을 인정받을 수 있는 가능성에 대해 매우 낙관적이었다. 현대 인공지능 연구는 튜링의 이러한 생각에 바탕을 두고 있다.

최초의 컴퓨터공학자 중 한 사람이라고 할 수 있는 위너는 실내 온도에 따라 난방을 할 것인지 여부를 결정하는 '합목적적 행동'조차 피드백을 활용한 순전히 기계적 방식으로 구현될 수 있음을 보여주었다. 그는 이로부터 동물과 인간, 기계를 가리지 않고 다양한 목적추구 행동을 동일한 원리로 이해할 수 있을 가능성을 탐색했고, 이를 사이버네틱스라는 새로운 학문으로 정립했다. 사이버네틱스는 여러 이유로 독립적 분과학문으로는 자리잡지 못했지만 합목적적 행동을 설명하는 데 반드시 의도나 지향적 노력 등을 설정하지 않아도 된다는 그의 생각은 다양한 학문 분야에 영향을 끼쳤다.

3. 인간과 동물의 연속성과 불연속성

데카르트가 부인했던 동물과 인간 사이의 연속성은 다윈에 의해 경험적인 동시에 역사적 방식으로 복원되었다. 다윈의 진화론은 크게 두 주장으로 이루어져 있다. 하나는 생명체의 속성이 동료 생명체를 포함하는 물질적 환경에 적응함으로써 시간에 따라 변해가는 과정의 메커니즘에 대한 주장이고, 다른 하나는 지구상의 모든 생명체의 기원에 대한 주장이다. 진화의 메커니즘에 대해 다윈은 후기에 여러 이유로 라마르크적인 입장으로 후퇴하였지만, 그럼에도 비교적 일관성 있게 자연선택의 중요성을 강조했다. 생명의 기원에 대한 다윈의 입장은 진화의 메커니즘에 대한 주장과 논리적으로는 별개인데, 다윈은 이 주제에 대해 지구상의 모든 생명체가 하나의 공통조상으로부터 왔을 가능성에 대해 조심스럽게 논의한다.

다윈이 살던 시대의 배경믿음에 비추어 볼 때 이는 혁명적인 발상이었다. 단순히 그의 주장이 인간을 포함한 개별 종의 특수 창조에 대한 성서의 견해와 배치되기 때문만은 아니었다. 다윈이 진화론을 제안할 당시에도 성서를 글자그대로 해석해야 한다고 생각하는 사람들은 적어도 지식인 계층에는 거의 없었다. 그렇기에 그의 진화론, 특히 자연선택 메커니즘에 대해서는 얼마 지나지 않아 사회적 수용이 이루어질 수 있었다. 하지만 공통조상에 대한 다윈의 생각은 당시의 지적 맥락에서 보자면, 현재 우리가 가지고 있는 경험적 증거가 없는 상태에서 제안된 것이었기에 직관적 설득력을 갖기 어려웠다. 게다가 인간과 동물 사이에 이성에 기초한 엄격한 구별이 있다는 '누구나 알고 있는 사실'에 정면으로 배치되는 것이기도 했다.

인간과 동물의 연속성을 부각시키는 생각이 함축하는 바에 대해서는 다윈 진화론을 적극적으로 옹호한 사람들조차 거부반응을 보였다. 예를 들어, 자연선택 메커니즘을 다윈의 도움 없이 독자적으로 생각해냈던 알프레드 월러스는 인간의 정신적 진화는 자연선택과는 다른 메커니즘이 적용되어야 할 정도로 특수하다고 생각했다. 월러스는 자연선택의 메커니즘의 발견을 놓고 전개될 수도 있었던 우선권 문제에 관한한 매우 너그러운 모습을 보였고 다윈과 그 후에도 지속적으로 좋은 관계를 유지했다. 하지만 그는 자신의 사회 개혁적 생각을 '동물과 다름없는 인간'의 개념과 조화시키는 데는 어려움을 겪었다.

다윈의 불도그'로 불린 토마스 헉슬리조차 적어도 도덕의 영역에서 우리 인간은 자연선택이 함축하는 무한경쟁의 지배를 받기보다는 그것에 맞서 (국가 단위에서) 함께 힘을 합쳐 싸워야 한다고 주장하기까지 했다. 헉슬리는 성서의 사실적 오류에 대해 학교의 종교교육에서 합리적 논의가 이루어지길 원했지만, 도덕을 함양하는 과정에서 종교가 끼칠 수 있는 긍정적 역할을 마지못해 시인하기도 했다. 이처럼 인간과 동물을 같은 설명 틀로 이해하려는 시도, 그리고 그러한 시도가 갖는 복합적 함의에 대해, 다윈 이후의 학자들은 깊은 고민에 빠지지 않을 수 없었다.

인간과 동물의 연속성에 대한 다윈의 지적 기여는 분명하지만, 인간을 (동물과 마찬가지로) 자극에 특정한 방식으로 반응하고 그러한 자극-반응 양상을 경험적으로 연구하여 결국에는 인간행동을 조절할 수 있다는 행동과학과 인간공학의 인간론에 이르기 위해서는 여기에 두 요소가 더해져야 했다. 하나는 동물행동학이고, 다른 하나는 프로이트에 의한 무의식의 발견이다.

동물행동학은 현대의, 보다 중립적인 'animal behavior'라는 용어로 지칭되기 전까지는 동물행동학의 창시자인 틴버겐, 로렌츠 등에 의해 'ethology'라 불렸다. 'ethology'는 원래 인간의 성격(ethos)에 대한 탐구를 의미했다. 존 스튜어트 밀은 인간의 성격이 여러 유형으로 구별될 수 있으며 개인의 행동 패턴을 면밀하게 분석함으로써 개인과 개인이 모인 집단의 행동 및 결정을 경험적으로 예측할 수 있는 성격학(ethology)에 이를 수 있다고 기대했다. 밀의 이러한 학문적 염원은 공리주의나 자유론에 대한 그의 기여만큼 성공적이지는 않았지만 밀의 추종자들에 의해 보다 구체적인 경험적 연구로 수행되었다.

예를 들어 허버트 스펜서의 강연에 감명을 받고 독학으로 당시 학문을 섭렵했던 더글러스 스팔딩과 그를 도와 최초의 동물행동학 실험을 수행했던 버트란트 러셀의 부모 앰버리 경 부부는 성격학의 의미에 입각하여 동물의 행동을 연구했다고 볼 수 있다. 그들은 동물의 행동에서 일정한 패턴을 읽어내어 이를 과학적으로 연구할 수 있다고 확신했고, 궁극적으로는 동일한 방법을 활용하여 밀의 성격학을 완성시킬 수 있으리라 기대했다. 조수 노릇을 자청한 앰버리 경 부부의 절대적인 지원에 힘입어 스팔딩은 광범위한 관찰과 부분적으로 통제된 실험을 수행했고, 이 과정에서 로렌츠보다 먼저 각인(imprinting) 현상을 관찰하기도 했다.

이처럼 동물행동학은 처음에는 현실적으로 동물의 행동에 먼저 적용되었지만 원칙적으로 인간의 행동에도 동일하게 적용될 수 있는 이론적 근거를 갖추고 있었다. 동물행동학의 연구 방법론은 동물과 인간의 행동 양상을 관찰하여 그러한 양상이 지속적으로, 그리고 종특이적(species-specific)으로 나타나는 이유, 특히 기능적 및 진화론적 원인에 대해 탐색하는 것이다. 이 두 원인은 동물행동의 원인에 대해 생물학적 근접원인(proximate cause)과 궁극원인(ultimate cause)에 해당된다. 결국 진화론과 결합한 동물행동학은 (잠재적으로 인간을 포함한) 동물 행동의 원인을 다층적 수준에서 해명하려고 노력한다.

동물행동학자들이 이처럼 동물과 인간 행동의 원인을 동일한 방법론을 사용하여 연구할 수 있다는 사실, 혹은 그렇게 연구하는 것의 유용성을 깨달은 것은 인간과 동물의 연속성에 대한 믿음에 또 다른 차원을 부여했다. 리처드 도킨스의 논쟁적 과학 고전인 『이기적 유전자』가 유전자에 (비록 비유적이기는 하지만) '이기성'이라는 심적 속성을 자유롭게 부여할 수 있었던 것도 그가 동물행동학자였기 때문에 가능했다. 도킨스가 성장한 지적 전통에서 '이기적'과 같은 심적 용어가 정도의 차이는 있겠지만 구태여 인간에게만 제한되어 사용되어야 할 이유가 없었다. 이처럼 동물행동학은 인간과 동물이 (당연한 여러 차이에도 불구하고) 동일한 이론적 틀에서 이해될 수 있으며 그렇게 얻어진 이해가 인간과 동물의 본질적 요인에 대한 이해에서 결정적으로 중요하다는 입장을 취한다. 윌슨의 사회생물학도 곤충의 연구결과에서 출발하기는 했지만 동물행동학과 이러한 이론적 전제를 공유하고 있다.

이런 점을 고려할 때 사회생물학이 왜 그토록 논쟁적인지 쉽게 이해할 수 있다. 인간은 원인에 의해 몸이 움직이는 것('동작')과 자유의지에 의해 움직이는 것('행위') 사이의 차이를 인식하고 실제로 그 둘을 구별해서 실행할 수 있다고 여겨진다. 다른 식으로 표현하자면 포괄적 의미에서의 인간 행동에는 원인(cause)으로 설명 가능한 것과 이유(reason)로 설명 가능한 것이 섞여 있다는 것이다. 내가 냉장고로 가서 물병을 꺼낸 행동을 한 '이유'는 목이 말라 물이 마시고 싶기 때문이다. 이러한 이유는 단순히 내 몸에 수분이 부족하다는 물리적 상태와 적당한 수분은 내 몸의 원활한 기능 유지에 필수적이라는 생리적 인과관계로 환원되지 않는다. 만약 내가 매우 위급한 상황에 있었다면 이 두 조건이 만족되는 상황에서도 여전히 냉장고로 가 태평스럽게 물병을 꺼내지 않았을 것이기 때문이다. 그러므로 많은 사람들은 동물과 인간이 진화적으로 연속성 상에 있기는 하지만 다른 동물이 향유하지 못하는 의식과 여러 고도 정신생활을 영위하는 인간의 행동을 이해하는 데에 동물행동학의 연구방법론은 근본적 한계를 지닌다고 생각한다.

이러한 생각에 부분적으로 도전한 것이 프로이트의 무의식에 대한 탐구이다. 프로이트는 우리의 행동에는 우리가 의식하지 못하는 '억압'이나 '강박관념'과 같은 무의식적 원인이 있을 수 있다는 점을 보였다. 그의 이러한 주장은 최근 인지심리학의 연구를 통해 자유의지의 의미를 재검토할 필요성을 제기하는 방식으로 확장되어 연구되고 있다. '사전주입(priming)'에 대한 존 바그 교수의 최근 연구는 우리가 의식하지 못하는 사이에 뜨거운 커피를 들고 대화를 했는지 차가운 콜라를 들고 대화를 했는지에 따라 동일한 사람에 대한 평가가 달라질 수도 있다는 놀라운 사실을 보여준다.

게다가 이러한 무의식적 영향은 단순히 영향의 실재성에 있어서만이 아니라 영향에 대한 이성의 부인으로 나타난다는 점이 흥미롭다. 다양한 방식으로 수행된 여러 실험에서 우리가 최면이나 다른 무의식적 '원인'에 의해 특정 행동을 수행하고서도 이를 사후적으로 합리화한다는 사실이 확인되고 있다. 예를 들어, 최면에 의해 특정 단어를 들으면 창문을 열도록 준비된 사람이 그 단어를 듣고 창문을 열고서도 왜 창문을 열었냐는 물음에는 공기가 탁해서라고 답하는 식이다. 이런 현상은 뇌의 측정 부위, 예를 들어 웃음을 일으키는 부위를 자극해서도 비슷하게 얻을 수 있다. 피험자는 한바탕 크게 웃고 나서 왜 웃었냐는 질문에 자신을 둘러싸고 사람들이 모여 있는 모습이 우스꽝스러웠다고 자연스럽게 답한다. 물론 피험자는 자신이 웃은 '진정한 이유'가 바로 그것이라고 확신하는 것이 보통이다.

물론 이러한 실험결과가 우리의 일상적 행동이 모두 미리 결정된 원인에 의한 것이고 자신의 행동에 대해 자유의지를 발휘한다는 우리의 느낌이 모두 허상이라는 점을 결정적으로 보여주는 것은 아니다. 그럼에도 우리의 행동 패턴이 반드시 우리가 의식적으로 그러하리라 믿는 방식으로 발생하지 않을 수 있다는 사실은 무의식의 영역과 그것이 갖는 인과적 힘에 대한 연구를 통해 설득력을 얻게 되었다고 볼 수 있다.

다시 말하자면, 인간 행동을 이해하는 과정에서 원인과 이유의 차이점에 대한 우리의 직관이 아무리 강하더라도 그 사실 자체는 인간 행동의 본질에 대해 인식론적으로나 존재론적으로 별다른 의의를 갖지 못할 수도 있다는 점을 인정할 수밖에 없다는 것이다. 인간 행동에 대한 이성적 이해가 동물 행동에 대한 인과적 설명과 얼마나 다른지는 오직 충분한 경험적 근거와 정합적인 방식으로만 해명될 수 있다는 생각이 실험과학자들 사이에서는 보다 널리 받아들여지게 된 것이다.

4. 현대 실험과학의 인간관

이제 우리는 처음에 살펴보았던 파블로프로 되돌아갈 준비가 되었다. 파블로프의 조건반사에 대한 실험은 비록 동물에 대해 이루어진 것이긴 하지만 음식을 얻게 되리라는 '기대'와 같이 정신적인 영역의 상태가 물질적 조건을 변화시킴으로써 얻어질 수 있으며 이를 통해 행동 양상을 단기 혹은 장기적으로 변화시킬 수 있다는 가능성을 열어주었다. 만약 특정한, '임의의' 자극과 우리가 원하는 행동 사이의 기능적 연결을 파블로프식의 강화를 통해 얻어낼 수 있다면, 그리고 그러한 자극과 반응 사이의 견고한 연결이 우리 두뇌에 어떤 형태로든 '각인'되어 있다면 우리 행동을 적절한 '훈련'을 통해 변화시키는 일, 즉 '학습'이 순전히 행동과학적으로 가능해질 것이다.

이러한 생각은 미국으로 건너가 왓슨의 행동주의 심리학으로 발전했다. 왓슨은 아직 다양한 자극 경험에 의해 영향받지 않은 유아에 대한 실험을 통해 유아가 선천적으로 내재한 행동 성향이 있다는 점과 적절한 자극-반응 양상을 학습시킴으로서 유아로부터 의도했던 행동을 이끌어낼 수 있다는 점을 발견했다(〈그림 1〉 참조). 물론 왓슨은 이렇게 학습된 행동 양상이 영구적이지 않으며 얼마 지나지 않아 사라진다는 점도 발견했다. 하지만 왓슨은 행동과학의 연구가 진척되면서 보다 영구적 방식으로 이러한 학습 혹은 행동훈련을 보다 결정론적으로 수행할 수 있을 가능성을 강조했다. 왓슨 이후의 행동주의 심리학

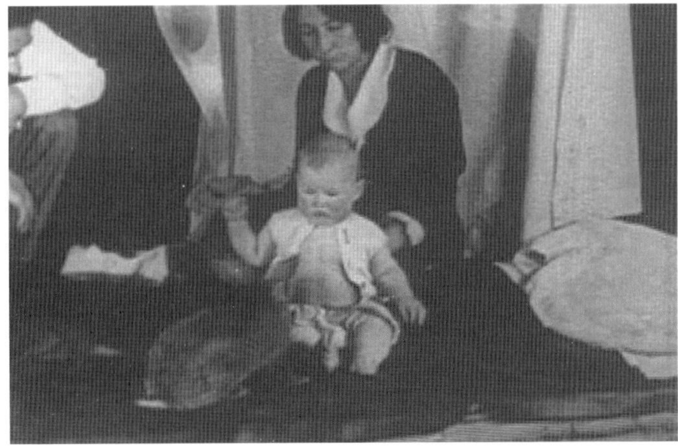

그림 1 | 왓슨의 유아 실험 장면

자나 보다 넓은 의미의 행동과학자들이 몰두했던 것이 이러한 가능성이었다.

행동과학 연구는 제2차 세계대전을 거치면서 그 잠재력을 인정받았다. 제2차 세계대전 중 나치에게 열광하는 (평소에는 합리적인 것으로 알려진) 독일 국민의 모습은 이성적 인간이 적절한 환경적 요인에서 어떻게 극단적인 행동 양상을 보일 수 있는지를 생생하게 보여주었다. 물론 이런 현상은 독일 국민에게만 국한된 것은 아니었다. 밀그램은 지금은 전설이 된 '복종 실험(obedience experiment)'을 통해 평범한 미국인이 별다른 강압 없이도 어떻게 치명적 수준의 전기충격을 고통스러워하는 '무고한' 사람에게 가하는 결정을 내릴 수 있는지를 탐구했다(〈그림 2〉 참조). 유대인 학살의 주범으로 지목되었던 아이히만 재판에서 영감을 얻은 이 실험은 인간이 자신도 설명할 수 없는 방식으로 권위와 상황적 요인에 자발적으로 반응하여 행동하게 되는 과정을 다양한 방식으로 탐구했다. 밀그램의 실험은 이런 과정을 기능적으로 활용하려는 인간공학적 연구가 1970년대 이후 활성화되는 촉매제 역할을 했다.

행동과학과 인간공학 연구는 냉전 시기에 특히 막대한 연구지원을 받았다. 이 점을 잘 예시하는 단어가 '꼭두각시 후보(manchurian candidate)'이다. 직역하면 만주 후보, 통상적으로 '꼭두각시'로 번역되는 이 단어는 원래 1959년 리처드 콘돈이 쓴 정치스릴러 소설의 제목이다. 1962년과 2004년에 두 번이나 영화화된 이 소설에서 주인공은 전쟁 중 포로로 잡힌 후 '세뇌(brainwashed)'를 거쳐 자신의 의지와 무관하게 중요 인물의 암살을 수행하게 된다. 이 소설의 내용은 냉전 시기에 인간의 의지와 행동이 '세뇌'라는 생리학적 개념의 적용을 통해 분리될 수 있으며 이 과정에 대한 체계적인 연구와 그 활용이 가능하다는 점을 대중적으로 각인시켰다. 뇌를 물리적으로 처리하여 새로운 뇌로 만든다는 이미지를 강하게 함축하는 '세뇌'라는 개념이 인간 마음의 물질 의존성을 사람들의 상식 속에 밀어 넣는 데 큰 기여를 한 셈이다.

이 소설의 구체적 줄거리야 허구였겠지만, 그 내용은 미국 정부의 지원을 받아 당시 이루어지고 있던 다양한 행동과학 연구 내용과 상당한 유사성을 갖는다. 냉전 상황에서

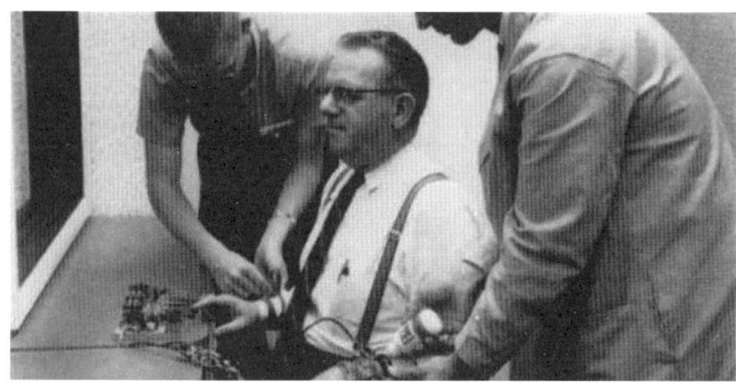

그림2 | **밀그램의 '복종' 실험 장면**

행동과학 연구와 이의 응용인 인간공학 연구가 가져다 줄 수 있는 실용적 유용성은 정책 입안자들이 뿌리치기 어려운 유혹이었던 것이다. 그 과정에서 자극에 반응하고 조절되는 인간관은 다양한 각도에서 조명되고 사회 각 부분에서 활용되었고 결국에는 전 세계로 퍼져 나갔다. 어떤 의미로 이 새로운 인간관은 그것이 영향을 끼치는 과정에도 반영이 되어 있다. 인간이 자극에 반응하고 그 행동에 있어 부분적으로 조절될 수 있다는 점은 과학 연구의 결과로 새롭게 알려진 인간에 대한 '사실'이겠지만 그러한 사실이 21세기 초 현재 사회에서 이처럼 크나큰 영향을 발휘하고 있는 것은 상당 부분 그 인간관이 광범위하게 학습되고 사회적으로 적용된 결과이기 때문이다.

5. 맺음말

인간을 자극에 반응하고 조절되는 자극-반응 기계로만 생각하는 것은, 철저하게 합리적으로 판단하는 이성적 영혼만이 인간의 본질이라고 생각하는 것만큼이나 잘못된 생각이다. 이 생각이 잘못된 이유는 인간이 자극에 반응하고 조절될 수 없어서가 아니라 그런 일면적 측면만으로 규정되기에 인간이 너무나 복잡한 존재이기 때문이다. 인간이 물리학에서 다루는 질량 덩어리이거나 화학물질의 결합체에 지나지 않을 리가 없듯이, 행동과학과 인간공학의 인간론은 인간에 대한 하나의 유용한 모형에 불과하다.

하지만 중요한 점은 이러한 모형이 인간 존재에 대해 경험적으로 지지될 수 있는 중요한 '부분 진리'를 보여주고 있다는 사실을 인정하는 것이다. 인간이 단순한 질량 덩어리가 아님에도 건물에서 추락하는 인간의 신체는 분명히 뉴턴의 중력법칙으로 기술될 수 있다. 마찬가지로 인간이 단순히 자극에 반응하고 조절될 수 있기만 한 것은 아니지만, 이런 식으로 인간을 이론화하고 분석하려는 노력은 인간 행동을 예측하거나 조정하는데 인과적으로 매우 유용하다. 그리고 바로 그런 이유로 현대 사회에서 '자극에 반응하고 조절되는 인간관'은 광범위하게 활용되고 있는 것이다.

우리는 스스로 자유의지에 따라 이성적으로 판단하고 행동한다고 믿고 있지만 우리의 행동이나 생각은 스스로 의식하는지 여부와 무관하게 광고제작자들이 교묘하게 만든 선전물이나 정치인들의 수사적 행동에 의해 영향을 받고 있다. 이 점을 우리 스스로 납득하는 일은 이성적이고 자율적 존재로서의 자기 이미지를 손상시키기에 쉽지 않겠지만, 실제로 이러한 영향이 실재하기에 행동과학과 인간공학 연구에 그토록 막대한 사회적 자원이 투여되고 있다.

물론 인간이 자극에 반응하고 적절한 방식으로 조절될 수 있다는 점이 유용하다는 사실이 곧바로 인간을 적어도 부분적으로 자극에 반응하고 적절한 방식으로 조절될 수 있는 존재로 규정하는 인간관을 철학적으로 정당화하지는 않는다. 하지만 현대 실험과학이 이러한 인간관에 입각하여 얻어낸 수많은 경험적 사실이 존재론적으로 인간을 규정하는 데 무관하다는 생각을 정당화하기는 보다 더 어려울 것이다. 인간 행동 양상과 조절가능성에 대한 현대 실험과학의 성공은 그것이 전제하는 인간관이 경험적 설득력에 기초한 인식론적 지지를 획득했음을 의미한다. 이러한 인식론적 지지가 인간 '본질'에 대한 존재론적 규정에 얼마나 큰 철학적 함의를 가질 것인지는 인간 존재의 윤리적 차원을 어떻게 해명할 것인지를 포함하는 많은 철학적 쟁점과 연결되어 있기에 간단하게 답변하기 어렵다. 하지만 한 가지 분명한 점은 특정 인간관의 인식론적 설득력은 그것의 존재론적 설득력을 어떤 방식으로든지 강화할 것이라는 사실이다.

한편 현대 실험과학의 인간관의 등장을 긍정적으로 보는 견해도 있다. 일찍이 신행동주의 심리학자 스키너는 행동과학의 연구 성과를 교육과 사회구조 재편에 적용하여 보다 바람직한 사회를 만들어낼 수 있다고 주장했다. 이러한 급진적 생각까지 포함해서 행동과학과 인간공학의 인간론은 '이성적 동물'이라는 단순하고 오래된 인간관을 비판적으로 검토하고 보완할 수 있는 개념적 도구를 제공해준다. 중요한 점은 인간이 부분적으로 '자극에 반응하고 조절될 수 있다'는 관점에 상당한 경험적 근거가 있음을 수용하되, 그것이 자율적 행위와 책임의 주체로 인간을 바라보는 관점과 어떻게 구체적인 수준에서 상호작용하는 지를 경험적, 철학적으로 탐구하는 작업이다. 행동과학과 인간공학의 인간관이든 철학적 인간관이든 복합적 존재로서의 인간을 이해하려는 다원주의적 방법론의 시도라는 점을 고려할 때 이러한 탐구는 훨씬 더 생산적으로 이루어질 수 있을 것이다.

더 생각해볼 주제

—

- 인간이 '자유의지'를 갖는다는 말의 의미는 무엇일까?
- 인간이 '자극에 반응하고 조절될 수 있음'을 이해하는 것이 개인적 삶이나 사회적 제도의 맥락에서 왜 중요할까?

더 읽어볼 거리

—

말콤 글래드웰, 이무열 옮김, 『블링크』, 21세기북스, 2016.

브루스 매즐리시, 김희봉 옮김, 『네 번째 불연속』, 사이언스북스, 2001.

콘라트 로렌츠, 김천혜 옮김, 『솔로몬의 반지』, 사이언스북스, 2000.

09

현대 의학의 좌표 찾기, 치료 vs. 강화

1. ADHD와 리탈린

최근 들어 부쩍 방송에 자주 오르내리는 낯선 외국어가 있다. ADHD(Attention Deficit Hyperactivity Disorder)라는 축약어다. 직역하면 집중력결핍 과잉행동 장애가 된다. 이 단어를 들으면 초등학교 교실에서 별다른 이유 없이 드러누워 등으로 바닥청소를 하고 다니는 어린이나 제자리에 앉아 있지 못하고 끊임없이 소리 지르며 교실을 뛰어다니는 말썽꾸러기가 떠오른다. 가만 생각해보면 이런 학생이 예전보다 부쩍 많아진 느낌이 들기도 한다. 하지만 이런 느낌이 ADHD 증상을 보이는 학생이 어떤 이유에서건 예전보다 정말 많아져서인지, 아니면 예전에는 그냥 철부지 (주로 남학생) 초등생의 장난기 어린 행동으로 여겨지던 것들이 병명을 부여받고 어느 순간부터 '질병'으로 간주되기 시작했기 때문인지는 좀 더 꼼꼼하게 따져볼 필요가 있다.

이 문제는 간단하지 않다. 우선 ADHD가 진정으로 그 정체성이 잘 정의될 수 있는 질병인지 자체가 논란거리다. 이 말은 ADHD가 실재하는 '진짜' 병이 아니라, 서로 공명하는 이해관계를 가진 여러 집단이 만들어낸 '가짜'라는 뜻은 아니라. 물론 미국에서 ADHD가 의료보험을 청구할 수 있는 질병으로 인정받게 되는 과정에는, 말썽부리는 아이를 둔 부모와 그 아이들을 가르쳐야 하는 교사, 그리고 리탈린처럼 ADHD 치료약을 만드는 제약회사 사이에 공통된 이해관계에 입각한 암묵적 공감이 있었던 것은 사실이다. 하지만 그 사실 자체가 ADHD라는 질병이 허구라는 점을 증명하지는 않는다. 어느 나라나 제한된 예산으로 운용되는 국가 수준의 의료보험의 경우, 수많은 '진짜' 질병 중에서도 어떤 것을 보험보장 대상으로 포함시킬 것인지를 놓고 그 운영자들이 어려운 결정을 내려야 할 수밖에 없다. 그리고 그 과정에서 자연스럽게 사회적으로 더 주목받고, 정치적으로 단결된 이해집단이 부각시키는 질병일수록 보험청구 가능한 질병의 목록에 포함될 가능성이 높다.

진짜 문제는 ADHD가 어떤 의미에서 '질병'인지에 대한 논란이다. ADHD에 대한 연구는 현재 진행형이어서 이 병에 대한 우리의 지식은 잠정적일 수밖에 없다. 현재까지 연구에 따르면 모든 ADHD 환자를 포괄할 수 있는 단일한 원인이나 증상을 확정하기는 어렵다는 데 합의가 모아지고 있다. ADHD가 다양한 원인과 경로를 통해 발생하는 '스펙트럼' 질병이라는 것이다.

하지만 비교적 확실한 사실 중 하나는 어릴 적 ADHD로 진단을 받은 아동 중 상당수가 특별한 치료를 받지 않더라도 성장하면서 자연적으로 완치되거나 적어도 증상이 크게 완화된다는 사실이다. 이는 ADHD가 뇌의 상대적 미성숙과 관련되어 있다는 최근 학계의 입장과도 일맥상통한다. 즉 상당수의 ADHD '환자'들은, 실은 정서 조절과 규범에 따라 행동하는 능력을 담당하는 뇌의 관련 영역이 평균보다 '느리게' 성숙하기에 나타나는 일시적 현상을 겪고 있는 것일 수 있다.

이 점은 부모-교사-제약회사의 특별한 공모를 가정하지 않고도 왜 최근 ADHD 환자가 급증하고 있는지도 부분적으로 설명해 준다. ADHD 증상은 분명 '진짜' 현상이지만, 어린이의 부주의한 행동이나 정신없는 소란을, 자라면서 없어질 일종의 성장통으로 간주하는 사회문화적 환경에서라면 특별히 '질병'으로 범주화되지는 않을 것이다. 하지만 일단 표준 증상이 정의되고 진단기준이 마련되고 나면 '갑자기' 그 전에는 보이지 않았던 ADHD 환자들이 급증하게 되는 것이다.

이런 의미에서 일부 질병은 우리가 정상적으로 기능하는 인간과 비정상적인 인간을 구별하는 기준을 새롭게 정의하는 과정에서 '탄생'할 수 있다. 이 과정에서 예전 정의에 따르면 환자가 아니었던 사람들이 새로운 정의에 따라 환자로 분류될 수 있다. 계속 강조하지만 질병 정의 도입 이전과 이후에 증상이 동일하게 나타났다는 의미에서 이 질병은 결코 '허구'가 아니다. 하지만 분명 실재하는 증상에 대한 우리의 태도가 변화한다는 의미에서 이렇게 등장한 질병은 분명히 '구성적(constructive)' 측면을 갖는다.

최종적으로는 비슷한 키에 도달하는 사람 사이에서도 키가 빨리 자라는 시기에 조금씩 차이가 있다. 어떤 사람은 초등학교 시절에 빨리 자라고 난 후 성장 속도가 급속하게 더뎌지는 반면, 다른 사람은 초등학교 시절까지는 작은 키에 머물다가 중학교에 가서 빨리 크기도 한다. 그렇다고 해서 소아청소년과 병원에 가면 걸려 있는 아동 성장 곡선에 정확하게 일치하지 않는 모든 사람이 키 성장에 있어 비정상이라고 볼 수는 없다. 마찬가지로 남들보다 약간 늦게 '철'이 드는 아동을 그들이 성장 과정 중에 ADHD 증상을 보인다는 사실만으로 '비정상'이라고 단정짓기 어렵다.

성장이 종료된 후에도 여전히 증상이 개선되지 않는 '진짜' ADHD 환자들도 분명 상당수 있다. 하지만 증상이 매우 심하지 않은 경우를 제외하면, 늦게 '철'이 드는 상황과 '진짜' ADHD 환자 사이를 아동 시점에서 구별하기는 쉽지 않다. 그러나 이 구별은 의료적 처치를 필요로 하는지와 직결된다. 결국 어디부터 정상적인 아동의 발달로 보고 어디부터 의학적 처치가 필요한 비정상적 아동으로 볼 것인지에 대해 논쟁이 일어날 수밖에 없다.

하지만 이 모든 복잡한 논의에도 불구하고, '진짜' ADHD 환자와 실제로는 아프지 않고 단지 철이 늦게 드는 유사환자는 궁극적으로 판별될 수 있는 것이 아닌가? 그렇다면 진짜 환자만 치료를 받고 그렇지 않은 유사환자는 자연 치유되도록 그냥 놔두어야 하지 않을까? 의료현장에서 이 둘을 구별하는 것이 어렵다는 것은 단지 실천적인 문제에 불과한 것이 아닌가? 핵심은 오직 비정상적인 '환자'만이 치료를 받아야 한다는 의료 원칙이 아닐까?

이 문제 역시 그렇게 간단하지 않다. ADHD 증상을 보이는 아동을 키우는 학생이나 교실에서 이들을 지도하는 교사의 입장에서는 증상을 보이는 아동 중 일부가 결국에는 '자연치유'될 것이라는 사실은 별 위안이 되지 않는다. 그들의 발달 과정이 아무리 '자연스러운 과정'이라 하더라도 여전히 그들을 다루는 일이 어렵다는 사실이 변하는 것이 아니기 때문이다. '진짜' 환자이든 아니든 '치료'를 통해 증상이 완화될 수 있다면 그 증상으로부터 고통을 당하는 사람 입장에서는 자연스럽게 '치료'를 고려하게 될 것이다.

음식을 너무 많이 먹으면 포만감을 넘어서 불편함을 느낄 수 있다. 이는 자연스러운 현상으로 시간이 지나면 점점 나아져 결국에는 대부분의 경우 건강에 별다른 이상을 일으키지 않는다. 하지만 많은 사람들은 이런 '일시적인' 과식으로 인한 불편함을 해소하기 위해 소화 보조제를 복용한다. 소화제는 우리의 소화과정을 자연적으로 이루어지는 속도보다 더 빠르게 하도록 도와서 과식의 불편함을 해소해준다. 소화제를 너무 자주 먹는 것이 좋다고 말할 사람은 아무도 없다. 당연히 예기치 않은 부작용이 있을 수도 있고, 소화제에 의존성이 생겨 자체 소화기능이 저하될 수도 있다. 하지만 소화가 잘 되지 않을 때마다 가끔씩, 그냥 놔두면 분명히 저절로 소화가 되리라는 점을 충분히 알지만, 빨리 편안함을 얻기 위해 소화제를 사용하는 것이 문제가 된다고 생각하는 사람도 없을 것이다. 결국, 약은 반드시 비정상적인 환자의 상태를 치료를 통해 정상으로 회복시키기 위해서만 사용되는 것은 아니다. 우리는 어떤 경우에는 꼭 필요하지 않더라도 순간적인 불편함을 해소하기 위해 혹은 좀 더 나은 상태가 되기 위해 약을 복용하기도 한다.

마찬가지로 ADHD 증상을 보이는 아동의 부모나 교사는 리탈린처럼 아동을 '유순하게' 만드는 마법의 약에 열광하기 쉽다. ADHD 증상은 아동마다 상당한 정도차를 보인다. 즉, 리탈린과 같은 약을 복용하지 않고는 다른 방법으로는 도저히 정상적인 학교생활을 하기 어려운 아동부터 적당한 훈육을 통해 어느 정도 통제가 가능하지만 그 통제를 수행하기가 '불편할' 정도로 성가신 경우까지 있다. 리탈린은 여러 단계의 임상시험을 거쳐 ADHD 치료약으로 승인받아 시판되고 있는 처방전이 필요한 의약품이다. 게다가 사람에 따라서는 상당한 부작용을 가져올 수도 있다. 그러므로 현명한 선택은 중증 ADHD 증상을 보이는 사람에게만 선택적으로 조심스럽게 처방하여 사용하는 것이 맞을 것이다. 하지만 이러한 '현명한' 생각은 당장 시끄럽게 떠드는 아동을 감당해야 할 부모나 교사, 그리고 그들의 요구를 거절하기 어려운 의사에게는 좀처럼 실행에 옮기기 어려운 것일 수도 있다. 결국 리탈린과 같은 약은 어떤 기준으로 보더라도 지나치게 남용될 가능성이 있다.

문제를 더 복잡하게 만드는 사실은 리탈린은 ADHD 증상을 보이는 사람만이 복용하고 있는 것이 아니라는 점이다. 리탈린은 정상인의 집중력도 높여주는 것으로 알려져 있다. 미국에서는 중요한 시험을 앞두고 외울 것이 많은 법대생이나 의대생들이 리탈린을 암암리에 널리 사용한다고 알려져 있다. 우리나라에서 정상인이 리탈린을 복용하는 상황에 대해서는 정확한 정보조차 얻기 힘들다. 리탈린은 약국에서 아무나 구입할 수는 없고 반드시 의사의 처방이 필요하다. 하지만 미국에서는 일반적으로 미리 ADHD 증상을 공부하고 가서 의사에게 내게 그런 증상이 있다고 말하는 것만으로도 (충분히 연기력이 좋다면) 처방을 얻어낼 수 있다고 한다. 그렇기에 정상인이 리탈린을 구하는 일은 그다지 어렵지 않다고 평가된다. 그 밖에도 약을 얻을 수 있는 여러 '어둠의' 경로가 있는 것으로 알려져 있다.

문제는 집중력 강화제로 리탈린 등의 약이 사용되는 것은 뷰캐넌이 이야기하는 일종의 '뒷문(backdoor)'으로 정신능력 강화약물이 사용되는 것에 해당된다는 사실이다. 리탈린은 집중력 강화제로 사용될 목적으로 개발되지 않았다. 그런 증상에 진정으로 효과가 있는지 대조군 시험을 거치지도 않았고 부작용이 심하지 않는지에 대해 엄격한 검사를 통과한 것도 아니다. 리탈린은 ADHD라는 특정 질환에 대한 치료제로 개발되었는데 일반 사용자들이 그 약을 원래 목적 이외의 목적을 위해 사용하고 있는 것이다. 뷰캐넌을 비롯한 일부 논자들은 이처럼 '뒷문'으로 유입된 정신능력 강화약물은 정식으로 정신능력 강화를 목적을 위해 개발된 약물에 비해 부작용에 대한 통제나 예기치 않았던 사회적 부작용에 대응하기 어렵다고 주장한다.

당연히 이런 논자들은 모든 약은 특정 질병에 대한 치료제여야 한다는 부담 없이 정신능력 강화약물을 보다 적극적으로 개발하고 활용하자는 입장을 취한다. 그렇게 함으로써 우리는 이런 약물의 부작용을 최소화하면서도 보다 개인과 사회의 복지를 증진하는 방향으로 약물을 사용할 수 있을 것이라는 주장이다.

하지만 충분히 정상적인 인간이 끝없이 더 나은 상태를 달성하기 위해 인위적으로 약물을 복용하는 것은 왠지 부자연스럽지 않을까? 우리는 진짜 비정상적 증상, 즉 다른 방식으로는 정상적인 인간의 능력으로 되돌려줄 수 없는 상태에 이른 사람만을 선택적으로 치료해야 하는 것이 아닐까? 멀쩡한 사람을 인지적으로 슈퍼맨으로 만들어 주는 정신약물은 윤리적으로 잘못된 것이 아닐까? 자연스러운 인간 능력의 발현에 인위적으로 개입하는 이런 약물이 광범위하게 사용되고 나면, 자신에게 주어진 능력을 소중히 여기고 이를 바탕으로 자신을 계발하려는 노력의 가치를 잊게 되지 않을까? 다음 절부터 이런 질문들을 살펴보기로 하자.

2. '정상적' 인간으로 회복시키는 치료?

100미터 달리기 선수를 생각해보자. 당연히 이들은 일반인보다 100미터 달리기를 무척 잘 할 것이다. 통계적인 의미에서 보자면 이들의 100미터 달리기 실력은 전체 인구의 달리기 능력 분포에서 맨 오른쪽 끝에 위치할 것이다. 이 경우 통계학적으로 이들은 적어도 단거리 달리기 실력에 있어서는 정상 범위에서 크게 벗어난 능력을 지니고 있다고 할 수 있다. 좀 더 간단하게 말하자면 이들은 단거리 달리기 능력에 있어서 '비정상'이다.

이런 이야기가 조금 이상하게 들릴 수 있다. 달리기 선수가 달리기를 잘 하는 것은 좋은 일 아닌가? 그런데 그들을 '비정상'이라 말하는 것은 왠지 나쁘게 이야기하는 것 같다. 비정상적으로 먹는 것에 집착하거나 비정상적으로 화를 잘 낸다는 것은 왠지 자연스러운데 비해, 비정상적으로 외국어를 빨리 배운다든지 비정상적으로 요리를 잘한다는 건 왠지 이상하게 들리는 것이다.

이런 느낌은 '정상(normal)'이 갖는 두 의미를 혼동하기 때문에 생긴다. 정상에는 여러 의미가 있지만 일단 우리에게 중요한 두 의미는 통계적 의미와 평가적 의미로 구별될 수 있다. 통계적 의미의 정상이란 전체 분포에서 다수를 차지한다는 의미이다. 예를 들어, 우리나라 성인 남자의 키 분포는 대충 평균값을 기준으로 정상 분포(normal distribution)와 비슷한 모양을 이룬다. 여기서 특정한 방식의 통계적 분포의 명칭에서도 '정상'이라는 개념이 활용됨에 주목할 필요가 있다(〈그림 1〉 참조). 이때 평균값 근처에 있지 않고 키나 매우 크

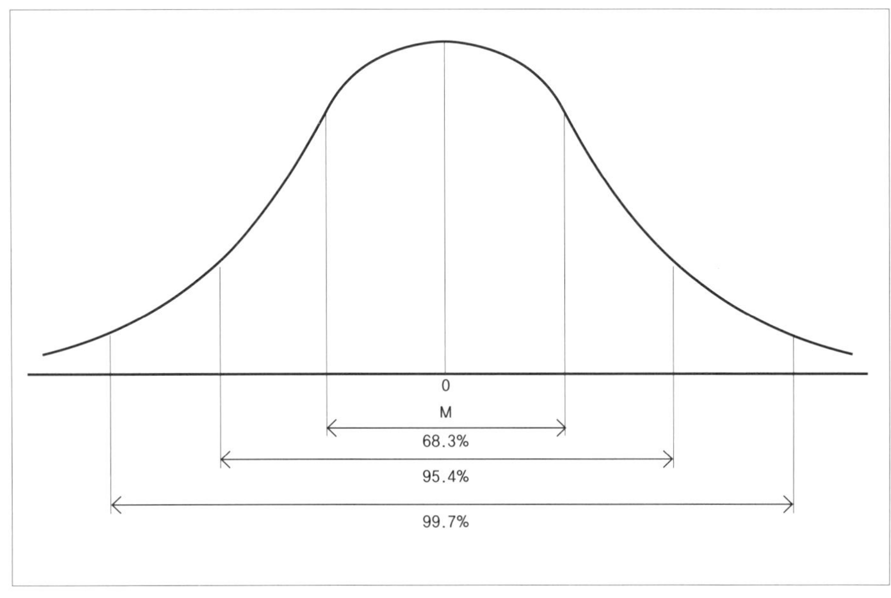

그림 1 | **정상분포 곡선**

거나 매우 작은 경우는 모두 통계적 의미에서 '비정상'에 해당된다. 이 말은 그저 그들의 키와 비슷한 키를 가진 사람이 전체 집단에서 소수라는 의미일 뿐이다.

정상에 대한 통계적 의미와 개념적으로는 분명히 구별되는, 그럼에도 깊이 연관되어 사용되는 의미는 평가적 의미이다. 이는 특정 대상이나 속성이 마땅히 가져야 할 '제대로 된' 상태가 있음을 전제하고 이로부터 벗어난 것은 무언가 문제가 있는 것으로 간주하는 규범적 태도를 바탕에 깔고 있다.

예를 들어, 사람마다 예의바른 정도는 다르겠지만 그래도 '정상적인' 사람이라면 다른 사람을 대할 때 어느 정도의 예를 갖추는지에 대해 소속 집단마다 대충의 규범적 기준이 있기 마련이다. 이에 못 미치게 너무 무례하거나 과례한 사람은 '비정상적'이라고 말할 수 있다. 이때 비정상적이라는 평가는 단순히 이들이 예의바름의 정도가 전체 분포에서 다수를 차지하지 않는다는 통계적 의미와 필연적으로 연관될 필요는 없다. 전반적으로 예의범절이 땅에 떨어진 사회라면, 예의에 관한 한 평가적 의미에서 '비정상적인' 사람이 통계적 의미에서 '정상적', 즉 다수일 것이다. 그러므로 평가적 의미의 비정상성은 원칙적으로는 다수인지, 소수인지와 무관하게, 우리가 규범적인 의미에서 바람직하게 생각하는 상태에서 벗어난, 그래서 문제가 있는, 혹은 심한 경우에는 도덕적 비난을 받을 만한 상태에 있다는 뜻이다.

정상성에 대한 이런 두 의미, 즉 통계적 의미와 평가적 의미를 구별하는 것은 매우 중요하다. 예를 들어 키가 무척 큰 사람은 통계적 의미에서는 분명 비정상이지만 평가적 의미에서 반드시 비정상이라 볼 수 없다. 평가적 의미를 판단하기 위해서는 맥락이 주어져야 한다. 예를 들어 농구 게임의 맥락이라면 그 사람의 큰 키는 평가적 의미에서 바람직한 속성일 것이다. 하지만 비좁은 방안에 여러 사람이 갇힌 경우라면 적어도 그 사람의 '비정상적으로' 큰 키는 그다지 바람직하지 않을 것이다.

이런 논의가 왜 중요할까? 리탈린과 같은 정신능력 강화약물의 사용과 관련된 논의에서 자주 등장하는 논점은 이들 약물을 질병을 고치는 치료제가 아니라 정상인의 능력을 강화(enhancement)하는 데 사용하는 것이 정당한지 여부이다. 인간의 '정상'적인 상태에서 벗어난, 혹은 '건강'한 상태에서 벗어난 사람을 정상적인 혹은 건강한 상태로 돌려놓기 위해 치료를 수행하는 것은 의학의 본래 사명이라고 보는 것이 일반적이다. 그러므로 정상적인 기능 회복(recovery)을 위한 치료에 약물이나 처치가 사용되는 것은 정당하지만, 그렇지 않은 상황 즉 이미 정상이거나 건강한 사람을 비정상적으로 특별한 능력을 갖게 만들거나 특별히 더 활력이 넘치고 극단적으로 건강하게 만드는 행위는 의학의 본연의 목적을 벗어난 것이라는 관점이 있을 수 있다. 이런 식으로 환자의 회복이 아니라 정상인의 더 나아지려는 욕구에 봉사하는 의학을 미용의학(cosmetic medicine)으로 폄하하는 입장도 있다.

분명 의학의 본성과 약품의 사용에 대해 이렇게 생각하는 것이 자연스럽기는 하지만 좀 더 차분히 이러한 생각의 기반을 따져보면 생각만큼 튼튼하지는 않다. 예를 들어 치료목적으로 리탈린을 사용하는 것은 윤리적으로 정당한 데 비해 강화목적으로 사용하는 것은 바람직하지 않다고 주장할 수 있는 근거를 찾는 일을 생각보다 쉽지 않다는 것이다. 그 이유는 정상적 인간과 건강한 인간을 개념적으로 깔끔하게 경계 짓는 일이 쉽지 않은데다가 설사 이 경계 짓기가 가능하더라도 그 경계가 앞서 지적한 차별적 옹호를 뒷받침하는지 역시 분명하지 않기 때문이다.

우선 통계적 의미에서의 정상적 인간의 경우를 생각해 보자. 인류의 역사를 통해 볼 때 당연히 시기나 지역에 따라 큰 변동의 폭은 있지만 적어도 최근 100년 사이에 인간의 수명이나 영양 정도, 교육받는 비율 등에 있어 상당한 진보가 이루어진 것이 사실이다. 이런 진보는 당연히 인간집단의 육체적, 정신적, 사회적 복지 수준의 전반적 증가를 의미하기에 이들 속성의 평균값을 변화시켰음이 분명하다. 다른 말로 하자면 인류의 역사에서 우리가 '진보'의 사례로 간주하는 것의 상당수는 통계적 의미의 '정상'을 변화시킴으로써 얻어졌다고 볼 수 있다. 만약 치료적 목적만이 정당화되고 치료란 통계적 의미에서 '정상적'인 인간의 상태로 돌려놓는 것을 의미한다면 집단이 전체적으로 더 바람직한 방향으로 변화하는 것에 부당한 한계를 제시하는 것은 아닐까?

현재 집단의 분포상태에 상대적으로 정의된 '평균적'인 의미에서 정상적 인간으로 회복시켜주는 것을 치료라고 정의한다면 치료는 본질적으로 보수적일 수밖에 없다. 인간이 다른 윤리적 원칙을 어기지 않는 범위 내에서 자신의 능력을 계발하고 자신과 주변 사람들의 복지 수준을 향상시키려고 노력하는 일은 윤리적으로 정당해 보인다. 그러므로 고정불변한 '정상적' 인간을 미리 규정하고 여기로 회복시키는 것만이 유일하게 윤리적으로 정당화될 수 있는 의학적 개입이라고 말한다면 이를 수용하는 사람은 많지 않을 것이다.

그러므로 치료는 정해진 정상 값으로의 회복보다는 우리가 규범적으로 바람직하다고 생각하는 '건강한' 상태로의 회복을 목적으로 해야 할 것 같다. 즉, 통계적 의미의 '정상' 상태로의 회복이 아니라 평가적 의미의 '정상' 상태로의 회복을 목적으로 해야 한다는 말이다. 예를 들어, 전쟁이나 부패로 피폐해진 국가에 사는 국민들은 영양 상태나 교육 수준 등에 있어 전반적으로 끔찍할 수 있다. 이들을 인간이라면 최소한 누려야 할 '건강한' 상태로 돌려놓기 위해 구호 식량을 배달하고 기초 교육을 제공하는 노력은 그들 집단의 통계적 의미에서의 정상적 인간으로 회복시키는 행위가 아님에도 불구하고 윤리적으로 여전히 타당해 보인다. 그 나라 국민의 집단에 의해 규정되는 '정상적' 상태 외에 우리는 평가적으로 설정할 수 있는 '정상적' 상태에 대한 개념을 갖고 있기 때문이다.

하지만 여기서도 문제가 발생한다. 평가적 의미에서 '건강한' 사람은 어떤 것을 의미하는지에 대해 우리는 다른 생각을 가질 수 있다. 실제로 역사상 시기에 따라 지역에 따라 평가적 의미의 '정상성'에 대해 극적으로 다른 많은 생각이 영향을 끼쳐왔다. 이렇게 되면 우리가 목표로 해야 할 '정상적' 인간을 어떻게 규정하는지에 따라 윤리적으로 합당한 '회복'적 치료의 범위는 크게 달라질 수 있다.

우울증 치료제로 개발된 프로작을 생각해보자. 프로작은 중증 우울증 치료제로 개발되었다가 나중에는 일종의 '기분전환제'로 많은 정상인들이 사용하고 있는 약물이다. 중증 우울증 환자를 제외하고, 프로작을 복용하는 대다수의 사람들은 이 약을 복용하지 않아도 통상적 의미에서 충분히 건강한 사람들이다. 물론 이들은 약을 먹지 않으면 기분이 좋지 않은 하루를 보내거나 주변 사람들에게 짜증을 내거나 기분이 가라앉을 수는 있다. 하지만 이들을 통상적인 의미에서 '아픈' 사람이라고 보기는 어렵다.

하지만 이들의 복지 수준은 프로작을 복용하면 분명히 증가한다. 이 점은 프로작이 사람에 따라 상당한 단기적/장기적 부작용이 있으며, 심각한 부작용을 겪지 않는 사람조차 간헐적으로 무기력증이나 중독, 금단 증상 등을 일으킬 수 있다는 사실까지를 종합적으로 고려해도 타당하다. 이런 종류의 약이 그렇듯이 남용되거나 '필요'이상으로 과다 처방되어 의료재정이 불필요하게 낭비되는 측면은 분명히 있다. 하지만 전반적으로 프로작이 복용하고 있는 사람의 복지 수준을, 그리고 그를 통해 주변 사람의 복지 수준을 향상시킨다고 믿을 만한 충분한 경험적 증거가 있다.

문제는 약을 복용하여 우리가 바람직하다고 생각하는 상태를 도달하도록 돕는 행위가 왠지 부자연스럽고 꺼림칙해 보인다는 점이다. 만약 당신이 기분이 좋지 않다면 왜 그런지 곰곰이 생각해보고 가벼운 운동이나 친구와의 대화로 기분전환을 하는 것이 좀 더 바람직하게 보인다. 알약 하나를 먹고 기분이 좋아지는 것은 왠지 정직하게(?) 기분을 전환하는 방식이 아닌 것처럼 보인다. 문제의 원인에 당당하게 맞서서 근본적 원인을 제거하지 않은 채 단지 '증상'만을 제거한 것이라고 비난할 수도 있다. 더 나아가 자신의 기분을 주체적으로 조정하고 노력을 통해 일시적인 정서적 문제를 극복하려는 적극적 태도를 취하는 대신 알약 한 알을 복용하는 손쉬운 방법으로 결과만을 얻으려는 얄팍한 시대정신이 발현된 것이라고 생각할 수도 있다.

물론 이런 평가는 논쟁의 여지가 있다. 약물의 사용을 통해 얻는 복지수준의 증가가 정당하게 평가될 수 있는 '진짜'인지 기만적인 '모조'에 불과한 것인지 자체를 복지나 행복이라는 근본 개념에 대해 진지한 성찰로부터 잘 따져볼 필요가 있기 때문이다. 약물을 통해 얻는 '행복감'에 대해 『멋진 신세계』에서 매우 비판적이었던 올더스 헉슬리조차 후기 소설 『아일랜드』에서는 시대정신과 개인적 경험을 반영하여 미묘한 입장 변화를 보여주었다. 하지만 그럼에도 개인적 행복감의 수준이 아니라 사회적 제도의 수준에서 약물에 의존하여 '행복감'이 유지되는 사회가 바람직한 사회라고 보기는 어렵다. 일정한 입장 변화가 있다고 볼 수 있는 헉슬리에게서조차 『아일랜드』에서 긍정적으로 묘사하는 약물 사용은 『멋진 신세계』에서처럼 일상적 사용이 아니라 특별한 '영적 체험'의 상황에만 사용되는 제한적으로 사용되는, 사회적으로 '규제'된 성격을 지녔다.

통상적으로 사용되는 약물에 의한 인간 정서의 조절이 바람직하지 않다는 생각은 충분히 그럴듯하고 아마도 대다수 사람들에게 직관적 호소력이 있을 것이다. 문제는 이러한 직관적 호소력이 우리가 다른 분야에서 이미 받아들이고 있는 수많은 사회적 관행과 어긋난다는 사실이다. 이미 우리는 분명 보다 고통스럽기는 하겠지만 자신의 노력을 통해 상당한 정도 극복이 가능한 상태를 단숨에 끌어올릴 수 있는 강화 수단을 당연하게 사용하고 있다. 우리가 매일 이용하는 교통수단이 그 대표적인 예이다. 가고자 하는 대부분의 장소에 우리는 원칙적으로 걸어 갈 수 있다. 다리가 불편한 사람도 '원칙적으로는' 느리게라도 갈 수 있을 것이다. 하지만 우리는 자동차나 지하철을 이용하여, 어떤 경우에는 고속철이나 비행기처럼 '부자연스럽게 빠른' 수단을 이용하여 그 장소로 이동한다. 이처럼 우리의 신체와 정신의 노력을 통해 얻은 성과만이 도덕적 정당성을 갖는다고 보는 입장은 현대 기술문명 사회에서 유지되기 어려운 견해이다.

그림2 | **1931년에 발표된 올더스 헉슬리의 『멋진 신세계』 초판 표지**

자동차가 '부자연스럽게 빠르다'는 표현은 다양한 교통 수단에 익숙한 우리에게는 다소 억지스럽게 들릴 것이다. 하지만 우리가 보기에 너무나 느리게 이동하는 초기 증기 기관차조차 당시 사람들에게는 '부자연스럽게 빠른' 것으로 평가하고 이것이 인간 심리에 미칠 영향에 대해 염려했다. 이는 '자연스러움'과 '정상성'에 대한 우리의 직관이 얼마나 맥락 의존적이며 역사적으로 가변적인지를 보여주는 사례라고 할 수 있다.

좀 더 범위를 좁혀 의학에 대해 살펴봐도 마찬가지이다. 우리는 의학을 치료(treatment)와 일차적으로 연관 지어 생각하지만 의료화(medicalization)가 대규모로 진행된 현대의학의 맥락에서 볼 때, 현재 병원에서 우리가 받는 치료나 시술의 상당 부분은 과거 병원에서는 치료 대상으로 생각하지 않던 것이거나 현재의 기준을 적용해도 질병을 고친다는 개념으로 이해하기 어려운 것들이다. 성형외과 수술 대부분은 치료 목적이 아니라 특정한 방식으로 (그리고 의도적으로) 신체를 변형하려는 개인의 열망을 실현하는 것이다. 이 과정에서 다양한 사회적 압력이 작용하는 것은 사실이지만 그렇다고 해서 성형수술을 윤리적으로 정당화될 수 없을 정도로 '수동적'이라고 생각하기는 어렵다. 성형 수술의 대부분은 분명 질병에 대한 치료가 아니라 특정한 방식의 신체에 대한 개입, 그리고 많은 경우 배경이 되는 사회적 상황을 고려할 때 자신의 경쟁력을 높이려는 '강화'에 해당된다.

성형수술은 일반적으로 이미 사회적 논쟁거리이므로 다른 예를 들어보자. 요즘 많은 사람들이 라식 수술을 받고 있다. 이 수술이 등장하기 전에는 안경이나 콘택트렌즈를 사용했다. 이들 수술과 시력보정 기구는 어떤 의미에서도 백내장이나 녹내장처럼 '질병'을 치료하기 위해 시도되는 것이 아니다. 어떤 의미로는 시력이 나쁜 사람에게는 대단히 불행하고 억울한 일이지만 그들이 그런 나쁜 시력을 갖고 태어난 것은 분명 자연적인 인과 과정의 결과로, 생물학적 의미에서 지극히 '자연스러운' 것이다. 그리고 나이가 들어 노안이 찾아오는 것 역시 통계적 의미에서 (그리고 삶에 대한 특정 입장을 취하면 평가적 의미에서도) 정상적이다. 하지만 우리는 이렇게 자연스럽게 분포된 시력을 그냥 받아들이고 다른 신체적, 정신적 노력을 통해 어떡해든 이를 극복하려고 노력하는 일이 유일하게 윤리적으로 정당화될 수 있는 일이라고 생각하지 않는다. 그보다는 근처 안과에 가서 시력검사를 받고 안경이나 콘택트렌즈를 맞추거나 라식 수술을 받는다.

안과에서 백내장 수술을 받는 것은 치료이기에 정당하고 라식 수술을 받는 것은 치료가 아니기에 정당하지 않는가? 왜 백내장은 질병이고 눈이 나쁜 것은 질병이 아닌가? 시력이 나쁜 사람들은 망막, 수정체, 시신경이 정상적으로 형성되지 않아 그런 경우가 많다. 그러므로 이들도 통계적인 의미에서 정상적이지 않은, 일종의 질병을 갖고 있는 것이 아닐까? 하지만 어떤 속성에 대해서도 통계적인 정상에서 벗어나면 무조건 질병인가? 그렇다면 정상적인 사람보다 빨간 색을 훨씬 더 좋아하는 사람은 질병을 갖고 있는 것인가?

이런 의문들은 실제로 의학의 역사에서 끊임없이 제기되어 온 중요한 문제이다. 의학이 질병을 진단하고 이를 치료하는 학문인지, 환자의 고통을 경감하는 것이 주목적인지에 따라 이에 대한 답은 달라질 수 있다. 환자의 고통을 경감하는 것이 의학의 목적이라고 생각하면 환자의 '불편함'을 제거하는 것도 의학의 목적이 될 수 있다고 볼 수도 있다. 실제로 현재 이루어지고 있는 의학의 상당 부분은 심각한 질병을 치료하기 보다는 환자의 불편함을, 어떤 경우에는 예전에는 불편함으로 인식되지 않았던 것을 불편함으로 재규정한 이후에, 이를 해소하는 것이다. 이런 의미에서 볼 때 프로작의 광범위한 사용은 의학의 목적과 질병을 바라보는 시각의 변화를 의미할 수 있다.

3. 느린 강화와 빠른 강화, 일시적 강화와 영구적 강화

하지만 앞선 논의에 대해 당연히 반론이 제기될 수 있다. 인류가 상당히 오랜 시간 사용해 온 안경과 최근 집중적인 연구를 통해 개발된 신약을 비교하는 것은 적절하지 않다는 지적이 가능하다. 우리는 그 본질이 같더라도 익숙함에 정도에 따라 다른 윤리적, 실천적 기준을 적용할 수 있다. 특히, 강화의 과정이 불러올 수도 있는 여러 부작용은 많은 경우 오랜 시간 사용해 본 경험을 통해서만 확인할 수 있다. 그러므로 당장 문제가 없다고 해서 등장한 지 얼마 안 되는 신기술 강화수단과 수많은 세월에 걸쳐 수많은 사람들이 활용해 온 강화수단을 동등하게 간주하기는 어려울 것 같다.

이런 문제는 특히 유전적 강화와 관련하여 더 첨예하게 발생한다. 유전적인 강화는 생식세포 수준에서 이루어지든 매 세대마다 유전자 강화의 형태로 이루어지든, 리탈린을 복용하여 집중력을 높이거나 프로작을 복용하여 기분을 전환하는 것과 질적으로 매우 다른 특징을 보여준다. 이들 강화는 적어도 그 강화를 받은 사람에게는 영구적이거나, 생식세포 강화의 경우에는 후속 세대 모두에게 (또 다른 변화의 가능성을 제외하고) 영구적일 수 있다는 점이 특징이다. 이처럼 지대한 영향을 끼치는 강화의 가능성을 우리가 기술적으로 갖게 되었다는 사실은 분명 그 강화를 찬성하거나 반대하거나를 떠나서 우리에게 막중한 책임감을 지운다고 볼 수 있다.

강화를 찬성하는 사람들은 안경과 같은 익숙하고 강화라고조차 느껴지지 않은 강화와 점진적인 학습을 통해 인지능력을 향상시키는 행위, 그리고 리탈린을 복용하여 빠른 속도로 인지능력을 강화시키는 행위가 도덕적으로 동등하다고 주장한다. 느린 강화와 빠른 강화는 단지 정도의 차이일 뿐 강화라는 점에서 동등하며 하나가 허용될 수 있다면 당연히 다른 하나도 허용되어야 한다는 것이다. 다른 말로 하자면, 노력을 통해 인지능력을 향상시키는 것과 리탈린을 통해 인지능력을 향상시키는 것이 모두 자연적인 방식이 아닌 인위적인 방식으로 우리의 신체적, 정신적 능력을 강화시킨다는 점에서는 동등하므로 두 경우에 적용되어야 할 윤리적 판단 기준은 동일해야 한다는 주장이다.

이런 논지는 유전적 강화처럼 영구적 성격을 갖는 강화와 프로작 복용처럼 일시적 성격을 갖는 강화에도 동일하게 적용된다. 이 두 강화가 분명 직관적으로는 상당히 다른 느낌을 주지만 두 경우 모두 여러 기술적 방식을 활용하여 우리의 능력을 증대시키거나 정서적 복지를 향상시키는 행위라는 점에서는 동일하기에 도덕적으로 동등하게 취급되어야 한다는 것이다. 물론 유전적 강화에는 우생학이라는 어두운 그림자가 드리우고 있어서 이 주장을 하는 사람도 좀 더 조심스러운 단서조항을 제시한다. 즉, 이러한 강화 행위는 철저하게 개인의 자발적인 선택에 의한 것이어야 하며 이런 강화를 선택한 개인은 자신이 어떤 것을 선택하는지를 분명하게 이해할 수 있는 능력과 결과에 대한 적절한 지식을 갖춘 상황에서 선택을 수행해야 한다는 것이다. 인종청소나 기타 우생학적 사회정책은 분명 이러한 상황에 해당되지 않는다.

결국 일시적 강화와 영구적 강화 사이에 별다른 차이가 없다는 주장은 두 강화 사이의 도덕적 차이는 (만약 있다 해도) 인지동의(informed consent)를 적절한 방식으로 취득함으로써 해결될 수 있다고 생각하는 것이다. 이런 맥락에서 일부 논자들은 자유주의적 우생학은 예전의 전체주의적 우생학과 달리 도덕적으로 충분히 옹호 가능하다고 주장하기도 한다. 이 정도까지 가지 않더라도 유전적 강화가 특별한 도덕적 문제를 제기하지 않는다고 보는 입장에서는 유전적 강화에만 특별한 도덕적 고려를 요구하는 것은 정당화할 수 없는 유전적 예외주의(genetic exceptionalism)라는 입장을 견지한다.

유전자와 관련된 사안은 무조건 다른 사안과 도덕적 지위를 달리 한다는 생각은 많은 경우 유전자가 우리 행동이나 인격을 결정하는 정도를 과장하는 생각과 연결되어 있다. 유전자가 환경을 비롯한 다양한 요인과 함께 행동과 성격에 영향을 끼친다는 점을 고려하면 단순히 유전적 요인이라는 이유만으로 예외적 대우를 요구하는 것은 역설적으로 유전자 결정론을 전제하는 것일 수 있다. 그런 점을 고려할 때 모든 형태의 강화에 긍정적인 논자들이 극단적인 유전자 예외주의를 비판하는 대목은 비교적 설득력이 있다.

하지만 빠른 강화와 느린 강화, 영구적 강화와 일시적 강화는 모두 강화이므로 도덕적 고려에서 동등하다는 주장은 근본적으로 문제가 있다. 한 개념으로 묶일 수 있는 다양한 개별자들이라도 일반적으로 여러 공유하지 않는 속성을 갖는다. 예를 들어 한국의 초등학생 집단은 분명히 많은 특징을 공유하지만(정부가 정한 교육과정을 정해진 기간 내에 이수하는 등) 개별 초등생은 그보다 훨씬 많은 측면에서 서로 다른 특징을 보인다. 그러므로 한국의 초등학생에 대한 도덕적 고려는 사안에 따라 동등한 대우를 요구하기도 하고(학생의 기본적 권리와 의무의 측면에서), 다른 대우를 요구하기도 한다(성취도에 따라 다른 수업 내용을 부과하거나 신체적 조건에 따라 다른 의무를 부과하는 등). 그러므로 우리가 확인해 볼 필요가 있는 사안은 강화 옹호론자들이 생각하는 것처럼 빠른/느린 강화, 영구적/일시적 강화 사이에 도덕적으로 차이를 가져오는 어떤 상황도 없는지의 여부이다.

하지만 조금만 생각해봐도 서로 다른 종류의 강화들 사이에는 윤리적으로 유의미한 많은 차이점이 있다는 것을 알 수 있다. 노력을 통해 학습능력을 향상시키는 것과 리탈린을 통해 집중력을 향상시킨 것은 그 결과에 있어서 비슷할지 몰라도 과정과 부가적 효과에서 상당한 차이가 있다. 열심히 공부해서 학습능력을 올린 학생은 그로부터 자긍심을 얻고 다른 경우에도 비슷한 도전 의식을 가질 수 있는 반면, 약을 통해 동일한 효과를 얻은 학생은 다른 경우에 비슷한 약이 없다고 불평할 수도 있다. 물론 경우에 따라서는 과정이 중요하지 않고 결과만 중요한 경우도 있고 부가적 효과가 별다른 내용이 없는 경우도 있다. 하지만 그렇지 않은 경우도 충분히 예상할 수 있다. 이런 경우가 현실적으로 충분히 가능하다면 그 점을 고려한 윤리적 고려는 강화의 종류에 따라 달라지는 것이 당연하다. 예를 들어, 리탈린 등의 약물에 지나치게 의존하게 되는 사회라면 스스로 무언가를 성취하려는 욕구가 전반적으로 감퇴될 수 있고 약물에 의존하여 무기력한 삶을 살아가는 사람들이 늘어날 수 있다. 이렇게 되면 사회적으로 상당한 비용이 들어가며 사회구조 자체가 붕괴하는 치명적 결과로 이어질 수도 있다.

마찬가지로 영구적 강화는 일시적 강화에 비해 판단을 되돌리기 어렵다는 결정적 차이점이 있다. 인간은 누구나 (설사 심사숙고하여 선택한 것이라도) 자신의 선택을 되돌릴 충분한 이유를 사후에 갖게 될 수 있다. 예를 들어, 프로작을 오늘 아침 복용한 것은 당시 내 기분과 프로작에 대한 당시까지 내가 알고 있던 정보에 근거해 합리적인 선택이었지만 오후에 새롭게 발표된 프로작에 대한 정보와 삶에서 적당한 정서적 변동이 가져다주는 효과에 대한 생각의 변화로 말미암아 이제는 후회스러운 선택이 될 수도 있다. 일시적 강화의 경우 이런 상황은 쉽게 해결될 수 있다. 일시적 강화의 효과가 끝난 후에 다시 강화를 시도하지 않으면 되기 때문이다.

하지만 영구적 강화의 경우 이런 회복이나 되돌아가기가 어렵거나 불가능할 수 있다. 특히, 사회적 규모에서 영구적 강화를 권장하거나, 요구하거나 심한 경우 강제할 경우에는 그 전 상태로 되돌린다는 것은 거의 불가능에 가까울 수 있다. 이럴 경우 우리의 선택에 대해 새롭게 바뀐 상황에서 다시 내려진 결정을 반영하는 방식으로 강화의 효과에 수정을 가하는 일은 원리적으로 불가능하지 않더라도 실천적으로는 매우 힘든 일이 될 것이다. 결론적으로 일시적 강화와 영구적 강화에 대해 서로 다른 윤리적 고려를 정당화하는 차이점이 있는 한 둘 사이의 공통점에만 호소하여 어떤 형태의 강화도 새로울 것이 없다는 주장은 견지되기 어렵다.

4. 맺음말: 행복에 이르는 여러 길

이상의 논의를 통해 우리는 건강을 회복시키기 위한 치료와 신체 능력이나 정신 능력을 약물이나 기타 수단을 통해 강화하는 것 사이에 흔히 제기되는 정상성의 개념에 호소해서 도덕적 구별을 정당화하는 것은 어렵다는 점을 이해할 수 있었다. 그와 동시에 그렇다고해서 치료와 강화 사이에 어떤 도덕적 차이가 발생하지 않는다고도 말할 수 없음도 알 수 있었다. 유전자 결정주의를 암묵적으로 전제한 유전적 예외주의는 정당화되기 어렵지만 그렇다고해서 영구적 강화에 해당되는 유전적 강화가 안경을 쓰는 일시적인 강화(안경을 쓰고 있을 때만 강화가 일어나기 때문에)와 별다른 도덕적 차이가 없다고 주장하는 것은 설득력이 없다.

온갖 종류의 강화의 가능성에 직면하고 있는 우리에게 필요한 태도는 강화는 무조건 나쁘고 치료 목적으로만 약물이 사용되어야 한다는 단순한 주장의 한계를 인식함과 동시에 그러니까 강화는 우리가 예전부터 늘 해오던 일이었으므로 새로운 유전학적, 약물학적 기술이 제공하는 빠르고, 영구적인 강화의 가능성은 별다른 새로운 문제를 제기하지 않는다는 낙관적 주장의 오류도 직시하는 것이다.

행복에 이르는 길이 여럿 있듯이 강화에 이르는 길도 여럿 있을 수 있다. 그런데 모든 행복이 그 가치에 있어 동등하다고 보기 어렵고 그 행복을 성취하기 위해 사용되는 여러 종류의 수단이 평가적으로 모두 동등하다고 보기 어렵다. 마찬가지로 강화를 통해 행복에 이를 수도 있겠지만 모든 종류의 강화가 행복으로 이어지는 것은 아니다. 설사 행복을 성취할 수 있도록 도움을 줄 수 있는 강화도 그 강화가 개인적으로, 혹은 사회적으로 성취되는 방식에 따라 우리의 윤리적 판단은 달라질 수 있다. 그러므로 행복에 이르는 모든 길이 모두 동등하지 않듯 모든 종류의 강화가 동등하지는 않다.

더 생각해볼 주제

—

- 부작용이 거의 없고 가격도 적당한 약물을 매일 먹으면 지금보다 훨씬 똑똑해진다면 먹겠는가?
- 자신이 약물판매를 허가하는 직책에 있다고 가정해 보자. 매일 복용하면 개인의 인지능력을 향상시키는 약물이 허가 심사를 위해 제출되었는데 부작용이 거의 없고 가격도 적당하다면 이 약물의 판매를 허용하겠는가?
- 의학의 목적은 무엇이라고 생각하는가? 의학의 목적이 기술의 발전에 따라 달라질 수도 있을까?

더 읽어볼 거리

—

마이클 샌델, 김선욱·이수경 옮김, 『완벽에 대한 반론』, 와이즈베리, 2016.

알란 부캐넌, 박창용·심지원 옮김, 『인간보다 나은 인간』, 로도스, 2015.

올더스 헉슬리, 이성규·허정애 옮김, 『멋진 신세계』, 범우사, 1998.

올더스 헉슬리, 안정효 옮김, 『다시 찾아본 멋진 신세계』, 소담출판사, 2015.

올더스 헉슬리, 송의석 옮김, 『아일랜드』, 청년정신, 2008.

에드워드 쇼터, 최보문 옮김, 『정신의학의 역사』, 바다출판사, 2009.

10

기후변화 시대의 융합 연구, 그 철학적 쟁점

1. 머리말

최근 과학연구에서 융합의 중요성이 강조되고 있다. 하지만 모든 연구가 융합 연구이어야만 하는 것은 아니다. 추상 대수학에서 특정 정리를 보다 엄밀하게 증명하거나 주어진 실험 자료의 특정 측면(예를 들어 신호의 세기)을 보다 정확하게 분석하기 위한 컴퓨터 알고리즘을 작성하는 데도 융합적 시각이 반드시 필요한 것은 아니다. 결국 융합 연구가 보다 생산적인 결과를 낼 가능성이 높은 상황은 설명하려는 현상이 너무 복잡해서 단일한 이론 틀이나 분석 기법으로는 이해하기 어렵거나, 해결하려는 문제가 다양한 영역에 걸쳐 있어서 효과적이고 만족스러운 해결책을 찾기 위해서는 여러 영역에 대한 종합적 고려가 필요한 경우가 될 것이다. 예를 들어, 인간의 의식(consciousness)처럼 물리화학적 측면과 심리적 측면이 복잡하게 얽혀 있는 현상에 대한 연구나, 분배적 정의의 실현처럼 추구하려는 목적에 대한 해명을 위해서는 경제적, 사회적, 정치적, 윤리적, 형이상학적 고려가 모두 필요한 주제에 대한 연구가 이에 해당될 것이다.

기후변화에 대한 연구는 이 두 의미 모두에서 융합적 연구의 필요성이 두드러지는 연구다. 기후(climate)란 일차적으로는 지구상의 특정 지역의 습도, 온도, 풍속 등의 다양한 기상 조건을 의미하지만 그와 더불어 이들 기상 조건이 인간, 동물, 식물에 끼치는 영향 요인을 통틀어 지칭한다. 그러므로 기후라는 개념은 처음부터 통상적으로 우리가 날씨라 부르는 복잡다단한 기상 현상 자체만이 아니라 그것이 인간의 삶과 동물상 및 식물상에 미치는 중층적 영향까지 포괄한다. 게다가 최근 연구에 따르면 기후가 인간의 삶이나 동물상, 식물상에 미치는 영향은 일방적이 아니고 상호적이다. 즉, 인간의 활동, 특히 산업 활동으로 인한 영향이 기후를 변화시키고 있으며 농업과 축산업 등을 통한 특정 동식물의 대규모, 집중 사육 역시 기후에 상당한 영향을 끼치고 있다. 이처럼 기후변화는 일차적으로는 물리화학적 과정일 수 있지만, 본질적으로 인간의 삶과 활동에 본질적인 관련을 맺고 있는 복합적 현상이다. 이런 이유에서 기후변화에 대한 연구는 융합적 고려가 성공적으로 이루어질 수 있는 분야라고 할 수 있다.

기후변화 연구는 둘째 이유에서도 융합 연구가 생산적으로 이루어질 수 있는 주제이다. 기후변화가 제기하는 현실적 난제의 성격을 명확히 규정하는 일, 적절한 대응책을 모색하는 일, 다양한 대응책들을 상대적으로 평가하여 우선순위를 정하는 일 등은 어느 한 전공 분야 지식 틀에 의거하여 이루어질 수 있는 일이 아니다.

흔히 기후변화에 대한 적절한 대응이 무엇인지, 혹은 대응을 취하는 것 자체가 합리적인 행동인지에 대한 판단에서 경제적 고려가 절대적인 우위를 차지한다고 생각하는 경향이 있다. 예를 들어, 롬보르 등을 비롯한 기후변화 회의론자들은 이러한 경제적 고려는 기후변화에 대해 적극적으로 대응하는 것이 비합리적임을 보여준다고 주장한다. 이들이 즐겨 드는 근거는 지구온난화를 위해 사용되는 자원을 기아 퇴치나 경제 개발처럼 다른 목적을 위해 사용했을 때 기대되는 효용이 더욱 크다는 것이다. 이는 경제학적으로 적절하게 수행된 비용-편익 분석에 따르면 기후변화에 대한 우리의 대응은 최소한이거나 아예 무대응일 때 가장 합리적이라는 생각으로 이어진다. 이런 주장은 지구온난화 자체를 부인하거나 지구온난화가 사실이더라도 인간의 활동이 그 원인이라는 점을 관련 과학적 증거가 확고한데도 완고하게 부인했던 프레드 싱어 같은 사람의 주장과는 다른 종류의, 다소 세련된 기후변화 회의론에 해당된다.

3절에서 필자는 이런 주장이 경제학적 관점에서도 얼마나 논쟁적인지를 살펴보겠다. 하지만 복잡한 경제학적 고려에 호소하지 않더라도 이 주장이 사회 정의나 국제법적 고려에 따를 때 얼마나 설득력이 떨어질지는 쉽게 알 수 있다. 설사 기후변화에 대응하기 위해 사용하는 비용과 그러한 대응을 통해 얻을 수 있는 편익을 특정 국가의 관점에서 비교할 때 편익보다 비용이 크다는 점이 사실이더라도, 그렇기에 그 나라가 아무런 대응을 취하지 않는 것이 '정당하다'는 결론이 따라 나오지 않는다. 예를 들어, 현재 진행되고 있는 기후변화에 상당한 책임이 있는 미국이 소극적으로 대응한 대가를 정작 책임이 크지 않은 다른 나라가 고스란히 지게 되는 상황은 어떤 기준으로 생각해보아도 정의롭지 않기 때문이다. 이 사실 자체는 전혀 논쟁적이지 않다. 이처럼 기후변화는 그 인과 관계의 복잡성만이 아니라 적절한 대응 방식의 모색에 있어서도 경제적, 정치적, 사회문화적, 윤리적 고려가 개입할 수밖에 없는 복잡한 주제이다. 이 점을 고려할 때 기후변화는 다양한 관점에서 복잡한 문제를 바라보고 종합적 해결책을 모색하려는 융합 연구가 유용해지는 조건을 만족하는 주제라고 할 수 있다.

이후에서 필자는 융합 연구가 생산적으로 이루어지기 위한 '이상적인' 조건을 두루 갖춘 기후변화에 대한 연구가 어떻게 여러 분과학문에 흩어진 연구 결과로부터 하나의 종합적인 시각을 갖춘 학문 분야, 즉 기후과학(climate science)으로 성립되었는지를 살펴보겠다. 그런 다음 현재 관련 자연과학 연구를 기반으로 학문적 정체성을 갖추어가고 있는 기후과학이 지구적 맥락에서 보다 만족스러운 대응방안을 제시하기 위해서는 기존의 다학제 및 학제간 연구로서의 기후변화 연구가 전제하고 있는 여러 생각의 기본 틀에 대한 근본적 성찰이 필요하다는 점을 지적하려 한다. 그런 다음 마지막으로 기후변화 연구가 진정한 융복합 연구로서 생산적으로 이루어지게 되면 부가적으로 얻게 될 수 있는 과학철학적 시사점에 대해 논의하겠다.

2. 기후변화 융합 연구의 탄생: 다학제 연구에서 학제간 연구로

현재 시점에서 기후변화 연구(혹은 기후 연구)가 다른 학문과 구별되는 단일한 정체성을 가진 새로운 학문 분야로 자리 잡았는지에 대해서는 아직 판단하기 이르다. 기후를 종합적으로 다루는 기후과학(climate science)은 이미 관련 교과서가 여럿 나와 있고, 빠른 속도로 축적되는 관련 연구 결과를 수용하기 위해 거의 매년 개정판이 출간되고 있으며 관련 학과에서 독립된 전공과목으로 교육되고 있다. 과학사의 여러 사례 연구를 통해 우리는 이런 측면들이 전형적으로 새로운 학문 분야의 성립과 관련된다는 점을 알고 있다. 그러므로 우리는 이러한 근거에 입각하여 기후과학이 기후라는 공통 연구 주제를 다루는 다양한 학문적 성과물의 집합을 넘어 진정한 융합적 연구 분야로 새롭게 탄생하는 과정을 거치고 있다고 판단할 수도 있다.

하지만 아직은 기후과학이 생화학이나 분자생물학에 비견될만한, 기존의 학문과 분명하게 구별되는 학문적 정체성을 갖추고 있다고 평가하기는 어렵다. 현재 기후 과학이 비교적 빠르게 학문적 독자성을 갖추어나가고 있는 상황은 기후의 다양한 측면을 아우르는 종합적 융복합 연구로서의 기후과학의 정체성이 무엇인지에 대한 학계의 분명한 내재적 판단의 결과라기보다는, 아마도 기후변화와 관련된 여러 주제들이 우리들에게 갖는 현실적 중요성에 힘입은 바가 크다고 판단된다. 즉, 기후변화의 원인을 정확하게 파악하고 관련 미래 예측을 안정적으로 수행하는 일이 우리의 생존과 삶의 질의 유지에 있어 매우 중요하기에 여러 분야에 흩어져 있던 관련 연구가 비교적 빠른 속도로 결집하여 기후과학이라는 단일 학문 분야로 연구되고 있는 것이다.

실제로 현재 우리가 이해하고 있는 의미로의 기후 연구, 즉 고전적 의미에서의 결정론적 기후 연구와 대비되는 복잡계적 기후 연구의 역사는 그리 오래 되지 않았다. 고전적 기후연구는 대개 지구상에 특정 위도 영역이 정해지면 그에 따라 그곳의 기상조건과 동식물의 섭생 조건이 거의 필연적으로 규정되기에, 결국에는 그곳에 사는 지역민들의 문화적 특징까지도 기후로 설명이 가능하다는 결정론적 양상을 보였다. 열대지방 사람들은 힘들여 노동하지 않아도 먹을 것을 쉽게 얻을 수 있기에 게으르고 도전 정신이 부족한 반면, 북유럽 사람들은 혹독한 기후 조건에서 살아남기 위해 협동정신을 발휘하고 강인한 성격을 갖게 되었다는 식의 사변적 일반화가 이에 속한다.

하지만 엄청난 규모로 수집된 다양한 종류의 경험적 자료에 근거하여 연평균 온도나 대기적 특징의 변화 양상을 탐색하는 현대의 기후 연구 결과는 이러한 무모한 일반화를 지지하는 근거를 제공하지 않는다. 너무도 당연한 이야기이지만 지구상의 어느 위도대에 살고 있는지에 따라 그곳 사람들의 문화가 결정될 리도 없거니와, 위도에 의해 단순하게 결정되기에는 특정 지역의 기후는 너무나 많은 복잡한 요인의 영향을 받기 때문이다. 예를 들어, 런던은 서울보다 훨씬 위도가 높은 지역에 위치하지만 런던의 겨울은 서울보다 훨씬 따뜻하다. 이는 해류가 기후에 끼치는 영향(이 경우에는 난류성 해류)을 잘 보여주는 예이다. 자연스럽게 이런 의미의 기후 연구는 기후에 미치는 다양한 요인들을 비교적 최근까지도 분과 학문적으로 분석하는 방식으로 주로 이루어져 왔다. 즉, 고기후학, 기상학, 지질학, 기체화학, 자기물리학, 해양학 등의 여러 연구 분야에 걸쳐 다양한 전문 연구 주제로 흩어져 연구되었던 것이다. 이때 각각의 분과 학문 내에서의 연구 양상은 비교적 분명하게 구별될 수 있는 자체의 연구 전통에 의해 규정되어 왔다.

예를 들어, 대기 중 이산화탄소 농도의 연중, 연간 변화 추이를 정확하게 측정하려는 대기화학적 노력은 결국 지구 온난화의 분명한 증거로 알려진 킬링 곡선을 산출해냈다. (그림1 참조) 킬링 곡선은 스크립스 해양연구소에서 근무하던 대기화학자 찰스 데이비드 킬링(1928-2005)이 하와이의 마우나 로아 관측소에서 1960년대부터 꾸준히 대기 중의 이산화탄소 농도를 측정한 결과물이다. 이 관측결과는 대기 중 이산화탄소 농도가 연중 규칙적 변화를 제외하면 꾸준하게 상승하고 있음을 보여주며 온실기체로서의 이산화탄소의 역

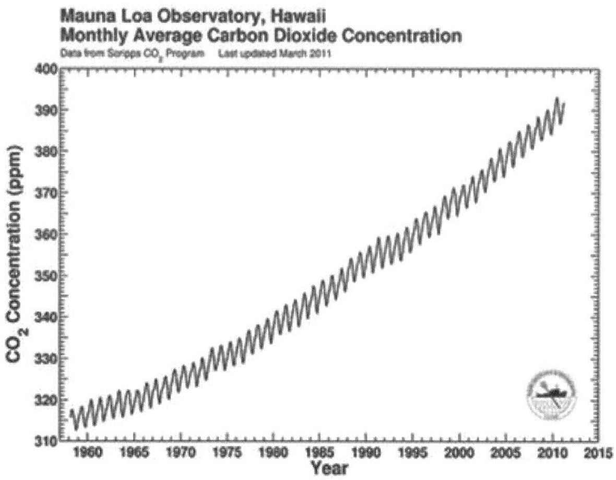

그림1 | **킬링 곡선**

할을 부각시키는 데 큰 기여를 했다.

하지만 이 연구는 현재 우리가 이 연구와 깊은 관련을 가진 것으로 생각하는 수많은 다른 기후변화 연구와 비교적 독립적으로,, 적어도 초기에는 보다 정확하게 대기화학적 측정 결과를 얻으려는 목적에 따라 수행되었다. 그리고 그 과정에서 연구 결과의 타당성에 대한 다양한 비판에 직면하면서(예를 들어 대기 중의 이산화탄소 '평균 농도'라는 개념이 유의미하게, 충분히 안정적으로 규정될 수 있는지 여부) 지구상에서 이산화탄소의 변동 폭이 가장 작은 지역(예를 들어 산업화 활동에서 가장 멀리 떨어진 마우나 화산 근처)에서도 여전히 안정적으로 이산화탄소 농도가 증가하고 있다는 최종 결론을 옹호하기 위해 측정상의 다양한 개선 작업이 수행되었다.

마찬가지로 과거의 기후변화의 패턴, 특히 인간의 활동이 아니라 지구의 세차운동 축의 변화처럼 천체물리학적 요인에 의한 기후변화의 흔적을 동토층이나 얼음기둥으로부터 시기별로 정확하게 읽어내려는 고기후학 연구 역시 수많은 비판에 직면하면서 서로 다른 지역에서 얻어진 자료들 사이의 비교검증을 통해 오류를 제거하고 보다 정밀한 측정 결과를 얻어내려 노력하는 방식으로 연구가 진행되어 왔다.

그렇다면 이처럼 분과학문 내에서 개별적으로 이루어지던 연구들이 어떻게 서로 상호작용하여 기후과학이라는 연구 분야로 탄생하게 되었을까? 다른 말로 하자면 여러 분과학문의 각기 독자적인 연구 전통 내에서 연구되던 기후가 어떤 이유에서 다학제적(multi-disciplinary) 연구로 등장하게 되었을까? 그 단초는 부정합성(inconsistencies)과 변칙 현상(anomalous phenomena)의 등장에 있었다. 즉, 한 분야의 연구 결과가 다른 분야의 연구 결과와 정면으로 배치되거나 적어도 동시에 설명가능하기 어려운 문제를 제기하는 상황이 발생한 것이다. 이를 해결하기 위해서는 여러 분야 과학자들이 공동으로 각자의 연구 결과를 정합적으로 만드는 공동 연구가 필요했고 이것이 융합 학문으로서의 기후과학의 단초를 제공한 것이다.

하지만 이런 상황이 과학자들로 하여금 다학제적 연구로 나아가도록 추동하기 위해서는 우선 서로 다른 분야에서 연구하는 과학자들이 자신들이 이런 상황에 처했다는 점을 눈치 챌 수 있어야 한다. 이를 위해서는 그들이 서로 상대방 연구 결과와 그것이 함축하는 바를 검토하고 의견을 교환할 수 있는 기회가 필요하다. 전문화된 현대 과학연구에서 개별 연구자들은 자신들의 좁은 전공 분야에 속하지 않는 학술지를 읽거나 다른 분야의 최신 연구결과에 익숙하기 어렵다. 그렇기에 서로 다른 분야에서 연구하는 과학자들이 서로의 연구결과 사이에 불일치가 존재한다는 사실 자체를 깨닫는 것이 쉬운 일은 아니다. 이런 깨달음과 후속 연구를 자극할 수 있는 제도적 장치가 바로 해결해야 할 문제를 명확하게 설정하고 개최된 다학제적 학술대회이다. 결국, 다학제적 연구로서의 기후변화 연구는 개별 분과학문 연구결과들 사이의 긴장 관계를 여러 분야 전문가들이 모인 학술 모임을 통해 관련 연구자들이 주목하게 되고 각자의 연구 분야 내에서 이런 부정합이나 변칙적 문제를 해결하려고 노력하는 과정에서 탄생했다고 볼 수 있다.

기후 변화 연구의 초기 단계, 즉 1980년대 이전 연구에서 진행된, 지구의 평균 온도가 상승하고 있는지 혹은 하강하고 있는지와 관련된 다양한 수준의 논쟁이 이 과정을 보여주는 좋은 예다. 이산화탄소의 평균 농도가 대기 중에서 상승하고 있다는 정밀 측정 결과에 이산화탄소가 온실기체로서 작용할 수 있다는 기체화학적 분석이 더해지면 얻어질 수 있는 자연스러운 결론은 지구가 점차 뜨거워지고 있다는 것이었다. 하지만 산업화가 고도로 진행된 20세기 초중반에 수행된 평균 기온 측정값은 이러한 결론과 배치되는 것으로 드러났다. 실제 관측값은 오히려 떨어지고 있었고, 이는 고기후학 연구가 예측하는 새로운 빙하기로 지구가 진입하고 있다는 추정에 힘을 실어주었다. 지구가 점점 따뜻해지고 있는지, 추워지고 있는지 자체에 대해 대기과학적 연구 결과와 고기후학적 연구 결과가 서로 다른 결론을 내리고 있었던 것이다. 게다가 각각의 분과학문적 주장의 신뢰성을 높여주는 정밀 측정값 또한 동시에 존재했다. 흔히 경험적 자료는 거짓말을 하지 않는다고 하지만 이 경우에는 서로 정면으로 배치되는 경험적 자료 중 적어도 하나는 문제가 있는 것이 아닐까? 혹은 두 경험 자료 모두 문제가 있는 것은 아닐까? 하지만 관련 과학자들이 보기에 각자의 관측값에 결정적 오류가 있을 가능성은 낮아 보였다. 그렇다면 어떻게 이런 모순적인 현상을 설명할 수 있을까?

해답은 그전까지 별로 주목하지 않았던 먼지, 즉 미세입자의 인과 작용에 대한 연구로부터 나왔다. 고기후학에 대한 연구로부터 대기 중의 먼지 농도 상승이 지구의 평균 온도를 떨어뜨릴 수 있음은 알려져 있었다. 비교적 최근에 폭발한 화산 활동에 대한 연구로부터도 먼지가 단기적으로 상당한 기후 변화를 가져올 수 있음도 비교적 상세하게 연구되어 있었다. 이런 다양한 인과 작용이 결합되면서 과학자들은 산업화를 통한 발생한, 대기 중 먼지량 증가의 효과와 이산화탄소 증가의 효과를 '모두' 고려해야 지구의 온도 상승에 대한 보다 만족스러운 설명과 예측을 얻을 수 있다는 점을 알아차렸다. 그래서 서로 상충하는 경험 자료를 놓고 고민하던 각기 다른 영역의 과학자들은 자신들이 축적하고 있었던 연구 결과가 기후에 대한 '조각 그림'에 지나지 않으며 좀 더 완결된 그림을 얻기 위해서는 다른 영역에서 연구되고 있던 인과 메커니즘을 함께 고려해야 할 필요성을 느끼게 된 것이다. 결국 이 두 메커니즘을 결합하여 지구의 평균 온도에 대한 상대적 영향력을 추정하면 궁극적으로는 이산화탄소 등의 온실기체의 인과적 힘이 더 크다는 점에 관련 전문가들은 합의하게 되었다.

일단 이러한 깨달음에 이르자 과학자들은 지구 온도 변화와 이에 따른 기후 변화를 온전하게 이해하기 위해서는 자신들의 좁은 전문 분야에서 주로 논의되는 인과적 메커니즘을 넘어선 다양한 메커니즘(그 중 대부분은 자신들에게는 매우 '낯선')을 포괄적으로 이해하고 그들간의 상대적 크기를 추정해야 한다는 사실 또한 깨닫게 되었다. 즉, 지구의 평균 온도 변화처럼 비교적 단순하게 몇 개의 숫자로 대표될 수 있는 현상조차 실은 무수하게 많은 인과작용의 결합을 통해서만(그리고 그 중 많은 것들은 서로 다른 방향의 인과적 힘을 미치는) 추정될 수 있다는 점을 받아들였다는 것이다. 게다가 자신들 분야의 계산과정에서 상수로 취급되던 것이 다른 분야에서는 변수로 연구되고 있으며 그 연구 결과에 따라 자신들 분야의 연구 역시 영향을 받는다는 점도 인식하게 되면서 다학제적 연구의 필요성은 보다 절실하게 공유되기에 이르렀다.

이처럼 서로 별다른 영향을 주고받지 않은 채 연구된 서로 다른 영역의 분과학문의 결론이 상충할 때, 그 해결책이 반드시 어느 한쪽이 맞고 다른 쪽이 틀리다는 식으로 얻어지는 것은 아니다. 좀 더 흔한 경우는 각각의 분과학문의 전문가가 보기에는 의심의 여지없이 '확고한' 연구 결과가 실은 몇 가지 이론적, 경험적 조건에 의존하고 있으며 그러한 조건이 만족되지 않는 상황에서는 잘못된 결론으로 이어질 수 있다는 사실을 다른 분야 연구자의 연구 결과를 참조함으로써 깨닫게 되는 것이다. 현대 과학연구의 분과학문적 특성상 이런 깨달음이 항상 가능한 것은 아니다. 하지만 서로 다른 영역의 연구결과 사이의 불일치나 변칙 현상을 해소해야만 하는 제도적 압력이 존재할 때 이러한 깨달음의 과정이 촉진될 수 있다. 기후변화의 원인과 메커니즘에 대한 다학제적 탐구는 참여 연구자들이 정확히 이러한 절박함을 느꼈기에 과학적 모형의 '조각 그림'적 성격에 대한 깨달음에 이를 수 있었던 것으로 볼 수 있다.

결국 인식론적 차원에서 볼 때 기후변화 연구를 하나의 다학제 연구로 성장하게 만든 것은 개별 분과학문에서 이루어지던 연구 결과들이 서로 비교되고 상호 검토되는 과정에서 부정합성을 해소하고 보다 일관적인 설명을 찾으려는 노력이었다. 하지만 이런 인식론적 깨달음은 그런 깨달음으로부터 파생된 연구를 적극적으로 수행할 수 있는 여러 제도적 뒷받침이 있을 때만 융합적 기후 연구의 등장으로 나아갈 수 있었다. 이를 위해서는 우선 서로 다른 분야에서 연구하는, 그래서 평상시에는 만나기 어려운 연구자들이 각자 분야의 최신 연구결과를 제시하고 그것이 의미하는 바에 대해 다른 분야 연구자들과 공동 검토하는 기회가 주어져야 한다. 그리고 이런 기회는 주로 기후 변화 연구 역사에서 중요한 위치를 차지하고 있는, 스트립스 해양연구소를 비롯한 여러 분야의 연구소가 제공했다.

기존 분과학문적 연구의 틀에 갇혀 있었기에 이를 넘어서기 위한 유인이 부족했던 대학의 학과들에 비해 연구소는 특성상 구체적인 문제를 성공적으로 풀기 위해 다소 모험적 연구를 수행하기에 수월했다. 해양연구소에 킬링과 같은 대기화학자가 채용되어 장기 연구를 수행할 수도 있었던 것이 좋은 예이다. 기후변화 연구와 기후과학이 현재는 대학의 교육과정에도 반영될 정도로 어느 정도 자리를 잡고 있지만 막 형성되던 즈음에는 대학 내에서는 분과학문의 벽을 넘기 어려웠다. 중요하다고 판단되는 문제 해결을 위해 비교적 자유롭게 다양한 전문성을 가진 인력과 자원을 집중할 수 있었던 연구소들이 다학제적 기후변화 연구의 성립에 큰 역할을 할 수 있었다는 사실은 성공적인 융합 연구의 탄생 과정에서 우호적인 제도적 환경이 얼마나 중요한지를 잘 보여준다.

여기에 더해 다학제적 학술대회가 제공한 학술교류의 기회가 수행한 역할의 중요성도 간과할 수 없다. 실제로 기후변화 연구가 획기적 변화를 거친 시기는 대충 관련 연구가 각자의 개별 학문 분야에서 발표되고 그 함의를 학제적 학술대회에서 검토하여 최종 결론이 도출된 후 다음 단계 연구로 나아가는 과정을 통해 마련된 경우가 많았다. 그러므로 여러 분과학문이 함께한 학술대회, 특히 각자 연구 분야에서의 구체적인 연구결과 특히 다른 분야로부터의 비판을 수용하여 개선한 연구 결과를 갖고 모인 학술대회가 다학제적 연구로서 기후변화 연구의 등장에 끼친 영향은 매우 크다고 할 수밖에 없다.

하지만 더욱 중요한 점은 이들 학술대회의 핵심적 성격이다. 스크립스 해양연구소에서 정기적으로 개최되던 학술대회를 비롯하여 기후관련 학술대회의 개최 목적이나 발표 내용은 모두 구체적인 문제, 즉 기후변화의 양상과 원인에 대한 분과학문의 연구 결과를 서로 비교 분석함으로써 기후변화의 인과 작용에 대한 보다 통합적인 이해를 얻기 위한다는 명확하게 정의된 문제를 설정하고 있었다. 그렇기에 여기에 모인 학자들은 가벼운 학제간 '만남'을 위해 모인 것이 아니라 개별 학문적 성과 사이의 긴장 관계를 해소하고 점점 심각해져가는 기후변화의 동인을 정확하게 추정하여 하루빨리 적절한 대응책을 모색하자는 절박한 위기의식을 공유하고 있었다. 그런 의미에서 이들 학술대회는 기후변화의 융합적 연구의 이론적, 현실적 계기를 제공한 학술대회이자 이후의 기후변화의 연구 방향을 결정하고 관련 연구의 필요성을 적극적으로 연구지원 기관에게 설득하는 중요한 제도적 기능을 수행했다.

이처럼 기후변화 연구가 다학제 연구로 성립되는 과정에는 분과학문 연구에서 획득된 연구결과들 사이의 불일치를 해소하려는 인식론적 노력과 이러한 노력을 구체적인 융합적 성격의 연구로 결실을 맺을 수 있었던 제도적 환경을 제공해 준 문제 중심 연구를 수행하던 연구소와 다학제적 학술대회의 도움이 있었다. 여기에 더해 컴퓨터의 계산능력 향상에 힘입어 등장한 일반기후모형 연구라는 새로운 연구 분야의 통합적 설명 능력도 기후과학이 다학제적 연구를 통해 도출한 결론이 대중적 설득력을 갖게 하는 데 중요한 역할을 했다. 앞서 지적한 것처럼 기후변화에 영향을 끼치는 다양한 인과 작용이 알려지면서 이들을 보다 종합적으로 모형화하는 작업의 필요성이 인식되었다. 게다가 지구적으로 수집되는 관측 자료의 양이 많아지면서 이런 자료를 통계적으로 분석하고 상호연관성을 조사할 필요성도 인식되었다. 초기 일반기후모형은 '일반'이라는 말이 무색할 정도로 비현실적으로 단순하게 지구의 기후를 다루었다. 지구 표면의 2/3를 차지하는 해양의 특징을 고려하지 않았고 기상학적으로 이미 잘 알려져 있는 대기 순환도 아주 기본적인 수준에서만 다루는 식이었다.

이런 이유로 일반기후모형은 초창기에 다른 분야 연구자들의 놀림거리였다. 그들은 모형의 극단적인 단순함과 비현실적인 가정을 지적하며 그로부터 얻어진 결론을 신뢰할 수 없다고 비판했다. 이러한 비판은 모두 타당한 것이었고 아무리 컴퓨터 능력이 발전하더라도 원칙적으로는 모두 극복하기는 어려운 내용의 비판이었다. 하지만 일반순환모형은 기존의 분과 학문적 연구가 다룰 수 없는 기후변화의 측면을 다룰 수 있었다. 즉 하나 이상의 인과 관계가 서로 상호작용하면서 동시에 작동할 때, 특히 서로 독립적으로 작동하는 것으로 상정되어 연구되던 인과 관계가 되먹임(feedback) 방식으로 연결되어 작동할 때 어떤 일이 벌어질 것인지에 대한 해답의 단초를 제공해줄 수 있었던 것이다.

이처럼 일반순환모형은 기후과학의 성립 과정에서 중요한 기여를 했지만 그 기여의 성격을 분명히 이해하는 것이 중요하다. 일반순환모형은 원래 화성이나 금성처럼 직접 탐사가 어려운 행성의 대기조건을 탐색하기 위한 컴퓨터 모형에서 출발했다. 그런 이유로 대기순환의 전체적인 모습을 파악할 수 있는지 여부가 특정 지역의 기후를 정확하게 예측할 수 있는지 여부보다 더 중요했다. 이 단계까지는 일반순환모형을 기후에 작용하는 모든 인과적 요인을 아우르는 기후과학의 일종의 포괄적 초모형으로 생각하는 연구자는 없었다. 하지만 컴퓨터의 성능이 향상되고 기후에 관련된 여러 인과 작용을 순차적으로 모형에 포함시키는 일이 가능해지면서 일부 연구자들은 일반순환모형이 기후과학을 구성하는 모든 분과학문 연구를 아우르고 궁극적으로는 불필요하게 만드는 거대 초이론이 될 수 있을 것이고 생각하기 시작했다.

하지만 일반순환모형의 분석 결과는 우리가 어떤 인과작용을 어떤 방식으로 포함시키는지에 따라 상당히 달라진다. 게다가 아무리 컴퓨터의 계산능력이 발전하더라도 기후에 영향을 미치는 모든 인과적 요인을 모두 포함하는 모형을 만들 수 있을 가능성은 없다. 모형이 점차 복잡해져서 모사하는 대상에 점차 비슷해질수록 모형으로부터 얻을 수 있는 유용한 정보량은 줄어들기 마련이다. 다소 역설적으로 들리겠지만, 과학자들이 단순한 모형을 사용하여 자연 현상을 설명하는 것은 자연이 정말로 그렇게 단순하다고 믿어서라기보다는 단순한 모형으로부터 얻을 수 있는 유용한 정보 혹은 자연에 대한 '이해'가 복잡한 모형보다 더 많기 때문이다. 복잡한 모형은 모든 것을 하나의 이론틀에 담으려는 이론가의 꿈을 만족시켜줄 수는 있겠지만 실현가능성이나 실천적 유용성에 있어 본질적 한계를 가질 수밖에 없다. 그러므로 필자가 보기에 일반순환모형은 다른 모든 분과학문을 아우르는 '종합적' 초기후과학으로서 기능을 수행했다기보다는 다른 학문에서 다룰 수 없었던 종류의 문제를 풀기 위해 특화된 또 다른 종류의 분과학문으로 기능했다고 평가되는 것이 적절하다.

이처럼 기후과학은 특정한 학문으로 다른 모든 종류의 학문이 환원되거나 일반기후

모형처럼 보다 포괄적인 연구방법론으로 다른 모든 세부적 연구들이 수직계열화되는 방식이 아니라, 기후 관련 분과학문이 서로 중첩되는 영역에서 발생하는 부정합과 변칙 현상을 해결해가면서 그런 해결에 도움이 되는 새로운 연구방법론을 개발하면서 다학제적으로 발전해왔다고 볼 수 있다. 이처럼 다양한 학문 분야들 사이의 정합적 협력을 통해 인류에게 매우 중요한 여러 질문에 대한 답을 도출하려는 시도는 일차적으로는 제기된 문제의 복잡성에 의해 다학제적 연구의 필요성이 인식되었지만 점차적으로 일반 기후모형처럼 기존 학문의 연구방법론을 뛰어넘는 새로운 학제 간 방법론의 등장을 촉진하기도 했던 것이다.

극히 최근에 기후변화 연구가 다학제적 연구에서 보다 본격적인 학제 간 연구로 진입하게 된 데는 유엔기후변화패널이나 IPCC와 같은 국제단체의 역할이 결정적이었다. 이들 국제기구나 연합체는 우선 기후변화 연구의 초기부터 부각되었던, 다양한 전문가들 사이의 의견교환을 촉진하는 기회를 풍부하게 제공함으로써 다학문적 연구를 축적했다. 여기에 더해 이들 국제기구는 단순히 기존 분과학문 연구가 상호작용을 통해 각자의 연구 내용을 세련화하는 과정에 도움을 주는 데 그치지 않고, 기존의 분과학문 연구에서는 소홀하게 다루어지거나 아예 다루어지지 않던 주제로 우리의 관심을 이끌었다. 즉 기후변화에 대한 결과론적 원인 분석만이 아니라 그러한 결과를 낳게 한 근본적인 원인, 특히 인간의 활동과 관련된 역사적·사회적·정치적 원인이 무엇인지에 대한 인문사회과학적 연구와 그 결과의 파국적 효과를 최대한 막기 위해 필요한 국가적, 국제적 수준의 노력의 내용 및 추진 전략에 대한 연구가 그것이다.

이는 IPCC 등의 기후변화 관련 국제기구가 단순히 관련 연구자들로만 조직된 단체가 아니라 처음부터 관련국의 정부과학자 및 해당분야 행정 관료가 포함된 보다 이질적인 조직 구성을 가졌다는 점에서도 잘 드러난다. 자연스럽게 이들 국제기구는 기후변화 연구가 기후 관련 자연과학적 메커니즘만이 아니라 사회공학적, 국제정치적 메커니즘에 대한 고려를 함께 연관 지어 수행하게 되었다. 기후변화의 피해가 지구상의 어떤 지역에 어떤 형태로 나타날 것인지, 국제적 노력을 통해 기후변화를 적절하게 통제할 경우 각국이 얻게 될 이득의 내용은 구체적으로 무엇인지, 기후변화에 대응하는 조치에 수반되는 비용은 어떻게 배분할 것인지 등의 의제가 기후변화의 정치학이나 경제학이라는 독자적인 연구 분야로 정립되게 된 것이다.

이들 분야는 일차적으로는 기후변화의 원인을 밝히는 기후 과학적 연구 결과에 의존하지만, 거꾸로 채택된 국제적 정책의 효과가 기후에 전반적 영향을 끼칠 수 있고 이는 다시 기후 과학적 연구결과에 영향을 줄 수 있다. 그러므로 두 연구 분야 사이의 관계는 단순한 다학제적 관계를 넘어서 보다 역동적이다. 게다가 다음 절 논의에서도 알 수 있듯이 기후변화와 관련된 경제학적, 정치적 논의는 실증과학으로서의 사회과학적 이상에 따라 이루어지기 어려운, 근본적인 수준에서 가치적재적(value-laden) 특징을 보여준다. 그래서 최근 기후정의나 기후윤리처럼 간학문적 연구 분야가 새롭게 등장하고 있는 것도 주목할 만하다.

3. 기후과학의 철학적 쟁점: 비용-편익 분석과 세대 간 할인

기후변화에 대한 연구는 크게 기후변화의 원인과 미래 예측에 대한 연구(주로 자연과학적 접근이 주를 이루는)와 기후변화에 대한 적절한 대응을 모색하는 연구(주로 사회과학적 접근이 주를 이루는)로 나뉠 수 있다. 이 두 분야가 서로 독립적인 것은 아니다. 특히, 우리가 동원할 수 있는 모든 수단을 강구하더라도 당분간 지구 온난화와 그에 따르는 기후 변화를 피할 수는 없다는 것에 관련 학계가 대체적으로 합의하고 있기에, 새로운 기후 환경에서 우리가 생물학적, 사회문화적, 제도적으로 어떻게 적응할 것인지에 대한 논의는 매우 중요해진다. 이 적응에 대한 논의는 본질적으로 기후변화의 예측과 대응의 두 축을 연결 짓는 내용이 주가 되고 있다.

그럼에도 기후변화에 대한 대응과 관련된 논의는 주로 국제정치적, 경제적 논의의 틀에서 다루어지고 있고 이 두 분야는 비용-편익 분석이 틀이라는 공통점을 갖는다. 나고야 의정서를 통해 도입된 탄소권 배출거래나 최근 논의되고 있는 탄소세 도입 모두 이러한 정치경제적 고려의 산물이다. 대부분의 기후변화 관련 국제정치적 고려에서 경제적 분석, 특히 비용-편익 분석이 가장 주도적인 역할을 하고 있는 것이 현실이다.

왜 이런 상황이 도래했을까? 기후변화 대응책은 국가적 수준에서 다른 곳에서 사용될 수도 있는 많은 자원이 소요되는 대형 정책적 대응에 해당된다. 기후변화 논의 이전에도 이렇게 사회적 자원이 많이 투여되는 국가적 정책에는 해명가능성(accountability) 요구가 있었다. 즉, 제한된 공적 자원을 투여하여 이것 대신 저것을 하는 것이 어떻게 정당화되는지에 대한 논의가 필요한 것이다. 이는 특정 정책에 사용되는 자원이 다른 목적을 달성하기 위한, 다른 정책에 활용될 수도 있었을, 희소한 자원임을 인식할 필요를 의미한다. 그러므로 국가 정책에 대한 평가는 그 정책의 지향점이나 실현 방안, 기대 효과에 대한 절대 평가에 그쳐서는 안 되며 동일하거나 유사한 목표를 달성할 수 있는 대안적 정책에 상대적인 비교 평가여야 한다.

다시 말하자면 국가 수준의 정책은 단순히 그 정책이 좋은 의도를 갖고 좋을 일을 하기 위해 수립되고 시행된다는 점만으로는 정당성을 확보하기 어렵다. 그에 더해서 다른 곳에 쓰일 수도 있었던 공공 자원을 특별히 이 정책에 이런 방식으로 활용했을 때 상대적으로 국민의 복지 향상이나 국가 미래 비전 달성에 얼마나 더 도움이 되는지에 대해 설득력 있는 근거를 제시할 수 있어야 하는 것이다.

이처럼 공공 정책의 정당성을 확보하는 과제를 공공 정책의 책무성 혹은 해명가능성(accountability)의 문제라 한다. 공공 정책의 책무성을 확보하는 일은 매우 어렵다. 정책이 지향하는 바가 직관적으로 바람직한 내용을 담고 있더라도(예를 들어 노인 복지 수준 향상이나 미취학 아동의 교육 시설 확충 등), 그 목표를 실현하기 위한 최선까지는 아니더라도 비교우위에 있는 방안이 정책 내용을 구성하고 있는지를 다시 검토해 보아야 하기 때문이다.

공공 정책의 책무성 확보가 요구하는 이러한 어려움에 대처하기 위해 가장 널리 사용되는 방법은 정책의 경제적 합리성을 비용-편익(cost-benefit) 분석을 통해 따져보는 것이다. 비용-편익 분석은 탄탄한 이론적 기초와 정교한 통계 분석을 활용하여 이론적 신뢰감을 줄 수 있고 계량화된 결론은 객관적 결과라는 믿음을 줄 수 있다는 장점이 있다. 게다가 거시적 정책의 사회윤리적 정당화의 맥락에서 설득력이 높은 공리주의적 입장을 취한다면 가장 쉽게 수용할 수 있는 입장이기도 하다. 흔히 근대 경제학, 특히 공공 복지 경제학의 윤리적 토대를 공리주의(utilitarianism)에서 찾기 때문이다. 이런 이유 때문에 공공 정책 입안과 실행, 평가 과정에서 비용-편익 분석으로 측정되는 경제적 합리성은 주도적 역할을 차지하고 있다.

비용-편익 분석의 직관적 설득력은 대중 매체에 제시되는 공공 정책에 대한 정당화 과정에도 그대로 반영되어 나타난다. 흔히 이러이러한 정책이나 개발이 실현되면 얼마의 경제적 가치가 예상된다는 예측치가 제시되며, 예상되는 경제적 이득이 클수록 소개되는 공공 정책의 타당성이 높아지는 것으로 간주된다. 이런 식의 경제적 '파급효과'에 대한 강조는 첨단 기술개발에 대한 투자대비 효율성, 즉 R&D 효율성 평가에 가장 두드러지게 등장한다.

하지만 기후변화 대응 과정에서 비용-편익 분석은 근본적인 한계를 드러낸다. 여기서 말하는 한계란 비용-편익 분석이 특정 정치적 입장이나 나고야 의정서 도출 과정 및 약속 이행과정에서 잘 드러난 국가 이기주의의 영향을 받아 '왜곡'되었음을 지적하는 것이 아니다. 그보다는 지극히 객관적이어서 제대로만 시행된다면 합리적인 인간이라면 누구나 동의해야만 할 결론을 도출하는 것처럼 보이는 비용-편익 분석 방법론이 실은 윤리적으로나 정치적으로 매우 논쟁적인, 암묵적 전제를 숨기고 있기에 근본적인 한계를 지닌다고 말하는 것이다.

정책 결정 과정은 과학적으로 검증된 사실에 기반을 두어야 한다. 많은 사람들의 선택 행동에 대한 조사에서 분명하게 드러난 사실은 사람들이 현재의 재화를 미래의 재화보다 선호한다는 사실이다. 현재 1만 원은 10년 후의 1만 원에 비해 설사 물가상승률을 고려하더라도 더 선호된다. 단순한 심리적 안정감 추구의 결과일 수도 있고, 투자를 통해 더 큰 재화로 변환될 수 있는 가능성을 염두에 둔 것일 수도 있다. 경제적 고려에서 이러한 선

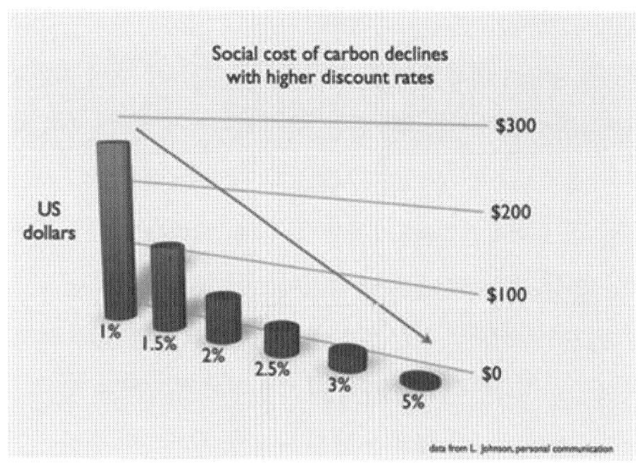

그림2 | **기후변화가 초래할 사회적 비용의 할인율에 따라 다르게 추산됨**

택행동은 '할인'이라는 형태도 반영된다. 즉 미래의 비용이나 편익은 현재의 비용이나 편익에 비해 평가절하된 형태로 고려되는 것이다.

문제는 이런 식의 사고가 분명 개인의 선택 행위에 대해서는 근사적으로 꽤 정확하지만, 장기간의 정책 효과가 미칠 것으로 예상되는 사안에 대한 평가와 결정 과정에서는 정당화하기 어려운 결론을 가져온다는 것이다. 즉, 통상적으로 적용되는 3~7%의 할인율을 사용하면 몇 백 년 후의 편익이나 비용은 현재 정책의 고려에서 거의 고려될 수 없다(〈그림 2〉 참조) 하지만 국가 정책 중에는 현재 우리에게는 비용보다는 편익을 많이 발생시키지만 미래에는 편익보다는 비용을 더 많이 발생시킬 것으로 예상되는 사안에 대한 것이 상당수 있다. 원자력 발전에 대한 정책적 판단과 기후변화 대응에 대한 정책적 판단이 대표적이다. 이런 상황에서는 진지하게 개인이 비교적 짧은 시기의 재화의 분배 및 활용에 대해 내리는 판단을 수백 년 이상 정책 효과가 발생하는, 특히 미래 세대의 복지 수준에 심각한 영향을 끼치는 정책에 대한 판단에 적용하는 것이 과연 바람직한지에 대한 물음이 제기될 수 있다. 기후변화 대응비용의 경제적 효율성에 대한 스턴 보고서가 불러 일으킨 사회적 논쟁은 비용-편익 분석이 세대간 할인에 적용될 때 초래하는 분명한 윤리적 난제를 잘 드러내 주고 있다.

게다가 노벨 경제학상 수상자인 저명한 경제학자 토마스 셸링은 이에 더해 미래 세대는 현재 세대보다 부유할 것이므로 미래 세대를 위해 현재 세대가 비용을 지불하는 것은 경제적으로 낙후한 후진국이 경제 선진국을 재정적으로 보조하는 것과 마찬가지라는 논리를 폈다. 셸링의 논지는 기후변화에 대한 어떠한 비용효율적 대응도 경제적으로 볼 때 비합리적이라는 주장으로 이어진다. 하지만 미래 세대가 현재 세대보다 경제적으로 부유할 것이라는 주장 자체가 자원이 무한히 존재하고 그것을 활용하는 데는 채굴이나 이동 및 가공 과정을 제외하고는 비용이 들지 않는다는 고전 경제학의 가정에 의존한다. 이러한 가정이 더 이상 견지될 수 없을 때 그에 기반을 둔 비용-편익 분석은 타당성을 의심받을 수밖에 없다.

게다가 비용-편익 분석 과정에서 계산되는 비용이나 편익이라는 개념 자체가 질량이나 전하량처럼 절대적인 방식으로 존재하는 양이 아니다. 그보다는 진화생물학의 적응도(fitness)처럼 주어진 사회경제적 환경 내에서 각기 다른 방식으로 정의될 수 있는 환경적 변수이다. 예를 들어 탄소세가 있는 사회와 탄소세가 없는 사회에서 기업이 친환경적 기술을 채택할 때 드는 편익과 비용은 다르게 계상될 수밖에 없다. 그러므로 탄소세의 도입 이전에는 경제적으로 비용보다 편익이 작아 도입하지 않는 것이 합리적인 조치들이, 탄소세가 신설되면서 갑자기 경제적으로 채택하는 것이 합리적이 될 수 있다. 이 점은 비용-편익 분석의 결과가 얼마나 주어진 제도적 환경에 민감한지를 잘 보여준다.

그렇다면 어떤 제도적 환경이 경제적으로 합리적인지를 판단할 수 있을까? 이 주제는 원칙적으로 경제적 분석이 가능하기는 하지만 누구도 경제적 요인만으로 만족스러운 답이 얻어질 수 있다고 생각하지는 않는다. 결국 이에 대한 해답은 우리가 원하는 삶의 모습과 사회의 모습에 대한 윤리적, 정치적 판단에 결정적으로 좌우되기 때문이다. 그러므로 기후변화에 대한 대응에서 논리적인 순서는 일단 관련 사실들을 확정하고 그 사실들을 고려하여 우리가 바람직하다고 생각하는 삶과 사회의 제도를 결정한 후 그러한 제도 하에서 우리가 달성하고자 하는 목표, 즉 기후변화에 대한 비용효율적 대응 방안을 모색하는 것이다. 물론 이 과정에서 경제적 분석이나 정치적 논의가 필수적이겠지만 윤리적 고려를 포함하는 거시적인 인문학적 고려를 우회하는 방식으로 이루어질 수는 없을 것이다. 이 점에서 기후변화 연구의 미래상이 다학문적 연구와 간학문적 연구를 넘어 가치적재적 고려를 적극적으로 도입하는 초학제적 연구가 되어야 하는 이유가 있다.

4. 기후변화 연구의 시사점

기후변화의 원인과 미래 전개상황 예측에 대한 과학적 연구는 분과학문적 연구에서 축적된 분석 결과들 사이의 불일치 내지 긴장 관계를 해소하려는 인식론적 노력과 이를 뒷받침하는 사회적, 제도적 장치들의 성공적 활용을 통해 다학문적 연구로 발전했다. 여기에 더해 본격적인 기후변화 대응 방법에 대한 각국의 고민이 시작되면서 기후변화 연구는 간학문적 단계에 진입했다고 평가된다. 필자는 이러한 기존의 기후변화 연구가 가치적재적 고려를 적극적으로 도입하는 초학제적 연구로 확장되어야 할 필요성을 제기했다.

여기서 초학제적 연구라 함은 기존 학문 분야를 다학문적으로 혹은 간학문적으로 연결하여 성공적으로 분과학문 내의 문제나 여러 영역에 걸친 복합적 문제를 과학적으로 풀어내는 것 이상을 의미한다. 즉 통상적으로 과학의 영역이라 생각되지 않는 다층적 가치에 대한 고려를 적극적으로 도입하여 기후변화에 대한 과학적 연구처럼 경험과학적 탐색에 적용하는 것이다. 기후변화에 대한 적절한 대응을 모색하는 일은 관련 과학적 결론과 그에 근거한 비용-편익 분석만으로는 해결하기 어려운 윤리적, 정치적 안건을 제기한다. 그렇기에 기후변화 상황에 대한 우리의 합리적이고 바람직한 대응을 위해서는 기존 학제적 연구가 전제하고 있는 개념적, 제도적 틀 자체에 대한 반성적 사유와 그에 바탕한 제도 개혁이 필요할 것이다. 결국 기후변화에 대한 초학제적 연구는 지금까지 이루어져 온 자연과학과 사회과학 여러 관련 분과학문의 융합 연구를 넘어서서 인문학적 탐색이 적극적으로 결합하는 양상이 될 것이다. 기후윤리를 포함하는 과학철학적 논의는 이렇게 새롭게 정립된 초학제적 기후학 연구에서 중요한 역할을 수행할 수 있을 것으로 필자는 기대한다.

이미 다학제적 연구를 넘어서 간학제적 단계로 접어든 국외의 기후변화 연구에 비해 국내의 기후 변화 연구는 아직까지도 매우 분과학문의 방식으로만 진행되고 있는 것으로 판단된다. 분과학문적 기후 변화 연구도 물론 개별 학문 내에서 좋은 연구 성과를 낼 수는 있지만 기후 변화처럼 복잡한 현상을 조망하고 우리가 살기 원하는 미래의 전망에 근거한 정책을 수립하고 실천하기 위해서는 미흡하다. 다행스러운 점은 최근 논의로 올수록 기후 변화를 다학제적으로 연구하는 것이 관련 주제에 대한 보다 정확한 이해를 얻기 위해 바람직하다는 인식이 연구자들 사이에서 퍼지고 있다는 사실이다. 이들 연구자들이 보다 구체적인 문제와 관련하여 의견을 교환하고 해결책을 모색할 수 있는 기회와 동인을 제공할 필요가 있다. 적절한 정책적 자극을 통해 국내 기후 변화 연구도 융합 연구의 진정한 생산성을 보여줄 수 있는 간학문적, 초학제적 연구의 단계로 나아갈 수 있을 것이다.

더 생각해볼 주제

—

- 융합연구가 '성공적'이라 함은 무엇을 의미할까?
- 성공적인 융합 연구가 이루어지기 위해 필요한 학술적, 제도적 조건은 무엇일까?
- 기후변화를 위한 어떤 대책이 그것을 시행하는 데 필요한 비용은 우리 세대가 지불해야 하고 그 혜택은 주로 미래 세대가 받는다면 그 대책에 찬성하겠는가?

더 읽어볼 거리

—

홍성욱 엮음, 『융합이란 무엇인가: 융합의 과거에서 미래를 성찰한다』, 사이언스북스, 2012.

스펜서 위어트, 김준수 옮김, 『지구 온난화를 둘러싼 대논쟁』, 동녘사이언스, 2012.

에릭 M. 콘웨이·나오미 오레스케스, 유강은 옮김, 『의혹을 팝니다』, 미지북스, 2012.

앤서니 기든스, 홍욱희 옮김, 『기후변화의 정치학』, 에코리브르, 2009.

집필진 (가나다순)

강윤재
동국대학교 교양학부 교수

김근배
전북대학교 과학학과 교수

김명석
국민대학교 교양대학 교수

김명식
진주교육대학교 도덕교육과 교수

김성준
대한민국역사박물관 학예연구관

김용헌
한양대학교 철학과 교수

김준성
명지대학교 철학과 교수

김태용
한양대학교 철학과 교수

김태호
전북대학교 과학문명학연구소 교수

김호연
한양대학교 인문과학대학 교수

남영
한양대학교 창의융합교육원 교수

박민아
한양대학교 미래인문학인증센터 연구교수

박상욱
숭실대학교 행정학과 교수

손화철
한동대학교 글로벌리더십학부 교수

송상용
전 한양대학교 석좌교수

송성수
부산대학교 물리교육학과 교수

신중섭
강원대학교 국민윤리교육학과 교수

이상욱
한양대학교 철학과 교수

이영의
강원대학교 HK 교수

이은경
전북대학교 과학학과 교수

이채리
한양대학교 창의융합교육원 교수

임종태
서울대학교 화학과 교수

장대익
서울대학교 자유전공학부 교수

장하석
케임브리지대학교 과학사 및 과학철학과 한스 라우징 석좌교수

정혜경
한양대학교 창의융합교육원 교수

조은희
조선대학교 생물교육학과 교수

홍성욱
서울대학교 생명과학부 교수

과학기술의 철학적 이해 · 2 (제6판)

한양대학교 과학철학교육위원회 편

펴낸날 2017년 2월 20일 6판 1쇄 · 2021년 2월 20일 6판 5쇄
펴낸이 김우승 · **펴낸곳** 한양대학교출판부 · **출판등록** 제4-7호(1972.2.29)
주소 서울 성동구 왕십리로 222 · **전화** 02.2220.1432-4 · **팩스** 02.2220.1435
홈페이지 press.hanyang.ac.kr · **이메일** presshy@hanyang.ac.kr
디자인·편집 안광일 · **인쇄** 네오프린텍

값 21,000 원

ISBN 978.89.7218.529.1 (93100)